首都师范大学
数学教学系列丛书

数学分析简明教程

shuxue fenxi jianming jiaocheng

王昆扬 著

高等教育出版社·北京

内容提要

本书共八章。

第一章"实数的十进表示及运算"严格讲述初级中学数学课本叙述的有理数、无理数和实数的概念。严格讲述数列极限的概念。使用实数的十进表示，借助极限概念，用"算数的方式"处理正数的"幂运算"。讲清楚高级中学课本中所说的指数函数。

第二章"函数"是中学数学对于函数概念的讨论的深化。严格介绍和讨论函数的连续性等概念，顺带给出了指数函数的解析方式的定义。同时介绍 $\mathbb{R}^n$ 的基本拓扑概念。

第三章"微分学"从 "$\mathbb{R}^m$ 到 $\mathbb{R}^n$ 的映射"出发，严格讲述导数概念。

第四章"积分学"系统讲解 Lebesgue 积分理论。包括测度、可测函数、积分的定义和基本理论。其中包括 $\mathbb{R}^n$ 上积分的变量替换法，并介绍线段上几乎连续函数的积分的 Riemann 算法（经典的 Riemann 积分）、微积分基本定理及以其为基础的积分算法。

第五章、第六章、第七章，这三章讲述积分学的应用。

第五章讲两方面的问题。一方面是如何计算 $\mathbb{R}^n$ 中常见几何体的体积。另一方面的内容是一些常见的积分以及积分的极限的计算，兼论及可积函数用光滑函数近似的问题。

第六章讲述 $\mathbb{R}^n$ 中的 $k\ (1\leqslant k<n)$ 维流形（C^1 类流形）上的测度和积分——第一型积分。

第七章讲述 $\mathbb{R}^n$ 中的一维流形（曲线）上的第二型积分以及 $\mathbb{R}^3$ 中的二维流形（曲面）上的第二型积分。作为应用，给出了二维和三维情形的 Brouwer 不动点定理的证明。

第八章"函数的级数展开"一方面讨论光滑函数的 Taylor 级数，另一方面对于可积函数（当然是 Lebesgue 可积函数）的 Fourier 展卅做一个基本的介绍。

可作为大学数学系一、二年级本科生教材。

图书在版编目（CIP）数据

数学分析简明教程 / 王昆扬著. -- 北京：高等教育出版社，2015.4

ISBN 978-7-04-042144-6

Ⅰ.①数… Ⅱ.①王… Ⅲ.①数学分析-高等学校-教材 Ⅳ.① O17

中国版本图书馆 CIP 数据核字（2015）第 031691 号

策划编辑	蒋 青	责任编辑	蒋 青	封面设计	李树龙	版式设计	于 婕
插图绘制	黄建英	责任校对	杨凤玲	责任印制	毛斯璐		

出版发行	高等教育出版社	咨询电话	400-810-0598
社　　址	北京市西城区德外大街4号	网　　址	http://www.hep.edu.cn
邮政编码	100120		http://www.hep.com.cn
印　　刷	北京鑫丰华彩印有限公司	网上订购	http://www.landraco.com
开　　本	787 mm×960 mm 1/16		http://www.landraco.com.cn
印　　张	32.75	版　　次	2015年4月第1版
字　　数	610 千字	印　　次	2015年4月第1次印刷
购书热线	010-58581118	定　　价	51.00 元

本书如有缺页、倒页、脱页等质量问题，请到所购图书销售部门联系调换
版权所有　侵权必究
物　料　号　42144-00

《首都师范大学数学教学系列丛书》编委会

主　编：李庆忠
副主编：酒全森　王风
编　委：(按姓氏笔画为序)
　　　　于祖焕　方复全　王在洪　刘兆理　朱一心　何书元
　　　　吴　可　张　朋　李克正　徐　飞　崔恒建
编委会秘书：朱　梅

序

自 1978 年以来，首都师范大学数学科学学院在提高科研与教学水平的同时，一直很注重教材建设，已经组织出版了多部有一定影响的大学数学教材。本系列丛书既有原来出版教材的修订本，也有近年来新编的教材。

随着我国高等教育的快速发展，师资水平不断提高，大学教育也从精英教育发展到今天的普及教育。伴随着这些变化，大学数学教学的内容与体系也在逐步调整。为提高本科与研究生的教学水平，近 10 年，我们注重聘请学术水平高、长期在教学一线耕耘，有丰富教学经验的国内外知名教授讲授本科与研究生课程。他们在首都师范大学数学科学学院的教学中，将原来在国内外知名学府的教学经验与现在的教学实践相结合，有的对原来出版的教材进行了修订，有的编写出了新的教学讲义。这些修订的教材和新编讲义不仅饱含了作者对数学研究的感悟，也凝聚了他们长期、甚至一生对数学教育的理解与经验。为了将这些宝贵的资源保留下来，作者们将修订的教材和新编讲义再一次进行了精心的梳理，形成了现在的系列丛书。

希望这套丛书不仅对首都师范大学的人才培养起到推动作用，也对中国的数学人才培养有所帮助。我们借此机会感谢支持和帮助过首都师范大学数学学科建设与发展的前辈、同行们。我们也希望继续得到您们的支持与帮助，推动首都师范大学的数学研究与教学水平不断提高。

李庆忠
2013 年 10 月于首都师范大学

前言

本书是在多年教学实践的基础上写成的,现纳入首都师范大学数学教学系列丛书。

我们十分注意中学数学与大学一年级数学的紧密衔接。书中吸收了德国数学家、数学教育家 F.Klein (F. 克莱因) 在《高观点下的初等数学》(舒湘芹等译,复旦大学出版社 2011 年版) 中的一些重要观点。例如,克莱因在对于实数的论述中 (见第一卷 28 页),提到 "关于实数和直线点之间的一一对应的公理,通常称为 Cantor (康托尔) 公理"。本书第一章就是在这条公理的基础上,对于我们初级中学课本所讲的无限循环小数叫做有理数 (rational number),无限不循环小数叫做无理数 (irrational number)。有理数和无理数统称实数 (real number),进行了严格的论述。本书把英文 rational number 译成**比例数**,把 irrational number 译成**非比例数**。在承认学生对于比例数已具有完整的认识 (这是小学毕业的水平) 的基础上,引入比例数列的极限的概念。通过定义 (即规定) 十进数之间的距离 (这借助于定义十进数之间的加、减运算来实现),把极限概念推广到全体十进数的集合中。严格证明每个十进数都是一个特定的比例数列 (叫做与此十进数对等的标准列) 的极限。从而完成实数的十进表示的严格论述,并严格地证明在实数集中,每个基本列都收敛,即实数集 (作为距离空间) 的完备性。

人类用十进数表示实数的实践,已经具有千年的历史,已成常识。而它的严格理论,却迟至 19 世纪才由著名的德国数学家 Cantor 奠定。用 Cantor 的思想来严格讲述实数的十进表示,比传统的 (特别是苏俄的) 教科书中用 Dedekind (戴德金) 分割 (cut) 表示实数的办法要自然、明白、实用得多,而且完全与中学数学紧密衔接。Dedekind 分割与中学数学所讲的实数概念是完全脱节的,而且远不如十进数实用。

使用实数的十进表示,借助极限概念,就容易用 "算数的方式" 处理正数的 "幂运算"。这就是第一章 §4 的内容。这样,高级中学课本中所说形如 a^x 的函数叫做指数函数才有了理性内容。这部分内容,按当前的中学课程水平,不可能在中学课本里讲述。在一般大学课本中,也少见有较系统的叙述。这一节对于幂函数和指数函数的初等定义,对于学生的 "直观" 认识的理性提升是有好处的。同时也为后面用解析方式定义指数函数的办法,提供了一个对照。

第二章的内容是中学数学对于函数概念的讨论的深化,严格地讨论函数的连续性等概念,顺带给出指数函数的解析方式的定义。这一章还介绍 $\mathbb{R}^n$ 的基本拓扑概念。

第三章讲微分学的基本理论。此处强调,"微分"这个概念,实际指的是 "$\mathbb{R}^m$ 到 $\mathbb{R}^n$ 的映射在一点附近的局部**线性近似**",其核心是 "导数"($n \times m$ 矩阵)。过于形式化地解释 $\mathrm{d}x$、$\mathrm{d}y$ 等,除了引起误解外,没有太多好处 (当然,在后面要讲的积分的计算中,特别是积分的变量替换中,这些符号照常使用)。把导数 (derivative) 叫做 "微分之商——微商",完全是局限于一元函数的形式化的说法,未见得准确,而且根本不能适应多变量情形。所以本书不提 "微商"。

第四章讲积分学的基本理论。我坚持认为, Lebesgue (勒贝格) 积分应该成为 21 世纪数学分析课程的内容, Riemann (黎曼) 积分仅为 Lebesgue 积分的简单特例。我认为 "反常积分" 的说法过时了,数学分析课程中的积分,都是正常的。本书把极限 $\lim\limits_{a\to\infty}\int_0^a \dfrac{\sin x}{x}\mathrm{d}x$ 写成 $\int_0^{\to\infty} \dfrac{\sin x}{x}\mathrm{d}x$,明确表示了 "极限" 之意。传统教材去掉积分上限中的 "→" 并称之为反常积分。"反常" 之意,用于这个在 $\mathbb{R}$ 上不可积的函数 $\dfrac{\sin x}{x}$,马马虎虎可以接受。可是对于定义 Gamma 函数那样的完全正常的积分 $\Gamma(x) = \int_0^\infty \mathrm{e}^{-t}t^{x-1}\mathrm{d}t\ (x > -1)$, 到 21 世纪还叫做 "反常积分",似乎不合时宜了。

第五章、第六章、第七章,这三章讲述积分论的应用。

第五章讲两方面的问题。一方面是如何计算 $\mathbb{R}^n$ 中常见的几何体的体积。这里,常见的几何体依第四章的定义,必是可测集,说其体积,指的就是测度。注意,在经典 Riemann 积分理论中, $\mathbb{R}^n$ 中常见的几何体的体积并不是逻辑上先行定义,然后再用积分法进行 "测量"(即计算) 的。而是以可积为前提,积分算出来就是 "体积"。这就给测量 $\mathbb{R}^3$ 中的立体的体积以及 $\mathbb{R}^2$ 中平面图形的面积,先天地带来理论上的困窘和实践上的困难。这一章的另一方面的内容是计算一些常见的积分以及计算一些重要的积分的极限,并且论及可积函数用光滑函数近似的问题。

第六章严格讲述 $\mathbb{R}^n$ 中的 $k\ (1 \leqslant k < n)$ 维流形 (C^1 类流形) 上的测度和积分——第一型积分。编写这一章时,许多内容是新编的而不是其它常见教科书上现成的材料。这章中的计算实例重点涉及 $\mathbb{R}^n\ (n > 2)$ 中的 2 维曲面上的测度和积分。

第七章讲述 $\mathbb{R}^n$ 中的一维流形 (曲线) 上的第二型积分以及 $\mathbb{R}^3$ 中的 2 维流形 (曲面) 上的第二型积分。其中,严格给出了 2 维和 3 维情形的 Brouwer (布劳威尔) 不动点定理的证明 (参考了张筑生教授的《数学分析新讲》)。这里, 没有一般地讨论抽象的流形上的第二型积分。之所以不敢一般地讨论抽象的流形上的第二型积分, 是因为自己过去得到的教训。当初给 1996 级学生讲课时, 曾在讨论班上花了四个星期的课时, 详细讨论过外微分形式 (当时主要依据北京大学的课本和 Spivak (斯皮瓦克) 的《流形上的微积分》), 但事后学生反映 "只念了一堆符号"。自我检讨, 是自己对于这部分内容的理解太肤浅, 毫无心得体会, 照别人的本子生搬硬套, 致使学生白白浪费了宝贵的时间。十多年过去了, 本人在这方面不但毫无提高, 而且以前苦念的东西也都忘却了。这是我不能讲授一般流形上的第二型积分的主要原因。

第八章, 函数的级数展开。一方面讨论光滑函数的 Taylor (泰勒) 级数, 这主要应用于高级中学学过的初等函数; 另一方面讨论可积函数 (当然是 Lebesgue 可积函数) 的 Fourier (傅里叶) 展开。Fourier 展开理论是现代分析数学理论中具有重要意义和实用价值的一大分支, 已经取得丰硕成果。对这一理论做一个基本的介绍是很有必要的。

特别希望, 随着科学技术的不断发展, 数学分析课程的学术水平也不断提高。

王昆扬
2014 年 10 月

关于符号的说明

我们使用常用的记号 ":=" 和 "=:". 式子 $a := b$ 和 $b =: a$ 都表示 "a" 是用 "b" 定义的, 也就是说, 挨着冒号的符号是用挨着等号的表达式来定义的.

记号 $\{x : x$ 满足的条件$\}$ 表示一个集合, 该集合的元素用字母 x (当然可换用别的字母或符号) 表示, 冒号后面的语句确定 x 的属性. 也就是说, 这个集合就是具有所述属性的元素的全体.

本书使用以下符合国家标准的通用数学记号:

$\mathbb{N}_+$: 正整数集.

$\mathbb{Z}$: 整数集.

$\mathbb{Q}$: 比例数 (rational numbers) 集.

$\mathbb{R}$: 实数集, 1 维 Euclid(欧几里得) 空间 (拓扑及代数说法), 实直线 (几何说法).

$\mathbb{C}$: 复数集, 复平面 (几何说法).

另外的一些通用的数学记号是

对于实数 x, $[x]$ 表示不超过 x 的最大整数 (叫做 x 的整部).

card A: 集合 A 的基数.

$\mathbb{R}^n$: n 维 Euclid 空间.

若集合 $E \subset \mathbb{R}^n$, 则 $|E|$ 表示 E 的 Lebesgue 测度.

若 E 是集合, 则 χ_E 代表 E 的特征函数, 即

$$\chi_E(x) = \begin{cases} 1, & x \in E, \\ 0, & x \notin E. \end{cases}$$

a.e. "表示几乎处处 (almost everywhere)" 或 "几乎每个 (almost every)".

目录

第一章　实数的十进表示及运算 1

　§1　比例数列的极限 1
　　　§1.1　比例数的本原表示 1
　　　§1.2　比例数列以及比例数列的极限 2
　　　习题 1.1 8
　§2　实数的十进表示的定义, 比例数的十进表示 8
　　　习题 1.2 18
　§3　$\mathbb{R}$ 中的算术运算及大小次序 18
　　　习题 1.3 29
　§4　正数的开方运算以及幂运算 29
　　　§4.1　开方运算 29
　　　§4.2　幂运算 32
　　　§4.3　幂函数和指数函数 37
　　　习题 1.4 41
　§5　实数列与实数集的一些性质, 一些练习 41
　　　习题 1.5 51
　§6　非比例数比比例数多得多, 基数的概念 52
　　　习题 1.6 55

第二章　函数 58

　§1　一元函数 58
　　　习题 2.1 61
　§2　再谈指数函数 62
　　　习题 2.2 69
　§3　n 维 Euclid 空间 $\mathbb{R}^n$ 69
　　　§3.1　Euclid 空间 69
　　　§3.2　紧致性的概念 75

- §3.3 $\mathbb{R}^n$ 中的开集的结构 · · · · · · · · · · · · · 80
- 习题 2.3 · · · · · · · · · · · · · 82
- §4 多元函数 · · · · · · · · · · · · · 83
  - 习题 2.4 · · · · · · · · · · · · · 91

第三章 微分学 · · · · · · · · · · · · · 93

- §1 导数 · · · · · · · · · · · · · 93
  - §1.1 方向导数、导数 · · · · · · · · · · · · · 93
  - §1.2 一元情形 · · · · · · · · · · · · · 96
  - §1.3 可导的充分条件及求导算律 · · · · · · · · · · · · · 110
  - §1.4 高阶偏导数 · · · · · · · · · · · · · 114
  - §1.5 导数的几何意义 —— 切线和切平面 · · · · · · · · · · · · · 117
  - 习题 3.1 · · · · · · · · · · · · · 118
- §2 Taylor 公式和 Taylor 展开式 · · · · · · · · · · · · · 121
  - §2.1 Taylor 公式 · · · · · · · · · · · · · 121
  - §2.2 一元初等函数的 Taylor 展开 · · · · · · · · · · · · · 128
  - §2.3 函数的局部极值 · · · · · · · · · · · · · 131
  - 习题 3.2 · · · · · · · · · · · · · 133
- §3 可微变换 · · · · · · · · · · · · · 134
  - §3.1 基本概念 · · · · · · · · · · · · · 135
    - 习题 3.3.1 · · · · · · · · · · · · · 138
  - §3.2 可微变换的复合 · · · · · · · · · · · · · 139
    - 习题 3.3.2 · · · · · · · · · · · · · 143
  - §3.3 逆变换 · · · · · · · · · · · · · 144
    - 习题 3.3.3 · · · · · · · · · · · · · 149
- §4 隐变换 · · · · · · · · · · · · · 150
  - §4.1 特殊情形 · · · · · · · · · · · · · 150
  - §4.2 一般情形 · · · · · · · · · · · · · 154
  - 习题 3.4 · · · · · · · · · · · · · 157
- §5 条件极值 · · · · · · · · · · · · · 158
  - 习题 3.5 · · · · · · · · · · · · · 163
- §6 几何应用 · · · · · · · · · · · · · 163
  - §6.1 曲线 · · · · · · · · · · · · · 163
  - §6.2 曲面 · · · · · · · · · · · · · 167
  - 习题 3.6 · · · · · · · · · · · · · 170

- §7 原函数 171
  - 习题 3.7 177

第四章 积分学 — 179

- §1 测度 179
  - §1.1 外测度 180
  - §1.2 测度 185
  - §1.3 Borel 集是可测集 188
  - §1.4 通过开集刻画可测集 189
  - §1.5 不可测集 191
  - 习题 4.1 191
- §2 可测函数 194
  - §2.1 基本概念 194
  - §2.2 可测函数的结构 199
  - §2.3 连续函数的延拓 202
  - 习题 4.2 205
- §3 积分的定义及基本理论 207
  - §3.1 积分的定义及基本性质 207
  - §3.2 积分号下取极限 219
  - §3.3 把多重积分化为累次积分 224
  - §3.4 积分的变量替换 228
  - 习题 4.3 242
- §4 几乎连续函数及其积分 245
  - 习题 4.4 251
- §5 微积分基本定理 252
  - §5.1 基本定理 253
  - §5.2 换元积分法 255
  - §5.3 分部积分法 256
  - 习题 4.5 261

第五章 积分学的应用（一） — 264

- §1 常见几何体的测度 264
  - 习题 5.1 269

§2　用积分解决几何的和物理的问题的例子 · · · · · · · · · · · · · · · 271

- §2.1　一个体积公式 · · · · · · · · · · · · · · · 271
- §2.2　另一个体积公式 · · · · · · · · · · · · · · · 273
- §2.3　力做的功 · · · · · · · · · · · · · · · 275
- §2.4　功和能的联系 · · · · · · · · · · · · · · · 275
- §2.5　液体在竖直面上的压力 · · · · · · · · · · · · · · · 276
- 习题 5.2 · · · · · · · · · · · · · · · 277

§3　积分号下取极限的定理应用于参变积分 · · · · · · · · · · · · · · · 278

- §3.1　参变积分的一般性质 · · · · · · · · · · · · · · · 278
- §3.2　具体的例 · · · · · · · · · · · · · · · 280
- §3.3　广义参变积分的积分号下取极限 · · · · · · · · · · · · · · · 283
- §3.4　几个判断广义参变积分一致收敛的例子 · · · · · · · · · · · · · · · 292
- 习题 5.3 · · · · · · · · · · · · · · · 296

§4　一类重要的参变积分 —— Euler 积分 · · · · · · · · · · · · · · · 298

- 习题 5.4 · · · · · · · · · · · · · · · 305

§5　可积函数用紧支撑光滑函数近似 · · · · · · · · · · · · · · · 306

- 习题 5.5 · · · · · · · · · · · · · · · 310

第六章　积分学的应用 (二) —— 曲线和曲面上的第一型积分 · · · · · · · · · · · · · · · **311**

§1　$\mathbb{R}^n$ 的子空间中的测度 · · · · · · · · · · · · · · · 311

- §1.1　$\mathbb{R}^n$ 中平行 $2n$ 面体的测度 · · · · · · · · · · · · · · · 311
- §1.2　$\mathbb{R}^n$ 的 $k\,(k<n)$ 维子空间中的平行 $2k$ 面体的测度 · · · · · · · · · · · · · · · 313
- 习题 6.1 · · · · · · · · · · · · · · · 317

§2　曲线的长度及曲线的自然表示 · · · · · · · · · · · · · · · 318

- §2.1　简单曲线及其长度 · · · · · · · · · · · · · · · 318
- §2.2　简单曲线的自然表示, 正则曲线 · · · · · · · · · · · · · · · 321
- §2.3　正则曲线的切线、主法线及曲率 · · · · · · · · · · · · · · · 323
- 习题 6.2 · · · · · · · · · · · · · · · 326

§3　曲线上的测度及积分 · · · · · · · · · · · · · · · 326

- 习题 6.3 · · · · · · · · · · · · · · · 331

§4　$\mathbb{R}^n(n\geqslant 3)$ 中的 2 维曲面上的测度和积分 · · · · · · · · · · · · · · · 332

- 习题 6.4 · · · · · · · · · · · · · · · 340

§5　$\mathbb{R}^n$ 中的 k 维 $(1\leqslant k<n)$ 曲面上的测度和积分 · · · · · · · · · · · · · · · 341

- 习题 6.5 · · · · · · · · · · · · · · · 351

第七章　积分学的应用（三）——曲线和曲面上的第二型积分 ... **352**

§1　场的概念　数量场的梯度场 ... 352
习题 7.1 ... 354

§2　第二型曲线积分 ... 354
习题 7.2 ... 362

§3　沿曲线的 Newton-Leibniz 公式 ... 363
习题 7.3 ... 365

§4　$\mathbb{R}^2$ 中的 Green 公式 ... 368
习题 7.4 ... 377

§5　第二型曲面积分 ... 378
习题 7.5 ... 388

§6　Gauss 公式　向量场的散度 ... 389
§6.1　Gauss 公式 ... 389
§6.2　Gauss 公式是 Green 公式的推广 ... 393
§6.3　Gauss 积分 ... 398
§6.4　立体角及相关的积分 ... 400
§6.5　又一个 Green 公式 ... 404
§6.6　向量场的散度 ... 406
习题 7.6 ... 408

§7　Stokes 公式　旋度 ... 409
§7.1　$\mathbb{R}^3$ 中的 Stokes 公式 ... 409
§7.2　旋度 ... 413
习题 7.7 ... 416

第八章　函数的级数展开 ... **418**

§1　收敛判别法 ... 418
习题 8.1 ... 427

§2　一致收敛 ... 428
习题 8.2 ... 435

§3　求和号下取极限 ... 436
习题 8.3 ... 442

§4 幂级数与 Taylor 展开 443
　　§4.1 一般性讨论 443
　　　　习题 8.4.1 448
　　§4.2 函数的 Taylor 展开 449
　　　　习题 8.4.2 455
§5 三角级数与 Fourier 展开 456
　　§5.1 三角级数 457
　　§5.2 Fourier 级数 459
　　§5.3 Fourier 部分和 461
　　§5.4 局部化原理 462
　　§5.5 一致收敛问题 467
　　§5.6 Fejér 和 474
　　§5.7 涉及 Fourier 系数的定理 477
　　　　习题 8.5 483
§6 (选读) 用代数多项式一致逼近连续函数 487
　　　　习题 8.6 493

索引 495

第一章　实数的十进表示及运算

§1　比例数列的极限

人民教育出版社出版的《中学数学课本八年级上册》, 82 页中写道:

"无限不循环小数又叫做无理数 (irrational number). ⋯ 有理数和无理数统称实数 (real number)."

以前的中学课本中还提到: "无限循环小数叫做有理数 (rational number)."

同学们经过课本的学习, 对于这些概念能够达成很好的感性认识. 但是只能限于 "感性的" 程度. 因为课本中对于 "无限不循环小数", 甚至 "无限循环小数", 都只能通过实例做些描述, 根本不可能谈论它们的确切含义.

当前的中学课本无法严格讲述什么是 "无限小数", 其根本原因是缺少极限概念.

关于 "rational number" 是什么意思, Richard Courant 和 Fritz John 的著名教科书 *Introduction to Calculus and Analysis Volume I* (Springer-Verlag, 1999) 第 2 页有一个脚注, 好像是专门对企图把 "rational number" 翻译成非英语言的人说的, 他们说: The word "rational" here does not mean reasonable or logical but is derived from the word "ratio" meaning the relative proportion of two magnitudes. 人们习惯把 rational number 翻译成 "有理数", 把 "irrational number" 翻译成 "无理数", 而且还能找出许多强词夺理的理由. 这不是数学问题. 在本教程中我坚持把 rational number 翻译成 "比例数", 把 irrational number 翻译成 "非比例数".

§1.1　比例数的本原表示

承认同学们都已经很好地了解了比例数. 比例数是怎样表示的? 比例数就是 "分数", 即整数与非零整数的比 (ratio).

大家都习惯于使用阿拉伯数字的十进位计数制, 简称为十进制. 如果不做声明, 我们默认使用十进制.

复习一下熟知的符号. 用 N 代表自然数集, N 的元素叫做 "自然数", 即 natural number, 这就是使用 (粗体) 字母 N 表示这个集合的缘由. 全体正整数的集

合记做 $\mathbb{N}_+$. 用 $\mathbb{Z}$ 代表整数集, 并用 $\mathbb{N}_+$ 代表正整数集. 注意
$$\mathbb{N} = \mathbb{N}_+ \bigcup \{0\}.$$

全体整数的集合记做 $\mathbb{Z}$ (德文 Zahlen 的首字母).

全体比例数的集合记做 $\mathbb{Q}$ (英文 quotient 的首字母). 由于任何 $a \in \mathbb{Z}$, 都可以看成是分数 $\dfrac{a}{1}$, 即 $a = \dfrac{a}{1}$, 所以, $\mathbb{Z} \subset \mathbb{Q}$.

既然比例数就是分数, 那么中学课本中提到的 "无限循环小数叫做比例数 (原文为有理数)" 就是对于比例数规定了另一个 "表示方法", 目前我们对于这个表示方法还缺乏真确的了解. 为了与这个表示方法相区别, 我们称熟知的 "分数" 为比例数的**本原表示**.

如果一个分数 r (比例数的本原表示) 的分母是 10^m ($m \in \mathbb{N}_+$), 那么, r 可以写成小数点后只有 m 位的 (十进制的) 有限小数的形式, 即
$$r = p + 0.a_1 \cdots a_m, \tag{1.1}$$
其中, $p \in \mathbb{Z}$, $a_1, \cdots, a_m \in \{0, 1, 2, 3, 4, 5, 6, 7, 8, 9\}$. 所以, 我们把形如 (1.1) 的十进 "有限小数" 也叫做比例数 r 的本原表示.

§1.2 比例数列以及比例数列的极限

先叙述一个重要的数学概念 —— **映射**.

定义 1.1 设 A 和 B 都是不空的集合 (简称为 "集"). 若有一个法则, 使得对于 A 的任意一个元素 (简称为 "元") a, 按照这个法则, 有 B 中唯一一个元素 b 与之对应, 那么我们就说这个法则是从 A 到 B 的映射. 可以任意选定一个英文字母来代表映射. 例如用字母 f 表示. 我们把 "f 是从集 A 到集 B 的映射" 这个语句记做 "$f : A \longrightarrow B$." 设 a 是 A 的一个元 (即 $a \in A$). 那么, 映射 f, 使得在 B 中有唯一的一个元 b 与 a 相对应, 把 b 叫做 a 在映射 f 下的**像**, 记做 $f(a)$, 即 $b = f(a)$, 并说 f 把 a 映到 b, 称 a 为 b 在映射 f 下的**原像**. 用符号 $\{f(a) : a \in A\}$ 表示 A 的一切元的像的全体所成的集合, 记为 $f(A)$, 叫做 A 在 f 下的**像** (或**值域**).

如果 f 把不同的元映到不同的元, 也就是说, 只要 $a, a' \in A, a \neq a'$, 就成立 $f(a) \neq f(a')$, 那么就称 f 为**单射**; 如果 B 的每个元都是 A 的某个 (可以是多个) 元的像, 那么就称 f 为**满射**. 如果 $f : A \longrightarrow B$ 既是满射又是单射, 那么就称 f 为**满单射**, 也叫做**一一映射**或**可逆映射**. 这时, 从 B 中的元 b 到它在映射 f 下的原像 a 的对应构成一个从 B 到 A 的满单射, 记做 f^{-1}, 叫做 f 的**逆映射**.

例 1.1 数 (shǔ) 数 (shù) 的数学本质是建立集合与正整数集合的一个 "前集" 的满单射.

先解释一下正整数集合的 "前集" 指的是什么. 我们知道, 正整数集合 $\mathbb{N}_+$ 的元素从小到大形成了一个 "天然的顺序". 对于任何一个正整数 n, 我们把不超过 n 的正整数的全体所成的集合叫做 $\mathbb{N}_+$ 的一个前集 (简称为前集), 它恰含有 n 个元. 那么集合

$$\{1\}, \{1,2\}, \{1,2,3\}$$

等都是前集.

如果让你数 (shǔ, 下同) 一数你的教室里有多少张桌子, 你一定会数. 想想看, 你是不是在建立这些桌子到正整数的一个前集的满单射. 结果, 这个前集的最大元 (最大的那个正整数) 就是你数出来的桌子数 (shù).

一个班的士兵集合起来排成一横排, 班长下令 "报数", 于是从排头到排尾, 一个一个地逐次报 1, 2, 3, 等等. 假设最后的一位报到 16, 那么, 这就是报数的士兵的总数. 这个报数的过程, 不折不扣就是建立从这些报数的士兵的集合到最大数为 16 的正整数前集的满单射的过程.

数一数粉笔盒里有多少支粉笔的过程实质上也是这样的建立满单射的过程. 当然, 你也可以一对一对 (两个一对) 地数, 把结果乘 2. 可那也是在建立另一形式的满单射, 也就是说, 先把粉笔分对, 每对 2 支, 再建立从由这些分好的粉笔对组成的集合到 $\mathbb{N}_+$ 的一个前集的满单射.

例 1.2 同一个班的学生的集合到他们的学号的映射, 是单射. 如果仅局限于这个班的学生的学号的集合而言, 这个映射当然是满的, 有逆映射.

例 1.3 对于 $n \in \mathbb{N}_+$, 令 $f(n) = 2n$. 那么, $f : \mathbb{N}_+ \longrightarrow \mathbb{N}_+$ 是单射, 但不是满射. 若令 $B = \{2n : n \in \mathbb{N}_+\}$, 那么 $B = f(\mathbb{N}_+)$. 映射 $f : \mathbb{N}_+ \longrightarrow B$ 是满单射, 它的逆映射 $f^{-1} : B \longrightarrow \mathbb{N}_+$ 由公式 $f^{-1}(k) = \dfrac{k}{2}$ $(k \in B)$ 给出.

定义 1.2 (比例数列) 若 f 是从 $\mathbb{N}_+$ 到 $\mathbb{Q}$ 的映射, 并且规定次序: 当 $j, k \in \mathbb{N}_+$ 而 $j < k$ 时, $f(j)$ 在 $f(k)$ 的前面, 则称 f 为比例数列, 记做

$$f = \{f(n)\}_{n=1}^{\infty}.$$

数列中的数 $f(n)$ 叫做数列的第 n 项. 当然, 也可使用其它记号, 例如 a_n 或 b_n 等来代替 $f(n)$. 也可以把数列展开来写成

$$f(1), f(2), f(3), \cdots.$$

注意 我们说到的数列总是由无限多项组成的. 数列 f 的值域 $f(\mathbb{N}_+) = \{f(n) : n \in \mathbb{N}_+\}$ 与数列 $f = \{f(n)\}_{n=1}^{\infty}$ 是两回事. 例如, 当数列 f 的每项都等于 1 时, $f = 1, 1, 1, \cdots$, 但 f 的值域 $f(\mathbb{N}_+) = \{1\}$ 是一个只含数 1 为其元素的单元素集.

定义 1.3 (比例数列的极限) 设 $f = \{f(n)\}_{n=1}^{\infty}$ 是比例数列. 如果有一个比例数 ℓ, 使得对于任意给定的 (不管多小的) 正的比例数 ε, 都找得到一个 (与 ε 的大小有关的) 数 $N \in \mathbb{N}_+$, 使得当 $n > N$ 时 $|f(n) - \ell| < \varepsilon$, 那么, 就说数列 f **收敛**到极限 ℓ, 记做 $\lim\limits_{n \to \infty} f(n) = \ell$.

此定义使用的语言, 常常被叫做 "$\varepsilon - N$" 语言, 是表述收敛的精确语言.

你觉得这个定义费解吗? 这个定义是理解实数的十进表示所不可缺少的概念. 你也许是初次接触这样的概念, 可能不习惯. 如果是这样, 那就无妨把它抄写一两遍, 然后背下来, 结合下面的例题和本节的习题反复捉摸.

引入极限概念是理解实数的十进表示的必由之路. 陶哲轩 (Terence Tao) 在《陶哲轩实分析》(人民邮电出版社, 2008) 第 75 页中说: "从比例数得到实数, 乃是从一个 '离散的' 系统到一个 '连续的' 系统的过渡, 它要求引入有些不同的概念 —— 即极限的概念." 原文是

> But to get the reals from the rationals is to pass from a "discrete" system to a "continuous" one, and requires the introduction of a somewhat different notion — that of a *limit*.

在定义 1.3 中出现的符号 $\lim\limits_{n \to \infty}$ 中含有记号 $n \to \infty$ (其中 ∞ 已在定义 1.2 中出现, 读作 "正无穷" 或 "正无限", 简称为 "无穷" 或 "无限"). 这本身就是一个极限过程, 但它不是收敛过程. 下面给出 "发散到无限" 的确切定义.

定义 1.3 (续) (发散到无限) 设 $f = \{f(n)\}_{n=1}^{\infty}$ 是 (比例) 数列.

1) 如果对于任给的 (不管多大的) (比例) 数 a, 都找得到 (与 a 有关的) 一个数 $m \in \mathbb{N}_+$, 使得当 $n > m$ 时 $f(n) > a$, 那么, 就说数列 f 发散到极限 ∞ (读做正无穷, 或正无限), 记做 $\lim\limits_{n \to \infty} f(n) = \infty$.

2) 如果对于任给的 (不管多小的) (比例) 数 b, 都找得到 (与 b 有关的) 一个数 $m \in \mathbb{N}_+$, 使得当 $n > m$ 时 $f(n) < b$, 那么, 就说数列 f 发散到极限 $-\infty$ (读做负无穷, 或负无限), 记做 $\lim\limits_{n \to \infty} f(n) = -\infty$.

说明一下, ∞ 和 $-\infty$ 都只是符号而不是数. 但为了方便, 我们规定, 对于任意的数 a 都成立

$$-\infty < a < \infty.$$

并且规定它们可以参与算术运算如下:

$$a + \infty = \infty, \ a + (-\infty) = a - \infty = -\infty;$$
$$\text{当} a > 0 \text{时}, \ a \cdot \infty = \infty, a \cdot (-\infty) = -\infty;$$
$$\text{当} a < 0 \text{时}, \ a \cdot \infty = -\infty;$$
$$\infty \cdot \infty = \infty, \ (-\infty) \cdot (-\infty) = \infty, \ \infty \cdot (-\infty) = -\infty.$$

并且在这些规定之下, 运算满足常规的交换律、结合律、分配律. 当前我们认为 0 与 ∞、$-\infty$ 不可进行乘法. 在测度论中规定它们的乘积为 0.

从定义看到, 数列 $\{f(n)\}_{n=1}^{\infty}$ 收敛到 ℓ 与数列 $\{f(n)-\ell\}_{n=1}^{\infty}$ 收敛到 0 等价, 当然也与绝对值所成的非负数列 $\{|f(n)-\ell|\}_{n=1}^{\infty}$ 收敛到 0 等价.

例 1.4 正整数数列 $\{n\}_{n=1}^{\infty}$ 发散到 ∞; 正整数的倒数数列 $\left\{\dfrac{1}{n}\right\}_{n=1}^{\infty}$ 收敛到 0.

例 1.5 设 $q \in \mathbb{Q}$, $q > 0$. 数列 $\{q^n\}_{n=1}^{\infty}$ 是我们熟知的公比 (即后一项与前一项的比) 为 q 的等比数列. 显然, 当 $q > 1$ 时

$$\lim_{n \to \infty} q^n = \infty,$$

我们来证明, 当 $0 < q < 1$ 时

$$\lim_{n \to \infty} q^n = 0.$$

证 q 的本原表示具有形状 $q = \dfrac{s}{s+h}$, 其中, $s, h \in \mathbb{N}_+$. 那么

$$\left(1 + \frac{h}{s}\right)^n = \sum_{k=0}^{n} \mathrm{C}_n^k \left(\frac{h}{s}\right)^k.$$

其中 $\sum_{k=0}^{n} u_k$ 代表求和: $u_0 + u_1 + \cdots + u_n$. 而数 C_n^k 的定义是

$$\mathrm{C}_n^k = \frac{n!}{k!(n-k)!}, \ k = 0, 1, \cdots, n.$$

作为规定, $0! = 1$. 由此断定

$$\left(1 + \frac{h}{s}\right)^n \geqslant 1 + n\left(\frac{h}{s}\right).$$

对于任意的 $\varepsilon > 0$, 取整数 N 使得 $N\left(\dfrac{h}{s}\right) > \dfrac{1}{\varepsilon}$, 例如取

$$N = \left[\frac{s}{h\varepsilon}\right] + 1$$

就可以. 这里, 符号 $[x]$ 代表不超过比例数 x 的最大整数. 那么当 $n > N$ 时, 必成立

$$|q^n - 0| = q^n = \frac{1}{\left(1 + \dfrac{h}{s}\right)^n} < \frac{1}{\left(1 + \dfrac{h}{s}\right)^N} < \frac{1}{N\dfrac{h}{s}} < \varepsilon.$$

所以, 根据极限的定义
$$\lim_{n\to\infty} q^n = 0.$$
□

例 1.6 设 $q \in \mathbb{Q}$, $0 < q < 1$. 令 $s_n = \sum_{k=0}^{n} q^k$, $n \in \mathbb{N}_+$. 考察数列 $\{s_n\}_{n=1}^{\infty}$ 的极限.

我们知道,
$$s_n = \frac{1 - q^{n+1}}{1 - q}.$$

显然
$$0 < \frac{1}{1-q} - s_n = \frac{q^{n+1}}{1-q}, \quad \lim_{n\to\infty}\left(\frac{1}{1-q} - s_n\right) = 0.$$

所以
$$\lim_{n\to\infty} s_n = \frac{1}{1-q}.$$

以后遇到
$$\lim_{n\to\infty} \sum_{k=0}^{n} u_k = \ell,$$

ℓ 可以是 (比例) 数, 也可以是 ∞ 或 $-\infty$ 的情形时, 径直写
$$\sum_{k=0}^{\infty} u_k = \ell.$$

当 q 取形如 10^{-m} (即小数点后第 m 位是 1 其它位都是 0 的 (有限) 十进小数) 时, 根据上面的结果,
$$\sum_{k=0}^{\infty} 10^{-mk} = \frac{1}{1 - 10^{-m}} = \frac{10^m}{10^m - 1} = \frac{1\overbrace{0\cdots0}^{m\uparrow}}{\underbrace{9\cdots9}_{m\uparrow}}.$$

定义 1.4 (基本列 —— Cauchy (柯西) 列) 设 $f = \{f(n)\}_{n=1}^{\infty}$ 是数列. 如果对于任意的 (比例数) $\varepsilon > 0$, 总找得到一个 (与 ε 的大小有关的) 数 $N \in \mathbb{N}_+$, 使得当 $m, n > N$ 时
$$|f(m) - f(n)| < \varepsilon,$$
那么, 就说数列 f 是基本列 (或 Cauchy 列).

定理 1.1 收敛数列必是基本列.

证 设数列 f 收敛到 ℓ. 那么, 不管正 (比例) 数 ε 多小, 总找得到 $N \in \mathbb{N}_+$, 使得当 $n > N$ 时,
$$|f(n) - \ell| < \frac{1}{2}\varepsilon.$$
于是, 当 $m, n > N$ 时,
$$|f(m) - f(n)| < |f(m) - \ell| + |\ell - f(n)| < \varepsilon. \qquad \Box$$

定义 1.5 设 f 和 g 都是数列. 如果 $\lim\limits_{n \to \infty} \big(f(n) - g(n)\big) = 0$, 那么就说 f 和 g 等价.

显然, 数列的等价关系具有反身性、对称性和传递性. 也就是说, 任何数列 f 必与自己等价; 若数列 f 与数列 g 等价, 则 g 与 f 等价; 若数列 f 与数列 g 等价, 且数列 g 与数列 h 等价, 则数列 f 与数列 h 等价.

定义 1.6 (子列) 设 f 和 g 都是数列, g 只取正整数值且严格增, 即对于一切 $n \in \mathbb{N}_+$, 有 $g(n) \in \mathbb{N}_+$ 并且 $g(n) < g(n+1)$. 那么, 称数列 $\{f(g(n))\}_{n=1}^{\infty}$ 为 f 的子列, 记之为 $f \circ g$.

定理 1.2 若 f 是基本列, 则它的子列与它等价.

定理的证明留作习题.

定理 1.3 (极限运算与算术运算协调) 若 f 和 g 分别收敛到 a 和 b, 且 $c, d \in \mathbb{Q}$, 那么
$$\lim_{n \to \infty} \big(cf(n) + dg(n)\big) = ca + db, \quad \lim_{n \to \infty} \big(f(n)g(n)\big) = ab.$$
如果还知 $b \neq 0$, 那么
$$\lim_{n \to \infty} \frac{f(n)}{g(n)} = \frac{a}{b}.$$

注 由于 $b \neq 0$, 当 n 充分大时必有 $g(n)b > 0$ 成立, 所以 $\dfrac{f(n)}{g(n)}$ 对于大的 n 有定义. 那么, 谈到它的极限, 总把前有限项使 $g(n) = 0$ 者略去不要.

定理的证明留作习题.

最后我们规定, 说一个数列 $\{f(n)\}_{n=1}^{\infty}$ 是有上界的, 指的是存在一个数 a, 使得对于每个 $n \in \mathbb{N}_+$ 都有 $f(n) < a$; 说一个数列 $\{f(n)\}_{n=1}^{\infty}$ 是有下界的, 指的是存在一个数 b, 使得对于每个 $n \in \mathbb{N}_+$ 都有 $f(n) > b$; 说一个数列 f 有界, 指的是它既有上界又有下界. 显然, 极限为 ∞ 的数列无上界, 而极限为 $-\infty$ 的数列无下界. 收敛的数列是有界的 (见习题 1.1, 题 6).

习题 1.1

1. 请给出定理 1.2 的证明.
2. 请给出定理 1.3 的证明.
3. 设
$$t_n = \sum_{k=1}^{n} \frac{1}{k(k+1)} := \frac{1}{1 \cdot 2} + \cdots + \frac{1}{n(n+1)}.$$
求 $\lim\limits_{n\to\infty} t_n$.
4. 设 $a \in \mathbb{Q}, a > 1, k \in \mathbb{N}$. 求
$$\lim_{n\to\infty} \frac{n^k}{a^n}.$$
5. 设比例数列 $\{x_n\}_{n=1}^{\infty}$ 和 $\{y_n\}_{n=1}^{\infty}$ 分别收敛到比例数 x 和 y. 求证:
$$\lim_{n\to\infty} \max\{x_n, y_n\} = \max\{x, y\}.$$
注意 $\max\{\cdots\}$ 表示 { } 中的数之最大者, max 是 maximum 的略写.
6. 证明: 基本列一定是有界的.
7. 设 f, g 都是有极限的数列. 若对于每个 $n \in \mathbb{N}_+$ 都有 $f(n) \leqslant g(n)$, 那么
$$\lim_{n\to\infty} f(n) \leqslant \lim_{n\to\infty} g(n).$$
8. 根据定义证明:
   (1) $\lim\limits_{n\to\infty} \dfrac{4n}{2n+1} = 2$;   (2) $\lim\limits_{n\to\infty} \dfrac{3n}{4-5n} = -\dfrac{3}{5}$.
9. 设 f 和 g 是彼此等价的比例数列. 证明: 若 f 是基本列, 则 g 也是基本列.

§2 实数的十进表示的定义, 比例数的十进表示

本节的目的是给出实数的十进表示的定义, 然后从极限的观点对于比例数的十进表示做一个严格的讨论, 把比例数的十进表示与比例数的本原表示沟通起来.

定义 2.1 设 $a_k \in \{0, 1, \cdots, 9\}$, $k \in \mathbb{N}_+$, 并且不管 N 多大, 都存在 $k > N$ 使得 $a_k < 9$. 设 $p \in \mathbb{Z}$ (数字 p 用十进制表示). 称记号

$$p + 0.a_1 a_2 a_3 \cdots \tag{2.1}$$

为**十进数**, 即实数的十进表示, 简称为**实数**, 称 p 为它的整部. 当 $p = 0$ 时, 把 $p + 0.a_1 a_2 a_3 \cdots$ 简写为 $0.a_1 a_2 a_3 \cdots$. 十进数当中的不循环数表示的实数叫做**非比例数**(俗称为无理数).

说明一下, 这里, 我们规定了不循环数表示的实数叫做非比例数, 至于比例数, 我们已明确地知道它们的本原表示. 所以, 从中学课本中得知的 "循环数叫做有理数 (比例数)" 这个命题, 应该是一个需要证明的命题, 而不是定义. 初中课本中因为缺少 "极限" 概念, 无法证明, 就把它硬性地作为 "定义" 了.

注意 当前我们还没有对于 "十进数" 作任何进一步的说明, 式 (2.1) 只是一个记号, 其中的加号 +, 目前没有任何含义. 我们把实数的十进表示简称为实数, 就像把中文字曹操叫做名字为 "曹操" 的人一样, 当然这个人还有别的名字, 例如 "曹孟德" "曹阿瞒". 所以, 我们说, 定义 2.1 只是实数的十进表示的定义, 而不是 "实数" 的定义, 称符号 (2.1) 为实数, 只不过是对于实数的呼叫, 就像呼叫人的名字一样.

当然, 记号 (2.1) 的重要性在于它不仅是个记号, 而且具有记号之外的重要的数学含义和功能. 后面我们要做的就是阐述记号 (2.1) 的这些数学含义和功能, 包括: 实数之间的加、减、乘、除运算, 实数的绝对值, 实数之间的大小关系, 实数之间的 "距离"(差的绝对值), 以及实数序列的极限, 等等. 正是具备了这样丰富的数学结构, 实数的全体才有资格叫做 (一维的) "Euclid (欧几里得) 空间". "十进数" (即记号 (2.1)) 正是表示 Euclid 空间的最常用的得力工具.

定义 2.2 设 $p+0.a_1a_2a_3\cdots$ 是一个十进数, 简记之为 A. 令

$$A_n = p + 0.a_1\cdots a_n = p + \sum_{k=1}^{n}\frac{a_k}{10^k}, \quad n \in \mathbb{N}_+.$$

称比例数列

$$\{A_n\}_{n=1}^{\infty} \tag{2.2}$$

为与十进数 (2.1) 对等的数列. 与一个十进数对等的数列叫做**标准列**.

定义 2.2 实际上规定了十进数 (2.1) 的另一种写法, 它把十进数表示成特定的比例数列 —— 标准列. 下面将看到, 这种写法为定义十进数之间的算术运算提供了方便.

命题 2.1 标准列是基本列.

证 设 $g = \{p+f(n)\}_{n=1}^{\infty}$ 是标准列, 其中

$$f(n) = 0.a_1a_2\cdots a_n, \quad n \in \mathbb{N}_+.$$

对于任给的 (比例数)$\varepsilon > 0$, 当 $\mu, \nu \in \mathbb{N}_+$ 且 $\mu, \nu > [\varepsilon^{-1}] + 1 := N$ 时显然有

$$|g(\mu) - g(\nu)| = |f(\mu) - f(\nu)| < 10^{-N} < N^{-1} < \varepsilon. \qquad \square$$

对于十进数中的循环数, 现在重新写一下定义, 然后来进行认真讨论.

定义2.3 设 $m \in \mathbb{N}_+$, $a_1, \cdots, a_m$ 是 m 个不全为 9 的取值于 $\{0,1,\cdots,9\}$ 的数字. 设 $p \in \mathbb{Z}$. 把十进数

$$p + 0.a_1 \cdots a_m a_1 \cdots a_m \cdots \tag{2.3}$$

叫做以 $a_1 \cdots a_m$ 为循环节的 (十进)**循环小数**, 简记之为

$$p + 0.\dot{a}_1 \cdots \dot{a}_m.$$

如果 $b_1, \cdots b_\mu \in \{0,1,\cdots,9\}$ $(\mu \in \mathbb{N}_+)$, 则也把十进数

$$p + 0.b_1 \cdots b_\mu a_1 \cdots a_m a_1 \cdots a_m \cdots \tag{2.4}$$

叫做以 $a_1 \cdots a_m$ 为循环节的 (十进)**循环小数**, 简记之为

$$p + 0.b_1 \cdots b_\mu \dot{a}_1 \cdots \dot{a}_m.$$

注 2.1 在定义中排除 "以 9 为循环节" 的情形, 只是为了技术处理的方便.

注 2.2 在我们的定义中, 十进数总是中学课本中见到过的 "无限小数". 对于以零为循环节的十进数, 目前没有理由把循环节略掉而写成有限小数, 因为有限小数是分母为 10 的正整数次幂 (或零次幂) 的分数, 它是本原表示的比例数. 只有在我们证明了在有限小数的末尾添上循环节 $\dot{0}$ 之后所成的十进数确实和原始的有限小数 "表示" 同一个比例数之后, 才可以把二者视为同一而在它们之间画等号.

注 2.3 按定义 2.3, 同一个循环小数可以有不同的记法 (和不同的循环节). 例如十进数

$$0.01010101 \cdots$$

既可以写成 $0.\dot{0}\dot{1}$ 也可以写成 $0.0\dot{1}\dot{0}$. 而且,$0.\dot{2}$ 和 $0.\dot{2}\dot{2}$ 表示同一个数. 但无论如何, 单个数字 9 不可以是循环节.

设 $\{A_n\}_{n=1}^\infty$ 是与十进数 (2.3) 对等的数列. 那么

$$A_{mn} = p + 0.a_1 \cdots a_m \sum_{k=0}^{n-1} \frac{1}{10^{mk}},$$

从而, 根据 §1 例 1.6 讨论过的事实, 比例数列 $\{A_n\}_{n=1}^\infty$ 收敛到下述极限:

$$\lim_{n \to \infty} A_n = \lim_{n \to \infty} A_{mn} = p + \frac{0.a_1 \cdots a_m}{1 - \dfrac{1}{10^m}} \in \mathbb{Q}. \tag{2.3'}$$

同理, 与十进数 (2.4) 对等的数列收敛到

$$p+0.b_1\cdots b_\mu + \frac{0.a_1\cdots a_m}{\left(1-\frac{1}{10^m}\right)10^\mu} \in \mathbb{Q}. \tag{2.4'}$$

注 2.4 形如 (2.3) 的循环数完全符合 (2.4) 的形式, 只要把小数点后的第一个循环节写成 $b_1\cdots b_m$ 就完全成为 (2.4) 的形式. 所以, 从理论上来说, 只讨论形如 (2.4) 的循环数就可以了.

定义 2.4 把循环数 (2.3) 和 (2.4) 分别叫做它们所对等的比例数列 (标准列) 的极限 (2.3′) 和 (2.4′) 的十进表示.

命题 2.2 不同的循环数所表示的比例数是不同的.

证 设 $p+0.c_1c_2c_3\cdots$ 和 $q+0.d_1d_2d_3\cdots$ 是两个 (形如 (2.3) 或 (2.4) 的) 不同的循环小数, $\{C_n\}_{n=1}^\infty$ 和 $\{D_n\}_{n=1}^\infty$ 分别是与他们对等的比例数列.

如果 $p\neq q$, 无妨认为 $p>q$, 那么, 我们可以找到某 $k\in\mathbb{N}_+$, $k>2$ 使得 $d_k<9$. 于是当 $n>k$ 时,

$$C_n\geqslant p,\quad D_n\leqslant q+0.9\cdots 9(d_k+1)\leqslant q+\frac{10^k-1}{10^k}.$$

那么, 当 $n>k$ 时

$$C_n-D_n\geqslant p-q-1+\frac{1}{10^k}\geqslant \frac{1}{10^k}.$$

从而

$$\lim_{n\to\infty}C_n\geqslant \lim_{n\to\infty}D_n+\frac{1}{10^k}.$$

设 $p=q$, 那么存在一个自然数 ℓ, 使得 $c_\ell\neq d_\ell$, 且当自然数 $j<\ell$ 时 $c_j=d_j$. 无妨认为 $c_\ell>d_\ell$. 那么, 我们可以找到某 $k\in\mathbb{N}_+$, $k>\ell$, 使得 $d_k<9$. 于是当 $n>k$ 时,

$$C_n\geqslant p+0.c_1\cdots c_\ell\cdots c_k,\quad D_n\leqslant p+0.d_1\cdots d_\ell\cdots(d_k+1).$$

那么, 当 $n>k$ 时

$$C_n-D_n\geqslant \frac{1}{10^k}.$$

从而

$$\lim_{n\to\infty}C_n\geqslant \lim_{n\to\infty}D_n+\frac{1}{10^k}.$$

证毕. □

从另一方面来说, 我们有下述命题.

命题 2.3 任意一个比例数都可以表示成形如 (2.3) 或 (2.4) 的十进循环小数, 也就是说, 它是这个循环数所对等的标准列的极限.

在证明这个命题之前, 先用实例演示一下如何用竖式除法获得比例数的十进表示.

例 2.1 求 $1 \div 7$ 的十进表示.

大家熟悉的 "竖式" 如下:

```
              0. 1  4  2  8  5  7 ⋯ ⋯
        7 ⟌ 1. 0
           −   7
               3  0
           −   2  8
                  2  0
              −   1  4
                     6  0
                  −  5  6
                        4  0
                     −  3  5
                           5  0
                        −  4  9
                              1  0
                              ⋮
```

运算的结果是一个十进循环小数 $0.142857142857\cdots = 0.\dot{1}4285\dot{7}$. 这个结果可以精确地写成

$$\frac{1}{7} = 0.142857 + \frac{1}{7}\frac{1}{10^7} = 0.142857 + \frac{0.142857}{10^7} + \frac{1}{7} \cdot \frac{1}{10^{14}}.$$

并且不难归纳地得到, 对于任意的正整数 n 都成立

$$\frac{1}{7} = 0.142857 \cdot \sum_{k=0}^{n} \frac{1}{10^{7k}} + \frac{1}{7} \cdot \frac{1}{10^{7(n+1)}}. \qquad (\clubsuit)$$

例 2.2 求 $1 \div 2$ 的十进表示.

这里有两种运算方式. 先说第一种.

$$
\begin{array}{r}
0.\,5\,0\,\cdots\cdots \\
2\,\overline{)\,1.} \\
-\,0 \\ \hline
1\,0 \\
-\,1\,0 \\ \hline
0 \\
-\,0 \\ \hline
0 \\
\vdots
\end{array}
$$

运算的结果是一个十进循环数, 循环节是 "0": $1 \div 2 = 0.50\cdots = 0.5\dot{0}$.

第二种运算方式如下:

$$
\begin{array}{r}
0.\,4\,9\,9\,\cdots \\
2\,\overline{)\,1.} \\
-\,0 \\ \hline
1\,0 \\
-8 \\ \hline
2\,0 \\
-\,1\,8 \\ \hline
2\,0 \\
-\,1\,8 \\ \hline
2\,0 \\
\vdots
\end{array}
$$

运算的结果是一个十进循环小数, 循环节是 "9":

$$1 \div 2 = 0.499\cdots = 0.4\dot{9}.$$

在这个例子中, 两种算法都很做作. 第一种算法人为地把第二次运算即可终止的过程, 夸大成无限次运算的过程: 在第一次运算得商 0.5 之后无限次地重复做无用功, 每次结果都是零. 而第二种算法也是 "故意" 不让运算终止, 不同的是, 从第一次开始就假装地把除得尽当成除不尽. 然而, 算法尽管做作, 却并无错误.

不过, 如果要使数 $\frac{1}{2}$ 只有一种十进小数表示形式, 无妨在 $0.5\dot{0}$ 和 $0.4\dot{9}$ 之中只选一个. 我们选择前者. 所以实数 (的十进表示) 的定义中 "排除" 了以 9 为循环节的情形.

命题 2.3 的证明 只需证明每个正的真分数都可以表示成形如 (2.4) 的循环数.

从例 2.1 看出, 针对一般情形把 "竖式除法" 写成 "横式" 就可完成证明. 设 $r = \frac{m}{n}$ 是既约分数, $m, n \in \mathbb{N}_+, m < n$. 那么, 存在 $r_1, m_1 \in \mathbb{N}$, 满足

$$10m = r_1 n + m_1, \quad 0 \leqslant r_1 \leqslant 9, \ 0 \leqslant m_1 < n.$$

同理, 存在 $r_2, m_2 \in \mathbb{N}$, 满足

$$10m_1 = r_2 n + m_2, \quad 0 \leqslant r_2 \leqslant 9, \ 0 \leqslant m_2 < n.$$

继续下去, 一般地得到 $r_k, m_k \in \mathbb{N}, k \in \mathbb{N}_+$, 满足

$$10m_k = r_{k+1} n + m_{k+1}, \quad 0 \leqslant r_{k+1} \leqslant 9, \ 0 \leqslant m_{k+1} < n.$$

由于 $0 \leqslant m_k < n$, 所以在 $m_1, \cdots, m_{n+1}$ 这 $n+1$ 个小于 n 的非负整数中, 至少有两个是相等的. 也就是说, 一定存在一个 $\nu \in \mathbb{N}_+, \nu \leqslant n$, 使得 $m_{\nu+1}$ 与 $m_1, \cdots, m_\nu$ 中的一个数相同, 设这个数是 m_μ ($\mu \in \{1, \cdots, \nu\}$), 并且诸 $m_1, \cdots, m_\nu$ 两两不同. 于是我们得到

$$\begin{aligned} 10^\mu m &= 10^{\mu-1} r_1 n + 10^{\mu-1} m_1 \\ &= 10^{\mu-1} r_1 n + 10^{\mu-2} r_2 n + 10^{\mu-2} m_2 \\ &= 10^{\mu-1} r_1 n + 10^{\mu-2} r_2 n + \cdots + 10^{\mu-\mu} r_\mu n + m_\mu. \end{aligned}$$

由此可见

$$\frac{m}{n} = 0.r_1 \cdots r_\mu + \frac{m_\mu}{10^\mu n}. \tag{2.5}$$

我们知道

$$10m_\mu = r_{\mu+1} n + m_{\mu+1},$$
$$10m_{\mu+1} = r_{\mu+2} n + m_{\mu+2},$$
$$\cdots \cdots \cdots \cdots$$
$$10m_\nu = r_{\nu+1} n + m_{\nu+1}.$$

把 $\nu + 1 - \mu$ 记做 p, 把 $r_{\mu+j}$ 记做 $a_j, j = 1, \cdots, p$. 那么,

$$10^p m_\mu = 10^{p-1} a_1 n + \cdots + 10^0 a_p n + m_{\nu+1}.$$

也就是说
$$\frac{m_\mu}{n} = 0.a_1\cdots a_p + \frac{m_{\nu+1}}{10^p n}.$$

为简单, 把十进数 $0.a_1\cdots a_p$ 记做 a. 注意到 $m_\mu = m_{\nu+1}$, 我们得到
$$\frac{m_\mu}{n} = a + \frac{m_\mu}{n}\frac{1}{10^p}.$$

从而
$$\frac{m_\mu}{n} = \frac{a}{1-\frac{1}{10^p}}. \tag{2.6}$$

由于 $m_\mu < n$, 所以 $a < 1 - \frac{1}{10^p} = 0.9\cdots 9$. 这表明, $a_1,\cdots,a_p$ 不可能全是 9. 我们看到 $\frac{m_\mu}{n}$ 是以 $a_1\cdots a_p$ 为循环节的循环数.

把 (2.6) 代入 (2.5) 得
$$\frac{m}{n} = 0.r_1\cdots r_\mu + \frac{1}{10^\mu}\frac{a}{1-\frac{1}{10^p}}. \tag{2.7}$$

根据 (2.4′), 我们看到, 比例数 $\frac{m}{n}$ 是以 $a_1\cdots a_p$ 为循环节的循环数. □

把命题 2.2 和命题 2.3 合起来就得到下述定理.

定理 2.4 (按定义 2.4) 每个比例数都有唯一一个循环数为其表示, 每个循环数也都表示一个比例数.

按此定理, 我们把比例数的本原表示与其十进表示等同看待. 若 $a = \frac{m}{n} \in \mathbb{Q}$, a 的十进表示是 $p + 0.a_1 a_2 a_3\cdots$, 那么我们记
$$a = p + 0.a_1 a_2 a_3 \cdots. \tag{2.8}$$

这与我们在初级中学学过的知识是一样的. 然而, 我们现在的认识提高了一步, 因为我们知道了, 循环数所表示的比例数乃是与这个循环数对等的标准列的极限. 以后我们把与一个比例数的十进表示对等的标准列, 也直接叫做与这个比例数对等的标准列.

设 (2.8) 是比例数 (即循环数). 把与它对等的标准列记做 $f = \{f(n)\}_{n=1}^\infty$. 那么, f 是一个单调增的数列 (即前项不大于后项的数列), 并且对于任意的 $m, n \in \mathbb{N}_+$, 当 $m > n$ 时,
$$f(n) \leqslant f(m) \leqslant f(n) + \frac{1}{10^n}.$$

令 $m \to \infty$, 得到 (见习题 1.1 题 7)
$$f(n) \leqslant a = \lim_{m\to\infty} f(m) \leqslant f(n) + \frac{1}{10^n}. \tag{2.9}$$

这个式子给出了比例数和与它对等的标准列的第 n 项的偏差.

姑且总结一下, 每个比例数都唯一地表示成形如 (2.1) 的十进循环数, 它恰是这个十进数所对等的标准列的极限. 这里, **"表示" 的含义是清楚的, 它必须通过极限来表达**. 现在我们也明白了, 熟知的 "有限小数", 例如 2.325 按定义 2.1, 本该写成 $2 + 0.3250\cdots$, 从小数点后第 4 位始, 后面全是 0. 而这个十进数所对等的标准列从第 4 项始, 后面的每项都是同一个数 2.325. 所以, 把以零为循环节的十进数的循环的 0 统统略掉而写成有限形式就是顺理成章的了. 也就是说, 现在可以在有限小数和以零为循环节的十进数之间画等号了: 对于 $p \in \mathbb{Z}$, $a_1, \cdots, a_m \in \{0, 1, \cdots, 9\}$,

$$p = p + 0.000\cdots, \quad p + 0.a_1\cdots a_m = p + 0.a_1\cdots a_m 000\cdots.$$

等式左边是本原表示 (分数), 等式右边是十进表示 (十进数 —— 它永远是无限小数), 等式两边的符号表示的是同一个比例数.

我们知道, $\mathbb{Q}$ 中定义了加、减、乘、除四则算术运算. 现在每个比例数 (即 $\mathbb{Q}$ 的每个元素, 都唯一地表示成形如 (2.1) 的十进循环数, 它恰是这个十进数所对等的标准列的极限, 所以, 两个比例数的算术运算的结果是表示它们的循环数所对等的标准列经过同样的运算所得的数列的极限.

具体说来, 设 $a \in \mathbb{Q}, b \in \mathbb{Q}$, 表示 a 的循环小数是 $p + 0.a_1 a_2 a_3 \cdots$, 表示 b 的循环小数是 $q + 0.b_1 b_2 b_3 \cdots$. 记 $A_n = p + 0.a_1\cdots a_n$, $B_n = q + 0.b_1\cdots b_n$. 我们简称 $\{A_n\}_{n=1}^{\infty}$ 为 a 对等的标准列, 简称 $\{B_n\}_{n=1}^{\infty}$ 为 b 对等的标准列. 我们已证明了

$$a = \lim_{n\to\infty} A_n, \quad b = \lim_{n\to\infty} B_n.$$

现在对于 a 和 b 实施算术运算.

做加法, 得到

$$c := a + b = \lim_{n\to\infty}(A_n + B_n).$$

我们看到 a 与 b 的和 c 等于**基本列** $\{A_n + B_n\}_{n=1}^{\infty}$ 的极限. 另一方面, 我们已经证明, c 必可表示为一个循环数 $r + 0.c_1 c_2 c_3 \cdots$, c 是这个循环数所对等的**标准列** $\{C_n = r + 0.c_1\cdots c_n\}_{n=1}^{\infty}$ 的极限. 于是基本列 $\{A_n + B_n\}_{n=1}^{\infty}$ 等价于标准列 $\{C_n\}_{n=1}^{\infty}$.

做乘法, 得到

$$d := ab = \lim_{n\to\infty}(A_n B_n).$$

我们看到 a 与 b 的积 d 等于**基本列** $\{A_n B_n\}_{n=1}^{\infty}$ 的极限. 另一方面, 我们已经证明, d 必可表示为一个循环数 $s + 0.d_1 d_2 d_3 \cdots$, d 是这个循环数所对等的**标准**

列 $\{D_n = s + 0.d_1 \cdots d_n\}_{n=1}^{\infty}$ 的极限. 于是基本列 $\{A_n B_n\}_{n=1}^{\infty}$ 等价于标准列 $\{D_n\}_{n=1}^{\infty}$.

如果 $b \neq 0$ $(0 = 0 + 0.000 \cdots)$, 那么 b 的十进表示 $b = q + 0.b_1 b_2 \cdots$ 必有如下性质: 存在 $m \in \mathbb{N}_+$ 及正的比例数 δ, 使得对于一切 $n \geq m$ 都成立

$$|q + 0.b_1 \cdots b_n| \geq \delta.$$

我们来证明这件事.

这里有三种情况可能发生. 第一种情形, $q = 0$, 即 $b = 0.b_1 b_2 \cdots$. 此时必有某 $b_m > 0$. 于是, 记 $\delta = 10^{-m}$, 当 $n \geq m$ 时, $q + 0.b_1 \cdots b_n \geq \delta$. 第二种情形是 $q > 0$. 这时取 $m = 1, \delta = 1$, 则当 $n \geq m$ 时 $q + 0.b_1 \cdots b_n \geq \delta$. 第三种情形是 $q \leq -1$. 那么, 由于 $0.b_1 b_2 \cdots$ 不以 9 为循环节, 必定存在某 $b_m < 9$. 那么当 $n \geq m$ 时, $q + 0.b_1 \cdots b_n \leq -1 + 0.b_1 \cdots b_m + 10^{-m}$. 记 $\delta = 1 - 0.b_1 \cdots b_m - 10^{-m}$. 就得到 $\delta > 0, |q + 0.b_1 \cdots b_n| \geq \delta$ $(n \geq m)$.

所以, 如果 $b \neq 0$, 那么由 b 的十进表示所对等的标准列 $\{B_n\}_{n=1}^{\infty}$, 可以做一个比例数列

$$\left\{\frac{1}{B_{m+n}}\right\}_{n=1}^{\infty}$$

这里 $|B_{m+n}| \geq \delta > 0$ 对于一切 $n \in \mathbb{N}_+$ 成立. 我们说此数列是基本的. 这是因为

$$\left|\frac{1}{B_{m+\mu}} - \frac{1}{B_{m+\nu}}\right| \leq \delta^{-2} |B_{m+\mu} - B_{m+\nu}|,$$

而 $\{B_k\}_{k=1}^{\infty}$ 是基本列.

我们知道, b^{-1} $\left(\text{即 } \dfrac{1}{b}\right)$ 是比例数并且

$$b^{-1} = \lim_{n \to \infty} \frac{1}{B_{n+m}}.$$

由此式可知, m 取什么值都没关系, 只要 $\dfrac{1}{B_{n+m}}$ 是比例数就可以了. 很明显, b^{-1} 仍然是一个十进循环数 $b^{-1} = t + 0.e_1 e_2 \cdots$, 也就是说, b^{-1} 是这个循环数对等的标准列 $\{E_n = t + 0.e_1 \cdots e_n\}_{n=1}^{\infty}$ 的极限. 这表明基本列 $\left\{\dfrac{1}{B_{m+n}}\right\}_{n=1}^{\infty}$ 与标准列 $\{E_n\}_{n=1}^{\infty}$ 等价.

总之, 两个比例数 a 和 $b \neq 0$ 的 (加、减、乘、除) 四则运算的结果: 和 $a + b$, 差 $a - b = a + (-1)b$, 积 ab, 商 $\dfrac{a}{b}$ 的十进表示, 是由表示 a 和 b 的十进数 (循环数) 所对等的标准列 $\{A_n\}_{n=1}^{\infty}$ 和 $\{B_n\}_{n=1}^{\infty}$ 经 (对应项的) 同样的运算所得的基本列 $\{A_n + B_n\}_{n=1}^{\infty}, \{A_n - B_n\}_{n=1}^{\infty}, \{A_n B_n\}_{n=1}^{\infty}, \left\{\dfrac{A_{n+m}}{B_{n+m}}\right\}_{n=1}^{\infty}$ 所等价的标准列所对等的十进数 (循环数).

这启发我们提出问题, 是不是每个基本列都唯一地等价于一个标准列? 如果这个问题得到肯定的回答, 我们就能把比例数之间的四则运算的定义, 借助于标准列 (对应项) 的运算, 完全推广到十进数中去. 下一节将对这个问题给出肯定的回答.

习题 1.2

1. 证明本节的结论与进位制的选取无关. 例如, 在二进制中, 每个比例数都可唯一地表示成 (不以 1 为循环节的) 循环小数.
2. 分别把 $\frac{1}{7}, \frac{1}{16}, \frac{1}{29}$ 写成二进制的循环小数.
3. 请构造一个数列 f, 使得 f 是 $\mathbb{N}_+$ 到 $\mathbb{Q}$ 的满射, 也就是说, 对于每一个 $a \in \mathbb{Q}$, 都存在一个相应的 $n \in \mathbb{N}_+$ 使得 $f(n) = a$.
4. 证明: 两个不同的标准列是不等价的.
5. 证明: 本节式 (2.4′) 中的比例数等于
$$p + \frac{b_1 \cdots b_\mu a_1 \cdots a_m - b_1 \cdots b_\mu}{\underbrace{9 \cdots 9}_{m \text{个}} \underbrace{0 \cdots 0}_{\mu \text{个}}}.$$

6. 在十进制下, 设 $a = 0.26\dot{1}2\dot{3}$, $b = 0.4\dot{2}64\dot{7}$. 求 $a + b$ 的十进表示.

§3 $\mathbb{R}$ 中的算术运算及大小次序

上一节中已经定义了实数的十进表示, 即十进数. 简称一个十进数为实数, 实数的全体记做 $\mathbb{R}$. 我们还证明了十进数当中的循环数所表示的实数就是熟知的比例数 (rational numbers). 每个循环数所表示的比例数, 正是这个循环数所对等的标准列的极限. 我们把这个极限 (的本原表示) 与这个循环数等同起来. 例如 $\frac{1}{7} = 0.\dot{1}4285\dot{7}, \frac{1}{3} = 0.\dot{3}$ 等.

重申一下, 我们从来不曾给**实数**下哲学意义的定义. 只不过是规定了用十进制符号来表达实数而已. 在实际生活中实数无处不在. 道路有长度, 空气有温度 (气温), 物体有质量, 货币有多少, 蔬菜有价格 …… 这些都需要用实数来表示, 哪里也离不开实数. 这样一个人人都明白的概念, 不知是否还需要劳烦哲学家去叙述定义. 但数学工作者必须明确给出表达实数的符号, 确定这些符号之间的运算法则、大小关系, 确定集合 $\mathbb{R}$ 应有的一切数学结构. 只有这样, 才能够严格地在这个基础上展开整个数学的理论.

上节所定义的实数 (我们指的是实数的十进表示) 和标准列之间的对等关系明显是一一对应的关系. 因此可将二者等同看待. 为书写方便, 约定一个记号.

如果 $f = \{f(n)\}_{n=1}^{\infty}$ 是一个标准列, 我们就把与它对等的实数记做 $\tilde{f}$.

§2 中已证明, 对于循环数所表示的实数等于它所对等的标准列的极限. 本节要借助标准列的概念, 在 $\mathbb{R}$ 中建立数学运算, 规定大小关系, 规定绝对值的概念, 规定两个实数之间的距离. 前提是新的规定, 与原来对于比例数的已有规定完全相容 (协调一致).

定理 3.1 任给一个 (比例数的) 基本列, 存在唯一一个标准列与其等价.

证 设 $f = \{f(n)\}_{n=1}^{\infty}$ 是基本列.

把 $f(n)$ 写成十进循环数,

$$f(n) = p_n + 0.a_1^n a_2^n a_3^n \cdots,$$

其中

$$p_n \in \mathbb{Z},\ a_k^n \in \{0, 1, \cdots, 9\},\ k \in \mathbb{N}_+.$$

显然, $\{p_n\}_{n=1}^{\infty}$ 是由整数组成的有界数列. 所以, 必存在整数 p, 它在此数列中出现无限次. 把 $p_n = p$ 的项顺次取出来构成数列

$$\{f_1(n)\}_{n=1}^{\infty}.$$

它是 f 的子列, 且有十进数表示

$$f_1(n) = p + 0.b_1^n b_2^n b_3^n \cdots.$$

由于 $b_1^n \in \{0, 1, \cdots, 9\}$, 所以必定存在一个数 $q_1 \in \{0, 1, \cdots, 9\}$, 它在数列 $\{b_1^n\}_{n=1}^{\infty}$ 中出现无限次. 把此数列中使 $b_1^n = q_1$ 的项顺次取出来构成数列

$$\{f_2(n)\}_{n=1}^{\infty}.$$

它是 f_1 的子列, 且有十进表示

$$f_2(n) = m + 0.q_1 c_2^n c_3^n \cdots.$$

无限地重复这一步骤, 得到一串数列

$$f_k = \{f_k(n)\}_{n=1}^{\infty},\ k \in \mathbb{N}_+,$$

其中 f_1 是 f 的子列, f_2 是 f_1 的子列, f_{k+1} 是 f_k 的子列 ($k \in \mathbb{N}_+$), 并且 f_{k+1} 的第 n 个元是

$$f_{k+1}(n) = p + 0.q_1 \cdots q_k h_{k+1}^n h_{k+2}^n \cdots.$$

此式右端是一个循环数, 比例数 $f_{k+1}(n)$ 是这个循环数所对等的标准列的极限. 当 $m > k$ 时, 这个标准列的第 m 项是比例数

$$H_m := p + 0.q_1\cdots q_k h_{k+1}^n \cdots h_m^n.$$

可见

$$p + 0.q_1\cdots q_k \leqslant H_m \leqslant p + 0.q_1\cdots q_k + 10^{-k}.$$

于是

$$p + 0.q_1\cdots q_k \leqslant f_{k+1}(n) \leqslant p + 0.q_1\cdots q_k + 10^{-k}.$$

令 $u(n) = p + 0.q_1\cdots q_n, n \in \mathbb{N}_+$. 那么

$$0 \leqslant f_{n+1}(n) - u(n) \leqslant 10^{-n}.$$

从而数列 $u := \{u(n)\}_{n=1}^\infty$ 是与 f 等价的基本列.

当 $0.q_1q_2q_3\cdots$ 不以 9 为循环节时, u 是标准列.

若 $0.q_1q_2q_3\cdots$ 以 9 为循环节, 则有两种可能性. 一是所有的 q_k 全部为 9, 这时我们定义数列 $v(n) = p + 1$, $n \in \mathbb{N}_+$. 另一种可能的情况是, 存在 $N \in \mathbb{N}_+$, 使得 $q_N < 9$, 而当 $k > N$ 时恒有 $q_k = 9$. 在这种情况下, 定义:

$$h_k = \begin{cases} q_k, & \text{当 } 1 \leqslant k < N \text{ 时,} \\ q_N + 1, & \text{当 } k = N \text{ 时,} \\ 0, & \text{当 } k > N \text{ 时.} \end{cases}$$

并定义 $v(n) = p + 0.h_1\cdots h_n$.

那么, 在任何情况下, $v = \{v(n)\}_{n=1}^\infty$ 都是标准列, 并且

$$|u(n) - v(n)| \leqslant 10^{-n}.$$

从而, v 与 u 等价. 根据 §1 定理 1.2, v 与 f 等价.

容易看出, 不相同的两个标准列是不可能等价的 (参阅 §2 命题 2.2 的证明). □

为通过基本列来定义实数的算术运算, 需要下述定理.

定理 3.2 任给标准列 $\{f(n)\}_{n=1}^\infty$, $\{g(n)\}_{n=1}^\infty$. 那么

(a) $\{f(n) + g(n)\}_{n=1}^\infty$, $\{f(n)g(n)\}_{n=1}^\infty$ 和 $\{-f(n)\}_{n=1}^\infty$ 都是基本列.

(b) 如果存在 $N \in \mathbb{N}_+$ 使得当 $n > N$ 时, $f(n) \neq 0$, 那么 $\left\{\dfrac{1}{f(n+N)}\right\}_{n=1}^\infty$ 也是基本列.

证 结论 (a) 是明显的. 我们来证结论 (b).

设 $f(n) = p + 0.a_1a_2a_3\cdots a_n$, 其中 $p \in \mathbb{N}$, $0.a_1a_2a_3\cdots$ 是不以 9 为循环节的十进数. 并设 $f(N) \neq 0$. 若 $f(N) > 0$, 则当 $n > N$ 时,

$$f(n) \geqslant f(N) > 0.$$

若 $f(N) < 0$, 则必有 $p < 0$ 且 $f(n) \leqslant -1 + 0.a_1\cdots a_n$. 由于诸 a_k 不全为 9, 可设 $a_\ell < 9$. 那么当 $n > \ell$ 时,

$$f(n) \leqslant f(\ell) + 10^{-\ell} \leqslant -10^{-\ell}.$$

从而,

$$|f(n)| \geqslant 10^{-\ell}.$$

总之, 在任何情况下, 都存在正数 $\delta \in \mathbb{Q}$ 以及 $\ell \in \mathbb{N}_+$, 使得当 $n > \ell$ 时

$$|f(n)| \geqslant \delta.$$

那么, 当 $\mu, \nu > \ell + N$ 时

$$\left|\frac{1}{f(\mu)} - \frac{1}{f(\nu)}\right| \leqslant \delta^{-2}|f(\mu) - f(\nu)|.$$

由此可见, 结论 (b) 成立. □

定义 3.1 (实数的四则运算) 设 f, g 都是标准列. 把与 $\{f(n) + g(n)\}_{n=1}^{\infty}$ 等价的标准列记做 $f + g$; 把与 $\{f(n)g(n)\}_{n=1}^{\infty}$ 等价的标准列记做 fg. 规定实数 $\tilde{f}$ 与实数 $\tilde{g}$ 的和与乘积如下:

$$\tilde{f} + \tilde{g} = \widetilde{f + g}, \quad \tilde{f}\tilde{g} = \widetilde{fg}.$$

并把与 $\{-f(n)\}_{n=1}^{\infty}$ 等价的标准列记做 $-f$, 那么与标准列 $-f$ 对等的实数为 $\widetilde{-f}$. 把实数 -1 与实数 $\tilde{f}$ 的乘积规定为 $-\tilde{f} = \widetilde{-f}$. 把 $\tilde{f} + (-\tilde{g})$ 叫做 $\tilde{f}$ 与 $\tilde{g}$ 的差, 记做 $\tilde{f} - \tilde{g}$. 如果存在 $N \in \mathbb{N}_+$ 使得当 $n > N$ 时, $f(n) \neq 0$, 那么把与 $\left\{\dfrac{1}{f(n+N)}\right\}_{n=1}^{\infty}$ 等价的标准列记做 $\dfrac{1}{f}$. 规定

$$\frac{1}{\tilde{f}} = \widetilde{\left(\frac{1}{f}\right)}.$$

定义 3.2 (实数的大小、实数的绝对值) 给定实数 $r = p + 0.a_1a_2a_3\cdots$, 其中 $p \in \mathbb{N}$. 如果 $p \geqslant 0$ 而 p 以及诸 a_n 不全是零, 则称 r 为正数, 记做 $r > 0$; 如果

p 以及诸 a_n 全是零，则称 r 为零，记做 $r = 0$；如果 $p < 0$，则称 r 为负数，记做 $r < 0$. 若实数 a, b 满足 $a - b > 0$，则说 a 大于 b 记做 $a > b$，或说 b 小于 a 记做 $b < a$. 把"不大于"记做"$\leqslant$"，"不小于"记做"$\geqslant$".

规定实数 r 的绝对值为

$$|r| := \begin{cases} r, & \text{当 } r \geqslant 0, \\ -r, & \text{当 } r < 0. \end{cases}$$

常常使用几何的语言，把 $\mathbb{R}$ 的元素叫做"点"，两点 α, β 间的"距离"规定为 $|\alpha - \beta|$.

例 3.1 设实数

$$\alpha = 0.a_1 a_2 a_3 \cdots, \qquad \beta = 0.b_1 b_2 b_3 \cdots.$$

如果存在一个数 $k \in \mathbb{N}_+$，使得 $a_k < b_k$，而当 $j < k$ 时，$a_j = b_j$，那么 $\alpha < \beta$.

证 从定理 3.1 的证明可以看到，如果一个基本列的每项都不是负数，那么与它等价的标准列的每项也都不是负数. 显然，与 α 对等的标准列的每项都不大于与 β 对等的标准列的对应的项. 所以，由上述事实，根据定义 3.2 知 $\alpha \leqslant \beta$.

但不同的标准列是不等价的，所以 $\alpha < \beta$. □

例 3.2 根据例 3.1，如果实数

$$\alpha = 0.\overbrace{0 \cdots 0}^{n \uparrow} a_{n+1} a_{n+2} \cdots,$$

那么 $0 \leqslant \alpha < 10^{-n}$. □

注 3.1 定义 3.1 规定的运算，是对于实数的十进表示进行的. 当运算涉及比例数时，必须使用比例数的十进表示来进行. 例如，当计算十进数 $p + 0.a_1 a_2 \cdots$ 与本原表示的比例数 $p + 0.a_1 \cdots a_n$ 的差时，应该使用此比例数的十进表示 $p + 0.a_1 \cdots a_n 0 \cdots$，从而得到

$$(p + 0.a_1 a_2 \cdots) - (p + 0.a_1 \cdots a_n) = (p + 0.a_1 a_2 \cdots) - (p + 0.a_1 \cdots a_n 0 \cdots)$$
$$= 0 + 0.0 \cdots 0 a_{n+1} \cdots.$$

很明显，对于比例数之间的算术运算，定义 3.1 的规定，与我们熟知的使用本原表示进行运算的结果是一致的. 这是因为，每个比例数的十进表示 (循环小数) 都是与它对等的标准列的极限，标准列的每项都是本原表示的比例数 (有限小数).

注 3.2 定义 3.2 规定的大小关系, 对于比例数而言, 与熟知的大小关系完全一样.

很明显, 十进数 (实数) 中有大量的不循环数, 即非比例数. 最熟悉的例子是边长为 1 的正方形的对角线的长度, 记做 $\sqrt{2}$.

例 3.3 $\sqrt{2}$ 不是比例数.

证 反证. 设它是比例数, 既约分数 $\dfrac{n}{m} = \sqrt{2}$. 那么

$$n^2 = 2m^2 \implies n = 2k \ (k \in \mathbb{N}_+) \implies m^2 = 2k^2.$$

结果, m 和 n 都是偶数, 与它们既约相矛盾. □

我们知道, 在比例数列的极限的定义中, 只涉及比例数间的加减运算和大小比较 (见 §1). 现在我们已定义了实数的加减运算和大小比较, 它包含了关于比例数的加减运算和大小比较为其特例. 所以 §1 关于数列极限的定义可以原样推广到实数列的情形. 也就是说, §1 中在比例数集 $\mathbb{Q}$ 中进行的关于数列的一切讨论, 在实数集 $\mathbb{R}$ 中全部适用. 例如, 比例数列收敛的定义改几个字就成为实数列收敛的定义, 叙述如下:

设 $\{a_n\}_{n=1}^\infty$ 是一个实数列, a 是一个实数. 如果对于任给的 $\varepsilon > 0$, 都找得到一个与 ε 有关的数 N, 使得只要 $n > N \ (n \in \mathbb{N}_+)$ 就有 $|a_n - a| < \varepsilon$, 那么就说数列 $\{a_n\}_{n=1}^\infty$ 收敛到 a, 记做

$$\lim_{n \to \infty} a_n = a.$$

从现在开始, 我们的讨论将完全在实数集 $\mathbb{R}$ 中进行.

我们来证明下述重要定理.

定理 3.3 设 $\{f(n)\}_{n=1}^\infty$ 是一个标准列. 那么实数 $\tilde{f}$ 是这个数列的极限, 即

$$\tilde{f} = \lim_{n \to \infty} f(n).$$

证 根据定义 3.1 (见注 3.1), 当 $n > 2$ 时

$$\tilde{f} - f(n) = 0.0\cdots 0 a_{n+1} a_{n+2} \cdots,$$

于是根据例 3.2, $0 \leqslant \tilde{f} - f(n) \leqslant 10^{-n}$. 我们断定

$$\lim_{n \to \infty} \tilde{f} - f(n) = 0.$$

也就是说

$$\lim_{n \to \infty} f(n) = \tilde{f}.$$

□

举一个例子来熟悉实数的运算.

例 3.4 计算正整数 10^m 与实数 $\alpha = p + 0.a_1 a_2 \cdots$ 的乘积, 并证明:
$$\lim_{m \to \infty} \frac{[10^m \alpha]}{10^m} = \alpha.$$

按照规定, 应该写出与 α 以及与 10^m 对等的标准列 $\alpha \sim \{A_n\}_{n=1}^\infty$ 以及 $10^m \sim \{B_n\}_{n=1}^\infty$, 其中
$$A_n = p + 0.a_1 \cdots a_n, \quad B_n = 10^m + 0.\underbrace{0 \cdots 0}_{n \uparrow}.$$

那么
$$\begin{aligned} A_n \cdot B_n &= 10^m \cdot (p + 0.a_1 \cdots a_n) \\ &= \begin{cases} p \cdot 10^m + a_1 \cdots a_n \underbrace{0 \cdots 0}_{m-n \uparrow}, & \text{若 } n < m, \\ p \cdot 10^m + a_1 \cdots a_m, & \text{若 } n = m, \\ p \cdot 10^m + a_1 \cdots a_m + 0.a_{m+1} \cdots a_n, & \text{若 } n > m. \end{cases} \end{aligned}$$

由此看到, 与 $\{A_n B_n\}_{n=1}^\infty$ 等价的标准列所对等的实数是
$$10^m \cdot (p + 0.a_1 a_2 \cdots) = (p \cdot 10^m + a_1 \cdots a_m) + 0.a_{m+1} a_{m+2} \cdots.$$

它的整部是
$$[10^m \alpha] = p \cdot 10^m + a_1 \cdots a_m.$$

做除法 (两个整数的除法)
$$\frac{[10^m \alpha]}{10^m} = p + 0.a_1 \cdots a_m = A_m,$$

这是实数 α 所对等的标准列的第 m 项. 于是得到
$$\forall \alpha \in \mathbb{R}, \quad \lim_{m \to \infty} \frac{[10^m \alpha]}{10^m} = \alpha. \qquad \Box$$

与 §2 的 (2.9) 一样, 对于一个标准列 $f = \{f(n)\}_{n=1}^\infty$, f 所对等的实数 $\tilde{f}$ 与标准列的第 n 项的差满足如下估计式
$$\forall n \in \mathbb{N}_+, \quad f(n) \leqslant \tilde{f} \leqslant f(n) + \frac{1}{10^n}$$

(提醒: 符号 $\forall$ 表示 "对于一切").

根据这个不等式, 我们对于无限十进数完全可以像有限十进小数 (即以 0 为循环节的无限十进小数) 那样进行四则运算. 例如, 要计算 $\alpha = p + 0.a_1 a_2 \cdots$ 与

$\beta = q + 0.b_1b_2\cdots$ 的和, 如果要想算出直到小数点后 100 位的精确值, 只需计算 $p + 0.a_1\cdots a_{102} + q + 0.b_1\cdots b_{102}$ (然后截取到小数点后 100 位) 即可.

定理 3.4 $\mathbb{R}$ 是完备的, 就是说, $\mathbb{R}$ 中的基本列一定收敛.

证 设 $f = \{f(n)\}_{n=1}^{\infty}$ 是 $\mathbb{R}$ 中的基本列. 把实数 $f(n)$ 写成十进小数

$$f(n) = m_n + 0.a_1^n a_2^n a_3^n \cdots, \quad m_n \in \mathbb{Z}, \quad a_k^n \in \{0, 1 \cdots, 9\}, \quad k \in \mathbb{N}_+.$$

令比例数

$$g(n) = m_n + 0.a_1^n a_2^n a_3^n \cdots a_n^n, \quad n \in \mathbb{N}_+.$$

按定义 3.1 和定义 3.2,

$$0 \leqslant f(n) - g(n) < 10^{-n}.$$

于是, 比例数列 $g = \{g(n)\}_{n=1}^{\infty}$ 与数列 f 等价. 把与比例数列 g 等价的标准列记做 $h = \{h(n)\}_{n=1}^{\infty}$, 把与 h 对等的实数记为 $\tilde{h}$. 根据定理 3.3

$$\lim_{n\to\infty} h(n) = \tilde{h}.$$

从而, 与 h 等价的实数列 f 收敛到 $\tilde{h} \in \mathbb{R}$. □

根据定理 3.4 及 §1 的定理 1.1(我们再强调一下, §1 的内容, 全部适用于实数列), 一个数列收敛的充分必要条件是, 它是基本列. 这就是数列收敛的 Cauchy 准则.

我们在中学课本中早就知道 "级数" 这个术语了. 那时我们遇到过等差级数和等比级数. 现在复习一下.

设 $\{a_n\}_{n=1}^{\infty}$ 是一个数列. 我们把表达式

$$\sum_{n=1}^{\infty} a_n \tag{S}$$

叫做**级数**. 令

$$s_n = a_1 + \cdots + a_n = \sum_{k=1}^{n} a_k, \quad n \in \mathbb{N}_+.$$

称 s_n 为级数 (S) 的第 n 部分和 (即前 n 项的和). 如果

$$\lim_{n\to\infty} s_n = s,$$

式中 s 或为实数, 或为 ∞ 或为 $-\infty$, 我们就写

$$\sum_{k=1}^{\infty} a_k = s.$$

其中, 当 $s \in \mathbb{R}$ 时, 说级数 (S) 收敛. 根据数列收敛的 Cauchy 准则, 级数 (S) 收敛的充分必要条件是, 它的部分和数列 $\{s_n\}_{n=1}^{\infty}$ 是基本列, 也就是说, $\forall \varepsilon > 0, \exists N \in \mathbb{N}_+$ 使得当 $m > n \geqslant N$ 时

$$\left|\sum_{k=n}^{m} a_k\right| < \varepsilon$$

(提醒: 符号 $\exists$ 代表 "存在相应的").

作为收敛级数的最简单的例子是公比小于 1 的等比级数, 即当 $|x| < 1$ 时

$$\sum_{k=0}^{\infty} x^k = \frac{1}{1-x}.$$

在这个级数中, 不管 x 是否为零, 我们永远 (作为规定) 认为 $x^0 = 1$.

定义3.3 (实数的级数表示) 设实数 r 为十进数

$$p + 0.a_1 a_2 a_3 \cdots.$$

那么根据定理 3.3, $\lim\limits_{n \to \infty} p + 0.a_1 \cdots a_n = r$. 记号

$$r = p + \sum_{k=1}^{\infty} a_k 10^{-k}$$

叫做 r 的十进级数表示.

可以说, 我们对于初中二年级学到的 "无限不循环小数" 终于有了透彻的理解.

现在说一说实数在实直线 (或实数轴) 上的稠密性. 稠密性的含义包含在下述定理的叙述之中.

定理 3.5 (比例数和非比例数都在 $\mathbb{R}$ 中稠密) 设 $r \in \mathbb{R}, \delta > 0$. 那么, 一定找得到比例数 a 和非比例数 b, 使得

$$r - \delta < a < r + \delta, \quad r - \delta < b < r + \delta.$$

证 取 $n \in \mathbb{N}_+$ 充分大, 使 $\frac{\sqrt{2}}{n} < \delta$. 若 $r \in \mathbb{Q}$, 则取

$$a = r + \frac{1}{n}, \ b = r + \frac{\sqrt{2}}{n},$$

便合乎定理的要求.

设 r 是非比例数. 依定义 3.3 表之为十进级数

$$r = p + \sum_{k=1}^{\infty} r_k 10^{-k}.$$

取
$$a = 10^{-n} + p + \sum_{k=1}^{n} r_k 10^{-k}, \quad b = \sqrt{2} \cdot 10^{-n} + p + \sum_{k=1}^{n} r_k 10^{-k}.$$
那么, a 是比例数, b 是非比例数, 并且
$$r < a < b < r + \delta. \qquad \square$$

现在对于前三节的讨论按顺序做一个小结.

(1) 我们已经明确知道的是比例数的本原表示, 即整数之比, 写成分数形式即 $\frac{m}{n}$, 其中 $m \in \mathbb{Z}, n \in \mathbb{N}_+$. 当然 m 和 n 都用十进制阿拉伯数字表示. 十进有限小数也是分数, 所以也是比例数的本原表示. 全体比例数所成的集合记做 $\mathbb{Q}$. 把比例数与它的本原表示等同看待, 则 $\mathbb{Q} = \left\{ \frac{m}{n} : m \in \mathbb{Z}, n \in \mathbb{N}_+ \right\}$. 在 $\mathbb{Q}$ 中, 加、减、乘、除四则算术运算早已经定义好. 对于比例数, 正、负的概念, 绝对值的概念都早已定义好.

任何两个比例数之间都存在确定的大小关系, 也存在确定的 "**距离**", 即它们的差的绝对值.

(2) 我们定义了比例数列, 针对比例数列, 定义了**极限**的概念, 定义了**数列的等价**的概念, 定义了**基本列**的概念.

(3) 十进小数的概念是我们早就知道的. 我们重新做了规定: 十进数指的是如下的符号
$$p + 0.a_1 a_2 a_3 \cdots, \tag{3.1}$$
其中, p 是整数 (用十进制阿拉伯数字表达), 而 $0.a_1 a_2 a_3 \cdots$ 是不以 9 为循环节的十进数, 可以是循环的, 也可以是不循环的. 把 (3.1) 叫做某实数的十进表示, 把这个实数用一个希腊字母 α 来代表, 那么把 (3.1) 的符号与 α 等同看待, 记做
$$\alpha = p + 0.a_1 a_2 a_3 \cdots.$$

(4) 如何理解 (3.1)? 这是我们以前不太清楚的. 我们定义 "**标准列**" 的概念. 给定十进数 (3.1), 定义
$$A_n = p + 0.a_1 \cdots a_n, \quad A := \{A_n\}_{n=1}^{\infty},$$
称比例数列 A 为**与十进数 (3.1) 对等的标准列**, 也称之为**与 (3.1) 所表示的实数 α 对等的标准列**. 标准列必是基本列, 不同的标准列必不等价.

(5) 先证明: 循环数对等的标准列收敛到比例数, 任何比例数必是某循环数对等的标准列的极限. 规定: **循环数表示它所对等的标准列的极限**.

(6) 我们证明了: 比例数的基本列必定等价于一个标准列. 证法可模式化, 叫做 $\aleph_0$ 次归纳论法, 以后常用.

(7) 借助十进表示定义实数的正、负及数零. 与关于比例数已知的概念相容.

(8) 把实数与其十进表示相等同. 通过十进表示, 借助于标准列, 我们定义实数的四则运算如下:

设有两实数 $\alpha = p + 0.a_1a_2a_3\cdots$, $\beta = q + 0.b_1b_2b_3\cdots$. 与 α 对等的标准列记做 $A = \{A_n\}_{n=1}^\infty$, 与 β 对等的标准列记做 $B = \{B_n\}_{n=1}^\infty$. 规定

$$A + B = \{A_n + B_n\}_{n=1}^\infty, \quad AB = \{A_n B_n\}_{n=1}^\infty.$$

比例数列 $A+B$ 和 AB 都是基本列. 把与 $A+B$ 等价的标准列所对等的实数叫做 α 与 β 的和, 记做 $\alpha + \beta$; 把与 AB 等价的标准列所对等的实数叫做 α 与 β 的积, 记做 $\alpha\beta$.

如果实数 $\alpha = p + 0.a_1a_2a_3\cdots \neq 0$, 那么存在 $N \in \mathbb{N}_+$, 当 $n > N$ 时, $A_n = p + 0.a_1\cdots a_n \neq 0$, 从而数列 $A^{-1} := \left\{\dfrac{1}{A_{n+N}}\right\}_{n=1}^\infty$ 有意义. 不仅如此, 它还是基本列. 把与 A^{-1} 等价的标准列表示的实数 (它与上述 N 的具体取值无关) 叫做 α 的**倒数**, 记做 α^{-1}. 此时, β 除以 α 的商定义为 $\beta\alpha^{-1}$, 也记做 $\dfrac{\beta}{\alpha}$.

实数 α 与实数 β 的差, 记为 $\alpha - \beta$, 规定为 α 与 $-\beta$ 的和, 其中 $-\beta$ 代表实数 $-1 = -1 + 0.000\cdots$ 与实数 β 的积.

(9) 定义实数的绝对值, 定义实数之间的距离. 对于比例数原有的相关的定义, 与新做的定义完全相容.

(10) 实数列的极限的定义形式与比例数列的极限的定义完全一样. 其它原来针对比例数列的定义, 诸如基本列、等价数列等概念, 完全自然地推广到实数列的情形.

重要的是: 实数 $\alpha = p + 0.a_1a_2a_3\cdots$ 与和它对等的标准列的第 n 项 $A_n = p + 0.a_1\cdots a_n000\cdots$ 的距离是 $\alpha - A_n = 0.0\cdots 0a_{n+1}\cdots < 10^{-n}$. 所以, **每个标准列都收敛到它所表示的实数.**

(11) 实数的全体记做 $\mathbb{R}$. **在 $\mathbb{R}$ 内, 任何基本列都收敛**. 这叫做 $\mathbb{R}$ 的完备性.

值得指出的是, "每个标准列都收敛到它所表示的实数" 以及 "实数集 $\mathbb{R}$ (作为距离空间 —— 两数之差的绝对值为它们的距离) 是完备的" 这两个重要结论, 是我们借助实数的十进表示**严格地证明了**的, 而不是仅只作为 "公理" 加以承认的.

附带说明, 正像在 §2 的习题中针对比例数说过的一样, 对于实数的表示也同样可以在二进制、三进制等各种进位制下进行. 不管在几进位下, 循环数表示

比例数, 不循环数表示非比例数. 例如, 在二进制下, 只用到数字 0 和 1. 二进循环数
$$100101 + 0.0101\dot{0}\dot{1} = 2^5 + 2^2 + 2^0 + \frac{1}{2^2-1} = \frac{112}{3}.$$
这个等式中, 最左端是二进数, 以 01 为循环节; 两个等号的右边都是十进制的本原表示的比例数. 又如, 在三进制下, 只用到数字 0,1 和 2. 三进循环数
$$100101 + 0.0101\dot{0}\dot{1} = 3^5 + 3^2 + 3^0 + \frac{1}{3^2-1} = \frac{2025}{8}.$$
这个等式中, 最左端是三进数, 以 01 为循环节; 两个等号的右边都是十进制的本原表示的比例数.

习题 1.3

1. 设
$$g_n = \sum_{k=0}^{n} \frac{1}{k!}, \quad n \in \mathbb{N}_+,$$
其中 $0! := 1$. 证明 $\{g_n\}_{n=1}^{\infty}$ 是基本列.

2. 设 $e_n = \left(1 + \frac{1}{n}\right)^n$, $n \in \mathbb{N}_+$. 证明 $\{e_n\}_{n=1}^{\infty}$ 是基本列, 并且
$$\mathrm{e} := \sum_{k=0}^{\infty} \frac{1}{k!} = \lim_{n \to \infty} e_n.$$

3. 证明上题中的实数 e 不是比例数.

4. 对于圆周的任给的内接闭折线 L, 都存在足够大的 $n \in \mathbb{N}_+$, 使得内接正 $2^{n-1}3$ 边形的周长 ℓ_n 比 L 的长度大.

5. 证明: 两个不同的标准列必定不等价.

6. **圆的面积的定义** 分别用 S_n 和 T_n 代表半径为 1 的圆的内接正 $2^{n-1}3$ 边形和外切正 $2^{n-1}3$ 边形的面积. 求证: 数列 $\{S_n\}_{n=1}^{\infty}$ 和 $\{T_n\}_{n=1}^{\infty}$ 是两个等价的基本列. 定义半径为 1 的圆的面积为它们的共同的极限.

§4 正数的开方运算以及幂运算

§4.1 开方运算

前面多次用到 $\sqrt{2}$. 计算 $\sqrt{2}$ 的竖式算法叫做开平方 (常常简称为开方). 这个竖式算法的依据是公式
$$(10a + b)^2 = 100a^2 + 20ab + b^2 = 100a^2 + (20a + b)b,$$

其中 $a,b \in B$, 字母 B 代表 "基本 (basic) 数字" 集合 $\{0,1,2,3,4,5,6,7,8,9\}$.

下面通过两个实例来演示一下开平方法.

第一个例子, 计算 $\sqrt{1296}$ 的竖式为

		3	6	
	1	2,	9	6
3	−	9		
		3	9	6
$20 \times 3 + 6$	−		3	9	6
				0

计算的每一步的具体算法可从上式看出, 语言叙述是累赘的, 希望自己体会.

第二个例子, 计算 $\sqrt{2}$ 的竖式如下:

	1.	4	1	4	2	1 ⋯
	2.	0	0			
1	− 1	0	0			
		1	0	0		
$20 \times 1 + 4$	−	0	9	6		
		0	0	4	0	0
$20 \times 14 + 1$	−			2	8	1
			1	1	9	0	0
$20 \times 141 + 4$	−		1	1	2	9	6
				6	0	4	0	0
$20 \times 1414 + 2$	−			5	6	5	6	4
				3	8	3	6	0	0
$20 \times 14142 + 1$	−			2	8	2	8	4	1
				1	0	0	7	5	9
					⋮

其中, 开方的第一步结果是 1, "第一剩余" 是 1 ($2 = 1^2 + 1, 2 < (1+1)^2$); 第二步结果是 1.4, "第二剩余" 是 0.04 ($2 = 1.4^2 + 0.04 < (1.4 + 0.1)^2$). 一般地, 第

$k+1$ 步结果是 $A_k = 1.a_1 \cdots, a_k$, 其中 a_j 是不超过 9 的非负整数,"第 $k+1$ 剩余" 是 "r_k $(2 = A_k^2 + r_k < (A_k + 10^{-k})^2)$. 这个步骤可以无休止地继续下去: 只要知道了第 $k+1$ 步结果 A_k 和第 $k+1$ 剩余 r_k, 就可以继续完成第 $k+2$ 步.

从第二步开始, 把每一步的结果顺次排列起来, 就构成一个比例数列

$$A_1, A_2, A_3, \cdots$$

上面已经算出 $A_5 = 1.41421 = 1 + 0.41421$. 把 "全部结果" 写成终极形式, 就是一个十进数 (中学课本中大概叫做十进无限小数), 它就是 $\sqrt{2}$, 即

$$\sqrt{2} = p + 0.a_1 a_2 \cdots = 1 + 0.41421 \cdots.$$

现在一般地说一说正数的正整数次 "方根" 及 "开方" 运算.

定理 4.1 设 $\alpha \in \mathbb{R}, \alpha > 0, m \in \mathbb{N}_+$. 那么存在唯一的 $\beta \in \mathbb{R}, \beta > 0$ 使得 $\beta^m = \alpha$. 称 β 为 α 的 (正的) m 次方根, 记做 $\sqrt[m]{\alpha}$. 当 $m = 2$ 时, 简记 $\sqrt[2]{}$ 为 $\sqrt{}$.

证 为书写简便, 以 $m = 3$ 为例写出证明.

无妨假定 $\alpha = 0.a_1 a_2 \cdots$. 记 $A_k = a_1 \cdots a_{3k}, k \in \mathbb{N}_+$. A_k 是一个十进制的非负整数. 那么, 很明显存在唯一的非负整数 B_k 满足

$$(B_k)^3 \leqslant A_k < (B_k + 1)^3.$$

由于 $A_k < 10^{3k}$, 所以 $B_k < 10^k$. 令 $u_k = 10^{-k} B_k$. 那么, $u_k < 1$ 并且

$$(u_k)^3 \leqslant 0.a_1 \cdots a_{3k} < (u_k + 10^{-k})^3. \tag{4.1}$$

由 B_k 的唯一性, 知满足 (4.1) 的 u_k 是唯一确定的.

由 (4.1) 可见, 存在 $j \in B = \{0, 1, 2, 3, 4, 5, 6, 7, 8, 9\}$ 使得

$$(u_k + j \cdot 10^{-k-1})^3 \leqslant 0.a_1 \cdots a_{3k} a_{3k+1} a_{3k+2} a_{3k+3} < (u_k + (j+1) \cdot 10^{-k-1})^3.$$

由此可见 $u_{k+1} \geqslant u_k + j \cdot 10^{-k-1} \geqslant u_k$. 同时, 从 (4.1) 知 $\forall k \in \mathbb{N}_+$,

$$\begin{aligned} 0 \leqslant 0.a_1 \cdots a_{3k} - (u_k)^3 &< (u_k + 10^{-k})^3 - (u_k)^3 \\ &= 10^{-k} \big((u_k + 10^{-k})^2 + (u_k + 10^{-k}) \cdot u_k + (u_k)^2 \big) \\ &\leqslant 7 \times 10^{-k}. \end{aligned}$$

于是

$$\lim_{k \to \infty} (u_k)^3 = \alpha.$$

另一方面, 由于 $\alpha > 0$, 所以存在 $N \in \mathbb{N}_+$, 使得
$$\forall k > N, (u_k)^3 > \frac{1}{2}\alpha > 0.$$
于是当 $k > N$ 时,
$$\begin{aligned} 0 \leqslant u_{k+1} - u_k &= \frac{(u_{k+1})^3 - (u_k)^3}{(u_{k+1})^2 + u_{k+1}u_k + (u_k)^2} \\ &\leqslant \frac{(u_{k+1})^3 - (u_k)^3}{3(u_k)^2} \\ &\leqslant \frac{(u_{k+1})^3 - (u_k)^3}{3(u_k)^3} \\ &\leqslant \frac{2}{3\alpha}\big((u_{k+1})^3 - (u_k)^3\big). \end{aligned}$$

可见, $\{u_k\}_{k=1}^{\infty}$ 与 $\{(u_k)^3\}_{k=1}^{\infty}$ 一样, 都是单调增的基本列. 根据 $\mathbb{R}$ 的完备性, 存在正数 β 使得
$$\lim_{k \to \infty} u_k = \beta.$$
因此, $\beta^3 = \alpha$, 即 $\beta = \sqrt[3]{\alpha}$. 唯一性不待言. □

定理 4.1 的证明中的数列 $\{u_k\}_{k=1}^{\infty}$ 实际上是基本列. 对于 $m = 2$ 即 "开平方" 的情形, 相应的基本列已经用竖式算出. 对于较大的 m, 类似的计算 m 次方根的竖式也应该成立, 它的依据是公式

$$(10a+b)^m = \sum_{j=0}^{m} \mathrm{C}_m^j (10a)^{m-j} b^j = (10a)^m + b\Big(\sum_{j=1}^{m} \mathrm{C}_m^j (10a)^{m-j} b^{j-1}\Big).$$

但计算的复杂程度 (当 m 大时) 使得实际操作几乎不可能实现. 然而, $m = 3$ 时或许还可以作为习题试一试.

§4.2 幂运算

我们早已知道一个数的正整数次幂的概念. 数 a 的 $m\ (m \in \mathbb{N}_+)$ 次幂指的是 a 自乘 m 次的结果, 记做 a^m. 同时我们也知道, 一个非零的数的 0 次幂规定等于 1, 一个非零的数的 $-m\ (m \in \mathbb{N}_+)$ 次幂规定为 $\dfrac{1}{a}$ 的 m 次幂, 即

$$a^{-m} := \Big(\frac{1}{a}\Big)^m = \overbrace{\Big(\frac{1}{a}\Big) \cdots \Big(\frac{1}{a}\Big)}^{m\uparrow}.$$

根据这些规定, 非零实数的整数次幂得到恰当的定义, 满足和谐的算律, 其中特别重要的一条算律是

$$\forall a \neq 0,\ m, n \in \mathbb{Z},\ a^m \cdot a^n = a^{m+n}.$$

现在根据定理 4.1, 任何正数都可以开正整数次方. 据此可以把正整数次幂的概念扩大到分数次幂的情形, 如下述定义:

定义 4.1 对于正数 a 和比例数 $\dfrac{m}{n}$ (其中 $m \in \mathbb{Z}, n \in \mathbb{N}_+$), 定义 a 的 $\dfrac{m}{n}$ 次幂为
$$a^{\frac{m}{n}} = \left(\sqrt[n]{a}\right)^m.$$

当 $m > 0$ 时, 上式右端是 $\sqrt[n]{a}$ 自乘 m 次的积; 当 $m < 0$ 时上式右端是 $\dfrac{1}{\sqrt[n]{a}}$ 自乘 $-m$ 次的积; 若 $m = 0$, 则结果等于 1. 正数 a 叫做这个幂的**底**, $\dfrac{m}{n}$ 叫做这个幂的**指数**.

根据这个定义, 正数 a 的 k 次根 ($k \in \mathbb{N}_+$) 又叫做 a 的 $\dfrac{1}{k}$ 次幂. 也就是说, 方根的概念也被纳入幂的范畴.

我们来证明幂运算的一些基本性质.

命题 4.2 $\forall a > 0, m \in \mathbb{Z}, n \in \mathbb{N}_+$
$$a^{\frac{m}{n}} = \sqrt[n]{a^m}. \tag{4.2}$$

证 根据定义 4.1,
$$a^{\frac{m}{n}} = \overbrace{\sqrt[n]{a} \cdot \cdots \cdot \sqrt[n]{a}}^{m \uparrow}.$$

所以
$$\left(a^{\frac{m}{n}}\right)^n = \overbrace{\sqrt[n]{a} \cdot \cdots \cdot \sqrt[n]{a}}^{mn \uparrow}.$$

于上式右端使用交换律和结合律就得到
$$\left(a^{\frac{m}{n}}\right)^n = \overbrace{\left(\sqrt[n]{a}\right)^n \cdot \cdots \cdot \left(\sqrt[n]{a}\right)^n}^{m \uparrow} = a^m.$$

这就完成了证明. □

命题 4.3 $\forall a > 0, s \in \mathbb{Q}, t \in \mathbb{Q}$
$$a^s \cdot a^t = a^{s+t}. \tag{4.3}$$

证 把 s, t 写成分数形式, $s = \dfrac{p}{m}, t = \dfrac{q}{n}, p, q \in \mathbb{Z}; m, n \in \mathbb{N}_+$. 那么
$$a^s = a^{\frac{p}{m}} = a^{\frac{pn}{mn}} = \left(\sqrt[mn]{a}\right)^{pn}, \quad a^t = a^{\frac{q}{n}} = a^{\frac{qm}{mn}} = \left(\sqrt[mn]{a}\right)^{qm}.$$

于是, 根据正整数次幂的性质,
$$a^s \cdot a^t = \left(\sqrt[mn]{a}\right)^{pn} \cdot \left(\sqrt[mn]{a}\right)^{qm} = \left(\sqrt[mn]{a}\right)^{pn+qm}.$$

由此, 根据定义 4.1,
$$a^s \cdot a^t = a^{\frac{pn+qm}{mn}} = a^{s+t}.$$ □

命题 4.4 $\forall a > 0, s \in \mathbb{Q}, t \in \mathbb{Q}$
$$\left(a^s\right)^t = a^{st} = \left(a^t\right)^s. \tag{4.4}$$

证 使用本原表示写 $s = \dfrac{p}{m}, t = \dfrac{q}{n}, p, q \in \mathbb{Z}; m, n \in \mathbb{N}_+$. 那么

$$\left(a^s\right)^t \xlongequal{\text{定义 4.1}} \left(\left(\sqrt[m]{a}\right)^p\right)^{\frac{q}{n}} \xlongequal{\text{命题 4.2}} \sqrt[n]{\left(\left(\sqrt[m]{a}\right)^p\right)^q}$$

$$\xlongequal{\text{正整数次幂的性质}} \sqrt[n]{\left(\sqrt[m]{a}\right)^{pq}} \xlongequal{\text{命题 4.2}} \sqrt[n]{\sqrt[m]{a^{pq}}}$$

$$\xlongequal{\text{正整数次根的性质}} \sqrt[mn]{a^{pq}} \xlongequal{\text{定义 4.1}} a^{\frac{pq}{mn}} = a^{st}.$$

在上式中交换 s 和 t 的位置就得到 $(a^t)^s = a^{st}$. □

命题 4.5 $\forall a > 0, b > 0, s \in \mathbb{Q}$,
$$a^s \cdot b^s = (ab)^s. \tag{4.5}$$

证 无妨认为 $s > 0$. 设 s 有本原表示 $s = \dfrac{m}{n}$ $(m, n \in \mathbb{N}_+)$. 那么, 根据定义 4.1
$$a^s \cdot b^s = (\sqrt[n]{a})^m \cdot (\sqrt[n]{b})^m.$$

根据乘法的结合律, 上式等于
$$(\sqrt[n]{a} \cdot \sqrt[n]{b})^m.$$

再根据开方的定义, $\sqrt[n]{a} \cdot \sqrt[n]{b} = \sqrt[n]{ab}$. 于是
$$a^s \cdot b^s = (\sqrt[n]{ab})^m = (ab)^s.$$ □

下面要做的事是把幂运算推广到指数为任意实数的情形, 工具是极限概念.

引理 4.6 $\forall a > 0$,
$$\lim_{n \to \infty} \sqrt[n]{a} = 1.$$

证 只需对于 $a > 1$ 的情形进行证明.

对于 $n \in \mathbb{N}_+$, 明显地成立 $\sqrt[n]{a} > 1$. 令 $\sqrt[n]{a} = 1 + b_n$, 其中 $b_n > 0$. 那么
$$\left(\sqrt[n]{a}\right)^n = a = (1 + b_n)^n \geqslant nb_n.$$

可见
$$b_n \leqslant \frac{1}{n}a.$$
由此推出要证的结果. □

由引理 4.6 得到下述重要结论:

引理 4.7 设 $a > 0$. 如果比例数列 $\{\alpha_n\}_{n=1}^{\infty}$ 收敛到 0, 那么
$$\lim_{n \to \infty} a^{\alpha_n} = 1.$$

证 用引理 4.6, $\forall \varepsilon > 0, \exists N \in \mathbb{N}_+$ 使得当 $k \geqslant N$ 时,
$$|\sqrt[k]{a} - 1| + |\sqrt[k]{\frac{1}{a}} - 1| < \varepsilon. \tag{4.6}$$

由于 $\{\alpha_n\}_{n=1}^{\infty}$ 收敛到 0, 所以存在 $\mu \in \mathbb{N}_+$, 使得当 $n > \mu$ 时成立
$$|\alpha_n| < \frac{1}{N}.$$

此时, 分 4 种情形讨论:

1) 如果 $a > 1$ 且 $\alpha_n > 0$ 则
$$0 < a^{\alpha_n} - 1 < a^{\frac{1}{N}} - 1 = \sqrt[N]{a} - 1 < \varepsilon;$$

2) 如果 $a < 1$ 且 $\alpha_n > 0$ 则
$$0 > a^{\alpha_n} - 1 > a^{\frac{1}{N}} - 1 = \sqrt[N]{a} - 1 > -\varepsilon;$$

3) 如果 $a < 1$ 且 $\alpha_n < 0$ 则
$$0 < a^{\alpha_n} - 1 = \left(\frac{1}{a}\right)^{|\alpha_n|} - 1 < \left(\frac{1}{a}\right)^{\frac{1}{N}} - 1 = \sqrt[N]{\frac{1}{a}} - 1 < \varepsilon;$$

4) 如果 $a > 1$ 且 $\alpha_n < 0$ 则
$$0 > a^{\alpha_n} - 1 = \left(\frac{1}{a}\right)^{|\alpha_n|} - 1 > \left(\frac{1}{a}\right)^{\frac{1}{N}} - 1 = \sqrt[N]{\frac{1}{a}} - 1 > -\varepsilon.$$

总之, 当 $n > \mu$ 时
$$|a^{\alpha_n} - 1| < \varepsilon.$$

这表明 $\{a^{\alpha_n}\}_{n=1}^{\infty}$ 收敛到 1. □

从引理 4.7 进一步推出下述引理:

引理 4.8 设 $a > 0$. 如果比例数列 $\{\alpha_n\}_{n=1}^{\infty}$ 收敛到 $\alpha \in \mathbb{R}$, 那么实数列 $\{a^{\alpha_n}\}_{n=1}^{\infty}$ 是基本列. 并且当 $\alpha \in \mathbb{Q}$ 时,

$$\lim_{n \to \infty} a^{\alpha_n} = a^{\alpha}.$$

证 对于 $m, n \in \mathbb{N}_+$, 根据 (4.3)

$$a^{\alpha_m} - a^{\alpha_n} = a^{\alpha_n}\left(a^{\alpha_m - \alpha_n} - 1\right).$$

由于 $\{\alpha_n\}_{n=1}^{\infty}$ 是基本列, 所以它有界, 从而 $\{a^{\alpha_n}\}_{n=1}^{\infty}$ 有界, 也就是说, 存在 $M > 0$ 使得对于一切 $n \in \mathbb{N}_+$ 成立

$$0 < a^{\alpha_n} < M.$$

于是

$$|a^{\alpha_m} - a^{\alpha_n}| \leqslant M\left|a^{\alpha_m - \alpha_n} - 1\right|.$$

根据引理 4.7,

$$\lim_{\min\{m,n\} \to \infty} a^{\alpha_m - \alpha_n} = 1.$$

所以

$$\lim_{\min\{m,n\} \to \infty} |a^{\alpha_m} - a^{\alpha_n}| = 0.$$

这就证明, $\{a^{\alpha_n}\}_{n=1}^{\infty}$ 是基本列.

现假设

$$\lim_{k \to \infty} \alpha_k = \frac{m}{n} \in \mathbb{Q},$$

其中 $m \in \mathbb{Z}, n \in \mathbb{N}_+$. 我们来证明

$$\lim_{k \to \infty} a^{\alpha_k} = \left(\sqrt[n]{a}\right)^m.$$

根据命题 4.2, 上式右端等于 $\sqrt[n]{a^m}$. 所以只需验证

$$\left(\lim_{k \to \infty} a^{\alpha_k}\right)^n = a^m$$

就可以了.

根据乘法运算与极限运算的协调性, 上式左端等于

$$\lim_{k \to \infty} \left(a^{\alpha_k}\right)^n.$$

使用命题 4.3, 此式等于
$$\lim_{k\to\infty} a^{n\cdot\alpha_k} = a^m \lim_{k\to\infty} a^{n\cdot\alpha_k - m}.$$
由于 $\lim_{k\to\infty} n\cdot\alpha_k - m = 0$, 使用引理 4.7, 就完成了证明. □

现在把幂的定义从指数为比例数的情形推广到指数为任意实数的情形.

定义 4.2(实指数次幂) 设 $a > 0$. $\alpha = p + 0.a_1 a_2 \cdots$ 为任意实数 (即十进数)($p = [\alpha]$ 为整部). 记 α 所对等的标准列的第 n 项为 α_n, 也就是说 $\alpha_n = p + 0.a_1 \cdots a_n \in \mathbb{Q}$. 规定
$$a^\alpha = \lim_{n\to\infty} a^{\alpha_n}.$$

根据引理 4.8, 对于指数 α 是比例数的情形, 定义 4.2 与定义 4.1 是一致的. 定义 4.2 的意义在于对于指数为非比例数的情形作了规定.

由于极限运算与算术运算彼此协调, 所以命题 4.3 对于一切实数指数成立, 也就是说,
$$\forall a > 0, \, \forall s, t \in \mathbb{R}, \quad a^s \cdot a^t = a^{s+t}. \tag{4.3'}$$

§4.3 幂函数和指数函数

§4.3.1 幂函数

定义 4.3 如果固定一个指数 $\alpha \in \mathbb{R}$, 而把底作为"自变量"用字母 x 代表, 那么 $f(x) := x^\alpha$ 给出一个**幂函数**. 它的"自然定义域"(姑且记做 $D(f)$) 指的是使运算 x^α 有意义的实数 x 的全体所成的集合. 当 $\alpha \in \mathbb{N}_+$ 时, $D(f) = \mathbb{R}$. 当 $\alpha = 0$ 时, 本来 $D(f) = \mathbb{R} \setminus \{0\}$. 但补充规定 $f(0) = 1$, 则仍有 $D(f) = \mathbb{R}$.

注意 如果把 $f(0)$ 写成记号 0^0 的话, 它不再表示幂运算 (那没意义), 而只是数字 1 的另一记法. 类似的情形也出现在阶乘记号中: $0! = 1$——左端没有任何运算意义, 只是一个表示数字 1 的记号.

熟知的多项式函数 $p(x) = \sum_{k=0}^{n} a_k x^k$ 是 $n+1$ 个幂函数的线性组合. 当 $a_n \neq 0$ 时, 称 p 为 n 次多项式, 称恒为 0 的函数为 $-\infty$(负无限) 次多项式 (这条规定保证两个多项式的乘积是一个次数为两因子的次数之和的多项式).

对于 $\alpha \notin \mathbb{N}$ 的情形, 考虑自然定义域是完全个性化的事情. 在统一的理论处理中, 此时强制性地规定 $D(f) = (0, \infty)$.

下面证明幂函数的一个性质.

定理 4.9 设 $\alpha \in \mathbb{R}, f(x) := x^\alpha, x > 0$. 那么
$$\lim_{y\to 0} f(x+y) = f(x).$$

也就是说, $\forall \varepsilon > 0, \exists \delta > 0$, 只要 $|y| < \delta$ 就成立
$$|f(x+y) - f(x)| < \varepsilon.$$

证 设 $|y| < x$. 这保证 $x + y > 0$. 根据 (4.3′),
$$f(x+y) - f(x) = f(x)\left(\left(1 + \frac{y}{x}\right)^\alpha - 1\right).$$

记 $h = \dfrac{y}{x}$, 并记 $m = [\alpha] + 1$. 分两种情形讨论.
1) $0 \leqslant h < 1$. 此时
$$0 \leqslant (1+h)^\alpha - 1 \leqslant (1+h)^m - 1 = h\sum_{k=1}^{m}(1+h)^{m-k} \leqslant h(m \cdot 2^m).$$

2) $-1 \leqslant h < 0$. 此时
$$0 \leqslant 1 - (1+h)^\alpha \leqslant 1 - (1+h)^m = -h\sum_{k=1}^{m}(1+h)^{m-k} \leqslant -h(m \cdot 2^m).$$

总之,
$$|f(x+y) - f(x)| = f(x)\left|(1+h)^\alpha - 1\right| \leqslant |h|(m \cdot 2^m).$$

由此可见, $\forall \varepsilon > 0$ (可认为 $\varepsilon < 1$), 取 $\delta = \dfrac{\varepsilon x}{m \cdot 2^m}$, 就对于满足 $|y| < \delta$ 的 y 成立
$$|f(x+y) - f(x)| < \varepsilon. \qquad \Box$$

定理 4.9 说的恰是幂函数的连续性. 关于连续的概念, 第二章还要详细讨论.

§4.3.2 指数函数

如果固定一个正数 a 为底, 那么对于一切实数 x, "a 的 x 次幂" 都有定义. 把指数作为自变量, 就得到一个映射:
$$\exp_a : \quad \mathbb{R} \longrightarrow (0, \infty), \quad \exp_a(x) = a^x.$$

定义 4.4 设 $a > 0$. 称上述 $\exp_a$ 为**以 a 为底的指数函数**.

exp 的含义是 exponential. $a = 1$ 的情形是平庸的, 因为 $\exp_1(\mathbb{R}) = \{1\}$.
用指数函数的语言,(4.3′) 得写成
$$\forall s, t \in \mathbb{R}, \forall a > 0, \quad \exp_a(s)\exp_a(t) = \exp_a(s + t). \tag{4.3′}$$

由于
$$\forall x \in \mathbb{R}, \quad \exp_{\frac{1}{a}}(x) = a^{-x} = \frac{1}{\exp_a(x)},$$
所以, 对于指数函数的研究, 只考虑 $a > 1$ 的情形就够了.

定理 4.10 设 $a > 1$. 那么 $\forall x \in \mathbb{R}$
$$\lim_{y \to 0} \exp_a(x+y) = \exp_a(x).$$

证 根据 (4.3′)
$$\exp_a(x+y) - \exp_a(x) = \exp_a(x)\Big(\exp_a(y) - 1\Big).$$

根据引理 4.6
$$\lim_{k \to \infty} a^{\frac{1}{k}} = 1, \quad \lim_{k \to \infty} \left(\frac{1}{a}\right)^{\frac{1}{k}} = 1.$$

所以, $\forall \varepsilon > 0, \exists N \in \mathbb{N}_+$, 当 $k \geq N$ 时
$$\left|a^{\frac{1}{k}} - 1\right| + \left|\left(\frac{1}{a}\right)^{\frac{1}{k}} - 1\right| < \varepsilon.$$

设 $|y| < \frac{1}{N}$. 如果 $y \geq 0$, 那么它对等的标准列的每项 y_n 都满足 $0 \leq y_n < \frac{1}{N}$. 从而
$$0 \leq a^{y_n} - 1 < a^{\frac{1}{N}} - 1 < \varepsilon.$$

那么根据定义 4.2
$$0 \leq a^y - 1 < \varepsilon.$$

如果 $y < 0$, 那么它对等的标准列的每项 y_n 都满足 $0 > y_n > -\frac{1}{N}$. 从而
$$0 \geq a^{y_n} - 1 = \left(\frac{1}{a}\right)^{-y_n} - 1 > \left(\frac{1}{a}\right)^{\frac{1}{N}} - 1 > -\varepsilon.$$

那么根据定义 4.2
$$0 \geq a^y - 1 > -\varepsilon.$$

总之
$$|a^y - 1| < \varepsilon.$$

从而完成了证明. □

定理 4.10 说的恰是指数函数的连续性. 第二章还要详细讨论.

使用上面的结果, 很容易把命题 4.4、命题 4.5 的结果推广到实指数的情形, 即成立

$$\forall s,t \in \mathbb{R},\ \forall a > 0, \quad \left(a^s\right)^t = a^{st} = \left(a^t\right)^s. \tag{4.4'}$$

以及

$$\forall s \in \mathbb{R},\ \forall a > 0, b > 0, \quad a^s \cdot b^s = (ab)^s. \tag{4.5'}$$

§4.3.3 以 e 为底的指数函数

习题 1.3 的前 3 道题中介绍的非比例数

$$\mathrm{e} := \lim_{n \to \infty} \left(1 + \frac{1}{n}\right)^n$$

是一个非常重要的实数. 关于数 e 有些很有趣的故事, 可以在《e 的故事》(e: The Story of a Number, Eli Maor, 1994) 中找到, 此书由周昌智、毛兆荣译成中文, 人民邮电出版社于 2010 年出第一版.

以 e 为底的指数函数在数学中具有非常重要的地位. 这里我们作为例子来说明一下, 指数函数 $\exp := \exp_\mathrm{e}$ 可以如下用极限方式直接定义:

例 4.1 设 $h: \mathbb{R} \longrightarrow (0, \infty)$ 满足 $\lim\limits_{x \to \infty} h(x) = \infty$. 也就是说, 不论实数 A 多么大, 都找得到实数 B, 使得当 $x > B$ 时, $h(x) > A$ 成立. 那么

$$\lim_{x \to \infty} \left(1 + \frac{1}{h(x)}\right)^{h(x)} = \mathrm{e}.$$

也就是说, 不论正数 ε 多么小, 都找得到实数 B, 使得当 $x > B$ 时,

$$\left| \left(1 + \frac{1}{h(x)}\right)^{h(x)} - \mathrm{e} \right| < \varepsilon.$$

证 记 $f(x) = \left(1 + \dfrac{1}{h(x)}\right)^{h(x)}$. 考虑充分大的 x 使 $h(x) > 1$. 记

$$[h(x)] = m,\ h(x) - m = \alpha \in [0, 1).$$

那么

$$\left(1 + \frac{1}{m+1}\right)^{m+\alpha} < f(x) \leqslant \left(1 + \frac{1}{m}\right)^{m+\alpha},$$

$$\left(1 + \frac{1}{m+1}\right)^{\alpha - 1} e_{m+1} < f(x) \leqslant \left(1 + \frac{1}{m}\right)^{\alpha} e_m.$$

其中
$$e_m := \left(1 + \frac{1}{m}\right)^m,$$
如习题 1.3 题 2. 令 $x \to \infty$ (蕴含着 $m \to \infty$), 得 $\lim\limits_{x \to \infty} f(x) = \mathrm{e}$. □

例 4.2 设 $x \in \mathbb{R}$. 那么
$$\lim_{n \to \infty} \left(1 + \frac{x}{n}\right)^n = \mathrm{e}^x.$$

证 $x = 0$ 的情形不需考虑. 设 $x \neq 0$. 记 $h_n = h_n(x) = \dfrac{x}{n}$. 根据例 4.1 的结果,
$$\lim_{n \to \infty} (1 + h_n)^{\frac{1}{h_n}} = \mathrm{e}.$$
两边取 x 次幂, 根据幂函数的连续性 (定理 4.9),
$$\mathrm{e}^x = \left(\lim_{n \to \infty} (1 + h_n)^{\frac{1}{h_n}}\right)^x = \lim_{n \to \infty} \left((1 + h_n)^{\frac{1}{h_n}}\right)^x,$$
再使用 (4.4′) 就得到
$$\mathrm{e}^x = \lim_{n \to \infty} (1 + h_n)^{\frac{x}{h_n}} = \lim_{n \to \infty} \left(1 + \frac{x}{n}\right)^n. \qquad \square$$

习题 1.4

1. 练习开平方的竖式运算. 计算 $\sqrt{5}$ 和 $\sqrt{7}$ 到小数点后第 4 位.
2. 试写出 $\sqrt[3]{3}$ 的竖式运算, 计算到小数点后第 3 位.
3. 写出由命题 4.3 和定义 4.2 推出 (4.3′) 的细节.
4. 证明 (4.4′).
5. 证明 (4.5′).
6. 证明 $\exp_a$ ($a > 0$, $a \neq 1$) 是 $\mathbb{R}$ 到 $(0, \infty)$ 的可逆映射. $\exp_a$ 的逆映射记做 $\log_a$, 叫做 "以 a 为底的对数函数." 当 $a = \mathrm{e}$ 时, 免去下标记 $\log_a$ 为 $\log$ 或 $\ln$, 称之为**自然对数**.

§5 实数列与实数集的一些性质, 一些练习

首先强调一下 §3 中叙述过的实数列的极限的定义, 把它作为本节的第一个定义.

定义 5.1 设 $\{a_n\}_{n=1}^{\infty}$ 是一个实数列, a 是一个实数. 如果对于任给的 $\varepsilon > 0$, 都找得到一个与 ε 有关的数 N, 使得只要 $n > N$ ($n \in \mathbb{N}_+$) 就有 $|a_n - a| < \varepsilon$, 那么就说数列 $\{a_n\}_{n=1}^{\infty}$ 收敛到 a, 记做
$$\lim_{n \to \infty} a_n = a.$$

希望同学们通过大量的练习来熟悉这个定义. 一定要能够严格熟练地使用定义中的 $\varepsilon-N$ 语言, 它是现代数学的基本语言.

用符号 $\varnothing$ 代表空集.

下面的概念与极限有密切的联系.

定义 5.2 设 $A \subset \mathbb{R}, A \neq \varnothing$. 如果实数 α 满足

$$\forall x \in A, \quad \alpha \leqslant x,$$

就说 A 有下界,α 是 A 的下界; 如果实数 β 满足

$$\forall x \in A, \quad x \leqslant \beta,$$

就说 A 有上界,β 是 A 的上界. 既有上界又有下界的集叫做有界集. 空集也叫有界集.

若 α 是 A 的下界, 且任何比 α 大的数都不是 A 的下界 (换言之, α 是 A 的最大下界), 则称 α 为 A 的**下确界**, 记做

$$\alpha = \inf A;$$

若 β 是 A 的上界, 且任何比 β 小的数都不是 A 的上界 (换言之, β 是 A 的最小上界), 则称 β 为 A 的**上确界**, 记做

$$\beta = \sup A$$

("inf" 和 "sup" 分别指 "infimum" 和 "supremum").

规定 $\sup A = \infty$ 和 $\inf B = -\infty$ 分别表示 A 无上界和 B 无下界.

说明一下, 从语言学的角度来说, 本来不应该把 $\sup A = \infty$ 读成 "A 的上确界等于 ∞". 因为从语言学的角度来说 "上确界", 当然是 "上界", 所以无上界意味着无上确界. 可是符号 $\sup$ 本意确实是 "上确界"(supremum), 那么上述 "误读" 其实是缘于 $\sup A = \infty$ 的 "误写". 当然, 此事也可以这样解释, 把 $-\infty$ 和 ∞ 定义成 "广义实数", 连同 $\mathbb{R}$ 一起构成 "广义实数集" $\overline{\mathbb{R}} := \mathbb{R} \bigcup \{-\infty, \infty\}$. 规定 $-\infty$ 比一切实数以及广义实数 ∞ 小, 而 ∞ 比一切实数以及广义实数 $-\infty$ 大. 那么 $\overline{\mathbb{R}}$ 整个是个有界集, $-\infty$ 是它的最小值, ∞ 是它的最大值.

定理 5.1 有上界的集必有上确界, 有下界的集必有下确界.

证 设 $A \subset \mathbb{R}, A \neq \varnothing$. 并设 b 是 A 的上界并且 a 不是 A 的上界. 记 $c = \dfrac{a+b}{2}$. 在 a,c 这一对点与 c,b 这一对点中, 至少有一对, 记之为 a_1, b_1, 满足以下条件:

b_1 是 A 的上界并且 a_1 不是 A 的上界;

记 $c_1 = \dfrac{a_1 + b_1}{2}$. 在 a_1, c_1 和 c_1, b_1 这两对点中, 至少有一对, 记之为 a_2, b_2, 满足以下条件:

b_2 是 A 的上界并且 a_2 不是 A 的上界;

以及

$$0 \leqslant a_2 - a_1 \leqslant \frac{1}{2}(b_1 - a_1),\ 0 \leqslant b_1 - b_2 \leqslant \frac{1}{2}(b_1 - a_1),\ b_2 - a_2 = \frac{1}{2}(b_1 - a_1).$$

无限地重复上述步骤, 得一列点对 a_n, b_n, $n \in \mathbb{N}_+$, 满足以下条件:

b_n 是 A 的上界并且 a_n 不是 A 的上界;

以及

$$0 \leqslant a_{n+1} - a_n \leqslant \frac{b_n - a_n}{2},\ 0 \leqslant b_n - b_{n+1} \leqslant \frac{b_n - a_n}{2},\ b_{n+1} - a_{n+1} = \frac{b_n - a_n}{2}.$$

易见, $\{a_n\}_{n=1}^{\infty}$ 和 $\{b_n\}_{n=1}^{\infty}$ 是两个等价的基本列, 从而有共同的极限, 记之为 β. 我们来验证, β 是 A 的上确界.

一方面

$$\forall\, a \in A, \quad \forall\, n \in \mathbb{N}_+, \quad a \leqslant b_n,$$

令 $n \to \infty$, 得知 β 是 A 的上界. 另一方面, 倘 $b < \beta$, 则当 n 充分大时, $b < a_n$. 由于 a_n 不是 A 的上界, 所以 b 不是 A 的上界.

可见 $\beta = \sup A$.

完全类似地可以证明, 有下界的集必有下确界. □

一个数列, 如果后一项总不比前一项小, 就叫做是单调增的; 如果后一项总不比前一项大, 就叫做是单调减的. 单调增的和单调减的数列统称为单调数列.

由定理 5.1 直接得到下述推论:

推论 有界的单调数列收敛. □

定义 5.3 (数列的上极限和下极限) 任给一个数列 $a = \{a_k\}_{k=1}^{\infty}$. 如果它是有界的, 我们就可以由它构造出如下两个单调数列来: 令 $x = \{x_k\}_{k=1}^{\infty}$, $y = \{y_k\}_{k=1}^{\infty}$, 其中

$$x_k = \sup\{a_j : j \geqslant k\}, \quad k \in \mathbb{N}_+,$$
$$y_k = \inf\{a_j : j \geqslant k\}, \quad k \in \mathbb{N}_+.$$

那么数列 x 是单调减的而数列 y 是单调增的. 当然它们仍是有界的. 于是它们都收敛. 设

$$\lim_{k \to \infty} x_k = \alpha, \quad \lim_{k \to \infty} y_k = \beta.$$

显然 $\beta \leqslant \alpha$. 我们把 α 叫做数列 a 的**上极限**, 记做

$$\alpha = \limsup_{k \to \infty} a_k,$$

把 β 叫做数列 a 的**下极限**, 记做

$$\beta = \liminf_{k \to \infty} a_k.$$

当数列无上界时, 我们规定 ∞ 为它的上极限; 当数列无下界时, 我们规定 $-\infty$ 为它的下极限.

这样一来, 任何数列都既有上极限又有下极限.

例 5.1 给定数列 $\{(-1)^n\}_{n=1}^{\infty}$. 那么,

$$x_k := \sup\left\{(-1)^j : j \geqslant k\right\} = 1,$$
$$y_k := \inf\left\{(-1)^j : j \geqslant k\right\} = -1.$$

于是

$$\limsup_{n \to \infty}(-1)^n = \lim_{k \to \infty} x_k = 1,$$
$$\liminf_{n \to \infty}(-1)^n = \lim_{k \to \infty} y_k = -1.$$

例 5.2 给定数列 $\left\{\dfrac{(-1)^n}{n}\right\}_{n=1}^{\infty}$. 那么,

$$x_k := \sup\left\{\frac{(-1)^j}{j} : j \geqslant k\right\} = \begin{cases} \dfrac{1}{k+1}, & \text{当 } k \text{ 为奇数,} \\ \dfrac{1}{k}, & \text{当 } k \text{ 为偶数,} \end{cases}$$

$$y_k := \inf\left\{\frac{(-1)^j}{j} : j \geqslant k\right\} = \begin{cases} \dfrac{-1}{k}, & \text{当 } k \text{ 为奇数,} \\ \dfrac{-1}{k+1}, & \text{当 } k \text{ 为偶数.} \end{cases}$$

于是

$$\limsup_{n \to \infty} \frac{(-1)^n}{n} = \lim_{k \to \infty} x_k = 0,$$
$$\liminf_{n \to \infty} \frac{(-1)^n}{n} = \lim_{k \to \infty} y_k = 0.$$

我们来证明下述命题.

定理 5.2 数列 $\{a_k\}_{k=1}^{\infty}$ 有极限 γ 的充分必要条件是

$$\limsup_{k\to\infty} a_k = \liminf_{k\to\infty} a_k = \gamma.$$

这里, γ 可以是实数也可以是 ∞ 或 $-\infty$.

证 先设

$$\lim_{k\to\infty} a_k = \gamma.$$

设 a 是实数, 满足 $a < \gamma$ (这种情况只在 $\gamma > -\infty$ 时才能发生). 那么, 存在 $N \in \mathbb{N}_+$, 当 $k > N$ 时 $a_k > a$. 于是, 当 $k > N$ 时,

$$x_k := \sup\{a_j : j \geqslant k\} \geqslant a, \quad y_k := \inf\{a_j : j \geqslant k\} \geqslant a.$$

可见

$$\limsup_{k\to\infty} a_k \geqslant a, \quad \liminf_{k\to\infty} a_k \geqslant a.$$

同理, 对于任意的数 b, 只要 $b > \gamma$ (这种情况只在 $\gamma < \infty$ 时才能发生), 就必有

$$\limsup_{k\to\infty} a_k \leqslant b, \quad \liminf_{k\to\infty} a_k \leqslant b.$$

由此断定

$$\limsup_{k\to\infty} a_k = \liminf_{k\to\infty} a_k = \gamma.$$

反过来, 设

$$\limsup_{k\to\infty} a_k = \liminf_{k\to\infty} a_k = \gamma.$$

设 a 是实数, 满足 $a < \gamma$. 那么, 存在 $N \in \mathbb{N}_+$, 当 $k > N$ 时

$$x_k := \sup\{a_j : j \geqslant k\} \geqslant a,$$
$$y_k := \inf\{a_j : j \geqslant k\} \geqslant a.$$

可见, 当 $k > N$ 时 $a_k \geqslant a$. 同理, 对于任意的数 b, 只要 $b > \gamma$, 就必有某 $N' \in \mathbb{N}_+$, 使得当 $k > N'$ 时 $a_k \leqslant b$. 由此断定

$$\lim_{k\to\infty} a_k = \gamma. \qquad \square$$

由于任何数列永远存在上、下极限 (不必收敛), 所以, 借助于定理 5.2, 上、下极限能为处理极限问题提供方便.

下面的命题是明显的. 请作为习题练习一下.

定理 5.3 给定数列 $a = \{a_k\}_{k=1}^{\infty}$, $b = \{b_k\}_{k=1}^{\infty}$. 那么

1) $\liminf\limits_{k\to\infty} a_k \leqslant \limsup\limits_{k\to\infty} a_k$;
2) $\liminf\limits_{k\to\infty}(-a_k) = -\limsup\limits_{k\to\infty} a_k$;
3) 若 $\forall k \in \mathbb{N}_+$, $a_k \leqslant b_k$, 则

$$\liminf_{k\to\infty} a_k \leqslant \liminf_{k\to\infty} b_k, \quad \limsup_{k\to\infty} a_k \leqslant \limsup_{k\to\infty} b_k;$$

4)
$$\limsup_{k\to\infty}(a_k + b_k) \leqslant \limsup_{k\to\infty} a_k + \limsup_{k\to\infty} b_k,$$

$$\liminf_{k\to\infty}(a_k + b_k) \geqslant \liminf_{k\to\infty} a_k + \liminf_{k\to\infty} b_k;$$

5) 若 $\forall k \in \mathbb{N}_+$, $a_k \geqslant 0$ $b_k \geqslant 0$, 则

$$\left(\liminf_{k\to\infty} a_k\right)\left(\liminf_{k\to\infty} b_k\right) \leqslant \liminf_{k\to\infty}(a_k b_k),$$

$$\left(\limsup_{k\to\infty} a_k\right)\left(\limsup_{k\to\infty} b_k\right) \geqslant \limsup_{k\to\infty}(a_k b_k);$$

6) 若 $\lim\limits_{k\to\infty} a_k = a \in \mathbb{R}$, 则

$$\limsup_{k\to\infty}(a_k + b_k) = a + \limsup_{k\to\infty} b_k,$$

$$\liminf_{k\to\infty}(a_k + b_k) = a + \liminf_{k\to\infty} b_k;$$

7) 若 $\lim\limits_{k\to\infty} a_k = a \in (0, \infty)$, 则

$$\limsup_{k\to\infty}(a_k b_k) = a \limsup_{k\to\infty} b_k,$$

$$\liminf_{k\to\infty}(a_k b_k) = a \liminf_{k\to\infty} b_k;$$

8) 若 $\forall k \in \mathbb{N}_+$, $a_k > 0$, 且 $\liminf\limits_{k\to\infty} a_k \in (0, \infty)$, 则

$$\limsup_{k\to\infty} \frac{1}{a_k} = \left(\liminf_{k\to\infty} a_k\right)^{-1}. \qquad \square$$

根据 $\mathbb{R}$ 的完备性, 可给出圆的周长的确切定义, 从而也给出圆周率 π 的定义.

圆的周长, 涉及平面曲线的长度的定义. 此处为了避免离题太远, 就事论事地谈谈圆的周长的定义.

以圆心为原点 O 建立一个右手直角坐标系. 圆上的点 $P = (x, y)$ 的直角坐标可以表示为
$$(x, y) = (\cos\theta, \sin\theta), \quad 0° \leqslant \theta < 360°.$$
这里, θ 代表射线 OP 与正半 X 轴沿逆时针方向所成的角度, **以通常的度为单位**, 叫做射线 OP 的**辐角**. 在圆周上顺次取有限个, 但至少 3 个点 $P_1, P_2, \cdots, P_m$, 顺次用线段把它们连接起来, 并把最后一个点与开始的一个点也连起来, 做成的折线叫做圆周的 "内接折线", 记为 L. 它的长度, 记做 $|L|$, 就是组成它的 m 条线段的长度的和. 也就是说
$$|L| := \sum_{k=1}^{m} \overline{P_k P_{k+1}},$$
其中, $P_{m+1} := P_1$, $\overline{P_k P_{k+1}}$ 代表连接 P_k 与 P_{k+1} 的线段的长度.

定义 (圆的周长) 称
$$\sup\{|L| : L \text{ 为圆的内接折线}\}$$
为圆的周长.

根据相似多边形的边长成比例的事实, 如果圆的周长存在 (即圆的内接折线的长度所成的集合有界) 的话, 它必定是圆的直径的常倍数, 这个倍数叫做 **圆周率**, 用希腊字母 π 代表. 也就是说, 如果圆的半径是 1, 那么它的周长是 2π.

现在我们来探讨一个求圆的周长的办法.

例 5.3 设圆的半径为 1, 称这样的圆为单位圆. 设 $n \in \mathbb{N}_+$. 用 ℓ_n 代表单位圆的内接正 $2^{n-1}3$ 边形的周长. 求证:
1) $\{\ell_n\}_{n=1}^{\infty}$ 是基本列, 记其极限为 ℓ;
2) $\ell = 2\pi$, 即
$$\ell = \sup\{|L| : L \text{ 为单位圆的内接折线}\}.$$

证 我们只证结论 1). 结论 2) 的证明留作习题.

记单位圆的内接正 $2^{n-1}3$ 边形的一边所对的圆心角为 θ_n (如图 1), 用通常的度表示
$$\theta_n = \frac{360°}{2^{n-1}3}, \quad \theta_1 = 120°, \quad \theta_2 = 60°, \quad \theta_{n+1} = \frac{1}{2}\theta_n.$$
于是一边的长度为 $2\sin\left(\frac{1}{2}\theta_n\right)$, 从而
$$\ell_n = 2^n 3 \sin\left(\frac{1}{2}\theta_n\right) = 2^n 3 \sin\theta_{n+1}.$$

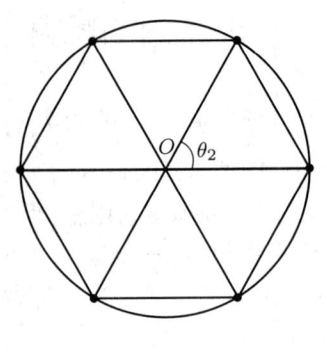

图 1

可见
$$\begin{aligned}\ell_{n+1} - \ell_n &= 2^{n+1}3\bigl(\sin\theta_{n+2} - \frac{1}{2}\sin\theta_{n+1}\bigr) \\ &= 2^{n+1}3\bigl(\sin\theta_{n+2} - \sin\theta_{n+2}\cos\theta_{n+2}\bigr) \\ &= 2^{n+1}3\sin\theta_{n+2}\bigl(1 - \cos\theta_{n+2}\bigr) \\ &= 2^{n+2}3\sin\theta_{n+2}\sin^2\theta_{n+3} > 0.\end{aligned}$$

由于
$$\sin\theta_{n+2} = \frac{1}{2}\frac{\sin\theta_{n+1}}{\cos\theta_{n+2}} \leqslant \frac{1}{2}\frac{\sin\theta_{n+1}}{\cos\theta_3} = \frac{1}{\sqrt{3}}\sin\theta_{n+1},$$

所以归纳地得到
$$\sin\theta_{n+2} \leqslant \Bigl(\frac{1}{\sqrt{3}}\Bigr)^n \sin\theta_2, \quad \sin\theta_{n+3} \leqslant \Bigl(\frac{1}{\sqrt{3}}\Bigr)^{n+1} \sin\theta_2.$$

结果
$$0 < \ell_{n+1} - \ell_n \leqslant 2^{n+2}3\Bigl(\frac{1}{\sqrt{3}}\Bigr)^{3n+2}\sin^3\theta_2 = 4q^n\sin^3\theta_2 < 3q^n,$$

其中
$$q = \frac{2}{(\sqrt{3})^3} < 1.$$

由此可知, 对于 $m, n \in \mathbb{N}_+$,
$$0 < \ell_{m+n} - \ell_n = \sum_{k=n+1}^{n+m}(\ell_k - \ell_{k-1}) < 3\sum_{k=n+1}^{n+m} q^k < q^{n+1}\frac{3}{1-q}.$$

可见 $\{\ell_n\}_{n=1}^{\infty}$ 是基本列, 它必定收敛. □

一旦结论 2) 获得证实, 那么根据 $\theta_n = 2^{-n+1}\theta_1$ 就得到

$$\pi = \lim_{n\to\infty} 2^{n-1} 3 \sin\left(\frac{1}{2^n}\theta_1\right). \tag{5.1}$$

例 5.4 (圆弧的长度) 圆弧的长度与圆周的长度的定义方式一样, 是一切内接于它的折线的长度的上确界. 容易看出, 圆弧的长度是它所对的圆心角 (以度为单位) 与 360° 的比乘圆周的长度. 据此, 定义长度等于圆的半径的圆弧所对的圆心角的大小为 **1 弧度**, 从而引入了度量角度的**弧度制**. 在弧度制之下, 360° 角等于 2π 弧度. 如果圆心角用弧度来度量, 则从公式 (5.1) 推出

$$\lim_{n\to\infty} 2^{n-1} \frac{3}{\pi} \sin\left(\frac{1}{2^{n-1}}\frac{\pi}{3}\right) = 1. \tag{5.2}$$

关于平面图形的面积, 符合实际的一条规定 (公理) 是:**正方形的面积等于它的边长的平方**. 一般的图形 (平面点集) 的面积, 如果它**可以测量**的话, 应该规定为它所容纳的互不重叠的正方形的面积总和所成集合的上确界 (如果这个集合有界的话), 或者 ∞ (如果这个集合无界的话). 这里**可以测量**是一个重要概念, 在第四章中讨论.

根据第四章关于可测性的规定, 矩形、三角形、圆等常见图形都是可以测量的. 而且根据测度的定义, 容易证明矩形的面积等于长与宽的乘积, 三角形的面积等于一边长与该边上的高的乘积的一半. 由于多边形可以表示为不重叠的三角形的并集, 所以多边形的面积作为这些三角形的面积之总和也可以计算出来.

这里我们不理会第四章关于可测性及测度的一般概念, 而给圆的面积做下述定义, 它符合第四章的定义. 把圆的内接折线所围成的区域 (集合) 叫做内接多边形.

定义 (圆的面积) 称

$$\sup\{\text{圆的内接多边形的面积}\}$$

为圆的面积.

例 5.5 单位圆的面积为它的内接正 $2^{n-1}3$ 边形所围的面积当 $n \to \infty$ 的极限, 它的值等于 π (留作习题).

下面一起来做一个判断特殊的数列 (级数) 的收敛性的练习.

例 5.6 设 $q > 0$,
$$s_n(q) = \sum_{k=1}^{n} \frac{1}{k^q}, \quad n \in \mathbb{N}_+.$$

数列 $\{s_n(q)\}_{n=1}^{\infty}$ 当 $q > 1$ 时收敛, 而当 $q \leqslant 1$ 时发散到 ∞.

证 很明显, 数列 $\{s_n(q)\}_{n=1}^\infty$ 是严格增的, 也就是说, 对于每个正整数 n, $s_{n+1}(q) > s_n(q)$. 设 $\mu \in \mathbb{N}_+$. 那么

$$d_\mu(q) := s_{2^{\mu+1}}(q) - s_{2^\mu} = \sum_{k=2^\mu+1}^{2^{\mu+1}} \frac{1}{k^q}.$$

可见

$$d_\mu(q) < \sum_{k=2^\mu+1}^{2^{\mu+1}} \frac{1}{2^{q\mu}} = \frac{1}{2^{(q-1)\mu}},$$

$$d_\mu(q) > \sum_{k=2^\mu+1}^{2^{\mu+1}} \frac{1}{2^{q(\mu+1)}} = \frac{1}{2^{(q-1)\mu+q}}.$$

那么, 当 $q \leqslant 1$ 时, $d_\mu(q) \geqslant \dfrac{1}{2^q}$, 从而断定

$$\lim_{n\to\infty} s_n(q) = \infty,$$

即

$$\sum_{k=1}^\infty \frac{1}{k^q} = \infty \quad (q \leqslant 1). \tag{5.3}$$

另一方面, 当 $q > 1$ 时, 对于 $n > 2^\mu$ 及一切 $m > n$,

$$s_m(q) - s_n(q) < \sum_{k=\mu}^{2^m} d_k(q) < \sum_{k=\mu} 2^m \frac{1}{2^{(q-1)k}} < \frac{1}{2^{(q-1)\mu}} \frac{1}{1 - \dfrac{1}{2^{(q-1)}}}.$$

因此, $\{s_n(q)\}_{n=1}^\infty$ 是基本列, 从而收敛, 也就是说,

$$\sum_{k=1}^\infty \frac{1}{k^q} \in \mathbb{R} \quad (q > 1). \tag{5.4}$$

级数的收敛, 本质上是数列的收敛. 然而级数的特定表示形式, 提供了一个十分有用的判断收敛性的法则 —— 比较判别法或控制收敛判别法.

级数的控制收敛判别法 设 $a_n \geqslant 0, \sum\limits_{n=1}^\infty a_n \in \mathbb{R}$. 若 $|x_n| \leqslant a_n$ 对于一切 $n \in \mathbb{N}_+$ 成立 (此条件可叫做控制条件), 则级数 $\sum\limits_{n=1}^\infty x_n$ 收敛.

证 级数 $\sum_{n=1}^{\infty} x_n$ 收敛指的是数列 $\left\{\sum_{k=1}^{n} x_k\right\}_{n=1}^{\infty}$ 收敛, 即它是基本列. 然而已知 $\left\{\sum_{k=1}^{n} a_k\right\}_{n=1}^{\infty}$ 收敛, 从而是基本列. 所以控制条件 $|x_k| \leqslant a_k$ ($k \in \mathbb{N}_+$) 保证 $\left\{\sum_{k=1}^{n} x_k\right\}_{n=1}^{\infty}$ 是基本列, 得其收敛性. □

习题 1.5

1. 证明:
   (1) $\lim_{n\to\infty} \dfrac{1}{\sqrt[n]{n!}} = 0$; (2) $\lim_{n\to\infty} \sqrt[n]{n} = 1$.

2. 设 $a > 0, n \in \mathbb{N}_+, a_n = \underbrace{\sqrt{a + \sqrt{a + \sqrt{a + \cdots \sqrt{a}}}}}_{n \text{ 个根号}}$. 证明数列 $\{a_n\}_{n=1}^{\infty}$ 收敛, 并求其极限.

3. 设 $a_1 = \sqrt{2}, a_{n+1} = \sqrt{2a_n}, n \in \mathbb{N}_+$. 证明 $\{a_n\}_{n=1}^{\infty}$ 收敛并求其极限.

4. 设 $a_1 = a > 0, b_1 = b > 0, a_{n+1} = \sqrt{a_n b_n}, b_{n+1} = \dfrac{a_n + b_n}{2}, n \in \mathbb{N}_+$. 证明 $\{a_n\}_{n=1}^{\infty}$ 和 $\{b_n\}_{n=1}^{\infty}$ 收敛到同一极限.

5. 设 $m \in \mathbb{N}_+, a_1, \cdots, a_m$ 皆为正数. 证明:
$$\lim_{n\to\infty} \sqrt[n]{a_1^n + \cdots + a_m^n} = \max\{a_1, \cdots, a_m\}.$$

6. 写出定理 5.1 的推论的证明.

7. 给出定理 5.3 的证明细节.

8. 任意的数列 $\{a(k)\}_{k=1}^{\infty}$ 都含有子列 $\{a(n_k)\}_{k=1}^{\infty}$, 满足
$$\lim_{k\to\infty} a(n_k) = \limsup_{k\to\infty} a(k).$$

9. 设 $\{a(k)\}_{k=1}^{\infty}$ 是非负数列, 即 $\forall k \in \mathbb{N}_+, a(k) \geqslant 0$. 证明: $\{a(k)\}_{k=1}^{\infty}$ 收敛到零的充分必要条件是它的上极限为零.

10. 设有正数列 $\{a(k)\}_{k=1}^{\infty}$. 证明:
$$\liminf_{k\to\infty} \dfrac{a(k+1)}{a(k)} \leqslant \liminf_{k\to\infty} \sqrt[k]{a(k)},$$
$$\limsup_{k\to\infty} \sqrt[k]{a(k)} \leqslant \limsup_{k\to\infty} \dfrac{a(k+1)}{a(k)}.$$

11. 设 $\forall k \in \mathbb{N}_+, \quad y_k > y_{k+1} > 0$, 并且
$$\lim_{k\to\infty} x_k = \lim_{k\to\infty} y_k = 0.$$

证明: 若
$$\lim_{k\to\infty}\frac{x_k-x_{k+1}}{y_k-y_{k+1}}=\ell\in(\mathbb{R}\bigcup\{-\infty,\infty\})$$
则
$$\lim_{k\to\infty}\frac{x_k}{y_k}=\ell.$$
此命题以 Stolz (施托尔茨) 的名字命名.

12. 请证明例 5.3 中的结论 2).

    提示: 这里, 要证的是, 任何内接多边形的周长都不超过 ℓ (内接正 $2^{n-1}3$ 边形的周长 ℓ_n 当 $n\to\infty$ 时的极限). 任给一个内接 m 边形, 记其周长为 L. 设它的最短的边的长度为 d. 证明当 $n\in\mathbb{N}_+$ 充分大时, 内接正 $2^{n-1}3$ 边形的边长 $d_n<d$, 此时
$$L<\ell_n+md_n.$$

13. 证明在弧度制之下, 当 $0<\theta<\dfrac{\pi}{2}$ 时,
$$\sin\theta<\theta<\tan\theta.$$

14. 证明例 5.5 的结论.

    提示: 同时考虑圆的内接和外切正 $2^{n-1}3$ 边形的面积, 若前者为 $\mu_n r^2$, 后者为 $\nu_n r^2$ (r 为圆的半径), 则 $\{\mu_n\}_{n=1}^{\infty}$ 单调减, 收敛到 π, 而 $\{\nu_n\}_{n=1}^{\infty}$ 单调增, 收敛到 π.

15. 设 $q>1$, $\forall k\in\mathbb{N}_+ x_k\neq 0$. 证明: 若存在 N 使得
$$\forall k>N,\ k\in\mathbb{N}_+,\quad \frac{|x_{k+1}|}{|x_k|}\leqslant\left(\frac{k}{k+1}\right)^q.$$
则 $\sum\limits_{k=1}^{\infty}x_k\in\mathbb{R}$.

16. 设 $\forall k\in\mathbb{N}_+, x_k>0$. 证明: 若存在 N 使得
$$\forall k>N,\ k\in\mathbb{N}_+,\quad \frac{x_{k+1}}{x_k}\geqslant\frac{k}{k+1}.$$
则 $\sum\limits_{k=1}^{\infty}x_k=\infty$.

§6 非比例数比比例数多得多, 基数的概念

现在考虑这样的问题: 比例数有多少, 比例数数 (shǔ) 得清吗? 实数有多少, 实数数 (shǔ) 得清吗?

一般而言, 涉及集合元素的数目, 有下述定义:

定义 6.1 两个集合之间如果存在一个一一对应 (即可逆的映射), 则称为是对等的, 被认为 "具有同样多的元素", 说它们具有同样的**基数** (cardinal number) (基数也叫做**势** (power)). 把集合 A 的基数记做 card$A$.

规定空集的基数为 0, 不空的有限集合的基数就是它所含的元素的数目.

人们承认, 任何一个集合都具有基数, 任何两个集合的基数都可以进行比较. 同时, 下述定理对于基数概念的存在是重要的.

定理 6.1 如果 card $A \leqslant$ card B 并且 card $B \leqslant$ card A, 那么 card $A =$ card B. □

此定理的证明是个很好的逻辑操练, 有一定难度. 此处不证. 请读者自思之.

如果 $A \subset B$, 则说 card $A \leqslant$ card B.

设集合 $A \neq \varnothing$. 若 A 与 $\mathbb{N}_+$ 的一个子集对等, 则称 A 为可数集. "可数" 指的是 "元素的数目数得清". 空集和有限集当然都是可数集.

把 $\mathbb{N}_+$ 的基数记做 $\aleph_0$, 读做 "阿列夫 - 零".

统称可数集的元素数为 "可数个". 以后说到 "$\aleph_0$ 个事物", 指的是所说的事物的全体所成的集合与集 $\mathbb{N}_+$ 对等.

很明显, 两个, 从而有限多个可数集的并集是可数集; 可数集的子集是可数集.

定理 6.2 $\aleph_0$ 个可数集的并集是可数集.

证 设 A_k 是可数集, $k \in \mathbb{N}_+$. 无妨认为每个 A_k 都含 $\aleph_0$ 个元, $A_k = \{a_{kj} : j \in \mathbb{N}_+\}$. 那么, $\bigcup_{k=1}^{\infty} A_k$ 的元可按以下规则排成一列:

$$a_{11}, a_{12}, a_{21}, a_{13}, a_{22}, a_{31}, \cdots, a_{1m}, a_{2,m-1}, a_{3,m-2}, \cdots, a_{m1}, \cdots,$$

从而它是可数集. □

定理 6.3 $\mathbb{Q}$ 是可数集, 基数为 $\aleph_0$.

证 首先, 由于 $\mathbb{Z} = \mathbb{N} \bigcup \{-n : n \in \mathbb{N}\}$ 是两个可数集的并, 所以它是可数集.

设 $m \in \mathbb{N}_+$, 令

$$r_{mk} = \frac{k}{m}, \quad k = 1, \cdots, m.$$

定义 $A_m = \{r_{mk} : k \in \mathbb{Z}\}$. 那么 A_m 的基数不超过 $\mathbb{Z}$ 的基数, 所以它是可数集. 从而, $\mathbb{Q} = \bigcup_{m=1}^{\infty} A_m$ 是可数个可数集的并, 所以是可数集; 它的基数是 $\aleph_0$. □

现在我们来研究 $\mathbb{R}$ 有多少元素.

定理 6.4 $\mathbb{R}$ 不是可数集, 它的基数记为 $\aleph_1$.

证 用反证法. 假定 $\mathbb{R}$ 是可数集. 那么它的无穷子集 $(0,1)$ 也是可数集. 于是 $(0,1)$ 中的元素可以不重复地排成一列: $(0,1) = \{r_n : n \in \mathbb{N}_+\}$, 其中 r_n 的十进表示记做

$$r_n = 0.a_{n,1}a_{n,2}\cdots,$$

其中 $a_{n,k} \in \{0,1,2,3,4,5,6,7,8,9\}$, $k \in \mathbb{N}_+$. 为方便, 记

$$B := \{0,1,2,3,4,5,6,7,8,9\}.$$

我们构作一个实数 $r = 0.a_1a_2\cdots$, 使得

$$\forall k \in \mathbb{N}_+, \quad a_k \in B \setminus \{a_{k,k}, 0, 9\}.$$

由于每个集合 $B \setminus \{a_{k,k}, 0, 1\}$ 都含有 7 个元素, 所以, 这样的实数 r 有无限多个. 由于 r 的小数点后的第 n 位 (a_n) 与 r_n 小数点后的第 n 位 ($a_{n,n}$) 不同, 所以 $r \ne r_n$. 但显然 $r \in (0,1)$. 这就推翻了所做的假定. □

根据定理 6.1, $\aleph_0 < \aleph_1$. 于是断定, 实数的数目严格地大于比例数的数目. 作为习题, 请证明非比例数与实数一般多 (即有 $\aleph_1$ 个).

例 6.1 设集合 A 的基数为正整数 m. 设 B 是 A 的全体子集所成的集. 求 card B.

解 由 A 中 k 个元素所成的集合共有 C_m^k 个, $k = 0, 1, \cdots, m$, 所以

$$\text{card } B = \sum_{k=0}^{m} C_m^k = 2^m = 2^{\text{card}A}.$$

把这件事推广到任意的集合的情形. 引入下述定义:

定义 6.2 给定一个集合 A. 由 A 的一切子集所成的集合叫做 A 的幂集, 记做 2^A. 把集合 2^A 的基数记做 $2^{\text{card } A}$, 即 $2^{\text{card } A} := \text{card}(2^A)$.

定理 6.5 $2^{\text{card } A} > \text{card } A$.

证 若 $A = \varnothing$, 则不等式成立.

设 $A \ne \varnothing$. 显然 $2^{\text{card } A} \geqslant \text{card } A$. 我们来证等号不成立.

假设 $2^{\text{card } A} = \text{card } A$. 那么存在一个 A 到 2^A 的可逆映射 T.

由于 $\varnothing \in 2^A$, 所以存在 $x \in A$, 使 $T(x) = \varnothing \in 2^A$. 定义

$$E = \{y \in A : y \notin T(y)\}.$$

由上所述, $E \subset A$, $E \ne \varnothing$ ($x \in E$). 由于 $E \in 2^A$, 所以 $T^{-1}(E) = z \in A$.

现在, $T(z) = E$. 假如 $z \in E$, 那么根据 E 的定义, $z \notin T(z)$, 从而 $z \notin E$; 假如 $z \notin E$, 那么根据 E 的定义, $z \in T(z)$, 从而 $z \in E$. 这种尴尬状况的发生表明可逆映射 $T: A \longrightarrow 2^A$ 不存在. □

习题 1.6

1. 证明任意的无限集都含有基数为 $\aleph_0$ 的子集.
2. 设 A 是无限集, B 是可数集. 请构作一个 A 到 $A \bigcup B$ 的可逆映射.
3. 设 $n \in \mathbb{N}_+$. 称 $\mathbb{Q}^n$ 的元为 $\mathbb{R}^n$ 中的比例点 (或 n 维比例点). 证明 $\mathbb{Q}^n$ 是可数集.
4. 证明 $\mathbb{R}^n$ $(n \in \mathbb{N}_+)$ 的基数是 $\aleph_1$.

    提示: 以 $n = 2$ 为例, 构作 $(0,1)$ 到 $(0,1) \times (0,1)$ 的可逆映射.
5. 构作一个由 $\mathbb{N}_+$ 的子集组成的集合 $\mathscr{M}$, 使得 $\mathscr{M}$ 不可数, 并且

$$\forall A, B \in \mathscr{M}, A \subset B \text{ 或 } B \subset A \text{ 至少有一式成立.}$$

第 5 题的一个解法

作二进小数的集合

$$E := \{0.y_1 y_2 y_3 y_4 \cdots : (y_{2^{k-1}}, \cdots, y_{2^k}) \in Y_k, k \in \mathbb{N}_+\},$$

其中集合 Y_k 由形如

$$u_{k,j} := (1, \cdots, 1, 0, \cdots, 0) \in \mathbb{R}^{2^{k-1}}$$

的数组组成, 数组 $u_{k,j}$ 的前 j 个数都是 1 而后面 $2^{k-1} - 1$ 个数都是 0, $j = 1, 2, \cdots, 2^{k-1}$.

作从 E 的一个子集 F 到 $[0,1]$ 的一个不可数子集的可逆映射 f (F 的定义从下面定义 f 的过程中可明显看出 —— 请把它明确写出来): 对于 $y = 0.y_1 y_2 y_3 y_4 \cdots \in F \subset E$, $f(y) = 0.x_1 x_2 x_3 \cdots$ 中的诸 x_n 归纳地根据 $(y_{2^{k-1}}, \cdots, y_{2^k}) \in Y_k, k = 1, 2, \cdots, n$ 的取值来确定.

① 当 $n = 1$ 时, Y_1 只含一个元素 (1). 令 $x_1 = 1$.

② 考虑 $n = 2$. 定义

$$x_2 = \begin{cases} 0, & \text{若}(y_2, y_3) = u_{1,0} = (1, 0), \\ 1, & \text{若}(y_2, y_3) = u_{1,1} = (1, 1). \end{cases}$$

③ 考虑 $n = 3$. 若 $(x_1, x_2) = (1, 0)$, 则令

$$x_3 = \begin{cases} 0, & \text{若}(y_4, y_5, y_6, y_7) = u_{3,1} = (1, 0, 0, 0), \\ 1, & \text{若}(y_4, y_5, y_6, y_7) = u_{3,2} = (1, 1, 0, 0). \end{cases}$$

若 $(x_1, x_2) = (1, 1)$, 则令

$$x_3 = \begin{cases} 0, & \text{若}(y_4, y_5, y_6, y_7) = u_{3,3} = (1, 1, 1, 0), \\ 1, & \text{若}(y_4, y_5, y_6, y_7) = u_{3,4} = (1, 1, 1, 1). \end{cases}$$

④ 当 $x_1, \cdots, x_n$ $(n \geqslant 3)$ 都定义好了之后, 如下定义 x_{n+1}. 作为二进数的集合

$$G_n := \{0.1 x_2 \cdots x_n : x_j \in \{0, 1\} j = 2, \cdots, n\}$$

共有 2^{n-1} 个元素. 把它们从小到大排列为

$$v_{n,1} < v_{n,2} < \cdots < v_{n,2^{n-1}}.$$

集合 $Y_{n+1} = \{u_{n+1,j} : j = 1, 2, \cdots, 2^n\}$ 共有 2^n 个元素. 当

$$0.1x_2 \cdots x_n = v_{n,j}, \quad j = 1, \cdots, 2^{n-1}$$

时, 令

$$x_{n+1} = \begin{cases} 0, & \text{若} j = 2\ell - 1, \quad \ell = 1, \cdots, 2^{n-2}, \\ 1, & \text{若} j = 2\ell, \quad \ell = 1, \cdots, 2^{n-2}. \end{cases}$$

这就完成了 f 的定义 (它的定义域 F 从上面的叙述中可以看出). 很明显, f 的值域是

$$\{0.1x_2x_3\cdots : x_j \in \{0,1\}, j = 2, 3, \cdots\}.$$

它是不可数集. 这表明 F 的基数是 $\aleph_1$.

定义 F 到 $2^{\mathbb{N}_+}$ ($\mathbb{N}_+$ 的幂集) 的单射 g 如下:

$$\forall y = 0.y_1y_2\cdots \in F, \quad g(y) = \{ky_k : k \in \mathbb{N}_+\}.$$

令 $\mathscr{M} = \{g(y) : \ y \in F\}$. 那么 $\mathscr{M}$ 是第 5 题的一个解. □

附定理 6.1 的证明

若 card $A \leqslant$ card B 且 card $B \leqslant$ card A, 则 card $A =$ card B.

证 设 ϕ 是 A 到 B 的一个真子集的可逆映射, ψ 是 B 到 A 的一个真子集的可逆映射. 记 $B_1 = B \setminus \phi(A)$. 那么 $B_1 \neq \varnothing$. 定义

$$\psi(B_1) = A_1, \ \phi(A_1) = B_2, \ \psi(B_2) = A_2, \cdots, \phi(A_k) = B_{k+1}, \ \psi(B_k) = A_k, \quad k \in \mathbb{N}_+.$$

我们来证明: 诸 A_k 是 A 的两两不交的非空子集, 诸 B_k 是 B 的两两不交的非空子集. 这个命题等价于对于一切整数 $k > 1$ 下述 (P_k) 成立.

$$(P_k): \quad \forall k \geqslant 2, A_1, \cdots, A_k \text{ 两两不交}, B_1, \cdots, B_k \text{ 两两不交}.$$

用归纳法证明对于一切整数 $k > 1$, (P_k) 成立.

首先, $B_1 \neq \varnothing$ 是一个前提假设, A_1 是不空集合 B_1 在可逆映射 ψ 下的像, 它是 A 的不空子集; 而 B_2 是 B 的不空子集. 由于 $B_2 \subset \phi(A)$, 所以 B_1, B_2 是 B 的不相交的不空子集. 由于 A_1, A_2 分别是互不相交的不空集合 B_1, B_2 在可逆映射 ψ 下的像, 所以它们是 A 的互不相交的不空子集.(P_k) 对于 $k = 2$ 成立.

一般地, 设已证明对于某 $k \geqslant 2$, (P_k) 成立. 那么 $B_1, B_2, \cdots, B_k$ 是 B 的不相交的不空子集. 由于 $A_1, \cdots, A_k$ 分别是互不相交的集合 $B_1, \cdots, B_k$ 在可逆映射 ψ 下的像, 所以它们是 A 的互不相交的不空子集. 由于 $B_2, \cdots, B_k, B_{k+1}$ 分别是互不相交的集合 $A_1, \cdots, A_k$ 在可逆映射 ϕ 下的像, 所以它们是 B 的互不相交的不空子集, 同时它们也都与 $B_1 = B \setminus \phi(A)$

不相交. 这样我们就证明了 $B_1,\cdots,B_k,B_{k+1}$ 是 B 的互不相交的不空子集. 当然, 它们在可逆映射 ψ 下的像 $A_1,\cdots,A_k,A_{k+1}$ 是 A 的互不相交的不空子集. 这就证明了 (P_{k+1}) 成立. 归纳法完成.

令
$$A_0 = A \setminus \bigcup_{k=1}^{\infty} A_k, \quad B_0 = B \setminus \bigcup_{k=1}^{\infty} B_k.$$

易见,
$$\psi\Big(\bigcup_{k=1}^{\infty} B_k\Big) = \bigcup_{k=1}^{\infty} \psi(B_k) = \bigcup_{k=1}^{\infty} A_k.$$

由此推出, 如果 $A_0 = \varnothing$, 则 $B_0 = \varnothing$. 此时 A, B 有同样基数.

设 $A_0 \neq \varnothing$. 于是 $\phi(A_0) \subset B_0$. 另一方面, B_0 的每个元素必定是 A 的某个元素在映射 ϕ 下的像. 所以, ϕ 是 A_0 到 B_0 的可逆映射.

定义映射 $\chi: A \longrightarrow B$ 如下:
$$\chi(a) := \begin{cases} \phi(a), & \text{若 } a \in A_0, \\ \psi^{-1}(a), & \text{若 } a \in \bigcup_{k=1}^{\infty} A_k. \end{cases}$$

那么 χ 给出了 A 到 B 的可逆映射. 于是 A, B 有同样基数. □

第二章　函　　数

这章包含两方面的内容，一方面复习同学们已知的一元函数，主要是初等函数．重点是对于指数函数及其反函数做严格的讨论．另一方面，介绍多元函数，这是本章的重点．为了研究多元函数，必须花一定篇幅介绍定义域的性质，这就是 §3 对于 n 维 Euclid 空间 $\mathbb{R}^n$ 的介绍，侧重于拓扑性质．本章只讨论函数的连续性．

我们按最广泛的意义（即下述定义）来理解函数．

函数的定义　设 D 是一个不空的集合，V 是一个不空的数集．任何映射 $f: D \longrightarrow V$ 都叫做函数 (function)．如果其中的 D 不是数集，则 f 特称为泛函．如果 $V \subset \mathbb{R}$，则称 f 为实值函数 (real-valued function)．我们主要考虑 $D \subset \mathbb{R}^n$（$n \in \mathbb{N}_+$）且 $V \subset \mathbb{R}$ 的情形，此时称 f 为定义在 D 上的 n 元实函数，把集合 $f(D) := \{f(x) : x \in D\}$ 叫做它的值域．在方便的时候我们也顺带考虑 D 和 V 是复数集的情形．

§1　一元函数

说 f 是 D 上的一元实函数，简称为一元函数，是指 f 是非空集合 $D \subset \mathbb{R}$ 到 $\mathbb{R}$ 的映射．

中学课程中已经介绍了许多一元函数，它们大体上都叫做初等函数．举几个例作为复习．

例 1.1 (一元多项式)　在第一章提及幂函数时，曾经讲过多项式，重复一下．令 $\mathbb{N} = \mathbb{N}_+ \bigcup \{0\}$．设 $a_k \in \mathbb{R}$，$k = 0, \cdots, m$，$m \in \mathbb{N}$．定义函数 P（P 的意思是 polynomial）

$$\forall x \in \mathbb{R}, \quad P(x) = \sum_{k=0}^{m} a_k x^k.$$

称诸 a_k 为系数．如果 a_m 不为零，则称函数 P 为 m 次多项式．规定零多项式（即系数都是 0 的多项式）的次数为 $-\infty$．求一个多项式在一点处的值，只涉及乘法（包括乘方）和加法运算．所以，多项式是最简单的**初等函数**．

例 1.2 (三角函数)　$\sin$, $\cos$, $\tan$ 等也是初等函数．它们是周期函数．

一般而言, 设 $f: \mathbb{R} \longrightarrow \mathbb{R}$. 如果存在一个正数 a 使得
$$\forall x \in \mathbb{R}, \quad f(x) = f(x+a),$$
那么就称 f 为以 a 为周期的函数, 简称为周期函数. 一个周期函数肯定有无限多个周期, 如果存在一个最小的周期 (它必是正数), 则谈及周期, 总指这个最小周期. 我们知道, 三角函数 sin 和 cos 的周期是 2π, 当然这里及以后, 当谈及三角函数时, 如无特殊声明, 总是采用弧度制来表示角度.

设 $a_k, \theta_k \in \mathbb{R}$, $k = 0, \cdots, m$, $m \in \mathbb{N}$, 且设 $a_m \neq 0$. 定义函数 T_m:
$$\forall x \in \mathbb{R}, \quad T_m(x) = \sum_{k=0}^{m} a_k \cos(kx + \theta_k).$$
称 T_m 为 m 次三角多项式 (trigonometric polynomial), 也是初等函数.

例 1.3 (分式函数 (rational function)) 设 P, Q 都是多项式. 令 $G = \{x \in \mathbb{R} : Q(x) \neq 0\}$. 定义 G 到 $\mathbb{R}$ 的映射 R:
$$\forall x \in G, \quad R(x) = \frac{P(x)}{Q(x)}.$$
称 $R = \dfrac{P}{Q}$ 为分式函数. 也把 R 叫做初等函数.

下面定义连续的概念.

定义 1.1 设 f 是 $D \subset \mathbb{R}$ ($D \neq \varnothing$) 上的实函数, 即从 D 到 $\mathbb{R}$ 的映射. 设 $x_0 \in D$. 如果
$$\forall \varepsilon > 0, \exists \delta > 0 \text{ 使得当 } x \in D \text{ 且 } |x - x_0| < \delta \text{ 时}, |f(x) - f(x_0)| < \varepsilon, \quad (\spadesuit)$$
那么就说 f 在 x_0 处连续, x_0 叫做 f 的连续点. 若 f 在 $x_0 \in D$ 处不连续, 则称 x_0 为 f 的不连续点, 或间断点. 如果 f 在 D 的每点处都连续, 就说 f 在 D 上连续, 记做 $f \in C(D)$ (C 指的是 continuous 的首字母).

语句 ($\spadesuit$) 叫做刻画连续的 "$\varepsilon - \delta$ 语言", 与它等价的 "极限语言" 是
$$\lim_{D \ni x \to x_0} f(x) = f(x_0). \quad (\diamondsuit)$$
这里应该注意, 如果存在某 $\delta > 0$ 使得 $D \bigcap (x_0 - \delta, x_0 + \delta) = \{x_0\}$, 这时称 x_0 是 D 的**孤立点**, 那么 ($\spadesuit$) 及等价地 ($\diamondsuit$) 必定成立. 所以, 孤立点必是连续点.

比较重要的是定义在区间上的函数. 一般地用 I 代表 $\mathbb{R}$ 中的区间, 可取下列九种形式:
$$(a, b), \ [a, b], \ (a, b], \ [a, b), \ (-\infty, b),$$
$$(-\infty, b], \ (a, \infty), \ [a, \infty), \ (-\infty, \infty) = \mathbb{R},$$

其中 $-\infty < a < b < \infty$. 这些区间, 作为点集, 基数都是 $\aleph_1$. 当讨论定义在区间 I 上的函数时, 定义域 I 可取上述九种形式中的任何一种.

为了说话方便, 也把空集 $\varnothing$ 和单点集 $\{a\}$ 叫做区间, 这相当于 $a = b \in \mathbb{R}$ 时的区间 (a, a) 和 $[a, a]$.

当函数的连续点 x_0 是区间 I 的右 (左) 端点时, 也把在 x_0 连续叫左 (右) 连续.

若 $f \in C(I)$ (I 是区间), 则 f 的图像, 即平面右手直角坐标系中的点集 $\{(x, f(x)) : x \in I\}$ 叫做连续曲线.

例 1.4 前面提到的初等函数, 都在它们有定义的地方连续. 请自己证一下.

定义 1.2 说区间 I 上的函数 f 严格增 (减), 指的是当 $x, y \in I$, $x < y$ 时必有 $f(x) < f(y)$ ($f(x) > f(y)$).

显然, 若 f 在 I 上严格增 (减), 则 f 具有定义在 $f(I)$ (f 的值域) 上的反函数 (即 f 的逆映射), 记做 f^{-1}.

定理 1.1 (区间上的连续函数取遍中间值) 设 $f \in C(I), x, y \in I$. 若 $f(x) = a < c < f(y) = b$, 则存在 ξ 介于 x, y 之间, 使得 $f(\xi) = c$.

证 先考虑 $c = 0$ 的情形.

不失一般性, 可认为 $x < y$, $a < 0 < b$. 记 $I_0 = [x, y]$. 那么乘积 $f(x)f(y) = ab < 0$.

把 I_0 二等分成 $\left[x, \dfrac{x+y}{2}\right]$ 和 $\left[\dfrac{x+y}{2}, y\right]$. 那么这两个小区间中至少有一个, 记为 $I_1 = [x_1, y_1]$ 具有性质:
$$f(x_1)f(y_1) \leqslant 0.$$

在 I_1 上实施上述讨论. 即把 I_1 二等分, 分成的两个小区间中必有一个, 记做 $I_2 = [x_2, y_2]$, 使得
$$f(x_2)f(y_2) \leqslant 0.$$

无休止地重复这个步骤. 得一列区间 $I_n = [x_n, y_n], n \in \mathbb{N}_+$. 具有性质:
$$f(x_n)f(y_n) \leqslant 0.$$

而且 I_1 是 I_0 的一半, I_{n+1} 是 I_n 的一半. 那么, 数列 $\{x_n\}_{n=1}^{\infty}$ 和数列 $\{y_n\}_{n=1}^{\infty}$ 是等价的基本列. 根据 $\mathbb{R}$ 的完备性, 它们收敛到同一个实数 ξ. 然而, $f(x_n)f(y_n) \leqslant 0$ 并且 $f \in C(I)$. 所以
$$\lim_{n \to \infty} f(x_n)f(y_n) = (f(\xi))^2 \leqslant 0.$$

由此得到 $f(\xi) = 0$. 我们对于 $c = 0$ 的情形证明了定理.

现设 $c \neq 0$. 令 $g(x) = f(x) - c$, 并对 g 使用已证的事实, 就得到定理的结论. □

定理 1.1 可改写如下:

推论 区间上的连续函数的值域是区间. □

定理 1.2 设 $f \in C(I)$ 且 f 严格增 (或严格减). 那么反函数 $f^{-1} \in C(f(I))$.

证 设 $f \in C(I)$ 严格增. 记 $J = f(I)$. 据上述推论, J 是区间. f^{-1} 作为从区间 I 到区间 J 的严格增映射 f 的逆映射, 当然是严格增的.

设 $y_0 \in J$, $f^{-1}(y_0) = x_0 \in I$. 我们来证明 f^{-1} 在 y_0 连续.

对于任给的 $\varepsilon > 0$, 要找一个相应的正数 δ, 使得只要 $y \in J, |y - y_0| < \delta$, 就成立 $|f^{-1}(y) - f^{-1}(y_0)| < \varepsilon$.

分四种情况来定义满足上述条件的正数 δ.

① y_0 是区间 J 的右端点, 且 $x_0 - \varepsilon \in I$. 此时, x_0 必是 I 的右端点. 取 $\delta = y_0 - f(x_0 - \varepsilon)$. 则当 $y \in (y_0 - \delta, y_0]$ 时, 成立

$$0 \leqslant f^{-1}(y_0) - f^{-1}(y) < \varepsilon.$$

② y_0 是区间 J 的右端点, 且 $x_0 - \varepsilon \notin I$. 此时, x_0 是 I 的右端点, 并且 $(x_0 - \varepsilon, x_0] \supset I$. 那么, $\forall y \in J$, $f^{-1}(y) \in I \subset (x_0 - \varepsilon, x_0]$. δ 可取任何正数.

③ y_0 是区间 J 的左端点. 这时与 ①, ② 两种情形类似进行处理.

④ y_0 既不是区间 J 的右端点, 也不是区间 J 的左端点. 此时 x_0 既不是区间 I 的右端点, 也不是区间 I 的左端点. 取正数 $\eta < \varepsilon$, 使得 $(x_0 - \eta, x_0 + \eta) \subset I$. 定义 $\delta = \min\{y_0 - f(x_0 - \eta), f(x_0 + \eta) - y_0\}$. 那么,

$$\forall y \in (y_0 - \delta, y_0 + \delta), \quad f^{-1}(y) \in (x_0 - \eta, x_0 + \eta) \subset (x_0 - \varepsilon, x_0 + \varepsilon).$$

这就完成了证明. □

习题 2.1

1. 设 f, g 都是 $\mathbb{R}$ 上的实函数. 并设 $x \in I$. 证明下述各命题:
   (1) 若 f, g 都在 x 处连续, 则 $af + bg$ 在 x 处连续 (a, b 是任意数);
   (2) 若 f 在 x 处连续, 而 g 在 x 处间断, 都 $f + g$ 在 x 处间断;
   (3) 若 f, g 都在 x 处连续, 则乘积函数 fg 在 x 处连续;
   (4) 若 f, g 都在 x 处连续, 并且 g 无零点, 则商函数 $\dfrac{f}{g}$ 在 x 处连续.

2. 定义
$$f(x) = \begin{cases} \sin\dfrac{1}{x}, & \text{当 } x \neq 0, \\ 0, & \text{当 } x = 0. \end{cases}$$

证明: (1) f 把任何区间都映成区间, (2) f 在 $x = 0$ 处间断.

3. 把 $\mathbb{Q}$ 的元素 (比例数) 排为一列: $\mathbb{Q} = \{x_k, k \in \mathbb{N}_+\}$. 用 χ_k 代表集合 (x_k, ∞) 的特征函数, 即
$$\chi_k(x) = \begin{cases} 1, & \text{当 } x > x_k, \\ 0, & \text{当 } x \leqslant x_k. \end{cases}$$

定义
$$f = \sum_{k=1}^{\infty} \frac{1}{2^k} \chi_k.$$

证明: $f : \mathbb{R} \longrightarrow \mathbb{R}$ 在每个 x_k 处都间断, 而在每个非比例数点处都连续.

4. 如下定义的函数 $R : (0, 1) \longrightarrow \mathbb{R}$ 叫做 Riemann (黎曼) 函数:
$$R(x) = \begin{cases} \dfrac{1}{q}, & \text{当 } x = \dfrac{p}{q} \text{ 是既约分数}, \\ 0, & \text{当 } x \text{ 不是比例数}. \end{cases}$$

证明函数 R 在比例数点间断, 而在非比例数点连续.

5. 设 A, B, C 都是不空的实数集合. $f : A \longrightarrow B$, $g : B \longrightarrow C$. 证明: 如果 f 在 $x \in A$ 处连续, 而 g 在 $y = f(x) \in B$ 处连续, 则复合函数 $g \circ f$ 在 x 处连续. 函数 $g \circ f : A \longrightarrow C$ 的定义是: $\forall x \in A, g \circ f(x) = g(f(x))$.

§2 再谈指数函数

第一章 §4 基于实数的十进表示, 用整整一节讲述正数的开方运算和幂运算, 从而定义了指数函数. 并且作为例子 (例 4.2) 证明了

$$\forall x \in \mathbb{R}, \quad \lim_{n \to \infty} \left(1 + \frac{x}{n}\right)^n = \mathrm{e}^x. \tag{2.1}$$

记 $T_n(x) := \left(1 + \dfrac{x}{n}\right)^n$. 根据 (2.1), 对于每个实数 x, 数列 $\{T_n(x)\}_{n=1}^{\infty}$ 都是基本列.

现在定义
$$S_n(x) = \sum_{k=0}^{n} \frac{1}{k!} x^k. \tag{2.2}$$

明显可见当 $m > n > 2N, N := [|x|] + 1$ 时,

$$|S_m(x) - S_n(x)| \leqslant \sum_{k=n+1}^{m} \frac{1}{k!} N^k < \sum_{k=n+1}^{m} \frac{N^k}{(2N)^{k-2N}}$$
$$= (2N)^{2N} \sum_{k=n+1}^{m} \left(\frac{1}{2}\right)^k < (2N)^{2N} \frac{1}{2^n}.$$

所以, 对于一切实数 x, 数列 $\{S_n(x)\}_{n=1}^{\infty}$ 都是基本列.

另一方面, 当 $n > 2$ 时,

$$S_n(x) - T_n(x) = \sum_{k=2}^{n} \frac{1}{k!} \left[1 - \left(1 - \frac{1}{n}\right) \cdots \left(1 - \frac{k-1}{n}\right) \right] x^k.$$

注意到当 $k \geqslant 2$ 时,

$$0 < 1 - \left(1 - \frac{1}{n}\right) \cdots \left(1 - \frac{k-1}{n}\right) \leqslant \frac{1 + \cdots + (k-1)}{n} = \frac{k(k-1)}{2n},$$

得到

$$|S_n(x) - T_n(x)| \leqslant \frac{1}{2n} \sum_{k=2}^{n} \frac{1}{(k-2)!} |x|^k = \frac{1}{2n} x^2 S_{n-2}(|x|).$$

从而, 对于一切实数 x 数列 $\{S_n(x)\}_{n=1}^{\infty}$ 与 $\{T_n(x)\}_{n=1}^{\infty}$ 等价. 因此

$$\forall x \in \mathbb{R}, \quad \lim_{n \to \infty} S_n(x) = e^x. \tag{2.3}$$

这启发我们, 可以直接用 (2.3) 作为指数函数 exp 的定义.事实上, 这样做有很大好处, 至少可以避免第一章 §4 节的一系列繁琐的考证, 特别是当扩充到复数域 $\mathbb{C}$ 时, 这样定义指数函数的好处就更明显了. 在 И.И. Привалов (普里瓦洛夫) 的《复变函数引论》(闵嗣鹤等译, 许宝騄校, 人民教育出版社, 1956 年) 中 (见 74 页) 就是这样做的.

下面我们抛开第一章 §4 节的全部讨论, 使用 (2.3) 来定义指数函数, 然后简洁地引出全部的结果. 由于在复数范围内, 基本列的概念、极限的概念等, 与在实数范围内具有完全同样的形式, 无须赘述. 所以我们在复数范围内 (重新) 叙述指数函数的定义.

定义 2.1 对于一切 $z \in \mathbb{C}$ (前面已提到, $\mathbb{C}$ 代表复数的集合, 它是数域), 令

$$\exp(z) = \sum_{k=0}^{\infty} \frac{1}{k!} z^k.$$

称 exp 为 (以 e 为底的) 指数函数. 常把 $\exp(z)$ 记做 e^z, 读做 "e 的 z 次幂";

定理 2.1 对于任何 $x, y \in \mathbb{C}$,
$$\exp(x)\exp(y) = \exp(x+y).$$

证 设 S_n 如 (2.2) 所定义. 令
$$f_n(x, y) = S_{2n}(x+y) - S_n(x)S_n(y).$$

我们有
$$S_{2n}(x+y) = \sum_{\mu=0}^{2n} \frac{1}{\mu!}(x+y)^\mu = \sum_{\nu=0}^{2n}\sum_{\mu=\nu}^{2n} \frac{1}{\nu!} x^\nu \frac{1}{(\mu-\nu)!} y^{\mu-\nu}$$
$$= \sum_{\nu=0}^{2n}\sum_{\mu=0}^{2n-\nu} \frac{1}{\nu!} x^\nu \frac{1}{\mu!} y^\mu$$
$$= \left(\sum_{\nu=0}^{n}\sum_{\mu=0}^{n} + \sum_{\nu=0}^{n-1}\sum_{\mu=n+1}^{2n-\nu} + \sum_{\nu=n+1}^{2n}\sum_{\mu=0}^{2n-\nu}\right) \frac{1}{\nu!} x^\nu \frac{1}{\mu!} y^\mu.$$

于是我们得到
$$f_n(x,y) = \left(\sum_{\nu=0}^{n-1}\sum_{\mu=n+1}^{2n-\nu} + \sum_{\nu=n+1}^{2n}\sum_{\mu=0}^{2n-\nu}\right) \frac{1}{\nu!} x^\nu \frac{1}{\mu!} y^\mu.$$

从而,
$$|f_n(x,y)| \leqslant S_{n-1}(|x|)\Big(S_{2n}(|y|) - S_n(|y|)\Big) + S_n(|y|)\Big(S_{2n}(|x|) - S_n(|x|)\Big).$$

由于 $\{S_n(u)\}_{n=1}^\infty$ 收敛, 令 $n \to \infty$ 就得到
$$\lim_{n\to\infty} f_n(x,y) = 0 = \lim_{n\to\infty} S_{2n}(x+y) - \lim_{n\to\infty} S_n(x) \lim_{n\to\infty} S_n(y).$$

由此得到所需的结果. □

定理 2.1 把第一章的 (4.3′) 中 $a = e$ 的情形推广到了复数域.

下面的讨论限制在实数域.

定理 2.2 exp 在 $\mathbb{R}$ 上严格增, 连续, 而且值域是 $(0, \infty)$.

证 根据定义 2.1, 明显见到, $\exp(0) = 1$, 并且当 $x > 0$ 时 $\exp(x) > 1$. 根据定理 2.1, $\exp(x)\exp(-x) = \exp(0) = 1$. 所以对于一切 $x \in \mathbb{R}$, $\exp(x) > 0$.

对于 $y > 0, x \in \mathbb{R}$, 根据定理 2.1 以及定义 2.1,
$$\exp(x+y) - \exp(x) = \exp(x)(\exp(y) - 1) = \exp(x) y \sum_{k=1}^{\infty} \frac{1}{k!} y^{k-1}.$$

此式表明, 当 $y > 0$ 时, $\exp(x+y) - \exp(x) > 0$, 即 exp 在 $\mathbb{R}$ 上严格增.

同时上式还表明

$$|\exp(x+y) - \exp(x)| = \exp(x)|y| \sum_{k=1}^{\infty} \frac{1}{k!} y^{k-1} \leqslant |y| \exp(x) \exp(|y|).$$

所以当 $|y| < 1$ 时,

$$|\exp(x+y) - \exp(x)| \leqslant |y| \exp(|x| + 1).$$

由此可知, 对于任何 $\varepsilon > 0$, 取 $\delta = \varepsilon \exp(-|x| - 1)$, 就保证当 $|y| < \delta$ 时成立

$$|\exp(x+y) - \exp(x)| < \varepsilon.$$

所以 exp 在 $\mathbb{R}$ 上处处满足 (♠). 也就是说, $\exp \in C(\mathbb{R})$.

最后, 由于当 $x > 0$ 时 $\exp(x) > x$, 所以 $\lim\limits_{x \to \infty} \exp(x) = \infty$ 并且 $\lim\limits_{x \to -\infty} \exp(x) = 0$. 由于 $\exp(\mathbb{R})$ 是区间, 所以 $\exp(\mathbb{R}) = (0, \infty)$. □

指数函数 exp 是一个非常有用的初等函数, 具有非常好的性质, 以后会常遇到.

下面给出使用 Maple 作出的指数函数 exp 在原点附近的图像 (如图 2)

$$G_{\exp} := \{(x, y) \in \mathbb{R}^2 : -2 \leqslant x \leqslant 2; y = \exp(x)\}.$$

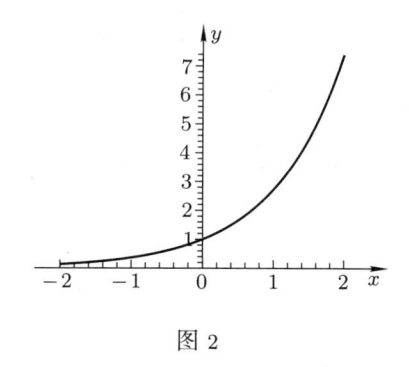

图 2

定义 2.2 (对数函数) 函数 exp 的反函数叫做以 e 为底的对数 (或自然对数) 函数, 记做 ln(或 log).

定义 2.3 (以 a 为底的指数函数) 设 $a > 0$, $x \in \mathbb{R}$. 把 a 的 x 次幂规定为

$$a^x = e^{(x \ln a)}.$$

作为 x 的函数,它叫做以 a 为底的指数函数.

我们看到,如果 $a > 1$,则 $\ln a > 0$. 那么 a^x 是 x 的严格增连续函数,值域是 $(0, \infty)$. 如果 $0 < a < 1$,则 $\ln a < 0$. 那么 a^x 是 x 的严格减连续函数,值域还是 $(0, \infty)$. 于是我们做出下述定义.

定义 2.4 (以 a 为底的对数函数) 设 $a > 0, a \neq 1$. 把以 a 为底的指数函数的反函数叫做以 a 为底的对数函数,记做 $\log_a$.

容易看到,第一章 §4 的全部结果都可以容易地从我们的定义 2.1 以及定义 2.2 和定义 2.3 推出. 例如,对于任意的 $x, y \in \mathbb{R}, a > 0$

$$\left(a^y\right)^x = e^{x \ln(a^y)} = e^{xy \ln a} = a^{xy} = \left(a^y\right)^x.$$

下面从定义 2.1 和定义 2.2 出发,讨论一下 $\exp$ 和 $\ln$ 的一些数值性质.

① **函数 $\exp$ 与多项式的偏差,数 e 的比例数近似值.**

设 $S_n(x)$ 如前. 易见,$\forall n \in \mathbb{N}_+$

$$\exp(x) = S_n(x) + \sum_{k=n+1}^{\infty} \frac{1}{k!} x^k.$$

由此可见,当 $x > 0$ 时

$$S_n(x) < \exp(x) < S_n(x) + \frac{1}{(n+1)!} \exp(x).$$

从而

$$S_n(x) < \exp(x) < \frac{(n+1)!}{(n+1)! - 1} S_n(x) \quad (x > 0). \tag{2.4}$$

由此,容易得到 $e = \exp(1)$ 的不足近似值 $S_n(1)$ 以及误差估计

$$0 < e - S_n(1) < \frac{1}{(n+1)! - 1} S_n(1).$$

例如,取 $n = 6$ 得

$$2 + \frac{517}{720} < e < \frac{5040}{5039}\left(2 + \frac{517}{720}\right).$$

进一步近似,得

$$2.7180 < e < 2.7186. \tag{2.5}$$

② **自然对数函数 $\ln$ 的一些数值性质.** 我们来证明下述命题.

命题 2.3 若 $0 < x < \dfrac{1}{2}$,则

$$x - \frac{3}{4} x^2 < \ln(1 + x) < x < \ln\left(1 + x + \frac{3}{4} x^2\right). \tag{2.6}$$

证 由 exp 的定义直接得到 (对于 $0 < x < \frac{1}{2}$)

$$1+x < \exp(x) = 1+x+\frac{1}{2}x^2+\sum_{k=3}^{\infty}\frac{1}{k!}x^k < 1+x+\frac{1}{2}x^2+\frac{1}{6}x^3\sum_{k=0}^{\infty}\frac{1}{k!}.$$

右端代入 $e < 3$ 及 $x < \frac{1}{2}$,得

$$1+x < \exp(x) < 1+x+\frac{1}{2}x^2+\frac{e}{6}x^3 < 1+x+\frac{3}{4}x^2.$$

取对数得

$$\ln(1+x) < x < \ln\left(1+x+\frac{3}{4}x^2\right).$$

在不等式

$$x < \ln\left(1+x+\frac{3}{4}x^2\right)$$

中代入 $x = u - \frac{3}{4}u^2$ $\left(0 < u < \frac{1}{2}\right)$,得

$$u-\frac{3}{4}u^2 < \ln\left(1+u-\frac{3}{4}u^2+\frac{3}{4}\left(u-\frac{3}{4}u^2\right)^2\right)$$
$$= \ln\left(1+u-\frac{9}{8}u^3+\frac{27}{64}u^4\right) < \ln(1+u).$$

于是 (把字母 u 换成 x)

$$\ln(1+x) > x - \frac{3}{4}x^2.$$

这就完成了证明. □

命题 2.4 若 $0 < x < \frac{1}{2}$,则

$$\forall q > 0, \quad q\left(x-\frac{3}{4}x^2\right) < (1+x)^q - 1 < qx + \frac{3}{4}q^2x^2. \tag{2.7}$$

证 由 (2.6) 得

$$q\left(x-\frac{3}{4}x^2\right) < q\ln(1+x) < qx.$$

取 exp 得

$$\exp\left(q\left(x-\frac{3}{4}x^2\right)\right) < \exp\left(q\ln(1+x)\right) = (1+x)^q < \exp(qx).$$

进一步得到
$$1 + q\left(x - \frac{3}{4}x^2\right) < (1+x)^q < 1 + qx + \frac{3}{4}q^2x^2.$$
由此推出 (2.7). □

下面举一个应用 (2.7) 的例子.

级数收敛的 Raabe (拉比) 判别法 设 $\forall k \in \mathbb{N}_+, a_k > 0$ 并且
$$\limsup_{k\to\infty} k\left(\frac{a_k}{a_{k+1}} - 1\right) = p \geqslant \liminf_{k\to\infty} k\left(\frac{a_k}{a_{k+1}} - 1\right) = q.$$
那么, 当 $q > 1$ 时 $\sum_{k=1}^{\infty} a_k \in \mathbb{R}$; 当 $p \leqslant 1$ 时 $\sum_{k=1}^{\infty} a_k = \infty$.

证 先考虑 $q > 1$ 的情形. 令 $q - 1 = 3b$. 存在 $N \in \mathbb{N}_+$ 使得
$$\forall k \geqslant N, \quad k\left(\frac{a_k}{a_{k+1}} - 1\right) > 1 + 2b.$$
此时
$$\frac{a_k}{a_{k+1}} > 1 + \frac{1+2b}{k}.$$
无妨认定 N 满足 $\dfrac{(1+b)^2}{N} < b$. 保持 $k \geqslant N$. 在 (2.7) 右边的不等式中把 q 换成 $1+b$, x 换成 $\dfrac{1}{k}$, 得
$$\left(1 + \frac{1}{k}\right)^{1+b} < 1 + \frac{1+b}{k} + \frac{3}{4}\frac{(1+b)^2}{k^2}.$$
考虑到
$$\frac{3}{4}\frac{(1+b)^2}{k} < b,$$
就知上式右端小于 $1 + \dfrac{1+2b}{k}$, 从而
$$\frac{a_k}{a_{k+1}} > 1 + \frac{1+2b}{k} > \left(1 + \frac{1}{k}\right)^{1+b} = \left(\frac{k+1}{k}\right)^{1+b}.$$
对于任意的 $m > N$ 从 N 到 m 连乘上式, 得
$$\prod_{k=N}^{m} \frac{a_k}{a_{k+1}} > \prod_{k=N}^{m} \left(\frac{k+1}{k}\right)^{1+b},$$
即
$$\frac{a_N}{a_{m+1}} > \left(\frac{m+1}{N}\right)^{1+b}.$$

因此
$$a_{m+1} < a_N N^{1+b} \frac{1}{(m+1)^{1+b}} \quad (m > N).$$

然而 (见第一章例 5.6 中的式 (5.4))
$$\sum_{k=1}^{\infty} \frac{1}{(m+1)^{1+b}} < \infty.$$

所以, 根据级数的控制收敛判别法 (见第一章 §5), 知 $\sum_{k=1}^{\infty} a_k \in \mathbb{R}$.

现在设 $p \leqslant 1$. 此时存在 $N \in \mathbb{N}_+$ 使得
$$\forall k \geqslant N, \quad k\left(\frac{a_k}{a_{k+1}} - 1\right) \leqslant 1.$$

于是
$$a_N \leqslant a_{m+1} \frac{m+1}{N} \quad (m > N).$$

可见
$$a_{m+1} \geqslant \frac{N a_N}{m+1}.$$

然而 (见第一章例 5.6 中的式 (5.3)) $\sum_{k=1}^{\infty} \frac{1}{m+1} = \infty$. 所以, $\sum_{k=1}^{\infty} a_k = \infty$. □

习题 2.2

1. 从本节的定义出发, 验证第一章 §4 关于幂函数和指数函数的全部结论.

2. 证明:
$$\lim_{n \to \infty} n\left(\exp\left(\frac{1}{n}\right) - 1\right) = 1, \quad \lim_{n \to \infty} n \ln\left(1 + \frac{1}{n}\right) = 1.$$

§3 n 维 Euclid 空间 $\mathbb{R}^n$

本教程的重点内容是 n 元实函数, 深深地涉及对于定义域和值域的拓扑性质, 这使我们必须对于 $\mathbb{R}^n$ 做一些基本的介绍.

§3.1 Euclid 空间

定义集合
$$\mathbb{R}^n = \{x = (x_1, \cdots, x_n) : x_k \in \mathbb{R}, \ k = 1, \cdots, n\}, \quad n \in \mathbb{N}_+.$$

我们把 $\mathbb{R}^n$ 的元叫做点. 当 $n=1$ 时, $\mathbb{R}^1$ 就是 $\mathbb{R}$, 把它的元素外边的圆括号略掉. 作为 $\mathbb{R}^n$ 的子集,

$$\mathbb{Z}^n := \{(z_1,\cdots,z_n): z_k \in \mathbb{Z},\ k=1,\cdots,n\}.$$

$\mathbb{Z}^n$ 的元叫做 n 维整点.

对于点 $x=(x_1,\cdots,x_n)\in\mathbb{R}^n$ 称 x_k 为它的第 k 坐标. 用 O 代表坐标原点, 即 $O=(0,\cdots,0)$.

一般地, 对于任意一个不空的集 $A\subset\mathbb{R}$, 定义

$$A^n = \{(x_1,\cdots,x_n): x_k \in A,\ k=1,\cdots,n\}.$$

首先在 $\mathbb{R}^n$ 中定义**加法**和**数乘**两种运算.

规定点 $x=(x_1,\cdots,x_n)\in\mathbb{R}^n$ 与点 $y=(y_1,\cdots,y_n)\in\mathbb{R}^n$ 的和为

$$x+y = (x_1+y_1,\cdots,x_n+y_n),$$

规定点 x 与任意实数 α 的乘积为

$$\alpha x := (\alpha x_1,\cdots,\alpha x_n).$$

这两种运算满足一些明显的交换、结合算律, 不赘述. 配备着这两种代数运算, $\mathbb{R}^n$ 成为一个"线性空间".

规定点 $x=(x_1,\cdots,x_n)\in\mathbb{R}^n$ 与点 $y=(y_1,\cdots,y_n)\in\mathbb{R}^n$ 的**内积**($n=1$ 时就是乘积) 为

$$xy = \sum_{k=1}^n x_k y_k;$$

规定点 x 的**范数**($n=1$ 时又叫绝对值) 为

$$|x| = (xx)^{\frac{1}{2}} = \left(\sum_{k=1}^n x_k^2\right)^{\frac{1}{2}}.$$

内积也明显地满足下列算律: $\forall x,y,z \in \mathbb{R}^n$,

$$xy = yx \quad (交换律), \quad (x+y)z = xz + yz \quad (分配律).$$

命题 3.1 设 $x,y\in\mathbb{R}^n$. 那么 $|xy| \leqslant |x||y|$.

证 用归纳法. $n=1$ 时命题显然成立. 当 $n=2$ 时,

$$|xy|^2 = |x_1 y_1 + x_2 y_2|^2 = x_1^2 y_1^2 + x_2^2 y_2^2 + 2x_1 x_2 y_1 y_2.$$

由于 $2x_1x_2y_1y_2 \leqslant x_1^2y_2^2 + x_2^2y_1^2$, 所以

$$|xy|^2 \leqslant x_1^2y_1^2 + x_2^2y_2^2 + x_1^2y_2^2 + x_2^2y_1^2 = |x|^2|y|^2.$$

从而 $|xy| \leqslant |x||y|$.

设 $k \geqslant 2$ 且命题对于 $n \leqslant k$ 成立, 我们来证命题对于 $n = k+1$ 成立. 两次使用归纳假设, 有

$$\left|\sum_{i=1}^{k+1} x_i y_i\right| \leqslant \left(\sum_{i=1}^{k} x_i^2\right)^{\frac{1}{2}} \left(\sum_{i=1}^{k} y_i^2\right)^{\frac{1}{2}} + |x_{k+1}y_{k+1}|$$
$$\leqslant \left(\sum_{i=1}^{k} x_i^2 + x_{k+1}^2\right)^{\frac{1}{2}} \left(\sum_{i=1}^{k} y_i^2 + y_{k+1}^2\right)^{\frac{1}{2}} = |x||y|.$$

这就完成了证明. □

我们把点 $x \in \mathbb{R}^n$ 与从原点 O 始到点 x 终的向量 $\overrightarrow{Ox}$ 等同看待. 当 $|x||y| > 0$ 时, 根据命题 3.1, $\dfrac{xy}{|x||y|} \in [-1, 1]$. 定义

$$< x, y > = \arccos \frac{xy}{|x||y|},$$

称之为 x 和 y 的**夹角**. 于是

$$xy = |x||y| \cos <x, y>.$$

规定点 x 与点 y 的**距离**为

$$d(x, y) = |x - y| = \left(\sum_{k=1}^{n} (x_k - y_k)^2\right)^{\frac{1}{2}},$$

规定两不空的集 A 和 B 的距离为

$$d(A, B) = \inf\{d(a, b) : a \in A, b \in B\}.$$

命题 3.2 (三角形不等式) 设 $x, y, z \in \mathbb{R}^n$. 那么

$$d(x, y) \leqslant d(x, z) + d(z, y).$$

证 记 $a = x - y, b = y - z$. 由范数的定义,

$$|a+b|^2 = (a+b)(a+b) = |a|^2 + 2ab + |b|^2.$$

根据命题 3.1, $ab \leqslant |a||b|$. 所以

$$|a+b|^2 \leqslant |a|^2 + 2|a||b| + |b|^2 = (|a|+|b|)^2.$$

由此推出命题 3.2 的结论. □

例 3.1 在 $\mathbb{R}^2$ 中, 设

$$L = \{(x,x) : x \in \mathbb{R}\}, \quad E = \{(x,y) : (x-2)^2 + y^2 \leqslant 1\}.$$

求集合 L 和 E 的距离.

解 由于 E 是一个以点 $P := (2,0)$ 为圆心的圆, L 是第一、三象限内的平分线, 所以两者之距离为点 P 到 L 的距离减去圆 E 的半径. 而 P 到 L 的距离也就是 P 到 L 的垂足 Q 的距离, 这个距离等于 $\sqrt{2}$. 所以 L 和 E 之间的距离为 $\sqrt{2} - 1$. □

例 3.2 在 $\mathbb{R}^2$ 中, 设

$$L = \left\{(x, \tan x) : 0 < x < \frac{\pi}{2}\right\}, \quad E = \left\{\left(\frac{\pi}{2}, y\right) : y \in \mathbb{R}\right\}.$$

求集合 L 和 E 的距离.

解 对于任意的 $x \in \left(0, \frac{\pi}{2}\right)$, 取 $A = (x, \tan x) \in L$, $B = \left(\frac{\pi}{2}, \tan x\right) \in E$. 那么点 A 和点 B 间的距离为 $d(A,B) = \left|x - \frac{\pi}{2}\right|$. 于是由定义,

$$0 \leqslant d(L,E) \leqslant \left|x - \frac{\pi}{2}\right|$$

对于一切 $x \in \left(0, \frac{\pi}{2}\right)$ 成立. 令 $x \to \frac{\pi}{2}$, 就得到 $d(L,E)=0$. □

在例 3.1 中, 记线段 PQ 与 E 的交点为 R, 则 L 与 E 的距离恰为 Q 与 R 的距离. 而在例 3.2 中, L 上的任意一点与 E 上的任意一点之间的距离都大于 0. 在第一种情形我们说两个集合的距离可达到 (在点 Q 和 R 上达到), 而在第二种情形则不可达到.

"内积""范数""距离"这些概念, 在线性空间的基础上, 从几何学的角度刻画了 $\mathbb{R}^n$ 的结构. 我们把 $\mathbb{R}^n$ 叫做 Euclid 空间, 其内涵就是指 $\mathbb{R}^n$ 的这些代数的和几何的结构. 作为 (实的) 线性空间, $\mathbb{R}^n$ 的维数是 n, 这在代数课中专门讲解. 关于内积空间的一般性讨论将是泛函分析课程的重要内容.

下面从拓扑学的角度来说一说 $\mathbb{R}^n$.

设 $x \in \mathbb{R}^n$, $r > 0$. 定义以 x 为中心的以 r 为半径的不含球面的球为

$$B(x;r) = \{y \in \mathbb{R}^n : d(x,y) < r\}.$$

定义以 x 为中心, 以 r 为半径的具有球面的球为

$$\overline{B}(x;r) = \{y \in \mathbb{R}^n : d(x,y) \leqslant r\}.$$

设 $E \subset \mathbb{R}^n$, $x \in E$. 如果存在正数 r, 使得 $B(x;r) \subset E$, 我们就称 x 为 E 的内点. 若集 E 的每点都是它的内点, 或者集 E 是空集 ($\varnothing$), 就称 E 为开集. 开集的余集叫做闭集. 也就是说, 当 E 是开集时, E 的余集 $E^c := \mathbb{R}^n \setminus E$ 是闭集. 上标 c 指的是 complement, 符号 $\setminus$ 表示集合的差运算, 也就是说, $A \setminus B$ 表示属于 A 而不属于 B 的元的全体.

例 3.3 $\forall x \in \mathbb{R}^n, r > 0$, $B(x;r)$ 是开集.

任取 $y \in B(x;r)$. 记 $s = r - |x-y|$. 显然 $s > 0$, 且当 $|u-y| < s$ 时, 由三角形不等式

$$|u-x| \leqslant |u-y| + |y-x| < s + |x-y| = r.$$

那么, $u \in B(x;r)$. 可见 $B(y;s) \subset B(x;r)$. 这表明, $B(x;r)$ 的每一点都是它自己的内点. 所以它是开集.

例 3.4 在 $\mathbb{R}$ 上, 集合 $E := \left\{\dfrac{1}{k} : k \in \mathbb{N}_+\right\}$ 既不是开集也不是闭集. 集合

$$F := E \bigcup \{0\} = \left\{0, 1, \dfrac{1}{2}, \dfrac{1}{3}, \cdots\right\}$$

是闭集 (注意, 在 $\mathbb{R}$ 上, 坐标原点 O 也用数 0 表示).

证 点 $0 \notin E$. 但对于任意的 $r > 0$, $B(0;r)$ 中都有 E 的点. 例如 $\dfrac{1}{\left[\dfrac{1}{r}\right] + 1} \in E \bigcap B(0;r)$. 可见 0 不是 E^c 的内点, 那么 E^c 不是开集, 也就是说, E 不是闭集. 另一方面, 对于任意的 $n \in \mathbb{N}_+$, 点 $\dfrac{1}{n}$ 都不是 E 的内点. 可见 E 不是开集.

现设 $x \in F^c$. 如果 $x < 0$, 那么 $B\left(x; \dfrac{|x|}{2}\right) \subset F^c$. 从而 x 是 F^c 的内点. 如果 $x > 1$, 那么, $B(x; x-1) \subset F^c$. 从而 x 是 F^c 的内点. 如果 $0 < x < 1$, 那么, 令自然数 $n = \left[\dfrac{1}{x}\right]$, 那么

$$\dfrac{1}{n+1} < x < \dfrac{1}{n}.$$

令 $r = \min\left\{x - \dfrac{1}{n+1}, \dfrac{1}{n} - x\right\}$. 那么, $B(x;r) \subset F^c$. 从而 x 是 F^c 的内点.

总之, F^c 的每一点都是自己的内点. 可见 F^c 是开集, 也就是说, F 是闭集. □

把 $\mathbb{R}^n$ 的全体开集的集合记做 $\mathscr{T}$. 它具有如下性质:

(a) 空集 $\varnothing \in \mathscr{T}$, $\mathbb{R}^n \in \mathscr{T}$;

(b) $\mathscr{T}$ 的任意一些元的并仍属于 $\mathscr{T}$;

(c) $\mathscr{T}$ 的有限个元的交仍属于 $\mathscr{T}$.

$\mathscr{T}$ 叫做 $\mathbb{R}^n$ 的**拓扑**, $(\mathbb{R}^n, \mathscr{T})$ 叫做**拓扑空间**. 在拓扑学课程中我们将看到 $\mathbb{R}^n$ 是我们遇到的第一个拓扑空间.

有时用到下述术语. 设 $E \subset \mathbb{R}^n$.

(1) 把 E 的内点的全体记做 $\mathring{E}$. 它显然是开集, 叫做 E 的内部.

(2) 把包含 E 的一切闭集的交 (它仍是闭集, 见习题 2.3, 题 1) 记做 $\overline{E}$. 它显然是包含 E 的最小闭集, 叫做 E 的闭包.

(3) 若 x^0 不是 $(E \setminus \{x^0\})^c$ 的内点, 我们就称它为 E 的**极限点**. 也就是说, 如果

$$\forall r > 0, \quad B(x^0; r) \bigcap (E \setminus \{x^0\}) \neq \varnothing,$$

就称 x^0 是 E 的极限点.

(4) 如果 $x^0 \in E$, 但 x^0 不是 E 的极限点, 也就是说, 存在 $r > 0$, 使 $B(x^0; r) \bigcap (E \setminus \{x^0\}) = \varnothing$, 那么称 x^0 为 E 的**孤立点**.

设 $m \in \mathbb{N}_+$, $x^m = (x_1^m, \cdots, x_n^m) \in \mathbb{R}^n$. 若有 $x^0 = (x_1^0, \cdots, x_n^0) \in \mathbb{R}^n$, 使

$$\lim_{m \to \infty} d(x^m, x^0) = 0,$$

则说点列 $\{x^m\}_{m=1}^{\infty}$ 收敛到 x^0. 易见, 点列 $\{x^m\}_{m=1}^{\infty}$ 收敛到点 x^0 的充分必要条件是, 对于每个 $k = 1, \cdots, n$,

$$\lim_{m \to \infty} (x_k^m - x_k^0) = 0.$$

也就是说, $\mathbb{R}^n$ 中, 点列的收敛恰是依坐标收敛. 我们知道, 在 $\mathbb{R}$ 中, 数列收敛的充分必要条件是它是基本列. 我们把 $\mathbb{R}^n$ 中满足条件

$$\lim_{r \to \infty} \sup\{d(x^p, x^q) : p, q \in \mathbb{N}_+, p \geqslant r, q \geqslant r\} = 0$$

的点列 $\{x^m\}_{m=1}^{\infty}$ 叫做基本列. 那么, $\{x^m\}_{m=1}^{\infty}$ 是基本列等价于这列点的各坐标所成数列 $\{x_k^m\}_{m=1}^{\infty}$ $(k = 1, \cdots, n)$ 是基本列. 得下述定理.

定理 3.3 $\mathbb{R}^n$ 的点列收敛的充分必要条件是, 它是基本列.

这个定理说出了 $\mathbb{R}^n$ 的完备性, 当然它的本质是 $\mathbb{R}$ 的完备性.

§3.2 紧致性的概念

在 $\mathbb{R}$ 中定义过有界集. 一般地, 设 $E \subset \mathbb{R}^n$. 若存在正数 β 使得

$$\forall x \in E, \ |x| < \beta,$$

则说 E 是有界集. 空集也被认为是有界集.

设 $E \subset \mathbb{R}^n$. 如果任何一个开集族 (即一些开集的集合) $\mathscr{G}$, 只要它覆盖 E, 即

$$\bigcup \{G : G \in \mathscr{G}\},$$

就一定能从中找出**有限个**元 (开集) $G_1, \cdots, G_m$ 来, 使得它们成为 E 的覆盖, 即

$$\bigcup_{k=1}^{m} G_k \supset E,$$

那么, 就称 E 为**紧致集**, 简称为紧集. 紧集的上述性质, 叫做有限覆盖性质.

例 3.5 无界集不是紧集.

证 设 E 是 $\mathbb{R}^n$ 中的一个无界的集合. 记坐标原点为 O. 那么显然, 以 O 为中心的开球的族

$$\{B(O; k) : k \in \mathbb{N}_+\}$$

是 $\mathbb{R}^n$ 的一个开覆盖, 当然也是 E 的开覆盖. 但是, 这族开集中任何有限个都不可能覆盖 E. □

为了技术上的方便, 我们作出下述定义, 它将使用于我们的整个教程中.

定义 3.1 (二进方块, 二进网) 设 $k = (k_1, \cdots, k_n) \in \mathbb{Z}^n, m \in \mathbb{N}_+$. 规定

$$Q_m(k) = \{x \in \mathbb{R}^n : 2^{-m} k_j \leqslant x_j \leqslant 2^{-m}(k_j + 1), j = 1, \cdots, n\},$$

称之为第 m 级第 k 个**二进方块**, 它的边长为 2^{-m}. 称点

$$2^{-m} k = (2^{-m} k_1, \cdots, 2^{-m} k_n)$$

为 $Q_m(k)$ 的左端点. 把 m 级方块的全体叫做 $\mathbb{R}^n$ 的一个二进 m 级网, 记做

$$\mathscr{N}_m = \{Q_m(k) : k \in \mathbb{Z}^n\}.$$

二进网有如下一些性质:

① 二进方块 $Q_m(k)$ 是闭集, 它的内部是

$$\overset{\circ}{Q}_m(k) = \{x \in \mathbb{R}^n : 2^{-m} k_j < x_j < 2^{-m}(k_j + 1), j = 1, \cdots, n\},$$

常被称做开方块.

② $\forall m \in \mathbb{N}_+$

$$\bigcup_{k \in \mathbb{Z}^n} Q_m(k) = \mathbb{R}^n,$$

并且, 当 $k, k' \in \mathbb{Z}^n, k \neq k'$ 时

$$\overset{\circ}{Q}_m(k) \bigcap \overset{\circ}{Q}_m(k') = \varnothing.$$

③ 每个 m 级方块恰为 2^n 个 $m+1$ 级方块的并. 确言之, 设 $k = (k_1, \cdots, k_n) \in \mathbb{Z}^n$. 定义

$$I(k) = \{\ell = (\ell_1, \cdots, \ell_n) : \ell_j \in \{2k_j, 2k_j+1\}, j = 1, \cdots, n\}.$$

那么 $I(k)$ 由 2^n 个 n 维整点组成, 并且

$$Q_m(k) = \bigcup_{\ell \in I(k)} Q_{m+1}(\ell).$$

网 $\mathcal{N}_m$ 随 m 增大而加细. 这一族网对于处理 $\mathbb{R}^n$ 上的分析学问题常能提供方便.

定理 3.4 设 $K \subset \mathbb{R}^n$. 若 K 是有界闭集, 则 K 是紧集.

证 现在, 我们用反证法来证明 K 具有有限覆盖性质. 假设 $\mathscr{G}$ 是 K 的开覆盖, 且 $\mathscr{G}$ 不含 K 的有限子覆盖.

由于 K 有界, 使 $Q_1(k) \bigcap K \neq \varnothing$ 的一级方块 $Q_1(k)$ 只有有限个. 这有限个方块中, 至少有一个, 记做 Q_1, 使 $Q_1 \bigcap K$ 不能被 $\mathscr{G}$ 的任何有限个元覆盖.

Q_1 由 2^n 个二级方块合成. 那么, 这 2^n 个方块中至少有一个, 记做 Q_2, 使得交集 $Q_2 \bigcap K$ 不被 $\mathscr{G}$ 的任何有限个元所覆盖.

永无终止地继续这个步骤, 我们得到一列方块 $\{Q_m\}_{m=1}^{\infty}$, 它们具有如下两条性质:

① Q_m 是 m 级方块 (边长为 2^{-m}), $Q_m \supset Q_{m+1}$,
② $Q_m \bigcap K$ 不能被 $\mathscr{G}$ 的任何有限个元覆盖.
设

$$Q_m = Q_m(k^m), \quad k^m = (k_1^m, \cdots, k_n^m) \in \mathbb{Z}^n,$$

并记

$$\alpha^m = (\alpha_1^m, \cdots, \alpha_n^m) \in \mathbb{Z}^n, \quad \alpha_j^m = 2^{-m} k_j^m,$$
$$\beta^m = (\beta_1^m, \cdots, \beta_n^m) \in \mathbb{Z}^n, \quad \beta_j^m = 2^{-m}(k_j^m + 1).$$

那么
$$\alpha_j^m \leqslant \alpha_j^{m+1} < \beta_j^{m+1} \leqslant \beta_j^m, \quad j=1,\cdots,n, \ m \in \mathbb{N}_+.$$

我们看到, 点列 $\{\alpha^m\}_{m=1}^\infty$ 是基本列. 这是因为当 $p \geqslant q \, (p, q \in \mathbb{N}_+)$ 时
$$d(\alpha^p, \alpha^q) \leqslant \sqrt{n} 2^{-q}.$$

于是, 根据定理 3.3, 存在 $x^0 \in \mathbb{R}^n$, 使
$$\lim_{m \to \infty} d(\alpha^m, x^0) = 0.$$

我们来验证, $\forall m \in \mathbb{N}_+, x^0 \in Q_m$. 事实上, 如果 $x^0 \notin Q_m$, 那么, 由 Q_m 的定义知, 存在 $r > 0$, 使得
$$Q_m \bigcap B(x^0; r) = \varnothing.$$

取 $p \in \mathbb{N}_+$ 充分大, 使 $p > m$ 且
$$d(\alpha^p, x^0) < r.$$

那么, 一方面 $\alpha^p \in B(x^0; r)$, 另一方面
$$\alpha^p \in Q_p \subset \left(Q_m \bigcap B(x^0; r)\right).$$

这与 $Q_m \bigcap B(x^0; r) = \varnothing$ 矛盾. 这个矛盾表明, $\forall m \in \mathbb{N}_+, x^0 \in Q_m$.

根据同样的道理, $x^0 \in K$. 详细地说, 如果 $x^0 \notin K$, 那么, 由于 K 是闭集, K^c 是开集, 所以存在 $\delta > 0$, 使
$$B(x^0; \delta) \bigcap K = \varnothing.$$

然而, 当 m 充分大时
$$d(x^0, \alpha^m) < \frac{1}{2}\delta, \quad 2^{-m} < \frac{1}{2n}\delta.$$

从而, 必有 $Q_m \subset B(x^0; \delta)$, 当然
$$K \bigcap Q_m \neq \varnothing.$$

这与 $K \bigcap B(x^0; r) = \varnothing$ 矛盾. 这个矛盾表明 $x^0 \in K$.

由于 $\mathscr{G}$ 是 K 的开覆盖, 所以必存在 $G \in \mathscr{G}$, 使得集合 $x^0 \in G$. 当然, 这意味着存在正数 η, 使得集合 $B(x^0; \eta) \subset G$. 根据刚才的分析, 当 m 充分大时, 必有
$$Q_m \subset B(x^0; \eta) \subset G.$$

这与 $Q_m \bigcap K$ 不被 $\mathscr{G}$ 有限覆盖矛盾. 定理证毕. □

下述定理是定理 3.4 的逆.

定理 3.5 $\mathbb{R}^n$ 中的紧集必是有界闭集.

证 例 3.5 已表明紧集是有界集. 下面证明紧集是闭集.

设 K 是 $\mathbb{R}^n$ 的紧集. 设 $x^0 \notin K \neq \varnothing$. $\forall x \in K$, 有 $d(x^0, x) > 0$. 球 $B\left(x; \frac{1}{2}d(x^0, x)\right)$ 是开集, 且

$$\bigcup_{x \in K} B\left(x; \frac{1}{2}d(x^0, x)\right) \supset K.$$

那么, 存在有限个点 $x^1, \cdots, x^m \in K$, 使

$$\bigcup_{j=1}^{m} B\left(x^j; \frac{1}{2}d(x^0, x^j)\right) \supset K.$$

令 $\delta = \min\left\{\frac{1}{2}d(x^0, x^j) : j = 1, \cdots, m\right\}$. 那么,

$$B(x^0; \delta) \bigcap K = \varnothing.$$

可见 x^0 是 K^c 的内点. 这就证明 K^c 是开集, 即 K 是闭集. □

定理 3.6 设集合 $\{x(m) \in \mathbb{R}^n : m \in \mathbb{N}_+\}$ 有界. 那么, 点列 $\{x(m)\}_{m=1}^{\infty}$ 含有收敛的子列.

证 由条件, 存在正数 B, 使得 $\forall m \in \mathbb{N}_+$, $|x(m)| < B$. 所以, 至少有一个 1 级方块含着点列

$$\{x(m)\}_{m=1}^{\infty}$$

的无限多项 (注意短语"无限多项"与"无限多点"的区别), 记 A_1 是这样的一个 1 级方块. 由于 A_1 恰由 2^n 个 2 级方块合并而成, 所以这 2^n 个 2 级方块中必有一个, 记做 A_2, 含着点列 $\{x(m)\}_{m=1}^{\infty}$ 的无限多项. 无限地重复这一步骤, 一般地得到 k 级方块 A_k ($k \in \mathbb{N}_+$), 它含着点列 $\{x(m)\}_{m=1}^{\infty}$ 的无限多项, 并且 $A_k \supset A_{k+1}$.

从 A_1 中任取点列

$$\{x(m)\}_{m=1}^{\infty}$$

的一项 $y(1) = x(k_1)$ ($k_1 \in \mathbb{N}_+$), 再从 A_2 中任取点列

$$\{x(m)\}_{m=k_1+1}^{\infty}$$

的一项 $y(2) = x(k_2)$, 显然 $k_2 > k_1$. 无限地重复这个步骤, 得到

$$y(j) = x(k_j) \in A_j, \ k_j \in \mathbb{N}_+, \ k_{j+1} > k_j, \ j \in \mathbb{N}_+.$$

显然, $\{y(j)\}_{j=1}^{\infty}$ 是基本列, 并且它是点列 $\{x(m)\}_{m=1}^{\infty}$ 的子列. □

定理 3.6 说的是一种依照序列方式的紧致性, 叫做列紧性, 在拓扑学和泛函分析课程中还会作进一步的讨论.

定理 3.7 设 $\varnothing \neq F \subset \mathbb{R}^n$, $\varnothing \neq K \subset \mathbb{R}^n$. 若 F 是闭集, K 是紧集, 那么一定存在 $x^0 \in F$ 和 $y^0 \in K$, 使

$$d(x^0, y^0) = d(F, K) := \inf\{d(x, y): \ x \in F, y \in K\}.$$

证 由 $d(F, K)$ 的定义可知, 存在 $x^m \in F$ 和 $y^m \in K$ $(m \in \mathbb{N}_+)$ 使得

$$\lim_{m \to \infty} d(x^m, y^m) = d(F, K) \in \mathbb{R}.$$

由于 K 是有界闭集, 那么根据定理 3.6, 有界点列 $\{y^m\}_{m=1}^{\infty}$ 有收敛子列, 不妨认为这个子列就是它自己, 且它收敛到 y^0. 那么, $\{x^m\}_{m=1}^{\infty}$ 必定也是有界点列, 同样根据定理 3.6, 它也有收敛子列, 收敛到某点 x^0. 于是得

$$d(x^0, y^0) = d(F, K).$$

由于 F 和 K 都是闭的, 易见, $x^0 \in F$, $y^0 \in K$. □

定理 3.7 告诉我们, 在 $\mathbb{R}^n$ 中, 一个闭集和一个紧集的距离总能达到. 但是, 例 3.2 表明, 两个闭集的距离并不总能达到.

定理 3.8 设 $m \in \mathbb{N}_+$, F_m 是 $\mathbb{R}^n$ 的非空紧集. 如果 $F_m \supset F_{m+1}$ 对每个 $m \in \mathbb{N}_+$ 成立, 那么,

$$\bigcap_{m=1}^{\infty} F_m \neq \varnothing.$$

证 令 $G_m = F_m^c$. 那么 G_m 是开集. 倘若 $\bigcap_{m=1}^{\infty} F_m = \varnothing$, 则

$$\bigcup_{m=1}^{\infty} G_m = \left(\bigcap_{m=1}^{\infty} F_m\right)^c = \mathbb{R}^n \supset F_1.$$

于是, 由 F_1 的有限覆盖性质, 必存在 $N \in \mathbb{N}_+$, 使

$$\bigcup_{m=1}^{N} G_m \supset F_1.$$

而这是不可能的. □

如将条件中紧集改为闭集, 定理 3.8 不再成立, 如下例所示.

例 3.6 设 $F_m = \{x \in \mathbb{R} : |x| \geqslant m\}$, $m \in \mathbb{N}_+$. 显然, F_m 是不空的闭集, 且 $F_m \supset F_{m+1}$. 但 $\bigcap\limits_{m=1}^{\infty} F_m = \varnothing$.

§3.3 $\mathbb{R}^n$ 中的开集的结构

当 $n = 1$ 时, 开区间是最简单的开集. 下述定理说清了 $\mathbb{R}$ 上开集的结构.

定理 3.9 $\mathbb{R}$ 中的不空开集必为可数个两两不交的开区间的并集. 这些互不相交的开区间叫做该开集的生成区间.

证 设 G 是 $\mathbb{R}$ 中的不空的开集.

任取 $x \in G$. 由于 x 是 G 的内点, 所以集

$$A := \{y \in G : y < x \text{ 且 } (y, x) \subset G\}$$

不是空集. 定义

$$\alpha = \inf A.$$

那么 $-\infty \leqslant \alpha < x$, 并且 $(\alpha, x) \subset G$. 如果 α 是实数, 那么根据 α 的定义, 必有 $\alpha \notin G$.

对称地, 存在 β, 或为 ∞ 或为不属于 G 的大于 x 的实数, 使 $(x, \beta) \subset G$.

这样一来, 我们找到了一个开区间 (α, β), 满足

$$(\alpha, \beta) \subset G, \quad \alpha \notin G, \quad \beta \notin G.$$

具有这种性质的开区间叫做 G 的**生成区间**. 显然, G 的每一点, 都含在一个这样的开区间中.

把全体具有这样性质的开区间所成的集 (有时把集之集称为族, 或集族) 记做 $\mathscr{G}$. 那么, 它的任何两个不同的元, 作为开区间都不相交. 从它的每个元 (开区间) 中取定一个比例数与之对应. 全体这样的比例数的集合记做 S. 那么, $\mathscr{G}$ 与 S 一一对应, 而 S 作为 $\mathbb{Q}$ 的子集, 是可数集, 从而 $\mathscr{G}$ 是可数集. 这就完成了定理的证明. □

当 $n \geqslant 2$ 时, $\mathbb{R}^n$ 的情况不像 $\mathbb{R}$ 那样简单. 这时, 代替开区间, 我们认为开的矩形:

$$I := \{(x_1, \cdots, x_n) : a_j < x_j < b_j, \ j = 1, \cdots, n\}$$

是最简单的开集. 把 I 的闭包 $\bar{I}$ 叫做闭矩形. 但是, 一般的开集, 无法表示成可数个两两不交的开矩形的并集. 然而我们有下述定理.

定理 3.10 设 G 是 $\mathbb{R}^n$ 中的不空开集. 那么 G 可表示成 $\aleph_0$ 个两两互不重叠 (即无共同内点) 的二进方块的并.

证 把含在 G 内的 1 级方块 (如果有的话) 收集在一起, 记做 $\mathscr{S}_1$, 并定义 $F_1 := \bigcup\{Q : Q \in \mathscr{S}_1\}$.

把含在 G 内但不含在 F_1 内的 2 级方块 (如果有的话) 收集在一起, 记做 $\mathscr{S}_2$, 并定义 $F_2 := \bigcup\{Q : Q \in \mathscr{S}_2\}$.

假设 $\mathscr{S}_k$ 和 F_k, $k = 1, \cdots, m$ 已经定义好. 把含在 G 内但不含在 $\bigcup_{k=1}^{m} F_k$ 内的 $m+1$ 级方块 (如果有的话) 收集在一起, 记做 $\mathscr{S}_{m+1}$, 并定义 $F_{m+1} := \bigcup\{Q : Q \in \mathscr{S}_{m+1}\}$. 把这样的步骤无限地进行下去, 得 $\mathscr{S}_m$, $m \in \mathbb{N}_+$. 令

$$\mathscr{S} = \bigcup_{m=1}^{\infty} \mathscr{S}_m.$$

设 $x \in G$. 那么, 必定存在至少一个含有点 x 且含在 G 内的最大 (即等级最小) 的二进方块. 记这样的一个方块为 Q, 其等级数是 m. 那么必有 $Q \in \mathscr{S}_m$. 可见 G 是 $\mathscr{S}$ 的元的并. 由于有限个方块的并集是闭集而不是开集, 所以 $\mathscr{S}$ 含有 $\aleph_0$ 个元素 (二进方块), 它们显然互不重叠. □

注意, 定理中的二进方块 (按定义 3.1) 都是闭集, 它们彼此不可能两两不交, 但一定两两不重叠. 如果把这些方块保持内部不变, 边界稍微改造一下, 就可使它们两两不交. 这就更便于应用.

我们把集

$$E_j := \{(x_1, \cdots, x_n) : x_j = a_j, a_k \leqslant x_k \leqslant b_k, k \neq j\} \quad (j = 1, \cdots, n)$$

叫做前述矩形 I 的第 j 个左边; 把集

$$F_j := \{(x_1, \cdots, x_n) : x_j = b_j, a_k \leqslant x_k \leqslant b_k, k \neq j\} \quad (j = 1, \cdots, n)$$

叫做 I 的第 j 个右边. 我们把闭矩形 $\bar{I}$ 去掉它的 n 个左边所成的集, 即

$$R := \{(x_1, \cdots, x_n) : a_j < x_j \leqslant b_j, j = 1, \cdots, n\}$$

叫做左开的矩形.

容易证明, 两个无共同的内点的左开矩形是不相交的 (习题 2.3, 题 9).

关于定理 3.10 中的 $\mathscr{S}$ 的结构, 我们注意这样一个事实: $\mathscr{S}$ 的每个元 A (闭方块) 的左边上的点 x, 一定在它的另一个元 B 的右边上并且不在 B 的左边上.

因此，把定理 3.10 中的 $\mathscr{S}$ 的每个元去掉左边变成左开方块，就得到下述定理.

定理 3.11 设 G 是 $\mathbb{R}^n$ 中的不空开集. 那么 G 可表示成 $\aleph_0$ 个两两不交的左开二进方块的并. □

习题 2.3

1. 证明在 $\mathbb{R}^n$ 中，有限多个闭集的并集仍是闭集，任意多个闭集的交集仍是闭集.
   举例说明，无限多个闭集的并集不一定是闭集.

2. 设 $x = (x_1, \cdots, x_n), y = (y_1, \cdots, y_n) \in \mathbb{R}^n$. 证明：
   (1) $|x| \leqslant \sum_{k=1}^{n} |x_k| \leqslant \sqrt{n}|x|$；
   (2) $|x+y|^2 + |x-y|^2 = 2|x|^2 + 2|y|^2$.

3. 在通常的右手直角坐标系中画出下列集合.
   (1) $E = \{(x,y,z) \in \mathbb{R}^3 : x+y+z = 1\}$；
   (2) $E = \{(x,y,z) \in \mathbb{R}^3 : |x|+|y|+|z| = 1\}$.

4. 设集 $\varnothing \neq A \subset \mathbb{R}^n$，点 $x \in \mathbb{R}^n$. 用 $d(x, A)$ 代表 x 到 A 的距离，即 $d(\{x\}, A)$. 证明：$x \in \overline{A}$ 的充分必要条件是 $d(x, A) = 0$.

5. 设 $E \subset \mathbb{R}^n, \{x^m\}_{m=1}^{\infty}$ 是 E 中的一个收敛点列. 如果 E 是闭集，那么
$$\lim_{m \to \infty} x^m \in E.$$

6. 设 $x^m, y^m \in \mathbb{R}^n$ $m \in \mathbb{N}_+$，且
$$\lim_{m \to \infty} x^m = x, \quad \lim_{m \to \infty} y^m = y.$$
证明：
$$\lim_{m \to \infty} |x^m - y^m| = |x - y|.$$

7. 设 $E \subset \mathbb{R}^n, E \neq \varnothing$. 把 E 的全体极限点所成的集合记成 E'，叫做 E 的导出集. 规定 $\varnothing' = \varnothing$. 证明：
$$\overline{E} = E' \bigcup E.$$

8. 设 $E \subset \mathbb{R}^n, E \neq \varnothing, x \in \mathbb{R}^n$. 如果 $\forall r > 0$，同时有
$$B(x;r) \bigcap E \neq \varnothing \text{ 和 } B(x;r) \bigcap E^c \neq \varnothing,$$
那么就称 x 为 E 的边界点. 把 E 的边界点的全体所成的集记做 L. 证明：
$$L = \overline{E} \setminus \mathring{E}.$$

9. 证明：两个无共同的内点的左开矩形是不相交的.

10. 设 A,B 是两个二进方块. 那么, 下列两种情形必有一种成立:
    (a) $A \subset B$ 或 $B \subset A$ 或 $A = B$;
    (b) $\mathring{A} \cap \mathring{B} = \varnothing$.

11. 设 $m \in \mathbb{N}_+$. 证明: 任意多个 m 级方块的并集是闭集.

§4 多元函数

对于记号做一个规定.

定义 4.1 设 f 是 $D \subset \mathbb{R}^n$ 上的 (实值) 函数, $E \subset D$, x^0 是 E 的极限点, 或者 $x^0 \in E$.

(a) 设 $\ell \in \mathbb{R}$. 如果对于任意的 $\varepsilon > 0$, 都存在 $\delta > 0$, 使得只要 $x \in E$ 且 $|x - x^0| < \delta$, 就有
$$|f(x) - \ell| < \varepsilon,$$
那么就说当 x 沿着 E 趋于 x^0 时 $f(x)$ 收敛到 ℓ, 记做
$$\lim_{E \ni x \to x^0} f(x) = \ell.$$

(b) 如果不论实数 A 多么大, 都找得到正数 δ, 使得只要 $x \in E$ 且 $|x-x^0| < \delta$, 就有 $f(x) > A$ 成立, 那么就说当 x 沿着 E 趋于 x^0 时 $f(x)$ 发散到 ∞, 记做
$$\lim_{E \ni x \to x^0} f(x) = \infty.$$

(c) 如果不论实数 A 多么小, 都找得到正数 δ, 使得只要 $x \in E$ 且 $|x-x^0| < \delta$, 就有 $f(x) < A$ 成立, 那么就说当 x 沿着 E 趋于 x^0 时, $f(x)$ 发散到 $-\infty$, 记做
$$\lim_{E \ni x \to x^0} f(x) = -\infty.$$

当 $E = D$ 时, 在不发生混淆的情况下, 把 "$\lim\limits_{E \ni x \to x^0}$" 简写做 "$\lim\limits_{x \to x^0}$". 另外, 在 $n = 1$ 时常把 "$\lim\limits_{0 < x \to 0}$" 写做 "$\lim\limits_{x \to 0+}$"; 把 "$\lim\limits_{0 > x \to 0}$" 写做 "$\lim\limits_{x \to 0-}$".

下面的定义对于一元函数曾经叙述过 (见本章定义 1.1).

定义 4.2 设 f 是 D 上的函数, $x^0 \in D$. 如果
$$\lim_{x \to x^0} f(x) = f(x^0),$$
就说 f 在点 x^0 处连续. 如果 f 在 D 的每点都连续, 就说 f 在 D 连续, 记做 $f \in C(D)$.

注意 函数在定义域的孤立点处的取值不影响它的连续性.

定义 4.3 设 f 是 D 上的函数 $(D \neq \varnothing)$. 令

$$\omega(f;\delta) = \sup\{|f(x) - f(y)| : x, y \in D, |x-y| \leqslant \delta\}.$$

如果

$$\lim_{\delta \to 0+} \omega(f;\delta) = 0,$$

就说 f 在 D 上一致连续, 这时称 $\omega(f;\cdot)$ 为 f 在 D 上的连续模.

显然, 若 f 在 D 上一致连续, 则 $f \in C(D)$. 逆命题当然不对, 正如下例所示:

例 4.1 设 $F(x) = \sin\dfrac{1}{x}$, $x \in (0,1)$. 那么, 容易验证, $F \in C(0,1)$. 我们使用符号 $C(0,1)$ 代替 $C((0,1))$, 以后遇到类似的省略写法时, 不再每次说明.

但是, 容易算出 $\forall \delta > 0$, $\omega(F;\delta) = 2$. 可见 F 在 $(0,1)$ 上不一致连续.

定理 4.1 紧集上的连续函数是一致连续的.

证 设 D 是 $\mathbb{R}^n$ 的紧集 $(D \neq \varnothing)$, $f \in C(D)$. 那么, $\forall \varepsilon > 0, \forall x \in D, \exists \delta(x) > 0$, 使

$$\sup\{|f(x) - f(y)| : y \in D, d(y,x) \leqslant \delta(x)\} \leqslant \frac{\varepsilon}{2}.$$

显然, $\left\{B\left(x; \dfrac{1}{2}\delta(x)\right) : x \in D\right\}$ 是 D 的开覆盖. 那么其中存在有限子覆盖

$$\left\{B\left(x^j; \frac{1}{2}\delta(x^j)\right) : j = 1, \cdots, m\right\} \quad (x^j \in D, j = 1, \cdots, m).$$

取 $\delta = \min\left\{\dfrac{1}{2}\delta(x^j) : j = 1, \cdots, m\right\}$. 那么, 只要 $x, y \in D$ 满足 $|x-y| < \delta$, 必有某 $j \in \{1, \cdots, m\}$ 使 $x \in B\left(x^j; \dfrac{1}{2}\delta(x^j)\right)$. 从而

$$|y - x^j| \leqslant |y-x| + |x - x^j| < \delta + \frac{1}{2}\delta(x^j) \leqslant \delta(x^j).$$

那么

$$|f(y) - f(x)| \leqslant |f(y) - f(x^j)| + |f(x^j) - f(x)| \leqslant \varepsilon.$$

这样一来,

$$\omega(f;\delta) \leqslant \varepsilon.$$

这表明

$$\lim_{\delta \to 0+} \omega(f;\delta) = 0,$$

也就是说, f 在 D 上一致连续. □

当 $n=1$ 时, 我们主要对于定义在区间上的函数感兴趣; 而当 $n>1$ 时, 我们主要对于连通集上的函数感兴趣. 下面是连通的定义:

定义 4.4 设 D 是 $\mathbb{R}^n$ 的含有不止一点的子集, 如果对于 D 的任意不同的两点

$$x=(x_1,\cdots,x_n) \text{ 和 } y=(y_1,\cdots,y_n)$$

总存在 n 个一元连续函数

$$\varphi_j: [0,1]\longrightarrow \mathbb{R}\ (j=1,\cdots,n),$$

使得 $\forall t\in [0,1]$, 点

$$p(t)=(\varphi_1(t),\cdots,\varphi_n(t))\in D,$$

且 $p(0)=x$, $p(1)=y$, 那么称 D 是连通的 (或者叫做是 "路连通" 的).

显然, 连通集不含孤立点. 下面的定理是定理 1.1 的推广.

定理 4.2 设 D 是 $\mathbb{R}^n$ 的连通集, $f\in C(D)$. 那么, D 在 f 作用下的像 $f(D)=\{f(x): x\in D\}$ 是 $\mathbb{R}$ 中的一个区间.

证 设 $u\in f(D)$, $v\in f(D)$, $u<v$. 那么有某 $x\in D$ 使 $u=f(x)$, 及某 $y\in D$ 使 $v=f(y)$. 既然 D 是连通的, 那么, 存在 n 个一元函数

$$\varphi_j\in C[0,1],\quad j=1,\cdots,n,$$

使得 $\forall t\in [0,1]$,

$$p(t)=(\varphi_1(t),\cdots,\varphi_n(t))\in D,\quad p(0)=x,\ p(1)=y.$$

定义 $[0,1]$ 上的函数 φ:

$$\varphi(t)=f(p(t))=f(\varphi_1(t),\cdots,\varphi_n(t)),\ 0\leqslant t\leqslant 1.$$

那么, $\varphi(0)=u<\varphi(1)=v$. 我们来证明 $\varphi\in C[0,1]$.

任取 $t_0\in [0,1]$, 有 $p(t_0)\in D$. 对于任意的 $\varepsilon>0$, 根据 f 在 $p(t_0)$ 的连续性, 存在 $\delta>0$, 使当 $w\in B(p(t_0);\delta)\bigcap D$ 时,

$$|f(w)-f(p(t_0))|<\varepsilon.$$

由于 φ_j 在 t_0 处连续, 存在 $\delta_j>0$, 使得当 $t\in [0,1], |t-t_0|<\delta_j$ 时,

$$|\varphi_j(t)-\varphi_j(t_0)|<\frac{\delta}{n}\ (j=1,\cdots,n).$$

取 $\eta = \min\{\delta_1, \cdots, \delta_n\}$. 那么, 当 $t \in [0,1], |t-t_0| < \eta$ 时

$$\left(\sum_{j=1}^{n}(\varphi_j(t) - \varphi_j(t_0))^2\right)^{\frac{1}{2}} \leqslant \sum_{j=1}^{n}|\varphi_j(t) - \varphi_j(t_0)| < \delta.$$

从而, 此时 $p(t) \in B(p(t_0); \delta) \bigcap D$, 那么,

$$|\varphi(t) - \varphi(t_0)| = |f(p(t)) - f(p(t_0))| < \varepsilon.$$

这就证明了 φ 在 t_0 处连续, 从而 $\varphi \in C[0,1]$.

于是, 由定理 1.1 的推论,

$$\varphi([0,1]) \supset [\varphi(0), \varphi(1)] = [u, v].$$

从而

$$f(D) \supset [u, v].$$

这表明 $f(D)$ 是 $\mathbb{R}$ 的一个区间. □

定理 4.2 的等价说法是, 连通集上的连续函数取遍一切中间值. 这是定理 1.1 的推广, 但它的证明使用了定理 1.1.

定理 4.3 紧集上的连续函数达到最大值和最小值.

证 设 $D \subset \mathbb{R}^n$, D 是不空的紧集, $f \in C(D)$. 设 $a = \sup\{f(x) : x \in D\}$. 现在尚不知 a 是实数还是 ∞. 然而由 a 之定义知, 存在 $x^m \in D, m \in \mathbb{N}_+$, 使

$$\lim_{m \to \infty} f(x^m) = a.$$

由于 $\{x^m\}_{m=1}^{\infty}$ 是有界点列, 故由 $\mathbb{R}$ 中已知结果, x^m 的每个坐标所成数列都有收敛子列, 从而, $\{x^m\}_{m=1}^{\infty}$ 自己有收敛子列. 无妨认为它自己收敛到 x^0. 那么, 由于 D 是闭集, x^0 不可能不属于 D, 否则, 存在正数 r, 使 $B(x^0; r) \bigcap D = \varnothing$, 与 x^0 是 $\{x^m\}_{m=1}^{\infty}$ 的极限矛盾. 这样一来, 由 f 在 x^0 的连续性, 断定 $a = f(x^0)$.

同样地, f 在 D 达到它的最小值. □

例 4.2 设

$$f(x,y) = \begin{cases} \dfrac{xy}{x^2+y^2}, & \text{当 } x^2+y^2 > 0, \\ 0, & \text{当 } x^2+y^2 = 0. \end{cases}$$

我们来证明 $f \in C(\mathbb{R}^2 \setminus \{(0,0)\})$.

先考虑点 $(x_0, y_0) \neq (0,0)$ 的情形. 记

$$r_0 = \sqrt{x_0^2 + y_0^2} = |(x_0, y_0)|, \quad r = \sqrt{x^2 + y^2} = |(x, y)|.$$

当 $|(x,y)-(x_0,y_0)| < \frac{1}{2}r_0$ 时,必有

$$\frac{3}{2}r_0 \geqslant r \geqslant |(x_0,y_0)| - |(x_0,y_0)-(x,y)| \geqslant \frac{1}{2}r_0 > 0.$$

那么

$$f(x,y) - f(x_0,y_0) = \frac{xy}{x^2+y^2} - \frac{x_0 y_0}{x_0^2+y_0^2} = \frac{xy r_0^2 - x_0 y_0 r^2}{r^2 r_0^2}.$$

从而

$$\begin{aligned}|f(x,y)-f(x_0,y_0)| &\leqslant \frac{4}{r_0^4}\left(|xy-x_0 y_0|r_0^2 + |x_0 y_0||r_0^2-r^2|\right)\\ &\leqslant \frac{4}{r_0^2}\left(|xy-x_0 y_0| + |(r_0-r)(r_0+r)|\right)\\ &\leqslant \frac{4}{r_0^2}\left(\frac{3}{2}r_0(|x-x_0|+|y-y_0|) + \frac{5}{2}r_0|(x_0-x,y_0-y)|\right)\\ &\leqslant \frac{24}{r_0}d((x,y),(x_0,y_0)).\end{aligned}$$

可见 f 在 (x_0,y_0) 处连续.

现考虑 f 在原点处的连续性. 对于 $(x,y) \neq (0,0)$.

$$\sup\{|f(x,y)-f(0,0)|:\ d((x,y),(0,0))\leqslant \delta\} \geqslant f\left(\frac{1}{2}\delta,\frac{1}{2}\delta\right) = \frac{1}{2}.$$

可见, f 在原点处不连续.

下面给出使用 Maple 作出的函数 f 在原点附近的图像 (如图 3)

$$G_f := \{(x,y,z) \in \mathbb{R}^3 : -2 \leqslant x,y \leqslant 2; z = f(x,y)\}.$$

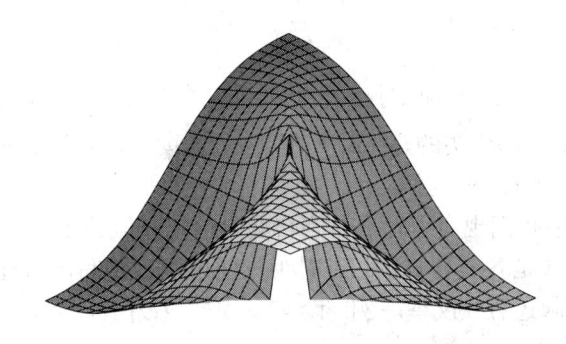

图 3

如果使用极坐标: $(x,y) = r(\cos\theta, \sin\theta), (x_0, y_0) = r_0(\cos\theta_0, \sin\theta_0)$, 那么

$$f(x,y) - f(x_0, y_0) = \cos(\theta + \theta_0)\sin(\theta - \theta_0).$$

由此更容易看到 f 在 $(x_0, y_0) \neq (0,0)$ 处的连续性.

现在讲讲复合函数.

定义 4.5 设 f 是集 A 到 B 的映射, g 是集 $f(A)$ 到 C 的映射. 映射 h 如下定义:

$$\forall x \in A, \ h(x) = g(f(x)).$$

那么, h 是 A 到 C 的映射, 叫做 f 和 g 的复合, 记做 $g \circ f$. 当 $A \subset \mathbb{R}^n$, $B \subset \mathbb{R}$, $C \subset \mathbb{R}$ 时, h 叫做 f 和 g 的复合函数.

定理 4.4 连续函数的复合函数是连续函数.

证 设 $f \in C(A)$, $A \subset \mathbb{R}^n$, $g \in C(f(A))$. 要证 $g \circ f \in C(A)$.

设 $x^0 \in A, y^0 = f(x^0)$. $\forall \varepsilon > 0$, 由 g 的连续性知, $\exists \eta > 0$, 使得只要

$$y \in f(A), \quad |y - y^0| < \eta,$$

就有

$$|g(y) - g(y^0)| < \varepsilon.$$

但由 f 的连续性知, $\exists \delta > 0$, 使得只要

$$x \in A, \quad |x - x^0| < \delta,$$

就有

$$|f(x) - f(x^0)| < \eta.$$

于是, 只要

$$x \in A, \quad |x - x^0| < \delta,$$

就有

$$|g(f(x)) - g(f(x^0))| < \varepsilon. \qquad \square$$

注 事实上, 我们证明的是, 从 f 在点 x^0 连续, 及 g 在点 $y^0 = f(x^0)$ 连续断定复合函数 $g \circ f$ 在 x^0 连续.

在定义 4.1 中我们规定了什么是当自变量沿定义域趋于一点时函数的极限. 但极限过程的方式是各式各样的. 有时为方便也用直接写出自变量满足的条件的方式来表达极限过程. 仅举一例. 设 $E = \mathbb{R}^n \setminus \{O\}$ (O 为 $\mathbb{R}^n$ 的原点). 常把 "$\lim\limits_{E \ni x \to O}$" 写成 "$\lim\limits_{|x| \to 0+}$".

当函数的定义域是无界的集合时，我们可以类似地定义一些极限过程. 例如，设 D 是 $\mathbb{R}^n$ 的一个无界子集, $f: D \longrightarrow \mathbb{R}$. 那么,

$$\lim_{x \in D,\ |x| \to \infty} f(x) = \ell \in \mathbb{R}$$

的确切意思是

$$\forall \varepsilon > 0,\ \exists A \in \mathbb{R},\ \text{只要}\ x \in D\ \text{且}\ |x| > A\ \text{就有}\ |f(x) - \ell| < \varepsilon.$$

对于其它各式各样的表达式, 例如

$$\lim_{\min\{x_1, \cdots, x_n\} \to \infty},\qquad \lim_{\max\{x_1, \cdots, x_n\} \to -\infty}$$

等, 都可以具体地做恰当的理解, 希望读者能举一反三, 此处不再赘述.

最后我们简单地从整体上讨论一下紧集上的连续函数.

设 E 是 $\mathbb{R}^n$ 的不空的紧子集. $C(E)$ 代表在 E 上连续的函数的全体. 对于 $f \in C(E)$ 定义

$$\|f\|_c = \|f\|_{C(E)} = \max\{|f(x)|:\ x \in E\}.$$

规定 $C(E)$ 中两个元 f 和 g 的**距离**为

$$d(f, g) = \|f - g\|_c.$$

集 $C(E)$ 连同其距离叫做一个空间.

此处, 只对 $C(E)$ 中的序列的收敛问题做具体的讨论.

设 $f_k \in C(E)$, $k \in \mathbb{N}_+$. 如果 $\forall \varepsilon > 0$, $\exists m \in \mathbb{N}_+$, 使得

$$\forall i, j \geqslant m,\quad d(f_i, f_j) < \varepsilon,$$

就说 $\{f_k\}_{k=1}^\infty$ 是 $C(E)$ 中的**基本列**.

我们看到, 这与 $\mathbb{R}$ 中基本列的定义形式完全一样.

定理 4.5 设 $\{f_k\}_{k=1}^\infty$ 是 $C(E)$ 的基本列. 那么, 存在唯一的 $f \in C(E)$, 使

$$\lim_{k \to \infty} d(f, f_k) = 0.$$

证 显然, 对于每点 $x \in E$, 数列 $\{f_k(x)\}_{k=1}^\infty$ 都是 $\mathbb{R}$ 中的基本列, 从而收敛 (这是根据 $\mathbb{R}$ 的完备性), 记其极限为 $f(x)$.

我们来证 $f \in C(E)$.

由基本列的定义, $\forall \varepsilon > 0$, $\exists m \in \mathbb{N}_+$, 使得

$$\forall i,j \geqslant m, \quad d(f_i, f_j) < \frac{1}{3}\varepsilon. \tag{4.1}$$

那么对于任意的 $x \in E$,

$$\forall i,j \geqslant m, \quad |f_i(x) - f_j(x)| < \frac{1}{3}\varepsilon.$$

在此式中令 $i \to \infty$, 得

$$\forall j \geqslant m, \quad \forall x \in E, \quad |f(x) - f_j(x)| \leqslant \frac{1}{3}\varepsilon. \tag{4.2}$$

取 $j = m$. 对于确定的 $x \in E$, 由于 f_m 在 x 点处连续, 所以存在 $\delta > 0$ 使得对于任意的 $y \in E$, 只要 $|x - y| < \delta$ 就有

$$|f_m(x) - f_m(y)| < \frac{1}{3}\varepsilon. \tag{4.3}$$

对于这样的 y, 我们有

$$|f(x) - f(y)| \leqslant |f(x) - f_m(x)| + |f_m(x) - f_m(y)| + |f_m(y) - f(y)|.$$

那么, 使用 (4.2) 和 (4.3), 得知对于这样的 y

$$|f(x) - f(y)| < \varepsilon.$$

证得 f 在 x 处连续, 从而 $f \in C(E)$.

再根据 (4.2), 得 $\lim\limits_{j \to \infty} d(f, f_j) = 0$.

极限的唯一性是明显的. $\square$

我们记得, $\mathbb{R}$ 中的基本列必收敛这一性质, 叫做 $\mathbb{R}$ 的完备性. 那么, 定理 4.5 说的则是 $C(E)$ 的完备性.

换一个说法, 定理 4.5 的主要结论可表述为: 如果紧集上的连续函数序列一致收敛, 那么极限是连续的. 在一定条件下这个命题的逆命题成立. 下述 Dini (迪尼) 定理就是这样的命题.

定理 4.6 (Dini) 设 E 是紧集, $\{f_k\}_{k=1}^\infty$ 是 $C(E)$ 中的一列函数, 在 E 的每点都收敛. 如果极限函数 $f \in C(E)$, 并且对于一切 $k \in \mathbb{N}_+$, $f_k \geqslant f_{k+1}$, 那么收敛是一致的, 也就是说

$$\lim_{k \to \infty} \|f - f_k\|_c = 0.$$

定理 4.6 的证明是一个很好的习题.

习题 2.4

1. 求 (1) $\lim\limits_{\min\{x,y\}\to\infty}\left(\dfrac{xy}{x^2+y^2}\right)^{x^2}$； (2) $\lim\limits_{x^2+y^2\to 0^+}\dfrac{\sin(xy)}{\sqrt{x^2+y^2}}$.

2. 设 $D\subset\mathbb{R}^n, E\subset D, x^0\in (E'\setminus E)$. 设 $f:E\longrightarrow\mathbb{R}$. 作为定义,
$$\limsup_{E\ni x\to x^0} f(x) := \lim_{\delta\to 0^+}\sup\{f(x): x\in E, 0<|x-x^0|<\delta\},$$
$$\liminf_{E\ni x\to x^0} f(x) := \lim_{\delta\to 0^+}\inf\{f(x): x\in E, 0<|x-x^0|<\delta\}.$$
证明: $\lim\limits_{E\ni x\to x^0} f(x)=\ell$ 的充分必要条件是
$$\limsup_{E\ni x\to x^0} f(x)=\liminf_{E\ni x\to x^0} f(x)=\ell.$$

3. 证明: 函数 $f(x,y)=\sin(xy)$ 在 $\mathbb{R}^2$ 上不一致连续, 事实上
$$\forall \delta>0, \quad \sup\{f(P)-f(Q): \quad |P-Q|<\delta\}=2.$$

4. 设 $f:\mathbb{R}^2\longrightarrow\mathbb{R}$. 若 f 关于 x 连续且
$$\lim_{y\to y_0}\sup\{|f(x,y)-f(x,y_0)|: x\in\mathbb{R}\}=0,$$
则 f 在直线 $\ell=\{(x,y_0): x\in\mathbb{R}\}$ 的每点处都连续.

5. 设 $f:\mathbb{R}^n\longrightarrow\mathbb{R}$. 证明: $f\in C(\mathbb{R}^n)$ 的充分必要条件是, $\mathbb{R}$ 的每个开集 G 在 f 之下的原像 $\{x\in\mathbb{R}^n: f(x)\in G\}$ 都是开集.

6. 设 f 是 $D\subset\mathbb{R}^n$ 上的函数, $x^0\in D$. 定义
$$\omega(\delta)=\sup\{f(x)-f(y): x,y\in D\ |x-x^0|<\delta, |y-x^0|<\delta\}, \quad \delta>0.$$
证明: f 在点 x^0 处连续的充分必要条件是
$$\lim_{\delta\to 0^+}\omega(\delta)=0.$$
量 $\omega(\delta)$ 叫做函数 f 在点 x_0 的 δ 邻域内的振幅, 也可明确标出点 x_0 而记之为 $\omega(x_0;\delta)$, 或连同 f 一并标出而记做 $\omega_f(x_0;\delta)$.

7. 证明定理 4.6.
   提示: 无妨认为 $f=0$. 使用上题的符号. 任给 $\varepsilon>0, \forall x\in E, \exists k(x)\in\mathbb{N}_+$ 使得 $f_{k(x)}(x)<2^{-1}\varepsilon$. 而由 $f_{k(x)}$ 在点 x 处的连续性知, 存在 $\delta(x)>0$, 使得
$$\omega_{f_{k(x)}}(x;\delta(x))<2^{-1}\varepsilon.$$
由于 $\{B(x;\delta(x)): x\in E\}$ 是 E 的开覆盖, 而 E 是紧集, 所以集合 E 中存在有限个点 $x^1,\cdots,x^m$, 使得 $\bigcup\limits_{j=1}^{m} B(x^j;\delta(x^j))\supset E$. 令 $\ell=\max\{k(x^j): j=1,\cdots,m\}$. 那么当 $k\geqslant\ell$ 时, $\|f_k\|_c<\varepsilon$.

8. 设 $f \in C(\mathbb{R}^n)$, A 是 $\mathbb{R}^n$ 的不空的紧集. 证明 $f(A)$ 是紧集.

9. 设集 $\varnothing \neq A \subset \mathbb{R}^n$, 点 $x \in \mathbb{R}^n$. 我们记得 x 到 A 的距离定义为

$$d(x, A) = \inf\{|x-y|;\quad y \in A\}.$$

(1) 证明: $x \in \overline{A}$ 的充分必要条件是 $d(x, A) = 0$;

(2) 证明: 函数 $f(x) := d(x, A)$ 在 $\mathbb{R}^n$ 上一致连续;

(3) 证明: 对于任何两个不空的闭集 A, B, 只要 $A \bigcap B = \varnothing$, 就存在函数 $h \in C(\mathbb{R}^n)$ 满足: $\forall x \in \mathbb{R}^n$, $0 \leqslant h(x) \leqslant 1$ 以及

$$h(x) = \begin{cases} 1, & \text{当 } x \in A, \\ 0, & \text{当 } x \in B. \end{cases}$$

10. 设 $f: \mathbb{R} \longrightarrow \mathbb{R}$, 且单调增. 证明: f 顶多有可数多个间断点.

11. 证明: 在 $C(E)$ (E 是不空的紧集) 中距离满足三角形不等式, 即 $\forall f, g, h \in C(E)$

$$d(f, g) \leqslant d(f, h) + d(h, g).$$

12. 用计算机软件 Maple (或 Mathematica, MATLAB) 作下列函数的图像:

(1) $f(x) = \sin \dfrac{1}{x}$, $0 < x < 1$;

(2) $f(x) = \dfrac{\sin x}{x}$, $0 < x < 80$;

(3) $f(x) = \sin x^2$, $0 < x < 10$;

(4) $f(x) = \dfrac{1}{2}(\mathrm{e}^x + \mathrm{e}^{-x})$, $-10 < x < 10$;

(5) $f(x) = x^3 + 2x^2 + 6x - 8$, $-10 < x < 10$;

(6) $f(x) = \dfrac{x^4 + x^2 + 1}{x^2 + 1}$;

(7) $f(x, y) = x^2 - y^2$, $0 < |xy| < 1$;

(8) $f(x, y) = \mathrm{e}^{xy}$, $0 < |xy| < 1$.

13. 用计算机软件 (Maple 等)

(1) 求一元函数 $f(x) = x^{18} + 2x^2 + 6x - 8$ 在 $[-10, 10]$ 中的零点;

(2) 求一元函数 $f(x) = x^3 - 6x^2 + 8x - 8$ 在 $[-10, 10]$ 中的最大值和最小值.

第三章 微分学

§1 导数

§1.1 方向导数、导数

定义 1.1(方向导数) 设 $D \subset \mathbb{R}^n$, $f: D \longrightarrow \mathbb{R}$, x 是 D 的内点. 设 $e \in \mathbb{R}^n, |e| = 1$. 令 $E = \{s \in \mathbb{R}: x + se \in D, s \neq 0\}$. 如果

$$\lim_{E \ni t \to 0} \frac{f(x+te) - f(x)}{t} = \ell \in \mathbb{R},$$

则说 f 在点 x 处沿方向 e 有导数 ℓ, 记做

$$\frac{\partial f}{\partial e}(x) = \ell = f'_e(x).$$

设 $e = e_i$ 是第 i 坐标为 1, 其它坐标为 0 的单位向量 (前面已说过, 为了说话方便我们把 "点" 和从原点出发到该点终止的 "向量" 混为一谈.), 我们把 $\dfrac{\partial f}{\partial e_i}(x)$ 记做

$$\frac{\partial f}{\partial x_i}(x) = f'_i(x),$$

叫做 f 在点 x 处的第 i 个**偏导数**.

从定义可知, 方向导数只刻画函数在一个方向上的变化性态.

如果 f 在 D 的每点处都有沿某确定方向 e 的有限的方向导数, 那么, 记 $g(x) = \dfrac{\partial f}{\partial e}(x)$, 则 g 是 D 上的实函数. 于是, 同样可以研究 g 的方向导数. 如果 g 在点 $x \in D$ 处沿方向 u ($u \in \mathbb{R}^n, |u| = 1$) 有方向导数 $\dfrac{\partial g}{\partial u}(x)$, 则我们记之为

$$\frac{\partial g}{\partial u}(x) = \frac{\partial}{\partial u}\left(\frac{\partial f}{\partial e}\right)(x) = \frac{\partial^2 f}{\partial u \partial e}(x).$$

这就导致混合方向导数和高阶方向导数的概念.

例 1.1 设 $n > 1$

$$f(x_1, \cdots, x_n) = D(x_1) = \begin{cases} 1, & \text{当 } x_1 \in \mathbb{Q}, \\ 0, & \text{当 } x_1 \in \mathbb{R} \setminus \mathbb{Q}. \end{cases}$$

那么, 显然 f 处处不连续. 然而按定义 1.1

$$f'_j(x) = 0, \quad j = 2, \cdots, n.$$

当然, 这只是把一元 Dirichlet (狄利克雷) 函数, 看成是只依赖于第一个坐标的 n 元函数这样一个平庸的例子.

例 1.2 设 $f : \mathbb{R}^2 \longrightarrow \mathbb{R}$ 如下

$$f(x,y) = \begin{cases} \dfrac{2xy}{x^2+y^2}, & \text{当 } x^2+y^2 > 0, \\ 0, & \text{当 } x^2+y^2 = 0. \end{cases}$$

设 $e = (u,v)$ 是 $\mathbb{R}^2$ 的一个单位向量 (意即 $|e|=1$). 那么 f 在点 te 的值为

$$f(tu,tv) = 2uv.$$

所以, 当 $uv = 0$ 时, $\dfrac{\partial f}{\partial e}(0,0) = 0$, 即

$$f'_1(0,0) = f'_2(0,0) = 0.$$

而当 $uv \neq 0$ 时, $\dfrac{\partial f}{\partial e}(0,0)$ 不存在, 也就是说, f 在原点处, 沿任何非坐标轴方向都无方向导数. 而且我们知道, f 在原点处不连续 (参见第二章例 4.2).

例 1.3 仍考虑 $\mathbb{R}^2$ 上的函数. 令

$$f(x,y) = \begin{cases} \dfrac{2xy^2}{x^2+y^2}, & \text{当 } x^2+y^2 > 0, \\ 0, & \text{当 } x^2+y^2 = 0. \end{cases}$$

由于 $|f(x,y)| \leqslant |y|$, 所以此函数在原点处连续.

设 $e = (u,v)$ 是 $\mathbb{R}^2$ 的单位向量, $t \in \mathbb{R}, t \neq 0$. 那么

$$f(tu,tv) = \frac{2tuv^2}{u^2+v^2} = 2tuv^2,$$

$$\frac{f(tu,tv) - f(0,0)}{t} \longrightarrow 2uv^2 \ (t \to 0).$$

可见

$$\frac{\partial f}{\partial e}(0,0) = \begin{cases} 0, & \text{当 } e = (0,1) \text{ 或 } e = (1,0), \\ 2uv^2, & \text{当 } e = (u,v), \ uv \neq 0 \ (u^2+v^2 = 1). \end{cases}$$

我们看到, f 在原点沿任何方向都有有限的方向导数. 但是, 沿不同的方向, 方向导数的值一般是不同的.

下面给出使用 Maple 作出的函数 f 在原点附近的图像 (如图 4)
$$G_f := \{(x,y,z) \in \mathbb{R}^3 : -4 \leqslant x, y \leqslant 4; z = f(x,y)\}.$$

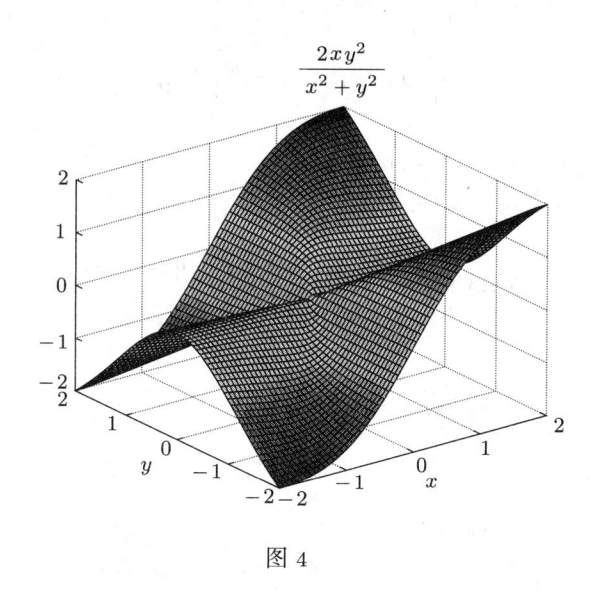

图 4

例 1.2 和例 1.3 说明,用方向导数来刻画函数在一点处的变化状态,不是很全面.下面引入的导数的概念将能比较全面地刻画函数在一点处的变化状态.为了引入这个概念,先复习一下在第一章中说过的内积.对于 $\mathbb{R}^n$ 的两个元 $a = (a_1, \cdots, a_n)$, $b = (b_1, \cdots, b_n)$ 它们的 Euclid 内积是 $ab = \sum\limits_{k=1}^{n} a_k b_k$.

定义 1.2(导数 (derivative)) 设 $D \subset \mathbb{R}^n, f : D \longrightarrow \mathbb{R}, x$ 是 D 的内点. 如果存在 $\ell = (\ell_1, \cdots, \ell_n) \in \mathbb{R}^n$,使得

$$\lim_{|h| \to 0+} |f(x+h) - f(x) - \ell h| |h|^{-1} = 0, \tag{1.1}$$

则说 f 在 x 点可导 (或可微),称 ℓ 为 f 在 x 点处的导数,记做 $f'(x) = \ell$.

当 $n > 1$ 时,导数是 $\mathbb{R}^n$ 的一个元. 下面的讨论将证明,当 $n > 1$ 时,导数给出 n 元函数在一点处变化状态的较全面的信息.

定理 1.1 若 n 元函数 f 在点 x 处可导,则 f 在 x 处连续.

这由定义 1.2 直接看出. □

现在我们对于定义 1.1 做一个注. 在定义 1.1 中,如果 f 在点 x 处连续,并且

$$\lim_{0 \neq t \to 0} \frac{f(x+te) - f(x)}{t} \in \{\infty, -\infty\}$$

那么我们也把这个 "值" 叫做 f 在点 x 处沿方向 e 的 (方向) 导数.

定理 1.2 若 f 在点 x 处有导数 $f'(x) = \ell = (\ell_1, \cdots, \ell_n)$, 则 f 在 x 点沿任何方向 $u = (u_1, \cdots, u_n)$ ($|u| = 1$) 都有方向导数, 且

$$\frac{\partial f}{\partial u}(x) = f'(x)u = \sum_{k=1}^{n} \ell_k u_k.$$

特别地 $f'_k(x) = \ell_k$, $k = 1, \cdots, n$.

证 在 (1) 中代入 $h = tu$, $t \neq 0$. 有

$$\lim_{0 \neq t \to 0} |f(x + tu) - f(x) - t(\ell u)||t|^{-1} = 0.$$

那么

$$\lim_{t \to 0} \frac{f(x + tu) - f(x)}{t} = \ell u. \qquad \square$$

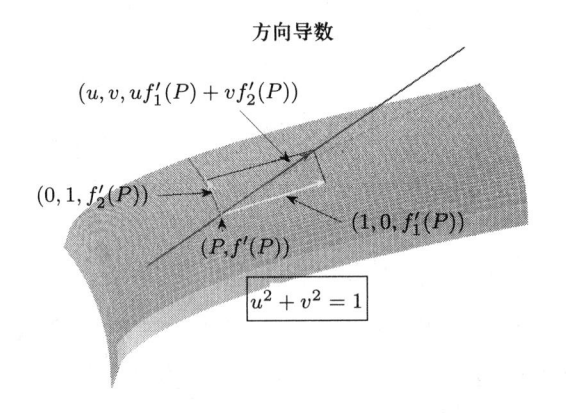

方向导数

$(u, v, uf'_1(P) + vf'_2(P))$

$(0, 1, f'_2(P))$

$(P, f'(P))$

$(1, 0, f'_1(P))$

$\boxed{u^2 + v^2 = 1}$

图 5

注 1.1 定理 1.2 给出了 f 在点 x 可导的必要条件. 问: 这个条件是充分的吗? 也就是说, 如果 f 在点 x 处有一切方向导数, 而且 $\ell := (f'_1(x), \cdots, f'_n(x))$ 对于一切方向 u 满足 $\dfrac{\partial f}{\partial u}(x) = \ell u$, 那么 f 是不是在 x 点可导?

当 $n = 1$ 时, 自变量只能沿一个方向 (及其反方向) 变化, 情形最简单. 下一段我们对这种情形单独进行讨论.

§1.2 一元情形

对于单变量的函数 f, 按定义 1.1 和定义 1.2, 它在点 x 处沿自变量增加的方向 (即 X 轴的正方向) 的方向导数, 就是导数. 当然, 我们把 1×1 的矩阵与它的唯一的元 (实数) 等同对待, 只有在这个意义上导数才是实数. 一元函数 f 在点

x 处的导数, 按不同的数学家们的习惯形成了五花八门的记法, 较正规的有 $f'(x)$ 或 $\dfrac{\mathrm{d}}{\mathrm{d}x}f(x)$. 其它还有 $\dfrac{\mathrm{d}f(x)}{\mathrm{d}x}$, $\dfrac{\mathrm{d}f}{\mathrm{d}x}(x)$, $\mathrm{D}f(x)$, 等等. 我们将不拘泥于任何记法.

如果函数 f 在其定义范围内处处有导数, 则 f' 成为一个函数, 叫做 f 的一阶导函数. 类推地得到高阶导数和高阶导函数的概念. 把 f 在点 x 的 $n(n \in \mathbb{N}_+)$ 阶导数记做 $f^{(n)}(x)$ 或 $\dfrac{\mathrm{d}^n}{\mathrm{d}x^n}f(x)$, 或 $\dfrac{\mathrm{d}^n f(x)}{\mathrm{d}x^n}$, 或 $\dfrac{\mathrm{d}^n f}{\mathrm{d}x^n}(x)$. 为方便, 也把 f 自己叫做零阶导函数, 写成 $f^{(0)}$.

§1.2.1 重要的例子

$1°$ 常值函数的导数恒为零.

$2°$ 设 $f(x) = x^k, x \in \mathbb{R}, k \in \mathbb{N}_+$. 那么, 根据定义

$$f'(x) = \lim_{0 \neq h \to 0} \frac{f(x+h) - f(x)}{h} = \lim_{0 \neq h \to 0} \frac{(x+h)^k - x^k}{h}.$$

由于 $k \in \mathbb{N}_+$

$$(x+h)^k - x^k = \sum_{j=0}^{k} \mathrm{C}_k^j h^j x^{k-j} - x^k = \sum_{j=1}^{k} \mathrm{C}_k^j h^j x^{k-j},$$

所以

$$f'(x) = \lim_{0 \neq h \to 0} \sum_{j=1}^{k} \mathrm{C}_k^j h^{j-1} x^{k-j} = kx^{k-1}.$$

$3°$ 设 $f(x) = \mathrm{e}^x, x \in \mathbb{R}$. 那么, 根据定义

$$f'(x) = \lim_{0 \neq h \to 0} \frac{\mathrm{e}^{x+h} - \mathrm{e}^x}{h} = \lim_{h \to 0} \frac{\mathrm{e}^x(\mathrm{e}^h - 1)}{h}.$$

由指数函数的定义 (见第二章 §2) 知, 当 $0 < |h| < 1$ 时

$$\left| \frac{\mathrm{e}^h - 1}{h} - 1 \right| = \left| h \sum_{k=0}^{\infty} \frac{1}{(k+2)!} h^k \right| \leqslant |h|.$$

所以 $f'(x) = \mathrm{e}^x = f(x)$.

$4°$ 设 $a > 0, a \neq 1$, $f(x) = a^x, x \in \mathbb{R}$. 那么, 根据定义

$$f'(x) = \lim_{h \to 0} \frac{a^{x+h} - a^x}{h} = \lim_{0 \neq h \to 0} \frac{a^x(a^h - 1)}{h}.$$

由于

$$\frac{a^h - 1}{h} = \frac{\mathrm{e}^{h \ln a} - 1}{h \ln a} \ln a,$$

所以 $f'(x) = a^x \ln a$.

5° 设 $f(x) = \ln x$, $x > 0$. 那么, 根据定义

$$f'(x) = \lim_{0 \neq h \to 0} \frac{\ln(x+h) - \ln x}{h} = \lim_{0 \neq h \to 0} \frac{1}{x} \ln\left(1 + \frac{h}{x}\right)^{\frac{x}{h}}.$$

由于

$$\lim_{h \to 0} \left(1 + \frac{h}{x}\right)^{\frac{x}{h}} = \mathrm{e}.$$

所以 $f'(x) = \dfrac{1}{x}$.

6° 设 $f(x) = \cos x$, $x \in \mathbb{R}$. 那么, 根据定义

$$\begin{aligned} f'(x) &= \lim_{0 \neq h \to 0} \frac{\cos(x+h) - \cos x}{h} \\ &= \lim_{0 \neq h \to 0} \frac{\cos x(\cos h - 1) - \sin x \sin h}{h} \\ &= \lim_{0 \neq h \to 0} \left(\cos x \frac{-2\sin^2 \frac{h}{2}}{h} - \sin x \frac{\sin h}{h} \right). \end{aligned}$$

由于 $\lim\limits_{h \to 0} \dfrac{\sin h}{h} = 1$. 所以 $f'(x) = -\sin x$.

若设 $g(x) = \sin x$, 则根据定义

$$\begin{aligned} g'(x) &= \lim_{0 \neq h \to 0} \frac{\sin(x+h) - \sin x}{h} \\ &= \lim_{0 \neq h \to 0} \frac{\sin x(\cos h - 1) + \cos x \sin h}{h} \\ &= \sin x \lim_{0 \neq h \to 0} \frac{-2\sin^2 \frac{h}{2}}{h} + \cos x \lim_{0 \neq h \to 0} \frac{\sin h}{h}. \end{aligned}$$

那么, $g'(x) = \cos x$.

§1.2.2 一元函数导数的几何意义和物理应用

1° 切线.

设 $f \in C(\mathbb{R})$. 把 $\mathbb{R}^2$ 中的集合

$$\mathscr{L} := \{(x, f(x)) : x \in \mathbb{R}\} \tag{1.2}$$

叫做 f 的图像, 也叫做由 f 确定的**曲线**.

例 1.4 设 $k \in \mathbb{R}$, $(x_0, y_0) \in \mathbb{R}^2$. 定义 $L(x) = y_0 + k(x - x_0)$, $x \in \mathbb{R}$. 显然, 这时由 L 确定的曲线是 $\mathbb{R}^2$ 中过点 (x_0, y_0),**斜率为 k 的直线**. 用符号 $L(P, k)$ 来表示过点 $P = (x_0, y_0)$, 斜率为 k 的直线.

给定曲线 (1.2). 设 $x_0 \in \mathbb{R}$, $y_0 = f(x_0)$. 那么 $P := (x_0, y_0) \in \mathscr{L}$. 设 $L(P,k)$ 是过 P 点, 斜率为 k 的直线. 我们来讨论曲线 $\mathscr{L}$ 上的点 $(x, f(x))$ 到直线 $L(P,k)$ 的距离. 记此距离为 $d(x)$. 根据几何的考虑我们得到

$$d(x) = |f(x) - f(x_0) - k(x - x_0)|(1 + k^2)^{-\frac{1}{2}}. \tag{1.3}$$

定义 1.3(非竖直切线)　如果直线 $L(P,k)$ 使得由 (1.2) 给出的曲线 $\mathscr{L}$ 上的点 $(x, f(x))$ 到它的距离 $d(x)$ 满足

$$\lim_{|x-x_0| \to 0+} \frac{d(x)}{|x - x_0|} = 0, \tag{1.4}$$

那么就称 $L(P,k)$ 为曲线 $\mathscr{L}$ 在点 $(x_0, f(x_0))$ 处的**非竖直切线**.

注 1.2　等式 (1.4) 等价于

$$\lim_{|x-x_0| \to 0+} \frac{d(x)}{\sqrt{|x - x_0|^2 + |f(x) - f(x_0)|^2}} = 0. \tag{1.5}$$

定理 1.3　由 (1.2) 给出的曲线 $\mathscr{L}$ 在点 $(x_0, f(x_0))$ 处有非竖直切线的充分必要条件是导数 $f'(x) \in \mathbb{R}$. 条件成立时, 切线的斜率是 $f'(x_0)$.

证　由导数的定义直接得到.　□

2° 速度.

设一个质点 M 沿数轴 Y 做直线运动, M 在时刻 t 的位置坐标为 $y(t)$. 那么, 从时刻 t 到时刻 $t+\delta$ ($\delta \neq 0$), M 沿 Y 轴的正方向的位移是 $y(t+\delta) - y(t)$. 在这段时间内的平均速度的大小 "当然" 地定义为

$$\frac{y(t+\delta) - y(t)}{\delta}.$$

由于我们是针对一个确定的方向 —— Y 轴的正向来谈速度的, 它的方向是明白的, 我们只需谈大小. 我们自然地把上述平均速度当 $\delta \to 0$ 时的极限作为 M 在时刻 t 的**瞬时速度**, 即

$$\lim_{0 \neq \delta \to 0} \frac{y(t+\delta) - y(t)}{\delta} = y'(t).$$

3° 密度.

设一个棒状物体 M 放在数轴 X 上. M 在点 O 和点 x 间的一段的质量记做 $m(x)$. 我们把 M 在点 x 处的 (线) **密度**定义为

$$m'(x) = \lim_{0 \neq \delta \to 0} \frac{m(x+\delta) - m(x)}{\delta}.$$

§1.2.3 一元函数的求导法则

1° 四则运算

设 $a,b \in \mathbb{R}$, f,g 是在点 x 处可导的函数. 那么

(1) $(af+bg)'(x) = af'(x) + bg'(x)$;

(2) $(fg)'(x) = f'(x)g(x) + f(x)g'(x)$;

(3) 若 $f(x) \neq 0$, 则 $\left(\dfrac{1}{f}\right)'(x) = -\dfrac{f'(x)}{(f(x))^2}$.

证: 三条结论皆由定义 1.2 直接得出, 仅以 (3) 为例予以论证.

由于 $f(x) \neq 0$, 所以, 当 δ 的绝对值充分小且 $\delta \neq 0$ 时, $f(x+\delta) \neq 0$. 那么

$$\frac{1}{\delta}\left(\frac{1}{f(x+\delta)} - \frac{1}{f(x)}\right) = \frac{1}{\delta}\frac{f(x) - f(x+\delta)}{f(x)f(x+\delta)},$$

令 $\delta \to 0$, 上式右端的极限是 $-\dfrac{f'(x)}{(f(x))^2}$. □

2° Leibniz (莱布尼茨) 公式

设 $n \in \mathbb{N}_+$, f,g 皆有 n 阶导数. 那么

$$(fg)^{(n)} = \sum_{k=0}^{n} \mathrm{C}_n^k f^{(k)} g^{(n-k)}.$$

证 对 n 用归纳法.

$n=1$ 时, 等式即 1°(2), 明显成立. 设等式对于 $n=m$ 成立 ($m \in \mathbb{N}_+$). 我们考虑 $n=m+1$ 的情形. 此时, 根据 1°,

$$((fg)^{(m)})' = \sum_{k=0}^{m} \mathrm{C}_m^k (f^{(k)}g^{(m-k)})'$$

$$= \sum_{k=0}^{m} \mathrm{C}_m^k (f^{(k+1)}g^{(m-k)} + f^{(k)}g^{(m+1-k)}).$$

注意到

$$\mathrm{C}_m^{k-1} + \mathrm{C}_m^k = \mathrm{C}_{m+1}^k,$$

得

$$(fg)^{(m+1)} = fg^{(m+1)} + f^{(m+1)}g + \sum_{k=1}^{m}(\mathrm{C}_m^{k-1} + \mathrm{C}_m^k)f^{(k)}g^{(m+1-k)}$$

$$= \sum_{k=0}^{m+1} \mathrm{C}_{m+1}^k f^{(k)} g^{(m+1-k)}. \qquad \square$$

3° 复合函数的导数

设 f 在 u_0 可导，g 在 x_0 可导，$g(x_0) = u_0$. 那么，$f \circ g$ 在 x_0 可导，且

$$(f \circ g)'(x_0) = f'(u_0)g'(x_0).$$

证 对于 $\delta \neq 0$，定义

$$\varphi(\delta) = \begin{cases} \dfrac{f(g(x_0+\delta)) - f(g(x_0))}{g(x_0+\delta) - g(x_0)}, & \text{当 } g(x_0+\delta) \neq g(x_0), \\ f'(u_0), & \text{当 } g(x_0+\delta) = g(x_0). \end{cases}$$

那么

$$\lim_{0 \neq \delta \to 0} \varphi(\delta) = f'(u_0).$$

另一方面

$$\frac{(f \circ g)(x_0+\delta) - (f \circ g)(x_0)}{\delta} = \varphi(\delta) \frac{g(x_0+\delta) - g(x_0)}{\delta}.$$

于是，令 $0 \neq \delta \to 0$，便得所欲证者. □

注 1.3 把证明中的 φ 的定义更改如下，仍可完成证明：

$$\varphi(\delta) = \begin{cases} \dfrac{f(g(x_0+\delta)) - f(g(x_0))}{g(x_0+\delta) - g(x_0)}, & \text{当 } g(x_0+\delta) \neq g(x_0), \\ 0, & \text{当 } g(x_0+\delta) = g(x_0). \end{cases}$$

我们举些例子来熟悉这个法则.

(1) 设 $x > 0, \alpha \in \mathbb{R}$. 那么

$$\frac{\mathrm{d}}{\mathrm{d}x}(x^\alpha) = \frac{\mathrm{d}}{\mathrm{d}x}\mathrm{e}^{\alpha \ln x} = \mathrm{e}^{\alpha \ln x} \alpha \frac{1}{x} = \alpha x^{\alpha-1}.$$

(2)

$$\frac{\mathrm{d}}{\mathrm{d}x} \ln(x + \sqrt{x^2+1}) = \frac{1}{x + \sqrt{x^2+1}} \left(1 + \frac{x}{\sqrt{x^2+1}}\right)$$
$$= \frac{1}{\sqrt{x^2+1}}.$$

(3) 当 $x \neq 0$ 时，$(\ln |x|)' = \dfrac{1}{x}$.

(4) 设 $f(x) = x^2 \sqrt{\dfrac{1-x}{1+x}}$，$|x| < 1$. 求 $f'(x)$.

因
$$f'(0) = \lim_{0 \neq x \to 0} \frac{f(x) - f(0)}{x} = 0.$$

当 $0 < |x| < 1$ 时,
$$\ln f(x) = 2\ln|x| + \frac{1}{2}\ln|1-x| - \frac{1}{2}\ln|1+x|,$$
$$f'(x) = f(x)\left(\frac{2}{x} - \frac{1}{2}\frac{1}{1-x} - \frac{1}{2}\frac{1}{1+x}\right)$$
$$= \sqrt{\frac{1-x}{1+x}}\left(2x - \frac{x^2}{1-x^2}\right).$$

(5) $(x^x)' = (e^{x\ln x})' = x^x(1+\ln x)$ $(x > 0)$.

(6) $\dfrac{d}{dx}\tan x = \dfrac{d}{dx}\left(\dfrac{\sin x}{\cos x}\right) = \dfrac{\cos x}{\cos x} + \dfrac{\sin^2 x}{\cos^2 x} = \dfrac{1}{\cos^2 x}$.

4° 反函数的导数

我们知道, 一个函数 f 乃是一个实数集到 $\mathbb{R}$ 的映射, 若它有逆映射, 记做 f^{-1}, 则 f^{-1} 为定义在 f 的值域上的函数, 叫做 f 的反函数.

我们这里只讨论定义在开区间上的严格单调函数, 这样的函数必有反函数. 结论是, 若区间上的严格单调函数 f 在点 x 处可导且 $f'(x) \neq 0$, 则 f^{-1} 在点 $y := f(x)$ 处也可导, 且
$$(f^{-1})'(y) = \frac{1}{f'(x)}.$$

证 设 $\delta \neq 0$. 记
$$f^{-1}(y+\delta) = x + h = f^{-1}(y) + h.$$

由映射 f 的严格单调性质知 $h \neq 0$, 且 $\delta \to 0$ 与 $h \to 0$ 等价. 那么
$$(f^{-1})'(y) = \lim_{\delta \to 0} \frac{f^{-1}(y+\delta) - f^{-1}(y)}{\delta}$$
$$= \lim_{\delta \to 0} \frac{f^{-1}(y+\delta) - f^{-1}(y)}{f(f^{-1}(y+\delta)) - f(f^{-1}(y))}$$
$$= \lim_{0 \neq h \to 0} \left(\frac{f(x+h) - f(x)}{h}\right)^{-1} = \frac{1}{f'(x)}. \qquad \square$$

下面举些反三角函数的例子.

(1) 当 $|x| < 1$ 时, 由

$$(\arccos x)' = \frac{1}{(\cos y)'} = \frac{1}{-\sin y}, \quad y = \arccos x$$

得

$$(\arccos x)' = -\frac{1}{\sqrt{1-x^2}}.$$

(2) 与上例平行, 当 $|x| < 1$ 时

$$(\arcsin x)' = \frac{1}{\sqrt{1-x^2}}.$$

(3) $(\arctan x)' = \dfrac{1}{\tan'(\arctan x)} = \dfrac{1}{1+x^2}.$

§1.2.4 一元函数的微分中值定理

1° Rolle (罗尔) 定理

设 $f \in C[a,b]$, 且 f 在 (a,b) 处处可导. 若 $f(a) = f(b)$, 则存在 $\xi \in (a,b)$, 使 $f'(\xi) = 0$.

证 设 $M = \max\{f(x) : x \in [a,b]\}$, $m = \min\{f(x) : x \in [a,b]\}$.

若 $M = m$, 则 f 为常数, $f' = 0$. 无妨认为 $M > f(a)$. 则有 $\xi \in (a,b)$, 使 $f(\xi) = M$. 那么,

$$\frac{f(y) - M}{y - \xi} = \begin{cases} \leqslant 0, & \text{当 } y \in (\xi, b), \\ \geqslant 0, & \text{当 } y \in (a, \xi). \end{cases}$$

可见, $f'(\xi) = 0$. □

2° Lagrange (拉格朗日) 定理

设 $f \in C[a,b]$, 且 f 在 (a,b) 处处可导. 那么, 存在 $\xi \in (a,b)$, 使

$$f(b) - f(a) = f'(\xi)(b-a).$$

证 定义

$$h(x) = (f(b) - f(a))x - (b-a)f(x).$$

对 h 用 Rolle 定理, 便得所要的结论. □

此定理的几何解释: 参见 1.2.2, 1°. f 的图像在点 ξ 的切线与 $(a, f(a))$ 和 $(b, f(b))$ 的连线平行.

根据 Lagrange 定理我们可以断定, 若函数 f 在开区间上处处有非负的导数, 则 f 是单调增的; 若函数 f 在开区间上处处有正的导数, 则 f 是严格单调增的.

当然, 一个严格增的可导函数的导数不必总是正的, 函数 $f(x)=x^3$ 在 $x=0$ 处的导数值为零, 就是一例.

3° Cauchy 定理

设 $f,g \in C[a,b]$, 且 f,g 皆在 (a,b) 处处可导. 那么, 存在 $\xi \in (a,b)$, 使

$$(f(b)-f(a))g'(\xi) = (g(b)-g(a))f'(\xi).$$

证 定义

$$h(x) = (f(b)-f(a))g(x) - (g(b)-g(a))f(x).$$

对 h 用 Rolle 定理, 便得所要的结论. □

显然, 在 Cauchy 定理中取 $g(x)=x$ 就得 Lagrange 定理. 从逻辑上说 Cauchy 定理是前两个定理的推广.

在评说 Cauchy 定理之前, 我们先证明导函数取遍中间值.

定理 1.4 设 I 是区间, $f: I \longrightarrow \mathbb{R}$ 处处可导, 那么导函数 $f': I \longrightarrow \mathbb{R}$ 把 I 映成区间, 即 $f'(I)$ 是区间.

证 只需证明当 $a,b \in I$, $f'(a)f'(b) < 0$ 时, 存在 c 介于 a 和 b 之间使 $f'(c)=0$. (注意, 这里没有假定 f' 连续!)

无妨认为 $a < b$, $f'(a) < 0 < f'(b)$. 由于

$$f'(a) = \lim_{x \to a+} \frac{f(x)-f(a)}{x-a} < 0,$$

所以存在 $u \in (a,b)$ 使得当 $x \in (a,u)$ 时

$$\frac{f(x)-f(a)}{x-a} < \frac{1}{2}f'(a) < 0 \Longrightarrow f(x) < f(a).$$

同理, 存在 $v \in (a,b)$ 使得当 $x \in (v,b)$ 时

$$\frac{f(x)-f(b)}{x-b} > \frac{1}{2}f'(b) > 0 \Longrightarrow f(x) < f(b).$$

这两个不等式表明

$$\min\{f(x) : x \in [a,b]\} < \min(f(a), f(b)).$$

所以, 存在 $c \in (a,b)$ 使得 $f(c) = \min\{f(x) : x \in [a,b]\}$ 从而 $f'(c) = 0$. □

关于 Cauchy 微分中值定理的注 通常假定 g' 在 (a,b) 中无零点. 那么定理的结论表述为

$$\frac{f'(\xi)}{g'(\xi)} = \frac{f(b)-f(a)}{g(b)-g(a)}.$$

其实, 在 g' 无零点的条件下, 根据定理 1.4, g' 必定不变号, 那么 g 是严格单调的, 从而有反函数, 而且反函数也在区间 $J := g((a,b)) = (u,v)$ 上可导. 令 $x = g^{-1}(t), t \in J$. 对于复合函数 $f \circ g^{-1}$ 在 $[u,v]$ 上用 Lagrange 定理, 就得知存在 $t \in J$ 使得

$$(f \circ g^{-1})'(t) = \frac{(f \circ g^{-1})(u) - (f \circ g^{-1})(v)}{u - v},$$

记 $g^{-1}(t) = \xi \in (a,b)$, 就得到

$$\frac{f'(\xi)}{g'(\xi)} = \frac{f(a) - f(b)}{g(a) - g(b)}.$$

下面举些应用这些定理的例子.

1° 设 $a > 0, b > 0, a \neq b$. 那么

当 $p > 1$ 时, $(a+b)^p < 2^{p-1}(a^p + b^p)$;

当 $0 < p < 1$ 时, $(a+b)^p > 2^{p-1}(a^p + b^p)$.

证 定义

$$h(x) = 2^{p-1}(1 + x^p) - (1 + x)^p, \quad 0 \leqslant x \leqslant 1.$$

那么, 对于 $x \in (0,1)$

$$h'(x) = p\Big((2x)^{p-1} - (1+x)^{p-1}\Big) \begin{cases} < 0, & \text{当 } p > 1, \\ > 0, & \text{当 } 0 < p < 1. \end{cases}$$

可见, $p > 1$ 时, h 在 $(0,1)$ 严格减; $0 < p < 1$ 时, h 在 $(0,1)$ 严格增. 注意到 $h \in C[0,1]$, 而且, $h(1) = 0$ 便知

$$h(x) = \begin{cases} > 0, & \text{当 } p > 1, \\ < 0, & \text{当 } 0 < p < 1. \end{cases}$$

如果 $a > b > 0$, 以 $x = \dfrac{b}{a}$ 代入 $h(x)$, 便得欲证之两不等式. □

2° 设 $f \in C[a, \infty)$, f 在 (a, ∞) 可导. 若

$$f(a) = \lim_{x \to \infty} f(x),$$

则存在 $\xi \in (a, \infty)$ 使 $f'(\xi) = 0$.

证 定义

$$g(y) = \begin{cases} f(\tan y), & \text{当 } \arctan a \leqslant y < \dfrac{\pi}{2}, \\ f(a), & \text{当 } y = \dfrac{\pi}{2}. \end{cases}$$

对 g 在 $\left[\arctan a, \dfrac{\pi}{2}\right]$ 上用 Rolle 定理, 就得欲证者.

当然, 这个命题也可直接证明如下:

假定 f 不是常值函数. 那么存在 $c > a$ 使得 $f(c) \neq f(a)$. 不妨认为 $f(c) > f(a)$. 由于 $\lim\limits_{x \to \infty} f(x) = a$, 所以, 必定存在 $b > c$ 使得 $f(b) < f(c)$. 这样一来, 在 (a,b) 内必存在 ξ 使得 $f(\xi) = \max\{f(x) : x \in [a,b]\}$. 于是 $f'(\xi) = 0$. □

3° 设 $f \in C(\mathbb{R})$, 且 $\forall x \in \mathbb{R}$, $f''(x) > 0$. 那么

$$\forall h \neq 0,\ \forall x \in \mathbb{R}, \quad f(x+h) + f(x-h) > 2f(x). \tag{$*$}$$

证 无妨认为 $h > 0$. 用两次 Lagrange 定理, 得

$$f(x+h) + f(x-h) - 2f(x) = f'(a)h - f'(b)h = f''(c)(a-b)h,$$

其中 $x+h > a > x > b > x-h$. 由此, 根据 $f'' > 0$, 得欲证者. □

注 1.4 我们把 (在区间上) 满足 $(*)$ 式的函数叫做是下凸的, 上述事实表明, 2 阶导数处处大于零是下凸的充分条件.

§1.2.5 通过导数求极限的 L'Hospital (洛必达) 法则

1° 设 $a \in \mathbb{R}$, $\lim\limits_{a \neq x \to a} f(x) = \lim\limits_{a \neq x \to a} g(x) = 0$, 且

$$\lim_{a \neq x \to a} \frac{f'(x)}{g'(x)} = \ell \in [-\infty, \infty] := \mathbb{R} \bigcup \{-\infty, \infty\}.$$

那么

$$\lim_{a \neq x \to a} \frac{f(x)}{g(x)} = \ell.$$

在证明之前先做一点说明.

① 条件 $\lim\limits_{a \neq x \to a} \dfrac{f'(x)}{g'(x)} = \ell$ 本身表明, 存在 $h > 0$, 使得在集合 $[a-h, a+h] \setminus \{a\}$ 上 g' 无零点. 那么根据定理 1.4, 函数 g 在区间 $[a-h, a)$ 和 $(a, a+h]$ 上分别是严格单调的.

② 条件 $\lim\limits_{a \neq x \to a} g(x) = 0$ 进一步表明, 函数 g 在集合 $[a-h, a+h] \setminus \{a\}$ 上无零点, 从而 $\dfrac{f(x)}{g(x)}$ ($x \in [a-h, a+h] \setminus \{a\}$) 有意义.

证 如果必要, 定义 f, g 在点 a 的值皆为 0, 使 f, g 在以 a 为内点的同一区间上连续. 用 Cauchy 定理, 对于任意的接近而不等于 a 的 x, 存在介于 a, x 之间的 ξ, 使

$$\frac{f(x)}{g(x)} = \frac{f(x) - f(a)}{g(x) - g(a)} = \frac{f'(\xi)}{g'(\xi)}.$$

由于 $|\xi - a| < |x - a|$，所以当 $a \neq x \to a$ 时，上式右端趋于 ℓ. 从而得欲证者. □

2° 设 $a \in \mathbb{R}$, $\lim\limits_{a \neq x \to a} g(x) = \infty$, 且

$$\lim_{a \neq x \to a} \frac{f'(x)}{g'(x)} = \ell \in [-\infty, \infty].$$

那么

$$\lim_{a \neq x \to a} \frac{f(x)}{g(x)} = \ell.$$

与 1° 中的情形一样，在证明之前也先做一点说明.

① 条件 $\lim\limits_{a \neq x \to a} \frac{f'(x)}{g'(x)} = \ell$ 本身表明，存在 $h > 0$，使得在集合 $[a-h, a+h] \setminus \{a\}$ 上 g' 无零点. 那么根据定理 1.4，函数 g 在区间 $[a-h, a)$ 和 $(a, a+h]$ 上都是严格单调的.

② 条件 $\lim\limits_{a \neq x \to a} g(x) = \infty$ 进一步表明，函数 g 在集合 $[a-h, a)$ 上严格增，并且可以认为 $g(a-h) > 0$；同时，函数 g 在集合 $(a, a+h]$ 上严格减，并且可以认为 $g(a+h) > 0$. 总之函数 g 在集合 $[a-h, a+h] \setminus \{a\}$ 上取正值，从而 $\frac{f(x)}{g(x)}$ $(x \in [a-h, a+h] \setminus \{a\})$ 有意义.

证 本质上只有两种情形.

第一种情形，$\ell = \infty$.

$\forall m \in \mathbb{N}_+$, $\exists \delta > 0$, 使得当 $0 < |x - a| < \delta$ 时，

$$\frac{f'(x)}{g'(x)} > m.$$

取定

$$y \in (a - \delta, a + \delta), \ y \neq a.$$

那么，当 x 充分接近 a (x 保持在 a 和 y 之间) 时，有 $g(x) > g(y)$，且

$$\frac{f(x)}{g(x)} = \frac{f(x) - f(y)}{g(x) - g(y)} \cdot \frac{g(x) - g(y)}{g(x)} + \frac{f(y)}{g(x)}.$$

用 Cauchy 定理，存在 ξ 于 x, y 之间，当然 $0 < |\xi - a| < \delta$，使

$$\frac{f(x) - f(y)}{g(x) - g(y)} = \frac{f'(\xi)}{g'(\xi)} > m.$$

从而，注意到 y 既可预先取得大于 a 又可预先取得小于 a，我们得到

$$\frac{f(x)}{g(x)} > m \frac{g(x) - g(y)}{g(x)} + \frac{f(y)}{g(x)}.$$

由此
$$\liminf_{a \neq x \to a} \frac{f(x)}{g(x)} \geqslant m.$$

由 m 之任意性知
$$\lim_{a \neq x \to a} \frac{f(x)}{g(x)} = \infty.$$

第二种情形, $\ell \in \mathbb{R}$.

$\forall \varepsilon > 0$, $\exists \delta > 0$, 使得当 $0 < |x - a| < \delta$ 时,
$$\left| \frac{f'(x)}{g'(x)} - \ell \right| < \varepsilon.$$

取定
$$y \in (a - \delta, a + \delta), \quad y \neq a.$$

那么, 当 x 充分接近 a (x 保持在 a 和 y 之间) 时, 有 $g(x) > g(y)$, 且
$$\frac{f(x)}{g(x)} = \frac{f(x) - f(y)}{g(x) - g(y)} \frac{g(x) - g(y)}{g(x)} + \frac{f(y)}{g(x)}.$$

用 Cauchy 定理, 存在 ξ 于 x, y 之间, 当然 $0 < |\xi - a| < \delta$, 使
$$\ell - \varepsilon < \frac{f(x) - f(y)}{g(x) - g(y)} = \frac{f'(\xi)}{g'(\xi)} < \ell + \varepsilon.$$

从而, 注意到 y 既可预先取得大于 a 又可预先取得小于 a, 我们得到
$$\ell - \varepsilon \leqslant \liminf_{a \neq x \to a} \frac{f(x)}{g(x)} \leqslant \limsup_{a \neq x \to a} \frac{f(x)}{g(x)} \leqslant \ell + \varepsilon.$$

由 ε 之任意性知
$$\lim_{a \neq x \to a} \frac{f(x)}{g(x)} = \ell. \qquad \square$$

注 1.5 L'Hospital 法则的条件中, $a \in \mathbb{R}$ 不是本质的, 不赘述.

另外, 把 L'Hospital 法则与关于数列极限的 Stolz 定理加以比照也许有点启发性.

下面举些应用 L'Hospital 法则的例子.

(1)
$$\lim_{0 \neq x \to 0} \frac{\tan x - x}{x - \sin x} = \lim_{0 \neq x \to 0} \frac{\frac{1}{\cos^2 x} - 1}{1 - \cos x}$$
$$= \lim_{0 \neq x \to 0} \frac{1 - \cos^2 x}{\cos^2 x (1 - \cos x)}$$
$$= \lim_{0 \neq x \to 0} \frac{1 + \cos x}{\cos^2 x} = 2.$$

(2) 设 $a > 0$. 那么
$$\lim_{x \to \infty} x^{-a} \ln x = \lim_{x \to \infty} \frac{x^{-1}}{ax^{a-1}} = 0.$$

(3) 设 $a > 0, b > 0$. 那么 $\lim\limits_{x \to 0+} x^a \left(\ln \dfrac{1}{x}\right)^b = 0$. 令 $y = \dfrac{1}{x}$, 此例可改写为 $\lim\limits_{y \to \infty} \dfrac{(\ln y)^b}{y^a} = 0$. 用 L'Hospital 法则 $[b] + 1$ 次, 得

$$\lim_{y \to \infty} \frac{(\ln y)^b}{y^a} = \lim_{y \to \infty} \frac{by^{-1} \ln^{b-1} y}{ay^{a-1}}$$
$$= \lim_{y \to \infty} \frac{b}{a} \frac{\ln^{b-1} y}{y^a}$$
$$= \lim_{y \to \infty} \frac{b(b-1)\cdots(b-[b])}{a^{[b]+1}} \frac{\ln^{b-[b]-1} y}{y^a} = 0.$$

说明: 这个例子中的做法, 纯粹是为了演示 L'Hospital 法则. 如果令 $y = e^t$, 则极限成为
$$\lim_{t \to \infty} \frac{t^b}{e^{at}} = 0.$$
这是指数函数 exp 的定义的直接结果.

(4)
$$\lim_{0 \neq x \to 0} \left(\frac{1}{x^2} - \frac{1}{\tan^2 x}\right) = \lim_{0 \neq x \to 0} \frac{\sin^2 x - x^2 \cos^2 x}{x^2 \sin^2 x}$$
$$= \lim_{0 \neq x \to 0} \frac{\sin x - x \cos x}{x^2 \sin x} \lim_{0 \neq x \to 0} \frac{\sin x + x \cos x}{\sin x}$$
$$= \lim_{0 \neq x \to 0} \frac{\sin x}{2 \sin x + x \cos x} \lim_{0 \neq x \to 0} \frac{2 \cos x - x \sin x}{\cos x}$$
$$= 2 \lim_{0 \neq x \to 0} \frac{\cos x}{3 \cos x - x \sin x}$$
$$= \frac{2}{3}.$$

(5)
$$\lim_{x \to 0+} x^{x^x - 1} = \lim_{x \to 0+} e^{(x^x - 1) \ln x}$$
$$= \lim_{x \to 0+} e^{(e^{x \ln x} - 1) \ln x}$$
$$= \lim_{x \to 0+} e^{\frac{e^{x \ln x} - 1}{x \ln x} x \ln^2 x} = 1.$$

其中我们用到
$$\lim_{x \to 0+} \frac{e^{x \ln x} - 1}{x \ln x} = 1, \quad \lim_{x \to 0+} x \ln^2 x = 0$$

这样两个已知的结果.

§1.3 可导的充分条件及求导算律

定理1.5 设 D 是 $\mathbb{R}^n$ 的开集, $f: D \longrightarrow \mathbb{R}$. 设 f 在 D 的每点都有一切有限的偏导数. 若每个 $f'_j\,(j=1,\cdots,n)$ 都在点 $x \in D$ 处连续, 则 f 在点 x 可导.

证 为避免写法冗繁且不失一般性, 我们对 $n=2$ 的情形来书写证明.

设 $h=(h_1,h_2) \in \mathbb{R}^2, |h|>0$. 记

$$\ell_1 = f'_1(x_1,x_2), \quad \ell_2 = f'_2(x_1,x_2), \quad \ell = (\ell_1,\ell_2).$$

我们有

$$f(x_1+h_1, x_2+h_2) - f(x_1,x_2) - \ell_1 h_1 - \ell_2 h_2$$
$$= (f(x_1+h_1, x_2+h_2) - f(x_1, x_2+h_2) - \ell_1 h_1) + (f(x_1, x_2+h_2) - f(x_1,x_2) - \ell_2 h_2).$$

据此, 使用 Lagrange 定理知, 存在 $\theta_1, \theta_2 \in (0,1)$ 使得

$$f(x+h) - f(x) - \ell h$$
$$= \left(f'_1(x_1+\theta_1 h_1, x_2+h_2) - \ell_1\right) h_1 + \left(f'_2(x_1, x_2+\theta_2 h_2) - \ell_2\right) h_2.$$

从而

$$|f(x+h) - f(x) - \ell h||h|^{-1}$$
$$\leqslant |f'_1(x_1+\theta_1 h_1, x_2+h_2) - \ell_1| + |f'_2(x_1, x_2+\theta_2 h_2) - \ell_2|.$$

由此, 据 f'_1 和 f'_2 在点 x 处的连续性, 证得定理. □

注 1.6 定理 1.5 给出了函数在一点处有导数的充分条件, 然而这个条件不是必要的, 例如, 设一元函数

$$f(x) = \begin{cases} x^2 \sin\dfrac{1}{x^2}, & x \neq 0, \\ 0, & x=0. \end{cases}$$

显然 f 在 $x=0$ 处有导数 0(零向量), 但 f' 在 $x=0$ 处不连续.

关于导数, 对于一元函数成立的四则 (加减乘除) 算律对于多元函数完全成立. 确言之有

定理1.6 设 f,g 皆在 $x \in \mathbb{R}^n$ 处可导. 那么

(a) $\forall \alpha, \beta \in \mathbb{R}$, $(\alpha f + \beta g)'(x) = \alpha f'(x) + \beta g'(x)$;

(b) $(fg)'(x) = f'(x)g(x) + f(x)g'(x)$;

(c) 若 $g(x) \neq 0$, 则 $\left(\dfrac{1}{g}\right)'(x) = -\dfrac{1}{g^2(x)} g'(x)$.

此定理的证明是容易的 (从定义直接推出), 请读者自己完成.

导数又叫做**梯度**, 常用符号 ∇(读如 "奈普拉") 表示, 即 $(\nabla f)(x) = f'(x)$[①].

一元复合函数求导的算律也可以容易地推广到多元情形. 先介绍概念.

设函数 $f: \mathbb{R}^n \longrightarrow \mathbb{R}$. 设映射 $g: \mathbb{R}^m \longrightarrow \mathbb{R}^n$ 表示为 $g(s) = (g_1(s), \cdots, g_n(s))$, $s \in \mathbb{R}^m$, 其中 g_j $(j = 1, \cdots, n)$ 是 $\mathbb{R}^m$ 上的函数, 叫做 g 的分量函数. 那么复合映射 $f \circ g$ 是一个 $\mathbb{R}^m$ 上的函数.

f 的导数的定义是明确的. 当 $n > 1$ 时, 映射 g 实际上是一个 n 值函数. 这时, 如果它的每个分量函数 g_j 都在点 $s = (s_1, \cdots, s_m) \in \mathbb{R}^m$ 可导, 就说 g 在点 s 可导, 并且定义 g 在点 s 的 "导数" 为 $n \times m$ 矩阵

$$g'(s) := \begin{pmatrix} g_1'(s) \\ \vdots \\ g_n'(s) \end{pmatrix} = \begin{pmatrix} \dfrac{\partial g_1}{\partial s_1}(s) & \cdots & \dfrac{\partial g_1}{\partial s_m}(s) \\ \vdots & & \vdots \\ \dfrac{\partial g_n}{\partial s_1}(s) & \cdots & \dfrac{\partial g_n}{\partial s_m}(s) \end{pmatrix}.$$

这个矩阵叫做映射 $g(\cdot) = (g_1(\cdot), \cdots, g_n(\cdot))$ 在点 $s = (s_1, \cdots, s_m)$ 处的 Jacobi (雅可比) 矩阵 (后面 §3 还要谈到).

当然, 实际问题中, f 的定义域不必是整个 $\mathbb{R}^n$, g 的定义域也不必是整个 $\mathbb{R}^m$. 不过, 复合能够成立的自然要求是 g 的值域必须落在 f 的定义域中. 另外, 在讨论映射在一点处的可导性时, 如无特殊说明, 总假定所考察的点是它所在区域的内点.

定理 1.7 设函数 $f: \mathbb{R}^n \longrightarrow \mathbb{R}$ 在点 $P := (x_1, \cdots, x_n) \in \mathbb{R}^n$ 处可导. 设映射 $g: \mathbb{R}^m \longrightarrow \mathbb{R}^n$ 在点 $Q := (s_1, \cdots, s_m)$ 处可导, 并且 $P = g(Q)$. 那么复合函数 $f \circ g$ 在点 Q 可导, 并且导数

$$(f \circ g)'(Q) = f'(P) g'(Q).$$

此式右端是 $1 \times n$ 矩阵 $f'(P)$ 与 $n \times m$ 矩阵 $g'(Q)$ 的乘积.

证 为避免书写冗繁, 设 $n = 3, m = 2$.

现设 $f: \mathbb{R}^3 \longrightarrow \mathbb{R}$ 在点 $P = (x_0, y_0, z_0) \in \mathbb{R}^3$ 可导; 设 $g: \mathbb{R}^2 \longrightarrow \mathbb{R}^3$ 在点 $Q = (s_0, t_0) \in \mathbb{R}^2$ 处可导. 并且 $g(Q) = P$, 即 $x(Q) = x_0, y(Q) = y_0$,

---

[①] 当 $n > 1$ 时, 有的书上不要求 f 可导, 而把 $(\nabla f)(x)$ 定义为 $(f_1'(x), \cdots, f_n'(x))$, 请阅读时留意.

$z(Q) = z_0$. 这里 g 的第一, 第二, 第三分量函数分别用 x, y, z 表示, 即 $g(s,t) = (x(s,t), y(s,t), z(s,t))$. 如上所述,$\mathbb{R}^2$ 到 $\mathbb{R}^3$ 映射 g 在点 Q 可导, 指的是它的 3 个分量函数 x, y, z 皆在点 Q 可导, 并且 "导数" $g'(Q)$ 定义为 3×2 矩阵

$$g'(Q) = \begin{pmatrix} x'(Q) \\ y'(Q) \\ z'(Q) \end{pmatrix} = \begin{pmatrix} \dfrac{\partial x}{\partial s}(Q) & \dfrac{\partial x}{\partial t}(Q) \\ \dfrac{\partial y}{\partial s}(Q) & \dfrac{\partial y}{\partial t}(Q) \\ \dfrac{\partial z}{\partial s}(Q) & \dfrac{\partial z}{\partial t}(Q) \end{pmatrix}.$$

现在来证明复合函数 $(f \circ g)(s,t) := f(g(s,t)) = f(x(s,t), y(s,t), z(s,t))$ 在点 Q 处可导且

$$(f \circ g)'(Q) = f'(P) g'(Q).$$

此式右端是 1×3 矩阵 $f'(P)$ 与 3×2 矩阵 $g'(Q)$ 的乘积.

设 $h = (h_1, h_2) \in \mathbb{R}^2$, $0 < |h|$ 足够小. 考虑差

$$\begin{aligned}\Delta(h) :&= (f \circ g)(Q+h) - (f \circ g)(Q) \\ &= f(g(Q+h)) - f(g(Q)) = f(g(Q+h)) - f(P).\end{aligned}$$

先考察函数 f 的自变量在点 P 的变差

$$g(Q+h) - g(Q) = (x(Q+h) - x(Q), y(Q+h) - y(Q), z(Q+h) - z(Q)).$$

显然

$$|g(Q+h) - g(Q)|^2 = |x(Q+h) - x(Q)|^2 + |y(Q+h) - y(Q)|^2 + |z(Q+h) - z(Q)|^2,$$
$$|g(Q+h) - g(Q)| \leqslant |x(Q+h) - x(Q)| + |y(Q+h) - y(Q)| + |z(Q+h) - z(Q)|.$$

由于 g 在点 Q 可导, 所以存在二元函数 u, v, w, 在原点 $(0,0)$ 连续, 并在原点取值为 0 使得

$$\begin{aligned} x(Q+h) - x(Q) &= x'(Q) h^{\mathrm{T}} + u(h)|h|, \\ y(Q+h) - y(Q) &= y'(Q) h^{\mathrm{T}} + v(h)|h|, \\ z(Q+h) - z(Q) &= z'(Q) h^{\mathrm{T}} + w(h)|h|, \end{aligned}$$

其中 h^{T} 代表 h 的转置 (transpose). 于是

$$\begin{aligned} |x(Q+h) - x(Q)| &\leqslant |x'(Q) h^{\mathrm{T}}| + |u(h)||h| \leqslant (|x'(Q)| + |u(h)|)|h|, \\ |y(Q+h) - y(Q)| &\leqslant |y'(Q) h^{\mathrm{T}}| + |v(h)||h| \leqslant (|y'(Q)| + |v(h)|)|h|, \\ |z(Q+h) - z(Q)| &\leqslant |z'(Q) h^{\mathrm{T}}| + |w(h)||h| \leqslant (|z'(Q)| + |w(h)|)|h|. \end{aligned}$$

可见
$$|g(Q+h) - g(Q)| \leqslant (|x'(Q)| + |y'(Q)| + |z'(Q)| + |u(h)| + |v(h)| + |w(h)|)|h|.$$

简写
$$M(h) = |x'(Q)| + |y'(Q)| + |z'(Q)| + |u(h)| + |v(h)| + |w(h)|.$$

用下面的等式定义函数 $\beta(h)$:
$$|g(Q+h) - g(Q)| = \beta(h)|h|. \tag{1.6}$$

那么函数 β 在原点连续, 并且 $0 \leqslant \beta(h) \leqslant M(h)$, 从而
$$\lim_{|h| \to 0} \beta(h) = 0. \tag{1.7}$$

于是
$$\lim_{|h| \to 0} |g(Q+h) - g(Q)| = 0.$$

由于 f 在点 $P = g(Q)$ 处可导, 所以 (根据定义式 (1.1))
$$\Delta(h) = f'(P)(g(Q+h) - g(Q))^{\mathrm{T}} + \alpha(h)|g(Q+h) - g(Q)|. \tag{1.8}$$

即
$$(g(Q+h) - g(Q))^{\mathrm{T}} = \begin{pmatrix} x(Q+h) - x(Q) \\ y(Q+h) - y(Q) \\ z(Q+h) - z(Q) \end{pmatrix}.$$

而函数 $\alpha(h)$ 满足
$$\lim_{|h| \to 0+} \alpha(h) = 0. \tag{1.9}$$

把 (1.6) 代入 (1.8), 得
$$\Delta(h) = f'(P)(g(Q+h) - g(Q))^{\mathrm{T}} + \alpha(h)\beta(h)|h|. \tag{1.10}$$

另一方面,
$$(g(Q+h) - g(Q))^{\mathrm{T}} = g'(Q)h^{\mathrm{T}} + \begin{pmatrix} u(h) \\ v(h) \\ w(h) \end{pmatrix}|h|. \tag{1.11}$$

把 (1.11) 代入 (1.10) 右端, 并用矩阵乘法的分配律, 得到

$$\Delta(h) = f'(P)g'(Q)h^{\mathrm{T}} + f'(P)\begin{pmatrix} u(h) \\ v(h) \\ w(h) \end{pmatrix}|h| + \alpha(h)\beta(h)\,|h|.$$

记

$$\gamma(h) = f'(P)\begin{pmatrix} u(h) \\ v(h) \\ w(h) \end{pmatrix}. \tag{1.12}$$

那么

$$|\gamma(h)| \leqslant |f'(P)|\sqrt{u^2(h)+v^2(h)+w^2(h)}.$$

根据 u,v,w 的性质, $\gamma(h)$ 满足

$$\lim_{|h|\to 0+} \gamma(h) = 0. \tag{1.13}$$

最终得到

$$\Delta(h) = f'(P)g'(Q)h^{\mathrm{T}} + (\gamma(h)+\alpha(h)\beta(h))\,|h|.$$

那么根据导数的定义 (见 (1.1)), 证得 $(f\circ g)'(Q) = f'(P)g'(Q)$ $(P=g(Q))$. □

推论 在定理 1.7 的条件下,

$$\frac{\partial(f\circ g)}{\partial s_k}(s^0) = \sum_{j=1}^{n} f'_j(x^0)\frac{\partial g_j}{\partial s_k}(s^0), \quad k=1,\cdots,m.$$

注 1.7 上述推论成立的条件可减弱为 "f 在 P 可导, 诸 g_j 在 Q 有相应偏导数", 这可以从定理 1.7 的证明中看出, 不再赘述.

§1.4 高阶偏导数

谈到高阶偏导数, 首先遇到的一个问题是, 对不同的变元求偏导的次序是否影响求导的结果.

例 1.5 设

$$f(x,y) = \begin{cases} \dfrac{xy^3}{x^2+y^2}, & \text{当 } x^2+y^2 > 0, \\ 0, & \text{当 } x^2+y^2 = 0 \end{cases}$$

在原点 $O=(0,0)$ 处有

$$\frac{\partial f}{\partial x}(O) = \frac{\partial f}{\partial y}(O) = 0.$$

而当 $x^2 + y^2 > 0$ 时,

$$\frac{\partial f}{\partial x}(x,y) = \frac{y^3}{x^2+y^2} - \frac{2x^2y^3}{(x^2+y^2)^2}, \quad \frac{\partial f}{\partial x}(0,y) = y,$$

$$\frac{\partial f}{\partial y}(x,y) = \frac{3xy^2}{x^2+y^2} - \frac{2xy^4}{(x^2+y^2)^2}, \quad \frac{\partial f}{\partial y}(x,0) = 0.$$

于是

$$\frac{\partial^2 f}{\partial y \partial x}(O) := \frac{\partial}{\partial y}\left(\frac{\partial f}{\partial x}(0,y)\right)\bigg|_{y=0} = 1,$$

$$\frac{\partial^2 f}{\partial x \partial y}(O) := \frac{\partial}{\partial x}\left(\frac{\partial f}{\partial y}(x,0)\right)\bigg|_{x=0} = 0.$$

而下述定理告诉我们, 如果函数的性质比较好, 那么对不同的变元求偏导的结果与求偏导的次序无关.

定理1.8 设 D 是 $\mathbb{R}^2$ 的非空开集, $f: D \longrightarrow \mathbb{R}$. 如果

$$\frac{\partial^2 f}{\partial x \partial y} \in C(D), \quad \frac{\partial^2 f}{\partial y \partial x} \in C(D),$$

那么

$$\frac{\partial^2 f}{\partial y \partial x} = \frac{\partial^2 f}{\partial x \partial y}.$$

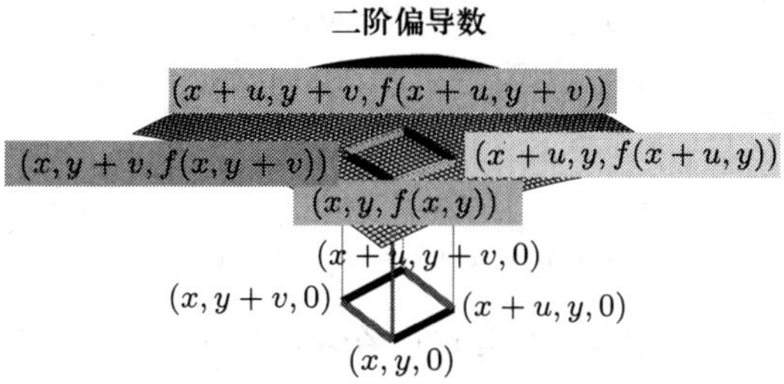

图 6

证 任取 $(x,y) \in D, u,v \in \mathbb{R}, u \neq 0, v \neq 0$, 且 $|u| + |v|$ 充分小. 记

$$\frac{\partial f}{\partial x} = f_1', \quad \frac{\partial f}{\partial y} = f_2', \quad \frac{\partial f_1'}{\partial y} = f_{21}'', \quad \frac{\partial f_2'}{\partial x} = f_{12}''.$$

我们来考虑 $\Delta(u,v) := f(x+u, y+v) - f(x+u, y) - f(x, y+v) + f(x,y)$.
记 $\varphi(t) = f(x+t, y+v) - f(x+t, y)$. 那么由 Lagrange 中值定理知,

$$\varphi(u) = f(x+u, y+v) - f(x+u, y) = f_2'(x+u, y+\theta_1 v)v.$$

同时,
$$\varphi(0) = f(x, y+v) - f(x,y) = f_2'(x, y+\theta_2 v)v.$$

在这两个等式中, $\theta_1, \theta_2 \in (0,1)$, 它们不一定相等, 而且 θ_1 还与 u 有关. 如果用这两个等式作差来计算 $\varphi(u) - \varphi(0)$, 就没办法进一步使用 Lagrange 中值定理来用通过 f_{12}'' 表示 $\Delta(u,v)$.

换一个思路, 我们直接使用 Lagrange 中值定理来计算 $\varphi(u) - \varphi(0)$, 就得到
$$\Delta(u,v) = \varphi'(c_1 u)u = \big(f_1'(x+c_1 u, y+v) - f_1'(x+c_1 u, y)\big)u,$$

其中 $c_1 \in (0,1)$, 它与 x, y, u, v 都有关系. 然而上式右端却可以再次对函数的第二个变元使用 Lagrange 中值公式, 得到
$$\Delta(u,v) = \big(f_1'(x+c_1 u, y+v) - f_1'(x+c_1 u, y)\big)u = f_{21}''(x+c_1 u, y+c_2 v)uv,$$

其中 $c_2 \in (0,1)$.

同样地, 记 $\psi(t) = f(x+u, y+t) - f(x, y+t)$. 用两次 Lagrange 中值定理, 得到
$$\begin{aligned}\Delta(u,v) &= \psi(v) - \psi(0) = \psi'(d_1 v)v \\ &= \big(f_2'(x+u, y+d_1 v) - f_2'(x, y+d_1 v)\big)v \\ &= f_{12}''(x+d_2 u, y+d_1 v)uv,\end{aligned}$$

其中 $d_1, d_2 \in (0,1)$.

于是得到
$$f_{12}''(x+d_2 u, y+d_1 v) = f_{21}''(x+c_1 u, y+c_2 v).$$

根据 f_{12}'' 和 f_{21}'' 在点 (x,y) 处的连续性, 令 $|u|+|v| \to 0$, 就得到
$$f_{12}''(x,y) = f_{21}''(x,y). \qquad \square$$

显然, 定理 1.7 对于任意维数 $n \geqslant 2$ 成立.

定义1.4 设 D 是 $\mathbb{R}^n$ 的非空开集 $(n \geqslant 2)$, $f : D \longrightarrow \mathbb{R}$, $k \in \mathbb{N}$. 如果 $\forall \alpha = (\alpha_1, \cdots, \alpha_n) \in \mathbb{N}^n$, 只要 $0 < \alpha_1 + \cdots + \alpha_n \leqslant k$ 就有
$$\frac{\partial^{\alpha_1+\cdots+\alpha_n} f}{\partial x_1^{\alpha_1} \cdots \partial x_n^{\alpha_n}} \in C(D),$$

我们就说 $f \in C^k(D)$. 并记 $C^0(D) = C(D)$. 我们说, $C^k(D)$ 中的函数 (在 D 上) 有 k 阶 (或 k 次) 光滑性.

§1.5 导数的几何意义 —— 切线和切平面

设 D 是 $\mathbb{R}^n$ 中的非空连通开集, $f: D \longrightarrow \mathbb{R}$. 设 f 在点 $x^0 = (x_1^0, \cdots, x_n^0) \in D$ 处可导, 导数为

$$f'(x^0) = (f_1'(x^0), \cdots, f_n'(x^0)) = \ell = (\ell_1, \cdots, \ell_n),$$

且假定 $|f'(x^0)| > 0$.

由定理 1.2 知, 在点 x^0 沿任意方向 $u = (u_1, \cdots, u_n)$ ($|u| = 1$), 有

$$\frac{\partial f}{\partial u}(x^0) = \ell u, \quad \left|\frac{\partial f}{\partial u}(x^0)\right| = |\ell u| \leqslant |\ell|.$$

由此可见, 若记 $e = \dfrac{\ell}{|\ell|}$ 则

$$\max\left\{\left|\frac{\partial f}{\partial u}(x^0)\right| : u \in \mathbb{R}^n, |u| = 1\right\} = \frac{\partial f}{\partial e}(x^0).$$

这说明, 在 $|f'(x^0)| > 0$ 的假定之下, 导数 $f'(x^0)$ (即梯度 $(\nabla f)(x^0)$) 的方向, 是使方向导数取得最大值的方向, 这样的方向是唯一的.

函数 $f: D \subset \mathbb{R}^n \longrightarrow \mathbb{R}$ 的图像

$$S := \{(x, f(x)) : x \in D\}$$

叫做由 f 确定的 "展布" 在 D 上的 (n 维) 曲面.

我们来介绍曲面 S 在点 $P = (x^0, f(x^0))$ 处的切平面的概念.

设 Π 是过点 P 的不与第 $n+1$ 坐标轴平行的平面. 说一个平面不与一条直线平行, 指的是这个平面的法方向不与这条直线垂直. 那么, Π 的法方向一定与一个形如 $(\alpha, -1), \alpha = (\alpha_1, \cdots, \alpha_n) \in \mathbb{R}^n$ 的向量平行. 那么 Π 上的点 (x, y) 所满足的方程是

$$(\alpha, -1)(x - x^0, y - f(x^0)) = 0,$$

即

$$y = f(x^0) + \alpha(x - x^0).$$

考虑曲面 S 上的点 $Q(x) = (x, f(x))$ 到平面 Π 的距离 $d(x)$. 显然

$$d(x) = \left|\frac{(\alpha, -1)}{|(\alpha, -1)|}(Q - P)\right|,$$

即

$$d(x) = \frac{1}{\sqrt{1 + |\alpha|^2}}|f(x) - f(x^0) - \alpha(x - x^0)|, \tag{1.14}$$

式中 $|\alpha| = \sqrt{\alpha_1^2 + \cdots + \alpha_n^2}$.

定义1.5 如果上述曲面 S 上的点 $Q(x)$ 到上述平面 Π 的距离 $d(x)$ 满足

$$\lim_{|x-x^0|\to 0+} \frac{d(x)}{|x-x^0|} = 0, \tag{1.15}$$

则称 Π 为 S 在点 $P = (x^0, f(x^0))$ 处的非竖直切平面 (或叫做不与第 $n+1$ 坐标轴平行的切平面).

注 1.8 与注 1.2 类似,(1.15) 与下式等价:

$$\lim_{|x-x^0|\to 0+} \frac{d(x)}{|x-x^0| + |f(x) - f(x_0)|} = 0. \tag{1.16}$$

图 7 是 $n = 2$ 时, 关于曲面的切平面的图示.

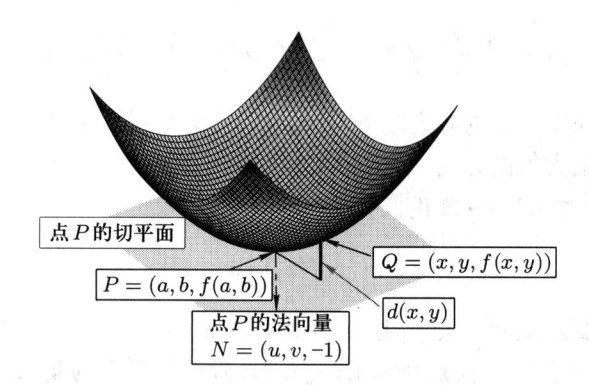

图 7

由定义 1.5 及表达式 (1.14) 直接得到

定理1.9 Π 为曲面 S 在点 $(x^0, f(x^0))$ 处的非竖直切平面的充分必要条件是 f 在 x^0 可导. 切平面 Π 的法方向与向量 $(f'(x^0), -1)$ 平行.

当 $n = 1$ 时, 切平面叫做切线, 是我们已经讨论过的情形.

习题 3.1

1. 求下列一元函数的导数:

(1) $f(x) = \dfrac{1}{\sin x} + \dfrac{1}{\tan x}$;

(2) $f(x) = x \ln x$;

(3) $f(x) = \arcsin x + x^2 \arctan x$;

(4) $f(x) = \dfrac{\sin x - \cos x}{\sin x + \cos x}$;

(5) $f(x) = x^a b^x,\ a > 0, b > 0$;

(6) $f(x) = \arcsin x^3$;

(7) $f(x) = \sqrt{1 + \ln^2 x}$;

(8) $f(x) = \sin^2(\cos 3x)$;

(9) $f(x) = \dfrac{1}{\cos\sqrt{1+2x}}$;

(10) $f(x) = \sqrt{x + \sqrt{x + \sqrt{x}}}$;

(11) $f(x) = x\ln(x + \sqrt{1+x^2}) - \sqrt{1+x^2}$;

(12) $f(x) = x\arcsin(\ln x)$.

2. 设 f 在 $\mathbb{R}$ 可导.

(1) 若 $\arctan \dfrac{f(x)}{x} = \ln\sqrt{x^2 + f^2(x)}$, 求 f';

(2) 若 $\mathrm{e}^{f(x)} + xf(x) = \mathrm{e}$, 求 f'.

3. 设 $x \in \mathbb{R}$, $n \in \mathbb{N}_+$,
$$P_n(x) = \frac{1}{2^n n!} \frac{\mathrm{d}^n}{\mathrm{d}x^n}(x^2 - 1)^n.$$
证明:
$$(1-x^2)P_n''(x) - 2xP_n'(x) + n(n+1)P_n(x) = 0.$$
P_n 叫做 Legendre (勒让德) 多项式.

4. 设 f 在开区间 I 上处处有正的导数. 证明: f 严格增.

5. 证明:

(1) $f(x) = \dfrac{\sin x}{x}$ 在 $(0, \pi)$ 上严格减;

(2) $f(x) = (1+x)^{\frac{1}{x}}$ 在 $(0, \infty)$ 上严格减.

6. 设 f 在开区间 I 上处处有导数, 且 f 严格增. 证明: $f' \geqslant 0$. 举例说明 f' 可有零点 (函数取值为 0 的点叫做它的**零点**).

7. 设 f 在区间 I 上定义. 若 $x_0 \in I$ 且存在 $\delta > 0$ 使 $\forall x \in (x_0 - \delta, x_0 + \delta) \bigcap I$, $f(x) \leqslant f(x_0)$, 则 $f(x_0)$ 叫做 f 的局部极大值, x_0 叫做 f 的局部极大点. 证明: 若 x_0 是 f 的局部极大点且 f 在 x_0 处可导, 那么当 x_0 是 I 的内点时必有 $f'(x_0) = 0$ (Fermat (费马)); 当 x_0 不是 I 的内点时, 单侧导数 (当 $x \in I$ 是 I 的右端点时, $f'(x)$ 也叫做**左导数**, **右导数**的称谓的意思是类似的, 左导数和右导数统称为**单侧导数**), 未必为零.

8. 设 f, g 是区间 $[a, b]$ 上的函数, f 处处有二阶导数. 如果,
$$\forall x \in (a, b), \quad f''(x) + f'(x)g(x) - f(x) = 0,$$

则 f 在 (a,b) 内既不能有正的局部极大值, 也不能有负的局部极小值.

9. 设 f 是 $\mathbb{R}$ 上的偶函数, f 处处有二阶导数. 若 $f''(0) > 0$, 则 $f(0)$ 是局部极小值.

10. 设 $f \in C(\mathbb{R})$. 已知 f 在点 x 以外处处有导数, 且
$$\lim_{x \neq y \to x} f'(y) = \ell \in \mathbb{R}.$$
求证: f 在点 x 处也有导数且 $f'(x) = \ell$.

11. 设 f 在 $(0, \infty)$ 处处有导数, 且
$$\lim_{x \to \infty} (f(x) + f'(x)) = \ell \in [-\infty, \infty].$$
求证:
$$\lim_{x \to \infty} f(x) = \ell.$$

12. 求 $\lim_{x \to 0+} \left(\dfrac{\sin x}{x}\right)^{\frac{1}{x}}$.

13. 过椭圆 $\mathscr{L} := \{(x,y): ax^2 + by^2 = 1\}$ $(a, b > 0)$ 上点 $P = (x, y)$ 作 $\mathscr{L}$ 的切线与两坐标轴围成三角形. 问 P 在什么位置此三角形面积最小?

14. 设 f 在 $\mathbb{R}^n$ 的连通开集上处处可导且导数为 0(零向量), 那么 f 为常数.

15. 设 $f(x) = |x|$, $x \in \mathbb{R}^n$. 证明 f 在原点不可导.

16. 求 $f(x) = |x|^2$, $x \in \mathbb{R}^n$ 在非原点处的方向导数.

17. 设 $f: \mathbb{R}^2 \longrightarrow \mathbb{R}$. 若 $\dfrac{\partial f}{\partial x}$ 在 P_0 处连续且 $\dfrac{\partial f}{\partial y}(P_0) \in \mathbb{R}$, 则 f 在 P_0 可导.

18. 设 $f(x,y) = |x-y|\varphi(x,y)$, $(x,y) \in \mathbb{R}^2$, 且 φ 在原点连续. 证明 f 在原点可导的充分必要条件是 $\varphi(0,0) = 0$.

19. 设 $f: \mathbb{R}^2 \longrightarrow \mathbb{R}$ 处处有偏导数. 若 $\dfrac{\partial f}{\partial x}, \dfrac{\partial f}{\partial y}$ 皆在点 $P \in \mathbb{R}^2$ 可导, 则
$$\frac{\partial^2 f}{\partial x \partial y}(P) = \frac{\partial^2 f}{\partial y \partial x}(P).$$

20. 设 $w = f(a(x,y), b(x,y), y)$, $(x,y) \in \mathbb{R}^2$. f, a, b 都足够光滑. 求
$$\frac{\partial w}{\partial x}, \frac{\partial w}{\partial y}, \frac{\partial^2 w}{\partial x^2}, \frac{\partial^2 w}{\partial x \partial y}, \frac{\partial^2 w}{\partial y^2}.$$

21. 请回答注 1.1 提出的问题.

22. 证明注 1.2 以及注 1.8 所说的事实.

23. 证明注 1.3 所说的事实.

24. 证明注 1.5 所说的事实.

§2　Taylor 公式和 Taylor 展开式

§2.1　Taylor 公式

1° 单变元的情形

定义 2.1　设 $x \in \mathbb{R}, r > 0$. 设函数 $f: I := B(x; r) \longrightarrow \mathbb{R}$; $m \in \mathbb{N}_+$. 设 f 在 I 上处处有 m 阶导数. 定义 f 在点 x 处的 m 次 Taylor (泰勒) 多项式 (作为变元 h 的多项式) 为

$$T_m(f)_x(h) := \sum_{k=0}^{m} \frac{1}{k!} f^{(k)}(x) h^k, \quad h \in \mathbb{R}. \tag{2.1}$$

并称

$$R_m(f)_x(h) := f(x+h) - T_m(f)_x(h), \quad x + h \in I \tag{2.2}$$

为 f 在 x 处的 m 阶 Taylor 余项.

我们来考虑当 $h \to 0$ 时, m 阶 Taylor 余项趋于零的性态.

为便于书写, 引入一个记号 "o" (小 o). 设 f, g 都是定义在 D 上的函数, a 是 D 的极限点, $g(x) \neq 0$. 如果

$$\lim_{D \ni x \to a} \frac{f(x)}{g(x)} = 0,$$

我们就记

$$f(x) = o(g(x)) \quad (D \ni x \to a).$$

具体到我们的情形, 考虑的是 $h \to 0$ 的极限过程.

定理 2.1　(A) 如果 $f^{(m)}$ 在 x **处连续**, 则

$$R_m(f)_x(h) = o(h^m); \tag{2.3}$$

(B) 如果 $f^{(m)}$ 在 x **处可导**, 则存在 $t_m \in (0, 1)$ (其值与 x, h 都有关系), 使得

$$R_m(f)_x(h) = \frac{t_m}{m!} (f^{(m+1)}(x) + o(1)) h^{m+1}; \tag{2.4}$$

(C) 如果 $f^{(m)}$ 在 I 上可导, 则对于 $x + h \in I$, 存在介于 x 和 $x + h$ 之间的 ξ, 使得

$$R_m(f)_x(h) = \frac{1}{(m+1)!} f^{(m+1)}(\xi) h^{m+1}. \tag{2.5}$$

证 对于固定的 $x+h \in I, h \neq 0$ 以及 $m \in \mathbb{N}_+$, 简写

$$T_m(h) := T_m(f)_x(h), \quad R_m(h) := R_m(f)_x(h).$$

易见

$$R_m(0) = R'_m(0) = \cdots = R_m^{(m)}(0) = 0.$$

(A) 当 $m=1$ 时, 直接根据导数的定义得到 (2.3)(这时不需要 f' 在点 x 处连续).

设 $m>1$, 并记 $h_0 = h$. 使用 Lagrange 中值公式 m 次, 得

$$\begin{aligned} R_m(h) &= R_m(h) - R_m(0) \\ &= R'_m(h_1)h = (R'_m(h_1) - R'_m(0))h \\ &= R''_m(h_2)h_1 h = \cdots = R_m^{(m-1)}(h_{m-1})h_{m-2}\cdots h_0, \end{aligned}$$

其中 h_k 严格在 0 和 h_{k-1} 之间, $k=1,\cdots,m$. 于是

$$R_m(h) = (f^{(m)}(x+h_m) - f^{(m)}(x))h_{m-1}\cdots h_1 h.$$

根据条件, $f^{(m)}$ **在** x **点处连续**, 而 $|h_m| < \cdots < |h_1| < |h|$, 所以

$$R_m(h) = o(h^m).$$

(B) 下面固定 $h, 0 < |h| < r$, 定义

$$\delta_m(t) := R_m(th) - R_m(h)t^m, \quad 0 \leqslant t \leqslant 1.$$

那么

$$\delta_m^{(k)}(0) = 0, \quad k = 0, 1, \cdots, m-1.$$

并且

$$\delta_m^{(m)}(t) = R_m^{(m)}(th)h^m - m!\, R_m(h). \tag{2.6}$$

注意到 $\delta(1) = 0 = \delta(0)$, 用 Rolle 定理, 知有 $t_1 \in (0,1)$ 使得 $\delta'(t_1) = 0 = \delta'(0)$. 再用 Rolle 定理, 知有 $t_2 \in (0, t_1)$ 使得 $\delta''(t_2) = 0 = \delta''(0)$. 依次类推, 直到第 m 次取得 $t_m \in (0, t_{m-1})$ 使得 $\delta^{(m)}(t_m) = 0$. 根据 (2.6), 这意味着

$$R_m(h) = \frac{1}{m!} R_m^{(m)}(t_m h)h^m.$$

于是根据 (2.2)

$$R_m(f)_x(h) = \frac{1}{m!} R^{(m)}(t_m h)h^m = \frac{1}{m!}\big((f^{(m)}(x+t_m h) - f^{(m)}(x))h^m,$$

其中 $t_m \in (0,1)$ 与 h 有关. 由于假定 $f^{(m)}$ **在 x 可导**, 我们得到

$$R_m(f)_x(h) = \frac{1}{m!}\big((f^{(m+1)}(x)t_m h + o(t_m h)\big)h^m = \frac{t_m}{m!}\big((f^{(m+1)}(x) + o(1)\big)h^{m+1}.$$

(C) 定义

$$\gamma_m(t) := R_m(th) - R_m(h)t^{m+1},\ 0 \leqslant t \leqslant 1.$$

我们像在 (B) 中一样, 对于 γ 使用 Rolle 定理 m 次, 得知存在 $t_m \in (0,1)$ 使得 $\gamma^{(m)}(t_m) = 0$. 此时类比于 (2.6) 的是

$$\gamma_m^{(m)}(t) = R_m^{(m)}(th)h^m - (m+1)!\,R_m(h)t. \tag{2.7}$$

我们看到 $\gamma_m^{(m)}(0) = 0$.

由于 $f^{(m)}$ **在 I 上可导**, 所以 $\gamma_m^{(m)}$ 在 I 上可导. 我们可以对于 $\gamma_m^{(m)}$ 在 0 和 t_m 之间使用 Rolle 定理. 那么得知有 $t_{m+1} \in (0, t_m)$ 使得

$$\gamma_m^{(m+1)}(t_{m+1}) = 0.$$

由此, 根据 (2.7) 得到

$$R_m(h) = \frac{1}{(m+1)!}R^{(m+1)}(t_{m+1}h)h^{m+1}.$$

注意到 $T_m(h)$ 是 m 次多项式, 从而

$$R_m^{(m+1)}(y) = f^{(m+1)}(y+x),$$

我们最终得到

$$R_m(h) = \frac{1}{(m+1)!}R^{(m+1)}(t_{m+1}h)h^{m+1} = \frac{1}{(m+1)!}f^{(m+1)}(x + t_{m+1}h)h^{m+1}.$$

记 $\xi = x + t_{m+1}h$, 它严格介于 x 和 $x+h$ 之间 (只要 $h \neq 0$). 上面的结果就是 (2.5). □

通常称 (2.3) 为 Peano (佩亚诺) 型余项, (2.5) 为 Lagrange 型余项.

2° 多变元的情形

设 $n \in \mathbb{N}_+$. 下面要一般地讨论 n 个变元的情形. 如果 $n > 1$, 首先, 符号就比 $n = 1$ 时复杂得多.

对于 $\mu = (\mu_1, \cdots, \mu_n) \in \mathbb{N}^n$ 和 $x = (x_1, \cdots, x_n) \in \mathbb{R}^n$, 我们定义

$$[\mu] = \mu_1 + \cdots + \mu_n, \quad x^\mu = x_1^{\mu_1} \cdots x_n^{\mu_n}.$$

我们把 x^μ 叫做 μ 次单项式, $[\mu]$ 为它的次数. 把有限个任意次的单项式的线性组合叫做多项式. 它的次数为组成它的单项式的次数的最大值.

对于有偏导数的函数 f, 记 $f^{(0)} = f$, 当 $[\mu] > 0$ 时, 记

$$f_\mu^{([\mu])} = \frac{\partial^{[\mu]}}{\partial x^\mu} f,$$

其中 ∂x^μ 表示 $\partial x_1^{\mu_1} \cdots \partial x_n^{\mu_n}$, 当 $\mu_j = 0$ 时, 把 $\partial x_j^{\mu_j}$ 略去, 或者形式地令 $\partial x_j^{\mu_j} = 1$.

定义 2.2 设 $x \in \mathbb{R}^n$ $(n \in \mathbb{N}_+)$, $r > 0$. 设函数 $f : I := B(x; r) \longrightarrow \mathbb{R}$; $m \in \mathbb{N}_+$. 设 f 在 I 上有连续的 m 阶的一切偏导数, 也就是说 $f \in C^m(I)$. 定义 f 在点 x 处的 m 次 Taylor 多项式 (作为变元 h 的多项式) 为

$$T_m(f)_x(h) := \sum_{k=0}^m \frac{1}{k!} \sum_{\alpha \in \mathbb{N}^n, [\alpha] = k} f_\alpha^{(k)}(x) h^\alpha, \quad h = (h_1, \cdots, h_n) \in \mathbb{R}^n. \tag{2.1'}$$

并称

$$R_m(f)_x(h) := f(x+h) - T_m(f)_x(h), \quad x + h \in I, \tag{2.2'}$$

为 f 在 x 处的 m 阶 Taylor 余项.

容易验证

$$\sum_{\alpha \in \mathbb{N}^n, [\alpha] = k} f_\alpha^{(k)}(x) h^\alpha = \sum_{j_1=1}^n \cdots \sum_{j_k=1}^n f_{j_1 \cdots j_k}^{(k)}(x) h_{j_1} \cdots h_{j_k}.$$

我们有下述带 Lagrange 型余项的 Taylor 公式.

定理 2.2 在定义 2.2 的条件下, 如果 f 的每个 m 阶的偏导函数都在 I 上可导, 那么 $\forall h \in \mathbb{R}^n$, $0 < |h| < r$, $\exists \theta \in (0, 1)$, 使得

$$f(x+h) = \sum_{k=0}^m \frac{1}{k!} \sum_{\alpha \in \mathbb{N}^n, [\alpha]=k} f_\alpha^{(k)}(x) h^\alpha + R_m(f)_x(h), \tag{2.8}$$

其中

$$R_m(f)_x(h) = \frac{1}{(m+1)!} \sum_{\alpha \in \mathbb{N}^n, [\alpha]=m+1} f_\alpha^{(m+1)}(x + \theta h) h^\alpha. \tag{2.9}$$

证 设 $t \in [0, 1]$. 定义

$$\varphi(t) = f(x + th).$$

那么, 由 $f \in C^m(D)$, 根据 §1.3 的定理 1.7 的推论, 立即得知 $\varphi \in C^m[0,1]$ 且对于 $k = 0, 1, \cdots, m$,

$$\varphi^{(k)}(t) = \sum_{j_1=1}^{n} \cdots \sum_{j_k=1}^{n} f_{j_1 \cdots j_k}^{(k)}(x + th) h_{j_1} \cdots h_{j_k}. \tag{2.10}$$

由于每个 $f_{j_1 \cdots j_m}^{(m)}$ 皆在 D(处处) 可导, 我们进而得知 (2.10) 式对于 $k = m+1$ 依然成立.

定义

$$R_0(t) = \varphi(t) - \varphi(0),$$
$$R_m(t) = \varphi(t) - \left(\varphi(0) + \sum_{k=1}^{m} \frac{1}{k!} \varphi^{(k)}(0) t^k\right) \quad (m \in \mathbb{N}_+).$$

定义

$$\gamma(s) = R_m(s) - R_m(1) s^{m+1}, \quad s \in [0, 1].$$

我们看到, γ 在 $[0,1]$ 上有 $m+1$ 阶导数, 且

$$\gamma(1) = 0, \quad \gamma^{(k)}(0) = 0, \quad k = 0, 1, \cdots, m.$$

用 Rolle 定理, 知有 $\xi_1 \in (0,1)$, 使 $\gamma'(\xi_1) = 0$.

若 $m \geqslant 1$, 则可继续用 Rolle 定理, 知有 $\xi_2 \in (0, \xi_1)$, 使 $\gamma''(\xi_2) = 0$. 这个步骤一共可进行 $m + 1$ 次, 得到 $0 < \xi_{m+1} < \cdots < \xi_1 < 1$, 使

$$\gamma^{(k)}(\xi_k) = 0, \quad k = 1, \cdots, m+1.$$

记 $\xi_{m+1} = \theta$. 得

$$R_m(1) = \frac{1}{(m+1)!} \varphi^{(m+1)}(\theta).$$

由此推出 (2.8), (2.9). □

定理 2.2 的 (2.8) 叫做 m 阶的 Taylor 公式, (2.9) 叫做 m 阶的 Lagrange 型的余项.

在定理 2.2 中令 $m = 0$, 就得到多元情形的 Lagrange 中值公式, 即下述推论.

推论 设 f 在开集 D 可导, $x, x + h \in D$. 如果 $\forall t \in (0, 1)$, 点 $x + th \in D$, 那么, 存在一个 $\theta \in (0, 1)$, 使得

$$f(x + h) - f(x) = f'(x + \theta h) h.$$

稍加强定理 2.2 的条件, 可以推出下述 $m+1$ 阶 Taylor 公式.

定理 2.3 在定理 2.2 的条件下, 如果 $f \in C^{m+1}(D)$, 则有

$$f(x+h) = T_{m+1}(f)_x(h) + R_{m+1}(f)_x(h), \tag{2.11}$$

式中 $R_{m+1}(f)_x(h)$ 满足

$$\lim_{|h| \to 0+} R_{m+1}(f)_x(h)|h|^{-m-1} = 0. \tag{2.12}$$

证 根据 Taylor 多项式和 Taylor 余项的定义

$$R_m(f)_x(h) = \frac{1}{(m+1)!} \sum_{j_1=1}^{n} \cdots \sum_{j_{m+1}=1}^{n} f^{(m+1)}_{j_1 \cdots j_{m+1}}(x) h_{j_1} \cdots h_{j_{m+1}} + R_{m+1}(f)_x(h).$$

而根据 (2.9)

$$R_m(f)_x(h) = \frac{1}{(m+1)!} \sum_{j_1=1}^{n} \cdots \sum_{j_{m+1}=1}^{n} f^{(m+1)}_{j_1 \cdots j_{m+1}}(x+\theta h) h_{j_1} \cdots h_{j_{m+1}}.$$

所以

$$\begin{aligned} & R_{m+1}(f)_x(h) \\ & = \frac{1}{(m+1)!} \sum_{j_1=1}^{n} \cdots \sum_{j_{m+1}=1}^{n} \left(f^{(m+1)}_{j_1 \cdots j_{m+1}}(x+\theta h) - f^{(m+1)}_{j_1 \cdots j_{m+1}}(x) \right) h_{j_1} \cdots h_{j_{m+1}}. \end{aligned}$$

由于 $f \in C^{m+1}(D)$, 所以当 $|h| \to 0+$ 时

$$\frac{|h_{j_1} \cdots h_{j_{m+1}}|}{|h|^{m+1}} \left| f^{(m+1)}_{j_1 \cdots j_{m+1}}(x+\theta h) - f^{(m+1)}_{j_1 \cdots j_{m+1}}(x) \right|$$

$$\leqslant \left| f^{(m+1)}_{j_1 \cdots j_{m+1}}(x+\theta h) - f^{(m+1)}_{j_1 \cdots j_{m+1}}(x) \right| \to 0.$$

据此证得 (2.12). $\square$

根据 (2.8) 或 (2.9), 容易明确地写出 (当 $m \geqslant 2$ 时) m 阶 Taylor 多项式的前两项. 我们有

$$\varphi^{(1)}(t) = \sum_{j=1}^{n} f'_j(x+th) h_j = f'(x+th) h^{\mathrm{T}},$$

以及

$$\varphi^{(2)}(t) = \sum_{i=1}^{n} \sum_{j=1}^{n} f''_{ij}(x+th) h_i h_j$$

$$= (h_1, \cdots, h_n) H(f)(x+th) (h_1, \cdots, h_n)^{\mathrm{T}},$$

其中, 上标 T 表示转置, 而 $n \times n$ 对称方阵

$$H(f)(P) = (f''_{ij}(P))_{n \times n}$$

叫做 f 在点 $P \in \mathbb{R}^n$ 处的 Hesse (黑塞) 矩阵.

在我们的叙述中, 在不致混淆时, 为了书写好看, 用 xy 表示 $\mathbb{R}^n$ 中的元素 x 和 y 的内积. 在更强调数值计算时, 我们把这个内积用矩阵乘积的形式写出, 即 xy^{T}.

定理 2.4 设 D 是 $\mathbb{R}^n$ 中的开集,

$$x \in D, \quad m \in \mathbb{N}_+, \quad f \in C^m(D).$$

设 P_m 是 m 阶 (n 元) 多项式. 如果

$$|f(x+h) - P_m(h)| = o(|h|^m) \quad (|h| \to 0),$$

那么, $P_m(h) = T_m(f)_x(h)$.

证 根据定理 2.3,

$$|f(x+h) - T_m(f)_x(h)| = o(|h|^m).$$

记 $\delta(h) = T_m(f)_x(h) - P_m(h), \quad h \in \mathbb{R}^n$. 于是

$$|\delta(h)| = o(|h|^m), \quad 当 |h| \to 0.$$

多项式 $\delta(h)$ 有如下表达式

$$\delta(h) = \sum_{\alpha \in \mathbb{N}^n, [\alpha] \leqslant m} A_\alpha h^\alpha.$$

设 $s \in \mathbb{R}, s \neq 0$. 对于 $u \in \mathbb{R}^n, |u| > 0$, 用 $h = su$ 代入上式, 得

$$\delta(su) = \sum_{k=0}^{m} \left(\sum_{[\alpha]=k} A_\alpha u^\alpha \right) s^k.$$

由于

$$\lim_{0 \neq s \to 0} \frac{\delta(su)}{|su|^m} = \frac{1}{|u|^m} \lim_{0 \neq s \to 0} \frac{\delta(su)}{|s|^m} = 0,$$

我们断定,

$$\sum_{[\alpha]=k} A_\alpha u^\alpha = 0, \ k = 0, 1, \cdots, m, \ u \in \mathbb{R}^n.$$

因此, 所有的 A_α 都必须是零. 从而 $\delta = 0$, 即

$$P_m(x+h) = T_m(f)_x(h).\qquad \square$$

定理 2.4 的结果叫做 Taylor 公式的唯一性.

概括地说一句,Taylor 公式是用代数多项式表达函数的点态性质的公式.

§2.2　一元初等函数的 Taylor 展开

初等函数之所以初等的一个特征, 从微分学的观点来说, 就是它们在自己的定义域内有一切阶数的导数. 我们用记号 $C^\infty(I)$ 来代表在区间 I 上有一切阶数的导数的函数的集合.

在第一章中曾经讲过, 如果数列 $\{u_k\}_{k=0}^\infty$ 满足

$$\lim_{m\to\infty}\sum_{k=0}^m u_k = \ell \in [-\infty, \infty],$$

我们就把 ℓ 叫做级数 $\sum_{k=0}^\infty u_k$ 的和, 记做

$$\ell = \sum_{k=0}^\infty u_k.$$

当其中 $\ell \in \mathbb{R}$ 时, 说级数收敛.

定理 2.5 设 I 是 $\mathbb{R}$ 中的包含原点 ($\mathbb{R}$ 的原点也用坐标 0 表示) 的开区间,$f \in C^\infty(I)$. 如果有数列 $\{a_k\}_{k=0}^\infty$ 使得对于某 $\delta > 0$, 当 $|x| < \delta$ 时

$$f(x) = \sum_{k=0}^\infty a_k x^k, \qquad (2.13)$$

那么

$$a_k = \frac{1}{k!}f^{(k)}(0), \quad k = 0, 1, 2, \cdots.$$

证　任取 $r \in (0, \delta)$. 由于数列 $\left\{\sum_{j=0}^k a_j r^j\right\}_{k=0}^\infty$ 收敛, 它必有界, 从而 (它的后一项与前一项的差所成的数列) $\{a_j r^j\}_{j=0}^\infty$ 有界. 即存在正数 M, 使得

$$\forall j \in \mathbb{N}, \quad |a_j r^j| < M.$$

那么, 对于一切 $N > m+1$ 和满足 $|x| < \frac{1}{2}r$ 的实数 x,

$$\Big|\sum_{k=m+1}^{N} a_k x^k\Big| \leqslant \Big|\frac{x}{r}\Big|^{m+1} \sum_{k=m+1}^{N} |a_k r^k|\Big|\frac{x}{r}\Big|^{k-m-1}$$

$$\leqslant M\Big|\frac{x}{r}\Big|^{m+1} \sum_{k=0}^{N} \frac{1}{2^k} < \frac{2M}{r^{m+1}}|x|^{m+1}.$$

令

$$P_m(x) = \sum_{k=0}^{m} a_k x^k, \quad R_m(x) = f(x) - P_m(x) \quad (m \in \mathbb{N}).$$

上面的分析表明

$$R_m(x) = o(|x|^m), \quad x \to 0.$$

根据定理 2.4, $P_m(x) = T_m(f)_0(x)$, $m \in \mathbb{N}$. 此即欲证者. □

我们把 (2.13) 叫做 f 在点 $x = 0$ 处的 Taylor 展开式.

如果函数 $g(x) := f(x + a)$ ($a \in \mathbb{R}$) 在 $x = 0$ 处有 Taylor 展开式, 我们就把这个展开式叫做是 f 在 $x = a$ 处的 Taylor 展开式.

下面我们给出一些一元初等函数的 Taylor 展开式.

(a) 由定义, $\forall x \in \mathbb{R}$, $\mathrm{e}^x = \sum\limits_{k=0}^{\infty} \frac{1}{k!} x^k$.

(b) $\forall x \in \mathbb{R}$,

$$\cos x = \sum_{k=0}^{\infty} (-1)^k \frac{1}{(2k)!} x^{2k}.$$

证 容易归纳地算出

$$\cos^{(k)}(x) = \cos\left(x + \frac{k\pi}{2}\right), \quad k \in \mathbb{N}.$$

所以, 根据定理 2.1, 当 $m > 10$ 时

$$T_m(\cos)_0(x) = \sum_{k=0}^{m} \frac{1}{k!} \cos\frac{k\pi}{2} x^k = \sum_{k=0}^{[\frac{m}{2}]} (-1)^k \frac{1}{(2k)!} x^{2k}.$$

同时

$$R_m(\cos)_0(x) = \frac{1}{(m+1)!} \cos\left(\theta + \frac{(m+1)\pi}{2}\right) x^{m+1}.$$

我们看到

$$\lim_{m \to \infty} R_m(\cos)_0(x) = 0.$$

因此
$$\cos x = \lim_{m\to\infty} T_m(\cos)_0(x).$$ □

(c) 与 (b) 同理, $\forall x \in \mathbb{R}$,
$$\sin x = \sum_{k=0}^{\infty}(-1)^k \frac{1}{(2k+1)!} x^{2k+1}.$$

(d) 设 $f(x) = \ln(1+x)$, $|x| < 1$. 那么,
$$f(0) = 0, \quad f'(x) = \frac{1}{1+x} = \sum_{k=0}^{\infty}(-x)^k.$$

对于 $m \in \mathbb{N}$, 定义
$$S_m(x) = \sum_{k=0}^{m}(-1)^k x^k, \quad T_m(x) = \sum_{k=0}^{m}(-1)^k \frac{1}{k+1} x^{k+1}.$$

显然, $T'_m = S_m$. 令 $D_m = f - T_m$. 由于 $D_m(0) = 0$, 所以 (根据 Lagrange 中值定理) 对于 $x \neq 0, |x| < 1$, 存在 y_m 介于 x 和 0 之间, 使得
$$\begin{aligned}D_m(x) &= D_m(x) - D_m(0)\\ &= D'_m(y_m)x = x\Big(\frac{1}{1+y_m} - S_m(y_m)\Big)\\ &= x\Big(\frac{1}{1+y_m} - \frac{1-(-y_m)^{m+1}}{1+y_m}\Big)\\ &= x\frac{(-y_m)^{m+1}}{1+y_m}.\end{aligned}$$

注意到 y_m 介于 x 和 0 之间, 而 $|x| < 1$, 得到
$$|D_m(x)| < \frac{|x|^{m+1}}{1-|x|}.$$

于是
$$\lim_{m\to\infty} D_m(x) = 0.$$

也就是说
$$\ln(1+x) = \sum_{k=1}^{\infty}(-1)^{k-1}\frac{1}{k}x^k \quad (|x| < 1).$$

根据定理 2.5, 这就是 $\ln(1+x)$ ($|x| < 1$) 在原点处的 Taylor 展开式.

(e) 设 $f(x) = \arctan x\ (|x| < 1)$. 那么,

$$f(0) = 0,\ f'(x) = (1+x^2)^{-1} = \sum_{k=0}^{\infty}(-1)^k x^{2k}.$$

对于 $m \in \mathbb{N}$, 定义

$$S_m(x) = \sum_{k=0}^{m}(-1)^k x^{2k},\quad T_m(x) = \sum_{k=0}^{m}(-1)^k \frac{1}{2k+1}x^{2k+1}.$$

显然, $T_m' = S_m$. 令 $D_m = f - T_m$. 由于 $D_m(0) = 0$, 所以 (根据 Lagrange 中值定理) 对于 $x \neq 0, |x| < 1$, 存在 y_m 介于 x 和 0 之间, 使得

$$\begin{aligned}
D_m(x) &= D_m(x) - D_m(0) \\
&= D_m'(y_m)x = x\Big(\frac{1}{1+y_m^2} - S_m(y_m)\Big) \\
&= x\Big(\frac{1}{1+y_m^2} - \frac{1-(-y_m^2)^{m+1}}{1+y_m^2}\Big) \\
&= x\frac{(-y_m^2)^{m+1}}{1+y_m^2}.
\end{aligned}$$

注意到 y_m 介于 x 和 0 之间, 而 $|x| < 1$, 得到

$$|D_m(x)| < \frac{|x|^{2m+2}}{1-|x|^2}.$$

于是

$$\lim_{m \to \infty} D_m(x) = 0.$$

也就是说

$$\arctan x = \sum_{k=0}^{\infty}(-1)^k \frac{1}{2k+1}x^{2k+1}\quad (|x| < 1).$$

根据定理 2.5, 这就是 $\arctan x\ (|x| < 1)$ 在原点处的 Taylor 展开式.

§2.3 函数的局部极值

定义 2.3 设 f 是 $\mathbb{R}^n$ 的连通开集 D 上的实函数, $x^0 \in D$. 如果存在 $\delta > 0$, 使

$$\forall x \in B(x^0; \delta),\quad f(x^0) \leqslant f(x),$$

则说 x^0 是 f 的局部极小值点, $f(x^0)$ 是一个局部极小值. 若上述不等式中, "$\leqslant$" 被换为 "$\geqslant$", 则相应地把 "极小" 换为 "极大".

定理 2.6 设函数 f 在点 x^0 处可导. 那么, x^0 成为 f 的局部极值点的必要条件是 $|f'(x^0)| = 0$ (注意, $|f'(x^0)|$ 表示 $\mathbb{R}^n$ 中的点 $f'(x^0)$ 的范数或绝对值).

证 由导数的定义 (见 §1 定义 1.2)

$$f(x^0 + h) - f(x^0) = f'(x^0)h + \alpha(h)|h|,$$

其中函数 α 满足

$$\lim_{|h| \to 0} \alpha(h) = 0.$$

现在考虑 $|f'(x^0)| > 0$ 的情形. 此时, 令 $e = \dfrac{f'(x^0)}{|f'(x^0)|}$, 令 $h = te$. 那么

$$f(x^0 + te) - f(x^0) = t|f'(x^0)| + \alpha(te)t = t(|f'(x^0)| + \alpha(te)).$$

由于 $|f'(x^0)| > 0$, 所以, 对于一切绝对值足够小的 t, $(|f'(x^0)| + \alpha(te))$ 恒大于 0. 此时, 取 $t < 0$, 则 $f(x^0 + te) < f(x^0)$; 取 $t > 0$, 则 $f(x^0 + te) > f(x^0)$. 所以 x^0 不是 f 的极值点. $\square$

根据定理 2.6, 把函数的导数的零点 (即导数的范数 —— 绝对值的零点) 叫做是它的**稳定点**.

定理 2.7 设 $f \in C^2(D), x^0$ 是 D 的内点, 且是 f 的稳定点. 若 Hesse 矩阵 $H(f)(x^0)$ 正定 (负定), 则 x^0 是 f 的局部极小 (极大) 点. 若 $H(f)(x^0)$ 不定, 则 x^0 不是 f 的极值点.

证 根据定理 2.3 及条件 $|f'(x^0)| = 0$, 知当 $|h| \to 0+$ 时

$$\frac{2}{|h|^2}\left(f(x^0 + h) - f(x^0)\right) = \frac{h}{|h|}H(f)(x^0)\left(\frac{h}{|h|}\right)^{\mathrm{T}} + o(1).$$

若 $H(f)(x^0)$ 正定, 则

$$\min\{uH(f)(x^0)u^{\mathrm{T}} : u \in \mathbb{R}^n, |u| = 1\} = m > 0.$$

从而当 $|h| > 0$ 足够小时,

$$f(x^0 + h) - f(x^0) > 0.$$

在负定的情形得相反不等式.

若 $H(f)(x^0)$ 不定, 也就是说

$$\min\{uH(f)(x^0)u^{\mathrm{T}} : u \in \mathbb{R}^n, |u| = 1\} < 0$$
$$< \max\{uH(f)(x^0)u^{\mathrm{T}} : u \in \mathbb{R}^n, |u| = 1\},$$

那么 x^0 不是 f 的极值点. □

推论 1 设 $n = 1, I$ 是区间, $f \in C^2(I), x^0$ 是 I 的内点. 设 $f'(x^0) = 0$.
(a) 若 $f''(x^0) > 0$, 则 f 在 x^0 取局部极小;
(b) 若 $f''(x^0) < 0$, 则 f 在 x^0 取局部极大.

应用矩阵正 (负) 定的判别条件 (请参阅 "高等代数" 教科书), 得下述二维情形下局部极值点的具体判别法.

推论 2 设 $n = 2, f \in C^2(D), (x^0, y^0)$ 是 D 的内点. 设
$$f'_x(x^0, y^0) = f'_y(x^0, y^0) = 0.$$

(a) 若 $f''_{xx}(x^0, y^0) > 0$, 且
$$f''_{xx}(x^0, y^0) f''_{yy}(x^0, y^0) > \left(f''_{xy}(x^0, y^0)\right)^2,$$

则 f 在 (x^0, y^0) 取局部极小;

(b) 若 $f''_{xx}(x^0, y^0) < 0$, 且
$$f''_{xx}(x^0, y^0) f''_{yy}(x^0, y^0) > \left(f''_{xy}(x^0, y^0)\right)^2,$$

则 f 在 (x^0, y^0) 取局部极大;

(c) 若
$$f''_{xx}(x^0, y^0) f''_{yy}(x^0, y^0) < \left(f''_{xy}(x^0, y^0)\right)^2,$$

则 f 在 (x^0, y^0) 不取极值.

习题 3.2

1. 若函数 f 沿每个坐标轴方向都有有界的偏导数, 则 f 一致连续.
2. 设二元函数 f 满足
$$\forall (x,y) \in \mathbb{R}^2, \quad f(x, x^2) = 1, \quad \frac{\partial f}{\partial y}(x,y) = x^2 + 2y.$$

求 $f(x,y)$.

3. 设
$$f(x) = \begin{cases} e^{-\frac{1}{x^2}}, & \text{当 } x \neq 0, \\ 0, & \text{当 } x = 0. \end{cases}$$

求 $T_m(f)_x(0,x)$.

4. 证明定理 2.1 的结论对于 $m = 0$ 也成立.

5. 求 $f(x,y) = \dfrac{x}{y}$ 在点 $P = (1,1)$ 的邻域内的带 Lagrange 余项的 Taylor 公式.

6. 证明: $f(x,y) = (1 + e^y)\cos x - ye^y$ 有无穷多个极大值点但无极小值点.

7. 求以下各函数的极值:

   (1) $f(x,y) = x^3 + y^3 - 3xy$;

   (2) $f(x,y) = \sin x + \cos y + \cos(x - y)$, $(x,y) \in \left[0, \dfrac{\pi}{2}\right] \times \left[0, \dfrac{\pi}{2}\right]$;

   (3) $f(x,y,z) = x^2 + y^2 + z^2 + 2x + 4y - 6z$;

   (4) $f(x,y,z) = x + \dfrac{y^2}{4x} + \dfrac{z^2}{y} + \dfrac{2}{z}$, $x > 0, y > 0, z > 0$.

8. 设 $f \in C[a,b] \bigcap C^2(a,b)$. 证明: 存在 $x \in (a,b)$ 使
$$f(a) + f(b) - 2f\left(\dfrac{a+b}{2}\right) = \dfrac{1}{4}(a-b)^2 f''(x).$$

9. 设 f 在 $[a,b]$ 上有二阶导数, 且 $f'(a) = f'(b) = 0$. 证明: 存在 $x \in (a,b)$ 使
$$|f''(x)| \geqslant \dfrac{4}{(a-b)^2}|f(a) - f(b)|.$$

10. 设 f 在 $[a,b]$ 上有二阶导数, $c \in (a,b)$ 且 $f''(c) \neq 0$. 若有函数 θ 使对于一切小的 x, $f(c+x) = f(c) + f'(c + \theta(x)x)x$, 且 f'' 在点 c 处连续, 那么
$$\lim_{x \to 0} \theta(x) = \dfrac{1}{2}.$$

11. 设 $f \in C^2(\mathbb{R})$. 若 $f'' > 0$, 则 $\forall x_k \in \mathbb{R}, k = 1, \cdots, m$,
$$f\left(\dfrac{1}{m}(x_1 + \cdots + x_m)\right) \leqslant \dfrac{1}{m}(f(x_1) + \cdots + f(x_m)).$$

    使这个不等式成立的函数叫做凸函数.

12. 凸集的定义: 如果 $\mathbb{R}^n$ 的非空子集 A 中任意两点的连线都含在 A 中, 那么 A 叫做**凸集**, 空集也叫做凸集. 如果区间 I 上的函数 $f : I \longrightarrow \mathbb{R}$ 的上方图
$$U_f := \{(x,y) \in \mathbb{R}^2 : x \in I, \ y \geqslant f(x)\}$$

    是 $\mathbb{R}^2$ 中的凸集, 那么 f 叫做是凸的 (也叫做下凸的). 证明: 凸函数是连续的.

13. 给出 2 阶实对称矩阵正定的充分必要条件 (写出证明).

§3 可微变换

在考虑复合函数的时候 (见 §1.3), 我们事实上已经遇到了 $\mathbb{R}^m$ 到 $\mathbb{R}^n$ 的映射. 这节专门对这类映射做些讨论.

§3.1 基本概念

我们把从 $\mathbb{R}^n$ 的子集到 $\mathbb{R}^m$ 的映射叫做**变换**. 当然, $m=1$ 时变换就是函数, 我们已讨论了很多.

最简单也最重要的变换是线性变换. 变换 $A: \mathbb{R}^n \longrightarrow \mathbb{R}^m$, 叫做**线性**的, 指的是它具有如下两条性质:

① (加性) $\forall x, y \in \mathbb{R}^n$, $\quad A(x+y) = A(x) + A(y)$.
② (齐性) $\forall x \in \mathbb{R}^n, \forall c \in \mathbb{R}$, $\quad A(cx) = cA(x)$.

我们来确定线性变换的一般表示形式. 设 e_i $(i=1,\cdots,n)$ 代表 $\mathbb{R}^n$ 中第 i 坐标 (分量) 等于 1 其它坐标为 0 的元素. 那么每个 $x = (x_1, \cdots, x_n) \in \mathbb{R}^n$ 可以表示为

$$x = \sum_{i=1}^n x_i e_i.$$

于是根据线性性质,

$$A(x) = \sum_{i=1}^n x_i A(e_i).$$

设

$$A(e_i) = (a_{i1}, \cdots, a_{im}) \in \mathbb{R}^m, \quad i = 1, \cdots, n.$$

仍使用符号 A 代表 $m \times n$ 矩阵

$$A := \begin{pmatrix} a_{11} & \cdots & a_{n1} \\ a_{12} & \cdots & a_{n2} \\ \vdots & & \vdots \\ a_{1m} & \cdots & a_{nm} \end{pmatrix}.$$

如果把空间的元素写成列向量的形式, 那么使用矩阵乘法来表示线性变换的作用, 就得到

$$A(x) = Ax, \quad x \in \mathbb{R}^n.$$

这里左端的 $A(x)$ 是 $m \times 1$ 矩阵, 代表 $\mathbb{R}^m$ 中的元素, 右端的 x 是 $n \times 1$ 矩阵. 当然, 如果用行向量形式表示空间的元素 (通常如此), 上面的等式就成为

$$A(x) = xA^{\mathrm{T}}, \quad x \in \mathbb{R}^n. \tag{3.1}$$

以下统一规定用行向量形式表示空间的元素. 显然, (3.1) 是线性变换的一般表达式.

定义 3.1　设 $m,n \in \mathbb{N}_+$, G 是 $\mathbb{R}^n$ 的非空开集, f_k 是 G 上的实函数 $(k = 1, \cdots, m)$. G 到 $\mathbb{R}^m$ 的变换 T 如下定义:

$$\forall x \in G,\ T(x) = (f_1(x), \cdots, f_m(x)) \in \mathbb{R}^m. \tag{3.2}$$

(a) 若 $f_k \in C(G), k = 1, \cdots, m$, 则 T 叫做是连续的;
(b) 若诸 f_k 皆在某点 $x^0 \in G$ 可导, 则称 T 在 x^0 可导 (或可微);
(c) 若诸 f_k 皆在 G 可导, 则称 T 在 G 可导 (或可微);
(d) 若 $f_k \in C^r(G)\ (r \in \mathbb{N}_+), k = 1, \cdots, m$, 则称 T 为 C^r 类的.

可导和可微是一个意思, 但除了在标题上之外, 我们总使用 "可导" 一词.

定理 3.1　设 T 是 $\mathbb{R}^n$ 的开集 G 到 $\mathbb{R}^m$ 的变换. T 连续的充要条件是, $\mathbb{R}^m$ 的任何开集在 T 之下的原像皆为 G 的开子集.

当 $m = 1$ 时, 此定理曾作为习题. 对于一般的 m, 证明完全类似, 仍留做习题. $\square$

定义 3.2　设 T 是由 (3.2) 给出的 $G \subset \mathbb{R}^n$ 到 $\mathbb{R}^m$ 的变换. 若 T 在某点 $x^0 \in G$ 可导, 则称 $m \times n$ 矩阵

$$T'(x^0) := \begin{pmatrix} (f_1)'(x^0) \\ \vdots \\ (f_m)'(x^0) \end{pmatrix} = \begin{pmatrix} f'_{11}(x^0) & \cdots & f'_{1n}(x^0) \\ \vdots & & \vdots \\ f'_{m1}(x^0) & \cdots & f'_{mn}(x^0) \end{pmatrix}$$

为变换 T 在点 x^0 处的 "导数" 或 Jacobi 矩阵. 当 $m = n$ 时, $T'(x^0)$ 的行列式记做 $J(T)(x^0)$, 叫做 T 在点 x^0 处的 Jacobi 式. Jacobi 矩阵的第 j 列叫做 T 关于第 j 个变元的偏导数, 记做 $T_j(x^0) = (f'_{1j}(x^0), \cdots, f'_{mj}(x^0)), j = 1, \cdots, n$.

定理 3.2　设 (3.2) 定义的 T 在 x^0 处可导. 那么对于充分小的 $h \in \mathbb{R}^n$

$$T(x^0 + h) - T(x^0) = h\left(T'(x^0)\right)^{\mathrm{T}} + \alpha(h)|h|, \tag{3.3}$$

其中 $\alpha(h) \in \mathbb{R}^m$ 满足

$$\lim_{|h| \to 0} |\alpha(h)| = 0. \tag{3.4}$$

证　对于 $k \in \{1, \cdots, m\}$, 由 f_k 在 x^0 可导知

$$f_k(x^0 + h) - f_k(x^0) = h((f_k)'(x^0))^{\mathrm{T}} + \alpha_k(h)|h|,$$

其中 $\alpha_k(h) \in \mathbb{R}^m$ 满足

$$\lim_{|h| \to 0} |\alpha_k(h)| = 0.$$

故

$$T(x^0 + h) - T(x^0)$$
$$= (f_1(x^0 + h) - f_1(x^0), \cdots, f_m(x^0 + h) - f_m(x^0))$$
$$= h(T'(x^0))^{\mathrm{T}} + \alpha(h)|h|,$$

其中 $\alpha(h) = (\alpha_1(h), \cdots, \alpha_m(h)) \in \mathbb{R}^m$ 满足 (3.4). □

定理 3.2 的逆是下述定理.

定理 3.3 设变换 (3.2) 在点 x^0 处满足

$$T(x^0 + h) - T(x^0) = hA^{\mathrm{T}} + \alpha(h)|h|, \tag{3.3'}$$

其中 A 是一个与 h 无关的 $m \times n$ 数阵, 而 $\alpha(h) \in \mathbb{R}^m$ 满足 (3.4). 那么 T 在 x^0 可导且 $T'(x^0) = A$.

证 记 $\alpha(h) = (\alpha_1(h), \cdots, \alpha_m(h))$. 并记 $A = (a_{ij})_{m \times n}$. 那么 T 的第 k 个分量 f_k 满足

$$f_k(x^0 + h) - f_k(x^0) = h(a_{k1}, \cdots, a_{kn})^{\mathrm{T}} + \alpha_k(h)|h|.$$

从而, 由 α 满足 (3.4) 及 f_k 可导的定义知

$$(f_k)'(x^0) = (a_{k1}, \cdots, a_{kn}).$$

那么 T 在 x^0 处可导且 $T'(x^0) = A$. □

我们知道, 一个 $m \times n$ 数阵 A 给出 $\mathbb{R}^n$ 到 $\mathbb{R}^m$ 的一个线性变换, 仍记为 A. A 在点 $x \in \mathbb{R}^n$ 上的作用 Ax 是 $\mathbb{R}^m$ 的点, 习惯上用行向量, 或 $1 \times m$ 矩阵表示. 那么, 用矩阵乘法表示 A 的作用即

$$\forall x \in \mathbb{R}^n, \quad A(x) = xA^{\mathrm{T}} \in \mathbb{R}^m.$$

常常用同一个字母, 例如 A 表示一个 $m \times n$ 数阵, 也表示由这个数阵确定的 $\mathbb{R}^n$ 到 $\mathbb{R}^m$ 的线性变换.

定义 3.3 $\mathbb{R}^n$ 到 $\mathbb{R}^m$ 的线性变换 A 的模

$$\|A\| = \sup\{|A(h)| : h \in \mathbb{R}^n,\ |h| \leqslant 1\}.$$

注意 在 $\|A\|$ 的定义中, $|\cdot|$ 表示 Euclid 空间中点的范数, $|h|$ 为 $\mathbb{R}^n$ 中的范数, $|A(h)|$ 为 $\mathbb{R}^m$ 中的范数. 由于 A 是线性的, 所以

$$\|A\| = \sup\{|A(h)| : h \in \mathbb{R}^n,\ |h| = 1\}.$$

记 A 的第 i 行第 j 列的元为 $a_{ij} \in \mathbb{R}$. 容易证明

$$\|A\| \leqslant \left(\sum_{i=1}^{m}\sum_{j=1}^{n} a_{ij}^2\right)^{\frac{1}{2}}.$$

关于 $\|A\|$ 的精确值, 在以后的泛函分析课程中将做进一步的讨论. 也可参阅孙永生编著的《泛函分析讲义》, 90—92 页 (北京师范大学出版社, 1986 年).

习题 3.3.1

1. 设 $g : \mathbb{R}^2 \longrightarrow \mathbb{R}^2$ 如下定义:

$$g(s,t) = (|s-t|, |s+t|).$$

(1) 求 $g(\mathbb{R}^2)$;
(2) 设 $\ell_c = \{(s,t) : s = c, t \in \mathbb{R}\}$ $(c \in \mathbb{R})$, 求 $g(\ell_c)$;
(3) 设 $L = \{(x,y) : y = kx, x \in \mathbb{R}\}$ $(k \neq 0)$, 求 L 关于变换 g 的原像

$$g^{-1}(L) = \{(s,t) \in \mathbb{R}^2 : g(s,t) \in L\}.$$

2. 设 g 如题 1.
(1) 找出使 g 可导的点的集合;
(2) 在 g 可导的点处, 写出 g 的偏导数;
(3) 算出导数 (即 Jacobi 矩阵) $g'(s,t)$ 的秩;
(4) 在 g 可导处求出 Jacobi 式 $J(g)(s,t)$.

3. 设线性变换 L 和 H 的秩皆不为零 (即都不是零矩阵). 证明:
(1) $\|L\| > 0$;
(2) $\forall c \in \mathbb{R}, \|cL\| = |c|\|L\|$;
(3) $\|L + H\| \leqslant \|L\| + \|H\|$;
(4) $\|L \circ H\| \leqslant \|L\|\|H\|$.

4. 设 g 是 $\mathbb{R}^n$ 到 $\mathbb{R}^m$ 的可导变换. 那么, $g'(x)$ 的秩一定不会超过 $\min\{m,n\}$. 证明: 如果 g 是 C^1 类的, 那么集合 $\{x \in \mathbb{R}^n : \operatorname{rank}(g'(x)) = \min\{m,n\}\}$ 是开集.

5. 设 g 是 $\mathbb{R}^n$ 的开集 G 到 $\mathbb{R}^n$ 的可导变换. 如果存在正函数 $\mu : \mathbb{R}^n \longrightarrow (0, \infty)$, 使对于每个 $x \in G, \mu(x)g'(x)$ 都是 $\mathbb{R}^n$ 的一个旋转 (即 $\mu(x)g'(x)$ 是行列式为 1 的正交矩阵), 那么就称 g 是共形变换 (conformal transformation). 证明:
(1) g 是共形变换的充要条件是 $\forall x \in G, J(g)(x) > 0$, 且偏导数满足

$$\text{当 } i \neq j \text{ 时}, \frac{\partial g(x)}{\partial x_i}\frac{\partial g(x)}{\partial x_j} = 0, \left|\frac{\partial g(x)}{\partial x_k}\right| = \frac{1}{\mu(x)}, i,j,k = 1, \cdots, n;$$

(2) 若 g 是共形的, 则 $\mu(x) = (J(g)(x))^{-\frac{1}{n}}$;

(3) 当 $n = 2$ 时, g 是共形变换的充要条件是

$$\forall x \in G, \ J(g)(x) > 0, \ \frac{\partial g_1(x)}{\partial x_1} = \frac{\partial g_2(x)}{\partial x_2}, \ \frac{\partial g_1(x)}{\partial x_2} = -\frac{\partial g_2(x)}{\partial x_1}.$$

(g_1 和 g_2 的偏导数所满足的如上方程, 叫做 Cauchy-Riemann 方程, 是解析函数实虚部所满足的方程.)

6. 设 $G = \mathbb{R}^2 \setminus \{O\}$. 在 G 上定义

$$g_1(x, y) = e^{x^2-y^2} \cos(2xy), \quad g_2(x, y) = e^{x^2-y^2} \sin(2xy).$$

那么 $g = (g_1, g_2)$ 是 G 上的共形变换.

7. 设 $T : (0, \infty) \times [0, 2\pi) \longrightarrow \mathbb{R}^2 \setminus \{(0, 0)\}$ 由公式

$$\begin{cases} x = r \cos\theta, \\ y = r \sin\theta, \end{cases} (r, \theta) \in (0, \infty) \times [0, 2\pi)$$

给出. 求 Jacobi 式 $J(T)(r, \theta)$. 这个变换叫做平面的极坐标变换, 它具有明显的几何意义.

8. 设 $T : (0, \infty) \times (0, \pi) \times [0, 2\pi) \longrightarrow \mathbb{R}^3 \setminus \{(0, 0, z) : z \in \mathbb{R}\}$ 由公式

$$\begin{cases} x = r \sin\phi \cos\theta, \\ y = r \sin\phi \sin\theta, \\ z = r \cos\phi \end{cases} (r, \phi, \theta) \in (0, \infty) \times (0, \pi) \times [0, 2\pi)$$

给出. 求 Jacobi 式 $J(T)(r, \phi, \theta)$. 这个变换叫做空间 $\mathbb{R}^3$ 的球坐标变换, 它具有明显的几何意义, 请予图示.

§3.2 可微变换的复合

设 f 是 $\mathbb{R}^m$ 的开集 G 到 $\mathbb{R}^p$ 的映射, g 是 $\mathbb{R}^n$ 的开集 H 到 G 内的映射. 那么复合映射 $h = f \circ g$ 定义为

$$\forall t \in H, \quad h(t) = f(g(t)).$$

定理 3.4 若 g 在点 $t^0 \in \mathbb{R}^n$ 可导, f 在点 $x^0 = g(t^0)$ 可导, 则 $h = f \circ g$ 在点 t^0 可导, 且

$$h'(t^0) = f'(x^0) g'(t^0).$$

证 设 $L = g'(t^0), M = f'(x^0)$.

情形 1 $M = O$. (O 表示零矩阵.)

设 $c = \|L\| + 1$. 由 L 的定义知存在 $\delta > 0$, 当 $u \in \mathbb{R}^n, |u| < \delta$ 时,
$$|g(t^0 + u) - g(t^0)| \leqslant c|u|.$$

而由 M 的定义知, $\forall \varepsilon > 0$, 存在 $\eta > 0$, 当 $v \in \mathbb{R}^m, |v| \leqslant \eta$ 时,
$$|f(x^0 + v) - f(x^0)| \leqslant \frac{\varepsilon}{c}|v|.$$

令 $\delta_0 = \min\left\{\dfrac{\eta}{c}, \delta\right\}$. 则当 $u \in \mathbb{R}^m, |u| < \delta_0$ 时,
$$|g(t^0 + u) - g(t^0)| \leqslant c|u| \leqslant \eta,$$
$$|f(g(t^0 + u)) - f(g(t^0))| \leqslant \frac{\varepsilon}{c}|g(t^0 + u) - g(t^0)| \leqslant \varepsilon|u|.$$

这表明
$$\lim_{|u| \to 0+} \frac{1}{|u|}|h(t^0 + u) - h(t^0)| = 0,$$
$$h'(t^0) = O = ML.$$

情形 2 $\forall x$, $f(x) = xM^{\mathrm{T}}$. 那么
$$h(t^0 + u) - h(t^0) = (g(t^0 + u) - g(t^0))M^{\mathrm{T}},$$
$$h(t^0 + u) - h(t^0) - u(ML)^{\mathrm{T}} = (g(t^0 + u) - g(t^0) - uL^{\mathrm{T}})M^{\mathrm{T}},$$
$$|h(t^0 + u) - h(t^0) - u(ML)^{\mathrm{T}}| \leqslant \|M\||g(t^0 + u) - g(t^0) - uL^{\mathrm{T}}|.$$

从而
$$\lim_{|u| \to 0+} \frac{1}{|u|}|h(t^0 + u) - h(t^0) - u(ML)^{\mathrm{T}}| = 0.$$

那么, 据定理 3.3, 知 $h'(t^0) = ML$.

在一般情形下, 令 $f_1 = f - M$. 则 $f_1'(x^0) = O$. 由情形 1 已证之结果, $(f_1 \circ g)'(t^0) = O$. 令 $g_1 = M \circ g$. 由情形 2 已证之结果, $g_1'(t^0) = ML$. 显然
$$h = f \circ g = f_1 \circ g + g_1.$$

故
$$h'(t^0) = (f_1 \circ g)'(t^0) + g_1'(t^0) = ML. \qquad \square$$

定理 3.4 的上述证明比较啰唆, 它着意于突出导数的度量性质. 下面给出一个简捷的证明.

设 $t \in \mathbb{R}^n, t^0 + t \in H$. 那么

$$h(t^0 + t) - h(t^0) = f(x^0 + g(t^0 + t) - g(t^0)) - f(x^0)$$
$$= (g(t^0 + t) - g(t^0))M^{\mathrm{T}} + a(g(t^0 + t) - g(t^0)),$$

式中 $M = f'(x^0)$, $a(u) = o(|u|)$ 当 $G \ni u \to O$. 于是可把 $a(u)$ 写成 $a(u) = |u|\alpha(u)$, 其中 $\alpha(u) \in \mathbb{R}^p$ 满足

$$\lim_{|u| \to 0} |\alpha(u)| = 0.$$

由于

$$g(t^0 + t) - g(t^0) = tL^{\mathrm{T}} + |t|\beta(t),$$

式中 $L = g'(t^0)$, $\beta(t) \in \mathbb{R}^m$ 满足

$$\lim_{|t| \to 0} |\beta(t)| = 0,$$

所以

$$h(t^0 + t) - h(t^0)$$
$$= (tL^{\mathrm{T}} + |t|\beta(t))M^{\mathrm{T}} + |g(t^0 + t) - g(t^0)|\alpha(g(t^0 + t) - g(t^0))$$
$$= t(ML)^{\mathrm{T}} + |t|\beta(t)M^{\mathrm{T}} + |tL^{\mathrm{T}} + |t|\beta(t)|\alpha(g(t^0 + t) - g(t^0)).$$

由于当 $|t| \to 0$ 时,

$$\left||t|\beta(t)M^{\mathrm{T}} + |tL^{\mathrm{T}} + |t|\beta(t)|\alpha(g(t^0 + t) - g(t^0))\right| = o(|t|),$$

所以, 根据定理 3.3,

$$h'(t^0) = ML = f'(x^0)g'(t^0). \qquad \square$$

从定理 3.4, 我们直接得到求偏导数的链法则, 它是复合函数求导法则的推广.

推论 1(链法则) 设

$$g: \mathbb{R}^n \longrightarrow \mathbb{R}^m, \quad f: \mathbb{R}^m \longrightarrow \mathbb{R}^p \ (n, m, p \in \mathbb{N}_+).$$

若 g 在 $t^0 \in \mathbb{R}^n$ 处可导, f 在 $x^0 = g(t^0)$ 处可导, 且

$$g = (g_1, \cdots, g_m), \quad f = (f_1, \cdots, f_p),$$
$$f \circ g = (h_1, \cdots, h_p), \quad h_k = f_k \circ g, \ k = 1, \cdots, p.$$

那么, 对于 $k = 1, \cdots, p, i = 1, \cdots, n$,

$$\frac{\partial}{\partial t_i} h_k(t^0) = \sum_{j=1}^m \frac{\partial f_k}{\partial x_j}(x^0) \frac{\partial g_j}{\partial t_i}(t^0). \qquad \Box$$

据此, 归纳地得下述推论.

推论 2 若 f 和 g 皆属于 C^r 类 $(r \in \mathbb{N}_+)$, 则它们的复合 $f \circ g$ 也属于 C^r 类. $\hfill \Box$

例 3.1 设

$$g = (g_1, \cdots, g_n) : \mathbb{R} \longrightarrow \mathbb{R}^n, \; f : \mathbb{R}^n \longrightarrow \mathbb{R}, \; h = f \circ g.$$

若 g 在 t^0 可导, f 在 $x^0 = g(t^0)$ 可导, 则

$$h'(t^0) = \sum_{k=1}^n \frac{\partial f}{\partial x_k}(x^0) g_k'(t^0).$$

例 3.2 设 $f \in C^2(\mathbb{R}^2), g \in C^2(\mathbb{R}), F(x) = f(x, g(x)), x \in \mathbb{R}$. 这时, 我们令

$$g_1(x) = x, \; g_2(x) = g(x), \; G(x) = (g_1(x), g_2(x)).$$

那么, $F = f \circ G$. 于是

$$F'(x) = f_1'(G(x)) + f_2'(G(x)) g'(x),$$

式中 f_1' 和 f_2' 分别表示 f 关于第一个变元和第二个变元的偏导数. 那么, 继续求导, 得

$$F''(x) = f_{11}''(G(x)) + 2 f_{12}''(G(x)) g'(x) + f_{22}''(G(x))(g'(x))^2 + f_2'(G(x)) g''(x).$$

式中 $f_{11}'', f_{12}'', f_{22}''$ 分别表示 f 关于第一变元的二阶偏导数, 关于两变元的混合导数及关于第二变元的二阶偏导数.

例 3.3 设 $f \in C^2(\mathbb{R}^2)$. 令

$$F(r, \theta) = f(r \cos \theta, r \sin \theta), \quad r > 0, \theta \in \mathbb{R}.$$

看做复合函数, 令

$$g(r, \theta) = (g_1(r, \theta), g_2(r, \theta)) = (r \cos \theta, r \sin \theta).$$

那么 $F(r,\theta) = f(g(r,\theta))$. 于是

$F_1' = f_1'\cos\theta + f_2'\sin\theta,$

$F_2' = -f_1'r\sin\theta + f_2'r\cos\theta,$

$F_{11}'' = f_{11}''\cos^2\theta + 2f_{12}''\sin\theta\cos\theta + f_{22}''\sin^2\theta,$

$F_{22}'' = f_{11}''r^2\sin^2\theta - 2f_{12}''r^2\sin\theta\cos\theta + f_{22}''r^2\cos^2\theta - f_1'r\cos\theta - f_2'r\sin\theta,$

$F_{12}'' = -f_{11}''r\sin\theta\cos\theta + f_{12}''r(\cos^2\theta - \sin^2\theta) + f_{22}''r\sin\theta\cos\theta - f_1'\sin\theta + f_2'\cos\theta.$

习题 3.3.2

设所涉及的函数都是 C^2 类的.

1. 设 $F(x,y) = f(x,xy)$. 求 F 的混合偏导数.

2. 设 $F(x,y) = f(x,y,g(x,y))$. 用 f 和 g 的一、二阶偏导数表示 F 的一、二阶偏导数.

3. 设 $F = f \circ g$,
$$f(x,y) = (xy, x^2y), \quad g(s,t) = (s+t, s^2-t^2).$$
求 $J(F)(2,1)$.

4. 设常数 $c \in \mathbb{R}$, 函数 $f(x,y) = \varphi(x-cy) + \psi(x+cy)$. 证明: $\dfrac{\partial^2 f}{\partial y^2} = c^2 \dfrac{\partial^2 f}{\partial x^2}$.

5. 设常数 $c \in \mathbb{R}$, 函数
$$f(x_1,x_2,x_3,x_4) = \frac{1}{\rho}\left(\varphi(\rho - cx_4) + \psi(\rho + cx_4)\right),$$
其中 $\rho = (x_1^2 + x_2^2 + x_3^2)^{\frac{1}{2}} > 0$. 求证:
$$\frac{\partial^2 f}{\partial x_4^2} = c^2 \left(\frac{\partial^2 f}{\partial x_1^2} + \frac{\partial^2 f}{\partial x_2^2} + \frac{\partial^2 f}{\partial x_3^2}\right).$$

注 上式作为偏微分方程叫做 4 元波动方程.

6. 设 $\varphi, \psi : \mathbb{R}^n \longrightarrow \mathbb{R}^m$ 都在点 $x^0 \in \mathbb{R}^n$ 可导. 令 $h(x) = \varphi(x) \cdot \psi(x)$, 其中 "·" 表示 $\mathbb{R}^m$ 中的内积.

证明:
$$h'(x^0) = \varphi(x^0)\psi'(x^0) + \psi(x^0)\varphi'(x^0).$$

提示: 定义 $f(x) = (\varphi(x), \psi(x))$, $x \in \mathbb{R}^n$, $f(u,v) = u \cdot v$, $u,v \in \mathbb{R}^m$, 并用定理 3.4.

§3.3 逆变换

设 T 是集 A 到 B 的满射. 那么,T 有逆映射 (定义于 $T(A)$ 上) 的充要条件是 T 是单射, 即 T 在不同的元上的像也不同. 我们习惯于把从 $\mathbb{R}^n$ 的子集到 $\mathbb{R}^m$ 的映射 T 叫做变换.

在讨论逆变换之前, 我们先谈一谈一元可导函数.

设 G 是 $\mathbb{R}$ 的不空开子集,f 是 G 到 $\mathbb{R}$ 的可导变换. 也就是说,f 是 G 上的可导函数. 设 f 是 C^1 类的, 也就是说, f 的导函数 f' 在 G 上连续. 如果 $x^0 \in G$, $f'(x^0) \neq 0$, 那么, 由 f' 的连续性知, 存在 $\delta > 0$, 使得 $B(x^0;\delta) = (x^0 - \delta, x^0 + \delta) \subset G$ 并且当 $x \in B(x^0;\delta)$ 时 $f'(x)f'(x^0) > 0$. 于是, f 在 $B(x^0;\delta)$ 上是严格单调的, 从而有反函数. 集合 $f(B(x^0;\delta))$ 显然是一个开区间, 记之为 V. 那么容易证明 f 的反函数 $f^{-1} \in C^1(V)$ 以及

$$\forall x \in B(x^0;\delta), \quad (f^{-1})'(f(x)) = \frac{1}{f'(x)}.$$

下面我们要把上面关于一元函数的论断推广到 $\mathbb{R}^n$ 到 $\mathbb{R}^n$ 的变换的情形.

定理 3.5(逆变换定理) 设 G 是 $\mathbb{R}^n$ 的不空开集,f 是 G 到 $\mathbb{R}^n$ 的 C^1 类变换. 若 f 在点 $x^0 \in G$ 处的行列式 $\det f'(x^0) \neq 0$, 则存在 $\delta > 0$, 使得 $U := B(x^0;\delta) \subset G$, 且

(a) f 是 U 上的单射 (即一对一映射), 从而有逆变换 $g = f^{-1}$ 定义在 $f(U)$ 上;

(b) $V := f(U)$ 是 $\mathbb{R}^n$ 的开集;

(c) 逆变换 g 是 C^1 类的, 且

$$\forall x \in U, \quad g'(f(x)) = (f'(x))^{-1}.$$

下边先证几个引理.

首先在完备距离空间上证明压缩映射原理. 先叙述完备距离空间的定义.

定义 3.4(距离空间) 设 X 是不空的集合. 若映射 $d: X \times X \longrightarrow [0,\infty)$ 有下述性质:

① $\forall x,y \in X, \ d(x,y) = d(y,x)$,

② $d(x,y) = 0 \iff x = y$,

③ $\forall x,y,z \in X, \ d(x,y) \leqslant d(x,z) + d(z,y)$,

则称 d 为距离函数, 称 (X,d) 为距离空间. 其中性质 ③ 叫做**三角形不等式**. 距离空间中的元素叫做点. 如果点列 $\{x_k\}_{k=1}^\infty$ 和点 x 具有如下关系:

$$\lim_{m \to \infty} d(x_m, x) = 0,$$

就说 $\{x_k\}_{k=1}^\infty$ 收敛到极限 x, 记做 $\lim\limits_{k\to\infty} x_k = x$. 满足条件:
$$\lim_{m\to\infty}\sup\{d(x_k,x_j):\ k\geqslant m, j\geqslant m\} = 0$$
的点列 $\{x_k\}_{k=1}^\infty$ 叫做**基本列**. 若空间中的任何基本列都收敛, 则空间叫做是完备的.

例 3.4 在 $\mathbb{R}^n$ 上定义距离 $d(x,y) = |x-y|$ (此距离也叫做 Euclid 距离). 那么 $\mathbb{R}^n$ 的任何不空闭子集都是完备的距离空间.

引理3.6(压缩映射原理) 设 φ 是完备距离空间 (X,d) 到自身的映射, 满足条件
$$\forall x,y \in X, \quad d(\varphi(x),\varphi(y)) \leqslant c\, d(x,y),$$
其中 $0 < c < 1$ 是常数, 这样的映射叫做压缩映射, c 叫做压缩系数. 那么 φ 有唯一的不动点, 即存在唯一的 $\xi \in X$, 使 $\varphi(\xi) = \xi$.

证 任取 $x^0 \in X$. 定义一列点
$$x^k = \varphi^{[k]}(x^0), \quad k \in \mathbb{N}_+,$$
其中, $\varphi^{[k]}$ 表示 φ 自身的 k 次复合. 由压缩性质,
$$d(x^k, x^{k+m}) = d(\varphi^{[k]}(x^0), \varphi^{[k]}(x^m)) \leqslant c^k d(x^0, x^m).$$
另一方面,
$$d(x^0, x^m) \leqslant \sum_{j=1}^m d(x^{j-1}, x^j) \leqslant \sum_{j=1}^m c^{j-1} d(x^0, x^1) \leqslant \frac{1}{1-c} d(x^0, x^1).$$
于是
$$d(x^k, x^{k+m}) \leqslant \frac{c^k}{1-c} d(x^0, x^1).$$
可见, $\{x^k\}$ 是基本列. 而 X 完备, 故存在 $\xi \in X$, 使
$$\lim_{k\to\infty} x^k = \xi.$$
令 $\eta = \varphi(\xi)$. 那么
$$d(x^k, \eta) = d(\varphi(x^{k-1}), \varphi(\xi)) \leqslant c\, d(x^{k-1}, \xi).$$
令 $k \to \infty$, 得 $\xi = \eta$, 即 $\varphi(\xi) = \xi$. 不动点的唯一性由 φ 的压缩性质立即得到. $\square$

下面证明一个引理. 这个引理可以看做是关于一元函数的 Lagrange 微分中值定理的类比.

引理3.7(微分中值定理) 设 f 是 $\mathbb{R}^n$ 的开集 G 到 $\mathbb{R}^m$ 的可导变换. 设 $x \in G, y \in G, x \neq y$ 且线段 $\overline{xy} \subset G$. 那么存在 $\xi \in \overline{xy}$ 使

$$|f(x) - f(y)|^2 = (f(y) - f(x))f'(\xi)(y - x)^{\mathrm{T}}, \tag{3.5}$$

式中右端是 $1 \times m$ 矩阵与 $m \times n$ 矩阵及 $n \times 1$ 矩阵的乘积.

证 用 $\mathbb{R}^m$ 的内积定义函数

$$g(t) = (f(y) - f(x))\left(f(x + t(y - x))\right)^{\mathrm{T}}, \quad t \in [0, 1].$$

由复合变换的性质知 g 在 $[0, 1]$ 上处处可导. 根据 Lagrange 中值定理, 存在 $\lambda \in (0, 1)$ 使

$$g(1) - g(0) = g'(\lambda).$$

用链法则, 得到

$$g'(\lambda) = (f(y) - f(x))f'(x + \lambda(y - x))(y - x)^{\mathrm{T}}.$$

而

$$g(1) - g(0) = (f(y) - f(x))(f(y) - f(x))^{\mathrm{T}} = |f(y) - f(x)|^2.$$

于是

$$|f(y) - f(x)|^2 = (f(y) - f(x))f'(x + \lambda(y - x))(y - x)^{\mathrm{T}}.$$

代入 $\xi = x + \lambda(y - x)$ 便完成了证明. □

注 3.1 当 $n = m = 1$ 且 $f(x) \neq f(y)$ 时, (3.5) 回归通常的 Lagrange 中值公式.

从引理 3.7 直接得到下述可称之为微分中值不等式的结果.

引理3.8(微分中值不等式) 设 f 是 $\mathbb{R}^n$ 的开集 G 到 $\mathbb{R}^n$ 的 C^1 类变换. 设

$$x \in G, \quad y \in G, \quad x \neq y, \quad \text{且线段 } \overline{xy} \subset G.$$

那么存在 $\xi \in \overline{xy}$ 使

$$|f(x) - f(y)| \leqslant \|f'(\xi)\| \, |y - x|. \qquad \square$$

逆变换定理的证明

记 $L = f'(x^0), y^0 = f(x^0)$.

那么 L 是 $n\times n$ 可逆矩阵. 对于 $y \in \mathbb{R}^n$, 线性变换 L^{-1} 在 y 上的作用 $L^{-1}(y)$ 等于矩阵乘积 $y(L^{-1})^{\mathrm{T}}$.

由于 f' 在 x^0 处连续, 存在 $\delta > 0$ 使得当 $U := B(x^0; \delta) \subset G$ 且当 $x \in U$ 时

$$\det f'(x) \neq 0, \quad \|L - f'(x)\| < \frac{1}{2\|L^{-1}\|}.$$

我们来证明,f 在 U 上是单射, 从而得到 (a). 事实上, 对于 $u, v \in U$, 根据微分中值不等式, 存在 $\xi \in \overline{uv}$ 使得

$$\begin{aligned}\left|L^{-1}\big(f(u) - f(v)\big) - (u-v)\right| &= |L^{-1}(f(u) - f(v) - L(u-v))| \\ &\leqslant \|L^{-1}\| |(f-L)(u) - (f-L)(v)| \\ &\leqslant \|L^{-1}\| \|f'(\xi) - L\| |u-v| \\ &\leqslant \frac{1}{2}|u-v|.\end{aligned}$$

由此推出, 对于一切 $u, v \in U$,

$$|L^{-1}\big(f(u) - f(v)\big)| \geqslant \frac{1}{2}|u-v|.$$

可见,f 是 U 上的单射

结论 (a) 成立.

接下来我们定义

$$B = \Big\{x \in \mathbb{R}^n : |x - x^0| \leqslant \frac{1}{2}\delta\Big\},$$
$$H = \Big\{y \in \mathbb{R}^n : |y - y^0| < \frac{1}{4\|L^{-1}\|}\delta\Big\}.$$

那么, 依 $\mathbb{R}^n$ 的 Euclid 距离,B 是完备的距离空间 (它是 $\mathbb{R}^n$ 的紧子集). 对于每个 $y \in H$, 定义一个 B 到 $\mathbb{R}^n$ 的映射 h_y:

$$h_y(x) = L^{-1}\big(y - f(x)\big) + x, \quad x \in B.$$

那么, 对于 $x \in B$, 用微分中值不等式知存在 $\xi \in \overline{x^0 x}$ 使得

$$\begin{aligned}|h_y(x) - x^0| &\leqslant \|L^{-1}\| \Big(|y - y^0| + |f(x) - f(x^0) - L(x-x^0)|\Big) \\ &\leqslant \|L^{-1}\| |y - y^0| + \|L^{-1}\| \|f'(\xi) - L\| |x - x^0| \\ &\leqslant \|L^{-1}\| |y - y^0| + \frac{1}{2}|x - x^0| \\ &\leqslant \frac{1}{4}\delta + \frac{1}{4}\delta = \frac{1}{2}\delta.\end{aligned}$$

这表明 $h_y(B) \subset B$. 另外, 当 $y \in H$ 时, $\forall u, v \in B, \exists \eta \in \overline{uv}$, 使得

$$|h_y(u) - h_y(v)| = |L^{-1}(f(u) - f(v) - L(u-v))|$$
$$\leqslant \|L^{-1}\| \|f'(\eta) - L\| |u-v| \leqslant \frac{1}{2}|u-v|.$$

可见, 对于每个 $y \in H, h_y$ 都是 B 上的压缩映射 (且压缩系数不超过 2^{-1}). 那么, 根据压缩映射原理 (引理 3.6), 存在唯一的 (与 y 对应的) $x \in B$ 满足

$$h_y(x) = L^{-1}(y - f(x)) + x = x,$$

即 $f(x) = y$, 也就是说 $x = f^{-1}(y)$. 同时, 显然有 $f^{-1}(y^0) = x^0$. 于是我们看到 $H \subset f(B) \subset V := f(U)$, $y^0 = f(x^0)$ 是 V 的内点.

这段论述表明, 当以任意的 $\bar{x} \in U$ 代替 x^0 时, 都得到结论: $f(\bar{x})$ 是 V 的内点. 于是我们证明了 V 是开集. 也就是说, 定理的结论 (b) 已获证实.

现在用 g 代表 H 上的映射 f^{-1}. 设 $y \neq y^0$ 且 $y \in H$. 那么 $x := g(y) \in B$, $x \neq x^0$, 且

$$|g(y) - g(y^0) - L^{-1}(y - y^0)| |y - y^0|^{-1}$$
$$= |L^{-1}(L(x - x^0) - (f(x) - f(x^0)))| |y - y^0|^{-1}.$$

根据已证得的不等式 $|u - v| \leqslant 2\|L^{-1}\| |f(u) - f(v)|$, 我们得到

$$|g(y) - g(y^0) - L^{-1}(y - y^0)| |y - y^0|^{-1}$$
$$\leqslant 2\|L^{-1}\|^2 |f(x) - f(x^0) - L(x - x^0)| |x - x^0|^{-1}.$$

显然, 当 $y \to y^0$ 时, 成立 $x \to x^0$. 于是就得到

$$\lim_{|y-y^0| \to 0+} |g(y) - g(y^0) - L^{-1}(y - y^0)| |y - y^0|^{-1} = 0.$$

也就是说

$$g'(y^0) = (f'(x^0))^{-1}.$$

由于 x^0 可在 G 中任取, 我们就证得定理的结论 (c).

可以看出, 证明结论 (c) 的关键是, $|x - x^0|$ 与 $|f(x) - f(x^0)| = |y - y^0|$ 趋于零有同样的 "快慢". □

下述命题是逆变换定理的一个直接推论.

推论 设 g 是 C^1 类变换, $\forall x, \det g'(x) \neq 0$. 那么 g 把开集映成开集. □

把开集映成开集的映射叫做开映射.

定义3.5 (正则变换) 设 g 是 $\mathbb{R}^n$ 的开集 G 到 $\mathbb{R}^n$ 内的 C^1 类变换. 若 g 是单射, 且对于每个 $t \in G$, $J(g)(t) \neq 0$, 则称 g 是正则的.

注意, 变换正则的前提是它可逆 (即它是单射).

根据定理 3.5, 凸集上的正则变换有正则的逆. 一个非空的集合叫做是凸的, 如果连接它的任何两点的线段都含在这个集合当中.

连续变换若有连续的逆, 则叫做同胚 (homeomorphism). 正则变换又叫做 C^1 类同胚, 或 C^1 类微分同胚 (diffeomorphism of class C^1).

例 3.5 设
$$g(s,t) = (\cosh s \cos t, \sinh s \sin t), \quad (s,t) \in \mathbb{R}^2.$$

那么
$$\frac{\partial g_1}{\partial s}(s,t) = \sinh s \cos t, \quad \frac{\partial g_1}{\partial t}(s,t) = -\cosh s \sin t,$$
$$\frac{\partial g_2}{\partial s}(s,t) = \cosh s \sin t, \quad \frac{\partial g_2}{\partial t}(s,t) = \sinh s \cos t,$$
$$J(g)(s,t) = \sinh^2 s \cos^2 t + \cosh^2 s \sin^2 t = \sinh^2 s + \sin^2 t.$$

设 $G = \{(s,t) : s > 0, \ t \in \mathbb{R}\}$. 那么, 在 G 上, $J(g)(s,t) > 0$. 根据定理 3.5, g 局部可逆. 然而 $g(s, t+2\pi) = g(s,t)$. 所以, 在整个 G 上, g 不是单射, 不可逆.

根据定理 3.5 的推论, G 的像 $g(G)$ 是开集.

令 $H = \{(s,t) : s > 0, \ 0 < t < 2\pi\}$. 那么, 容易验证, g 在 H 上是单射, 从而可逆. 由于当 $s > 0$ 时
$$\cosh s = \frac{e^s + e^{-s}}{2} > 1, \quad \sinh s = \frac{e^s - e^{-s}}{2} > 0,$$

所以不难看出 $g(H) = \mathbb{R}^2 \setminus ([-1, \infty) \times \{0\})$.

习题 3.3.3

1. 设 $g(t) = t^4 + 2t^2$, $t > 0$. 求 g^{-1}.
2. 设 $g(s,t) = (e^s \cos t, e^s \sin t), (s,t) \in \mathbb{R}^2$.
   (1) 证明 $J(g)(s,t) \neq 0$, 但 g 不是单射;
   (2) 设 $H = \{(s,t) : s \in \mathbb{R}, \ 0 < t < 2\pi\}$, 证明 g 在 H 上是单射, 并求其逆;
   (3) 求 $g(H)$;
   (4) 证明 g 是共形变换 (参阅习题 3.3.1 题 5).

3. 设 g 是开集 G 上的 C^1 变换, 且对于一切 $t \in G$, $J(g)(t) \neq 0$. 给定 $x \notin g(G)$, 令 $\psi(t) = |x - g(t)|^2$. 证明: $\forall t \in G$, $\psi'(t) \neq 0$.

4. 设 g 是 $\mathbb{R}^n$ 上的 C^1 变换, $c > 0$, 对于一切 $s, t \in \mathbb{R}^n$, $|g(s) - g(t)| \geqslant c|s - t|$. 证明:
   (1) g 是单射;
   (2) $\forall t \in \mathbb{R}^n$, $J(g)(t) \neq 0$;
   (3) $g(\mathbb{R}^n) = \mathbb{R}^n$.
   (**提示**: 使用题 3 的结果, 证明 ψ 有最小值.)

5. 设变换 $\begin{cases} x = u\cos\dfrac{v}{u}, \\ y = u\sin\dfrac{v}{u} \end{cases}$ 的逆变换为 $\begin{cases} u = u(x, y), \\ v = v(x, y). \end{cases}$ 求 $\dfrac{\partial u}{\partial x}, \dfrac{\partial u}{\partial y}, \dfrac{\partial v}{\partial x}, \dfrac{\partial v}{\partial y}$.

6. 设 $f(x, y) = (x^2 - y^2, 2xy)$,
$$G = \{(x, y) \in \mathbb{R}^2 : 0 < x^2 + y^2 < 1, y > 0\},$$
$$\widetilde{G} = \{(x, y) \in \mathbb{R}^2 : 0 < x^2 + y^2 < 1\}.$$

   (1) 求 $f(G)$ 和 $f(\widetilde{G})$;
   (2) 证明: f 在 G 上有逆变换, 但在 $\widetilde{G}$ 上无逆变换.

7. 设 f 是开集 $G \subset \mathbb{R}^n$ 到 $\mathbb{R}^n$ 的 C^1 变换, $x^0 \in G$ 且 $J(f)(x^0) = 0$. 记 $y^0 = f(x^0)$. 若 f 在 x^0 附近有逆变换 f^{-1}, 则 f^{-1} 在 y^0 不可导.

8. 设 f 是 $\mathbb{R}^2$ 到 $\mathbb{R}^2$ 的 C^2 类可逆变换. 求它的逆变换 g 的一、二阶偏导数.

§4 隐 变 换

本教程所介绍的隐变换的理论, 实际上是判断函数方程组的解的存在性及解的可导 (微) 性的理论.

§4.1 特殊情形

定理 4.1 设 G 是 $\mathbb{R}^2$ 的开集, $P = (x_0, y_0) \in G$. 设 $F \in C(G)$. 若 F 满足条件

(a) $F(P) = 0$; (b) $\dfrac{\partial F}{\partial y} \in C(G)$; (c) $\dfrac{\partial F}{\partial y}(P) \neq 0$,

则存在 $\alpha, \beta > 0$, 使得对于每个 $x \in [x_0 - \alpha, x_0 + \alpha]$, 方程

$$F(x, y) = 0 \tag{4.1}$$

在区间 $[y_0 - \beta, y_0 + \beta]$ 中有唯一的根 $y = f(x)$. 这个函数 f 叫做方程 (4.1) 在集 $[x_0 - \alpha, x_0 + \alpha] \times [y_0 - \beta, y_0 + \beta]$ 上确定的**隐函数**, 一般地叫做**隐变换**. 这个函数是连续的, 即 $f \in C[x_0 - \alpha, x_0 + \alpha]$.

$$F(x,y) = 0$$

图 8

如果

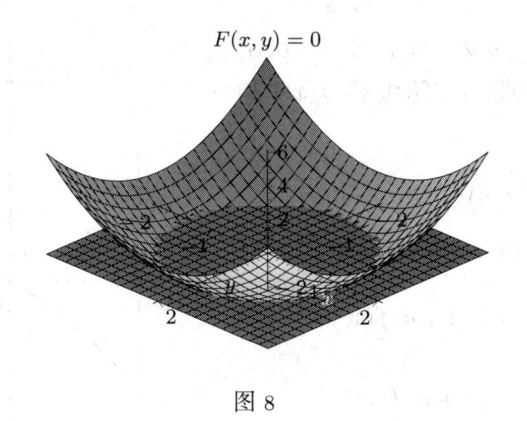

(d) $\dfrac{\partial F}{\partial x}$ 在 G 上处处存在, 那么

$$f'(x) = -\dfrac{\dfrac{\partial F}{\partial x}(x, f(x))}{\dfrac{\partial F}{\partial y}(x, f(x))}.$$

证 不失一般性, 可认为 P 是原点, 即 $x_0 = y_0 = 0$. 并可认为 $\dfrac{\partial F}{\partial y}(P) = 3$. 以下记 $g(x,y) = \dfrac{\partial F}{\partial y}(x,y)$.

由 $g \in C(G)$ 及 $g(P) = 3$, 知存在 $\beta > 0$, 使当 $|x| < \beta, |y| \leqslant \beta$ 时

$$2 \leqslant g(x,y) \leqslant 4. \tag{4.2}$$

根据 Lagrange 定理, 存在 $\xi \in (-\beta, 0)$, 使

$$F(0, -\beta) = g(0, \xi)(-\beta) \in (-4\beta, -2\beta).$$

同理, 存在 $\eta \in (0, \beta)$, 使

$$F(0, \beta) = g(0, \eta)\beta \in (2\beta, 4\beta).$$

进而, 据 $F \in C(G)$, 知存在 $\alpha > 0, \alpha \leqslant \beta$, 当 $|x| \leqslant \alpha$ 时

$$F(x, -\beta) < 0 < F(x, \beta). \tag{4.3}$$

从 (4.2) 知, 当 $x \in [-\alpha, \alpha]$ 时, $F(x, y)$ 关于 y 严格增. 那么, 根据 (4.3), 我们断定在 $[-\beta, \beta]$ 中存在唯一的 $y = f(x)$, 使 (4.1) 成立. 下面来证 $f \in C[-\alpha, \alpha]$.

设 $x \in [-\alpha, \alpha]$, $h \neq 0$ 且 $x+h \in [-\alpha, \alpha]$. 根据 Lagrange 定理, 在 $f(x)$ 和 $f(x+h)$ 之间, 有某 γ 使

$$F(x+h, f(x+h)) - F(x+h, f(x))$$
$$= g(x+h, \gamma)(f(x+h) - f(x)).$$

注意到 $F(x, f(x)) = F(x+h, f(x+h)) = 0$, 得

$$F(x, f(x)) - F(x+h, f(x))$$
$$= g(x+h, \gamma)(f(x+h) - f(x)). \quad (4.4)$$

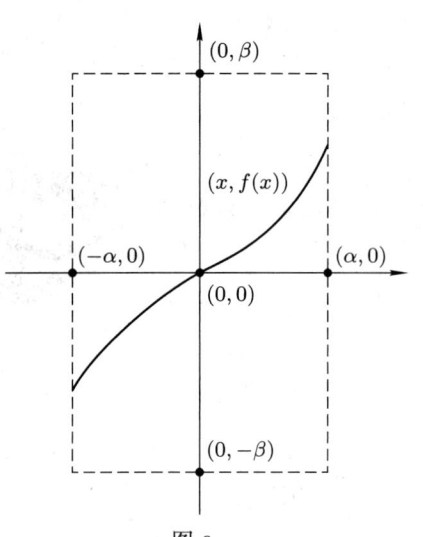

令 $Q := [-\alpha, \alpha] \times [-\beta, \beta]$. 对于 $t > 0$ 定义

$$\omega(F; t) = \sup\{|F(P_1) - F(P_2)| : |P_1 - P_2| < t, P_1, P_2 \in Q\},$$
$$\omega(f; t) = \sup\{|f(x_1) - f(x_2)| : |x_1 - x_2| < t, x_1, x_2 \in [-\alpha, \alpha]\}.$$

图 9

那么,(4.4) 及 (4.2) 表明

$$2|f(x+h) - f(x)| \leqslant |F(x, f(x)) - F(x+h, f(x))|.$$

从而

$$\omega(f; t) \leqslant \frac{1}{2}\omega(F; t).$$

我们知道,F 在 Q 上一致连续. 可见 $f \in C[-\alpha, \alpha]$.

现设条件 (d) 成立. 把 (4.4) 两边同除以 $h \neq 0$, 并令 $h \to 0$, 得

$$g(x, f(x))f'(x) = -\frac{\partial F}{\partial x}(x, f(x)). \qquad \square$$

例 4.1 设 $\varepsilon \in (0, 1)$. 方程

$$y - x - \varepsilon \sin y = 0$$

叫做 Kepler (开普勒) 方程. 我们来证明, 它在 $\mathbb{R}^2$ 上确定唯一的隐函数 $y = f(x)$, 且

$$f'(x) = -\frac{\dfrac{\partial}{\partial x}(y - x - \varepsilon \sin y)}{\dfrac{\partial}{\partial y}(y - x - \varepsilon \sin y)} = \frac{1}{1 - \varepsilon \cos(f(x))}.$$

证 设
$$F(x,y) = y - x - \varepsilon \sin y.$$
对于任意的 $x \in \mathbb{R}$, 显然
$$\lim_{y \to -\infty} F(x,y) = -\infty, \quad \lim_{y \to \infty} F(x,y) = \infty.$$
所以由连续函数的中间值性质知, 存在 $y \in \mathbb{R}$ 使得 $F(x,y) = 0$. 另一方面,
$$\frac{\partial F}{\partial y}(x,y) = 1 - \varepsilon \cos y \geqslant 1 - \varepsilon > 0,$$
所以 $F(x,y)$ 关于 y 严格增, 因此对于一个确定的 $x \in \mathbb{R}$, 满足 $F(x,y) = 0$ 的 y 只有一个. 于是我们得到由 $F(x,y) = 0$ 确定的隐函数 f, 它定义在整个 $\mathbb{R}$ 上. □

根据定理 4.1, 有
$$f'(x) = -\frac{\frac{\partial}{\partial x}(y - x - \varepsilon \sin y)}{\frac{\partial}{\partial y}(y - x - \varepsilon \sin y)} = \frac{1}{1 - \varepsilon \cos(f(x))}.$$

下述命题是定理 4.1 的一种直接推广.

定理 4.1′ 设 G 是 $\mathbb{R}^{n+1}$ 中的开集 $(n \in \mathbb{N}_+)$,
$$P = (x_1, \cdots, x_n, y) \in G.$$
设 $F \in C(G)$. 若 F 满足

(a) $F(P) = 0$; (b) $\dfrac{\partial F}{\partial y} \in C(G)$; (c) $\dfrac{\partial F}{\partial y}(P) \neq 0$,

则存在 $\alpha, \beta > 0$, 使得对于每个
$$u := (u_1, \cdots, u_n) \in I := \prod_{k=1}^{n} [x_k - \alpha, x_k + \alpha],$$
方程
$$F(u,v) = 0 \tag{4.1′}$$
在区间 $[y - \beta, y + \beta]$ 中有唯一的根 $v = f(u)$. 这样的函数 $v = f(u)$ 叫做方程 (4.1′) 在集 $I \times [y - \beta, y + \beta]$ 上确定的隐函数, 它是连续的, 即 $f \in C(I)$. 如果

(d) $\dfrac{\partial F}{\partial x_j}$ 在 G 上存在, $j = 1, \cdots, n$, 则
$$\frac{\partial f}{\partial u_j}(u) = -\frac{\dfrac{\partial F}{\partial u_j}(u, f(u))}{\dfrac{\partial F}{\partial v}(u, f(u))}.$$

定理 4.1 是 $n=1$ 的特殊情形. 对于一般的 n, 证明完全类似, 留做习题. □

例 4.2 设
$$F(x,y,v) = \sin v - xyv, \ (x,y,v) \in \mathbb{R}^3.$$
由于
$$\frac{\partial F}{\partial v} = \cos v - xy$$
对于适当的 x,y,v 不等于零, 所以在这样的点的附近
$$F(x,y,v) = 0$$
确定隐函数 $v = f(x,y)$, 且
$$\frac{\partial v}{\partial x} = -\frac{F'_x}{F'_v} = \frac{yv}{\cos v - xy},$$
$$\frac{\partial v}{\partial y} = -\frac{F'_y}{F'_v} = \frac{xv}{\cos v - xy}.$$
于是由复合函数的求导法, 得
$$\frac{\partial^2 v}{\partial x \partial y} = \frac{-x^2 y^2 v + v \cos^2 v + xyv^2 \sin v}{(\cos v - xy)^3}.$$

§4.2 一般情形

定理 4.2 设 $m,n \in \mathbb{N}_+$, D 是 $\mathbb{R}^{n+m}$ 的不空开集. 设
$$F = (f_1, \cdots, f_m)$$
是 D 到 $\mathbb{R}^m$ 的 C^1 变换. 把 $\mathbb{R}^{n+m}$ 的点记成
$$(x,y) = (x_1, \cdots, x_n, y_1, \cdots, y_m),$$
并记 (其中 det 表示行列式)
$$\frac{\partial F}{\partial y} = \begin{pmatrix} \frac{\partial f_1}{\partial y_1} & \cdots & \frac{\partial f_1}{\partial y_m} \\ \vdots & & \vdots \\ \frac{\partial f_m}{\partial y_1} & \cdots & \frac{\partial f_m}{\partial y_m} \end{pmatrix}, \ \left|\frac{\partial F}{\partial y}\right| = \det \frac{\partial F}{\partial y}.$$
若 $(x^0, y^0) \in D, F(x^0, y^0) = O \in \mathbb{R}^m$, 且 $\left|\frac{\partial F}{\partial y}(x^0, y^0)\right| \neq 0$, 则 $\mathbb{R}^{n+m}$ 中存在含 (x^0, y^0) 的开集 $U \subset D$, $\mathbb{R}^n$ 中存在含 x^0 的开集 V 及从 V 到 $\mathbb{R}^m$ 的 C^1 类变换
$$g = (g_1, \cdots, g_m),$$

使得
$$\{(x,y) \in U : F(x,y) = O \in \mathbb{R}^m\} = \{(x, g(x)) : x \in V\}.$$

变换 g 叫做由条件 $F(x,y) = O_m$ 确定的**隐变换**.

在证明之前, 先举一个简单的例子, 借以熟悉涉及的符号.

例 4.3 设 $F: \mathbb{R}^{n+m} \longrightarrow \mathbb{R}^m$ 是线性变换:
$$F(x,y) = (x,y)C^{\mathrm{T}},$$

其中 $x = (x_1, \cdots, x_n)$, $y = (y_1, \cdots, y_m)$, C 是 $m \times (n+m)$ 矩阵

$$C = \begin{pmatrix} a_{11} & \cdots & a_{1n} & b_{11} & \cdots & b_{1m} \\ \vdots & & \vdots & \vdots & & \vdots \\ a_{m1} & \cdots & a_{mn} & b_{m1} & \cdots & b_{mm} \end{pmatrix}.$$

那么, 把 $F(x,y) = 0$ 写成列向量的形式, 就是

$$C \begin{pmatrix} x_1 \\ \vdots \\ x_n \\ y_1 \\ \vdots \\ y_m \end{pmatrix} = A \begin{pmatrix} x_1 \\ \vdots \\ x_n \end{pmatrix} + B \begin{pmatrix} y_1 \\ \vdots \\ y_m \end{pmatrix} = \begin{pmatrix} 0 \\ \vdots \\ 0 \end{pmatrix},$$

其中

$$A = \begin{pmatrix} a_{11} & \cdots & a_{1n} \\ \vdots & & \vdots \\ a_{m1} & \cdots & a_{mn} \end{pmatrix}, B = \begin{pmatrix} b_{11} & \cdots & b_{1m} \\ \vdots & & \vdots \\ b_{m1} & \cdots & b_{mm} \end{pmatrix}.$$

显然, $\dfrac{\partial F}{\partial x} = A$, $\dfrac{\partial F}{\partial y} = B$. 如果 $\det B = |B| \neq 0$, 那么隐变换 $y: \mathbb{R}^n \longrightarrow \mathbb{R}^m$ 有明显的表达式

$$y = -B^{-1}A(x).$$

现在设想把 F 改造成一个 $\mathbb{R}^{n+m}$ 到 $\mathbb{R}^{n+m}$ 的可逆变换. 这只要把矩阵 A 扩充成可逆矩阵

$$D := \begin{pmatrix} I & O \\ A & B \end{pmatrix}$$

就能做到, 其中 I 代表 $n \times n$ 单位矩阵 (主对角线上的元是 1, 其它元都是 0), O 代表 $n \times m$ 零矩阵. 我们知道, D 的逆是

$$D^{-1} = \begin{pmatrix} I & O \\ -B^{-1}A & B^{-1} \end{pmatrix}.$$

如果把 $D^{-1}(x,y)$ 的后 m 个分量记做 $h(x,y)$, 那么所求的隐变换就是 $y = h(x,0)$ $(x = (x_1, \cdots, x_n) \in \mathbb{R}^n, 0 = (0, \cdots, 0) \in \mathbb{R}^m)$.

定理 4.2 的证明 由于 $\left|\dfrac{\partial F}{\partial y}(x^0, y^0)\right| \neq 0, \dfrac{\partial F}{\partial y}$ 在 D 连续, 所以存在含 (x^0, y^0) 的开集 $U_0 \subset D$, 使

$$\forall (x,y) \in U_0, \quad \left|\dfrac{\partial F}{\partial y}(x,y)\right| \neq 0.$$

定义 U_0 到 $\mathbb{R}^{n+m}$ 的变换

$$f(x,y) = (x, F(x,y)) = (x, f_1(x,y), \cdots, f_m(x,y)).$$

显然 f 是 C^1 类的, 且易见 $\forall (x,y) \in U_0$,

$$J(f)(x,y) = \left|\dfrac{\partial F}{\partial y}(x,y)\right| \neq 0.$$

用逆变换定理 (§3 定理 3.5), 存在含 (x^0, y^0) 的开集 $U \subset U_0$, 使 f 在 U 上有属于 C^1 类的逆 $h = (h_1, \cdots, h_n, h_{n+1}, \cdots, h_{n+m})$. 定义

$$V = \{x \in \mathbb{R}^n : (x, O) \in f(U)\}.$$

由于 $f(U)$ 是 $\mathbb{R}^{n+m}$ 的开集, 故 V 是 $\mathbb{R}^n$ 的开集. 定义 V 到 $\mathbb{R}^m$ 的 C^1 变换如下:

$$\forall x \in V, \quad g(x) = (h_{n+1}(x, O), \cdots, h_{n+m}(x, O)).$$

那么, 对于 $(x,y) \in U$, $F(x,y) = O$ 的等价条件是 $f(x,y) = (x, O)$, 即 $h(x, O) = (x, y)$. 这等价于

$$\begin{cases} h_k(x, O) = x_k, & k = 1, \cdots, n, \\ g(x) = y. \end{cases}$$

由于 $h_k(x, O) = x_k$ $(k = 1, \cdots, n)$ 是显然的, 所以

$$\forall x \in V, \quad F(x,y) = O \iff y = g(x). \qquad \square$$

注 4.1 §4.1 中讨论的是 $m = 1$ 的情形, 没有使用逆变换定理, 所以定理 4.1 的条件不要求 F 是 C^1 类变换, 对于关于变元 x 的变化状况的要求较低.

注 4.2 定理 4.2 确定的隐函数 $y = g(x)$ 的偏导数可以根据链法则来计算, 结果是
$$g'(x) = -\Big(\frac{\partial F}{\partial y}\Big)^{-1}(x, g(x))\frac{\partial F}{\partial x}(x, g(x)).$$
这里, $\Big(\dfrac{\partial F}{\partial y}\Big)^{-1}$ 代表矩阵 $\dfrac{\partial F}{\partial y}$ 的逆矩阵.

习题 3.4

1. 设 $\varphi \in C^1(\mathbb{R}), \varphi(0) = 0$ 且 $|\varphi'(0)| < 1$. 求证, 存在 $\delta > 0$ 及唯一的 $f \in C^1(-\delta, \delta)$, 使
$$f(0) = 0, \quad x = f(x) + \varphi(f(x)).$$

2. 证明存在唯一的 $f \in C(\mathbb{R})$, 使
$$f(x) = x + \frac{1}{2}\sin(f(x)).$$

3. 求下列方程确定的隐函数 $y = f(x)$ 的导数.

    (1) $\ln\sqrt{x^2 + y^2} = \arctan\dfrac{y}{x}$;

    (2) $x^y = y^x \ (x \neq y)$.

4. 求下列方程确定的隐函数 $v = f(x, y)$ 的偏导数.

    (1) $x + y + v = e^{-(x+y+v)}$;

    (2) $\dfrac{x}{v} = \ln\dfrac{v}{y}$;

    (3) $v = \sqrt{x^2 - y^2}\tan\dfrac{v}{\sqrt{x^2 - y^2}}$.

5. 设 $F \in C^1(\mathbb{R}^3), F(x, y, z) = 0$ 确定可导隐函数 $x = x(y, z), y = y(z, x), z = z(x, y)$. 求证:

    (1) $\dfrac{\partial x}{\partial y}\dfrac{\partial y}{\partial z}\dfrac{\partial z}{\partial x} = -1$;

    (2) $\dfrac{\partial x}{\partial y}\dfrac{\partial y}{\partial x} = 1$.

6. 求由方程组
$$\begin{cases} x = u + v, \\ y = u^2 + v^2, \quad (u, v) \in \mathbb{R}^2 \\ z = u^3 + v^3, \end{cases}$$
决定的函数 $z = f(x, y) = \dfrac{3}{2}xy - \dfrac{1}{2}x^3$ 的定义域.

7. 设 $\begin{cases} u^2 - v = 3x + y, \\ u - 2v^2 = x - 2y \end{cases}$ 确定隐函数 $u = u(x,y), v = v(x,y)$. 求

$$\frac{\partial u}{\partial x}, \quad \frac{\partial u}{\partial y}, \quad \frac{\partial v}{\partial x}, \quad \frac{\partial v}{\partial y}.$$

8. 设

$$\begin{cases} x\cos\alpha + y\sin\alpha + \ln z = f(\alpha), \\ -x\sin\alpha + y\cos\alpha = f'(\alpha) \end{cases}$$

确定隐函数 $z = z(x,y)$, 式中 $\alpha = \alpha(x,y)$, 一切函数皆为 C^1 类函数. 求证

$$\left(\frac{\partial z}{\partial x}\right)^2 + \left(\frac{\partial z}{\partial y}\right)^2 = z^2.$$

9. 仿照定理 4.1 的证明写出定理 4.1′ 的证明.

§5 条件极值

理论上和实际中常需要求出函数在一定限制条件下的极值, 这种限制条件实质上是把函数的自变量的取值范围加以限制. 这样的极值问题叫做求条件极值. 下面介绍解决这种问题的一种方法, 通常叫做 Lagrange 乘子法, 它把问题转化成求通常的极值点.

定义 5.1 设 G 是 $\mathbb{R}^{n+m}$ 中的不空凸开集, $f \in C^1(G)$. 设 $\Phi_k \in C^1(G)$, $k = 1, \cdots, m$. 把 $\mathbb{R}^{n+m}$ 中的点记成

$$(x,y) = (x_1, \cdots, x_n, y_1, \cdots, y_m)$$

的形状. 令 M 为方程组

$$\begin{cases} \Phi_1(x, y_1, \cdots, y_m) = 0, \\ \cdots\cdots\cdots\cdots \\ \Phi_m(x, y_1, \cdots, y_m) = 0 \end{cases} \tag{5.1}$$

的解的集合, 即 $M = \{(x,y) \in G : (5.1)\text{在点 }(x,y)\text{ 成立}\}$. 如果点 $P = (x^0, y^0) \in G, r > 0$ 使得 $f(P)$ 是 f 在 $B(P;r) \bigcap M$ 上的极值, 即

$$f(P) = \min\{f(x,y) : (x,y) \in B(P;r)\bigcap M\}, \text{ 或者}$$
$$f(P) = \max\{h(x,y) : (x,y) \in B(P;r)\bigcap M\},$$

就称 $f(P)$ 是 f 在条件 (5.1) 下的**条件极值**, 称 P 为在条件 (5.1) 下的**条件极值点**.

定理 5.1 如定义 5.1. 如果 f 限制在 M 上在点 (x^0, y^0) 处取得极值, 且 $\left|\dfrac{\partial \Phi}{\partial y}(x^0, y^0)\right| \neq 0$, 则存在 $\lambda^0 = (\lambda_1^0, \cdots, \lambda_m^0) \in \mathbb{R}^m$, 使得点 $(x^0, y^0, \lambda^0) \in \mathbb{R}^{n+2m}$ 是函数

$$L(x, y, \lambda) := f(x, y) + \sum_{k=1}^{m} \lambda_k \Phi_k(x, y) \tag{5.2}$$

在 $G \times \mathbb{R}^m$ 上的稳定点.

证 由于 $\Phi(x^0, y^0) = O_m$ 且行列式 $\left|\dfrac{\partial \Phi}{\partial y}(x^0, y^0)\right| \neq 0$, 所以, 根据定理 4.2, 存在 $\mathbb{R}^{n+m}$ 中的含 (x^0, y^0) 的开集 $U \subset G$, $\mathbb{R}^n$ 中的含 x^0 的开集 V 以及 m 个函数

$$g_k \in C^1(V), \quad k = 1, \cdots, m,$$

使得 $g = (g_1, \cdots, g_m)$ 满足 $g(x^0) = y^0$ 及

$$\{(x, y) \in U : \Phi(x, y) = O_m\} = \{(x, g(x)) : x \in V\}.$$

在

$$\Phi(x, g(x)) = O_m \ (x \in V)$$

中对 x 求偏导数, 得

$$\forall x \in V, \quad \frac{\partial \Phi}{\partial x}(x, g(x)) + \frac{\partial \Phi}{\partial y}(x, g(x)) g'(x) = O_{m \times n}. \tag{5.3}$$

注意式中

$$\frac{\partial \Phi}{\partial x} = \begin{pmatrix} \dfrac{\partial \Phi_1}{\partial x_1} & \cdots & \dfrac{\partial \Phi_1}{\partial x_n} \\ \vdots & & \vdots \\ \dfrac{\partial \Phi_m}{\partial x_1} & \cdots & \dfrac{\partial \Phi_m}{\partial x_n} \end{pmatrix},$$

$$\frac{\partial \Phi}{\partial y} = \begin{pmatrix} \dfrac{\partial \Phi_1}{\partial y_1} & \cdots & \dfrac{\partial \Phi_1}{\partial y_m} \\ \vdots & & \vdots \\ \dfrac{\partial \Phi_m}{\partial y_1} & \cdots & \dfrac{\partial \Phi_m}{\partial y_m} \end{pmatrix},$$

$$g'(x) = \begin{pmatrix} \dfrac{\partial g_1}{\partial x_1} & \cdots & \dfrac{\partial g_1}{\partial x_n} \\ \vdots & & \vdots \\ \dfrac{\partial g_m}{\partial x_1} & \cdots & \dfrac{\partial g_m}{\partial x_n} \end{pmatrix}.$$

而 $O_{m\times n}$ 表示 $m\times n$ 零矩阵. 另一方面, 令
$$h(x) = f(x, g(x)), \quad x \in V.$$
那么由于 (x^0, y^0) 是 f 限制在 M 上的极值点, 所以 x^0 是 h 在 V 上的极值点. 从而
$$h'(x^0) = \frac{\partial f}{\partial x}(x^0, y^0) + \frac{\partial f}{\partial y}(x^0, y^0)g'(x^0) = O_n. \tag{5.4}$$
由 (5.3) 及 $\left|\frac{\partial \Phi}{\partial y}(x^0, y^0)\right| \neq 0$, 知
$$g'(x^0) = -\left(\frac{\partial \Phi}{\partial y}(x^0, y^0)\right)^{-1}\frac{\partial \Phi}{\partial x}(x^0, y^0).$$
以此代入 (5.4) 得
$$\frac{\partial f}{\partial x}(x^0, y^0) - \frac{\partial f}{\partial y}(x^0, y^0)\left(\frac{\partial \Phi}{\partial y}(x^0, y^0)\right)^{-1}\frac{\partial \Phi}{\partial x}(x^0, y^0) = O_n.$$
把
$$-\frac{\partial f}{\partial y}(x^0, y^0)\left(\frac{\partial \Phi}{\partial y}(x^0, y^0)\right)^{-1}$$
写成 $\lambda^0 = (\lambda_1^0, \cdots, \lambda_m^0)$, 上式成为
$$\frac{\partial f}{\partial x}(x^0, y^0) + \lambda^0 \frac{\partial \Phi}{\partial x}(x^0, y^0) = O_n.$$
这给出
$$\frac{\partial L}{\partial x}(x^0, y^0, \lambda^0) = O_n.$$
另一方面, 显然有
$$\frac{\partial f}{\partial y}(x^0, y^0) + \lambda^0 \frac{\partial \Phi}{\partial y}(x^0, y^0) = O_m,$$
以及
$$\forall \lambda \in \mathbb{R}^m, \quad \frac{\partial L}{\partial \lambda}(x^0, y^0, \lambda) = O_m.$$
三式合起来得到
$$L'(x^0, y^0, \lambda^0) = O_{n+2m}. \qquad \square$$

称 (5.2) 定义的函数为相应问题的 Lagrange 函数.

例 5.1 求 $f(x, y) = xy$ 在圆周 $(x-1)^2 + y^2 = 1$ 上的最大、最小值.

解 记 $\Phi(x,y) = (x-1)^2 + y^2 - 1,$
$$M = \{(x,y) \in \mathbb{R}^2 : \Phi(x,y) = 0\}.$$
问题是求 f 限制在 M 上的最大、最小值.

定义 Lagrange 函数
$$L(x,y,\lambda) = xy + \lambda\Big((x-1)^2 + y^2 - 1\Big).$$
求 L 的稳定点. 我们有
$$L'(x,y,\lambda) = (y + 2\lambda(x-1), x + 2\lambda y, (x-1)^2 + y^2 - 1).$$
稳定点满足
$$x = \frac{4\lambda^2}{4\lambda^2 - 1}, \quad y = -\frac{2\lambda}{4\lambda^2 - 1}, \quad \lambda = 0, \frac{\sqrt{3}}{2}, -\frac{\sqrt{3}}{2}.$$
于是 f 在 M 上的可能的极值点是
$$(0,0), \quad \left(\frac{3}{2}, \frac{\sqrt{3}}{2}\right), \quad \left(\frac{3}{2}, -\frac{\sqrt{3}}{2}\right).$$
显然, 原点不是极值点, 那么剩下两点一个使 f 在 M 上取最大值, 另一个使 f 在 M 上取最小值. 求出来,
$$f\left(\frac{3}{2}, \frac{\sqrt{3}}{2}\right) = \frac{3}{4}\sqrt{3}, \quad f\left(\frac{3}{2}, -\frac{\sqrt{3}}{2}\right) = -\frac{3}{4}\sqrt{3}.$$
前者是最大值, 后者是最小值.

当然, 这个例子过于简单. 因为从约束条件可明显解出
$$y = \sqrt{1-(x-1)^2} \quad \text{和} \quad y = -\sqrt{1-(x-1)^2}.$$
那么所求为
$$x\sqrt{1-(x-1)^2} \quad (0 \leqslant x \leqslant 2)$$
的最大值及
$$-x\sqrt{1-(x-1)^2} \quad (0 \leqslant x \leqslant 2)$$
的最小值.

例 5.2 设 $a_{ij} = a_{ji} \in \mathbb{R}$, $i,j = 1, \cdots, n$. 称 n 元函数
$$f(x) = \sum_{i=1}^{n}\sum_{j=1}^{n} a_{ij} x_i x_j$$

为实二次型, 可以写成矩阵乘法的形式

$$f(x) = xAx^{\mathrm{T}}, \quad x = (x_1, \cdots, x_n) \in \mathbb{R}^n, \quad A = (a_{ij})_{n \times n}.$$

求 f 在单位球面 $x_1^2 + \cdots + x_n^2 = 1$ 上的最大、最小值.

作 Lagrange 函数 ($n+1$ 元函数)

$$L(x, \sigma) = f(x) - \sigma(|x|^2 - 1).$$

那么得到 $n+1$ 维向量

$$L'(x, \sigma) = (f'(x), 0) - (2\sigma x, |x|^2 - 1).$$

得方程组

$$\begin{cases} \sum_{j=1}^{n} a_{ij} x_j - \sigma x_i = 0, & i = 1, \cdots, n, \\ |x|^2 = 1. \end{cases}$$

即

$$\begin{cases} xA^{\mathrm{T}} = \sigma x, \\ |x|^2 = 1. \end{cases}$$

设 f 在 v ($|v|=1$) 达到最大值 λ. 那么, 由上式

$$A(v) := vA^{\mathrm{T}} = \sigma v.$$

将此式两端与 v 作内积, 得

$$f(v) = \sigma |v|^2 = \sigma = \lambda.$$

对于一个由 $\mathbb{R}^n$ 到 $\mathbb{R}^n$ 的线性变换 T, 如果存在实数 α 和非零向量 $x \in \mathbb{R}^n$, 使得 $T(x) = \alpha x$, 那么就称 α 为 T 的特征值, 称 x 为对应于此特征值的特征向量.

这样一来, 我们证明了实二次型 xAx^{T} 在单位球面上的最大值 λ 是线性变换 A 的最大特征值, 取最大值的点 v 是 A 相应于 λ 的特征向量.

同理, xAx^{T} 在单位球面上的最小值是 A 的最小特征值, 取最小值的点是 A 相应于此特征值的特征向量.

习题 3.5

1. 求 $f(x,y) = \alpha x + \beta y$ $(\alpha, \beta > 0)$ 在条件 $x^2 + y^2 = 1$ 下的极值.
2. 求 $f(x,y,z) = x - 2y + 2z$ 在条件 $x^2 + y^2 + z^2 = 1$ 下的极值.
3. 求点 $P = (x_0, y_0, z_0) \in \mathbb{R}^3$ 到平面 $ax + by + cz + d = 0$ $(a^2 + b^2 + c^2 > 0)$ 的距离.
4. 圆的外切三角形中面积最小者形状如何?
5. 求 $f(x,y) = \dfrac{1}{2}(x^n + y^n)$ 在条件 $x + y = 1$ 下的极值, 其中 $n > 1$.
6. 求 $f(x,y,z) = 3x^2 + 3y^2 + z^2$ 在条件 $x + y + z = 1$ 下的极值.
7. 求点 $(1, -2, -1)$ 到直线 $\{(x,y,z) : x = y = z\}$ 的距离.
8. 求点 $(c, 0)$ 到抛物线 $y^2 = x$ 的距离.

§6 几 何 应 用

本节对于曲线的切线和曲面的切平面做最初步的讨论, 专门的研究属于微分几何课程.

§6.1 曲线

设 f 是 $\mathbb{R}$ 的区间 I 到 $\mathbb{R}^n$ 的连续映射 (变换), f 的值域

$$\Gamma = \{f(t) : t \in I\}$$

叫做连续曲线, 如果 f 是 C^1 类的, 则称 Γ 是 C^1 类曲线.

以下假定 f 是 C^1 类的, 且 f 在 I 的内部 $\overset{\circ}{I}$ 是单射 (这时 Γ 叫做是无重点的), 并设 $\forall t \in I$, $(f'(t))^{\mathrm{T}} \neq O_n$. (注意, 按定义, $f'(t)$ 是一个 $n \times 1$ 矩阵, $(f'(t))^{\mathrm{T}}$ 是它的转置.) 为方便还设 $I = [\alpha, \beta]$. 若 $f(\alpha) = f(\beta)$, 则曲线叫做闭的. 为保持光滑性, 对于闭曲线还假定 $f'(\alpha) = f'(\beta)$.

设 $t \in I$, $f(t)$ 是曲线 Γ 上的一点. 设 $e \in \mathbb{R}^n$, $|e| = 1$. 那么, 过点 $f(t)$ 方向为 e 的直线定义为

$$L = \{se + f(t) : s \in \mathbb{R}\}.$$

我们来考察 Γ 上的点 $f(t+h)$ $(h \in \mathbb{R}, t + h \in I)$ 到直线 L 的距离 $d(h)$. 根据距离的定义,

$$d(h) = \Big| f(t+h) - f(t) - \big((f(t+h) - f(t)) \cdot e \big) e \Big|,$$

其中 $\cdot$ 表示内积运算. 于是

$$\lim_{|h| \to 0+} \frac{d(h)}{|h|} = \Big| \lim_{|h| \to 0+} \Big(\frac{f(t+h) - f(t)}{h} - \Big(\frac{f(t+h) - f(t)}{h} \cdot e \Big) e \Big) \Big|.$$

由于
$$\lim_{|h|\to 0+} \frac{f(t+h)-f(t)}{h} = (f'(t))^{\mathrm{T}},$$
所以
$$\lim_{|h|\to 0+} \frac{d(h)}{|h|} = |(f'(t))^{\mathrm{T}} - ((f'(t))^{\mathrm{T}}\cdot e)\, e| \geqslant 0.$$
由于 $(f'(t))^{\mathrm{T}} \neq O_n$ (这是开头的假定), 所以上式取得最小值零的充分必要条件是
$$e = \pm \frac{(f'(t))^{\mathrm{T}}}{|(f'(t))^{\mathrm{T}}|}.$$
我们称直线
$$\ell := \{s(f'(t))^{\mathrm{T}} + f(t) : s \in \mathbb{R}\}$$
为 Γ 在点 $f(t)$ 处的切线. 它是 (按上述意义) 与曲线 Γ "在点 $f(t)$ 附近" 最近似的直线.

曲线亦可由隐变换给出.

设 $n \geqslant 2$, $\Phi = (\Phi_1, \cdots, \Phi_{n-1})$ 是 $\mathbb{R}^n$ 的不空连通开集 G 到 $\mathbb{R}^{n-1}$ 的 C^1 类变换 (映射). 并设矩阵 Φ' 的秩总是 $n-1$. 如果集合
$$\Gamma := \{x \in G : \Phi(x) = O_{n-1}\}$$
不空, 就把它叫做由 $\Phi = O_{n-1}$ 确定的曲线.

设点 $x^0 = (x_1^0, x_2^0, \cdots, x_n^0) \in \Gamma$, 且在点 x^0 处方阵
$$\begin{pmatrix} \dfrac{\partial \Phi_1}{\partial x_2} & \cdots & \dfrac{\partial \Phi_1}{\partial x_n} \\ \vdots & & \vdots \\ \dfrac{\partial \Phi_{n-1}}{\partial x_2} & \cdots & \dfrac{\partial \Phi_{n-1}}{\partial x_n} \end{pmatrix}$$
可逆, 那么由隐变换的理论知道, 存在一个开区间 I, 使得 x^0 的第一个坐标 $x_1^0 \in I$ 且存在从 I 到 $\mathbb{R}^{n-1}$ 的 C^1 类变换 $\phi(t) = (x_2(t), \cdots, x_n(t))$ 满足
$$\phi(x_1^0) = (x_2^0, \cdots, x_n^0),$$
$$\Phi(x_1, \phi(x_1)) = \Big(\Phi_1(x_1, \phi(x_1)), \cdots, \Phi_{n-1}(x_1, \phi(x_1))\Big) = O_{n-1}.$$
令
$$\gamma := \{(x_1, \phi(x_1)) : x_1 \in I\}.$$

那么，曲线 γ 是 Γ 上过点 x^0 的一段. 由前面的讨论知，γ 在点 x^0 处的切线方向为 $(1, \phi'(x^0))$. 可根据隐变换的理论求出 ϕ'.

我们写出 $n = 3$ 时的结果. 这时，把 (x_1, x_2, x_3) 写成 (x, y, z)，把 (x_1^0, x_2^0, x_3^0) 写成 (x_0, y_0, z_0). 设在点 (x_0, y_0, z_0) 处，二阶方阵

$$\begin{pmatrix} \dfrac{\partial \Phi_1}{\partial y} & \dfrac{\partial \Phi_1}{\partial z} \\ \dfrac{\partial \Phi_2}{\partial y} & \dfrac{\partial \Phi_2}{\partial z} \end{pmatrix}$$

可逆，那么由隐变换的理论知道，存在一个开区间 I，使得 $x_0 \in I$ 且存在从 I 到 $\mathbb{R}^2$ 的 C^1 类变换 $\phi(x) = (y(x), z(x))$ 满足

$$\phi(x_0) = (y_0, z_0),$$
$$\Phi(x, \phi(x)) = \Big(\Phi_1(x, \phi(x)), \Phi_2(x, \phi(x))\Big) = (0, 0).$$

令

$$\gamma := \{(x, \phi(x)) : x \in I\}.$$

那么，曲线 γ 是 Γ 上过点 (x_0, y_0, z_0) 的一段. 根据隐变换的理论，

$$\phi'(x) = \begin{pmatrix} y'(x) \\ z'(x) \end{pmatrix} = -\begin{pmatrix} \dfrac{\partial \Phi_1}{\partial y} & \dfrac{\partial \Phi_1}{\partial z} \\ \dfrac{\partial \Phi_2}{\partial y} & \dfrac{\partial \Phi_2}{\partial z} \end{pmatrix}^{-1} \begin{pmatrix} \dfrac{\partial \Phi_1}{\partial x} \\ \dfrac{\partial \Phi_2}{\partial x} \end{pmatrix}.$$

注意到逆矩阵

$$\begin{pmatrix} \dfrac{\partial \Phi_1}{\partial y} & \dfrac{\partial \Phi_1}{\partial z} \\ \dfrac{\partial \Phi_2}{\partial y} & \dfrac{\partial \Phi_2}{\partial z} \end{pmatrix}^{-1} = \begin{vmatrix} \dfrac{\partial \Phi_1}{\partial y} & \dfrac{\partial \Phi_1}{\partial z} \\ \dfrac{\partial \Phi_2}{\partial y} & \dfrac{\partial \Phi_2}{\partial z} \end{vmatrix}^{-1} \begin{pmatrix} \dfrac{\partial \Phi_2}{\partial z} & -\dfrac{\partial \Phi_1}{\partial z} \\ -\dfrac{\partial \Phi_2}{\partial y} & \dfrac{\partial \Phi_1}{\partial y} \end{pmatrix},$$

我们得到

$$\phi'(x) = \begin{pmatrix} y'(x) \\ z'(x) \end{pmatrix} = -\begin{vmatrix} \dfrac{\partial \Phi_1}{\partial y} & \dfrac{\partial \Phi_1}{\partial z} \\ \dfrac{\partial \Phi_2}{\partial y} & \dfrac{\partial \Phi_2}{\partial z} \end{vmatrix}^{-1} \begin{pmatrix} \dfrac{\partial \Phi_2}{\partial z} & -\dfrac{\partial \Phi_1}{\partial z} \\ -\dfrac{\partial \Phi_2}{\partial y} & \dfrac{\partial \Phi_1}{\partial y} \end{pmatrix} \begin{pmatrix} \dfrac{\partial \Phi_1}{\partial x} \\ \dfrac{\partial \Phi_2}{\partial x} \end{pmatrix}.$$

可见

$$y'(x) = \begin{vmatrix} \dfrac{\partial \Phi_1}{\partial y} & \dfrac{\partial \Phi_1}{\partial z} \\ \dfrac{\partial \Phi_2}{\partial y} & \dfrac{\partial \Phi_2}{\partial z} \end{vmatrix}^{-1} \begin{vmatrix} \dfrac{\partial \Phi_1}{\partial z} & \dfrac{\partial \Phi_1}{\partial x} \\ \dfrac{\partial \Phi_2}{\partial z} & \dfrac{\partial \Phi_2}{\partial x} \end{vmatrix},$$

$$z'(x) = \begin{vmatrix} \dfrac{\partial \Phi_1}{\partial y} & \dfrac{\partial \Phi_1}{\partial z} \\ \dfrac{\partial \Phi_2}{\partial y} & \dfrac{\partial \Phi_2}{\partial z} \end{vmatrix}^{-1} \begin{vmatrix} \dfrac{\partial \Phi_1}{\partial x} & \dfrac{\partial \Phi_1}{\partial y} \\ \dfrac{\partial \Phi_2}{\partial x} & \dfrac{\partial \Phi_2}{\partial y} \end{vmatrix}.$$

那么, $(1, \phi'(x_0)^{\mathrm{T}}) = (1, y'(x_0), z'(x_0))$ 与向量

$$\left(\begin{vmatrix} \dfrac{\partial \Phi_1}{\partial y} & \dfrac{\partial \Phi_1}{\partial z} \\ \dfrac{\partial \Phi_2}{\partial y} & \dfrac{\partial \Phi_2}{\partial z} \end{vmatrix}, \begin{vmatrix} \dfrac{\partial \Phi_1}{\partial z} & \dfrac{\partial \Phi_1}{\partial x} \\ \dfrac{\partial \Phi_2}{\partial z} & \dfrac{\partial \Phi_2}{\partial x} \end{vmatrix}, \begin{vmatrix} \dfrac{\partial \Phi_1}{\partial x} & \dfrac{\partial \Phi_1}{\partial y} \\ \dfrac{\partial \Phi_2}{\partial x} & \dfrac{\partial \Phi_2}{\partial y} \end{vmatrix} \right)$$

(在点 (x_0, y_0, z_0) 处取值) 平行. 这个向量, 用叉乘运算可写成

$$\Phi_1' \times \Phi_2' = \begin{pmatrix} \dfrac{\partial \Phi_1}{\partial x} & \dfrac{\partial \Phi_1}{\partial y} & \dfrac{\partial \Phi_1}{\partial z} \\ \dfrac{\partial \Phi_2}{\partial x} & \dfrac{\partial \Phi_2}{\partial y} & \dfrac{\partial \Phi_2}{\partial z} \end{pmatrix}.$$

最后的结果取关于 x, y, z 对称的形式, 条件 $\begin{pmatrix} \dfrac{\partial \Phi_1}{\partial y} & \dfrac{\partial \Phi_1}{\partial z} \\ \dfrac{\partial \Phi_2}{\partial y} & \dfrac{\partial \Phi_2}{\partial z} \end{pmatrix}$ 可逆可换为 Φ_1' 与 Φ_2' 不平行.

例 6.1 螺旋线. 函数

$$f(t) = (a\cos t, a\sin t, bt), \quad t \in \mathbb{R} \ (a, b > 0)$$

给出的曲线, 叫做螺旋线.

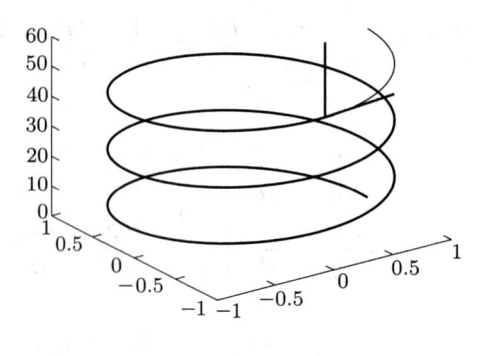

图 10

我们来证明, 此线的切线与 z 轴的夹角是常数.

显然, 切线方向为
$$f'(t) = (-a\sin t, a\cos t, b).$$
它与 z 轴的夹角记为 $\alpha = \alpha(t)$. 那么
$$f'(t)\cdot(0,0,1) = |f'(t)|\cos\alpha = \sqrt{a^2+b^2}\cos\alpha = b.$$
于是
$$\cos\alpha = \frac{b}{\sqrt{a^2+b^2}}.$$

§6.2 曲面

设 f 是 $\mathbb{R}^2$ 的连通开集 G 到 $\mathbb{R}^n$ 的连续变换, $n \geqslant 3$. 称 f 的值域 $f(G)$ 为 $\mathbb{R}^n$ 中的连续曲面, 若 f 是 C^1 类的, 则称 $f(G)$ 是 C^1 类的.

我们这里只讨论 $n = 3$ 的情形, 并且对要讨论的曲面加一些限制: 首先, 设 $f = (f_1, f_2, f_3)$ 是 C^1 类的, 而且是单射 (曲面无重点或不自相交). 其次, 设

$$f'(u,v) = \begin{pmatrix} \dfrac{\partial f_1}{\partial u} & \dfrac{\partial f_1}{\partial v} \\ \dfrac{\partial f_2}{\partial u} & \dfrac{\partial f_2}{\partial v} \\ \dfrac{\partial f_3}{\partial u} & \dfrac{\partial f_3}{\partial v} \end{pmatrix}$$

的秩总是 2.

设 $t = (t_1, t_2) \in G$, $f(t)$ 是曲面 $f(G)$ 上的一点. 设 $e \in \mathbb{R}^3, |e| = 1$. 那么

$$\Pi := \{(x,y,z) \in \mathbb{R}^3 : ((x,y,z) - f(t))\cdot e = 0\}$$

(式中 · 代表内积运算) 是一个过点 $f(t)$ 的以 e 为法方向的平面. 我们来考察 $f(G)$ 上的点 $f(t+h)$ ($h := (h_1, h_2) \in \mathbb{R}^2, t+h \in G$) 到平面 Π 的距离 $d(h)$. 根据距离的定义,

$$d(h) = |(f(t+h) - f(t))e^{\mathrm{T}}|.$$

由于 f 是 C^1 类的, 所以

$$f(t+h) - f(t) = h(f'(t))^{\mathrm{T}} + r(h)|h|,$$

其中 $r(h) \in \mathbb{R}^3$ 满足

$$\lim_{|h|\to 0+} |r(h)| = 0.$$

记 $h = \theta\mathbf{h}, \mathbf{h} \in \mathbb{R}^2, |\mathbf{h}| = 1, \theta > 0$. 那么由

$$\lim_{\theta \to 0+} \sup\left\{\frac{|r(\theta\mathbf{h})e^{\mathrm{T}}|}{\theta} : |\mathbf{h}| = 1\right\} = 0$$

可知

$$\lim_{\theta \to 0+} \sup\left\{\frac{d(\theta\mathbf{h})}{\theta} : \mathbf{h} \in \mathbb{R}^2, |\mathbf{h}| = 1\right\} = \sup\{|\mathbf{h}(f'(t)^{\mathrm{T}})\mathbf{e}^{\mathrm{T}}| : \mathbf{h} \in \mathbb{R}^2, |\mathbf{h}| = 1\} \geqslant 0.$$

此式取得最小值零的充分必要条件是

$$ef'(t) = (0, 0).$$

由于 $f'(t)$ 的秩为 2(这是开头的假定), 满足上式的 e 必与非零向量

$$\nu := \left(\frac{\partial f_1}{\partial t_1}(t), \frac{\partial f_2}{\partial t_1}(t), \frac{\partial f_3}{\partial t_1}(t)\right) \times \left(\frac{\partial f_1}{\partial t_2}(t), \frac{\partial f_2}{\partial t_2}(t), \frac{\partial f_3}{\partial t_2}(t)\right)$$

平行. 我们称平面

$$\pi := \{(x, y, z) \in \mathbb{R}^3 : ((x, y, z) - f(t)) \circ \nu = 0\}$$

为曲面 $f(G)$ 在点 $f(t)$ 处的切平面. 它是 (按上述意义) 与曲面 $f(G)$ "在点 $f(t)$ 附近" 最近似的平面. 称 ν 为 Π 的法方向, 简称为曲面 $f(G)$ 在点 $f(t)$ 处的法方向 (normal direction).

可以做这样的几何解释: 偏导数 $\dfrac{\partial f}{\partial t_1}$ 在 $t = (t_1, t_2)$ 的值, 是曲面上的点 $P(s)$ 当 $s = (u, t_2)$ 在 u 变动时描画的曲线在 $P(t)$ 的切线方向; 而偏导数 $\dfrac{\partial f}{\partial t_2}$ 在 $t = (t_1, t_2)$ 的值, 是曲面上的点 $P(s)$ 当 $s = (t_1, v)$ 在 v 变动时描画的曲线在 $P(t)$ 的切线方向; 这两个方向不共线, 它们的叉乘, 给出了曲面的切平面的法方向.

曲面也可由隐变换给出. 仍假定 $n = 3$. 设 $\Phi \in C^1(U)$ 或 $\Phi \in C(U)$ (U 为 $\mathbb{R}^3$ 的连通开集), 称

$$S := \{(x, y, z) \in U : \Phi(x, y, z) = 0\}$$

为方程 $\Phi = 0$ 确定的曲面 (如果它不是空集的话).

显然, 如果点 $P = (x_0, y_0, z_0) \in S$ 而 $\Phi'(P) \neq O_3$, 比如说, $\dfrac{\partial \Phi}{\partial z}(P) \neq 0$, 那么在点 P 附近, $\Phi = 0$ 确定隐函数 $z = f(x, y)$. 于是在 P 附近

$$S = \{(x, y, f(x, y)) : (x, y) \text{ 在 } (x_0, y_0) \text{ 附近}\}.$$

那么, 根据本章 §1.5 讲导数的几何意义时所讨论过的, S 在点 P 处的切平面的法方向为 $\left(\dfrac{\partial f}{\partial x}, \dfrac{\partial f}{\partial y}, -1\right)$ (在 (x_0, y_0) 取值). 但

$$\frac{\partial f}{\partial x} = -\frac{\Phi_x}{\Phi_z}, \qquad \frac{\partial f}{\partial y} = -\frac{\Phi_y}{\Phi_z},$$

其中 $\Phi_x = \dfrac{\partial \Phi}{\partial x}$, $\Phi_y = \dfrac{\partial \Phi}{\partial y}$, $\Phi_z = \dfrac{\partial \Phi}{\partial z}$. 那么 S 在点 P 处的切平面的法方向为

$$\nu = (\Phi_x, \Phi_y, \Phi_z) \text{ 在点 } P \text{ 取的值}.$$

最后的结果取关于 x, y, z 对称的形式, 条件 $\dfrac{\partial \Phi}{\partial z}(P) \neq 0$ 可以换成 $\Phi'(P) \neq (0, 0, 0)$.

例 6.2 求柱面 $x^2 + y^2 = a^2$ 与柱面 $x^2 + z^2 = a^2$ 的交线在点 $P = \dfrac{a}{\sqrt{2}}(1, 1, 1)$ 处的切线方向.

解 设

$$\varphi(x, y, z) = x^2 + y^2 - a^2, \quad \psi(x, y, z) = x^2 + z^2 - a^2.$$

交线由 $(\varphi, \psi) = (0, 0)$ 给出. 切线方向为

$$\begin{aligned}\tau &= \varphi' \times \psi' \\ &= \begin{pmatrix} i & j & k \\ \varphi'_x & \varphi'_y & \varphi'_z \\ \psi'_x & \psi'_y & \psi'_z \end{pmatrix} = \begin{pmatrix} i & j & k \\ 2x & 2y & 0 \\ 2x & 0 & 2z \end{pmatrix} = (4yz, -4xz, -4xy).\end{aligned}$$

在 P 点处 $\tau(P) = 2a^2(1, -1, -1)$. □

例 6.3 求椭球面

$$\left(\frac{x}{a}\right)^2 + \left(\frac{y}{b}\right)^2 + \left(\frac{z}{c}\right)^2 = 1$$

在点 $P = (x, y, z)$(的切平面) 的法方向.

解 记

$$\Phi(x, y, z) = \left(\frac{x}{a}\right)^2 + \left(\frac{y}{b}\right)^2 + \left(\frac{z}{c}\right)^2 - 1.$$

所求法方向为

$$(\Phi_x, \Phi_y, \Phi_z) = \left(\frac{2}{a^2}x, \frac{2}{b^2}y, \frac{2}{c^2}z\right). \qquad □$$

例 6.4 证明旋转椭球面

$$\frac{1}{a^2}(x^2 + y^2) + \frac{1}{b^2}z^2 = 1$$

与圆锥面
$$x^2 + y^2 = z^2$$
夹定角 (夹角指切平面的法方向的夹角).

解 两曲面的法方向分别为
$$\nu_1 = \left(\frac{2}{a^2}x, \frac{2}{a^2}y, \frac{2}{b^2}z\right), \quad \nu_2 = (2x, 2y, -2z).$$
那么
$$|\nu_1| = 2\left(\frac{1}{a^4} + \frac{1}{b^4}\right)^{\frac{1}{2}}|z|, \quad |\nu_2| = 2\sqrt{2}|z|,$$
$$\nu_1 \cdot \nu_2 = 4\left(\frac{1}{a^2} - \frac{1}{b^2}\right)z^2.$$
可见两曲面夹角的余弦为
$$\frac{\nu_1 \cdot \nu_2}{|\nu_1||\nu_2|} = \frac{b^2 - a^2}{\sqrt{2(a^4 + b^4)}}. \qquad \square$$

注 这里所谈的曲面,都是多于 2 维的空间中的 2 维 "流形" (manifold). 有时也把 $n+1(n>2)$ 维空间中的 n 维流形叫做 n 维曲面. 例如 n 维流形
$$S_n := \left\{\sum_{j=1}^{n+1} x_j^2 = 1 : (x_1, \cdots, x_{n+1}) \in \mathbb{R}^{n+1}\right\}$$
就是最常见的 n 维曲面, 叫做 n 维球面. 当 $n = 2$ 时, S_2 是通常 $\mathbb{R}^3$ 空间中的球面. 关于流形, 有很深的学问, 此处不及详述.

习题 3.6

1. 求曲线
$$\begin{cases} x^2 + y^2 + z^2 = 6, \\ x + y + z = 0 \end{cases}$$
在点 $(1, -2, 1)$ 处的切线方程. 用计算机画出这条曲线.

2. 求出曲线 $\begin{cases} x = t, \\ y = t^2, \\ z = t^3 \end{cases}$ 上切线与平面 $x + 2y + z = 4$ 平行的点.

3. 求曲面 $z = 2x^2 + 4y^2$ 在点 $(2, 1, 12)$ 处的切平面方程. 用计算机画出这个曲面.

4. 在球坐标下, 求曲面 $x = a\sin\theta\cos\varphi, y = a\sin\theta\sin\varphi, z = a\cos\theta \ (a > 0)$ 在点 (θ_0, φ_0) 处的切平面方程. 用计算机画出曲面 (设 $a = 1$) 的图像.

5. 证明: 曲面 $\sqrt{x} + \sqrt{y} + \sqrt{z} = r > 0$ 上具有切平面的点处的切平面在各坐标轴上的截距之和等于 r^2.

6. 设 $\alpha \in C^1(\mathbb{R}^3), \beta \in C^1(\mathbb{R}^3), \Phi \in C^1(\mathbb{R}^2)$. 并且

$$\forall (u,v) \in \mathbb{R}^2, \ \Phi'(u,v) \neq (0,0); \quad \forall (x,y,z) \in \mathbb{R}^3, \ \alpha'(x,y,z) \times \beta'(x,y,z) \neq (0,0,0).$$

如果 $P = (x_0, y_0, z_0)$ 满足方程 $\Phi(\alpha(P), \beta(P)) = 0$, 那么, 曲面

$$\Phi(\alpha(x,y,z), \beta(x,y,z)) = 0$$

在点 P 的切平面 $\Pi(P)$ 与方向

$$\mathbf{v}(P) = \alpha'(P) \times \beta'(P)$$

平行, 也就是说, $\Pi(P)$ 的法向量与 $\mathbf{v}(P)$ 垂直.

7. 用计算机画出曲面 $x^2 + 2y^2 + 3z^2 = 21$. 求它的与平面 $x + 4y + 6z = 0$ 平行的切平面.

8. 证明: 曲线 $x = ae^t\cos t, y = ae^t\sin t, z = ae^t$ (的切线) 与锥面 $x^2 + y^2 = z^2$ 的一切母线的夹角都相同.

§7 原 函 数

定义 7.1 设 D 是 $\mathbb{R}^n$ 的非空连通开集, T 是 D 到 $\mathbb{R}^n$ 的变换. 如果有一个定义在 D 上的 n 元函数 f 使得导函数 $f' = T$, 就称 f 为 T 的**原函数** (antiderivative).

显然, 零变换的原函数是常值函数, 而且只有常值函数才是零变换的原函数. 所以, 如果 f, g 都是 T 的原函数, 那么 $f - g$ 必是常值函数. 当然, f 与任何常值函数的和仍然是 T 的原函数. 历史上把 T 的原函数的全体记做

$$\int T(x)\,\mathrm{d}x.$$

式中 $x = (x_1, \cdots, x_n) \in \mathbb{R}^n$ 代表自变量. 沿用历史的习惯, 简写

$$\int T(x)\,\mathrm{d}x = f(x) + c,$$

我们这里容忍由于历史的原因造成的写法上的不严格性. 在单变量的情形, 历史上把 $\int T(x)\,\mathrm{d}x$ 叫做不定积分.

例 7.1 把 $\mathbb{R}^3$ 的元记做 (x,y,z). 那么

$$\int (x,y,z)\,d(x,y,z) = \frac{1}{2}(x^2+y^2+z^2) + c;$$

$$\int (yz,zx,xy)\,d(x,y,z) = xyz + c.$$

命题 7.1 设 D 是 $\mathbb{R}^n$ 的非空连通开集, T 是 D 到 $\mathbb{R}^n$ 的 C^1 类变换, $T=(T_1,\cdots,T_n)$. 如果 T 有原函数, 那么,

$$\frac{\partial T_i}{\partial x_j} = \frac{\partial T_j}{\partial x_i}, \quad i,j \in \{1,\cdots,n\}.$$

证 设 $f' = T$. 由于 T 是 C^1 类的, 所以根据 §1.4 定理 1.8,

$$\frac{\partial^2 f}{\partial x_i \partial x_j} = \frac{\partial^2 f}{\partial x_j \partial x_i}.$$

由此推出所欲证之结论. □

关于原函数的研究, 当 $n=1$ 时有充分多的结果和充分多的应用. 以下设 $n=1$.

最基本的事情是, 我们已知许多初等函数的导数. 那么, 原来的函数就是这些导函数的原函数.

目前, 我们解决求原函数的问题的方法, 归根到底只限于利用求导的算律和复合函数的求导法则, 把问题转化为求一些初等函数的已知的原函数.

可以提出这样的问题: 给定函数 f 和定义域内一点 x_0 以及数 a, 求满足下述方程的函数 F:

$$\begin{cases} F' = f, \\ F(x_0) = a. \end{cases}$$

这是一个最简单的微分方程问题, 它的解是 f 的一个特定的原函数.

前面说过, 一元函数 f 的原函数的全体所成的集合又叫做 f 的不定积分. (对于不定积分一词的来由, 下一章讲了积分会有些领悟).

下面把一些熟知的初等函数的原函数用不定积分的符号写出来:

(a) $\int x^{-1}\mathrm{d}x = \ln x + c\ (x>0),\ \int x^{-1}\,\mathrm{d}x = \ln(-x) + d\ (x<0)$.

(b) $\int \cos x\,\mathrm{d}x = \sin x + c.$

(c) $\int \sin x\,\mathrm{d}x = -\cos x + c.$

(d) $\int \dfrac{1}{1+x^2}\mathrm{d}x = \arctan x + c.$

(e) $\int \dfrac{1}{\cos^2 x} \mathrm{d}x = \tan x + c_k$, $\left(k - \dfrac{1}{2}\right)\pi < x < \left(k + \dfrac{1}{2}\right)\pi, k \in \mathbb{Z}$.

(f) $\int \mathrm{e}^x \mathrm{d}x = \mathrm{e}^x + c$.

(g) $\int \dfrac{1}{\sqrt{1-x^2}} \mathrm{d}x = \arcsin x + c$.

(h) $\int \dfrac{1}{\sqrt{1+x^2}} \mathrm{d}x = \ln(x + \sqrt{1+x^2}) + c$.

(i) $\int \sqrt{1-x^2}\, \mathrm{d}x = \dfrac{1}{2}x\sqrt{1-x^2} + \dfrac{1}{2}\arcsin x + c$.

(j) $\int \sinh x\, \mathrm{d}x = \cosh x + c$.

其中, $\sinh x := \dfrac{1}{2}(\mathrm{e}^x - \mathrm{e}^{-x})$, $\cosh x := \dfrac{1}{2}(\mathrm{e}^x + \mathrm{e}^{-x})$.

(k) $\int \cosh x\, \mathrm{d}x = \sinh x + c$.

注 7.1 在 (a) 中, 如果考虑 $f(x) = \dfrac{1}{x}$ 为 $\mathbb{R} \setminus \{0\}$ 上的函数, 那么它的原函数的一般形式应为

$$g(x) := \begin{cases} \ln x \quad + c \ (x > 0), \\ \ln(-x) + d \ (x < 0), \end{cases}$$

其中, c, d 可以取任意的常数值, 它们当然不必相等. 类似的情形发生在 (e) 中, 那里常数 c_k 可以取任意的常数值, 对于不同的 k 它们当然不必相同. 我们不希望读者在这种没有任何本质意义的事项上浪费时间. 所以作如下约定: 当我们求一个初等函数 f 的原函数 F, 并指明 $F(P) = a$ 时, 总是默认 f 仅只定义在含有点 P 的最大可能的**开区间**上. 例如, 求

$$f(x) = \dfrac{1}{\cos x}$$

的原函数 F, 使 $F(0) = 0$. 那么, 我们默认 f 仅定义在 $\left(-\dfrac{1}{2}\pi, \dfrac{1}{2}\pi\right)$ 上, 而

$$F(x) = \dfrac{1}{2}\ln\dfrac{1+\sin x}{1-\sin x}.$$

这个约定是恰当的, 因为我们求初等函数的原函数的目的, 基本上就是为了计算初等函数的积分时使用 Newton-Leibniz 公式 (见第四章), 那么, 所考虑的函数一定是定义在一个区间上的 (函数在这个区间内不能间断).

现在我们来介绍一些求一元函数的原函数的方法.

1° 换元法

令 $x = g(t)$, 条件是: g 可导, g' 无零点, g 有反函数 g^{-1} 且

$$\int f(g(t))g'(t)\, \mathrm{d}t = F(t) + c$$

已求出. 那么
$$\int f(x)\,\mathrm{d}x = F(g^{-1}(x)) + c.$$
事实上,
$$\frac{\mathrm{d}}{\mathrm{d}x}F(g^{-1}(x)) = F'(g^{-1}(x))\frac{\mathrm{d}}{\mathrm{d}x}g^{-1}(x) = F'(g^{-1}(x))\frac{1}{g'(g^{-1}(x))},$$
而 $F'(g^{-1}(x)) = f(x)g'(g^{-1}(x))$. 所以 $\dfrac{\mathrm{d}}{\mathrm{d}x}F(g^{-1}(x)) = f(x)$.

例 7.2
$$\int \frac{\arctan^2 x}{1+x^2}\mathrm{d}x = \int \frac{\theta^2}{1+\tan^2\theta}\tan'\theta\,\mathrm{d}\theta$$
$$= \int \theta^2 \mathrm{d}\theta = \frac{1}{3}\theta^3 + c = \frac{1}{3}\arctan^3 x + c.$$

有时函数 f 可明显地写成 $f(x) = \varphi(h(x))h'(x)$ 且
$$\int \varphi(y)\,\mathrm{d}y = F(y) + c$$
已求出. 那么
$$\int f(x)\,\mathrm{d}x = F(h(x)) + c.$$
事实上,
$$\frac{\mathrm{d}}{\mathrm{d}x}F(h(x)) = F'(h(x))h'(x) = g(h(x))h'(x) = f(x).$$

这里没有要求函数 h 可逆. 然而实际上, 大多数情况下 h' 至少是局部地没有零点的, 从而 h 是局部地可逆的. 那么, 上面的算法, 等价于代换 $x = h^{-1}(t)$.

例 7.3
$$\int \tan x\,\mathrm{d}x = \int \frac{-\cos' x}{\cos x}\,\mathrm{d}x$$
$$= -\ln|\cos x| + c_k, \quad \left(k - \frac{1}{2}\right)\pi < x < \left(k + \frac{1}{2}\right)\pi, k \in \mathbb{Z}.$$

2° 分部 (积分) 法

由 $(uv)' = u'v + uv'$ 知, 如果能算出 $u'v$ 的原函数, 则有
$$\int u(x)v'(x)\,\mathrm{d}x = u(x)v(x) - \int v(x)u'(x)\,\mathrm{d}x.$$
此式看似平庸, 但在理论上和实际计算中都很重要.

例 7.4

$$\int x^2 e^x dx = x^2 e^x - 2\int x e^x dx = x^2 e^x - 2x e^x + 2 e^x + c.$$

例 7.5 求 $f_n(x) := \int \sin^n x\, dx$, $n \in \mathbb{N}_+$.

解 我们有

$$f_1(x) = -\cos x + c,$$
$$f_2(x) = \int \frac{1}{2}(1 - \cos 2x) dx = \frac{x}{2} - \frac{\sin 2x}{4} + c.$$

设 $n > 2$. 那么

$$f_n(x) = -\cos x \sin^{n-1} x + \int \cos^2 x (n-1) \sin^{n-2} x\, dx$$
$$= -\cos x \sin^{n-1} x + (n-1)f_{n-2} - (n-1)f_n.$$

由此可见

$$f_n(x) = -\frac{1}{n}\cos x \sin^{n-1} x + \frac{n-1}{n} f_{n-2}(x).$$

于是可递推出一切 f_n.

3° 分式函数的原函数是初等函数

分式函数是指两个多项式的商. 容易证明, 分式函数总能表示成一个多项式 P 和有限个形如 $A(x-a)^{-k}$ 和 $\dfrac{Bx+C}{(x^2+bx+c)^j}$ 的分式的和 (其中 $A, B, C, a, b, c \in \mathbb{R}, k, j \in \mathbb{N}_+$ 为常数), 而这些分式的原函数是初等函数, 所以分式函数的原函数是初等函数. 详见本节习题第 3 题.

例 7.6 求 $Q(x) := \dfrac{1}{x^5 - x^4 + 2x^3 - 2x^2 + x - 1}$ 的原函数.

解 把分母分解因式, 得

$$Q(x) := \frac{1}{(x-1)(x^2+1)^2}.$$

令

$$Q(x) = \frac{A}{x-1} + \frac{Bx+C}{x^2+1} + \frac{Dx+E}{(x^2+1)^2}.$$

那么

$$A(x^2+1)^2 + (Bx+C)(x-1)(x^2+1) + (Dx+E)(x-1) = 1.$$

因此
$$\begin{cases} A+B & =0, \\ -B+C & =0, \\ 2A+B-C+D & =0, \\ -B+C-D+E=0, \\ A\quad -C\quad -E=1. \end{cases}$$

解得
$$A=\frac{1}{4},\ B=-\frac{1}{4},\ C=-\frac{1}{4},\ D=-\frac{1}{2},\ E=-\frac{1}{2}.$$

于是
$$Q(x)=\frac{1}{4(x-1)}-\frac{x+1}{4(x^2+1)}-\frac{x+1}{2(x^2+1)^2}.$$

分别计算右端三项的原函数, 有

$$\int\frac{1}{4(x-1)}\mathrm{d}x=\frac{1}{4}\ln|x-1|+\begin{cases}c, & x>1,\\ d, & x<1;\end{cases}$$

$$-\int\frac{x+1}{4(x^2+1)}\mathrm{d}x=-\frac{1}{8}\ln(x^2+1)-\frac{1}{4}\arctan x+c;$$

$$-\int\frac{x+1}{2(x^2+1)^2}\mathrm{d}x=\frac{1}{4(x^2+1)}-\frac{1}{2}\int\frac{\mathrm{d}x}{(x^2+1)^2}.$$

而变换 $x=\tan\theta$ 给出

$$\begin{aligned}\int\frac{\mathrm{d}x}{(x^2+1)^2}&=\int\cos^2\theta\,\mathrm{d}\theta=\int\frac{1+\cos 2\theta}{2}\mathrm{d}\theta\\ &=\frac{\theta}{2}+\frac{\sin 2\theta}{4}+c=\frac{1}{2}\arctan x+\frac{x}{2(x^2+1)}+c.\end{aligned}$$

把这些结果合起来, 得

$$\int Q(x)\,\mathrm{d}x=\frac{1}{4}\ln|x-1|-\frac{1}{8}\ln(x^2+1)-\frac{1}{2}\arctan x+\frac{1-x}{4(x^2+1)}+\begin{cases}c, x>1,\\ d, x<1.\end{cases}\ \square$$

注 7.2 在计算分式函数的原函数时, 一般都会遇到注 7.1 所说的情形. 根据注 7.1 中的约定, 如果求例 7.7 中的函数 Q 的原函数 F, 使得 $F(2)=0$, 那就默认 Q 和 F 定义在 $(1,\infty)$ 上; 求得

$$F(x)=\frac{1}{4}\ln(x-1)-\frac{1}{8}\ln\frac{x^2+1}{5}-\frac{1}{2}(\arctan x-\arctan 2)+\frac{1-x}{4(x^2+1)}+\frac{1}{20}.$$

求分式函数的原函数的最有效的办法是使用现成的计算机软件, 例如 Maple, Mathematica 等.

4° 万能代换

换元法 $x = 2\arctan t$, 或等价地, $t = \tan\dfrac{x}{2}$, 对于寻求一大类含有三角函数的分式的原函数都能奏效, 它把问题转化为求分式函数的原函数. 故以万能称.

这时
$$\sin x = \frac{2t}{1+t^2},\ \cos x = \frac{1-t^2}{1+t^2},\ \mathrm{d}x = \frac{2\mathrm{d}t}{1+t^2}.$$

例 7.7 求 $f(x) := \displaystyle\int \frac{1}{5 - 3\cos x}\mathrm{d}x.$

解 用万能代换 $x = 2\arctan t$. 得
$$f(x) = \int \frac{2\mathrm{d}t}{2+8t^2} = \frac{1}{2}\arctan\left(2\tan\frac{x}{2}\right) + c.$$

最后我们举一个求二元原函数的例子.

例 7.8 设 $T(x,y) = ((x+y+1)\mathrm{e}^x - \mathrm{e}^y, \mathrm{e}^x - (x+y+1)\mathrm{e}^y)$. 求 $\displaystyle\int T(x,y)\,\mathrm{d}(x,y)$.

解 作为 x 的一元函数求原函数
$$\int ((x+y+1)\mathrm{e}^x - \mathrm{e}^y)\,\mathrm{d}x = x\mathrm{e}^x + y\mathrm{e}^x - x\mathrm{e}^y + \phi(y).$$

式中 ϕ 是一个一元的 C^1 类函数. 让它对于 y 求偏导数并等于 $\mathrm{e}^x - (x+y+1)\mathrm{e}^y$. 得到
$$\phi'(y) = -(y+1)\mathrm{e}^y.$$

于是
$$\phi(y) = -y\mathrm{e}^y + c.$$

因此,
$$\int T(x,y)\,\mathrm{d}(x,y) = (x+y)(\mathrm{e}^x - \mathrm{e}^y) + c. \qquad \square$$

习题 3.7

1. 求下列函数 f 的满足条件 $F(1) = 0$ 的原函数 F:

(1) $f(x) = \dfrac{x^2 \arctan x}{1+x^2}$;

(2) $f(x) = \dfrac{\ln(\tan x)}{\sin x \cos x}$;

(3) $f(x) = \ln(x + \sqrt{1+x^2})$;

(4) $f(x) = x^3(1+x^2)^{\frac{1}{3}}$;

(5) $f(x) = \dfrac{1}{(x^2+1)(x^2+2)}$;

(6) $f(x) = \dfrac{1}{\sin x + \cos x}$;

(7) $f(x) = \dfrac{1}{\sqrt{1+\mathrm{e}^x}}$;

(8) $f(x) = \dfrac{x^2-1}{x^2+1}\dfrac{1}{\sqrt{x^4+1}}$,

提示: 令 $t = x + \dfrac{1}{x}$.

2. 用计算机软件 Maple (或 Mathematica, MATLAB) 求下列函数的原函数:

(1) $f(x) = \dfrac{7x+8}{x^2+1}$;

(2) $f(x) = \dfrac{x^4+7}{x(x^8+1)}$;

(3) $f(x) = \dfrac{1}{\sqrt{x}(1+\sqrt[4]{x})^3}$;

(4) $f(x) = \dfrac{x\sqrt[3]{2+x}}{x+\sqrt[3]{2+x}}$;

(5) $f(x) = \dfrac{\cos^3 x}{\sin^5 x}$;

(6) $f(x) = \dfrac{1}{x+2\sqrt{2+x}+\sqrt[3]{x}}$;

(7) $f(x) = \dfrac{\ln(\sin x)}{\sin^2 x}$;

(8) $f(x) = \arcsin\dfrac{2\sqrt{x}}{1+x}$;

(9) $f(x) = \dfrac{\cos x + \sin x}{\sqrt{\sin 2x}}$;

(10) $f(x) = \dfrac{x^2-1}{(x^2+1)\sqrt{x^4+1}}$;

(11) $f(x) = \dfrac{\cos x + \sin x}{\sqrt{\sin 2x}}$;

(12) $f(x) = \dfrac{x^2-1}{(x^2+1)\sqrt{x^4+1}}$;

(13) $f(x) = \dfrac{x\ln x}{(1+x^2)^2}$;

(14) $f(x) = \dfrac{x}{\sqrt{1-x^2}}\ln\dfrac{x}{1-x}$;

(15) $f(x) = \dfrac{1}{5-3\cos x}$;

(16) $f(x) = x\arctan(x+1)$.

3. 关于分式函数的原函数的计算, 下述代数学的结论是重要工具: 设 Q, f, g 是多项式, f 和 g 无公因子并且 $Q = fg$. 那么存在多项式 u, v 使得 $fv + gu = 1$ 且 $\deg(u) < \deg(f)$, $\deg(v) < \deg(g)$. 据此

$$\frac{1}{Q} = \frac{u}{f} + \frac{v}{g}.$$

(1) 设 $f(x) = (x-a)^k$, $k \in \mathbb{N}_+$, 证明 $\dfrac{1}{f}$ 的原函数可初等地算出;

(2) 设 $g(x) = (x^2+px+q)^k$, $p^2 < 4q$, $k \in \mathbb{N}_+$, 证明 $\dfrac{1}{g}$ 的原函数可初等地算出.

于是, 任何分式函数的原函数都可以初等地算出.

第四章 积 分 学

积分学同微分学一样，是数学分析课程的主要内容. 积分学的产生与应用与实际测量相关，例如测量长度、面积、体积等. 积分学在 20 世纪初得到了巨大的发展，这以法国数学家 Henri Leon Lebesgue (勒贝格) 的伟大贡献为标志，人们把他创立的理论叫做 Lebesgue 积分论. 这个理论，一开始就把测量的对象从比较好的几何形体推广到空间的任意的点集，从而最大限度地扩展了这个理论的应用范围，而且还为在更一般的"抽象空间"建立一般的抽象的测度论和积分论提供了模型.

Lebesgue (勒贝格 1875—1941)

积分论的巨大发展，不仅使它的"测量功能"发挥到极致，而且具有更重要意义的是它提供了研究函数的一个重要工具. 函数的正交展开是在积分论的基础上实现的；许多重要的函数变换，如卷积变换、Fourier (傅里叶) 变换也都是在积分论的基础上实现的. 甚至可以毫不夸张地说，近代数学的一个重要分支 —— Fourier 分析，只有在 Lebesgue 积分论诞生之后，才在这个理论的基础上蓬勃发展起来.

§1 测　　度

现在我们把常识中的"长度、面积、体积"的概念推广到相当一般的集合上. 为方便，定义 $\overline{\mathbb{R}} = \mathbb{R} \cup \{\infty, -\infty\}$. 并规定符号 $-\infty$ 和 ∞ 可与实数比较大小以及参与适当的运算：

$$\forall r \in \mathbb{R}, \quad -\infty < r < \infty;$$
$$\forall r \in \mathbb{R}, \quad -\infty + r = -\infty, \infty + r = \infty;$$
若 $r > 0$, 则乘积 $r(-\infty) = (-\infty)r = -\infty;$
若 $r < 0$, 则乘积 $r(-\infty) = (-\infty)r = \infty.$

特殊的一条关于乘法的规定是

$$0(-\infty) = (-\infty)0 = \infty 0 = 0\infty = 0.$$

不必探求这些规定的实际意义, 它们只是为了简化叙述.

在上述规定中, 符号 ∞ 和 $-\infty$ 被赋予了类似于实数的一些性质, 因而可称之为 "广义实数". 当然, 按照语言逻辑, 真正的实数一定是广义实数, 那么集合 $\overline{\mathbb{R}}$ 是一切广义实数的全体, 叫做广义实数集.

§1.1 外测度

定义 1.1(开方块的体积) 设 $a = (a_1, \cdots, a_n) \in \mathbb{R}^n, 0 < \ell < \infty$. 定义以 a 为 "左端点", 以 ℓ 为边长 (或叫做 "棱长") 的开方块

$$Q = \{(x_1, \cdots, x_n) \in \mathbb{R}^n : \quad a_j < x_j < a_j + \ell, \quad j = 1, \cdots, n\}.$$

把空集看做是左端点任意的边长 (棱长) 为零的开方块. 我们规定 Q 的**体积**是它的边长的 n 次幂, 记做 $|Q|$, 即 $|Q| = \ell^n$, 空集的体积为零. 为表明上述 Q 的位置和边长, 记 $Q = Q(a, \ell)$. 有时也用 "中心" 来表明位置. 方块 $Q(a, \ell)$ 的**中心**指的是点

$$a + \frac{1}{2}\ell := \left(a_1 + \frac{1}{2}\ell, \cdots, a_n + \frac{1}{2}\ell\right).$$

定义 1.2 (外测度) 设 $E \subset \mathbb{R}^n$. 令

$$m^*(E) = \inf\left\{\sum_{k=1}^{\infty} |Q_k| : \text{诸 } Q_k \text{ 为开方块且} \bigcup_{k=1}^{\infty} Q_k \supset E\right\}$$

叫做 E 的外测度.

这里需要解释两点: ① 作为规定, 一个由单个广义实数 ∞ 组成的集合 $\{\infty\}$ 的 inf 仍然是 ∞, 也可以称之为集合 $\{\infty\}$ 的 "下确界". ② 在定义 E 的外测度时, 覆盖 E 的开方块一定要取 $\aleph_0$ 个, 而不能限制只取有限多个. 这一点是有本质的重要性的, 见习题 4.1 的题 1. 当然, 如果有限个开方块 Q_k $(k = 1, \cdots, m)$ 已覆盖 E, 那么定义当 $k > m$ 时 $Q_k = \varnothing$, 就得到 $\aleph_0$ 个开方块 $Q_k : k \in \mathbb{N}_+$, 它们覆盖 E 并且保持 $\sum_{k=1}^{\infty} |Q_k| = \sum_{k=1}^{m} |Q_k|$.

显然, 空集的外测度为零.

根据定义 1.2, m^* 是定义在 $\mathbb{R}^n$ 的幂集 $2^{\mathbb{R}^n}$ 上的非负广义实值函数, 即映射

$$m^* : 2^{\mathbb{R}^n} \longrightarrow [0, \infty].$$

下面讨论 m^* 的性质.

例 1.1 $\mathbb{R}^n$ 的任何可数子集 (包括空集) 的外测度都是零.

下述定理是显然的

定理 1.1(m^* 的单调性)　若集 $A \subset B$, 则 $m^*(A) \leqslant m^*(B)$.

定理 1.2(m^* 的 σ 次加性)　若集 $E = \bigcup_{n=1}^{\infty} E_n$, 那么

$$m^*(E) \leqslant \sum_{n=1}^{\infty} m^*(E_n).$$

这个不等式刻画的性质叫做 σ 次加性.

证　若某 $m^*(E_k) = \infty$, 则不等式成立. 设 $\forall k \in \mathbb{N}_+$, $m^*(E_k) < \infty$. 那么

$$\forall \varepsilon > 0, \forall k \in \mathbb{N}_+, \exists \aleph_0 \text{ 个开方块 } Q_{kj}, \quad j \in \mathbb{N}_+,$$

$$\bigcup_{j=1}^{\infty} Q_{kj} \supset E_k, \quad \sum_{j=1}^{\infty} |Q_{kj}| < m^*(E_k) + 2^{-k}\varepsilon.$$

于是

$$\bigcup_{k=1}^{\infty} \bigcup_{j=1}^{\infty} Q_{kj} \supset E, \quad \sum_{k=1}^{\infty} \sum_{j=1}^{\infty} |Q_{kj}| < \sum_{k=1}^{\infty} m^*(E_k) + 2\varepsilon.$$

那么, 由定义得

$$m^*(E) < \sum_{k=1}^{\infty} m^*(E_k) + 2\varepsilon.$$

由 ε 之任意性得欲证者.　□

例 1.2　可数个外测度为零的集的并的外测度仍为零.

由外测度的定义及其单调性, 立即得到下述引理.

引理 1.3　设 $E \subset \mathbb{R}^n$. 则

$$m^*(E) = \inf\{m^*(G) : G \text{为开集且 } G \supset E\}.$$

证　设 $m^*(E) < \infty$. 对于任意的 $\varepsilon > 0$, 存在 $\aleph_0$ 个开方块 $Q_k (k \in \mathbb{N}_+)$ 使

$$\bigcup_{k=1}^{\infty} Q_k \supset E \text{ 且 } \sum_{k=1}^{\infty} |Q_k| < m^*(E) + \varepsilon.$$

记 $H = \bigcup_{k=1}^{\infty} Q_k$, 则 H 为开集, $H \supset E$. 那么根据定理 1.1, 定理 1.2 及例 1.2 的结论, 有

$$m^*(E) \leqslant m^*(H) \leqslant \sum_{k=1}^{\infty} m^*(Q_k) = \sum_{k=1}^{\infty} |Q_k| < m^*(E) + \varepsilon.$$

由此完成了证明.　□

例 1.3 设 $Q = Q(a, \ell)$ 是开方块. 那么 $m^*(Q) = m^*(\overline{Q}) = |Q|$.

证 任取 $\varepsilon \in \left(0, \dfrac{1}{2}\ell\right)$. 作闭方块

$$F = \{(x_1, \cdots, x_n) : a_j + \varepsilon \leqslant x_j \leqslant a_j + \ell - \varepsilon, \ j = 1, \cdots, n\}.$$

如果有可数个开方块 Q_k 覆盖 Q, 则亦覆盖 F. 从中可取出有限个: $Q_1, \cdots, Q_m$, 它们覆盖 F. 那么, 一个明显的几何事实是

$$\sum_{k=1}^{m} |Q_k| \geqslant (\ell - 2\varepsilon)^n.$$

由此, 根据定义 1.1, $m^*(Q) \geqslant (\ell - 2\varepsilon)^n$. 由 ε 之任意性, 得

$$m^*(Q) \geqslant |Q|.$$

另一方面, 对于任意的 $\varepsilon > 0$, 记 $a - \varepsilon = (a_1 - \varepsilon, \cdots, a_n - \varepsilon)$, 并取

$$Q_1 = Q(a - \varepsilon, \ell + 2\varepsilon) \supset \overline{Q}, \ \ Q_k = \varnothing, \ k \geqslant 2,$$

得

$$m^*(\overline{Q}) \leqslant (\ell + 2\varepsilon)^n.$$

由 ε 之任意性得

$$m^*(\overline{Q}) \leqslant |Q|.$$

注意到

$$m^*(Q) \leqslant m^*(\overline{Q}),$$

就得到所欲证者. □

根据例 1.3 的结果, 我们把闭方块 $\overline{Q}$ 的外测度也叫做体积, 也记 $m^*(\overline{Q})$ 为 $|\overline{Q}|$.

下面的定理给出了 $\mathbb{R}^n$ 上的外测度的一条重要性质.

定理 1.4 对于 $\varnothing \neq A \subset \mathbb{R}^n, \varnothing \neq B \subset \mathbb{R}^n$, 它们的距离定义为

$$d(A, B) = \inf\{|x - y| : x \in A, y \in B\}.$$

若 $d(A, B) > 0$, 则 $m^*(A \bigcup B) = m^*(A) + m^*(B)$.

为简化证明的叙述, 我们把证明的关键之处提取出来作为一个引理.

定理 1.4 的引理　设 $d(A,B)=r>0$, Q 是开方块, 并且 $Q\cap A\neq\varnothing$, $Q\cap B\neq\varnothing$. 那么, 对于任给的 $\varepsilon>0$, 存在有限个开方块 $Q_j(j=1,\cdots,s)$, $P_k(k=1,\cdots,t)$, $s,t\in\mathbb{N}_+$, 使得

$$\bigcup_{j=1}^{s}Q_j\supset(A\cap Q),\ \bigcup_{k=1}^{t}P_k\supset(B\cap Q)\ \text{而}\ \left(\bigcup_{j=1}^{s}Q_j\right)\cap\left(\bigcup_{k=1}^{t}P_k\right)=\varnothing$$

并且

$$\sum_{j=1}^{s}|Q_j|+\sum_{k=1}^{t}|P_k|<|Q|+\varepsilon.$$

引理的证明　设 Q 的边长为 a. 令 $m=4n([ar^{-1}]+1)$. 把 Q 等分成 m^n 个小方块 R_i, $i=1,\cdots,m^n$. 每个 R_i 的边长为 $b=am^{-1}<r(4n)^{-1}$. 把每个 R_i 都保持中心不变而边长扩大到 $(1+u)$ 倍成为开方块 S_j. 这里 $0<u<2$ 是一个待定的数. 显然,

$$\bigcup_{i=1}^{m^n}S_i\supset Q.$$

由于 R_i 的直径等于 $b\sqrt{n}<r4^{-1}$, 所以, S_i 的直径小于 $r4^{-1}(1+u)<r2^{-1}$. 可见, 任何一个 S_i 都不可能既与 A 相交又与 B 相交. 把这些小方块 $S_i\ (i=1,\cdots,m^n)$ 中一切与 A 相交者收集在一起, 记做 Q_j, $j=1,\cdots,s$, 而把与 B 相交者记做 P_k, $k=1,\cdots,t$. 那么,

$$\bigcup_{j=1}^{s}Q_j\supset(A\cap Q),\ \ \bigcup_{k=1}^{t}P_k\supset(B\cap Q),$$

并且

$$\sum_{j=1}^{s}|Q_j|+\sum_{k=1}^{t}|P_k|\leqslant\sum_{i=1}^{m^n}(1+u)^n|R_i|=(1+u)^n|Q|.$$

可见, 只要取 u 足够小, 使 $(1+u)^n|Q|<|Q|+\varepsilon$ 就得到要证的结果. □

定理 1.4 的证明　无妨认为 $m^*(A\bigcup B)<\infty$. 任给 $\varepsilon>0$, 存在开方块 U_k, $k\in\mathbb{N}_+$, 使得

$$(A\bigcup B)\subset\bigcup_{k=1}^{\infty}U_k,\ \ \sum_{k=1}^{\infty}|U_k|<m^*(A\bigcup B)+\varepsilon.$$

把诸方块 U_k 分为四类: 令

$$I_A = \{k \in \mathbb{N}_+ : A \bigcap U_k \neq \varnothing, B \bigcap U_k = \varnothing\},$$
$$I_B = \{k \in \mathbb{N}_+ : B \bigcap U_k \neq \varnothing, A \bigcap U_k = \varnothing\},$$
$$J = \{k \in \mathbb{N}_+ : A \bigcap U_k \neq \varnothing, B \bigcap U_k \neq \varnothing\},$$
$$J_0 = \mathbb{N}_+ \setminus (I_A \bigcup I_B \bigcup J).$$

那么,I_A, I_B, J, J_0 是互不相交的.

根据引理, 对于每个 $j \in J$ 存在有限个开方块 $Q_{j,\mu}$ ($\mu = 1, \cdots, s_j$) 和有限个开方块 $P_{j,\nu}$ ($\nu = 1, \cdots, t_j$) 使得

$$\bigcup_{\mu=1}^{s_j} Q_{j,\mu} \supset (U_j \bigcap A), \quad \bigcup_{\nu=1}^{t_j} P_{j,\nu} \supset (U_j \bigcap B),$$

$$\sum_{\mu=1}^{s_j} |Q_{j,\mu}| + \sum_{\nu=1}^{t_j} |P_{j,\nu}| < |U_j| + \varepsilon 2^{-j}.$$

于是

$$\Big(\bigcup_{k \in I_A} U_k\Big) \cup \Big(\bigcup_{j \in J} \bigcup_{\mu=1}^{s_j} Q_{j,\mu}\Big) \supset A,$$

$$\Big(\bigcup_{k \in I_B} U_k\Big) \cup \Big(\bigcup_{j \in J} \bigcup_{\nu=1}^{t_j} P_{j,\nu}\Big) \supset B,$$

$$\sum_{k \in (I_A \bigcup I_B)} |U_k| + \sum_{j \in J} \Big(\sum_{\mu=1}^{s_j} |Q_{j,\mu}| + \sum_{\nu=1}^{t_j} |P_{j,\nu}|\Big) \leqslant \sum_{k=1}^{\infty} |U_k| + \varepsilon.$$

因此

$$m^*(A) + m^*(B) \leqslant \sum_{k=1}^{\infty} |U_k| + \varepsilon < m^*(A \bigcup B) + 2\varepsilon.$$

从而, 根据 $\varepsilon > 0$ 的任意性, 得到

$$m^*(A) + m^*(B) = m^*(A \bigcup B). \qquad \square$$

定理 1.4 表明, m^* 关于两两距离大于零的集合的可数族的 σ 次加性改进为 σ 加性 (不等号成为等号).

例 1.4 设 Q_k 是方块 (无论开闭),$k \in \mathbb{N}_+$. 如果当 $k \neq j$ 时 $\overset{\circ}{Q}_k \bigcap \overset{\circ}{Q}_j = \varnothing$, 那么

$$m^*\Big(\bigcup_{k=1}^{\infty} Q_k\Big) = m^*\Big(\bigcup_{k=1}^{\infty} \overline{Q}_k\Big) = \sum_{k=1}^{\infty} |Q_k| = \sum_{k=1}^{\infty} |\overline{Q}_k|.$$

证 对于任意的 $m \in \mathbb{N}_+$, 由单调性

$$m^*\Big(\bigcup_{k=1}^{\infty} Q_k\Big) \geqslant m^*\Big(\bigcup_{k=1}^{m} Q_k\Big).$$

任给 $\varepsilon > 0$, 在 $Q_k\,(k=1,\cdots,m)$ 内作一个与它具有共同的中心但边长为它的边长的 $(1-h)$ $(0 < h < 1)$ 的闭方块 $Q_k(h)$. 那么再由单调性

$$m^*\Big(\bigcup_{k=1}^{\infty} Q_k\Big) \geqslant m^*\Big(\bigcup_{k=1}^{m} Q_k\Big) \geqslant m^*\Big(\bigcup_{k=1}^{m} Q_k(h)\Big).$$

使用定理 1.4 于最右端, 得

$$m^*\Big(\bigcup_{k=1}^{\infty} Q_k\Big) \geqslant \sum_{k=1}^{m} m^*(Q_k(h)) = (1-h)^n \sum_{k=1}^{m} |Q_k|.$$

先令 $h \to 0+$ 再令 $m \to \infty$ 就得到所要的结果. □

这个例子表明, m^* 关于两两不重叠 (即无共同内点) 的方块 (无论开闭) 的族的 σ 次加性改进为 σ 加性.

根据第二章 §3 定理 3.10, 每个不空开集 $G \subset \mathbb{R}^n$ 都可分解为 $\aleph_0$ 个互不重叠的二进闭方块的并. 于是关于开集的外测度得到下述引理.

引理 1.5 设开集 $G \subset \mathbb{R}^n$ 等于 $\aleph_0$ 个互不重叠的闭方块 Q_k $(k \in \mathbb{N}_+)$ 的并, 那么

$$m^*(G) = \sum_{k=1}^{\infty} |Q_k|.$$

§1.2 测度

定义 1.3(可测集、测度) 设 $E \subset \mathbb{R}^n$. 如果条件

$$\forall A \subset \mathbb{R}^n, \quad m^*(A) = m^*(A \bigcap E) + m^*(A \bigcap E^c) \tag{C}$$

成立, 就称 E 是**可测集**, 称 $m^*(E)$ 为 E 的**测度**(measure), 记之为 $m(E)$ 或 $|E|$.

可测集及其测度常冠以 Lebesgue 的名字. 而条件 (C) 以德国数学家 C.Carathéodory (卡拉泰奥多里) 的名字命名.

显然, 外测度为零的集是可测集.

下面的定理是测度的本质特性, 叫做**可数加性, 或 σ 加性**.

定理 1.6(测度的 σ 加性) 设 E_k 可测, $k \in \mathbb{N}_+$. 若当 $k \neq j$ 时, $E_k \bigcap E_j = \varnothing$, 且 $E = \bigcup_{k=1}^{\infty} E_k$, 则 E 可测且

$$|E| = \sum_{k=1}^{\infty} |E_k|.$$

证 对于任意的 $A \subset \mathbb{R}^n$, 有

$$m^*(A) = m^*(A \bigcap E_1) + m^*(A \bigcap E_1^c).$$

而

$$m^*(A \bigcap E_1^c) = m^*((A \bigcap E_1^c) \bigcap E_2) + m^*((A \bigcap E_1^c) \bigcap E_2^c),$$

注意到 $E_1 \bigcap E_2 = \varnothing$, 得到

$$m^*(A) = m^*(A \bigcap E_1) + m^*(A \bigcap E_2) + m^*(A \bigcap (E_1 \bigcup E_2)^c).$$

任意次继续这一论述, 得

$$m^*(A) = \sum_{k=1}^m m^*(A \bigcap E_k) + m^*\Big(A \bigcap \Big(\bigcup_{k=1}^m E_k\Big)^c\Big), \ m \in \mathbb{N}_+.$$

用定理 1.1, 得

$$m^*(A) \geqslant \sum_{k=1}^m m^*(A \bigcap E_k) + m^*(A \bigcap E^c), \quad m \in \mathbb{N}_+.$$

令 $m \to \infty$ 得

$$m^*(A) \geqslant \sum_{k=1}^\infty m^*(A \bigcap E_k) + m^*(A \bigcap E^c). \tag{$*$}$$

再用定理 1.2, 得

$$m^*(A) \geqslant m^*(A \bigcap E) + m^*(A \bigcap E^c).$$

而反向的不等式是定理 1.2 的直接结果. 我们证得 E 满足条件 (C), 从而可测.

以 $A = E$ 代入 $(*)$, 得

$$|E| = \sum_{k=1}^\infty |E_k|. \qquad \square$$

定理 1.7 把 $\mathbb{R}^n$ 中的可测集的全体记做 $\mathscr{M}$. 那么

(a) $\mathbb{R}^n \in \mathscr{M}, \varnothing \in \mathscr{M}$;

(b) 若 $E_1 \in \mathscr{M}, E_2 \in \mathscr{M}$, 则 $E_1 \setminus E_2 \in \mathscr{M}$;

(c) 若 $E_k \in \mathscr{M}, k \in \mathbb{N}_+$, 则 $\bigcup_{k=1}^\infty E_k \in \mathscr{M}$.

证 结论 (a) 不待证.

现证 (b). 设 $E_1, E_2 \in \mathscr{M}$, 要证 $E_1 \setminus E_2 \in \mathscr{M}$.

对于任意集 A,
$$m^*(A) = m^*(A\bigcap E_1) + m^*(A\bigcap E_1^c)$$
$$= m^*(A\bigcap E_1^c) + m^*(A\bigcap E_1 \bigcap E_2) + m^*(A\bigcap E_1 \bigcap E_2^c).$$

注意到
$$(A\bigcap E_1^c)\bigcup(A\bigcap E_1\bigcap E_2) = A\bigcap(E_1^c\bigcup E_2),$$
用定理 1.2,
$$m^*(A\bigcap E_1^c) + m^*(A\bigcap E_1\bigcap E_2) \geqslant m^*(A\bigcap(E_1^c\bigcup E_2)).$$
于是
$$m^*(A) \geqslant m^*(A\bigcap E_1\bigcap E_2^c) + m^*(A\bigcap(E_1^c\bigcup E_2)).$$

从而 $E_1\bigcap E_2^c = E_1\setminus E_2 \in \mathscr{M}$.

结论 (c) 由 (b) 和定理 1.6 推出. 事实上, 从定义 1.3 直接看到, $\mathscr{M}$ 对于集合的余运算封闭. 再由 (b), 便知 $\mathscr{M}$ 对于集合的有限次的并运算封闭. 现设 $E_k \in \mathscr{M}, k \in \mathbb{N}_+$. 定义
$$F_1 = E_1, \quad F_k = E_k \setminus \bigcup_{j=1}^{k-1} E_j, \quad k \geqslant 2.$$
那么, 诸 $F_k \in \mathscr{M}$. 而它们两两不交. 由此, 用定理 1.6, 得
$$\bigcup_{k=1}^{\infty} E_k = \bigcup_{k=1}^{\infty} F_k \in \mathscr{M}. \qquad \square$$

给定一个集合 M. 如果 M 的一些子集所成的族 $\mathscr{M}$ 具有性质 (a) $M \in \mathscr{M}$, $\varnothing \in \mathscr{M}$; 并具有如定理 1.7 中所述的性质 (b), (c), 那么就称 $\mathscr{M}$ 为集合 M 上的 σ **代数**. 其中的性质 (b) 说的是对于集合的差运算封闭, 性质 (c) 说的是对于集合的可数并运算封闭, (a)、(b)、(c) 三条合起来决定了 σ 代数对于集合的余运算、差运算以及可数次的交、并运算都封闭. 显然, 一个集合的幂集是这个集合上的最大的 σ 代数. 一个拓扑空间 $(X, \mathscr{T})$ 上的包含拓扑 $\mathscr{T}$ 的最小 σ 代数, 即一切包含拓扑 $\mathscr{T}$ 的 σ 代数的交, 叫做由拓扑生成的 σ 代数, 也叫做 X 上的 Borel (博雷尔) 代数, Borel 代数中的集合叫做 Borel 集.

$\mathbb{R}^n$ 上的 Borel 代数, 记做 $\mathscr{B}$.

例 1.5 设 $E_n \subset E_{n+1}, E_n$ 可测. 那么
$$\Big|\bigcup_{k=1}^{\infty} E_k\Big| = \lim_{k\to\infty} |E_k|.$$

证 令 $F_1 = E_1$, $F_{k+1} = E_{k+1} \setminus E_k, k \in \mathbb{N}_+$. 诸 F_k 两两不交, 且

$$\bigcup_{k=1}^{\infty} E_k = \bigcup_{k=1}^{\infty} F_k.$$

由定理 1.6,

$$\left| \bigcup_{k=1}^{\infty} F_k \right| = \sum_{k=1}^{\infty} |F_k| = \lim_{m \to \infty} \sum_{k=1}^{m} |F_k| = \lim_{m \to \infty} \left| \bigcup_{k=1}^{m} F_k \right| = \lim_{m \to \infty} |E_m|.$$

此例的结论实与定理 1.6(测度的 σ 加性) 等价.

§1.3 Borel 集是可测集

定理 1.8 开集是可测集.

证 设 G 是不空的开集. 我们来验证 G 满足 (C).

对于任意的 $A \subset \mathbb{R}^n$, 根据定理 1.2, 只要证

$$m^*(A) \geqslant m^*(A \cap G) + m^*(A \cap G^c).$$

无妨认为 $m^*(A) < \infty$.

任给 $\varepsilon > 0$, 根据引理 1.3 取开集 H, 使 $H \supset A$ 且

$$m^*(H) < m^*(A) + \varepsilon.$$

由于 $H \cap G$ 是开集, 所以根据引理 1.5, 可以在 $H \cap G$ 内选取 m ($m \in \mathbb{N}_+$) 个两两不重叠 (即内部不相交) 的闭方块 $B_1, \cdots, B_m$ (如图 11), 使

$$\sum_{k=1}^{m} m^*(B_k) > m^*(H \cap G) - \varepsilon.$$

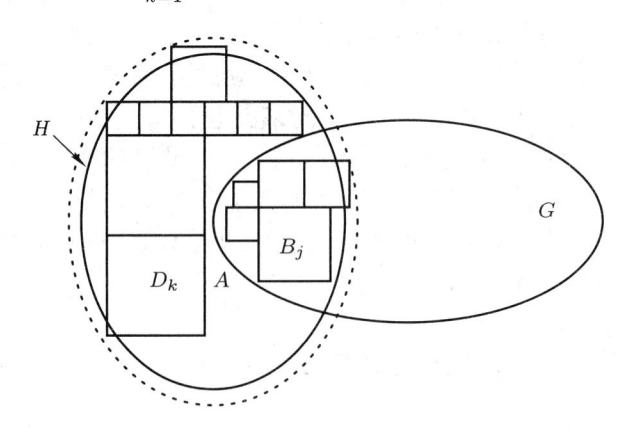

图 11

显然,
$$H \setminus \bigcup_{k=1}^{m} B_k$$
是开集. 对于这个集合使用引理 1.5, 取包含在 $H \setminus \bigcup_{k=1}^{m} B_k$ 内的两两不重叠 (即内部不相交) 的 $p\,(p \in \mathbb{N}_+)$ 个闭方块 $D_1, \cdots, D_p$, 使
$$\sum_{k=1}^{p} m^*(D_k) > m^*\Big(H \setminus \bigcup_{k=1}^{m} B_k\Big) - \varepsilon.$$
根据例 1.4 所述之事实
$$m^*\Big(\Big(\bigcup_{k=1}^{m} B_k\Big) \cup \Big(\bigcup_{j=1}^{p} D_j\Big)\Big) = \sum_{k=1}^{m} m^*(B_k) + \sum_{j=1}^{p} m^*(D_j).$$
于是
$$m^*(H) \geqslant m^*(H \cap G) + m^*\Big(H \setminus \bigcup_{k=1}^{m} B_k\Big) - 2\varepsilon \geqslant m^*(H \cap G) + m^*(H \cap G^c) - 2\varepsilon.$$
这样一来
$$m^*(A) \geqslant m^*(A \cap G) + m^*(A \cap G^c) - 3\varepsilon.$$
令 $\varepsilon \to 0$ 就完成了证明. □

根据定理 1.8, $\mathscr{B} \subset \mathscr{M}$.

§1.4 通过开集刻画可测集

我们回想一下定义测度的过程. 先规定开方块的体积, 以它为基础定义外测度, 再通过条件 (C) 定义可测集. 我们证明了开集是满足条件 (C) 的.

现在我们以开集为基础, 用另一种等价的方式来刻画可测性.

定理 1.9 E 可测的充分必要条件是, 对于任意的 $\varepsilon > 0$, 找得到开集 G, 使得 $G \supset E$ 且 $m^*(G \setminus E) < \varepsilon$.

证 设 E 可测, 即满足条件 (C). 先考虑 $|E| < \infty$ 的情况. 此时, 对于 $\varepsilon > 0$, 由引理 1.3, 存在开集 $G \supset E, |G| < |E| + \varepsilon$. 那么, 用条件 (C) 于 G, 得
$$|G| = |E| + |G \setminus E|.$$
从而 $|G \setminus E| < \varepsilon$. 再考虑 $|E| = \infty$ 的情况. 令
$$E_m = E \cap B(O; m),\ m \in \mathbb{N}_+.$$

注意,$B(O;m)$ 代表以原点为中心,以 m 为半径的开球. 那么,E_m 可测, 且 $|E_m| < \infty$. 所以, 存在开集 $G_m \supset E_m$ 使

$$|G_m \setminus E_m| < 2^{-m-1}\varepsilon.$$

令 $G = \bigcup_{m=1}^{\infty} G_m$. 那么,$G$ 是开集,$G \supset E$ 且

$$G \setminus E \subset \bigcup_{m=1}^{\infty} G_m \setminus E_m,$$
$$|G \setminus E| \leqslant \sum_{m=1}^{\infty} |G_m \setminus E_m| < \varepsilon.$$

反过来, 设对于 $\varepsilon > 0$, 存在开集 G, 使 $G \supset E$ 且

$$m^*(G \setminus E) < \varepsilon.$$

那么, 对于任意的集 A, 由定理 1.7,

$$m^*(A) = m^*(A \cap G) + m^*(A \cap G^c).$$

由于 $(A \setminus E) \subset (A \setminus G) \bigcup (G \setminus E)$, 据定理 1.1,

$$m^*(A \setminus E) \leqslant m^*(A \setminus G) + m^*(G \cap E^c) \leqslant m^*(A \setminus G) + \varepsilon.$$

得

$$m^*(A) \geqslant m^*(A \cap E) + m^*(A \cap E^c) - \varepsilon.$$

令 $\varepsilon \to 0$ 得

$$m^*(A) \geqslant m^*(A \cap E) + m^*(A \cap E^c).$$

于是 E 满足条件 (C). □

推论 E 可测 $\iff \forall \varepsilon > 0, \exists$ 闭集 $F \subset E,$ 使 $m^*(E \setminus F) < \varepsilon$.

证 E 可测 $\iff E^c$ 可测
$\iff \forall \varepsilon > 0, \exists$ 开集 $G \supset E^c$, 使 $m^*(G \setminus E^c) < \varepsilon$.

由于 $G \setminus E^c = G \cap E = E \setminus G^c, G^c$ 是闭集, 所以, 以上命题
$\iff \forall \varepsilon > 0, \exists$ 闭集 $F \subset E,$ 使 $m^*(E \setminus F) < \varepsilon$. □

例 1.6 设 $E \subset \mathbb{R}^n$. 存在可测集 $F \supset E$, 使 $|F| = m^*(E)$.

证 若 $m^*(E) = \infty$, 取 $F = \mathbb{R}^n$ 即可.

设 $m^*(E) < \infty$. 取开集 $G_k \supset E$, 使

$$|G_k| < m^*(E) + k^{-1}, \quad k \in \mathbb{N}_+.$$

令 $G_\delta = \bigcap_{k=1}^{\infty} G_k$, 则 G_δ 可测, $G_\delta \supset E$, 且

$$\forall k \in \mathbb{N}_+, \ m^*(E) \leqslant |G_\delta| < m^*(E) + k^{-1}.$$

那么, $|G_\delta| = m^*(E)$. □

我们注意, 例 1.6 中的 G_δ 是 $\aleph_0$ 个开集的交, 它不必是开集.

§1.5 不可测集

把 $[\,0,1]$ 中的实数分成若干子集, 使彼此之差为比例数的实数属于同一集. 显然, 每个实数 $x \in [\,0,1]$ 都属于且仅属于一个这样的子集. 从每个这样的子集中取出一个元 (实数) 来收集在一起, 作成一个集 E. 我们来证明 E 不可测.

把 $[-1,1]$ 中的比例数排成一列 $\{r_k\}_{k=1}^{\infty}$. 令 $E_k = r_k + E$, 即

$$E_k = \{r_k + x : x \in E\}, \quad k \in \mathbb{N}_+.$$

那么诸 E_k 两两不交, 且

$$[0,1] \subset \bigcup_{k=1}^{\infty} E_k \subset [-1,2].$$

假若 E 可测, 则必有 $|E_k| = |E|$. 于是

$$1 \leqslant \sum_{k=1}^{\infty} |E_k| = \sum_{k=1}^{\infty} |E| \leqslant 3.$$

这个式子是不可能成立的. 这就证明 E 是不可测的.

习题 4.1

前 5 个题的目的是熟悉外测度的定义, 不要涉及测度.

1. 如果把外测度的定义改成

$$m^*(E) = \inf\left\{\sum_{k=1}^{m} |Q_k| : m \in \mathbb{N}_+, \text{诸 } Q_k \text{ 为开方块且} \bigcup_{k=1}^{m} Q_k \supset E\right\},$$

那么 $m^*(\mathbb{Q} \bigcup [0,1]) = 1$, 从而外测度的 σ 次加性不成立, 测度论就无法建立.

2. 设 $[a,b] \subset \mathbb{R}$, 有界区间 $I_k = (a_k, b_k), k \in \mathbb{N}_+$. 根据外测度的定义直接证明: 如果 $\bigcup_{k=1}^{\infty} I_k \supset [a,b]$, 那么
$$b - a < \sum_{k=1}^{\infty}(b_k - a_k).$$

3. $\mathbb{R}^2$ 中的开矩形
$$R(s,t) = \{(x_1, x_2) \in \mathbb{R}^2 : a_1 < x_1 < a_1 + s, a_2 < x_2 < a_2 + t\}$$
($(a_1, a_2) \in \mathbb{R}^2, s > 0, t > 0$). 定义开矩形 $R(s,t)$ 的体积为 st, 记做 $|R(s,t)|$. 根据外测度的定义直接证明: 开矩形 $R(s,t)$ 的外测度为其体积. 把上述结果推广到 $\mathbb{R}^n$ ($n > 2$) 中.

4. 根据题 3 的结果证明: 在定义 1.2 中, "开方块" 可用 "开矩形" 代替.

5. 根据题 4 的结果证明: $\mathbb{R}^n$ 中边长为 $\ell_1, \cdots, \ell_n$ 的开矩形 R 与它的闭包 $\overline{R}$ 具有同样的外测度 $\ell_1 \cdots \ell_n$.

6. 设 $E_k \subset E_{k+1}, k \in \mathbb{N}_+$. 那么
$$m^*(\bigcup_{k=1}^{\infty} E_k) = \lim_{k \to \infty} m^*(E_k).$$

7. 设 $E(r) := E \bigcap B(O;r), r > 0$. 定义 $f(r) = m^*(E(r))$. 设已知 $|B(O;r)| = c_n r^n$ ($r > 0$), 其中 c_n 是只与 n 有关的常数. 求证 $f \in C(0, \infty)$ 且
$$\lim_{r \to 0+} f(r) = 0, \quad \lim_{r \to \infty} f(r) = m^*(E).$$

8. 以条件 (C) 定义可测集的优点有二: 一是容易由它推出测度的可数加性, 二是适用于与拓扑无关的抽象测度理论. 缺点是不直观. 下述命题可能会把可测性解释得稍微直观一些.

命题 设 E 是 $\mathbb{R}^n$ 的有界子集合. 那么 E 可测的充分必要条件是: 存在一个开方块 Q, 使得 $E \subset Q$ 并且
$$m^*(E) + m^*(Q \setminus E) = |Q|.$$

9. 对于 $E_1, E_2 \in \mathscr{M}$, 定义 $E_1 \Delta E_2 = (E_1 \setminus E_2) \bigcup (E_2 \setminus E_1)$, $\text{dis}(E_1, E_2) = |E_1 \Delta E_2|$. 证明
$$\text{dis}(E_1, E_2) \leqslant \text{dis}(E_1, E_3) + \text{dis}(E_2, E_3).$$
把 $\text{dis}(E_1, E_2) = 0$ 的集 E_1 和 E_2 等同看待. 把 $\text{dis}(E_1, E_2)$ 叫做 E_1 和 E_2 的距离. 这样一来, $\mathscr{M}$ 成为一个**距离空间**. 证明: 如果 $\{E_k\}_{k=1}^{\infty}$ 关于 dis 是基本列, 也就是说,
$$\forall \varepsilon > 0, \exists m \in \mathbb{N}_+, 只要 i, j > m, 就有 \text{dis}(E_i, E_j) < \varepsilon,$$
则存在一个集 E, 使得
$$\lim_{k \to \infty} \text{dis}(E_k, E) = 0.$$
也就是说按距离 "dis", 空间 $\mathscr{M}$ 是完备的.

10. 设 $E \subset \mathbb{R}^n$ ($E \neq \varnothing$). 对于任意的 $a \in \mathbb{R}^n$, 定义
$$a + E = E + a = \{x + a : x \in E\}$$
叫做 E 平移 a. 证明: 外测度是平移不变的, 也就是说,
$$\forall a \in \mathbb{R}^n, \quad m^*(E) = m^*(a + E).$$
从而测度是平移不变的.

11. 设 A 是一个 $n \times n$ 矩阵. 由 A 定义一个 $\mathbb{R}^n$ 到 $\mathbb{R}^n$ 的线性变换: $x \longrightarrow xA^{\mathrm{T}}$ (我们记得 A^{T} 表示矩阵 A 的转置), 仍用 A 代表. 证明线性变换 A 保持集合的可测性, 也就是说, 线性变换把可测集映成可测集. 并且对于任意的非空可测集 $E \subset \mathbb{R}^n$,
$$|A(E)| = \det A \, |E|,$$
其中
$$A(E) := \{xA^{\mathrm{T}} : \quad x \in E\}.$$

12. 设 F_k 是闭集,$\forall x \in F_k$, $k-1 \leqslant |x| \leqslant k, k \in \mathbb{N}_+$. 求证 $\sum\limits_{k=1}^{\infty} F_k$ 是闭集.

13. 设 E, E_k 可测且 $E_k \subset E$ ($k = 1, \cdots, m$). 若
$$\sum_{k=1}^{m} |E_k| > (m-1)|E|,$$
则
$$\Big|\bigcap_{k=1}^{m} E_k\Big| > 0.$$

14. 设 f, f_k 都是 E 上的实值函数 ($k \in \mathbb{N}_+$). 用 A 代表 $\{f_k(x)\}_{k=1}^{\infty}$ 收敛到 $f(x)$ 的点 $x \in E$ 的全体. 证明:
$$A = \bigcap_{m=1}^{\infty} \bigcup_{i=1}^{\infty} \bigcap_{j=i}^{\infty} E\Big(|f - f_j| < \frac{1}{m}\Big).$$

15. 设 $T : \mathbb{R}^n \longrightarrow \mathbb{R}^n$ 是 Lipschitz (利普希茨) 变换, 即存在常数 M 使
$$\forall x, y \in \mathbb{R}^n, \quad |Tx - Ty| \leqslant M|x - y|.$$
证明: T 把零测度集映成零测度集.

16. 对于给定的 $\aleph_0$ 个正数, 不管依怎样的次序把它们排成一列 $\{r_k\}_{k=1}^{\infty}$, 总和 $\sum\limits_{k=1}^{\infty} r_k$ 都一样.

17. 设 $m^*(E) < \infty$. 定义
$$m_*(E) = \sup\{|F| : F \subset E \text{ 且 } F \text{ 为闭集}\}$$
叫做 E 的内测度. 那么, 当 $m^*(E) < \infty$ 时, E 可测 $\iff m_*(E) = m^*(E)$.

18. 证明 $\mathbb{R}^n$ 上测度关于拓扑的正则性:
    (1) 每个可测集的测度都是包含它的一切开集的测度的下确界 (外正则性);
    (2) 每个开集的测度都是它所含的一切紧集的测度的上确界 (内正则性).
19. 设 E 是 $\mathbb{R}$ 上的不可测集合. 证明 $A := \{(x,y): x \in \mathbb{R}^n, y \in E\} = \mathbb{R}^n \times E$ 是 $\mathbb{R}^{n+1}$ 的不可测子集.
20. 证明任何集合 $E \subset \mathbb{R}^n$ 与 $\mathbb{R}^n$ 的零测度子集 Z 的并集与 E 具有同样的可测性.
21. 证明: 任何正测度集都含有不可测子集.

§2 可测函数

设 E 是 $\mathbb{R}^n$ 的非空子集, f 是定义在 E 上的实值非负函数, 即 $f: E \longrightarrow [0, \infty)$. 所谓 "$f$ 在 E 上的积分", 实际上指的是 "f 在 E 上的**下方图** 在 $\mathbb{R}^{n+1}$ 中的测度." f 的下方图指的是 $\mathbb{R}^{n+1}$ 中的集合

$$\Gamma_\ell(f, E) := \{(x, y) : x \in E, 0 \leqslant y \leqslant f(x)\}.$$

符号中, 字母 Γ 指 graph (图像), 其下标 ℓ 指 lower (下方). 因此, 首要的问题是, 集合 $\Gamma_\ell(f, E)$ 必须是 $\mathbb{R}^{n+1}$ 中的可测集. 这一方面取决于集合 E 的性质, 同时也取决于 f 的性质. 为了保证对于最简单的恒取常值 1 的常值函数 $\mathbb{1}, \Gamma_\ell(\mathbb{1}, E)$ 总是可测的, 作为前提, 一定要求 E 是 $\mathbb{R}^n$ 中的可测集. 在这个前提下, 我们来定义 "函数的可测性", 以保证对于实值非负可测函数 f, $\Gamma_\ell(f, E)$ 可测, 并把它的测度定义为 f 在 E 上的**积分**.

例如, 设 $G = \bigcup_{k=1}^{\infty} I_k$ 是 $\mathbb{R}$ 上的不空开集, 诸 I_k 是它的生成区间. 那么 $\Gamma_\ell(\mathbb{1}, E)$ 在 $\mathbb{R}^2$ 中的测度是 G 在 $\mathbb{R}$ 中的测度, 这将被定义为 $\mathbb{1}$ 在 E 上的积分.

§2.1 基本概念

现在我们考虑的函数是从 $\mathbb{R}^n$ 的子集到广义实数集 $\overline{\mathbb{R}} = \mathbb{R} \bigcup \{-\infty, \infty\}$ 的映射.

定义 2.1 设 E 是可测集, $f: E \longrightarrow \overline{\mathbb{R}}$. 如果

$$\forall c \in \mathbb{R}, \quad E(f > c) := \{x \in E : f(x) > c\} \text{ 可测}, \tag{2.1}$$

则称 f 为 E 上的**可测函数**.

定理 2.1 定义 2.1 中的命题 (2.1) 与以下命题中的每个都等价:

$$\forall c \in \mathbb{R}, \quad E(f < c) := \{x \in E : f(x) < c\} \text{ 可测}, \tag{2.2}$$

$$\forall c \in \mathbb{R}, \quad E(f \geq c) := \{x \in E : f(x) \geq c\} \text{ 可测}, \quad (2.3)$$

$$\forall c \in \mathbb{R}, \quad E(f \leq c) := \{x \in E : f(x) \leq c\} \text{ 可测}. \quad (2.4)$$

证 关系式 "(2.1) $\Longrightarrow$ (2.3)" 由下式可得:

$$E(f \geq c) = \bigcap_{k=1}^{\infty} E\left(f > c - \frac{1}{k}\right);$$

关系式 "(2.3) $\Longrightarrow$ (2.2)" 由下式可得:

$$E(f < c) = (E(f \geq c))^c = E \setminus E(f \geq c);$$

关系式 "(2.2) $\Longrightarrow$ (2.4)" 由下式可得:

$$E(f \leq c) = \bigcap_{k=1}^{\infty} E\left(f < c + \frac{1}{k}\right);$$

关系式 "(2.4) $\Longrightarrow$ (2.1)" 由下式可得:

$$E(f > c) = (E(f \leq c))^c = E \setminus E(f \leq c). \qquad \Box$$

容易验证, 定义 2.1 与下述定义 2.1′ 等价.

定义 2.1′ 设 E 是可测集, $f : E \to \overline{\mathbb{R}}$. 并设集合 $\{x \in E : f(x) = \infty\}$ 以及集合 $\{x \in E : f(x) = -\infty\}$ 都可测. 如果

$$\forall \text{开集} G \subset \mathbb{R}, \quad f^{-1}(G) := \{x \in E : f(x) \in G\} \text{ 可测}, \quad (2.1')$$

则称 f 为 E 上的**可测函数.**

例 2.1 零测度集上的函数可测.

例 2.2 开集上的连续函数可测, 因为开集的原像是开集, 开集可测. 注意到拓扑子空间的概念, 就得到结论: 任何可测集上的连续函数都可测.

例 2.3 可测集的特征函数可测. 集合 E 的特征函数的定义是

$$\chi_E(x) = \begin{cases} 1, & \text{当 } x \in E, \\ 0, & \text{当 } x \notin E. \end{cases}$$

定理 2.2 设 f, g 在集 E 上可测, 不同时取无穷值. 若 $\alpha, \beta \in \mathbb{R}$, 则 $\alpha f + \beta g$ 可测. 而且 fg 可测.

证 把比例数集 $\mathbb{Q}$ 写成 $\mathbb{Q} = \{r_k : k \in \mathbb{N}_+\}$. 根据 $\overline{\mathbb{Q}} = \mathbb{R}$, 我们得

$$\forall c \in \mathbb{R}, \quad E(f+g>c) = \bigcup_{k=1}^{\infty} \left(E(f>r_k) \bigcap E(g>c-r_k) \right),$$

以及

$$E(\alpha f > c) = \begin{cases} E\left(f > \dfrac{c}{\alpha}\right), & \alpha > 0, \\ E\left(f < \dfrac{c}{\alpha}\right), & \alpha < 0, \\ E, & \alpha = 0, c < 0, \\ \varnothing, & \alpha = 0, c \geqslant 0. \end{cases}$$

乘积 fg 的可测性的证明留作习题. $\square$

在这个定理的证明中, 用到了 $\mathbb{R}^n$ 的这样的一条性质, 即 $\mathbb{R}^n$ 中有可数的稠子集. 这条性质叫做 (距离空间)$\mathbb{R}^n$ 的可分性.

定理 2.3 设 E 是可测集, $k \in \mathbb{N}_+$, f_k 在 E 上可测. 令

$$g = \sup\{f_k : k \in \mathbb{N}_+\}, \quad h = \inf\{f_k : k \in \mathbb{N}_+\}.$$

那么 g, h 皆在 E 上可测, 并且

$$\limsup_{k \to \infty} f_k, \qquad \liminf_{k \to \infty} f_k$$

皆在 E 上可测.

证 $\forall c \in \mathbb{R}$,

$$E(g > c) = \bigcup_{k=1}^{\infty} E(f_k > c),$$
$$E(h \geqslant c) = \bigcap_{n=1}^{\infty} E(f_n \geqslant c),$$

并且

$$E(\limsup_{k \to \infty} f_k > c) = \bigcap_{k=1}^{\infty} \bigcup_{j=k}^{\infty} E(f_j > c),$$
$$E(\liminf_{k \to \infty} f_k \geqslant c) = \bigcup_{k=1}^{\infty} \bigcap_{j=k}^{\infty} E(f_j \geqslant c).$$

由此完成了证明. $\square$

下述定理是明显的.

定理 2.4 f 在 E 上可测. 那么下面的三个函数

$$f^+ := \max\{f, 0\}, \quad f^- := \max\{-f, 0\}, \quad |f| = f^+ + f^-$$

都在 E 上可测.

显然, $|f|$ 的可测性不蕴涵 f 的可测性. 请自举例.

定义 2.2 可测集的特征函数的有限线性组合

$$\varphi = \sum_{i=1}^{m} c_i \chi_{E_i}$$

叫做简单函数.

显然, 简单函数是只取有限个实数值的可测函数.

定理 2.5 设 E 可测, f 在 E 上可测, 并且 $f \geqslant 0$. 那么, 存在非负简单函数 $\varphi_k, k \in \mathbb{N}_+$, 使

$$\forall k \in \mathbb{N}_+, \ 0 \leqslant \varphi_k \leqslant \varphi_{k+1} \quad \text{且} \quad \forall x \in E, \ \lim_{k \to \infty} \varphi_k(x) = f(x).$$

证 定义

$$E_{mk} = E\left(\frac{k-1}{2^m} \leqslant f < \frac{k}{2^m}\right)$$
$$= \left\{x \in E : \frac{k-1}{2^m} \leqslant f(x) < \frac{k}{2^m}\right\}, \quad k, m \in \mathbb{N}_+,$$

以及

$$\varphi_m(x) = \begin{cases} \dfrac{k-1}{2^m}, & \text{当 } x \in E_{mk}, \ k = 1, 2, \cdots, m2^m, \\ m, & \text{当 } f(x) \geqslant m. \end{cases}$$

那么 $\varphi_m \geqslant 0$, φ_m 简单 (可测并且最多取 $m2^m + 1$ 个不同的值).

我们来比较 φ_m 和 φ_{m+1}.

1) 当 $f(x) \geqslant m+1$ 时, $\varphi_{m+1}(x) = m+1 > m \geqslant \varphi_m(x)$.

2) 显然

$$E(m \leqslant f < m+1) = \bigcup_{k=m2^{m+1}+1}^{(m+1)2^{m+1}} E_{m+1, k}.$$

那么, 当 $x \in E(m \leqslant f < m+1)$ 时,

$$\varphi_{m+1}(x) \geqslant \frac{m2^{m+1}}{2^{m+1}} = m \geqslant \varphi_m(x).$$

3) 我们有
$$E(f<m) = \bigcup_{k=1}^{m2^m} E_{mk},$$
其中
$$\begin{aligned}E_{mk} &= E\left(\frac{k-1}{2^m} \leqslant f < \frac{k}{2^m}\right) \\ &= E\left(\frac{2k-2}{2^{m+1}} \leqslant f < \frac{2k-1}{2^{m+1}}\right) \bigcup E\left(\frac{2k-1}{2^{m+1}} \leqslant f < \frac{2m}{2^{m+1}}\right) \\ &= E_{m+1,2k-1} \bigcup E_{m+1,2k}.\end{aligned}$$

当 $x \in E_{mk}$ ($1 \leqslant k \leqslant m2^m$) 时,
$$\varphi_{m+1}(x) \geqslant \frac{2k-2}{2^{m+1}} = \frac{k-1}{2^m} = \varphi_m(x).$$

可见, 当 $x \in E(f<m)$ 时 $\varphi_m(x) \leqslant \varphi_{m+1}(x)$.

综上所述,
$$\forall x \in E, \ \forall m \in \mathbb{N}_+, \quad 0 \leqslant \varphi_m(x) \leqslant \varphi_{m+1}(x).$$

现在我们来证明 $\lim\limits_{m \to \infty} \varphi_m(x) = f(x)$.

若 $f(x) = \infty$, 则
$$\forall m \in \mathbb{N}_+, \ \varphi_m(x) = m \implies \varphi_m(x) \to f(x).$$

设 $f(x) < \infty$. 那么, 当 $m > f(x)$ 时,
$$0 \leqslant f(x) - \varphi_m(x) < \frac{1}{2^m},$$

可见 $\lim\limits_{m \to \infty} \varphi_m(x) = f(x)$. □

关于定理 2.5 的注 在定理 2.5 的证明中, 根本不涉及函数的可测性. 所以, 定理的更一般的形式为

定理 2.5′ 设 $E \subset \mathbb{R}^n$ 不空, $f: E \longrightarrow [0, \infty]$. 那么, 存在只取有限个值的函数 $\varphi_k, k \in \mathbb{N}_+$, 使
$$\forall k \in \mathbb{N}_+, \ 0 \leqslant \varphi_k \leqslant \varphi_{k+1} \quad 且 \quad \forall x \in E, \ \lim\limits_{k \to \infty} \varphi_k(x) = f(x).$$

定义 2.3 设 E 是可测集. 一个与 E 的点 x 有关的命题 $P(x)$, 如果去掉 E 的一个零测度子集外处处成立, 也就是说集

$$A := \{x \in E : P(x) \text{ 不成立}\}$$

具有零测度, 那么就说 P 在 E 上几乎处处成立, 简记为

$$P(x) \text{ 在 } E \text{ 上 a.e. 成立}.$$

这里 a.e. = "almost everywhere" (在有的场合, a.e.= "almost every").

§2.2 可测函数的结构

一个可测集上的取有限值的可测函数可以是处处不连续的. 但是, 我们将看到, 这种不连续性, 其实只是函数在 "不太多" 的点处的怪异性状引起的. 现在我们就来讨论这个问题.

引理 2.6 设 ϕ 为 E 上的简单函数. 任给 $\varepsilon > 0$, 存在闭集 $F \subset E$ 使 $\phi \in C(F)$ 且 $|E \setminus F| < \varepsilon$.

证 我们注意, 根据第二章 §4 定义 4.2, 连续是相对于定义域而言的.

设 $\phi = \sum_{k=1}^{m} c_k \chi_{E_k}$, 其中诸 E_k 两两不交. 对于 $\varepsilon > 0$, 存在闭集 $F_k \subset E_k, k = 1, \cdots, m$, 使 $|E_k \setminus F_k| < m^{-1}\varepsilon$. 令 $F = \bigcup_{k=1}^{m} F_k$. 那么 F 是闭集, $F \subset E$ 且 $|E \setminus F| < \varepsilon$.

对于任意的 $x \in F$, 存在唯一的 $k \in \{1, \cdots, m\}$ 使 $x \in F_k$. 令

$$\delta = \min\{|x - y| : y \in F \setminus F_k\}.$$

那么 $\delta > 0$ 且在 $F \bigcap B(x; \delta) \subset F_k$ 上 ϕ 为常数 c_k. 可见, ϕ 在点 x 处相对于 F 连续. 从而 $\phi \in C(F)$. □

在引理 2.6 的意义之下, 可以说 "简单函数与连续函数差不多".

为了从简单函数过渡到一般可测函数, 我们需要一个关于可测函数序列的收敛性的定理, 它以俄罗斯数学家 Егоров (叶戈罗夫) 的名字命名.

Егоров 定理 设 $|E| < \infty$, f, f_m 是 E 上的 a.e. 取有限值 (即实数值) 的可测函数. 如果

$$\forall x \in E, \quad \lim_{m \to \infty} f_m(x) = f(x),$$

那么 $\forall \delta > 0, \exists A \subset E$, 使 $|E \setminus A| < \delta$ 且

$$\limsup_{m \to \infty} \{|f(x) - f_m(x)| : x \in A\} = 0.$$

(即 f_m 在 A 上一致收敛到 f.)

证 无妨认为诸函数皆处处取有限值. 定义

$$E_m(k) = E\left(|f - f_m| < \frac{1}{k}\right), \quad m, k \in \mathbb{N}_+.$$

那么, $\forall k \in \mathbb{N}_+$,

$$E = \bigcup_{j=1}^{\infty} \bigcap_{m=j}^{\infty} E_m(k).$$

我们知道

$$\lim_{m \to \infty} f_m(x) = f(x) \in \mathbb{R}$$

$$\Longrightarrow \forall k \in \mathbb{N}_+, \exists N \in \mathbb{N}_+, \text{当} m \geqslant N \text{ 时}, |f(x) - f_m(x)| < \frac{1}{k}$$

$$\Longrightarrow \forall k \in \mathbb{N}_+, \exists N \in \mathbb{N}_+, \text{当} m \geqslant N \text{ 时}, x \in E_m(k)$$

$$\Longrightarrow \forall k \in \mathbb{N}_+, \exists N \in \mathbb{N}_+, x \in \bigcap_{m=N}^{\infty} E_m(k)$$

$$\Longrightarrow \forall k \in \mathbb{N}_+, x \in \bigcup_{j=1}^{\infty} \bigcap_{m=j}^{\infty} E_m(k)$$

$$\Longleftrightarrow x \in \bigcap_{k=1}^{\infty} \bigcup_{j=1}^{\infty} \bigcap_{m=j}^{\infty} E_m(k).$$

记 $F_j(k) = \bigcap_{m=j}^{\infty} E_m(k)$. 那么 $F_j(k) \subset F_{j+1}(k)\,(\forall k, j \in \mathbb{N}_+)$. 从而

$$\forall k \in \mathbb{N}_+, \quad |E| = \lim_{j \to \infty} |F_j(k)|.$$

$\forall \delta > 0$, 取 $j_k \in \mathbb{N}_+$, 使 $|F_{j_k}(k)| > |E| - 2^{-k}\delta$ (这里用到 $|E| < \infty$). 令

$$A = \bigcap_{k=1}^{\infty} F_{j_k}(k) = \bigcap_{k=1}^{\infty} \bigcap_{m=j_k}^{\infty} E_m(k)$$

$$= \bigcap_{k=1}^{\infty} \bigcap_{m=j_k}^{\infty} E\left(|f - f_m| < \frac{1}{k}\right).$$

那么, $\forall k \in \mathbb{N}_+$, 当 $m > j_k$ 时,

$$\sup\{|f(x) - f_m(x)| : x \in A\} < \frac{1}{k}.$$

从而
$$\lim_{m\to\infty}\sup\{|f(x)-f_m(x)|:x\in A\}=0.$$
另一方面,
$$E\setminus A=\bigcup_{k=1}^{\infty}E\setminus F_{j_k}(k),$$
$$|E\setminus A|\leqslant\sum_{k=1}^{\infty}|E\setminus F_{j_k}|=\sum_{k=1}^{\infty}(|E|-|F_{j_k}|)<\delta.$$
这就完成了证明. □

例 2.4 设 $f_m(x)=\chi_{(m,\infty)}(x)\to 0\ (m\to\infty)$. 但对于任何无上界的集合 A,
$$\sup\{f_m(x)-0:x\in A\}=1.$$
此例表明, Егоров 定理的条件 $|E|<\infty$ 不可去掉.

下一个定理以俄罗斯数学家 Лузин (卢津) 的名字命名.

Лузин 定理 设 f 为 E 上的可测函数, a.e. 有限. 那么, 任给 $\varepsilon>0$, 存在闭集 $F\subset E$, 使 $f\in C(F)$ 且 $|E\setminus F|<\varepsilon$.

证 无妨认为 f 只取有限值.

根据定理 2.5, 存在简单函数 ϕ_k 使
$$\forall x\in E,\quad\lim_{k\to\infty}\phi_k(x)=f(x).$$

先设 $|E|<\infty$. 设 $\varepsilon>0$. 根据 Егоров 定理, 存在可测集 $A\subset E$, 使 $|E\setminus A|<2^{-1}\varepsilon$ 且 $\{\phi_k\}_{k=1}^{\infty}$ 在 A 上一致收敛.

根据引理 2.6, 对于每个 ϕ_k, 存在一个闭集 $F_k\subset A$, 使
$$\phi_k\in C(F_k),\quad |A\setminus F_k|<2^{-k-1}\varepsilon.$$

定义 $F=\bigcap_{k=1}^{\infty}F_k$. 那么, F 是闭集, $F\subset A$ 且
$$|A\setminus F|=\Big|\bigcup_{k=1}^{\infty}(A\setminus F_k)\Big|\leqslant\sum_{k=1}^{\infty}|A\setminus F_k|<2^{-1}\varepsilon.$$

显然, $\{\phi_k\}_{k=1}^{\infty}$ 在 F 上一致收敛到 f. 从而 $f\in C(F)$.

对于 $|E|$ 无限的情形, 把 E 分解为可数个有限测度的 $E_k=\{x\in E:k-1\leqslant|x|<k\}\ (k\in\mathbb{N}_+)$ 的并. 在每个 E_k 上用已证的结果, 再合起来, 注意到 §1 习题 12 的结论, 就完成了证明. □

我们看到, 按 Лузин 定理的说法, 可测函数确实与连续函数差不多.

§2.3 连续函数的延拓

下面我们来考虑 $\mathbb{R}^n$ 的紧子集上的连续函数的连续延拓.

引理 2.7 设 K 为 $\mathbb{R}^n$ 的不空紧子集, F 是 $\mathbb{R}^n$ 的不空闭子集. 若 $K \cap F = \varnothing$, 则存在 $f \in C(\mathbb{R}^n)$ 满足

$$\chi_K \leqslant f \leqslant \chi_{F^c}.$$

证 用符号 $d(A, B)$ 代表集 A, B 间的距离, 即

$$d(A, B) = \inf\{|x - y| : x \in A, y \in B\}.$$

当 A 为单点集 $\{x\}$ 时, 把 $d(A, B)$ 写成 $d(x, B)$.

令 $\delta = d(K, F)$, 显然 $\delta > 0$. 定义

$$f(x) = \begin{cases} \delta^{-1} d(x, F), & \text{当 } d(x, F) < \delta, \\ 1, & \text{当 } d(x, F) \geqslant \delta. \end{cases}$$

那么, 记 $G = F^c$, 有

$$\chi_K \leqslant f \leqslant \chi_G.$$

我们来验证 f 连续.

设 $a \in \mathbb{R}$, 用 $(f > a)$ 表示 $\mathbb{R}^n$ 中使 $f(x) > a$ 的点 x 的集合, 而 $(f < a)$ 表示 $\mathbb{R}^n$ 中使 $f(x) < a$ 的点 x 的集合.

① 当 $a < 0$ 时, $(f > a) = \mathbb{R}^n$ 是开集, $(f < a) = \varnothing$ 也是开集.

② 当 $a = 0$ 时, $(f > 0) = G$ 是开集, $(f < 0) = \varnothing$ 也是开集.

③ 设 $0 < a < 1$. 如果 $f(x) > a$, 那么, 取 $r = \dfrac{1}{2}\delta(f(x) - a)$, 就得到, 当 $y \in B(x; r)$ 时,

$$d(y, F) \geqslant d(x, F) - d(x, y) \geqslant \delta f(x) - r = \dfrac{1}{2}\delta(f(x) + a) > \delta a.$$

于是 $f(y) > a$. 可见 x 是 $(f > a)$ 的内点. 从而 $(f > a)$ 是开集. 另一方面, 若 $f(x) < a$, 取 $r = \dfrac{1}{2}\delta(a - f(x))$, 就得到, 当 $y \in B(x; r)$ 时,

$$d(y, F) \leqslant d(x, F) + d(x, y) \leqslant \delta f(x) + r = \dfrac{1}{2}\delta(f(x) + a) < \delta a.$$

于是 $f(y) < a$. 可见 x 是 $(f < a)$ 的内点. 从而 $(f < a)$ 是开集.

④ 当 $a = 1$ 时, $(f > 1) = \varnothing$ 是开集. 设 $f(x) < 1$. 取 $r = \dfrac{1}{2}\delta(1 - f(x))$. 那么, 当 $y \in B(x; r)$ 时,

$$d(y, F) \leqslant d(x, F) + d(x, y) \leqslant \delta f(x) + r = \dfrac{1}{2}\delta(f(x) + 1) < \delta.$$

于是 $f(y) < 1$. 可见 x 是 $(f < 1)$ 的内点. 从而 $(f < 1)$ 是开集.

⑤ 当 $a > 1$ 时, $(f > a) = \varnothing$ 是开集, $(f < a) = \mathbb{R}^n$ 是开集.

总之, 开区间的原像是开集, 从而 f 连续. □

这个引理是拓扑学中以 П.С.Урысон (乌雷松) 的名字命名的一个引理的特殊情况.

此引理有下述简单推论.

引理 2.7 的推论 设 K 为 $\mathbb{R}^n$ 的紧子集, F 是 $\mathbb{R}^n$ 的闭子集, $a, b \in \mathbb{R}$. 若 $K \bigcap F = \varnothing$, 则存在 $f \in C(\mathbb{R}^n)$ 取值于 a, b 之间, 且满足

$$\forall x \in K,\ f(x) = a;\quad \forall x \in F,\ f(x) = b. \qquad \square$$

定理 2.8 设 K 为 $\mathbb{R}^n$ 的不空紧子集, $f \in C(K)$. 那么, 存在 $g \in C(\mathbb{R}^n)$, 使

$$\|g\|_{C(\mathbb{R}^n)} \leqslant \|f\|_{C(K)};\quad \forall x \in K,\ g(x) = f(x).$$

证 记 $a_0 = \|f\|_{C(K)}$. (设 $a_0 > 0$, 否则不必证.) 记 $f_0 = f$.
令

$$A_0 = \left\{x : x \in K,\ f_0(x) \leqslant -\frac{1}{3}a_0\right\},$$
$$B_0 = \left\{x : x \in K,\ f_0(x) \geqslant \frac{1}{3}a_0\right\}.$$

显然 A_0, B_0 都是紧集, $A_0 \bigcap B_0 = \varnothing$. 根据引理 2.7 的推论, 存在 $g_0 \in C(\mathbb{R}^n)$, 使

$$g_0(\mathbb{R}^n) \subset \left[-\frac{a_0}{3}, \frac{a_0}{3}\right],\ g_0(A_0) = \left\{-\frac{a_0}{3}\right\},\ g_0(B_0) = \left\{\frac{a_0}{3}\right\}.$$

(当然 A_0, B_0 之一为空集的情况可发生.) 在 K 上定义 $f_1 = f_0 - g_0$. 那么 $f_1 \in C(K)$, 且

$$a_1 := \|f_1\|_{C(K)} \leqslant \frac{2}{3}a_0.$$

令

$$A_1 = \left\{x : x \in K, f_1(x) \leqslant -\frac{1}{3}a_1\right\},$$
$$B_1 = \left\{x : x \in K, f_1(x) \geqslant \frac{1}{3}a_1\right\}.$$

显然 A_1, B_1 都是紧集, $A_1 \bigcap B_1 = \varnothing$. 根据引理 2.7 的推论, 存在 $g_1 \in C(\mathbb{R}^n)$, 使

$$g_1(\mathbb{R}^n) \subset \left[-\frac{a_1}{3}, \frac{a_1}{3}\right],\ g_1(A_1) = \left\{-\frac{a_1}{3}\right\},\ g_1(B_1) = \left\{\frac{a_1}{3}\right\}.$$

(当然 A_1, B_1 之一为空集的情况可发生.) 在 K 上定义 $f_2 = f_1 - g_1$. 那么 $f_2 \in C(K)$, 且
$$a_2 := \|f_2\|_{C(K)} \leqslant \frac{2}{3} a_1.$$

无休止地重复这个步骤, 得到
$$f_m \in C(K), \ g_m \in C(\mathbb{R}^n), \quad m \in \mathbb{N}_+,$$

满足
$$\forall x \in K, \quad f_{m+1}(x) = f_m(x) - g_m(x);$$
$$a_m = \|f_m\|_{C(K)};$$
$$\|g_m\|_{C(\mathbb{R}^n)} \leqslant \frac{1}{3} a_m, \quad a_{m+1} \leqslant \frac{2}{3} a_m.$$

于是
$$\|f_m\|_{C(K)} \leqslant \left(\frac{2}{3}\right)^m a_0,$$
$$\|g_m\|_{C(\mathbb{R}^n)} \leqslant \frac{1}{3}\left(\frac{2}{3}\right)^m a_0.$$

在 $\mathbb{R}^n$ 上定义
$$S_m(x) = \sum_{k=0}^{m} g_k(x), \quad m \in \mathbb{N}_+.$$

那么
$$|S_m(x) - S_{m+j}(x)| \leqslant \sum_{k=1}^{j} |g_{m+k}(x)| \leqslant \frac{1}{3}\left(\frac{2}{3}\right)^m a_0 \sum_{k=1}^{j} \left(\frac{2}{3}\right)^k.$$

可见 $\{S_m\}$ 在 $\mathbb{R}^n$ 上一致收敛. 定义
$$g(x) = \lim_{m \to \infty} S_m(x),$$

则 g 在 $\mathbb{R}^n$ 上连续, 且
$$\|g\|_{C(\mathbb{R}^n)} \leqslant \sup_{m \in \mathbb{N}_+} \|S_m\|_{C(\mathbb{R}^n)} \leqslant \frac{1}{3} a_0 \sup_{m \in \mathbb{N}_+} \sum_{k=1}^{m} \left(\frac{2}{3}\right)^k = a_0.$$

对于 $x \in K$,
$$S_m(x) = \sum_{k=0}^{m} \big(f_k(x) - f_{k+1}(x)\big) = f(x) - f_{m+1}(x).$$

所以
$$g(x) = f(x) - \lim_{m \to \infty} f_{m+1}(x) = f(x).$$

这个定理是拓扑学中以 П.С.Урысон 的名字命名的延拓定理的特殊情况.

根据定理 2.8, 以及 $\mathbb{R}^n$ 可表示为 $\aleph_0$ 个紧集的并集这一事实, 我们可以把 Лузин 定理中的 $f \in C(F)$ 连续延拓到 $\mathbb{R}^n$, 此事之证明可作为习题 (见习题 4.2, 题 20). 然而, 更有用的是有限测度集上的有界函数用连续函数来近似的结果.

定义 2.4 设 f 是 $\mathbb{R}^n$ 上的 a.e. 取有限值的函数. 我们把集合
$$\{x \in \mathbb{R}^n : f(x) \neq 0\}$$
的闭包叫做 f 的**支撑集**, 简称为支集, 记做 $\operatorname{supp} f$. 把 $\mathbb{R}^n$ 上支集为紧集的连续函数的全体记做 $C_c(\mathbb{R}^n)$ (下标 c 代表 compact).

定理 2.9 设 f 在 E 上可测且有界. 如果 $|E| < \infty$, 那么,$\forall \varepsilon > 0$, $\exists g \in C_c(\mathbb{R}^n)$, 使
$$|\{x \in E : f(x) \neq g(x)\}| < \varepsilon, \quad \|g\|_{C(\mathbb{R}^n)} \leqslant \sup_{x \in E} |f(x)|.$$

证 根据 Лузин 定理, 存在紧集 $K \subset E$, 使 $|E \setminus K| < \varepsilon$, 且 $f \in C(K)$. 记 $M = \sup_{x \in E} |f(x)|$. 并把 $\| \cdot \|_{C(\mathbb{R}^n)}$ 写做 $\| \cdot \|_c$. 用定理 2.8, 知存在 $h \in C(\mathbb{R}^n)$, 使 $\forall x \in K$, $h(x) = f(x)$, 且 $\|h\|_c \leqslant M$. 取有界开集 $G \supset K$. 对于紧集 K 和闭集 $F := G^c$, 用引理 2.7, 知存在 $\phi \in C(\mathbb{R}^n)$ 满足
$$\chi_K \leqslant \phi \leqslant \chi_G.$$

令 $g = h\phi$ 就完成了证明.

习题 4.2

1. 证明定义 2.1 与定义 2.1′ 等价.
2. 设 E 是 $\mathbb{R}^n$ 的可测子集, $I = [0, a] \, (a \geqslant 0)$. 证明: $E \times I$ 是 $\mathbb{R}^{n+1}$ 的可测子集, 进而证明, 对于 $\mathbb{R}$ 的任何可测子集 $F, E \times F$ 都是 $\mathbb{R}^{n+1}$ 的可测子集, 其测度为
$$|E \times F|_{n+1} = |E|_n \times |F|_1.$$
式中, $|\cdot|_m$ 代表 $\mathbb{R}^m$ 的可测子集的测度.
3. 设 φ 是非负简单函数 (见定义 2.2). 证明: $\Gamma_\ell(\varphi)$ 是 $\mathbb{R}^{n+1}$ 的可测子集.
4. 设 f 是 $E \subset \mathbb{R}^n$ 上的非负可测函数. 证明: $\Gamma_\ell(f, E)$ 是 $\mathbb{R}^{n+1}$ 的可测子集.

5. 设 E 是 $\mathbb{R}^n$ 的不空可测子集,$f: E \longrightarrow [0,\infty)$. 证明:$f$ 可测的必要条件是 $\Gamma_\ell(f,E)$ 是 $\mathbb{R}^{n+1}$ 的可测子集. 问: 条件 "$\Gamma_\ell(f,E)$ 是 $\mathbb{R}^{n+1}$ 的可测子集" 蕴涵 "f 可测" 吗?

6. 若 f 在 E 上可测,则 f 在 E 的任何可测子集上都可测.

7. $\mathbb{R}$ 上的单调函数是可测的.

8. 设 $A \subset \mathbb{R}$. 若 $\overline{A} = \mathbb{R}$,则 f 是 E 上的可测函数 $\Longrightarrow \forall \alpha \in A,\ E(f > \alpha)$ 可测.

9. 设 f 在 E 上可测,$|E| < \infty$. 证明: 若 f 在 E 上 a.e. 取有限值,则

$$\forall \varepsilon > 0,\ \exists\ 有界可测函数 g\ 使得\ |E(f \neq g)| < \varepsilon.$$

10. 设 f 在 E 上可测,且 $f > 0$. 证明: 若 $|E| > 0$,则存在正数 a 及 E 的正测度子集 A,使 $\forall x \in A,\ f(x) > a$.

11. 设 f, g 在 E 上可测,不同时取无穷值. 证明:fg 可测.

12. 设 f 在 E 上可测,不取零值. 证明:$\dfrac{1}{f}$ 可测.

13. 用三进制表示数,规定不以 2 为循环节. 令

$$P = \{0.x_1 x_2 \cdots:\ x_j \in \{0, 2\}\}.$$

定义映射

$$\phi: P \longrightarrow [0,1),\quad f(0.x_1 x_2 \cdots) = 0.y_1 y_2 \cdots,$$

其中 $0.y_1 y_2 \cdots$ 是二进制数,$y_j = \dfrac{x_j}{2}$,$(j \in \mathbb{N}_+)$. 证明:
(1) P 是 $\mathbb{R}$ 的零测度子集;
(2) ϕ 是严格增的满射,其逆映射 $\psi \in C[0,1)$;
(3) $\overline{P} = P \bigcup \{1\}$;
(4) $\overset{\circ}{P} = \varnothing$.

14. 设 f 在 E 上可测. 若 $g \in C(\mathbb{R})$,则复合函数 $g \circ f$ $(g \circ f(x) := g(f(x)))$ 在 E 上可测.

15. 证明: 在题 14 中,只要求 g 可测而不要求它连续时,命题不再成立.

16. 设 f, g 在 E 上可测. 证明:$E(f > g)$ 是可测集.

17. 设 f 在 $\mathbb{R}$ 上处处可导,证明:f' 在 $\mathbb{R}$ 上可测.

18. 设 f 在有界区间 $[a,b]$ 上单调增. 证明: 任给 $\varepsilon > 0$,存在 $g \in C[a,b]$,使得 g 单调增,$g(a) = f(a),\ g(b) = f(b)$ 且

$$|\{x \in [a,b]: f(x) \neq g(x)\}| < \varepsilon.$$

19. 证明引理 2.7 的推论.

20. 设 f 在 $\mathbb{R}^n$ 上取有限值,可测. 证明: 任给 $\varepsilon > 0$,存在 $g \in C(\mathbb{R}^n)$,使

$$|\{x \in \mathbb{R}^n: f(x) \neq g(x)\}| < \varepsilon.$$

§3 积分的定义及基本理论

我们重申 $0\infty = 0$ 的规定.

从本节开始, 我们涉及的 $\mathbb{R}^n$ 的任何子集, 若无特别声明, 都被认为是可测的.

§3.1 积分的定义及基本性质

我们分两个步骤来给出函数的积分的定义.

定义 3.1 1) 设 φ 是 E 上的非负简单函数, 取 m 个两两不同的值 $c_i \geqslant 0$, $i = 1, \cdots, m$. 那么它可以唯一确定地表示为 $\varphi = \sum_{i=1}^{m} c_i \chi_{E_i}$, 其中诸 E_i 两两不交并且 $\bigcup_{i=1}^{m} = E$. 称广义非负实数 $\sum_{i=1}^{m} c_i |E_i|$ 为 φ 在 E 上的积分, 记做 $\int_E \varphi$ 或 $\int_E \varphi(x)\, dx$.

首先说明, 简单函数的表达式有很大的任意性, 例如

$$\begin{aligned}\phi &= 2\chi_A + 3\chi_B + 4\chi_C \\ &= 2\chi_{A\cup B} + 4\chi_{B\cup C} - 3\chi_B \\ &= 2\chi_{A\cup B\cup C} + 2\chi_C + 1\chi_B \\ &= 1\chi_A + 1\chi_{A\cup B} + 2\chi_{B\cup C} + 2\chi_C \\ &= 1\chi_A + 1\chi_{A\cup B} + 4\chi_{B\cup C} - 2\chi_B.\end{aligned}$$

同一个非负简单函数, 表示成特征函数的有限线性组合, 可以写出无限多种不同的形式, 但是像定义中所规定的形式只有一个, 姑且把这种唯一确定的表达式叫做 "标准形式". 标准形式提供了定义的值的不容置疑的确定性. 然而, 下面的引理保证, 在一切系数非负的条件下, 形式不同的表达式都可以用来定义积分的值.

引理 3.1 设 φ, ψ 都是 E 上的非负简单函数. 那么 (按定义 3.1 的 1))

$$\int_E (\varphi + \psi) = \int_E \varphi + \int_E \psi.$$

证 由定义, 对于表示成标准形式的简单函数

$$\varphi = \sum_{i=1}^{m} c_i \chi_{E_i}, \quad \psi = \sum_{j=1}^{k} d_j \chi_{F_j} \left(\bigcup_{i=1}^{m} E_i = \bigcup_{j=1}^{k} F_j = E \right),$$

令 $E_{ij} = E_i \bigcap F_j$,得

$$\varphi + \psi = \sum_{i=1}^{m} \sum_{j=1}^{k} (c_i + d_j) \chi_{E_{ij}}.$$

这个表达式中,当 $(i,j) \neq (s,t)$ 时, $E_{ij} \bigcap E_{st} = \emptyset$,但系数 $c_i + d_j$ 完全有可能等于 $c_s + d_t$. 所以严格说来这个表达式不一定是标准形式. 但是, 当把使 $c_i + d_j = c_s + d_t$ 的集合 E_{ij} 与 E_{st} 都合并到一起, 用所得的并集的特征函数乘系数 $c_i + d_j$ 代替所合并的各项之后, 就作成了非负简单函数 $\varphi + \psi$ 的标准表示, 依照它得到的积分值必定等于

$$\int_E (\varphi + \psi) = \sum_{i=1}^{m} \sum_{j=1}^{k} (c_i + d_j) |E_i \bigcap F_j|$$
$$= \sum_{i=1}^{m} c_i \sum_{j=1}^{k} |E_i \bigcap F_j| + \sum_{j=1}^{k} d_j \sum_{i=1}^{m} |E_i \bigcap F_j|$$
$$= \sum_{i=1}^{m} c_i |E_i| + \sum_{j=1}^{k} d_j |F_j|$$
$$= \int_E \varphi + \int_E \psi.$$

这就完成了引理的证明. □

从引理 3.1 得到一个**推论**: 若 E 上的简单函数 φ 和 ψ 具有关系 $0 \leqslant \varphi \leqslant \psi$, 那么

$$\int_E \varphi \leqslant \int_E \psi.$$

这是因为 $\psi = \varphi + (\psi - \varphi)$ 是两个非负简单函数的和. □

现在接着定义一般函数的积分.

定义 3.1 在 1) 的基础上,

2) 设 f 是 E 上的非负可测函数, 称

$$\sup \left\{ \int_E \varphi : \varphi \text{ 简单}, \text{ 且 } 0 \leqslant \varphi \leqslant f \right\}$$

为 f 在 E 上的积分, 记做 $\int_E f$ 或 $\int_E f(x) \,\mathrm{d}x$.

3) 设 f 在 E 上可测, 若 $\int_E f^+$ 和 $\int_E f^-$ 不同为 ∞, 则称

$$\int_E f^+ - \int_E f^-$$

为 f 在 E 上的积分, 记之为 $\int_E f$ 或 $\int_E f(x)\,\mathrm{d}x$, 叫做 f 的 Lebesgue 积分.

4) 如果 $\int_E f \in \mathbb{R}$, 则说 f 在 E 上可积. 把 E 上可积的函数的全体记做 $L(E)$, 符号 L 纪念 Lebesgue.

注意, 由于有了引理 3.1 (其推论), 我们看到定义 3.1 中的 2) 与 1) 是无矛盾的. 也就是说, 按照 1) 规定的非负简单函数的积分必定满足 2).

由定义 3.1 直接看出 若 f 在 E 上可积, $A \subset E$, 则
$$\int_A f = \int_E f\chi_A.$$
□

例 3.1 Dirichlet 函数
$$D(x) = \begin{cases} 1, & x \in \mathbb{Q}^n, \\ 0, & x \notin \mathbb{Q}^n \end{cases}$$
的积分
$$\int_\mathbb{R} D = |\mathbb{Q}^n| = 0.$$

引理 3.2 设 $\varphi \geqslant 0$ 是简单函数, $E = E_1 \bigcup E_2$, $E_1 \bigcap E_2 = \varnothing$. 那么
$$\int_E \varphi = \int_{E_1} \varphi + \int_{E_2} \varphi.$$

证 由于 $\varphi = \varphi\chi_{E_1} + \varphi\chi_{E_2}$, 使用引理 3.1 便得结论. □

例 3.2 我们使用积分的概念, 根据引理 3.2 给出习题 4.1 题 13 的一种证法.

记 $A = \bigcap\limits_{k=1}^m E_k$. 那么
$$(m-1)|E| < \sum_{k=1}^m |E_k| = \int_E \sum_{k=1}^m \chi_{E_k}$$
$$= \int_{E\setminus A} \sum_{k=1}^m \chi_{E_k} + \int_A \sum_{k=1}^m \chi_{E_k} \leqslant (m-1)|E| + m|A|.$$

由此可见 $|A| > 0$. □

引理 3.3(基本引理) 设 f 在 E 上可测, ϕ_m 简单且 $0 \leqslant \phi_m \leqslant \phi_{m+1}$ ($m \in \mathbb{N}_+$). 如果
$$\forall x \in E, \quad \lim_{m \to \infty} \phi_m(x) = f(x),$$

那么
$$\int_E f = \lim_{m\to\infty} \int_E \phi_m.$$

证 若 $\int_E f = 0$, 则不需证.

设 $\int_E f > 0$. 任取正数 $a < \int_E f$, 我们来证
$$\lim_{m\to\infty} \int_E \phi_m > a.$$

显然, $\int_E f > a$ 意味着存在 $\delta > 0$, 使
$$\int_E f > a + \delta.$$

1° 由定义, 存在简单函数 $\phi, 0 \leqslant \phi \leqslant f$, 使
$$\int_E \phi > a + \delta.$$

设 $\phi = \sum_{i=1}^{\mu} c_i \chi_{E_i}$, 诸 $c_i > 0$. 如果每个 E_i 的测度都有限, 则令 $A = \bigcup_{i=1}^{\mu} E_i$, 便知 $0 < |A| < \infty$, 且
$$\int_A \phi > a + \delta.$$

若某 $|E_i| = \infty$, 则 E_i 显然含有某可测子集 A, 使
$$\frac{a+\delta}{c_i} < |A| < \infty.$$

那么
$$\int_A \phi > a + \delta.$$

2° 令 $\psi_m = \min\{\phi_m, \phi\}$. 那么 ψ_m 仍是简单的, 且
$$0 \leqslant \psi_m \leqslant \phi \leqslant f.$$

由于
$$\lim_{m\to\infty} \phi_m(x) = f(x), \quad x \in E,$$

我们断定
$$\lim_{m\to\infty} \psi_m(x) = \phi(x), \quad x \in A.$$

用 Егоров 定理, 知存在 $B \subset A$, 使
$$|A \setminus B| < \frac{\delta}{2\max\{c_1, \cdots, c_\mu\}},$$
且在 B 上, $\{\psi_m\}_{m=1}^\infty$ 一致收敛到 ϕ. 那么, 对于任给的 $\varepsilon > 0$, 存在足够大的 m 使得
$$\forall x \in B, \ \psi_m(x) \leqslant \phi(x) \leqslant \psi_m(x) + \varepsilon \chi_B(x).$$
于是, 根据引理 3.1,
$$\int_B \psi_m \leqslant \int_B \phi \leqslant \int_B \psi_m + \varepsilon|B|.$$
可见,
$$\lim_{m \to \infty} \int_B \psi_m = \int_B \phi.$$

3° 用引理 3.1 和引理 3.2,
$$\int_B \phi = \int_A \phi - \int_{A \setminus B} \phi > a + \frac{\delta}{2},$$
从而
$$\lim_{m \to \infty} \int_B \psi_m > a + \frac{\delta}{2}.$$
但是, 我们知道 $\int_E \phi_m \geqslant \int_B \psi_m$, 所以得到
$$\lim_{m \to \infty} \int_E \phi_m > a + \frac{\delta}{2}.$$
这就完成了基本引理的证明. □

例 3.3 把区间 $(0,1)$ 中的全体比例数写成可数集 $E := \{r_k : k \in \mathbb{N}_+\}$. 设 $0 < \varepsilon < 0.1$. 令
$$G := \bigcup_{k=1}^\infty (r_k - 2^{-k}\varepsilon, r_k + 2^{-k}\varepsilon) \bigcap (0,1).$$
显然 G 是 $(0,1)$ 内的开集, 并且
$$|G| \leqslant \sum_{k=1}^\infty 2^{-k+1}\varepsilon = 2\varepsilon < 1.$$
由于 $G \supset E$, 而 E 在 $(0,1)$ 中稠密 (即闭包 $\overline{G} \supset (0,1)$), 所以 $(0,1) \setminus G$ 无内点. 但测度 $|(0,1) \setminus G| > 0$, 可见 $(0,1) \setminus G \neq \varnothing$. 这表明 G 由 $\aleph_0$ 个生成区间组成, 把

这些生成区间记做 $I_k : k \in \mathbb{N}_+$. 那么

$$\chi_G = \sum_{k=1}^{\infty} \chi_{I_k} = \lim_{m \to \infty} \sum_{k=1}^{m} \chi_{I_k}.$$

根据引理 3.3,

$$|G| = \int_{(0,1)} \chi_G = \lim_{m \to \infty} \int_{(0,1)} \sum_{k=1}^{m} \chi_{I_k} = \sum_{k=1}^{\infty} |I_k|.$$

这个结论只不过是测度的 σ 加性的直接结果. 这里值得注意的是, 作为 $(0,1)$ 上的非负简单函数,χ_G 在正测度集 $(0,1) \setminus G$ 的每点处都不连续.

推论 若 f, g 都是 E 上的非负可测函数, 那么

$$\int_E (f+g) = \int_E f + \int_E g.$$

证 由定理 2.5 知, 存在简单函数 ϕ_k 和 ψ_k $(k \in \mathbb{N}_+)$ 满足

$$0 \leqslant \phi_k \leqslant \phi_{k+1}, \quad \lim_{k \to \infty} \phi_k = f,$$

$$0 \leqslant \psi_k \leqslant \psi_{k+1}, \quad \lim_{k \to \infty} \psi_k = g.$$

令 $\gamma_k = \phi_k + \psi_k$, 则 γ_k 是简单函数, 且

$$0 \leqslant \gamma_k \leqslant \gamma_{k+1}, \quad \lim_{k \to \infty} \gamma_k = f + g.$$

根据引理 3.1

$$\int_E \gamma_k = \int_E \phi_k + \int_E \psi_k.$$

令 $k \to \infty$, 用引理 3.3 就完成了证明. □

用引理 3.3 的这个推论, 容易推导出下面的定理.

定理 3.4 $L(E)$ 是线性空间, 且 $\forall f, g \in L(E), \forall \alpha, \beta \in \mathbb{R}$,

$$\int_E (\alpha f + \beta g) = \alpha \int_E f + \beta \int_E g.$$

证 设 $f, g \in L(E)$, 则 $f^+, f^-, g^+, g^- \in L(E)$. 令

$$f^+ + g^+ - (f+g)^+ = h.$$

易见 $h \geqslant 0$, 且

$$f^- + g^- - (f+g)^- = h.$$

由引理 3.3 的推论,
$$\int h + \int (f+g)^+ = \int (f^+ + g^+) = \int f^+ + \int g^+,$$
$$\int h + \int (f+g)^- = \int (f^- + g^-) = \int f^- + \int g^-.$$

把这两个关于实数的等式相减, 就得
$$\int (f+g) = \int f + \int g.$$

若 $\alpha \in \mathbb{R}$, 由定义直接得到 $\alpha f^+, \alpha f^- \in L(E)$, 且
$$\int \alpha f^+ = \alpha \int f^+, \quad \int \alpha f^- = \alpha \int f^-.$$

注意到
$$(\alpha f)^+ = \begin{cases} \alpha f^+, & \text{当 } \alpha \geqslant 0, \\ -\alpha f^-, & \text{当 } \alpha < 0, \end{cases} \quad (\alpha f)^- = \begin{cases} \alpha f^-, & \text{当 } \alpha \geqslant 0, \\ -\alpha f^+, & \text{当 } \alpha < 0, \end{cases}$$

得
$$\int \alpha f = \alpha \int f. \qquad \square$$

由积分的定义直接推出下述定理.

定理 3.5 (积分的绝对连续性) 设 $f \in L(E)$. 那么 $\forall \varepsilon > 0, \exists \delta > 0$, 只要 $A \subset E$ 且 $|A| < \delta$, 就有 $\int_A |f| < \varepsilon$.

证 由定义知, 存在简单函数 $\phi, 0 \leqslant \phi \leqslant |f|$, 使
$$\int_E \phi > \int_E |f| - \frac{1}{2}\varepsilon.$$

取正数 $M > \phi$ 及 $\delta = \dfrac{\varepsilon}{2M}$. 那么, 当 $A \subset E, |A| < \delta$ 时,
$$\int_E |f| = \int_E (|f|\chi_A + |f|\chi_{E\setminus A}) = \int_A |f| + \int_{E\setminus A} |f| < \int_E \phi + \frac{1}{2}\varepsilon.$$

由于 $\int_{E\setminus A} |f| \geqslant \int_{E\setminus A} \phi$, 所以
$$\int_A |f| < \int_A \phi + \frac{1}{2}\varepsilon < M|A| + \frac{1}{2}\varepsilon < \varepsilon. \qquad \square$$

我们对于积分的绝对连续性作如下解释.

设 $f \in L(E)$, $\mathscr{E} := \{E \text{ 的可测子集}\}$. 令

$$\mu(H) = \int_H |f|, \quad H \in \mathscr{E}.$$

那么, $\mu: \mathscr{E} \longrightarrow [0, \infty)$ 是定义在 $\mathscr{E}$ 上的实值函数. 根据习题 4.1 题 9, $\mathscr{E}$ 是一个距离空间. 定理 3.5 说的是, μ 是 $\mathscr{E}$ 上的一致连续函数.

由测度的 σ 加性 (使用基本引理) 推出下面的定理.

定理 3.6 设 $E = \bigcup_{k=1}^{\infty} E_k$, 诸 E_k 可测, 两两不交. 若 f 在 E 上可测、非负, 则

$$\int_E f = \sum_{k=1}^{\infty} \int_{E_k} f.$$

证 不需考虑 $\int_E f = 0$ 的情形.

设 $0 < a < \int_E f$. 那么, 存在简单函数 ϕ, $0 \leqslant \phi \leqslant f$, 使

$$\int_E f \geqslant \int_E \phi > a.$$

设 $\phi = \sum_{i=1}^{m} c_i \chi_{A_i}$ $(A_i \subset E)$. 那么由测度的 σ 加性

$$\int_E \phi = \sum_{i=1}^{m} c_i |A_i| = \sum_{i=1}^{m} c_i \sum_{k=1}^{\infty} |A_i \cap E_k| = \sum_{k=1}^{\infty} \sum_{i=1}^{m} c_i |A_i \cap E_k| = \sum_{k=1}^{\infty} \int_{E_k} \phi.$$

于是

$$a < \sum_{k=1}^{\infty} \int_{E_k} \phi \leqslant \sum_{k=1}^{\infty} \int_{E_k} f.$$

从而, 由 a 之任意性,

$$\int_E f \leqslant \sum_{k=1}^{\infty} \int_{E_k} f.$$

但由基本引理的推论, $\forall m \in \mathbb{N}_+$,

$$\int_E f \geqslant \sum_{k=1}^{m} \int_E f \chi_{E_k} = \sum_{k=1}^{m} \int_{E_k} f.$$

令 $m \to \infty$, 得

$$\int_E f \geqslant \sum_{k=1}^{\infty} \int_{E_k} f.$$

这就完成了证明.

推论 1 设 $f \in L(E), E = \bigcup_{k=1}^{\infty} E_k$, 诸 E_k 可测, 两两不交. 那么

$$\int_E f = \sum_{k=1}^{\infty} \int_{E_k} f.$$

推论 2 设 f 在 E 上可测, 非负或者 $f \in L(E)$. 那么

$$\int_E f = \lim_{r \to \infty} \int_{E \cap B(O;r)} f.$$

证 两个推论的证明原则上是一样的. 若 f 非负可测, 则结论已含在定理 3.6 中. 若 $f \in L(E)$, 对 f^+, f^- 用已知结论后合起来, 就完成了证明.

下述定理是明显的.

定理 3.7 (积分中值定理) 设 $g \in L(E)$, 且 $g \geqslant 0$ (或 $g \leqslant 0$). 若 f 在 E 可测且有界, 则存在 $c \in [\inf_{x \in E} f(x), \sup_{x \in E} f(x)]$ 使

$$\int_E (fg) = c \int_E g.$$

特别地, 若 E 是连通的紧集 (例如闭的方块) 而 $f \in C(E)$, 则式中的 c 必为 f 在某点 $\xi \in E$ 的值.

例 3.4 (Hölder 不等式) (O.L.Hölder, 赫尔德) 设

$$1 < p, q < \infty, \quad \frac{1}{p} + \frac{1}{q} = 1$$

(我们称这样的一对 p, q 互为相伴数, 并称 1 与 ∞ 互为相伴 "数"). 设 f, g 在 $\mathbb{R}^n$ 可测. 那么

$$\int_{\mathbb{R}^n} |fg| \leqslant \left(\int_{\mathbb{R}^n} |f|^p \right)^{\frac{1}{p}} \left(\int_{\mathbb{R}^n} |g|^q \right)^{\frac{1}{q}}.$$

证 对于 $\mathbb{R}^n$ 上的可测函数 h 和 $1 \leqslant r < \infty$, 定义

$$\|h\|_r = \left(\int_{\mathbb{R}^n} |h|^r \right)^{\frac{1}{r}}.$$

如果 $\|f\|_p$ 和 $\|g\|_q$ 之中有一个为零, 则 fg 必 a.e. 等于零, 从而不等式成立 (两边都是零). 如果它们都不是零, 但至少有一个是 ∞, 则不等式也成立, 因为右边为 ∞. 下面设它们都是正实数. 分别代替 f, g 以

$$u = \frac{|f|}{\|f\|_p}, \quad v = \frac{|g|}{\|g\|_q},$$

对于 u, v 证明不等式就够了.

容易验证 (作为习题), 对于任意的正数 a, b, 有

$$ab \leqslant \frac{1}{p}a^p + \frac{1}{q}b^q.$$

于是

$$\forall x \in \mathbb{R}^n, \quad u(x)v(x) \leqslant \frac{1}{p}u^p(x) + \frac{1}{q}v^q(x).$$

在 $\mathbb{R}^n$ 上积分上式, 得

$$\int_{\mathbb{R}^n} uv \leqslant \frac{1}{p}\int_{\mathbb{R}^n} u^p + \frac{1}{q}\int_{\mathbb{R}^n} v^q.$$

注意到

$$\int_{\mathbb{R}^n} u^p = \int_{\mathbb{R}^n} v^q = 1 = \frac{1}{p} + \frac{1}{q},$$

就完成了证明. □

例 3.5 (Minkowski(闵可夫斯基) 不等式) 设函数 f, g 在 $\mathbb{R}^n$ 上 a.e. 有限且可测, $1 \leqslant p < \infty$. 那么

$$\|f + g\|_p \leqslant \|f\|_p + \|g\|_p.$$

证 $p = 1$ 时不需证. 设 $p > 1$. 如果 $\|f\|_p + \|g\|_p = \infty$, 则所证之不等式成立. 设 $\|f\|_p$ 和 $\|g\|_p$ 都是正的实数. 那么由

$$|f + g|^p \leqslant 2^p(|f|^p + |g|^p),$$

可知

$$0 \leqslant \|f + g\|_p < \infty.$$

我们有

$$|f + g|^p = |f + g||f + g|^{p-1} \leqslant |f||f + g|^{p-1} + |g||f + g|^{p-1}.$$

积分之

$$\|f + g\|_p^p \leqslant \int_{\mathbb{R}^n} |f||f + g|^{p-1} + \int_{\mathbb{R}^n} |g||f + g|^{p-1}.$$

对右端两积分用 Hölder 不等式 (取 $q = \dfrac{p}{p-1}$), 得

$$\|f + g\|_p^p \leqslant \|f\|_p \|f + g\|_p^{p-1} + \|g\|_p \|f + g\|_p^{p-1}.$$

由此推出所需结论. □

用 $L^p = L^p(\mathbb{R}^n)$ 表示在 $\mathbb{R}^n$ 上可测且满足 $\|f\|_p < \infty$ 的函数 f 的全体. 把 L^p 中几乎处处相等的函数看成它的同一个元素. 对于这个集, $\|\cdot\|_p$ 可看做它的元素的一种度量, 叫做**范数**, 在泛函分析课程中将做详细的讨论. 现在我们只介绍借助于这个度量规定的元素间的**距离**. 对于任意的 $f, g \in L^p$, 规定它们之间的距离是 $d(f,g) := \|f-g\|_p$. 那么, 这个距离有如下性质:

a) $d(f,g) = d(g,f) \geqslant 0$,

b) $d(f,g) = 0 \iff f \overset{a.e.}{=} g$,

c) $d(f,g) \leqslant d(f,h) + d(h,g)$.

由于几乎处处相等的两个函数被看成是 L^p 的同一个元, 那么性质 b) 表明

b′) $d(f,g) = 0 \iff f = g$.

性质 c) 是 Minkowski 不等式的改写, 它俗称为三角形不等式, 因为它是三角形的一边的长度不超过另两边的长度的和这一几何事实的抽象. 一般而言, 在任何非空的集 M 上定义的一个二元函数 d 只要具备性质 a),b′),c) 就叫做**距离**, 而 (M,d) 叫做**距离空间**.

这样说来, 当把几乎处处相等的函数看做同一个元时, $L^p(\mathbb{R}^n)$ 依上述由 $\|\cdot\|_p$ 导出的距离成为距离空间. 所以, 以后常会使用 L^p 空间一词. 当然此刻我们使用这一术语, 主要只是为了说话方便, 对于距离空间的一般的讨论是泛函分析课程的任务.

我们来证明, 在 L^p 空间中, 到处充满 $C_c(\mathbb{R}^n)$ 的元, 或者说, $C_c(\mathbb{R}^n)$ 在 $L^p(\mathbb{R}^n)$ 中稠密. 这话的具体含意如下面的定理所述.

定理 3.8 $\forall \varepsilon > 0, \forall f \in L^p(\mathbb{R}^n)$ $(1 \leqslant p < \infty)$, $\exists \phi \in C_c(\mathbb{R}^n)$ 使得

$$\|f - \phi\|_p < \varepsilon.$$

证 设 $\varepsilon > 0, f \in L^p(\mathbb{R}^n)$. 我们分几个步骤来找适合上式的 ϕ.

1) 找一个有界函数 g, 使得 $\|f - g\|_p < \dfrac{\varepsilon}{8}$.

由积分的绝对连续性知存在 $\delta > 0$, 当 $|E| < \delta$ 时,

$$\int_E |f|^p < \left(\frac{\varepsilon}{8}\right)^p.$$

令 $E_k = \{x \in \mathbb{R}^n : |f(x)| > k\}$, $k \in \mathbb{N}_+$. 那么

$$k^p |E_k| \leqslant \int_{E_k} |f|^p \leqslant \|f\|_p^p.$$

可见, 我们只要取 k 充分大, 就可使得 $|E_k| < \delta$. 此时

$$\forall x \in \mathbb{R}^n \setminus E_k, \quad |f(x)| \leqslant k.$$

令 $g = f\chi_{\mathbb{R}^n \setminus E_k}$, 则

$$\|f - g\|_p^p = \int_{E_k} |f|^p < \left(\frac{\varepsilon}{8}\right)^p.$$

2) 找一个有界且支集有界的函数 h, 使得 $\|g - h\|_p < \frac{\varepsilon}{8}$.

由定理 3.6 的推论 2 知, 取 r 充分大就可使得

$$\|g\|_p^p - \left(\frac{\varepsilon}{8}\right)^p < \int_{Q(r)} |g|^p \leqslant \|g\|_p^p,$$

其中 $Q(r) = \{(x_1, \cdots, x_n) : |x_j| \leqslant r,\ j = 1, \cdots, n\}$. 令 $h = g\chi_{Q(r)}$, 则

$$\|g - h\|_p^p = \int_{\mathbb{R}^n \setminus Q(r)} |g|^p < \left(\frac{\varepsilon}{8}\right)^p.$$

3) 找一个 $\phi \in C_c(\mathbb{R}^n)$, 使得 $\|h - \phi\|_p < \dfrac{\varepsilon}{2}$.

对 h 用定理 2.9, 知存在一个 $\psi \in C_c(\mathbb{R}^n)$, 使得

$$|\{x \in Q(r) : h(x) \neq \psi(x)\}| < \left(\frac{\varepsilon}{8k}\right)^p, \quad \|\psi\|_{C(\mathbb{R}^n)} \leqslant \sup_{|x| < r} |h(x)| \leqslant k.$$

取 $\lambda > 0$ 满足

$$\bigl(2(r+\lambda)\bigr)^n - (2r)^n < \left(\frac{\varepsilon}{8k}\right)^p,$$

并令

$$G = \{(x_1, \cdots, x_n) : |x_j| < r + \lambda,\ j = 1, \cdots, n\}.$$

用引理 2.7, 取 $\xi \in C_c(\mathbb{R}^n)$ 使

$$\chi_{Q(r)} \leqslant \xi \leqslant \chi_G,$$

并定义 $\phi = \xi\psi$, $J = \{x \in Q(r) : g(x) \neq h(x)\}$. 这样一来

$$\|h - \phi\|_p^p = \int_{Q(r)} |h - \psi|^p + \int_{G \setminus Q(r)} |h - \phi|^p$$

$$\leqslant \int_J (2k)^p + \int_{G \setminus Q(r)} k^p \leqslant \left(\frac{\varepsilon}{2}\right)^p.$$

现在我们得到了

$$\|f-g\|_p < \frac{\varepsilon}{8}, \quad \|g-h\|_p < \frac{\varepsilon}{8}, \quad \|h-\phi\|_p < \frac{\varepsilon}{2}.$$

那么, 用三角形不等式就得到

$$\|f-\phi\|_p < \varepsilon,$$

从而完成了证明. □

§3.2 积分号下取极限

约定, 如不特别说明, 下面总用 E 代表 $\mathbb{R}^d$ $(d \in \mathbb{N}_+)$ 中的可测子集.

基本引理 (引理 3.3) 是从积分的定义导出的具有本质的重要性的道理. 现在我们利用这个引理进一步导出一些重要的关于积分号下取极限的定理.

定理 3.9(单调极限定理) 设函数 f_n 在 E 上可测且 $0 \leqslant f_n \leqslant f_{n+1}$ $(n \in \mathbb{N}_+)$. 那么

$$\int_E \lim_{n\to\infty} f_n = \lim_{n\to\infty} \int_E f_n.$$

有的书上把这个定理叫做 Levi (莱维) 定理.

证 记 $f = \lim_{n\to\infty} f_n$.

对于每个 f_n, 取简单函数 $\phi_{n,k}$, $k \in \mathbb{N}_+$, 使

$$0 \leqslant \phi_{n,k} \leqslant \phi_{n,k+1} \leqslant f_n, \quad \lim_{k\to\infty} \phi_{n,k} = f_n.$$

定义

$$\forall x \in E, \ \psi_n(x) = \max\{\phi_{i,j}(x) : i,j = 1, \cdots, n\}.$$

显然, ψ_n 是简单的, $0 \leqslant \psi_n \leqslant \psi_{n+1} \leqslant f$. 且 $\forall n \in \mathbb{N}_+$, 当 $k > n$ 时, $\phi_{n,k} \leqslant \psi_k$. 由此令 $k \to \infty$, 得

$$f_n \leqslant \lim_{k\to\infty} \psi_k \leqslant f.$$

再令 $n \to \infty$, 由 $\lim_{n\to\infty} f_n = f$, 得

$$\lim_{k\to\infty} \psi_k = f.$$

于是由引理 3.3,

$$\int_E f = \lim_{k\to\infty} \int_E \psi_k.$$

但 $\forall k \in \mathbb{N}_+, \psi_k \leqslant f_k \leqslant f$, 从而
$$\int_E \psi_k \leqslant \int_E f_k \leqslant \int_E f,$$
可见
$$\lim_{n\to\infty} \int_E f_n = \int_E f.$$ □

定理 3.10(Fatou (法图))

1) 设 $f \in L(E), f_n$ 可测且 $f_n \geqslant f$ a.e. 那么
$$\int_E \liminf_{n\to\infty} f_n \leqslant \liminf_{n\to\infty} \int_E f_n.$$

2) 设 $g \in L(E), g_n$ 可测且 $g_n \leqslant g$ a.e. 那么
$$\int_E \limsup_{n\to\infty} g_n \geqslant \limsup_{n\to\infty} \int_E g_n.$$

证 1) 令 $h_n = \inf\{f_k : k \geqslant n\}$. 那么
$$f \leqslant h_n \leqslant h_{n+1},$$
对 $\{h_n - f\}_{n=1}^{\infty}$ 用 Levi 定理, 得
$$\lim_{n\to\infty} \int_E (h_n - f) = \int_E \lim_{n\to\infty}(h_n - f).$$
由于 $f \in L(E)$, 所以上式等价于
$$\lim_{n\to\infty} \int_E h_n = \int_E \lim_{n\to\infty} h_n = \int_E \liminf_{n\to\infty} f_n.$$
由于 $h_n \leqslant f_n$, 所以
$$\int_E h_n \leqslant \int_E f_n,$$
从而
$$\lim_{n\to\infty} \int_E h_n \leqslant \liminf_{n\to\infty} \int_E f_n,$$
因此
$$\int_E \liminf_{n\to\infty} f_n \leqslant \liminf_{n\to\infty} \int_E f_n.$$

2) 对 $\{-g_n\}$ 用 1) 得
$$\int_E \liminf_{n\to\infty}(-g_n) \leqslant \liminf_{n\to\infty} \int_E (-g_n)$$

即
$$\int_E \limsup_{n\to\infty} g_n \geqslant \limsup_{n\to\infty} \int_E g_n. \qquad \Box$$

注 3.1 定理 3.9 中, 函数的非负性条件不可去掉. 同样, 定理 3.10 中的 1) 中的条件 $f \in L(E)$ 及 2) 中的条件 $g \in L(E)$ 也不可去掉. 例如 $f_n = \chi_{[-n,\infty)} - 1 \leqslant f_{n+1} \to 0$,
$$\lim_{n\to\infty} \int_{\mathbb{R}} f_n = -\infty, \quad \int_{\mathbb{R}} \lim_{n\to\infty} f_n = 0.$$

定理 3.11 (Lebesgue 控制收敛定理) 设 $h \in L(E)$, f_n $(n \in \mathbb{N}_+)$ 可测. 如果
$$|f_n| \leqslant h \text{ (a.e.) } \text{且} \lim_{n\to\infty} f_n = f \text{ (a.e.)},$$
那么
$$\int_E f = \lim_{n\to\infty} \int_E f_n.$$

证 由 Fatou 定理,
$$\int_E f \leqslant \liminf_{n\to\infty} \int_E f_n \leqslant \limsup_{n\to\infty} \int_E f_n \leqslant \int_E f,$$
得
$$\int_E f = \lim_{n\to\infty} \int_E f_n. \qquad \Box$$

为了说明控制收敛定理的本质, 我们对这个定理给出一个直接的证明.

任给 $\varepsilon > 0$. 分三步来估计
$$\limsup_{n\to\infty} \int_E |f_n - f|.$$

1) 根据定理 3.6 的推论 2, 存在 E 的一个有界的子集 A, 使得
$$\int_{E\setminus A} h < \varepsilon.$$
我们让 A 有界的目的是使 $|A| < \infty$.

2) 根据积分的绝对连续性 (见定理 3.5), 存在 $\delta > 0$, 使得只要 $B \subset A$, 且 $|B| < \delta$, 就有
$$\int_B h < \varepsilon.$$

3) 由于 $|A| < \infty$ 且 $\{f_n\}_{n=1}^\infty$ 在 A 上 a.e. 收敛到 f, 所以根据 Егоров 定理, 存在 $B \subset A$, 使得 $|B| < \delta$, 且在 $A \setminus B$ 上, $\{f_n\}_{n=1}^\infty$ 一致收敛到 f.

把这三步的结果合起来，我们得到

$$\begin{aligned}\limsup_{n\to\infty}\int_E|f_n-f| &\leqslant \limsup_{n\to\infty}\int_A|f_n-f|+\int_{E\setminus A}2h\\ &\leqslant \limsup_{n\to\infty}\int_{A\setminus B}|f_n-f|+\int_B 2h+2\varepsilon\\ &\leqslant \limsup_{n\to\infty}\Big(\sup\{|f_n(x)-f(x)|:x\in(A\setminus B)\}\Big)|A|+4\varepsilon\\ &=4\varepsilon.\end{aligned}$$

由 ε 之任意性，我们断定

$$\limsup_{n\to\infty}\int_E|f_n-f|=0. \qquad \square$$

下面顺带介绍依测度收敛的概念.

定义 3.2(依测度收敛) 设 E 是可测集. 如果 $f, f_n\ (n\in\mathbb{N}_+)$ 在 E 上可测, a.e. 有限, 且

$$\forall \delta>0, \quad \lim_{n\to\infty}|E(|f-f_n|>\delta)|=0,$$

则说 $\{f_n\}_{n=1}^\infty$ 在 E 上依测度收敛到 f, 记做

$$f_n \xrightarrow{m} f\ (n\to\infty).$$

例 3.6 对于 $m\in\mathbb{N}_+, k=0,1,\cdots,2^m-1$, 记二进方块（区间）$Q_m(k)=[k2^{-m},(k+1)2^{-m}]$. 把 $Q_m(k)$ 的特征函数记做 $f_{m,k}$. 把它们如下排成一列:

$$f_{1,0}, f_{1,1}, f_{2,0}, f_{2,1}, f_{2,2}, f_{2,3}, f_{3,0}, f_{3,1}, f_{3,2}, f_{3,3}, f_{3,4}, f_{3,5}, f_{3,6}, f_{3,7}, \cdots.$$

显然, 这列函数在 $\mathbb{R}$ 上依测度收敛到零, 但它在 $[0,1]$ 的每点都不收敛. 然而, 它有许多子列 a.e. 收敛到零, 例如 $\{f_{m,0}\}_{m=1}^\infty$, 在 $x\neq 0$ 处收敛到零.

关于依测度收敛与 a.e. 收敛的关系有下述两定理.

定理 3.12 (F. Riesz(里斯)) 若 $f_n \xrightarrow{m} f$, 则存在

$$n_k\in\mathbb{N}_+,\ n_k<n_{k+1},\ k\in\mathbb{N}_+,$$

使

$$f_{n_k} \xrightarrow{\text{a.e.}} f, \quad 当 k\to\infty.$$

证 无妨认为 f, f_n 皆处处取有限值.

$\forall k \in \mathbb{N}_+$,
$$\lim_{n\to\infty} E\left(|f - f_n| > \frac{1}{k}\right) = 0,$$
故 $\exists n_k \in \mathbb{N}_+$, 使
$$E\left(|f - f_{n_k}| > \frac{1}{k}\right) < 2^{-k},$$
且可以归纳地使 $n_k < n_{k+1}$. 令
$$E_k = E\left(|f - f_{n_k}| > \frac{1}{k}\right).$$
作集合 $A = \bigcap_{m=1}^{\infty} \bigcup_{k=m}^{\infty} E_k$. 那么
$$\forall m \in \mathbb{N}_+, |A| \leqslant \left|\bigcup_{k=m}^{\infty} E_k\right| \leqslant \sum_{k=m}^{\infty} 2^{-k} = 2^{-m+1}.$$
这表明 $|A| = 0$.

我们有
$$E \setminus A = \bigcup_{m=1}^{\infty} \bigcap_{k=m}^{\infty} (E \setminus E_k) = \bigcup_{m=1}^{\infty} \bigcap_{k=m}^{\infty} E\left(|f_{n_k} - f| \leqslant \frac{1}{k}\right).$$
当 $x \in E \setminus A$ 时, $\exists m \in \mathbb{N}_+$, 使
$$x \in \bigcap_{k=m}^{\infty} E\left(|f_{n_k} - f| \leqslant \frac{1}{k}\right),$$
即当 $k \geqslant m$ 时,
$$|f_{n_k}(x) - f(x)| \leqslant \frac{1}{k}.$$
令 $k \to \infty$, 得
$$\lim_{k\to\infty} f_{n_k}(x) = f(x) \quad (x \in E \setminus A). \qquad \square$$

定理 3.13 设 $|E| < \infty$, f_n, f 在 E 上可测并且都取有限值. 如果在集合 E 上 $f_n \xrightarrow{\text{a.e.}} f$, 则 $f_n \xrightarrow{m} f$.

这是 Егоров 定理的直接结果, 条件 $|E| < \infty$ 不可去掉. 证明留做习题.

定理 3.14 设 $h \in L(E)$, $|f_n| \leqslant h$ $(n \in \mathbb{N}_+)$. 若 $f_n \xrightarrow{m} f$, 则
$$\lim_{n\to\infty} \int_E f_n = \int_E f.$$

证 取 $\{f_n\}$ 的子列 $\{g_n\}$ 使

$$\lim_{n\to\infty}\int_E g_n = \liminf_{n\to\infty}\int_E f_n.$$

由 Riesz 定理，$\{g_n\}$ 含子列 $\{g_{n_k}\}$，$g_{n_k} \xrightarrow{\text{a.e.}} f$. 用定理 3.11,

$$\lim_{k\to\infty}\int_E g_{n_k} = \int_E f.$$

可见

$$\liminf_{n\to\infty}\int_E f_n = \int_E f.$$

同理

$$\limsup_{n\to\infty}\int_E f_n = \int_E f. \qquad \square$$

§3.3 把多重积分化为累次积分

我们习惯于把 $\mathbb{R}^n$ 上的积分叫做 n 重积分. 如果 $n > 1$, 怎样计算 n 重积分呢? 自然想到把 n 重积分的计算转化为逐次对于每个变元进行一个元的积分, 即所谓累次积分的问题. 我们来证明这样的转化是可行的.

设 $m, n \in \mathbb{N}_+$. 记 $x = (x_1, \cdots, x_m) \in \mathbb{R}^m$, $y = (y_1, \cdots, y_n) \in \mathbb{R}^n$,

$$(x, y) = (x_1, \cdots, x_m, y_1, \cdots, y_n) \in \mathbb{R}^{m+n}.$$

定理 3.15(L.Tonelli(托内利)) 设 f 是 $\mathbb{R}^{m+n}$ $(m, n \in \mathbb{N}_+)$ 上的非负可测函数. 那么成立等式:

$$\int_{\mathbb{R}^{m+n}} f(x,y)\,\mathrm{d}(x,y) = \int_{\mathbb{R}^m}\left(\int_{\mathbb{R}^n} f(x,y)\,\mathrm{d}y\right)\mathrm{d}x = \int_{\mathbb{R}^n}\left(\int_{\mathbb{R}^m} f(x,y)\,\mathrm{d}x\right)\mathrm{d}y. \tag{3.1}$$

此式蕴含如下两个意思:

1) 对于 $\mathbb{R}^m$ 的几乎每个 x，$f(x, \cdot)$ 在 $\mathbb{R}^n$ 上可测, 并且 $g(x) := \int_{\mathbb{R}^n} f(x,y)\,\mathrm{d}y$ 在 $\mathbb{R}^m$ 上可测；

2) 对于 $\mathbb{R}^n$ 的几乎每个 y，$f(\cdot, y)$ 在 $\mathbb{R}^m$ 上可测, 并且 $h(y) := \int_{\mathbb{R}^m} f(x,y)\,\mathrm{d}x$ 在 $\mathbb{R}^n$ 上可测.

定理 3.15 的证明 我们来逐步简化.

第一步 由于 f 是 $\mathbb{R}^{m+n}$ 上的非负可测函数, 所以, 根据定理 2.5, 存在 $\mathbb{R}^{m+n}$ 上的简单函数 φ_k, $k \in \mathbb{N}_+$, 满足

$$0 \leqslant \varphi_k \leqslant \varphi_{k+1}, \quad \forall (x,y) \in \mathbb{R}^{m+n}, \lim_{k\to\infty}\varphi_k(x,y) = f(x,y).$$

那么, 根据引理 3.3,
$$\int_{\mathbb{R}^{m+n}} f = \lim_{k\to\infty} \int_{\mathbb{R}^{m+n}} \varphi_k.$$
如果 (3.1) 对于非负简单函数成立, 那么将有
$$\int_{\mathbb{R}^{m+n}} \varphi_k = \int_{\mathbb{R}^m} \left(\int_{\mathbb{R}^n} \varphi_k(x,y)\,\mathrm{d}y \right) \mathrm{d}x.$$
从而
$$\lim_{k\to\infty} \int_{\mathbb{R}^{m+n}} \varphi_k = \lim_{k\to\infty} \int_{\mathbb{R}^m} \left(\int_{\mathbb{R}^n} \varphi_k(x,y)\,\mathrm{d}y \right) \mathrm{d}x.$$
根据单调极限定理, 上式右端等于
$$\int_{\mathbb{R}^m} \left(\lim_{k\to\infty} \int_{\mathbb{R}^n} \varphi_k(x,y)\,\mathrm{d}y \right) \mathrm{d}x = \int_{\mathbb{R}^m} \left(\int_{\mathbb{R}^n} \lim_{k\to\infty} \varphi_k(x,y)\,\mathrm{d}y \right) \mathrm{d}x$$
$$= \int_{\mathbb{R}^m} \left(\int_{\mathbb{R}^n} f(x,y)\,\mathrm{d}y \right) \mathrm{d}x.$$
于是得到
$$\int_{\mathbb{R}^{m+n}} f = \int_{\mathbb{R}^m} \left(\int_{\mathbb{R}^n} f(x,y)\,\mathrm{d}y \right) \mathrm{d}x.$$
对称地得到
$$\int_{\mathbb{R}^{m+n}} f = \int_{\mathbb{R}^n} \left(\int_{\mathbb{R}^m} f(x,y)\,\mathrm{d}x \right) \mathrm{d}y.$$
那么问题简化为证明 (3.1) 对于非负简单函数成立.

我们强调, 第一步根据的是引理 3.3, 它的理论基础是测度的 σ 加性.

第二步 设 φ 是 $\mathbb{R}^{m+n}$ 上的非负简单函数. 把它写成
$$\varphi = \sum_{k=1}^{\ell} c_k \chi_{E_k},$$
其中每个 $c_k \geqslant 0$, E_k 是 $\mathbb{R}^{m+n}$ 中的可测集. 那么, 要使 (3.1) 对于 φ 成立, 只需 (3.1) 对于每个可测集 $E \subset \mathbb{R}^{m+n}$ 的特征函数 χ_E 成立.

第二步只用到积分的加性.

第三步 设 E 是 $\mathbb{R}^{m+n}$ 的可测子集. 那么 E 可以写成一列有界可测集的增极限, 即存在有界可测集 E_k, 使得 $E_k \subset E_{k+1}$, $\lim\limits_{k\to\infty} E_k = \bigcup\limits_{k=1}^{\infty} E_k$. 那么
$$0 \leqslant \chi_{E_k} \leqslant \chi_{E_{k+1}}, \quad \lim_{k\to\infty} \chi_{E_k} = \chi_E.$$
于是, 根据与第一步同样的理由, 只要证明对于有界可测集的特征函数 (3.1) 成立就可以了.

第四步 设 E 是 $\mathbb{R}^{m+n}$ 的有界可测子集. 那么存在有界开集 G_k, $k \in \mathbb{N}_+$, 使得

$$G_k \supset G_{k+1}, \quad \bigcap_{k=1}^{\infty} G_k = E \bigcup Z,$$

其中 $|Z| = 0$. 记 $H = \bigcap_{k=1}^{\infty} G_k$, 那么, $\chi_E = \chi_H - \chi_Z$. 我们看到, 要证明 χ_E 满足 (3.1), 只需证明对于函数 χ_H 和函数 χ_Z, (3.1) 成立就可以了.

第五步 设 $H = \bigcap_{k=1}^{\infty} G_k$ 是第四步中所说的单调降的有界开集序列 $\{G_k\}_{k=1}^{\infty}$ 的极限. 那么 $\chi_{G_k} \geq \chi_{G_{k+1}}$, $\lim_{k \to \infty} \chi_{G_k} = \chi_H$. 如果对于每个有界开集 $G_k \subset \mathbb{R}^{m+n}$ 的特征函数 χ_{G_k}, (3.1) 都成立, 即

$$\int_{\mathbb{R}^{m+n}} \chi_{G_k} = \int_{\mathbb{R}^m} \Big(\int_{\mathbb{R}^n} \chi_{G_k}(x,y)\,\mathrm{d}y \Big) \mathrm{d}x = \int_{\mathbb{R}^n} \Big(\int_{\mathbb{R}^m} \chi_{G_k}(x,y)\,\mathrm{d}x \Big) \mathrm{d}y,$$

那么, 使用 Lebesgue 控制收敛定理就得到

$$\begin{aligned}
\int_{\mathbb{R}^{m+n}} \chi_H &= \lim_{k \to \infty} \int_{\mathbb{R}^{m+n}} \chi_{G_k} = \lim_{k \to \infty} \int_{\mathbb{R}^m} \Big(\int_{\mathbb{R}^n} \chi_{G_k}(x,y)\,\mathrm{d}y \Big) \mathrm{d}x \\
&= \int_{\mathbb{R}^m} \lim_{k \to \infty} \Big(\int_{\mathbb{R}^n} \chi_{G_k}(x,y)\,\mathrm{d}y \Big) \mathrm{d}x \\
&= \int_{\mathbb{R}^m} \Big(\int_{\mathbb{R}^n} \lim_{k \to \infty} \chi_{G_k}(x,y)\,\mathrm{d}y \Big) \mathrm{d}x \\
&= \int_{\mathbb{R}^m} \Big(\int_{\mathbb{R}^n} H(x,y)\,\mathrm{d}y \Big) \mathrm{d}x.
\end{aligned}$$

同时对称地得到

$$\int_{\mathbb{R}^{m+n}} \chi_H = \int_{\mathbb{R}^n} \Big(\int_{\mathbb{R}^m} H(x,y)\,\mathrm{d}x \Big) \mathrm{d}y.$$

于是就证得 χ_H 满足 (3.1).

另一方面, 对于 $\mathbb{R}^{m+n}$ 的有界零测度子集 Z, 存在有界开集 $U_k \supset Z$, 满足

$$\lim_{k \to \infty} |U_k| = 0.$$

如果对于每个有界开集 $U_k \subset \mathbb{R}^{m+n}$ 的特征函数 χ_{U_k}, (3.1) 都成立的话, 我们使

用 Fatou 定理就得到

$$\begin{aligned}\lim_{k\to\infty}|U_k| &= \lim_{k\to\infty}\int_{\mathbb{R}^{m+n}}\chi_{U_k} = \lim_{k\to\infty}\int_{\mathbb{R}^m}\Big(\int_{\mathbb{R}^n}\chi_{U_k}(x,y)\,\mathrm{d}y\Big)\,\mathrm{d}x\\ &\geqslant \int_{\mathbb{R}^m}\liminf_{k\to\infty}\Big(\int_{\mathbb{R}^n}\chi_{U_k}(x,y)\,\mathrm{d}y\Big)\,\mathrm{d}x\\ &\geqslant \int_{\mathbb{R}^m}\Big(\int_{\mathbb{R}^n}\liminf_{k\to\infty}\chi_{U_k}(x,y)\,\mathrm{d}y\Big)\,\mathrm{d}x\\ &\geqslant \int_{\mathbb{R}^m}\Big(\int_{\mathbb{R}^n}\chi_Z(x,y)\,\mathrm{d}y\Big)\,\mathrm{d}x.\end{aligned}$$

由此推出

$$\int_{\mathbb{R}^m}\Big(\int_{\mathbb{R}^n}\chi_Z(x,y)\,\mathrm{d}y\Big)\,\mathrm{d}x = 0,$$

并对称地得到

$$\int_{\mathbb{R}^n}\Big(\int_{\mathbb{R}^m}\chi_Z(x,y)\,\mathrm{d}x\Big)\,\mathrm{d}y = 0.$$

从而 (3.1) 对于 χ_Z 成立.

现在我们已把问题化简为对于每个非空有界开集 $G \subset \mathbb{R}^{m+n}$ 的特征函数 χ_G 证明 (3.1).

这一步中用到的是 Lebesgue 定理和 Fatou 定理, 它们的理论基础都是测度的 σ 加性.

第六步 设 G 是 $\mathbb{R}^{m+n}$ 中的有界开集, 当然不必考虑 $G = \varnothing$ 的情形. 那么 G 可以写成 $\aleph_0$ 个两两不交的方块的并集 (这些方块可以是左开右闭的). 那么根据与第一步同样的理由, 问题简化为对于方块的特征函数证明 (3.1). 而对于方块的特征函数, (3.1) 由测度的定义直接得出.

定理证毕. □

定理 3.16(Fubini(富比尼)) 设 $f \in L(\mathbb{R}^{m+n})$. 那么 (3.1) 式对于 f 成立.

证 对函数 f^+, f^- 分别使用 Tonelli 定理, 由于两个积分都是实数, 相减便得到所要的结果. □

Tonelli 定理和 Fubini 定理完全解决了多重积分转化为累次积分的问题. 这两个定理条件简单, 使用方便. 应该注意的是, 在使用 Fubini 定理时一定要先保证函数可积.

重提一下关于符号的约定. 我们将略去累次积分

$$\int_{\mathbb{R}^n}\Big(\int_{\mathbb{R}^m}f(x,y)\,\mathrm{d}x\Big)\,\mathrm{d}y$$

中的大括号, 简写之为
$$\int_{\mathbb{R}^n}\int_{\mathbb{R}^m} f(x,y)\,\mathrm{d}x\,\mathrm{d}y.$$
也就是说, 式中的 $\mathrm{d}x, \mathrm{d}y$ 的顺序, 表明积分关于变元进行的顺序. 有时为了更明白, 把上式改写为
$$\int_{\mathbb{R}^n}\mathrm{d}y\int_{\mathbb{R}^m} f(x,y)\,\mathrm{d}x.$$

§3.4 积分的变量替换

变量替换的方法对于计算积分常常是非常有效的, 甚至是必须的. 我们讨论积分变量替换的着眼点是 $\mathbb{R}^n$ 上的可逆变换对集合的测度的影响.

一个从 $\mathbb{R}^n$ 的不空开集 V 到 $\mathbb{R}^n$ 的可逆变换, 如果保持可测性, 也就是说总把可测集映射为可测集, 就叫做**可测变换**.

§3.4.1 $\mathbb{R}^n$ 上的正则变换是可测变换

我们回忆一下第三章 §3 讲过的一些定义.

设 V 为 $\mathbb{R}^n$ 的开集, 变换 $T: V \longrightarrow \mathbb{R}^n$, 可以表示成
$$T(x) = (t_1(x), t_2(x), \cdots, t_n(x)), \quad x \in V,$$
其中, 每个 t_i 为定义于 V 上的函数 $(1 \leqslant i \leqslant n)$. 若 $t_i \in C^1(V)$, $i = 1, \cdots, n$, 即 t_i 具有一阶的连续偏导数
$$t_{ij} := \frac{\partial t_i}{\partial x_j}, \ 1 \leqslant i, j \leqslant n,$$
则称 T 为 V 上的 C^1 类变换. 这时 n^2 个偏导数 t_{ij} $(i, j = 1, \cdots, n)$ 所构成的 n 阶方阵记做 T', T' 在点 $x \in V$ 处的值 $T'(x)$ 叫做 T 在点 x 处的导数, 即
$$T'(x) = (t_{ij}(x))_{1 \leqslant i,j \leqslant n}, \quad x \in V.$$
并记 $J(T)(x) = \det T'(x)$, 叫做 T 在点 x 处的 Jacobi 式.

设 T 是 $V \subset \mathbb{R}^n$ 上的 C^1 类变换. 若 T 为单射, 且对于每点 $x \in V$, 都有 $J(T)(x) \neq 0$, 则称 T 为 V 上的正则 (regular) 变换. 根据第三章 §3 的定理 3.5, 正则变换有正则的逆变换, 且
$$(T^{-1})'(T(x)) = (T'(x))^{-1}.$$

在第三章 §3.1 中还讲过, 如果用 L 代表 $\mathbb{R}^n$ 到 $\mathbb{R}^n$ 的线性变换, 则 L 同时也代表产生这个线性变换的 $n \times n$ 矩阵. 设
$$L = (a_{ij})_{n \times n}, \quad x = (x_1, x_2, \cdots, x_n) \in \mathbb{R}^n,$$

则
$$Lx = xL^{\mathrm{T}} = \Big(\sum_{i=1}^n a_{1i}x_i,\ \sum_{i=1}^n a_{2i}x_i, \cdots, \sum_{i=1}^n a_{ni}x_i\Big).$$

我们用 $\det L$ 表示方阵 L 的行列式. 显然, 对于线性变换 L, 在每点 $x \in \mathbb{R}^n$, 都有
$$L'(x) = L, \quad J(L)(x) = \det L.$$

第三章 §3 的定义 3.3 规定了线性变换 L 的模 $\|L\|$, 并指出对于 $L = (a_{ij})_{n\times n}$,
$$\|L\| \leqslant \Big(\sum_{j=1}^n \sum_{i=1}^n |a_{ij}|^2\Big)^{\frac{1}{2}} \leqslant \sum_{j=1}^n \sum_{i=1}^n |a_{ij}|. \tag{3.2}$$

对于上述开集 V 上的正则变换 $T = (t_1, \cdots, t_n)$, 在每点 $x \in V$ 处 $T'(x)$ 都是一个 $n \times n$ 可逆矩阵, 它 (作为线性变换) 的模为 $\|T'(x)\|$. 我们现在定义
$$\forall E \subset V, \quad \|T'\|_E = \sup\{\|T'(x)\| : x \in E\}. \tag{3.3}$$

我们来证明正则变换是可测变换.

引理 3.17 设 V 是 $\mathbb{R}^n$ 中的开集, T 是 V 上的正则变换. 设 Q 是 V 内的闭矩形. 若可测集 $E \subset Q$ 且 $|E| = 0$, 则 $|T(E)| = 0$.

证 沿用前面的记号, 设 $T(x) = (t_1(x), t_2(x), \cdots, t_n(x))$. 那么 $\forall u, v \in Q$,
$$|T(u) - T(v)| = \Big(\sum_{i=1}^n |t_i(u) - t_i(v)|^2\Big)^{\frac{1}{2}}$$
$$\leqslant \Big(\sum_{i=1}^n \Big(\sum_{j=1}^n \max\{|t_{ij}(x)| : x \in Q\}|u_j - v_j|\Big)^2\Big)^{\frac{1}{2}}$$
$$\leqslant n \max\{|t_{ij}(x)| : x \in Q,\ i, j = 1, \cdots, n\}|u - v|.$$

记 $\lambda = n \max\{|t_{ij}(x)| : x \in Q,\ i, j = 1, \cdots, n\}$. 得到
$$\forall u, v \in Q, \quad |T(u) - T(v)| \leqslant \lambda|u - v|. \tag{3.4}$$

由于 $|E| = 0$, 对于任意的 $\varepsilon > 0$ 存在 $\aleph_0$ 个闭矩形 $Q_k \subset Q$, $k \in \mathbb{N}_+$, 使得
$$E \subset \bigcup_{k=1}^\infty Q_k, \quad \sum_{k=1}^\infty |Q_k| < \varepsilon.$$

对应于每个 Q_k, 作一个具有同样中心和同样形状只是对应边长扩大到 λ 倍的闭矩形 R_k. 由 (3.4) 知, $T(Q_k) \subset R_k$. 于是

$$T(E) \subset \bigcup_{k=1}^{\infty} T(Q_k) \subset \bigcup_{k=1}^{\infty} R_k,$$

$$m^*(T(E)) \leqslant \sum_{k=1}^{\infty} |R_k| \leqslant \sum_{k=1}^{\infty} \lambda^n |Q_k| \leqslant \lambda^n \varepsilon.$$

由 ε 之任意性推出 $|T(E)| = 0$. □

引理 3.18 设 V 是 $\mathbb{R}^n$ 中的开集, T 是 V 上的正则变换. 若可测集 $E \subset V$, 且 $|E| = 0$, 则 $|T(E)| = 0$.

证 由第二章 §3 定理 3.10, V 有如下的表示:

$$V = \bigcup_{k=1}^{\infty} Q_k,$$

其中诸 Q_k 为闭方块. 用引理 3.17,

$$\forall k \in \mathbb{N}_+, \quad |T(Q_k \bigcap E)| = 0.$$

所以

$$m^*(T(E)) \leqslant \bigcup_{k=1}^{\infty} \left| T(Q_k \bigcap E) \right| = 0. \qquad \Box$$

定理 3.19 设 V 是 $\mathbb{R}^n$ 中的开集, T 是 V 上的正则变换. 若可测集 $E \subset V$, 则 $T(E)$ 可测.

证 由于 E 可测, 所以存在 $\aleph_0$ 个开集 $G_k \subset V$, $k \in \mathbb{N}_+$, 以及一个零测度集 $Z \subset V$, 使得

$$E = \bigcap_{k=1}^{\infty} G_k \setminus Z.$$

那么, 注意到 T 是可逆变换, 有

$$T(E) = \bigcap_{k=1}^{\infty} T(G_k) \setminus T(Z),$$

其中诸 $T(G_k)$ 是开集, 从而 $\bigcap_{k=1}^{\infty} T(G_k)$ 可测. 而由引理 3.18, $T(Z)$ 也可测. 结果 $T(E)$ 可测. □

下面我们讨论正则变换引起的测度变化. 首先讨论最简单的正则变换——可逆线性变换.

§3.4.2　线性变换下的积分计算公式

定理 3.20　可逆线性变换 L 把可测集 A 变为可测集 $L(A)$，且

$$|L(A)| = |\det L|\,|A|. \tag{3.5}$$

证　下述三种类型的线性变换叫做初等变换:
(a) T_1 只将 x 的一个分量乘非零的常数倍 α，而其它分量不变.
(b) T_2 只将 x 的一个分量添加另外一个分量的非零常数倍，而其它分量不变.
(c) T_3 只将 x 的两个分量交换一下位置，而其它分量不变.
这三种线性变换有以下简单的性质:

$$\det T_1 = \alpha,\ \det T_2 = 1 \quad \text{以及} \quad \det T_3 = -1.$$

根据线性代数的知识，任何可逆的线性变换 L 都可以表示成为有限个初等变换的乘积，即

$$L = L^{(1)} L^{(2)} \cdots L^{(m)},$$

其中 $L^{(k)}$ $(1 \leqslant k \leqslant m)$ 是 T_1, T_2 和 T_3 这三种形式的初等变换中的一种. 同时，矩阵的乘积的行列式等于各因子的行列式的乘积. 因此，只要证明定理的结论对于初等变换成立就可以了.

现设 L 是初等变换，A 是可测集. 集合 $L(A)$ 的可测性是定理 3.19 的直接结果.

先考虑 A 是不空开集的情形.
根据第二章 §3 定理 3.11

$$A = \bigcup_{k=1}^{\infty} R_k,$$

其中诸 R_k 为两两不交的左开方块. 于是

$$L(A) = \bigcup_{k=1}^{\infty} L(R_k), \quad |L(A)| = \sum_{k=1}^{\infty} |L(R_k)|.$$

设 $Q_k = \overline{R_k}$, $k \in \mathbb{N}_+$. 那么 Q_k 是闭的方块，且 $|Q_k \setminus R_k| = 0$. 那么根据引理 3.18，

$$|L(R_k)| = |L(Q_k)|.$$

对于方块 Q_k，根据几何的 (或代数的) 考虑，知初等变换 L 满足 (见习题 4.3, 题 25)

$$|L(Q_k)| = |\det L|\,|Q_k|.$$

于是

$$|L(A)| = \sum_{k=1}^{\infty} |L(Q_k)| = |\det L| \sum_{k=1}^{\infty} |Q_k| = |\det L| \, |A|.$$

对于一般的测度有限的集合 A, 存在 $\aleph_0$ 个测度有限的开集 $G_k \supset A$, $k \in \mathbb{N}_+$, 使得 $|G_1| < \infty$, $G_k \supset G_{k+1}$ 并且

$$\left| \bigcap_{k=1}^{\infty} G_k \setminus A \right| = 0.$$

于是, 由于 L 把零测度集映成零测度集, 以及上面已证之事实,

$$|L(A)| = \lim_{k\to\infty} |L(G_k)| = \lim_{k\to\infty} |\det L| \, |G_k| = |\det L| \, |A|.$$

这表明 (3.5) 对于测度有限的集成立.

我们看到, L 把测度有限的集映成测度有限的集, 而 L^{-1} 也是线性变换, 所以 L 肯定把测度无限的集映成测度无限的集. 因此 (3.5) 对于测度无限的集也成立. □

定理 3.20 的推论 1　测度在正交变换下不变.

证　设 ρ 为正交变换. 那么, ρ 为线性变换, 且满足 $|\det \rho| = 1$. 从而, 由定理 3.20 便推得结论. □

定理 3.20 的推论 2　设 δ_a 为伸缩变换: $x \longmapsto ax$, 其中 $a > 0$, 则

$$|\delta_a(E)| = a^n |E|.$$

证　由 $|\det \delta_a| = a^n$ 和定理 3.20 推得所需的结论. □

从定理 3.20 容易推出线性变换下的积分计算公式, 即下述定理.

定理 3.21　设 $L: \mathbb{R}^n \longrightarrow \mathbb{R}^n$ 是可逆的线性变换. 若 $f \in L(\mathbb{R}^n)$, 则

$$\int_{\mathbb{R}^n} f(x) \, dx = |\det L| \int_{\mathbb{R}^n} f(Lx) \, dx.$$

证　根据积分的定义, 我们只需对于可测集的特征函数证明定理.

设 $E \subset \mathbb{R}^n$ 是可测集. 那么根据定理 3.20,

$$\int_{\mathbb{R}^n} \chi_E(x) \, dx = |E| = |\det L| \, |L^{-1}(E)|$$

$$= |\det L| \int_{\mathbb{R}^n} \chi_{L^{-1}(E)}(x) \, dx.$$

注意到
$$\chi_{L^{-1}(E)}(x) = \chi_E(Lx),$$
就得到
$$\int_{\mathbb{R}^n} \chi_E(x)\,\mathrm{d}x = |\det L| \int_{\mathbb{R}^n} \chi_E(Lx)\,\mathrm{d}x. \qquad \square$$

§3.4.3 正则变换下的积分计算公式

本段的目的是要把上一段中线性变换下的积分变量替换公式 (定理 3.21) 推广到更一般的正则变换的情形中. 仍使用前面的记号.

引理 3.22 设 $x^{(0)} = (x_1^{(0)}, \cdots, x_n^{(0)}) \in \mathbb{R}^n$, $0 < h < \infty$,
$$Q = \{(x_1, \cdots, x_n) : x_j^{(0)} - h \leqslant x_j \leqslant x_j^{(0)} + h,\ j = 1, \cdots, n\}.$$
若 T 是开集 V 上的正则变换, 且 $Q \subset V$, 则
$$|T(Q)| \leqslant \int_Q |J(T)(x)|\,\mathrm{d}x.$$

证 由第三章 §3 定理 3.2 知, $\mathbb{R}^n$ 上的一个可导变换 T 在一个固定点 y 附近近似于一个线性变换和一个平移的复合. 确言之,
$$T(x) = T(y) + (x - y)(T'(y))^{\mathrm{T}} + r(x),$$
其中 $r(x)$ 满足等式
$$\lim_{|x-y|\to 0+} \frac{|r(x)|}{|x-y|} = 0.$$
我们知道 $T'(y)$ 是一个 n 阶方阵, 它给出一个线性变换. 我们把这个线性变换记做 $L = L_y$, 也把方阵 $T'(y)$ 记做 L. 那么,
$$T(x) = L(x) + z + r(x), \tag{3.6}$$
其中 $z = T(y) - L(y)$. 如果用矩阵乘法来表达的话, 那么
$$L(x) = xL^{\mathrm{T}}.$$

我们的想法是局部地用线性变换来近似 T, 并使用上一段关于线性变换的已得的结果.

取 $m \in \mathbb{N}_+$ 充分大, 把 Q 等分成 $N = m^n$ 个互不重叠的闭方块. 把这些闭方块记做 Q_k, $k = 1, \cdots, N$. 把 Q_k 的中心记做 $x^{(k)}$. 这些方块的表达式如下:
$$\left\{(x_1, \cdots, x_n) : x_j^{(0)} - h + \frac{2(k_j - 1)h}{m} \leqslant x_j \leqslant x_j^{(0)} - h + \frac{2k_j h}{m},\ j = 1, \cdots, n\right\},$$

其中 $(k_1,\cdots,k_n)\in\{1,\cdots,m\}^n$.

在小块 Q_k 上, 定义线性变换
$$L_k = T'(x^{(k)}) = \left(t_{ij}(x^{(k)})\right)_{n\times n}, \quad k=1,\cdots,N.$$

(我们把线性变换与表达它的方阵用同一字母来表示). 以线性变换 L_k 与一个适当的平移的复合, 作为 T 在 Q_k 上的近似. 事实上, 根据 (3.6),
$$T(x) = L_k(x) + y^{(k)} + r_k(x), \quad x\in Q_k, \tag{3.7}$$

其中, $y^{(k)} = (T-L_k)(x^{(k)})$, $r_k(x) = (r_{k,1}(x),\cdots,r_{k,n}(x))$. 由 (3.7) 得到
$$T(x^{(k)}) = L_k(x^{(k)}) + y^{(k)} + r_k(x^{(k)})$$
$$\Longrightarrow r_k(x^{(k)}) = (0,\cdots,0),$$
$$T'(x) = L_k'(x) + r_k'(x)$$
$$\Longrightarrow t_{ij}(x) = t_{ij}(x^{(k)}) + r_{k,ij}(x), \ i,j=1,\cdots,n$$
$$\Longrightarrow r_k'(x^{(k)}) = O_{n\times n},$$

其中 $r_{k,ij}$ 代表函数 $r_{k,i}$ 对第 j 变元的偏导数, $O_{n\times n}$ 代表 n 阶零方阵. 由于 T 是 V 上的正则变换, T 的导数 $T'=(t_{ij})_{n\times n}$ 的每个元 t_{ij} 都是 Q 上的一致连续函数. 据此我们可以对于 $|r_k(x)|$ 给出一个关于 $x\in Q_k$ 及 $k=1,\cdots,N$ 一致的估计.

对于 $x\in Q_k$, 我们有
$$|r_k(x)| = |r_k(x) - r_k(x^{(k)})| = \left(\sum_{i=1}^n |r_{k,i}(x) - r_{k,i}(x^{(k)})|^2\right)^{\frac{1}{2}}.$$

注意
$$|r_{k,i}(x) - r_{k,i}(x^{(k)})| = \left|\sum_{j=1}^n r_{k,i}(\overline{x_{j-1}}) - r_{k,i}(\overline{x_j})\right|$$
$$\leqslant \sum_{j=1}^n \left|r_{k,i}(\overline{x_{j-1}}) - r_{k,i}(\overline{x_j})\right|,$$

其中 $\overline{x_0}=x$, $\overline{x_n}=x^{(k)}$, $\overline{x_j}=(x_1^{(k)},\cdots,x_j^{(k)},x_{j+1},\cdots,x_n)$, $j=1,\cdots,n-1$. 根据 Lagrange 中值定理, 在点 $\overline{x_{j-1}}$ 和 $\overline{x_j}$ 的连线上存在一点 $\xi^{(j)}$ 使得
$$r_{k,i}(\overline{x_{j-1}}) - r_{k,i}(\overline{x_j}) = r_{k,ij}(\xi^{(j)})(\overline{x_{j-1}}-\overline{x_j}) = (t_{ij}(\xi^{(j)}) - t_{ij}(x^{(k)}))(\overline{x_{j-1}}-\overline{x_j}),$$

其中
$$r_{k,ij}(\xi^{(j)}) := \frac{\partial r_{k,i}}{\partial x_j}(\xi^{(j)}).$$

由于每个 t_{ij} 都在紧集 Q 上连续 $(i,j=1,\cdots,n)$, 用 ω 代表连续模并且定义
$$\Omega(\delta) = \max\left\{\omega(t_{ij},\delta) : i,j=1,\cdots,n\right\}, \quad \delta > 0,$$

注意到明显地有
$$|\overline{x_{j-1}} - \overline{x_j}| \leqslant |x - x^{(k)}|, \quad j=1,\cdots,n,$$

我们终于得到, $\forall k \in \{1,\cdots,N\}$,
$$|r_k(x)| \leqslant n^2\Omega(2nm^{-1}h)|x-x^{(k)}| \leqslant \Omega(2nm^{-1}h)\,2n^3m^{-1}h, \quad x \in Q_k. \tag{3.8}$$

此式给出了在 Q_k 上, 变换 T 用线性变换 L_k 与平移 $y^{(k)}$ 的复合来近似 (见 (3.7)) 的误差估计. 然而, 我们要做的是寻找 $T(Q_k)$ 的测度与 Q_k 的测度之间的关系. 从几何上来看, Q_k 是个方块, 而 $T(Q_k)$ 的形状可以与方块相差很大, 它应该与 $L_k(Q_k)$ 差不多. 然而 L_k 有逆, 那么 $L_k^{-1}T(Q_k)$ 的形状就应该与 Q_k 差不多. 这时, 我们就容易估计 $L_k^{-1}T(Q_k)$ 的测度. 我们就按这个思路来做.

由于 T 是正则变换, 所以 T^{-1} 也是正则变换. 令
$$M := \|T'\|_Q + \|(T^{-1})'\|_{T(Q)}.$$

那么从 (3.8) 推出, $\forall k \in \{1,\cdots,N\}$,
$$\forall x \in Q_k, \quad |L_k^{-1}r_k(x)| \leqslant M\Omega(2nm^{-1}h)\,2n^3m^{-1}h. \tag{3.9}$$

从 (3.7) 我们看到
$$L_k^{-1}T(x) - L_k^{-1}T(x^{(k)}) = x - x^{(k)} + L_k^{-1}r_k(x). \tag{3.10}$$

记 $\gamma_m = 2n^3M\Omega(2nm^{-1}h)$. 从 (3.9) 和 (3.10), 我们对于集合 $L_k^{-1}T(Q_k)$ 的形状得到一个准确的估计. 这个集合一定含在一个以 $L_k^{-1}T(x^{(k)})$ 为中心, 以 $(1+\gamma_m)2hm^{-1}$ 为边长的方块中. 因此
$$|L_k^{-1}T(Q_k)| \leqslant (1+\gamma_m)^n|Q_k|, \quad k=1,\cdots,N. \tag{3.11}$$

根据定理 3.22, 对于 $k=1,\cdots,N$,
$$|T(Q_k)| = |L_kL_k^{-1}T(Q_k)| = |\det L_k|\,|L_k^{-1}T(Q_k)|. \tag{3.12}$$

把 (3.11), (3.12) 合起来, 并注意到 $\det L_k = J(T)(x^{(k)})$, 我们得到

$$|T(Q)| \leqslant (1+\gamma_m)^n \sum_{k=1}^{N} |J(T)(x^{(k)})| |Q_k|$$

$$\leqslant (1+\gamma_m)^n \int_Q |J(T)(x)| \, \mathrm{d}x +$$

$$(1+\gamma_m)^n \sum_{k=1}^{N} \int_{Q_k} |J(T)(x^{(k)}) - J(T)(x)| \, \mathrm{d}x. \tag{3.13}$$

显然, $J(T)$ 是 Q 上的一致连续函数. 记它在 Q 上的连续模为

$$\omega(J(T),\delta) = \max\{|J(T)(u) - J(T)(v)| : |u-v| \leqslant \delta, \ u,v \in Q\}.$$

那么

$$|T(Q)| \leqslant (1+\gamma_m)^n \left(\int_Q |J(T)(x)| \, \mathrm{d}x + \omega(J(T), 2nhm^{-1})|Q| \right).$$

注意到当 $m \to \infty$ 时, $\gamma_m \to 0$, $\omega(J(T), 2nhm^{-1}) \to 0$, 我们得到

$$|T(Q)| \leqslant \int_Q |J(T)(x)| \, \mathrm{d}x. \qquad \square$$

现在通过把引理 3.22 的结果从闭方块推广到一般的可测集, 从而进一步证明对于非负可测函数积分的变量替换的一个不等式, 最后再根据对称性, 证明这个不等式实际是等式.

引理 3.23 设 T 是定义在开集 V 上的正则变换. 若 f 是 V 上的非负可测函数, 则

$$\int_{T(V)} f(T^{-1}x) \, \mathrm{d}x \leqslant \int_V f(x) |J(T)(x)| \, \mathrm{d}x. \tag{3.14}$$

证 显然, 只需对特征函数进行证明. 设 $E \subset V, E$ 是可测集.

先假设存在开集 A, 使得 $E \subset A$ 且 $\overline{A}$ 是紧集, $\overline{A} \subset V$.

在这种情形下, 存在开集 G_k 满足

$$\forall k \in \mathbb{N}_+, \quad A \supset G_k \supset G_{k+1} \supset E, \quad \lim_{k \to \infty} |G_k| = |E|.$$

每个开集 G_k 都是 $\aleph_0$ 个互不重叠的闭方块的并, 在这些闭方块上可使用引理 3.22. 于是得到

$$|T(E)| = \int_{T(V)} \chi_E(T^{-1}x) \, \mathrm{d}x \leqslant |T(G_k)|$$

$$\leqslant \int_{G_k} |J(T)(x)| \, \mathrm{d}x = \int_V \chi_{G_k}(x) |J(T)(x)| \, \mathrm{d}x.$$

记 $G = \bigcap_{k=1}^{\infty} G_k$. 令 $k \to \infty$, 注意到 $|A| < \infty$ 且 $|J(T)|$ 在 A 上有界, 用 Lebesgue 定理就得

$$\int_{T(V)} \chi_E(T^{-1}x)\,\mathrm{d}x \leqslant \int_V \chi_G(x)|J(T)(x)|\,\mathrm{d}x.$$

然而 $G \supset E$, $|G \setminus E| = 0$. 所以

$$\int_{T(V)} \chi_E(T^{-1}x)\,\mathrm{d}x \leqslant \int_V \chi_E(x)|J(T)(x)|\,\mathrm{d}x.$$

在一般情形下, 如果 $V = \mathbb{R}^n$, 则定义 $A_k = B(O; k)$, 否则的话, 令

$$A_k = \{x \in \mathbb{R}^n : |x| < k, d(x, V^c) > k^{-1}\}, \quad k \in \mathbb{N}_+,$$

其中 $d(x, V^c)$ 代表单点集 $\{x\}$ 与集合 V^c 的距离. 定义 $E_k = E \bigcap A_k$. 那么, A_k 是开集, $\overline{A_k}$ 是紧集, 并且 $E_k \subset A_k \subset \overline{A_k} \subset V$, $E = \bigcup_{k=1}^{\infty} E_k$. 对于 χ_{E_k} 用已证的结论, 再令 $k \to \infty$ 并使用单调极限定理, 就完成了证明. □

下面, 利用正则变换的可逆性从引理 3.23 推导出下述积分变量替换公式.

定理 3.24 设 T 是定义在 V 上的正则变换, f 是 V 上的可测函数. 如果 $f \in L(V)$, 或者 f 非负, 那么

$$\int_{T(V)} f(T^{-1}x)\,\mathrm{d}x = \int_V f(x)|J(T)(x)|\,\mathrm{d}x. \tag{3.15}$$

证 设 f 是 V 上的非负可测函数. 定义

$$g(x) = f(T^{-1}x)|J(T)(T^{-1}x)|, \quad x \in T(V).$$

g 是 $T(V)$ 上的非负可测函数. 对 g 关于变换 T^{-1} 用引理 3.23, 得

$$\int_V g(T(x))\,\mathrm{d}x \leqslant \int_{T(V)} g(x)|J(T^{-1})(x)|\,\mathrm{d}x.$$

此即

$$\int_V f(x)|J(T)(x)|\,\mathrm{d}x \leqslant \int_{T(V)} f(T^{-1}x)|J(T)(T^{-1}x)|\,|J(T^{-1})(x)|\,\mathrm{d}x.$$

由于

$$\forall x \in T(V), \quad |J(T)(T^{-1}x)|\,|J(T^{-1})(x)| = 1,$$

我们得到
$$\int_V f(x)|J(T)(x)|\,\mathrm{d}x \leqslant \int_{T(V)} f(T^{-1}x)\,\mathrm{d}x. \tag{3.16}$$

把 (3.16) 和 (3.14) 合起来得 (3.15).

当 $f \in L(T(V))$ 时, 对 f^+, f^- 分别用 (3.15), 再相减就完成了证明. □

§3.4.4 变量替换的实例

例 3.7 极坐标变换与球坐标变换

我们结合求 n 维球
$$V_n = V_n(R) = \{x \in \mathbb{R}^n : |x| < R\} \ (R > 0)$$
的体积 (测度) 来介绍所说的变换.

当 $n = 1$ 时, $|V_1(R)| = 2R$.

当 $n = 2$ 时,
$$|V_2(R)| = \int_{V_2(R)} \mathrm{d}x_1 \mathrm{d}x_2 = \int_{0 < x_1^2 + x_2^2 < R^2} \mathrm{d}x_1 \mathrm{d}x_2.$$

我们作变换 $(x_1, x_2) = g(r, \theta)$:
$$\begin{cases} x_1 = r\cos\theta, \\ x_2 = r\sin\theta, \end{cases} \quad 0 < r < \infty,\ 0 < \theta < 2\pi. \tag{3.17}$$

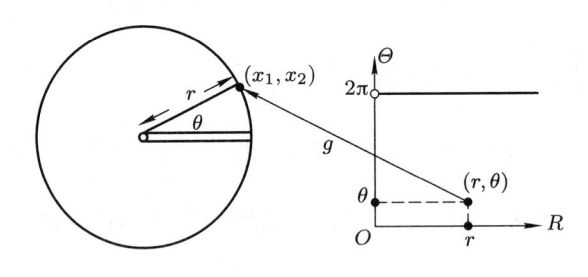

图 12

容易确定
$$g'(r, \theta) = \begin{pmatrix} \cos\theta & -r\sin\theta \\ \sin\theta & r\cos\theta \end{pmatrix}, \quad J(g)(r, \theta) = \det g'(r, \theta) = r.$$

我们看到, g 在 $(0, \infty) \times (0, 2\pi)$ 上是正则的. 记
$$E = \{(x, 0) \in \mathbb{R}^2 : x \geqslant 0\}.$$

易见 E 是 $\mathbb{R}^2$ 中的零测度集. 令
$$U = U(R) = (0, R) \times (0, 2\pi).$$
那么
$$g(U) = V_2(R) \setminus E.$$
于是由定理 3.24,
$$|V_2| = |g(U)| = \int_{g(U)} \mathrm{d}x_1 \mathrm{d}x_2$$
$$= \int_{(0,R) \times (0,2\pi)} |\det g'(r, \theta)| \mathrm{d}r \, \mathrm{d}\theta = 2\pi \int_{(0,R)} r \mathrm{d}r.$$
设函数 $h: (0, R) \longrightarrow \mathbb{R}$ 的定义是 $h(r) = r$. 那么下方图 $\Gamma_\ell(h)$ 是一个两直角边长都等于 R 的直角三角形, 它的面积 (测度) 为 $\frac{1}{2}R^2$, 即 $\int_{(0,R)} r \mathrm{d}r = \frac{1}{2}R^2$. 所以
$$|V_2(R)| = \pi R^2.$$

我们把 $\mathbb{R}^2$ 中的变换 (3.17) 叫做**极坐标变换**, 点 (r, θ) 依关系式 (3.17), 叫做点 (x_1, x_2) 的极坐标.

当 $n \geqslant 3$ 时, 定义
$$H_n = \{(r, \theta_1, \cdots, \theta_{n-1}) : 0 < r < \infty, \ 0 < \theta_i < \pi, \ i = 1, \cdots, n-2, \ 0 < \theta_{n-1} < 2\pi\}.$$
我们引入变换 $x = g(r, \theta_1, \cdots, \theta_{n-1})$:
$$\begin{cases} x_1 = r \cos \theta_1, \\ x_2 = r \sin \theta_1 \cos \theta_2, \\ \cdots\cdots\cdots\cdots \\ x_{n-1} = r \sin \theta_1 \cdots \sin \theta_{n-2} \cos \theta_{n-1}, \\ x_n = r \sin \theta_1 \cdots \sin \theta_{n-2} \sin \theta_{n-1}. \end{cases} \quad (3.18)$$

变换 g 在 H_n 上是正则的. 令
$$E = \{(x_1, \cdots, x_{n-1}, 0) \in \mathbb{R}^n : x_k \in \mathbb{R}, \ k = 1, \cdots, n-2; \ x_{n-1} \geqslant 0\}.$$
易见 E 是 $\mathbb{R}^n$ 中的零测度集. 而
$$g(H_n) = \mathbb{R}^n \setminus E.$$

我们把关系式 (3.18) 给出的变换叫做**球坐标变换**, 把 (3.18) 中的 n 元有序实数组 $(r,\theta_1,\cdots,\theta_{n-1})$ 叫做点 $(x_1,x_2,\cdots,x_n)$ 的球坐标. 当 $n=3$ 时球坐标是用点与球心 (原点) 的距离 r, 点所在的经度 θ_2 和由北极起始计算的"纬度" θ_1 给出的坐标.

我们用归纳法来证明, 当 $n \geqslant 3$ 时,

$$J(g)(r,\theta_1,\cdots,\theta_{n-1}) = \det g'(r,\theta_1,\cdots,\theta_{n-1})$$
$$= r^{n-1}(\sin\theta_1)^{n-2}\cdots(\sin\theta_{n-2})^1, \quad (3.19)$$

其中

$$(r,\theta_1,\cdots,\theta_{n-1}) \in H_n = (0,\infty)\times(0,\pi)^{n-2}\times(0,2\pi).$$

公式 (3.19) 的证明 为了便于归纳, 我们把 (3.19) 中的变换 g 附上下标 n. 首先考虑 $n=3$ 的情形. 此时

$$g_3(r,\theta_1,\theta_2) = (r\cos\theta_1, r\sin\theta_1\cos\theta_2, r\sin\theta_1\sin\theta_2).$$

那么

$$g_3'(r,\theta_1,\theta_2) = \begin{pmatrix} \cos\theta_1 & -r\sin\theta_1 & 0 \\ \sin\theta_1\cos\theta_2 & r\cos\theta_1\cos\theta_2 & -r\sin\theta_1\sin\theta_2 \\ \sin\theta_1\sin\theta_2 & r\cos\theta_1\sin\theta_2 & r\sin\theta_1\cos\theta_2 \end{pmatrix},$$

关于第一行展开算得

$$J(g_3)(r,\theta_1,\theta_2) = r^2\sin\theta_1.$$

可见, (3.19) 当 $n=3$ 时成立.

设 (3.19) 对于 $n=k \geqslant 3$ 成立, 我们来考虑 $n=k+1$ 的情形. 这时, 根据 (3.18), 算出

$$g_{k+1}'(r,\theta_1,\cdots\theta_k)$$
$$= \begin{pmatrix} \cos\theta_1 & -r\sin\theta_1 & 0 & \cdots & 0 \\ \sin\theta_1\cos\theta_2 & r\cos\theta_1\cos\theta_2 & -r\sin\theta_1\sin\theta_2 & \cdots & 0 \\ \vdots & \vdots & \vdots & & \vdots \\ \sin\theta_1\cdots\cos\theta_k & r\cos\theta_1\cdots\cos\theta_k & r\sin\theta_1\cdots\cos\theta_k & \cdots & -r\sin\theta_1\cdots\sin\theta_k \\ \sin\theta_1\cdots\sin\theta_k & r\cos\theta_1\cdots\sin\theta_k & r\sin\theta_1\cdots\sin\theta_k & \cdots & r\sin\theta_1\cdots\cos\theta_k \end{pmatrix}.$$

我们仍然对于第一行展开来计算它的行列式. 注意第一行第一列的元的代数余子式为 $(r\cos\theta_1)J(g_k)(u,\theta_2,\cdots,\theta_k)\big|_{u=r\sin\theta_1}$. 根据归纳假定, 它等于

$$r\cos\theta_1(r\sin\theta_1)^{k-1}(\sin\theta_2)^{k-2}\cdots(\sin\theta_{k-1})^1.$$

所以, 展开式的第一项等于

$$r(\cos\theta_1)^2(r\sin\theta_1)^{k-1}(\sin\theta_2)^{k-2}\cdots(\sin\theta_{k-1})^1.$$

同时, 第一行第二列的元的代数余子式为 $(-\sin\theta_1)J(g_k)(u,\theta_2,\cdots,\theta_k)\big|_{u=r\sin\theta_1}$, 它等于

$$-\sin\theta_1(r\sin\theta_1)^{k-1}(\sin\theta_2)^{k-2}\cdots(\sin\theta_{k-1})^1.$$

所以, 展开式的第二项等于

$$r(\sin\theta_1)^2(r\sin\theta_1)^{k-1}(\sin\theta_2)^{k-2}\cdots(\sin\theta_{k-1})^1.$$

两项相加得

$$J(g_{k+1})(r,\theta_1,\cdots,\theta_k)=r^k(\sin\theta_1)^{k-1}(\sin\theta_2)^{k-2}\cdots(\sin\theta_{k-1})^1.$$

这就完成了 (3.19) 的证明. □

现在我们使用定理 3.24 以及公式 (3.19) 来计算 n 维球的体积. 我们得到

$$\begin{aligned}|V_n|&=\int_{V_n\setminus E}\mathrm{d}x\\&=\int_{g^{-1}(V_n\setminus E)}|J(g)(r,\theta_1,\cdots,\theta_{n-1})|\mathrm{d}r\,\mathrm{d}\theta_1\cdots\mathrm{d}\theta_{n-1}\\&=\int_{W_R}r^{n-1}|(\sin\theta_1)^{n-2}\cdots(\sin\theta_{n-2})^1|\mathrm{d}r\,\mathrm{d}\theta_1\cdots\mathrm{d}\theta_{n-2}\mathrm{d}\theta_{n-1}\\&=2\pi\frac{1}{n}R^n\prod_{j=1}^{n-2}\int_0^\pi(\sin\theta)^j\mathrm{d}\theta.\end{aligned}$$

对于积分

$$\int_0^\pi(\sin\theta)^j\mathrm{d}\theta=2\int_0^{\frac{\pi}{2}}(\sin\theta)^j\mathrm{d}\theta$$

使用关于 Gamma 函数的记号 (见第五章例 4.1), 那么

$$2\int_0^{\frac{\pi}{2}}(\sin\theta)^j\mathrm{d}\theta=\frac{\Gamma\left(\frac{j+1}{2}\right)\Gamma\left(\frac{1}{2}\right)}{\Gamma\left(\frac{j}{2}+1\right)}=\frac{\Gamma\left(\frac{j-1}{2}+1\right)\Gamma\left(\frac{1}{2}\right)}{\Gamma\left(\frac{j}{2}+1\right)}.$$

于是
$$|V_n| = 2\pi \frac{1}{n} R^n \prod_{j=1}^{n-2} \frac{\Gamma\left(\frac{j-1}{2}+1\right)\Gamma\left(\frac{1}{2}\right)}{\Gamma\left(\frac{j}{2}+1\right)} = \frac{\pi^{\frac{n}{2}}}{\Gamma\left(\frac{n}{2}+1\right)} R^n.$$

例 3.8 $\mathbb{R}^3$ 中的柱坐标变换

设 $U = \{(r,\theta,z): 0<r<\infty, 0<\theta<2\pi, z\in\mathbb{R}\}$. 在 U 上定义变换 g:
$$(x,y,z) = g(r,\theta,z) = (r\cos\theta, r\sin\theta, z),$$
其中的 (r,θ,z) 叫做点 (x,y,z) 的柱坐标. 易见
$$g'(r,\theta,z) = \begin{pmatrix} \cos\theta & -r\sin\theta & 0 \\ \sin\theta & r\cos\theta & 0 \\ 0 & 0 & 1 \end{pmatrix}, \quad \det g'(r,\theta,z) = r.$$

在集合 U 上 g 是正则的, 且
$$g(U) = \mathbb{R}^3 \setminus \{(x,y,z): y=0, x\geqslant 0\}.$$
显然, 在 $\mathbb{R}^3$ 中
$$|\{(x,y,z): y=0, x\geqslant 0\}| = 0.$$

易见, 球坐标变换适合计算球形或类似的区域上的积分, 而柱坐标变换用到柱形区域上比较方便.

习题 4.3

1. 设 $\mathbb{R}$ 上的可测集 $E_k \subset [0,1]$, $k = 1,\cdots,m$. 如果 $[0,1]$ 中的每点都至少属于这 m 个集中的 q 个, 那么, 这些集中至少有一个, 其测度不小于 $\frac{q}{m}$.

2. 设 $|E| > 0, f, g \in L(E)$ 且 $f > g$. 那么
$$\int_E f > \int_E g.$$

3. 设 f 在 E 可测, $f \geqslant 0$. 若 $g \in L(E)$, 则
$$\int_E (f+g) = \int_E f + \int_E g.$$

4. 设 $f \in L(E)$, g 在 E 上可测且有界. 那么 $fg \in L(E)$.

5. 设 $f \in L(E)$, g 在 E 上可测且有实数 α, β 使 $\alpha \leqslant g \leqslant \beta$. 如果 $f \geqslant 0$, 那么
$$\alpha \int_E f \leqslant \int_E (fg) \leqslant \beta \int_E f.$$

6. 设 $f \in L[\,0,1]$. 若 $\forall a \in (0,1)$, $\int_{(0,a)} f = 0$, 则 $f \xlongequal{\text{a.e.}} 0$.

7. 设 $|E| < \infty$, $f : E \longrightarrow \mathbb{R}$ 可测. 证明: $f \in L(E)$ 的充分必要条件是
$$\sum_{k=1}^\infty k|E_k| < \infty, \quad \text{其中 } E_k = E(k \leqslant |f| < k+1).$$

8. 设 $|E| < \infty$, $f : E \longrightarrow \overline{\mathbb{R}}$ 可测. 证明: $f \in L(E)$ 的充分必要条件是
$$\sum_{k=1}^\infty |E_k| < \infty, \quad \text{其中 } E_k = E(|f| > k).$$

提示: 可以使用如下的以 N.H.Abel (阿贝尔) 的名字命名的和差变换算法, 这种算法有广泛的用途.
$$\sum_{k=1}^m a_k b_k = \sum_{k=1}^{m-1}(a_k - a_{k+1})\sum_{j=1}^k b_j + a_m \sum_{j=1}^m b_j, \quad m \geqslant 2.$$

9. 设 $f \in L(E)$. 如果对于任意的有界可测函数 g, 都有 $\int_E fg = 0$, 那么 $f \xlongequal{\text{a.e.}} 0$.

10. 设 f 在 E 可测, $f > 0$. 若 $\int_E f = 0$, 则 $|E| = 0$.

11. 对于任意的正数 a,b 及一对相伴数 p,q, 有
$$ab \leqslant \frac{1}{p}a^p + \frac{1}{q}b^q.$$

12. 设 A, B 皆为 $\mathbb{R}$ 上的可测集. 证明:
$$A \times B := \{(x,y) : x \in A, y \in B\}$$
是 $\mathbb{R}^2$ 中的可测集.

13. 设 f, g 皆在 $\mathbb{R}$ 可测且非负. 证明 $f(x)g(y)$ 作为 (x,y) 的函数在 $\mathbb{R}^2$ 上可测, 且
$$\int_{\mathbb{R}^2} f(x)g(y)\,\mathrm{d}x\mathrm{d}y = \int_\mathbb{R} f \int_\mathbb{R} g.$$
从而, 当 $f,g \in L(\mathbb{R})$ 时上述等式成立.

14. 设 f 在 $[0, 2\pi]$ 上单调增. 证明:
$$\forall k \in \mathbb{N}_+, \quad \int_0^{2\pi} f(x)\sin kx\,\mathrm{d}x \leqslant 0.$$

15. 设 E 是可测集. 若 $T = \{E_1, \cdots, E_m\}$ $(m \in \mathbb{N}_+)$, 满足 $\bigcup_{k=1}^{m} E_k = E$ 且诸 E_k 可测, 两两不交, 则说 T 是 E 的一个分法 (partition). 设 f 是 E 上的非负可测函数. 把 f 关于分法 T 的积分和定义为
$$S(f;T) = \sum_{k=1}^{m} \inf_{x \in E_k} f(x) |E_k|.$$
证明: f 在 E 上的积分等于 $\sup\{S(f;T) : T \text{ 是 } E \text{ 的分法}\}$.

16. 若 $f_n \xrightarrow{m} f$, $f_n \xrightarrow{m} g$, 则 $f \xrightarrow{\text{a.e.}} g$.

17. 若 $f_n \xrightarrow{m} f, g_n \xrightarrow{m} g$ 则
    (1) $f_n + g_n \xrightarrow{m} f + g$;
    (2) $\forall \alpha \in \mathbb{R}, \alpha f_n \xrightarrow{m} \alpha f$;
    (3) 当 $|E| < \infty$ 时, $f_n g_n \xrightarrow{m} fg$.

18. 证明定理 3.13, 并举例说明其中条件 $|E| < \infty$ 不可去掉.

19. 设一元函数 $f \in L(0,1)$. 求证:
$$\lim_{k \to \infty} \int_{(0,1)} x^k f(x) \, \mathrm{d}x = 0.$$

20. 设 $f \in L(E)$. 证明:
$$\lim_{k \to \infty} k |E(|f| > k)| = 0.$$

21. 设 L 是 $\mathbb{R}^n$ 上的可逆线性变换. 证明: L 把直线变 (映) 成直线.

22. 证明: 正则变换把边界点映成边界点, 把内点映成内点.

23. 设线性变换 L 不可逆, 即 $\det L = 0$. 证明: L 把一切 (有界) 集合都变成零测度集.

24. 设 $\mathbb{R}^2$ 上的变换 $T : (u,v) \longrightarrow (x,y)$ 如下定义:
$$\begin{cases} x = (uv^2)^{\frac{1}{3}}, \\ y = (u^2 v)^{\frac{1}{3}}. \end{cases}$$
    (1) 画出 $E = T([a,b] \times [c,d])$ 的草图;
    (2) 求出 $T'(u,v)$;
    (3) 把积分 $\int_E xy \, \mathrm{d}x \mathrm{d}y$ 转化成 $[a,b] \times [c,d]$ 上的积分.

25. 设 L 是初等变换, Q 是方块. 证明:
$$|L(Q)| = |\det L| \, |Q|.$$

26. 作为积分号下取极限的定理的应用, 我们来证明 $L^p(\mathbb{R}^n)$ $(1 \leqslant p < \infty)$ **空间的完备性**, 即: 若 $\{f_k\}_{k=1}^{\infty}$ 是 $L^p(\mathbb{R}^n)$ 的基本列, 则存在 (唯一的) $f \in L^p(\mathbb{R}^n)$ 使得
$$\lim_{m \to \infty} \|f - f_m\|_p = 0.$$

证 无妨认为 $\|f_{k+1}-f_k\|_p<2^{-k}\,(k\in\mathbb{N}_+)$. 令
$$g=\sum_{k=1}^\infty |f_{k+1}-f_k|.$$

用单调极限定理及 Minkowski 不等式

$$\|g\|_p^p=\int_{\mathbb{R}^n}\lim_{m\to\infty}\Big(\sum_{k=1}^m|f_{k+1}-f_k|\Big)^p\xlongequal{\text{定理 3.9}}\lim_{m\to\infty}\int_{\mathbb{R}^n}\Big(\sum_{k=1}^m|f_{k+1}-f_k|\Big)^p$$
$$\xlongequal{\text{Minkowski 不等式}}\leqslant\lim_{m\to\infty}\Big(\sum_{k=1}^m\|f_{k+1}-f_k\|_p\Big)^p<\lim_{m\to\infty}\Big(\sum_{k=1}^m 2^{-k}\Big)^p=1.$$

可见 $g\in L^p(\mathbb{R}^n)$. 那么 g a.e. 取实数值. 由此推出, $\sum_{k=1}^\infty (f_{k+1}-f_k)$ a.e. 收敛. 那么

$$\lim_{m\to\infty} f_m=f_1+\sum_{k=1}^\infty (f_{k+1}-f_k)$$

a.e. 收敛. 记 $\lim_{m\to\infty} f_m=f$. 上面的结果表明,

$$\|f-f_m\|_p=\|\sum_{k=m}^\infty (f_{k+1}-f_k)\|_p\leqslant\sum_{k=m}^\infty \|f_{k+1}-f_k)\|_p<2^{1-m}.\qquad\square$$

§4 几乎连续函数及其积分

定义积分的目的, 不仅仅是为了纯理论的研究, 还要解决实际的问题, 这也是近二百年前微积分理论建立的初衷. 现在我们来考虑积分的计算. 可以很自然地想到, 要想给出对于一个很一般的函数的积分的算法, 除了使用定义, 几乎没有其他可能. 我们实际能做的, 是把多元函数的积分的计算化成一元函数的积分的计算. 而对于一元函数的积分, 我们所能计算的, 归根到底也就是那些初等函数的积分.

这节我们先从理论上来研究比较好的函数的积分. 下一节再对一元初等函数的积分做详细的讨论. 当然我们还应该进一步考虑用好的函数来近似一般函数的办法.

下面谈到的 $\mathbb{R}^n$ 中的矩形, 都指各边分别与坐标轴平行的内部不空的有界矩形, 既不必是闭的也不必是开的.

定义 4.1(几乎连续, Riemann 类) 设 D 是 $\mathbb{R}^n$ 中的矩形, f 是 D 上的实值函数. 如果存在集 $E\subset D, |E|=0$, 且在 $D\setminus E$ 的每点处 f 都 (相对于 D) 连续, 亦即

$$\forall x\in D\setminus E,\ \forall \varepsilon>0,\ \exists \delta>0,\ \text{当}\ y\in D\bigcap B(x;\delta)\ \text{时},\ |f(x)-f(y)|<\varepsilon,$$

那么就说 f 在 D 上几乎连续. 如果 f 在 D 上有界且几乎连续, 就说 $f \in R(D)$, 称 $R(D)$ 为 D 上的 Riemann 函数类, 简称为 Riemann 类.

我们用符号 $R(D)$ 代表在 D 上几乎连续的有界函数的全体, 意在纪念著名的德国数学家 G.F.B.Riemann.

显然, $C(D)$ 中的有界函数都属于 $R(D)$.

定理 4.1 $R(D) \subset L(D)$.

证 设 $f \in R(D)$. 我们只需证明 f 在 D 可测. 我们知道 (见 §1, 例 1.3), $|D| = |\overset{\circ}{D}|$, 即 $|D \setminus \overset{\circ}{D}| = 0$, 其中 $\overset{\circ}{D}$ 代表 D 的内部. 我们用 $\partial D := D \setminus \overset{\circ}{D}$ 代表 D 的边界, 它是零测度集.

由于 f 几乎连续, 所以存在集合 $E \subset D$, $|E| = 0$, f 在 $D \setminus E$ 的每点都相对于 D 连续.

令 $A := \overset{\circ}{D} \setminus E$. 设 $c \in \mathbb{R}$.

对于 $x \in A(f > c) := \{y \in A: f(y) > c\}$, 由连续性知存在 $\delta = \delta(x) > 0$, 使

$$B(x;\delta) \subset \overset{\circ}{D}(f > c).$$

记此 $B(x;\delta(x)) = G(x)$, 它是开集. 令

$$G = \bigcup_{x \in A} G(x).$$

那么, G 是开集, 并且

$$\left(\overset{\circ}{D}(f > c) \setminus E\right) \subset G \subset \overset{\circ}{D}(f > c).$$

可见

$$D(f > c) = A(f > c) \bigcup (\partial D)(f > c) \bigcup E(f > c)$$
$$= G \bigcup (\partial D)(f > c) \bigcup E(f > c).$$

于是, $D(f > c)$ 可测. 证得 f 可测. □

现在我们用 "度量方式" 来刻画 $R(D)$.

定义 4.2(矩形的分法) 设 D 是 $\mathbb{R}^n$ 中的矩形. 如果 Δ_j $(j = 1, \cdots, m)$ 是有限个矩形, 满足条件

$$\Delta_k \bigcap \Delta_j = \varnothing \text{ 当 } k \neq j, \quad \bigcup_{j=1}^m \Delta_j = D, \tag{4.1}$$

那么就称 $\mathbb{P} = \mathbb{P}(D) := \{\Delta_1, \cdots, \Delta_m\}$ 为 D 的一个分法 (partition). 并记

$$|\mathbb{P}| := \max\{\operatorname{diam}(\Delta_j) : j = 1, \cdots, m\}, \tag{4.2}$$

叫做分法 $\mathbb{P}$ 的模. 这里, 对于任意的 $E \subset \mathbb{R}^n$, $\operatorname{diam}(E) := \sup\{|u-v| : u, v \in E\}$ 叫做 E 的直径 (diameter). 对于任意的 $r > 0$, 令

$$\mathscr{P}_r(D) := \{\mathbb{P}(D) : |\mathbb{P}(D)| \leqslant r\}. \tag{4.3}$$

定义 4.3(上阶梯函数与下阶梯函数) 设 D 是 $\mathbb{R}^n$ 中的矩形, $f : D \longrightarrow \mathbb{R}$ 有界. 对于任意的 $\mathbb{P}(D) := \{\Delta_1, \cdots, \Delta_m\}$,

$$f_{\mathbb{P}}^- := \sum_{j=1}^m u_j \chi_{\Delta_j}, \quad f_{\mathbb{P}}^+ := \sum_{j=1}^m v_j \chi_{\Delta_j}, \tag{4.4}$$

其中 $u_j = \inf\{f(x) : x \in \Delta_j\}$, $v_j = \sup\{f(x) : x \in \Delta_j\}$, $j = 1, \cdots, m$. 分别把 $f_{\mathbb{P}}^-$ 和 $f_{\mathbb{P}}^+$ 叫做 f 关于分法 $\mathbb{P}$ 的下阶梯函数和上阶梯函数.

定理 4.2 设 D 是 $\mathbb{R}^n$ 中的矩形, $f : D \longrightarrow \mathbb{R}$ 有界. 那么 $f \in R(D)$ 的充分必要条件是 $f \in L(D)$ 并且对于任取的 $\mathbb{P}_k \in \mathscr{P}_{k^{-1}}(D)$, $k = 1, 2, \cdots$,

$$\lim_{k \to \infty} \int_D f_{\mathbb{P}_k}^- = \int_D f = \lim_{k \to \infty} \int_D f_{\mathbb{P}_k}^+. \tag{4.5}$$

证 设 $f \in R(D)$. 那么, 根据定理 4.1, $f \in L(D)$. 设 $E \subset D$ 是 f 的不连续点的全体. 那么测度 $|E| = 0$.

设 $x \in D \setminus E$. 那么对于任意的 $\varepsilon > 0$, 存在正整数 N, 使得当 $y \in D$ 且 $|y - x| \leqslant N^{-1}$ 时, $|f(x) - f(y)| < \varepsilon$. 于是当 $k > N$ 时, 对于任意的 $\mathbb{P}_k \in \mathscr{P}_r(D)$ 都成立

$$0 \leqslant f(x) - f_{\mathbb{P}_k}^-(x) < \varepsilon, \quad 0 \leqslant f_{\mathbb{P}_k}^+(x) - f(x) < \varepsilon.$$

从而

$$\lim_{k \to \infty} f_{\mathbb{P}_k}^- = \lim_{k \to \infty} f_{\mathbb{P}_k}^+ = f, \quad \text{a.e.}$$

由此, 根据定理 3.11 (Lebesgue 控制收敛定理), 推出 (4.5).

现在设 $f \in L(D)$, 并设对于任取的一列 $\mathbb{P}_k \in \mathscr{P}_{k^{-1}}(D)$, $k = 1, 2, \cdots$, (4.5) 式成立. 那么

$$\lim_{k \to \infty} \int_D \left(f_{\mathbb{P}_k}^+ - f_{\mathbb{P}_k}^- \right) = 0. \tag{4.6}$$

下面我们证明，实际上不必假设 $f \in L(D)$，只需对于某一列 $\{\mathbb{P}_k\}_{k=1}^{\infty}$ ($\mathbb{P}_k \in \mathscr{P}_{k^{-1}}(D)$)，(4.6) 式成立就能推出 $f \in R(D)$.

对于 $x \in D$，我们定义 f 在 x 处的**跳跃**(jump) 为

$$j(f)(x) = \inf_{\delta > 0} \sup \left\{ |f(u) - f(v)| : u, v \in \left(B(x; \delta) \bigcap D \right) \right\}.$$

显然这个下确界实为 $\delta \to 0+$ 时的极限. 易见，f 在 $x \in D$ 处连续的充分必要条件是 $j(f)(x) = 0$ (习题 4.4, 题 5).

由 $j(f)$ 的定义可见，对于几乎每个 $x \in D$ 和一切 $k \in \mathbb{N}_+$，

$$0 \leqslant j(f)(x) \leqslant f^+_{\mathbb{P}_k}(x) - f^-_{\mathbb{P}_k}(x).$$

所以 (4.6) 蕴涵

$$\int_D j(f) = 0.$$

此式等价于 $j(f) = 0$ a.e.，从而 $f \in R(D)$. □

定理 4.2 告诉我们，对于 $R(D)$ 中的函数，可按定理 4.2 中的两个极限 $\lim\limits_{k \to \infty} \int_D f^-_{\mathbb{P}_k}$ 或者 $\lim\limits_{k \to \infty} \int_D f^+_{\mathbb{P}_k}$ 来计算其积分. 常用的介于下阶梯函数 $f^-_{\mathbb{P}_k}$ 和上阶梯函数 $f^+_{\mathbb{P}_k}$ 之间的函数是 $f_{\mathbb{P}_k, \xi} := \sum\limits_{j=1}^{m} f(\xi_j) \chi_{\Delta_j}$，其中 $\xi_j \in \Delta_j$ ($j = 1, \cdots, m$) 可以随意选取. 函数 $f_{\mathbb{P}_k, \xi}$ 的积分

$$\int_D f_{\mathbb{P}_k, \xi} = \sum_{j=1}^{m} f(\xi_j) |\Delta_j| \tag{4.7}$$

通常叫做 f 关于分法 $\mathbb{P}$ 的 Riemann 和. 当 $k \to \infty$ ($\mathbb{P}_k \in \mathscr{P}_{k^{-1}}$) 时，(4.7) 的极限是 $\int_D f$，即

$$\lim_{|\mathbb{P}| \to 0} \sum_{j=1}^{m} f(\xi_j) |\Delta_j| = \int_D f. \tag{4.8}$$

这种计算积分的方法，叫做 Riemann 积分法，它只对于 $R(D)$ 的函数适用.

关于经典的 Riemann 积分定义的技术细节的注 在经典的 Riemann 积分理论中，函数的定义域 D 规定是有界的闭矩形，对应于一个分法 $\mathbb{P}(D) := \{\Delta_1, \cdots, \Delta_m\}$，下阶梯函数以及上阶梯函数的定义中 (见定义 4.3)，通常取 $u_j = \inf\{f(x) : x \in \overline{\Delta_j}\}$, $v_j = \sup\{f(x) : x \in \overline{\Delta_j}\}$, $j = 1, \cdots, m$. 而 Riemann 和的定义中也允许 $\xi_j \in \overline{\Delta_j}$, $j = 1, \cdots, m$. 容易看到，这样做的结果，与我们这里的叙述毫无本质的不同.

例 4.1 把 $\mathbb{Q}^n$ 叫做 n 维比例数集. 集合 $\mathbb{Q}^n$ 的特征函数叫做 n 元 Dirichlet 函数. 现在把这个函数记为 f. 设 D 是内部不空的有界方块. 显然,f 在 D 上处处不连续 (实际上 $j(f)(x)=1$), 所以 $f \notin R(D)$.

从另一方面来说, 对于 D 的一切分法 $\mathbb{P}$,

$$\int_D f_\mathbb{P}^- = 0, \quad \int_D f_\mathbb{P}^+ = |D|.$$

例 4.2 设 f 是例 3.3 中的开集 G 的特征函数 χ_G. 由于在正测度集 $(0,1)\setminus G$ 的每点 x 处都有 $j(f)(x)=1$, 所以 $f \notin R(0,1)$.

注 4.1 例 4.2 表明, **按照 Riemann 的度量方式 (即 Riemann 积分法), 上述开集 G 是不可量度的**. 然而, 按照 Lebesgue 的度量方式 (即 Lebesgue 积分法), G 作为 $\aleph_0$ 个两两不交的开区间的并集, 其大小 (测度), 就是这些开区间的长度之和. 所以可以说, Riemann 积分法的本质缺陷是**不承认 σ 加性**, 而 Lebesgue 积分法恰是**以 σ 加性为出发点**的.

例 4.3 下面定义的 $(0,1)$ 上的函数叫做 Riemann 函数:

$$f(x) = \begin{cases} \dfrac{1}{q}, & \text{当 } x \text{ 是既约分数 } \dfrac{p}{q}\ (q \in \mathbb{N}_+), \\ 0, & \text{当 } x \text{ 不是比例数}. \end{cases}$$

显然, f 在 $(0,1)$ 的比例数处间断. 设 x 不是比例数, $x \in (0,1)$. 任给 $k \in \mathbb{N}_+$, 在 $(0,1)$ 内分母不大于 k 的既约分数只有有限个, 它们与 x 的最近距离记做 δ. 那么, 当 $|y-x|<\delta$ 且 $y \in (0,1)$ 时,

$$|f(y)-f(x)| < \frac{1}{k}.$$

可见, f 在点 x 连续. 于是 f 在 $(0,1)$ 上几乎连续, 从而 Riemann 函数 $f \in R(0,1)$ (我们自然地把 $R((0,1))$ 简写为 $R(0,1)$). 而且 $\int_{(0,1)} f = 0$.

例 4.4 设 f 是有界区间 I 上的有界的单调函数, 那么 $f \in R(I)$. 这是因为,f 只有可数个间断点, 所以几乎连续.

利用单调函数的特性, 我们给出下述一元积分的中值公式. 这个公式常被用于积分的估计.

定理 4.3(积分中值公式) 设 $I = [a,b]$ 是 $\mathbb{R}$ 中的有界区间. 若 f 在 I 上单调, $g \in L(I)$. 那么, 存在 $c \in I$, 使

$$\int_I (fg) = f(a) \int_{(a,c)} g + f(b) \int_{(c,b)} g.$$

注 4.2 此定理与定理 3.7 (积分中值定理) 显然是两回事.

定理 4.3 的证明 暂且认为 f 是单调减的, 并且 $f(b) = 0$. 设 $m \in \mathbb{N}_+, m > 2$. 令

$$x_k^m = a + \frac{k}{m}(b-a), \quad k = 0, 1, \cdots, m.$$

那么

$$\int_I (fg) = \sum_{k=1}^m \int_{(x_{k-1}^m, x_k^m)} (fg) = A_m + B_m, \tag{4.9}$$

其中

$$A_m := \sum_{k=1}^m \int_{(x_{k-1}^m, x_k^m)} f(x_k^m) g(x) \, \mathrm{d}x,$$

$$B_m := \sum_{k=1}^m \int_{(x_{k-1}^m, x_k^m)} (f(x) - f(x_k^m)) g(x) \, \mathrm{d}x.$$

令 $G(x) = \int_{[a,x]} g$. 用和差变换 (见习题 4.3 题 8 的提示) 得

$$A_m = \sum_{k=1}^{m-1} (f(x_k^m) - f(x_{k+1}^m)) G(x_k^m).$$

注意到 $G(a) = 0$, 我们得到

$$A_m = \sum_{k=0}^{m-1} (f(x_k^m) - f(x_{k+1}^m)) G(x_k^m).$$

由积分的绝对连续性立刻看到 $G \in C(I)$. 设

$$p = \max\{G(x): x \in I\}, \quad q = \min\{G(x): x \in I\}.$$

注意到对于每个 $k = 0, 1, \cdots, m-1$,

$$f(x_k^m) - f(x_{k+1}^m) \geqslant 0,$$

我们得到

$$qf(a) \leqslant A_m \leqslant pf(a).$$

从而

$$qf(a) + B_m \leqslant \int_I (fg) \leqslant pf(a) + B_m. \tag{4.10}$$

定义
$$\omega(t) = \sup\left\{\int_E |g| : E \subset I, |E| \leqslant t\right\} \quad (t \geqslant 0).$$
那么由积分的绝对连续性知
$$\lim_{t \to 0} \omega(t) = 0.$$
由于
$$|B_m| \leqslant \sum_{k=1}^{m} (f(x_{k-1}^m) - f(x_k^m))\omega(\frac{b-a}{m}) = f(a)\omega(\frac{b-a}{m}).$$
所以
$$\lim_{m \to \infty} |B_m| = 0.$$
那么, 在 (4.10) 中令 $m \to \infty$, 就得到
$$qf(a) \leqslant \int_I (fg) \leqslant pf(a). \tag{4.11}$$
由于连续函数 G 取遍中间值, $G(I) = [q, p]$, 所以存在 $c \in I$ 使
$$\int_I (fg) = f(a)G(c).$$
现在取消对于 $f(b) = 0$ 的限制. 以 $h = f - f(b)$ 代替 f, 用已证之结果, 得有某 $c \in I$, 使
$$h(a)G(c) = \int_I (hg) = \int_I (fg) - f(b)\int_I g = (f(a) - f(b))\int_{[a,c]} g.$$
由此移项便得
$$f(a)\int_{[a,c]} g + f(b)\int_{[c,b]} g = \int_I (fg).$$
当 f 单调增时, 对 $-f$ 用已证之结果便得欲证者. □

习题 4.4

1. 设简单函数
$$\phi = \sum_{k=1}^{m} c_k \chi_{E_k}$$
的表达式中诸 E_k 都是有界区间, 则称 ϕ 为**阶梯函数**. 证明: 若 $f \in R(a,b)$, 则 $\forall \varepsilon > 0$, 存在阶梯函数 ϕ, 使
$$\int_{(a,b)} |f - \phi| < \varepsilon.$$

2. 设 D 是 $\mathbb{R}^n$ 中的矩形, $f \in R(D)$. 若 $f \geqslant r > 0$, 则 $\dfrac{1}{f} \in R(D)$.

3. 设 D 是 $\mathbb{R}^n$ 中的矩形, $f \in R(D)$. 若 $f > 0$, 则 $\sqrt{f} \in R(D)$.

4. 设 $f(x) = \dfrac{1}{x} - \left[\dfrac{1}{x}\right]$, $x > 0$. 求证: $f \in R(0,1)$.

5. 证明: 函数在一点处连续的充分必要条件是它在这点处的跳跃等于零.

6. 设 f 是例 4.3 中的 Riemann 函数. 对于每个 $x \in (0,1)$, 写出 $j(f)(x)$.

7. 定义
$$f(x) = \begin{cases} \sin \dfrac{1}{x}, & x \neq 0, \\ 0, & x = 0. \end{cases}$$
求 $j(f)(0)$.

8. 设 $f, g \in R(D)$. 证明:
$$2 \int_D (fg) \leqslant \int_D f^2 + \int_D g^2.$$

9. 设 f 在 $\mathbb{R}$ 上单调增. 证明:
$$\int_{(0,m)} f \leqslant \sum_{k=1}^{m} f(k) \leqslant \int_{(1,m+1)} f.$$

10. 若 f 在 $[a, \infty)$ 上单调、有界, 且 $g \in L(a, \infty)$, 则存在 $c \in [a, \infty]$ 使
$$\int_{[a,\infty)} (fg) = f(a) \int_{(a,c)} g + f(\infty) \int_{(c,\infty)} g,$$
其中 $f(\infty) := \lim_{x \to \infty} f(x)$. 这是无界区间上的积分中值定理.

11. 设 $f \in L(0,1)$, $\varepsilon > 0$. 证明: 存在 $g \in R(0,1)$ 使得 $\int_{(0,1)} |f - g| < \varepsilon$.

12. 设 $f \in R(0,1)$, $\varepsilon > 0$. 证明: 存在 $g \in C[0,1]$ 使得 $\int_{(0,1)} |f - g| < \varepsilon$.

§5 微积分基本定理

这节讨论一元函数.

设 $-\infty < a < b < \infty$. 设 $f \in R[a,b]$. 我们把记号 $R([a,b])$ 自然地简化为 $R[a,b]$, 遇类似情况不再说明.

我们的问题是如何计算 $\int_{(a,b)} f.$

§5.1 基本定理

微积分基本定理 设 $f \in R[a,b]$. 若 f 在 $[a,b]$ 上有原函数 F(即对于每点 $x \in [a,b]$ 都成立 $F'(x) = f(x)$), 则

$$\int_{(a,b)} f = F(b) - F(a). \tag{5.1}$$

证 设 $m \in \mathbb{N}_+$ 充分大. 记

$$x_k = a + \frac{k}{m}(b-a), \quad k = 0, 1, \cdots, m.$$

那么 $\mathbb{P}_m := \{[x_{k-1}, x_k] : k = 1, \cdots, m\}$ 是 $[a,b]$ 的分法. 并且

$$F(b) - F(a) = \sum_{k=1}^{m} \big(F(x_k) - F(x_{k-1})\big).$$

根据 Lagrange 定理 (第三章 §1.2.4), 存在 $\xi_k \in (x_{k-1}, x_k)$, 使

$$F(x_k) - F(x_{k-1}) = F'(\xi_k)(x_k - x_{k-1}) = f(\xi_k)(x_k - x_{k-1}).$$

可见

$$F(b) - F(a) = \sum_{k=1}^{m} f(\xi_k)(x_k - x_{k-1}).$$

由于 $f \in R[a,b]$, 而上式右端是 f 在 $[a,b]$ 上关于分法 $\mathbb{P}_m$ 的 Riemann 和 (见 §4, (4.7)), 并且当 $m \to \infty$ 时 $|\mathbb{P}_m| = m^{-1}(b-a) \to 0$, 所以令 $m \to \infty$ 得

$$F(b) - F(a) = \int_{(a,b)} f. \qquad \square$$

微积分基本定理又叫做 Newton-Leibniz 公式, 以后简写做 N-L 公式.

下边我们用经典的记号来表示区间上的积分. 如果实数 $a < b$, $f \in L(a,b)$, 我们规定

$$\int_a^b f(x)\,\mathrm{d}x = \int_{(a,b)} f = -\int_b^a f(x)\,\mathrm{d}x.$$

从另一方面来说, 我们有下述定理.

定理 5.1 设 $f \in L[a,b]$. 定义

$$F(x) = \int_a^x f, \quad x \in [a,b].$$

那么, 当 x 是 f 的连续点时, $F'(x) = f(x)$. 因此当 $f \in C[a,b]$ 时, F 是 f 的一个原函数. 而当 $f \in R[a,b]$ 时, $F' = f$, a.e.

证 设 x 是 f 的连续点. 对于 $\delta > 0$, 定义

$$j(f)(x,\delta) = \sup\{|f(u)-f(v)| : u,v \in [a,b] \bigcap (x-\delta, x+\delta)\}.$$

那么对于 $h \neq 0, x+h \in [a,b]$,

$$h^{-1}(F(x+h) - F(x)) = h^{-1} \int_x^{x+h} f.$$

从而

$$|h^{-1}(F(x+h) - F(x)) - f(x)| = \left| h^{-1} \int_x^{x+h} (f(t) - f(x))\,\mathrm{d}t \right|$$
$$\leqslant j(f)(x, |h|).$$

令 $h \to 0$, 由于

$$\lim_{\delta \to 0} j(f)(x,\delta) = j(f)(x) = 0,$$

就得 $F'(x) = f(x)$. □

在积分 $\int_{(a,b)} f$ 中, 若视 a,b 为常数, 则把它叫做**定积分**, 否则, 作为积分区间右端点的函数, (区间不定的积分) 给出了 f 的一个原函数. Newton-Leibniz 公式及定理 5.1 告诉我们这一事实, 或许可作为第三章 §7 中的 "不定积分" 一词的一个诠释.

根据定理 3.6 的推论 2, 直接得到下述定理, 它使我们可以在无界区间上使用 Newton-Leibniz 公式.

定理 5.2 设 $f \in L(\mathbb{R})$, 并且对于一切实数 $a < b$, $f \in R[a,b]$. 若 f 在 $\mathbb{R}$ 上有原函数 F, 则必有

$$\lim_{b \to \infty} F(b) =: B \in \mathbb{R}, \quad \lim_{a \to -\infty} F(a) =: A \in \mathbb{R},$$

并且

$$\int_\mathbb{R} f = B - A.$$

当然, 把条件中的 $\mathbb{R}$ 换为形如 $[a, \infty)$ 或 $(-\infty, b]$ 的一端有界的无界区间时结论也成立. □

基于 Newton-Leibniz 公式和求原函数的算法 (见第三章 §7), 我们下边导出相应的积分法.

§5.2 换元积分法

首先重申关于记号的规定：若 $f \in L[a,b]$，则记

$$\int_{(a,b)} f = \int_a^b f(x)\,\mathrm{d}x = -\int_b^a f(x)\,\mathrm{d}x.$$

引理 5.3 设 $f \in C(\mathbb{R}), \phi \in C^1[a,b], \psi \in C^1[a,b]$. 定义

$$F(x) = \int_{\phi(x)}^{\psi(x)} f(y)\,\mathrm{d}y, \quad x \in [a,b].$$

那么

$$\forall\, x \in [a,b], \quad F'(x) = f(\psi(x))\psi'(x) - f(\phi(x))\phi'(x).$$

证 定义

$$G(u) = \int_0^u f(t)\,\mathrm{d}t, \quad u \in \mathbb{R}.$$

那么

$$F(x) = G(\psi(x)) - G(\phi(x)).$$

按复合函数求导的法则

$$F'(x) = G'(\psi(x))\psi'(x) - G'(\phi(x))\phi'(x).$$

注意到 $G'(u) = f(u)$ 就完成了证明. □

注 5.1 函数 f 的定义范围当然不必是整个 $\mathbb{R}$，只要是覆盖 $\varphi([a,b]) \bigcup \psi([a,b])$ 的区间就可以.

定理 5.4 设 $f \in C(\mathbb{R}), \psi \in C^1[a,b]$. 那么

$$\int_{\psi(a)}^{\psi(b)} f(y)\,\mathrm{d}y = \int_a^b f(\psi(x))\psi'(x)\,\mathrm{d}x. \tag{5.2}$$

证 在引理 5.3 中取 $\phi = 0$，得

$$F'(x) = f(\psi(x))\psi'(x).$$

那么，用 Newton-Leibniz 公式就得

$$F(b) - F(a) = \int_a^b f(\psi(x))\psi'(x)\,\mathrm{d}x. \quad\square$$

实际计算时，换元公式 (5.2) 从两个方向来使用：要计算左端的积分，常化成右端更容易计算的积分；要计算右端的积分，常化成左端更容易计算的积分. 关

键是把不容易计算的积分化简成容易计算的积分. 但从理论上来说, 能够使用 N-L 公式准确计算的有实际意义的积分, 归根到底不过就是一些 "初等函数" 的积分.

例 5.1 求
$$A := \int_0^\pi \frac{x \sin x}{1 + \cos^2 x} dx.$$

解 我们先把被积函数中的因子 x 化掉, 用换元法 $x = \pi - y$ 来处理积分.

$$\int_{\frac{\pi}{2}}^\pi \frac{x \sin x}{1 + \cos^2 x} dx = -\int_{\frac{\pi}{2}}^0 \frac{(\pi - y) \sin y}{1 + \cos^2 y} dy.$$

于是

$$A = \int_0^{\frac{\pi}{2}} \frac{x \sin x}{1 + \cos^2 x} dx + \int_{\frac{\pi}{2}}^\pi \frac{x \sin x}{1 + \cos^2 x} dx$$
$$= \int_0^{\frac{\pi}{2}} \frac{\pi \sin x}{1 + \cos^2 x} dx.$$

再用换元法, $y = \cos x$ 得

$$A = \int_0^1 \frac{\pi}{1 + y^2} dy.$$

再用 Newton-Leibniz 公式, 得

$$A = \pi(\arctan 1 - \arctan 0) = \frac{\pi^2}{4}. \qquad \square$$

注 5.2 这里的换元法, 其根据是 Newton-Leibniz 公式. 用换元法计算积分时, 不像计算原函数, 这里不存在把自变量换回去的问题, 不必考虑换元的可逆性. 在这一点上, 这里的换元法, 比 §4.3 中的 "积分的变量替换" 也省事得多 (不要求变换的正则性), 但两者实质无异 (请自思之).

§5.3 分部积分法

设 $u, v \in C^1[a, b]$. 那么

$$(uv)' = u'v + uv'.$$

故由 Newton-Leibniz 公式得如下分部积分公式:

$$u(b)v(b) - u(a)v(a) = \int_a^b (uv)' = \int_a^b u'v + \int_a^b uv'.$$

为方便, 常记
$$uv\Big|_a^b = u(b)v(b) - u(a)v(a).$$

例 5.2 求 $A = \int_0^{\ln 4} xe^{-x}dx$.

解 令 $u(x) = -e^{-x}, v(x) = x$, 用分部积分公式得
$$A = -\frac{1}{4}\ln 4 + \int_0^{\ln 4} e^{-x}dx.$$

接着用 Newton-Leibniz 公式得
$$A = -\frac{1}{4}\ln 4 + \frac{3}{4}. \qquad \square$$

附录 课堂练习

例 5.3 设 f 在 $[a,b]$ 上单调减且连续. 定义
$$\forall x \in (a,b), \quad F(x) = \frac{1}{x-a}\int_a^x f.$$

证明: $\forall x \in (a,b), F'(x) \leqslant 0$.

证
$$F'(x) = -\frac{1}{(x-a)^2}\int_{(a,x)} f(t)\,dt + \frac{1}{x-a}f(x)$$
$$= -\frac{1}{(x-a)^2}\int_{(a,x)} (f(t) - f(x))\,dt \leqslant 0. \qquad \square$$

例 5.4 设 $e^2 < a < b$. 那么
$$\int_{(a,b)} \frac{dx}{\ln x} < \frac{1}{1 - \frac{1}{\ln a}} \frac{b}{\ln b}.$$

证 分部积分得
$$\int_{(a,b)} \frac{dx}{\ln x} = \frac{x}{\ln x}\Big|_a^b + \int_{(a,b)} \frac{dx}{\ln^2 x}$$
$$< \frac{b}{\ln b} + \frac{1}{\ln a}\int_{(a,b)} \frac{dx}{\ln x}.$$

因此,
$$\left(1 - \frac{1}{\ln a}\right)\int_{(a,b)} \frac{dx}{\ln x} < \frac{b}{\ln b},$$

由此得到所欲证者. □

例 5.5 设 $f \in C^2[a,b]$, $f(a) = f(b) = 0$. 那么

$$\Big|\int_{(a,b)} f\Big| \leq \frac{1}{12}(b-a)^3 \|f''\|_c.$$

式中 $\|f''\|_c = \|f''\|_{C[a,b]}$.

证 记 $c = \frac{1}{2}(a+b)$. 分部积分得 [注意 $(x-c)' = 1$, $((x-c)^2)' = 2(x-c)$]

$$\int_{(a,b)} f = (x-c)f(x)\Big|_a^b - \int_a^b (x-c)f'(x)\,\mathrm{d}x$$

$$= -\frac{1}{2}(x-c)^2 f'(x)\Big|_a^b + \frac{1}{2}\int_a^b (x-c)^2 f''(x)\,\mathrm{d}x$$

$$= -\frac{1}{8}(b-a)^2(f'(b) - f'(a)) + \frac{1}{2}\int_a^b (x-c)^2 f''(x)\,\mathrm{d}x$$

$$= \frac{1}{8}\int_a^b \Big(4(x-c)^2 - (b-a)^2\Big) f''(x)\,\mathrm{d}x.$$

由此

$$\Big|\int_{(a,b)} f\Big| \leq \frac{1}{8}\|f''\|_c \int_a^b \Big((b-a)^2 - 4(x-c)^2\Big)\,\mathrm{d}x$$

$$= \frac{1}{8}\|f''\|_c \Big((b-a)^3 - \frac{1}{3}(b-a)^3\Big)$$

$$= \frac{1}{12}\|f''\|_c (b-a)^3. \qquad \square$$

例 5.6 设 $f \in C^2(\mathbb{R})$ 且满足下述微分方程:

$$\begin{cases} f'' + f = 0, \\ f(0) = f'(0) = 0. \end{cases}$$

求 f.

解 用微分学的方法最简单. 因为

$$\frac{\mathrm{d}}{\mathrm{d}x}((f')^2 + f^2) = 2f'f'' + 2ff' = 2f'(f'' + f) = 0,$$

所以, $f^2 + (f')^2$ 为常数. 但 $f(0) = f'(0) = 0$, 故 $f = 0$.

若用 N-L 公式, 则

$$f(x) = \int_0^x f'(t)\,\mathrm{d}t, \quad f'(t) = \int_0^t f''(s)\,\mathrm{d}s.$$

于是
$$f(x) = \int_0^x \Big(\int_0^t f''(s)\,\mathrm{d}s\Big)\,\mathrm{d}t.$$
从而
$$\|f\|_{C[0,1]} \leqslant \int_0^1 \Big(\int_0^t \|f\|_{C[0,1]}\mathrm{d}s\Big)\,\mathrm{d}t$$
$$= \|f''\|_{C[0,1]} \int_0^1 t\,\mathrm{d}t = \frac{1}{2}\|f''\|_{C[0,1]}.$$

于是由 $f'' = -f$, 得
$$\frac{1}{2}\|f\|_{C[0,1]} = \|f\|_{C[0,1]}.$$

这意味着 $\|f\|_{C[0,1]} = 0$. 递推地对 $f_k(x) = f(x+k), k \in \mathbb{Z}$, 用已得的结论, 就推出 $f = 0$. □

例 5.7 设 $f(x) = x^{-\alpha}$, $x > 0$. 那么, 当 $\alpha < 1$ 时, $f \in L(0,1)$, 且
$$\int_{[0,1]} f(x)\,\mathrm{d}x = \frac{1}{1-\alpha}.$$

证 任取 $\varepsilon \in (0,1)$, 用 N-L 公式:
$$\int_{(\varepsilon,1)} f(x)\,\mathrm{d}x = \frac{1}{1-\alpha}(1 - \varepsilon^{1-\alpha}).$$

用定理 3.6 的推论 1,
$$\int_{[0,1]} f(x)\,\mathrm{d}x = \lim_{\varepsilon \to 0} \int_{(\varepsilon,1)} f(x)\,\mathrm{d}x.$$

所以
$$\int_{[0,1]} f(x)\,\mathrm{d}x = \frac{1}{1-\alpha}.$$
□

例 5.8 设 $f(x) = \dfrac{\sin x}{x}$, $x > 0$. 定义
$$F(y) = \int_{(0,y)} f(x)\,\mathrm{d}x, \quad y \in \mathbb{R}.$$

定义在 $\mathbb{R}$ 上的函数 F 叫做积分正弦 (专门记做 Si). 求证 $f \notin L(0,\infty)$ 但是
$$\lim_{y \to \infty} F(y) \in \mathbb{R}.$$

证 设 $y_2 > y_1 > 1$. 用积分中值公式 (定理 4.3), 存在 $\xi \in (y_1, y_2)$, 使

$$F(y_2) - F(y_1) = y_1^{-1} \int_{y_1}^{\xi} \sin x \, dx + y_2^{-1} \int_{\xi}^{y_2} \sin x \, dx.$$

所以

$$|F(y_2) - F(y_1)| \leqslant 4y_1^{-1}.$$

根据 Cauchy 收敛准则,

$$\lim_{y \to \infty} F(y) \in \mathbb{R}. \qquad \square$$

另一方面, 对于任意的 $m \in \mathbb{N}_+$,

$$\int_{(0,\infty)} |f(x)| \, dx \geqslant \sum_{k=1}^{m} \int_{(k-\frac{1}{2})\pi}^{(k+\frac{1}{2})\pi} \frac{|\sin x|}{x} dx$$

$$\geqslant \sum_{k=1}^{m} \frac{2}{(k+1)\pi} \int_{0}^{\frac{\pi}{2}} \sin x \, dx$$

$$\geqslant \frac{2}{\pi} \sum_{k=1}^{m} \int_{k+1}^{k+2} \frac{dx}{x}$$

$$= \frac{2}{\pi} (\ln(m+2) - \ln 2).$$

上式右端无上界. 故 $f \notin L(0, \infty)$.

在以往的教科书中, 把收敛的极限 $\lim\limits_{y \to \infty} \int_{(0,y)} f(x) \, dx$ 记做 $\int_0^{\infty} f(x) \, dx$, 并称之为反常积分. 这里我们为了强调这是一个特定的极限, 而且避免与 $f \in L(0, \infty)$ 的情形混淆, 把这个反常积分记做

$$\int_0^{\to \infty} f(x) \, dx.$$

我们应注意, 正如例 5.8 表明的, 这个极限是实数并不意味着 $f \in L(0, \infty)$ (当然, 对于非负可测函数这是对的). 而当 $f \in L(0, \infty)$ 时,

$$\int_0^{\to \infty} f(x) \, dx = \int_{(0,\infty)} f(x) \, dx$$

就是一个正常的积分.

习题 4.5

1. 设 $f \in C[0,1]$. 求积分
$$\int_0^1 f(\sin(\pi x))\cos(\pi x)\,\mathrm{d}x.$$

2. 计算

   (1) $\dfrac{\mathrm{d}}{\mathrm{d}x}\displaystyle\int_{\sin x}^{\cos x} \cos(\pi y^2)\,\mathrm{d}y$;

   (2) $\dfrac{\mathrm{d}}{\mathrm{d}x}\displaystyle\int_0^{x^2} \sqrt{1+y^2}\,\mathrm{d}y$;

   (3) $\displaystyle\int_{-\frac{1}{2}}^{\frac{1}{2}} \dfrac{\mathrm{d}x}{\sqrt{1-x^2}}$;

   (4) $\displaystyle\int_0^1 \sqrt{1-y^2}\,\mathrm{d}y$;

   (5) $\displaystyle\int_0^{\frac{\pi}{2}} \dfrac{\mathrm{d}x}{a\cos^2 x + b\sin^2 x}\ (a,b>0)$;

   (6) $\displaystyle\int_0^{\frac{\pi}{4}} \tan^2 y\,\mathrm{d}y$;

   (7) $\displaystyle\int_0^{\frac{\pi}{2}} \sqrt{1-\sin 2x}\,\mathrm{d}x$;

   (8) $\displaystyle\int_1^5 \dfrac{\mathrm{d}x}{x(1+x)}$;

   (9) $\displaystyle\int_0^{\frac{\pi}{2}} \sqrt{1-\sin 2x}\,\mathrm{d}x$;

   (10) $\displaystyle\int_0^5 |2-x|\,\mathrm{d}x$.

3. 证明
$$\lim_{m\to\infty}\int_{(m,2m)} \frac{\sin x}{x}\,\mathrm{d}x = 0.$$

4. 设
$$P(x) = \frac{1}{\pi(1+x^2)},\quad \forall \varepsilon > 0,\ P_\varepsilon(x) := \varepsilon^{-1}P(\varepsilon^{-1}x).$$
求
$$\int_{\mathbb{R}} P_\varepsilon(x)\,\mathrm{d}x.$$

5. 设 $f \in L[a,b]$. 定义
$$\forall x \in (a,b),\quad F(x) = \int_{(a,x)} f.$$
证明 F 具有下述性质:

$\forall \varepsilon > 0$, $\exists \delta > 0$, 使得对于 (a,b) 内的任意一族两两不交的开区间 (a_k, b_k), $k \in I \subset \mathbb{N}_+$, 只要
$$\sum_{k\in I}(b_k - a_k) < \delta,$$
就有
$$\sum_{k\in I} |F(a_k) - F(b_k)| < \varepsilon.$$
具有这种性质的函数叫做**绝对连续**的.

6. 设 $f \in L[a,b]$. 求证: 存在 $c \in [a,b]$, 使
$$\int_{[a,c]} f = \int_{[c,b]} f.$$

7. 用积分求
$$\lim_{m \to \infty} \frac{1^p + 2^p + \cdots + m^p}{m^{p+1}} \quad (p \geqslant 0).$$

8. 设 $0 < a < 1, f(x) = x^{-a}, x > 0$. 证明 $f \in L(0,1)$ 并求
$$\int_{(0,1)} f.$$

9. 设 $f \in C(\mathbb{R}^n)$, 且 $\forall p > 1, |f|^p \in L(\mathbb{R}^n)$. 证明:
$$\lim_{p \to \infty} \left(\int_{\mathbb{R}^n} |f|^p \right)^{\frac{1}{p}} = \sup_{x \in \mathbb{R}^n} |f(x)|.$$

10. 设 $f \in C[0,1]$. 证明:
$$\lim_{p \to \infty} \int_0^1 pe^{-px} f(x)\,\mathrm{d}x = f(0).$$

11. 设 $f(x) = x^{-1} \sin x^{-1}$, $x > 0$. 证明: $f \notin L(0,1)$, 但是
$$\lim_{a \to 0+} \int_a^1 f(x)\,\mathrm{d}x \in \mathbb{R}.$$

以往的教科书中多把这样的收敛的极限记做 $\int_0^1 f(x)\,\mathrm{d}x$, 叫做以 $x = 0$ 为瑕点的反常积分或瑕积分. 这里我们为了强调这是一个特定的极限, 而且避免与 $f \in L(0,1)$ 的情形混淆, 把这个瑕积分记做 $\int_{0+}^1 f(x)\,\mathrm{d}x$. 应当注意, 它是实数, 或说它收敛, 并不意味着 $f \in L(0,1)$. 而如果 $f \in L(0,1)$, 则 $\int_{0+}^1 f(x)\,\mathrm{d}x$ 就是一个无瑕的正常积分 ($x = 0$ 就不是瑕点).

12. 用 Maple 画出积分正弦函数 Si (见本节例 5.8) 的图像, 求出 Si(π) 的值.

13. 写出定理 5.2 的证明.

14. 设 E 是 $\mathbb{R}^2$ 中由 $x + y = 1, x = 0, y = 0$ 这三条直线围成的三角形区域, 线性变换
$$g = \begin{pmatrix} 1 & 1 \\ 1 & -1 \end{pmatrix}.$$

求 $g^{-1}(E)$, 计算 $\int_E e^{\frac{x-y}{x+y}}\,\mathrm{d}x\mathrm{d}y$.

15. 求 $\mathbb{R}^2$ 中由闭曲线 $(x^2 + y^2)^2 = 2ax^3$ ($a > 0$) 所围的集合 E 的面积.

16. 求椭球体 $\{(x,y,z) : \frac{x^2}{a^2} + \frac{y^2}{b^2} + \frac{z^2}{c^2} \leqslant 1\}$ 的体积.

17. 在 $\mathbb{R}^3$ 中, 设 $a = (a_1, a_2, a_3), b = (b_1, b_2, b_3), c = (c_1, c_2, c_3)$ 是三个线性无关的向量 (我们把点和从原点出发到此点的向量使用同一表示), $h_1, h_2, h_3 > 0$. 求平行六面体
$$E = \{x \in \mathbb{R}^3 : |x \cdot a| \leqslant h_1, |x \cdot b| \leqslant h_2, |x \cdot c| \leqslant h_3\}$$
的体积.

18. 在 $\mathbb{R}^3$ 中, 求集合
$$E = \{(x, y, z) : 1 \leqslant x^2 + y^2 + z^2 \leqslant 2, x \geqslant 0, y \geqslant 0, z \geqslant 0\}$$
的体积.

19. 计算三重积分:

(1) V 由曲面 $x^2 + y^2 = 1$ 和 $x^2 + y^2 = z^2$ 在第一封限围成, 计算
$$\int_V x \, dxdydz;$$

(2) V 由曲面 $z = xy, y = x, x = 1, z = 0$ 围成, 计算
$$\int_V (x^2 + y^2) \, dxdydz;$$

(3) V 由曲面 $x^2 + y^2 = 2z$ 和 $z = 2$ 围成, 计算
$$\int_V (x^2 + y^2) \, dxdydz;$$

(4) V 由曲面 $x^2 + y^2 + z^2 = 2$ 和 $x^2 + y^2 = z$ 围成的含有点 $(0, 0, 1)$ 的立体, 计算
$$\int_V z \, dxdydz.$$

20. 求 $\mathbb{R}^2$ 中下列曲线所围的面积:

(1) $(x^2 + y^2)^2 = 2a^2(x^2 - y^2) \ (a > 0)$;

(2) $\left(\dfrac{x}{a}\right)^{\frac{2}{3}} + \left(\dfrac{y}{a}\right)^{\frac{2}{3}} = 1 \ (a > 0)$.

21. 求 $\mathbb{R}^3$ 中椭球面 $(a \cdot x)^2 + (b \cdot x)^2 + (c \cdot x)^2 = r^2$ $(x = (x_1, x_2, x_3) \in \mathbb{R}^3)$ 所围椭球的体积, 其中向量 $a, b, c \in \mathbb{R}^3$ 不共面.

22. 计算二重积分:

(1) $E = \{(x, y) : 0 < x + y < \pi, 0 < x - y < \pi\}, \displaystyle\int_E (x + y) \sin(x - y) \, dxdy$;

(2) $E = \{(x, y) : x + y < 1, x > 0, y > 0\}, \displaystyle\int_E e^{\frac{y}{x+y}} \, dxdy$;

(3) E 由抛物线 $\sqrt{\dfrac{x}{a}} + \sqrt{\dfrac{y}{b}} = 1$ 与坐标轴围成 $(a > 0, b > 0), \displaystyle\int_E \left(\sqrt{\dfrac{x}{a}} + \sqrt{\dfrac{y}{b}}\right) dxdy$.

23. 求四重积分
$$\int_{\{x \in \mathbb{R}^4 : |x| < 1\}} \sqrt{\dfrac{1 - |x|^2}{1 + |x|^2}} \, dx.$$

第五章 积分学的应用 (一)

§1 常见几何体的测度

首先说明, 测度关于平移不变, 同时关于旋转也是不变的. 这从方体的体积关于这两种 "刚性运动" 的不变性可以看出. 所以我们计算的几何体的体积, 只取决于几何体本身的形状, 而与它所处的位置和放置的方式无关. 此事不需使用积分的变量替换即可明白.

例 1.1 一元非负连续函数的图像与自变量坐标轴之间夹的图形的面积

一个定义在有界区间 $[a,b]$ 上的非负函数 f 的图像与自变量坐标轴之间夹的图形指的就是它在 $[a,b]$ 上的**下方图**, 即集合

$$G_\ell(f) := \{(x,y) : a \leqslant x \leqslant b, 0 \leqslant y \leqslant f(x)\}.$$

设 $f \in C[a,b]$ 并且 $f \geqslant 0$. 显然, $G_\ell(f)$ 是 $\mathbb{R}^2$ 中的闭集, 从而是可测集. 对于每个正整数 k, 取 $[a,b]$ 的一个模小于 k^{-1} 的分法, 并作 f 关于此分法的下阶梯函数 φ_k 和上阶梯函数 ψ_k. 显然 $G_\ell(\varphi_k)$ 和 $G_\ell(\psi_k)$ 都是有限个矩形的并集. 所以它们的面积 (即测度) 分别等于

$$|G_\ell(\varphi_k)| = \int_{(a,b)} \varphi_k \quad \text{和} \quad |G_\ell(\psi_k)| = \int_{(a,b)} \psi_k.$$

然而

$$G_\ell(\varphi_k) \subset G_\ell(f) \subset G_\ell(\psi_k), \quad \varphi_k - \frac{1}{k} < f < \psi_k + \frac{1}{k}$$

并且当 $k \to \infty$ 时, $|G_\ell(\varphi_k)|$ 和 $|G_\ell(\psi_k)|$ 收敛到同一极限 $\int_{(a,b)} f$. 所以, 面积

$$|G_\ell(f)| = \int_{(a,b)} f, \quad |G_f| = 0. \tag{1.1}$$

式中, $G_f := \{(x,y) : x \in [a,b], y = f(x)\}$ 为 f 的**图像**.

例 1.2 设 $f, g \in C[a,b]$, 并且 $g \leqslant f$, 那么图形

$$S_{fg} := \{(x,y) : a \leqslant x \leqslant b, g(x) \leqslant y \leqslant f(x)\}$$

的面积等于
$$|S_{fg}| = \int_{(a,b)} (f-g). \tag{1.2}$$

证 令 $c := \min\{g(x) : a \leqslant x \leqslant b\}$. 定义函数 $u = f - c, v = g - c$. 那么, 根据等式 (1.1),
$$|G_\ell(u)| = \int_{(a,b)} (f-c), \quad |G_\ell(v)| = \int_{(a,b)} (g-c).$$

由于
$$S_{fg} = \Big(G_\ell(u) \setminus G_\ell(v)\Big) \bigcup G_v, \quad G_\ell(u) \supset G_\ell(v), \quad |G_v| = 0,$$

所以, 面积
$$|S_{fg}| = |G_\ell(u)| - |G_\ell(v)| = \int_{(a,b)} (f-g). \qquad \Box$$

例 1.3 椭圆的面积

设椭圆 $S := \{(x,y) : 0 \leqslant (ax)^2 + (by)^2 \leqslant (ab)^2\}$, 其中 $a > 0, b > 0$. 求 S 的面积.

解 令 $f(x) := b^{-1}\sqrt{(ab)^2 - (ax)^2}$, $g(x) = -f(x)$, $-b \leqslant x \leqslant b$. 易见 $S = S_{fg}$. 故由 (1.2) 得
$$|S| = \int_{(-b,b)} (f-g) = 2\int_{(-b,b)} f = 4\int_{(0,b)} f = 4ab\int_0^1 \sqrt{1-t^2}\,dt = ab\pi. \qquad \Box$$

对例 1.3 的注 由于所给椭圆具有明确的表达式, 可以直接用 $\mathbb{R}^2$ 上的积分 (即二重积分) 来计算 $|S|$. 这时采用 (广义) 极坐标变换
$$T(r,\theta) = (br\cos\theta, ar\sin\theta), \quad 0 < r < 1, \quad 0 < \theta < 2\pi,$$

就得到
$$|S| = \int_S d(x,y) = \int_0^1 dr \int_0^{2\pi} d\theta |J(T)(r,\theta)| = \int_0^1 dr \int_0^{2\pi} d\theta\, abr = \pi ab.$$

在 $\mathbb{R}^3$ 中, 我们说 "曲面 $\phi(x,y,z) = 0$" 指的是点集
$$\{(x,y,z) \in \mathbb{R}^3 : \phi(x,y,z) = 0\}.$$

一些简单的曲面常把空间划分成两部分. 几个 (一个, 两个或三个或多个) 这样的曲面常常能围出一个有界的闭集 (把由这些曲面组成的边界也算在内). 这在

几何上是清楚的. 在 $\mathbb{R}^2$ 中我们把测度叫做面积, 而在 $\mathbb{R}^3$ 中我们把测度叫做体积.

例 1.4 二元非负连续函数的图像与自变量坐标平面之间夹的图形的体积

一个定义在 $\mathbb{R}^2$ 的可测集 D 上的非负函数 g 的图像与自变量坐标平面之间夹的图形指的是它的下方图, 即集合

$$G_\ell(g;D) := \{(x,y,z) : (x,y) \in D, 0 \leqslant z \leqslant g(x,y)\}$$

首先指出, 如果在 $\mathbb{R}^2$ 上 E 的测度 $|E|_2 = 0$, 那么在 $\mathbb{R}^3$ 中, 集合 $E \times \mathbb{R} := \{(x,y,z) : (x,y) \in E, z \in \mathbb{R}\}$ 的测度 $|E \times \mathbb{R}|_3$ 是零.

设 $f \in C(D)$ 并且 $f \geqslant 0$. 取一列闭集 F_k, 使得 $D \supset F_{k+1} \supset F_k$ 并且

$$|D|_2 = \lim_{k \to \infty} |F_k|_2 = \left|\bigcup_{k=1}^\infty F_k\right|_2.$$

令 $F := \bigcup_{k=1}^\infty F_k = \lim_{k \to \infty} F_k$ 和 $E := D \setminus F$. 那么

$$G_\ell(f;D) = G_\ell(f;F) \bigcup G_\ell(f;E).$$

于是, 作为零测度集 $E \times \mathbb{R}$ 的子集, $Z := G_\ell(f;E)$ 是 $\mathbb{R}^3$ 的零测度集. 而每个 $V_k := G_\ell(f;F_k)$ 显然是闭集, 其极限 $G_\ell(f;F)$ 是可测集. 于是

$$V := G_\ell(f;D) = G_\ell(f;F) \bigcup G_\ell(f;E)$$

是可测集, 并且其特征函数

$$\chi_V = \lim_{k \to \infty} \chi_{V_k} + \chi_Z.$$

根据单调极限定理以及 Fubini 定理

$$\begin{aligned}|V| &= \lim_{k \to \infty} |V_k| = \lim_{k \to \infty} \int_{\mathbb{R}^3} \chi_{V_k} \\ &= \lim_{k \to \infty} \int_{\mathbb{R}^2} \left(\int_\mathbb{R} \chi_{V_k}(x,y,z)\,\mathrm{d}z\right) \mathrm{d}(x,y) \\ &= \lim_{k \to \infty} \int_{\mathbb{R}^2} \chi_{F_k}(x,y) \left(\int_0^{f(x,y)} \mathrm{d}z\right) \mathrm{d}(x,y) \\ &= \int_F f(x,y)\,\mathrm{d}(x,y) = \int_D f(x,y)\,\mathrm{d}(x,y).\end{aligned}$$

我们得到体积公式
$$|G_\ell(f;D)| = \int_D f(x,y)\,\mathrm{d}(x,y). \tag{1.3}$$

定义 $f_k := \max\{f - k^{-1}, 0\}$, $k = 1, 2, \cdots$. 注意到
$$\begin{aligned}|G_\ell(f;D) \setminus G_f| &= \lim_{k\to\infty} |G_\ell(f_k;D)| = \lim_{k\to\infty} \int_D f_k(x,y)\,\mathrm{d}(x,y) \\ &= \int_D \lim_{k\to\infty} f_k(x,y)\,\mathrm{d}(x,y) = \int_D f(x,y)\,\mathrm{d}(x,y),\end{aligned}$$

就得到公式
$$|G_f| = 0. \tag{1.4}$$

例 1.5　椭球的体积

给定 $a > 0, b > 0, c > 0$ 以及椭球
$$V = \left\{(x,y,z) : \left(\frac{x}{a}\right)^2 + \left(\frac{y}{b}\right)^2 + \left(\frac{z}{c}\right)^2 \leqslant 1\right\}.$$

求其体积 $|V|$.

解　设 $D := \left\{(x,y) : \left(\frac{x}{a}\right)^2 + \left(\frac{y}{b}\right)^2 \leqslant 1\right\}$.

定义 $f(x,y) = c\sqrt{1 - \left(\frac{x}{a}\right)^2 - \left(\frac{y}{b}\right)^2}$, $(x,y) \in D$. 那么根据 (1.3) 及 Fubini 定理
$$\begin{aligned}|V| &= \int_D 2f(x,y)\,\mathrm{d}(x,y) = 2\int_{\mathbb{R}} \left(\int_{\mathbb{R}} f(x,y)\chi_D(x,y)\,\mathrm{d}x\right) \mathrm{d}y \\ &= 2\int_{(-b,b)} \left(\int_{(-a\sqrt{1-(b^{-1}y)^2},\, a\sqrt{1-(b^{-1}y)^2})} f(x,y)\,\mathrm{d}x\right) \mathrm{d}y \\ &= 4\int_{(-b,b)} \left(\int_{(0, a\sqrt{1-(b^{-1}y)^2})} c\sqrt{1 - \left(\frac{x}{a}\right)^2 - \left(\frac{y}{b}\right)^2}\,\mathrm{d}x\right) \mathrm{d}y \\ &= 8\int_{(0,b)} \left(\int_{(0, a\sqrt{1-(b^{-1}y)^2})} c\sqrt{1 - \left(\frac{x}{a}\right)^2 - \left(\frac{y}{b}\right)^2}\,\mathrm{d}x\right) \mathrm{d}y\end{aligned}$$

于是作变量替换得
$$\begin{aligned}|V| &= 8bc\int_{(0,1)} \left(\int_{(0, a\sqrt{1-s^2})} \sqrt{1 - \left(\frac{x}{a}\right)^2 - s^2}\,\mathrm{d}x\right) \mathrm{d}s \\ &= 8abc\int_{(0,1)} \left(\int_{(0, \sqrt{1-s^2})} \sqrt{1 - t^2 - s^2}\,\mathrm{d}t\right) \mathrm{d}s \\ &= 8abc\int_{(0,1)} (1 - s^2)\,\mathrm{d}s \int_{(0,1)} \sqrt{1 - t^2}\,\mathrm{d}t = 8abc\frac{2}{3}\frac{\pi}{4}.\end{aligned}$$

得到椭球的体积公式
$$V = \frac{4}{3}abc\pi. \tag{1.5}$$

对例 1.5 的注　由于所给椭球具有明确的表达式, 可以直接用 $\mathbb{R}^3$ 上的积分 (即三重积分) 来计算 $|V|$. 这时采用 (广义) 球坐标变换

$T(r, \phi, \theta) = (ar\cos\phi, br\sin\phi\cos\theta, cr\sin\phi\sin\theta),\ 0 < r < 1,\ 0 < \phi < \pi,\ 0 < \theta < 2\pi$,

就得到
$$\begin{aligned} |V| &= \int_V \mathrm{d}(x,y,z) \\ &= \int_0^1 \mathrm{d}r \int_0^\pi \mathrm{d}\phi \int_0^{2\pi} \mathrm{d}\theta |J(T)(r,\phi,\theta)| \\ &= \int_0^1 \mathrm{d}r \int_0^{2\pi} \mathrm{d}\theta abcr^2 \sin\phi = \frac{4}{3}\pi abc. \end{aligned}$$

例 1.6　圆柱的体积

底半径为 $r > 0$, 高为 $h > 0$ 的圆柱可表为如下集合
$$V := \{(x,y,z):\ x^2 + y^2 \leqslant r^2, 0 \leqslant z \leqslant h\}.$$

于是, 根据公式 (1.3) 及例 1.3 的结果
$$|V| = \int_{\{(x,y):\ x^2+y^2 \leqslant r^2\}} h\,\mathrm{d}(x,y) = hr^2\pi. \tag{1.6}$$

例 1.7　计算由曲面 (如图 13)
$$z = x^2 + y^2,\ |x| = 1,\ |y| = 1,\ z = 0$$

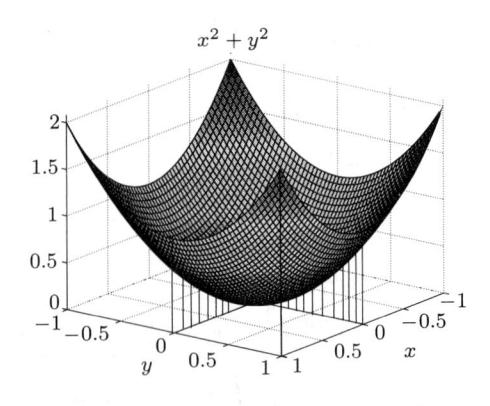

图 13

围成的集合的体积.

解 由对称性, 我们只需计算这个集在第一卦限中的部分的体积然后再乘 4. 这一部分, 不计边界可表式为

$$E = \{(x,y,z) : (x,y) \in (0,1)^2,\ 0 < z < x^2 + y^2\},$$

于是, 根据 (1.3)

$$|E| = \int_{(0,1)^2} dx\, dy \int_{(0,x^2+y^2)} dz$$
$$= \int_{(0,1)^2} (x^2 + y^2) dx\, dy.$$

再用 Fubini 定理,

$$|E| = \int_{(0,1)} dy \int_{(0,1)} (x^2 + y^2) dx = \int_{(0,1)} \left(y^2 + \frac{1}{3}\right) dy = \frac{2}{3}.$$

于是所求为 $\frac{8}{3}$. □

习题 5.1

1. 设 f 是 $\mathbb{R}^{m+n}$ 上的可测函数. 若

$$\int_{\mathbb{R}^m} \int_{\mathbb{R}^n} |f(x,y)|\, dy\, dx < \infty,$$

则 $f \in L(\mathbb{R}^{m+n})$.

2. 设 $h_1, h_2 \in C(\mathbb{R})$ 且 $h_1 \leqslant h_2$. 又设 $a < b$. 证明:

$$D := \{(x,y) \in \mathbb{R}^2 :\ a \leqslant x \leqslant b,\ h_1(x) \leqslant y \leqslant h_2(x)\}$$

是 $\mathbb{R}^2$ 中的可测集, 事实上它是闭集.

3. 设 D 如上题. 若 $f \in L(D)$, 则

$$\int_D f = \int_{(a,b)} dx \int_{(h_1(x), h_2(x))} f(x,y)\, dy.$$

4. 设 E 是 $\mathbb{R}^2$ 的可测集, $g_1, g_2 \in C(\mathbb{R}^2)$ 且 $g_1 \leqslant g_2$. 证明:

$$V := \{(x,y,z) \in \mathbb{R}^3 :\ (y,z) \in E,\ g_1(y,z) \leqslant x \leqslant g_2(y,z)\}$$

是 $\mathbb{R}^3$ 中的可测集. 事实上, 当 E 是 $\mathbb{R}^2$ 的闭集时, V 是 $\mathbb{R}^3$ 的闭集.

5. 设 V 如上题. 若 $f \in L(V)$, 则
$$\int_V f = \int_E \mathrm{d}y\,\mathrm{d}z \int_{(g_1(y,z),g_2(y,z))} f(x,y,z)\,\mathrm{d}x.$$

6. 设对应于每个 $x \in \mathbb{R}$, 存在 $\mathbb{R}^2$ 的一个确定的可测集 $E(x)$. 又设 $a < b$ 以及
$$V := \{(x,y,z) \in \mathbb{R}^3 : (y,z) \in E(x),\ a \leqslant x \leqslant b\}.$$

如果 V 是 $\mathbb{R}^3$ 中的可测集且 $f \in L(V)$, 则
$$\int_V f = \int_{(a,b)} \mathrm{d}x \int_{E(x)} f(x,y,z)\,\mathrm{d}y\,\mathrm{d}z.$$

7. 设 $r > 0$, $\mathbb{R}^2$ 的子集
$$D = \{(x,y) : (x-a)^2 + (y-b)^2 < r^2\}, \quad (a,b) \in \mathbb{R}^2.$$

我们知道, D 是以 (a,b) 为中心, 以 r 为半径的圆 (不带圆周). 求 $|D|$ (D 的面积).

8. 设 $r > 0$, $\mathbb{R}^3$ 的子集
$$B = \{(x,y,z) : (x-a)^2 + (y-b)^2 + (z-c)^2 < r^2\}, \quad (a,b,c) \in \mathbb{R}^3.$$

我们知道, B 是以 (a,b,c) 为中心, 以 r 为半径的球 (不带球面). 求 $|B|$ (B 的体积).

9. 设 $f \in C(\mathbb{R}^3)$, $(a,b,c) \in \mathbb{R}^3$. 定义
$$V(x,y,z) = (a,x) \times (b,y) \times (c,z), \quad x > a, y > b, z > c.$$

以及
$$F(x,y,z) = \int_{V(x,y,z)} f.$$

求证: 当 $x > a, y > b, z > c$ 时
$$\frac{\partial^3 F(x,y,z)}{\partial x \partial y \partial z} = f(x,y,z).$$

10. 求二重积分
$$\int_{(0,\pi)^2} |\sin(x+y)|\,\mathrm{d}x\,\mathrm{d}y.$$

11. 求二重积分
$$\int_{\{(x,y):x^2+y^2<1\}} \left|\frac{x+y}{\sqrt{2}} - x^2 - y^2\right|\,\mathrm{d}x\,\mathrm{d}y.$$

12. 求三重积分:

(1) $\displaystyle\int_V x\,\mathrm{d}x\,\mathrm{d}y\,\mathrm{d}z$, 其中 V 是曲面 $x^2+y^2=1$ 和 $x^2+y^2=z^2$ 在第一卦限围成的 (显然可测的) 集合;

(2) $\int_V xy^2z^3\,\mathrm{d}x\,\mathrm{d}y\,\mathrm{d}z$, 其中 V 是曲面 $z=xy$, $y=x$, $x=1$, $z=0$ 围成的 (显然可测的) 集合;

(3) $\int_V (x^2+y^2)\,\mathrm{d}x\,\mathrm{d}y\,\mathrm{d}z$, 其中 V 是曲面 $x^2+y^2=2z$, $z=2$ 围成的 (显然可测的) 集合;

(4) $\int_V z\,\mathrm{d}x\,\mathrm{d}y\,\mathrm{d}z$ 其中 V 是曲面 $x^2+y^2+z^2=2$, $x^2+y^2=z$ 围成的 (显然可测的) 集合.

13. 设 $f\in C(\mathbb{R})$. 证明:
$$\int_0^r \mathrm{d}x \int_0^x \mathrm{d}y \int_0^y f(z)\,\mathrm{d}z = \frac{1}{2}\int_0^r (r-z)^2 f(z)\,\mathrm{d}z.$$

14. 设 $f\in C(\mathbb{R}^3)$. 证明:
$$\int_a^b \mathrm{d}x \int_a^x \mathrm{d}y \int_a^y f(x,y,z)\,\mathrm{d}z = \int_a^b \mathrm{d}z \int_z^b \mathrm{d}y \int_y^b f(x,y,z)\,\mathrm{d}x.$$

15. 求椭球面 $\left(\dfrac{x}{a}\right)^2 + \left(\dfrac{y}{b}\right)^2 + \left(\dfrac{z}{c}\right)^2 = r^2$ $(a,b,c,r>0)$ 所围的立体的体积.

16. 求 n 重积分 $\int_{(0,1)^n}(x_1^2+\cdots+x_n^2)\,\mathrm{d}x_1\cdots\mathrm{d}x_n$.

17. 设 $f\in C[a,b]$, $-\infty<a<b<\infty$. 又设 $n\geqslant 2$. 求证:
$$\int_a^b \mathrm{d}x_1 \int_a^{x_1} \mathrm{d}x_2 \cdots \int_a^{x_{n-1}} f(x_1)\cdots f(x_n)\,\mathrm{d}x_n = \frac{1}{n!}\left(\int_a^b f(t)\,\mathrm{d}t\right)^n.$$

18. 在 $\mathbb{R}^2$ 上求曲线所围集合的面积 (测度):

  (1) 曲线 $(x^2+y^2)^2 = 2(x^2-y^2)$;

  (2) 曲线 $x^{\frac{2}{3}} + y^{\frac{2}{3}} = 1$.

19. 求下列曲面所围立体的体积 (测度):

  (1) $z=xy$, $x+y+z=1$, $z=0$;

  (2) $x^2+z^2=1$, $|x|+|y|=1$;

  (3) $z=x^2+y^2$, $z=\sqrt{x^2+y^2}$;

  (4) $x^2+y^2+z^2=4z$, $x^2+y^2=3z^2$ $(x^2+y^2\leqslant 3z^2)$.

§2 用积分解决几何的和物理的问题的例子

§2.1 一个体积公式

设 V 是夹在与 X 轴垂直过点 $(a,0,0)$ 的平面和与 X 轴垂直过点 $(b,0,0)$ 的平面之间的 (可测) 立体. 如果对于每个 $x\in[a,b]$,V 被与 X 轴垂直过点 $(x,0,0)$

的平面所截的面积为 $A(x)$, 那么 V 的体积为

$$|V| = \int_a^b A(x)\,\mathrm{d}x. \tag{2.1}$$

公式 (2.1) 的证明 我们有

$$|V| = \int_{\mathbb{R}^3} \chi_V(x,y,z)\,\mathrm{d}(x,y,z).$$

用 Tonelli 定理

$$\begin{aligned}|V| &= \int_{\mathbb{R}} \Big(\int_{\mathbb{R}^2} \chi_V(x,y,z)\,\mathrm{d}(y,z) \Big)\,\mathrm{d}x \\ &= \int_a^b \Big(\int_{\mathbb{R}^2} \chi_{V(x)}(y,z)\,\mathrm{d}(y,z) \Big)\,\mathrm{d}x \\ &= \int_a^b |V(x)|_{\mathbb{R}^2}\,\mathrm{d}x,\end{aligned}$$

式中 $V(x) := \{(y,z) \in \mathbb{R}^2 : (x,y,z) \in V\}$ 代表 V 被与 X 轴垂直过点 $(x,0,0)$ 的平面所截的 "截面", 而 $|V(x)|_{\mathbb{R}^2}$ 则代表此截面的面积, 它的值为 $A(x)$, $x \in [a,b]$. 由此推出 (2.1). □

注 2.1 公式 (2.1) 蕴含中国人的**祖暅定理**.

例 2.1 设 f 是 $[a,b]$ 上的连续的非负函数. 设 $R := \{(x,y) : a \leqslant x \leqslant b, 0 \leqslant y \leqslant f(x)\}$. 求图形 R 绕 X 轴旋转所成之立体 (旋转体)V 的体积.

解 由于 V 夹在与 X 轴垂直且过点 $(a,0,0)$ 的平面和与 X 轴垂直且过点 $(b,0,0)$ 的平面之间, 并且被与 X 轴垂直且过点 $(x,0,0)$ $(a \leqslant x \leqslant b)$ 的平面所截的截面是以 $f(x)$ 为半径的圆盘, 它的面积是 $A(x) = \pi(f(x))^2$. 所以根据公式 (2.1), 旋转体 V 的体积是

$$|V| = \int_a^b \pi(f(x))^2\,\mathrm{d}x. \qquad \square$$

例 2.2 求曲线 $y = \sqrt{x}$ 下, 区间 $[1,4]$ 上的图形绕 X 轴旋转所得旋转体的体积.

解 $|V| = \int_1^4 \pi x\,\mathrm{d}x = \dfrac{15\pi}{2}$. □

例 2.3 求 $\mathbb{R}^3$ 中半径为 r 的球的体积.

解 此球可看成曲线 $y = \sqrt{r^2 - x^2}$ 下, 区间 $[-r,r]$ 上的图形绕 X 轴旋转所成的旋转体 $B(r)$. 那么它的体积是

$$|B(r)| = \int_{-r}^r \pi(r^2 - x^2)\,\mathrm{d}x = \left(2 - \frac{2}{3}\right)\pi r^3 = \frac{4}{3}\pi r^3. \qquad \square$$

例 2.4 设 f 和 g 是 $[a,b]$ 上的连续的非负函数, $f \geqslant g$. 设 $R := \{(x,y) : a \leqslant x \leqslant b, g(x) \leqslant y \leqslant f(x)\}$. 求图形 R 绕 X 轴旋转所成之立体 (旋转体)V 的体积.

解 $|V| = \int_a^b \pi((f(x))^2 - (g(x))^2)\,\mathrm{d}x.$ □

此例中, 立体与 X 轴垂直的截面形似垫圈 (washer). 所以使用此公式的计算方法叫做垫圈法.

例 2.5 求在区间 $[0,2]$ 上, 函数 $f(x) = \frac{1}{2} + x^2$ 和 $g(x) = x$ 之间的部分绕 X 轴旋转所成立体 V 的体积.

解 $|V| = \int_0^2 \pi\left(\left(\frac{1}{2} + x^2\right)^2 - x^2\right)\mathrm{d}x = \int_0^2 \pi\left(\frac{1}{4} + x^4\right)\mathrm{d}x = \frac{69\pi}{10}.$ □

例 2.6 求由直线 $y = \sqrt{x}$, $y = 2$, 和 $x = 0$ 所围区域绕 Y 轴旋转所成立体 V 的体积.

解 显然, V 是区间 $[0,2]$ 上曲线 $x = y^2$ 下方区域绕 Y 轴旋转所得立体. 所以
$$|V| = \int_0^2 \pi y^4\,\mathrm{d}y = \frac{32\pi}{5}.$$ □

§2.2 另一个体积公式

设 $0 \leqslant a < b$, f 是 $[a,b]$ 上的非负连续函数. 设 R 是区间 $[a,b]$ 上 f 的图像之下的区域, 即 $R := \{(x,y) : a \leqslant x \leqslant b, 0 \leqslant y \leqslant f(x)\}$. 求 R 绕 Y 轴旋转所成立体 (旋转体) V 的体积.

解 设 $f(x) = h$ 是常数. 那么 V 是一个柱状壳, 其体积显然为两个柱的体积之差:
$$\pi b^2 h - \pi a^2 h = 2\pi \frac{a+b}{2}(b-a)h. \tag{2.2}$$

在一般情况下, 令 $T_n = \left\{x_j = a + j\dfrac{b-a}{n} : j = 0, 1, \cdots, n\right\}$, 并设 R_j 是 $[x_{j-1}, x_j)$ 上 f 的图像之下的区域, 即
$$R_j := \{(x,y) : x_{j-1} \leqslant x < x_j, 0 \leqslant y \leqslant f(x)\}, j = 1, \cdots, n.$$

用 V_j 代表 R 绕 Y 轴旋转所成立体. 如果 n 足够大, 以至于在每个 $[x_{j-1}, x_j)$ ($j = 1, \cdots, n$) 上可以认为 f 近似地取常数值 $f\left(\dfrac{x_{j-1} + x_j}{2}\right)$. 那么根据 (2.2), 体积
$$|V_j| \approx 2\pi \frac{x_{j-1} + x_j}{2}(x_j - x_{j-1})f\left(\frac{x_{j-1} + x_j}{2}\right).$$

于是 V 的体积

$$|V| = \sum_{j=1}^{n} |V_j| \approx \sum_{j=1}^{n} 2\pi \frac{x_{j-1}+x_j}{2}(x_j - x_{j-1}) f\left(\frac{x_{j-1}+x_j}{2}\right).$$

令 $\lambda_j = \dfrac{x_{j-1}+x_j}{2} = a + \left(j - \dfrac{1}{2}\right)\dfrac{b-a}{n}$, $j = 1, \cdots, n$, 并且定义函数 $g(x) = 2\pi x f(x)$, $x \in [a,b]$. 那么

$$|V| \approx \sum_{j=1}^{n} g(\lambda_j) \frac{b-a}{n}$$

恰是函数 g 在 $[a,b]$ 上的一个 Riemann 和 (见第四章 §4, 式 (4.7) 和 (4.8)). 那么, 令 $n \to \infty$ 就得到

$$|V| = \int_a^b g(x)\,\mathrm{d}x = \int_a^b 2\pi x f(x)\,\mathrm{d}x. \tag{2.3}$$

例 2.7 求半径为 r, 中心在 $(h,0)$, $h > r$ 处的圆盘绕 Y 轴旋转所成立体 (环状体) V 的体积.

解 根据公式 (2.3), 我们有

$$|V| = 2\int_{h-r}^{h+r} 2\pi x \sqrt{r^2 - (x-h)^2}\,\mathrm{d}x$$

$$\xlongequal{u=x-h} 4\pi \int_{-r}^{r} (u+h)\sqrt{r^2 - u^2}\,\mathrm{d}u$$

$$= 8\pi h \int_0^r \sqrt{r^2 - u^2}\,\mathrm{d}x$$

$$\xlongequal{u=r\sin t} 8\pi h \int_0^{\frac{\pi}{2}} r^2 \cos^2 t\,\mathrm{d}t$$

$$= 4\pi h r^2 \int_0^{\frac{\pi}{2}} (1 + \cos 2t)\,\mathrm{d}t = 2\pi^2 h r^2. \qquad \square$$

例 2.8 用公式 (2.3) 求区间 $[1,4]$ 上 $y = \sqrt{x}$ 的图像之下的区域, 绕 Y 轴旋转所得立体 V 的体积.

解 $|V| = \displaystyle\int_1^4 2\pi x \sqrt{x}\,\mathrm{d}x = 2\pi \int_1^4 x^{\frac{3}{2}}\,\mathrm{d}x = \dfrac{124\pi}{5}.$ $\qquad \square$

例 2.9 用公式 (2.3) 求第一象限中曲线 $y = x$ 和 $y = x^2$ 所围部分 R 绕 Y 轴旋转所成立体 V 的体积.

解 设 $f(x) = x$, $g(x) = x^2$. 那么 $R = \{(x,y) : 0 \leqslant x \leqslant 1, g(x) \leqslant y \leqslant f(x)\}$. 于是得到

$$|V| = \int_0^1 2\pi x f(x)\,\mathrm{d}x - \int_0^1 2\pi x g(x)\,\mathrm{d}x = \int_0^1 2\pi x(f(x) - g(x))\,\mathrm{d}x = \frac{\pi}{6}. \quad \square$$

例 2.10 用公式 (2.3) 求区间 $[\,0,2\,]$ 上 $y = x^2$ 下的部分绕 X 轴旋转所成立体 V 的体积.

解 曲线 $y = x^2, x \in [\,0,2\,]$ 即曲线 $x = \sqrt{y}, y \in [\,0,4\,]$. 所以

$$|V| = \int_0^4 2\pi y(2 - \sqrt{y})\,\mathrm{d}y = \frac{32\pi}{5}. \quad \square$$

§2.3 力做的功

定义 2.1(力做的功) 设物体沿坐标轴的正方向运动, 从坐标 a 到 b, 并且在每点 x 处, 受到沿坐标轴正方向的力 $F(x)$. 定义作用在物体上的力所做的**功** (work) W 为

$$W = \int_a^b F(x)\,\mathrm{d}x.$$

例 2.11 弹簧被拉长 $1\,\mathrm{m}$ 时, 受的力的大小是 $5\,\mathrm{N}$.
(a) 求弹性系数 k.
(b) 把此弹簧从自然状态拉长 $1.8\,\mathrm{m}$, 需要做多少功?

解 (a) 把 $x = 1\,\mathrm{m}$ 和 $F(1) = 5\,\mathrm{N}$ 代入公式 $F(x) = kx$, 我们得到 $k = 5\,\mathrm{N/m}$.
(b) $W = \displaystyle\int_0^{1.8} kx\,\mathrm{d}x = \frac{5}{2}1.8^2(\mathrm{N}\cdot\mathrm{m}) = 8.1\,\mathrm{J}$. $\quad \square$

例 2.12 一个圆锥形水箱的底半径为 $10\,\mathrm{m}$, 高为 $30\,\mathrm{m}$, 所储水深 $15\,\mathrm{m}$. 要把水从箱顶全部抽出, 需做多少功?

解 水的密度为 $1\,\mathrm{g/cm^3}$, 即 $10^3\,\mathrm{kg/m^3}$. 把深度 (单位: m) 从 $x\,(15 < x < 30)$ 到 $(x+h)$ 的一层抽出来需要做功 (单位: J) $10^3\pi\left(\dfrac{x}{3}\right)^2 ghx$, 所以一共需要做功

$$W = 10^3 \int_{15}^{30} \frac{\pi}{9} x^3 g\,\mathrm{d}x = 2^2 \cdot 3^3 \cdot 5^9 \pi\,(\mathrm{J}), \quad \square$$

其中 $g = 10\,\mathrm{m/s^2}$.

§2.4 功和能的联系

设物体沿坐标轴正方向从位置 a 运动到位置 b, 同时在位置 x 处受到沿运动的正方向的力 $F(x)$. 设 $x(t), v(t) = x'(t)$, 以及 $v'(t)$ 分别代表物体在时刻 t 时

的位置 (position)、速度 (velocity)、加速度 (acceleration). 从 Newton 运动第二定律推出 $F(x(t)) = mv'(t)$, 其中 m 是物体的质量.

设 $x(t_0) = a$, $x(t_1) = b$, 而 $v(t_0) = v_\text{i}$, $v(t_1) = v_\text{f}$ 分别为物体的初始 (initial) 速度和终结 (final) 速度. 那么

$$W = \int_a^b F(x)\,\mathrm{d}x = \int_{x(t_0)}^{x(t_1)} F(x)\,\mathrm{d}x = \int_{t_0}^{t_1} F(x(t))x'(t)\,\mathrm{d}t$$

$$= \int_{t_0}^{t_1} mv'(t)v(t)\,\mathrm{d}t = \int_{v_\text{i}}^{v_\text{f}} mv\,\mathrm{d}v = \frac{1}{2}mv^2\Big|_{v_\text{i}}^{v_\text{f}}$$

$$= \frac{1}{2}mv_\text{f}^2 - \frac{1}{2}mv_\text{i}^2.$$

我们定义物体的 "运动的能量" 或 **动能 (kinetic energy)** 为

$$K = \frac{1}{2}mv^2.$$

于是我们得到 **功 − 能关系**

$$W = K_\text{f} - K_\text{i}$$

其中 K_i 和 K_f 代表物体的初始动能和终结动能.

例 2.13 质量为 $m = 5.00 \times 10^4$ kg 的空间探测器 (prober) 在宇宙中旅行, 只受自己的引擎的力 (force of its engine) 作用. 当探测器的速度为 $v = 1.10 \times 10^4$ m/s 时, 引擎点火以常力 4.00×10^5 N 沿运动方向持续作用走过 2.50×10^6 m 的距离. 终结时探测器的速度是多少?

解 我们有

$$K_\text{f} = W + K_\text{i} = \int_{0\text{ m}}^{2.50\times 10^6\text{ m}} F(x)\,\mathrm{d}x + \frac{1}{2}mv^2$$

$$= (4.00 \times 10^5\text{ m}) \times (2.50 \times 10^6\text{ N}) + \frac{1}{2}(5.00 \times 10^4\text{ kg})(1.10 \times 10^4\text{ m/s})^2$$

$$= 4.025 \times 10^{12}\text{ J},$$

于是得到

$$v_\text{f} = \sqrt{2\frac{K_\text{f}}{m}} = \sqrt{\frac{2 \times 4.025 \times 10^{12}}{5.00 \times 10^4}}\text{ m/s} \approx 1.27 \times 10^4\text{ m/s}.$$

§2.5 液体在竖直面上的压力

命题 2.1 设一平板竖直浸入密度为 ρ 的液体, 淹没的位置在沿着正方向竖直向下的 X 轴从 $x = a$ 到 $x = b$ 的范围内. 对于 $a \leqslant x \leqslant b$, 设 $w(x)$ 是平板在竖

直位置 x 处的宽度, 而 $h(x)$ 是此竖直位置在液体中的深度. 那么液体作用在平板一面上的**液体压力 (fluid force)** (方向垂直于平板表面) 等于

$$F = \int_a^b \rho g h(x) w(x) \, dx.$$

证 使用 Archimedes (阿基米德, 公元前 287 — 前 212) 定律 (留做习题).□

例 2.14 水坝的迎水面是高 100 m, 宽 200 m 的竖直矩形. 求当水面达到坝顶时大坝受到的总压力.

解 $\int_0^{100} \rho g 200 x \, dx = 10^{10}$ N,   □
其中 $\rho = 10$ kg/m^3, $g = 10$ m/s^2.

习题 5.2

1. 质量为 m kg 的汽车驶下如图所示的山坡, 求汽车从山顶到山脚时重力所做的功.

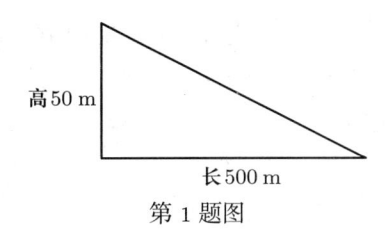

高 50 m

长 500 m

第 1 题图

2. 500 m 长的钢缆盘在竖井底. 钢缆线密度为每米 15 千克. 求把钢缆竖直挂起所需做的功. (答案: 1.8×10^7 J.)
3. 长 50 m 宽 10 m 的游泳池的深度沿长边从 1 m 线性变至 3 m. 求把满池水抽干所需的功. 水密度为 1 000 kg/m^3. (答案: 2.1×10^7 J.)
4. 求 X 轴上坐标为 $-5, -3, 2, 10$ 处, 质量分别为 9, 11, 10, 7 千克的质点所成之组的质心. (答案: $\frac{12}{37}$.)
5. 棍子长 0.7 m, 其线密度从每米 2.6 kg 线性变至每米 2.9 kg. 求其质量和质心位置. (答案: 质量 1.925 kg, 质心距低密度端 0.356 364 m.)
6. 求由 $x = 0, y = 0, y = e^{-x}$ 界定的均匀薄片 (无界) 的质心. (答案: $(1, \frac{1}{4})$.)
7. 物体的运动轨迹为

$$r(t) = (\cos e^t, \sin e^t), \quad t \geq 0.$$

证明: 切向加速度为 $e^t \mathbf{t}$, 法向加速度为 $e^{2t} \mathbf{n}$, 其中 $\mathbf{t}$ 为单位切向量, 而 $\mathbf{n}$ 为单位法向量.
8. 计算由极坐标

$$r = e^\theta, 0 \leq \theta \leq \frac{\pi}{2}$$

表示的曲线在点 $(3, \log 3)$ 处的单位切向量、单位法向量以及曲率.

9. 计算由极坐标
$$r = 4\cos\theta, 0 \leqslant \theta \leqslant \frac{\pi}{2}$$
表示的曲线在点 $\left(\dfrac{2}{\sqrt{2}}, \dfrac{\pi}{4}\right)$ 处的单位切向量、单位法向量以及曲率.

10. 计算曲线 $r = (\cos t, 2\sin t)$, $0 \leqslant t \leqslant 2\pi$, 在点 $r\left(\dfrac{\pi}{6}\right)$ 处的单位切向量、单位法向量及曲率.

§3 积分号下取极限的定理应用于参变积分

为了把关于数列的极限的定理应用到非数列方式的极限过程中去, 我们先叙述一个几乎是不证自明的命题.

这个命题的逆否命题的确是不证自明的. 历史上, 这个命题常用德国人 Heine (海涅) 的名字命名.

命题 设 $D \subset \mathbb{R}^d$, $x^{(0)} \in D$, F 是 D 到 $\mathbb{R}$ 的映射. 如果对于 D 中的每个数列 $\{x^m\}_{m=1}^{\infty}$, 只要 $\lim\limits_{m\to\infty} x^m = x^0$, 就有
$$\lim_{m\to\infty} F(x^m) = r \in [-\infty, \infty].$$
那么
$$\lim_{D \ni x \to x^0} F(x) = r. \qquad \square$$

§3.1 参变积分的一般性质

多元函数关于一个自变量积分, 而把其它自变量看做 "参数 (parameter)" (即 "参与变化的数") 时, 叫做 "参变积分". 积分的结果是以那些 "参数" 为自变量的函数.

例 3.1 设 $Q = [a, b] \times [c, d], f \in C(Q)$. 定义
$$F(x) = \int_{(c,d)} f(x, y)\,\mathrm{d}y.$$
则 F 在 $[a, b]$ 上连续.

事实上, 用 Lebesgue 控制收敛定理, 对于 $x_0 \in [a, b]$
$$\lim_{x\to x_0} F(x) = \int_{(c,d)} \lim_{x\to x_0} f(x, y)\,\mathrm{d}y = \int_{(c,d)} f(x_0, y)\,\mathrm{d}y = F(x_0). \qquad \square$$

例 3.2 (积分号下求导数) 设 $Q = [a,b] \times \mathbb{R}$, $f : Q \longrightarrow \overline{\mathbb{R}}$. 设对于每个 $x \in [a,b]$, $f(x,\cdot) \in L(\mathbb{R})$. 定义

$$F(x) = \int_{\mathbb{R}} f(x,y)\,\mathrm{d}y.$$

若存在 $g \in L(\mathbb{R})$, 使得对于每个 $x \in [a,b]$,

$$\left|\frac{\mathrm{d}f}{\mathrm{d}x}(x,y)\right| \leqslant g(y)$$

对于几乎每个 $y \in \mathbb{R}$ 成立, 则 F 在 $[a,b]$ 上可导, 且

$$F'(x) = \int_{\mathbb{R}} \frac{\mathrm{d}f}{\mathrm{d}x}(x,y)\,\mathrm{d}y.$$

证 设 $E \subset \mathbb{R}$, $|\mathbb{R} \setminus E| = 0$, 使得

$$\forall y \in E, \ \forall x \in [a,b], \quad \left|\frac{\mathrm{d}f}{\mathrm{d}x}(x,y)\right| \leqslant g(y).$$

设 $x, x+h \in [a,b], h \neq 0$.

$$\frac{F(x+h) - F(x)}{h} = \int_E \frac{f(x+h,y) - f(x,y)}{h}\,\mathrm{d}y.$$

那么对于任意的 $y \in E$, 根据 Lagrange 中值定理, 存在 z 于 $x, x+h$ 之间使

$$\left|\frac{f(x+h,y) - f(x,y)}{h}\right| = \left|\frac{\mathrm{d}f}{\mathrm{d}x}(z,y)\right| \leqslant g(y).$$

用 Lebesgue 控制收敛定理便得

$$\begin{aligned} F'(x) &= \lim_{h \to 0} \int_E \frac{f(x+h,y) - f(x,y)}{h}\,\mathrm{d}y \\ &= \int_E \lim_{h \to 0} \frac{f(x+h,y) - f(x,y)}{h}\,\mathrm{d}y \\ &= \int_{\mathbb{R}} \frac{\mathrm{d}f}{\mathrm{d}x}(x,y)\,\mathrm{d}y. \end{aligned}$$

证毕. □

例 3.3 设 $Q = [a,b] \times [c,d], f \in C(Q)$. 定义

$$G(x,y) = \int_a^x f(u,y)\,\mathrm{d}u.$$

则 G 在 Q 上连续.

证 设 $P=(x,y), P'=(x',y') \in Q$. 那么

$$|G(P)-G(P')| \leqslant |G(x,y)-G(x',y)|+|G(x',y)-G(x',y')|$$
$$\leqslant \|f\|_{C(Q)}|x-x'|+(x'-a)\omega(f,|P-P'|),$$

其中

$$\omega(f,\delta)=\sup\{|f(A)-f(B)|:A,B\in Q, |A-B|\leqslant \delta\} \ (\delta>0).$$

因此 $G \in C(Q)$. □

例 3.4 设 f 在 $\mathbb{R}^2$ 上连续, 并设函数 α 和 β 在 $\mathbb{R}$ 上连续. 定义

$$G(x)=\int_{\alpha(x)}^{\beta(x)} f(x,y)\,\mathrm{d}y.$$

则 G 在 $\mathbb{R}$ 上连续.

此为例 3.3 以及连续函数的复合函数仍连续这一事实的直接结果. □

§3.2 具体的例

例 3.5 计算

$$J(\theta)=\int_0^\pi \ln(1+\theta\cos x)\,\mathrm{d}x, \quad |\theta|<1.$$

解

$$J'(\theta)=\int_0^\pi \frac{\cos x}{1+\theta\cos x}\,\mathrm{d}x$$
$$=\frac{\pi}{\theta}-\frac{1}{\theta}\int_0^\pi \frac{1}{1+\theta\cos x}\,\mathrm{d}x.$$

为求右端的积分, 可用万能变换, 算得

$$J'(\theta)=\frac{\pi}{\theta}-\frac{\pi}{\theta\sqrt{1-\theta^2}}.$$

为求右端第二项的原函数, 可用变换 $u=\sqrt{1-\theta^2}$ (它是局部可逆的). 注意到 $J(0)=0$, 算得

$$J(\theta)=\pi\ln(1+\sqrt{1-\theta^2})-\pi\ln 2. \qquad \square$$

例 3.6 求

$$\lim_{y\to\infty}\int_0^1 \frac{xy}{1+x^2y^2}\sin^4(xy)\,\mathrm{d}x.$$

解 根据 Lebesgue 定理, 积分号下取极限得结果为零.

例 3.7 求
$$\lim_{m\to\infty}\int_0^2 \sqrt[m]{1+x^m}\,dx.$$

解 易见, 当 $m>1$ 时, $\sqrt[m]{1+x^m} \leqslant 1+x$, 且
$$\lim_{m\to\infty}\sqrt[m]{1+x^m} = \begin{cases} 1, & \text{当 } 0<x<1, \\ x, & \text{当 } 1<x<2. \end{cases}$$

用 Lebesgue 定理得
$$\lim_{m\to\infty}\int_0^2 \sqrt[m]{1+x^m}\,dx = \int_0^1 dx + \int_1^2 x\,dx = \frac{5}{2}.$$

例 3.8 求 $I = \int_0^1 \frac{\ln(1+x)}{1+x^2}\,dx.$

解 令
$$f(x,y) = \frac{\ln(1+xy)}{1+x^2}.$$

显然, $f \in C([0,1]\times[0,1])$, 且
$$\frac{\partial f}{\partial y}(x,y) = \frac{x}{(1+xy)(1+x^2)} \in C([0,1]\times[0,1]).$$

定义
$$J(y) = \int_0^1 f(x,y)\,dx, \quad y \in [0,1].$$

根据例 3.2 的结果,
$$J'(y) = \int_0^1 \frac{\partial f}{\partial y}(x,y)\,dx = \int_0^1 \frac{x\,dx}{(1+xy)(1+x^2)}$$
$$= \frac{1}{1+y^2}\int_0^1 \left(\frac{x+y}{1+x^2} - \frac{y}{1+yx}\right)dx$$
$$= \frac{1}{1+y^2}\left(\frac{1}{2}\ln 2 + \frac{\pi}{4}y - \ln(1+y)\right).$$

从而
$$I = J(1) - J(0) = \int_0^1 J'(y)\,dy$$
$$= \frac{\pi}{4}\ln 2 - \int_0^1 \frac{\ln(1+y)}{1+y^2}\,dy$$
$$= \frac{\pi}{4}\ln 2 - I.$$

于是得到 $I = \dfrac{\pi}{8}\ln 2$. □

这个例子 (及例 3.5) 表明, 参变积分的性质能为定积分的计算提供有效的工具. 当然, 实际的计算常无成法可循, 而应根据具体问题, 选择使用不同的技巧. 我们再举一个例子.

例 3.9 设 $0 < \alpha < \beta$. 求

$$I(\alpha, \beta) := \int_0^1 \frac{x^\beta - x^\alpha}{\ln x} dx.$$

解 定义

$$f(x,y) = x^y, \quad x,y \in [0,1] \times [\alpha, \beta].$$

由于

$$\int_\alpha^\beta x^y dy = \frac{x^\beta - x^\alpha}{\ln x} \quad (x > 0),$$

所以

$$I(\alpha, \beta) = \int_0^1 \left(\int_\alpha^\beta f(x,y) dy \right) dx.$$

那么, 根据 Fubini 定理,

$$\begin{aligned} I(\alpha, \beta) &= \int_\alpha^\beta \left(\int_0^1 f(x,y) dx \right) dy \\ &= \int_\alpha^\beta \left(\int_0^1 x^y dx \right) dy \\ &= \int_\alpha^\beta \frac{1}{1+y} dy = \ln \frac{1+\beta}{1+\alpha}. \end{aligned}$$

□

例 3.10 求 $J = \displaystyle\int_0^\infty e^{-x^2} dx.$

解 定义

$$g(x,y) = \frac{e^{-y(x^2+1)}}{x^2+1}, \ (x,y) \in [0,\infty)^2, \quad f(y) = \int_0^\infty g(x,y) dx, \quad y \geqslant 0.$$

由于当 $y \geqslant \varepsilon > 0$ 时

$$\frac{\partial g}{\partial y}(x,y) = -e^{-y(x^2+1)}, \quad \left| \frac{\partial g}{\partial y}(x,y) \right| \leqslant e^{-\varepsilon x} \in L(0,\infty),$$

所以根据例 3.2 中的结果,

$$\forall y > 0, \quad f'(y) = -\int_0^\infty e^{-y(x^2+1)} dx = -e^{-y} \frac{1}{\sqrt{y}} J.$$

那么, 对于 $0 < a < b$,

$$f(b) - f(a) = \int_a^b f'(y)\,dy = -\int_a^b e^{-y}\frac{1}{\sqrt{y}}dy\, J.$$

令 $a \to 0$, $b \to \infty$, 得到

$$-f(0) = -\frac{\pi}{2} = -2J^2, \quad J = \frac{\sqrt{\pi}}{2}. \qquad \square$$

例 3.11 求

$$I(a,b) = \int_0^\infty \frac{e^{-ax} - e^{-bx}}{x}dx, \quad a,b > 0.$$

解 当 $x > 0$ 时,

$$\int_a^b e^{-xy}dy = \frac{e^{-ax} - e^{-bx}}{x}.$$

那么, 根据 Tonelli 定理得

$$I(a,b) = \int_a^b \int_0^\infty e^{-xy}dxdy = \int_a^b \frac{1}{y}dy = \ln\frac{b}{a}. \qquad \square$$

此积分常冠以 Froullani (伏汝兰尼) 的名字.

容易看到, 例 3.11 与例 3.9 可互相转化.

§3.3 广义参变积分的积分号下取极限

在第四章例 5.8 和习题 4.5 第 11 题中, 分别介绍了两类积分的极限. 我们复习一下.

第一类积分的极限指的是下述类型的收敛的极限:

设 f 在 $(0,\infty)$ 上可测. 如果对于每个 $a > 0$, $f \in L(0,a)$, 并且

$$\lim_{a\to\infty}\int_{(0,a)} f(x)\,dx \in \mathbb{R},$$

就把左端记做

$$\int_0^{\to\infty} f(x)\,dx, \tag{3.1}$$

在 1993 年的《数学名词》中, 由英文 improper integral 译来, 把此种 "积分" 叫做反常积分. 此定名也许有某种历史来由, 譬如经典的 Riemann 积分, 只是在有界区间上的积分. 现在我们的积分可以定义在任何可测集合上. 所以, 如果 $f \in L(\mathbb{R})$, 那么

$$\int_{\mathbb{R}} f = \lim_{a\to\infty}\int_{(-\infty,a)} f$$

百分之百地是一个正常的积分. 所以如果要说积分是反常的, 应该是针对 f 不可积 ($f \notin L(0, \infty)$) 而言的. 这样就把正常的积分排除在外了. 这会给说话带来不便. 因此, 本书中我们不用 "反常" (improper) 一词, 而使用 "广义 (generalized)" 来表达积分 (3.1), 这就把正常积分也包括在内了. (3.1) 中积分上限的箭头, 表达的是极限过程, 当函数在 $(0, \infty)$ 上可积时, 自然可以略去, 但当函数在 $(0, \infty)$ 上不可积时不应略去. 我们使用 "广义积分" 一词, 那么可积函数必定是广义可积的, 正常的积分一定是广义积分, 这当然是顺理成章的.

当然, (3.1) 中被积函数的定义域 $(0, \infty)$ 也可以换为 (r, ∞) 或者 $(-\infty, r)$ (相对于极限 $\lim\limits_{a \to -\infty}$).

第二类广义积分指的是下述类型的收敛的极限:

设 f 在 $(0, 1)$ 上可测, 对于每个 $a \in (0, 1)$, $f \in L(a, 1)$. 如果

$$\lim_{a \to 0+} \int_{(a,1)} f(x) \, dx \in \mathbb{R},$$

就把左端记做

$$\int_{0+}^{1} f(x) \, dx. \tag{3.2}$$

历史上, 由于 Riemann 积分原本定义的只是有界函数 (在有界区间上) 的积分, 如果函数 f 只在点 $x = 0$ 附近无界, 那么 $x = 0$ 就叫做 "瑕点", (3.2) 就叫做以 $x = 0$ 为瑕点的 "瑕积分". 我们抛弃 "瑕点" 的说法, 只在积分限中用 $0+$ (如 (3.2)) 之类的符号来表示极限过程.

而且还可以考虑同为第一类和第二类的广义积分.

我们的目的是研究对于广义参变积分的某种极限运算能否转移到它的被积函数上去进行, 即积分号下取极限的问题. 为了避免烦琐, 我们只对 $[0, \infty)$ 上的第一类广义参变积分进行讨论. 两类的处理原则是一样的.

设 I 是 $\mathbb{R}$ 中的不空区间, $f: I \times [0, \infty) \longrightarrow \mathbb{R}$, 且对于每个 $x \in I$

$$g(x) := \int_{0}^{\to \infty} f(x, y) \, dy \tag{3.3}$$

是广义积分.

定义 3.1 如果

$$\lim_{a \to \infty} \sup \left\{ \left| \int_{a}^{\to \infty} f(x, y) \, dy \right| : x \in I \right\} = 0, \tag{3.4}$$

就说积分 (3.3) 在 I 上一致收敛.

我们用 $\varepsilon - A$ 语言来表述 (3.4) 的精确含义.

(3.4) 说的是,

$$\forall \varepsilon > 0, \exists A > 0, \text{ 使得当 } a \geqslant A \text{ 时}, \sup\left\{\left|\int_a^{\to\infty} f(x,y)\,\mathrm{d}y\right| : x \in I\right\} \leqslant \varepsilon.$$

再进一步解释就是

$$\forall \varepsilon > 0, \exists A > 0, \text{ 使得当 } a \geqslant A \text{ 时}, \forall x \in I, \left|\lim_{b\to\infty}\int_a^b f(x,y)\,\mathrm{d}y\right| \leqslant \varepsilon.$$

再把上面的表述中的 $\lim\limits_{b\to\infty}$ 用量化的语言表出就得到下述一致收敛的准则.

准则 积分 (3.3) 在 I 上一致收敛的充分必要条件是
(A) $\forall \varepsilon > 0, \exists A \in (0,\infty)$, 当 $a \geqslant A$ 时

$$\forall b > 0, \forall x \in I, \quad \left|\int_a^{a+b} f(x,y)\,\mathrm{d}y\right| \leqslant \varepsilon.$$

条件 (A) 显然等价于
(B) $\forall \varepsilon > 0, \exists A \in (0,\infty)$, 当 $a \geqslant A$ 时

$$\sup\left\{\left|\int_a^{a+b} f(x,y)\,\mathrm{d}y\right| : x \in I, b > 0\right\} \leqslant \varepsilon.$$

显然, 条件 (B) 可以改写成
(C) $\lim\limits_{a\to\infty} \sup\left\{\left|\int_a^{a+b} f(x,y)\,\mathrm{d}y\right| : x \in I, b > 0\right\} = 0.$

我们来证明 (3.4) 与 (B) 等价.

先设 (3.4) 成立. 那么, $\forall \varepsilon > 0, \exists A \in (0,\infty)$, 当 $a \geqslant A$ 时

$$\sup\left\{\left|\int_a^{\to\infty} f(x,y)\,\mathrm{d}y\right| : x \in I\right\} \leqslant \frac{1}{2}\varepsilon.$$

于是, $\forall b > 0, \forall x \in I$, 当 $a \geqslant A$ 时

$$\left|\int_a^{a+b} f(x,y)\,\mathrm{d}y\right| \leqslant \left|\int_a^{\to\infty} f(x,y)\,\mathrm{d}y\right| + \left|\int_{a+b}^{\to\infty} f(x,y)\,\mathrm{d}y\right| \leqslant \varepsilon.$$

从而 (B) 成立.

现设 (B) 成立. 记 $g_n(x) = \int_0^n f(x,y)\,\mathrm{d}y$, $n \in \mathbb{N}_+$. 那么, $\forall x \in I$, $\{g_n(x)\}_{n=1}^\infty$ 都是基本列, 从而收敛到一个实数, 记做 $g(x)$. 对于任意的 $u > 1$, 用 $[u]$ 表示不

超过 u 的最大的整数. 那么

$$\lim_{u\to\infty}\int_0^u f(x,y)\,\mathrm{d}y = \lim_{u\to\infty}\left(\int_0^u f(x,y)\,\mathrm{d}y - g_{[u]}(x)\right) + \lim_{u\to\infty} g_{[u]}(x)$$
$$= \lim_{u\to\infty}\int_{[u]}^u f(x,y)\,\mathrm{d}y + g(x) = g(x).$$

这就是说, 积分 $g(x) = \int_0^{\to\infty} f(x,y)\,\mathrm{d}y$ 在 I 上处处收敛.

根据 (B), $\forall \varepsilon > 0, \exists A > 0$, 当 $a \geqslant A$ 时

$$\forall x \in I, \forall b > 0, \left|\int_a^{a+b} f(x,y)\,\mathrm{d}y\right| \leqslant \varepsilon.$$

在此式中令 $b \to \infty$ 得

$$\forall x \in I, \quad \left|\int_a^{\to\infty} f(x,y)\,\mathrm{d}y\right| \leqslant \varepsilon,$$

这就是

$$\sup\left\{\left|\int_a^{\to\infty} f(x,y)\,\mathrm{d}y\right| : x \in I\right\} \leqslant \varepsilon.$$

这就得到了 (3.4). □

下面我们将看到对于广义参变积分, 积分号下取极限的一个具有本质意义的充分条件是定义 3.1 所述的积分的一致收敛性.

定理 3.1 设 I 是区间, $f \in C(I \times [0,\infty))$. 若积分

$$\int_0^{\to\infty} f(x,y)\,\mathrm{d}y$$

在 I 上一致收敛, 则 $g(x) := \int_0^{\to\infty} f(x,y)\,\mathrm{d}y$ 在 I 上连续.

证 设 $x \in I, x+h \in I$. 考虑差 $g(x+h) - g(x)$. 我们有

$$g(x+h) - g(x) = \int_0^{\to\infty} (f(x+h,y) - f(x,y))\,\mathrm{d}y$$
$$= \int_0^a (f(x+h,y) - f(x,y))\,\mathrm{d}y +$$
$$\int_a^{\to\infty} f(x+h,y)\,\mathrm{d}y - \int_a^{\to\infty} f(x,y)\,\mathrm{d}y,$$

其中 $a > 0$ 可以任意选取.

设 $\varepsilon > 0$. 根据所设的一致收敛性, 存在 $a > 0$, 使得
$$\forall\, x+h \in I, \quad \Big|\int_a^{\to\infty} f(x+h,y)\,\mathrm{d}y\Big| = \Big|\int_a^{\to\infty} f(x+h,y)\,\mathrm{d}y\Big| \leqslant \varepsilon.$$
于是
$$|g(x+h) - g(x)| \leqslant 2\varepsilon + \int_0^a \big|f(x+h,y) - f(x,y)\big|\,\mathrm{d}y.$$
根据控制收敛定理, 上式右端第二项当 $h \to 0$ 时收敛到零. 所以
$$\limsup_{x+h\in I, h\to 0} |g(x+h) - g(x)| \leqslant 2\varepsilon.$$
由 ε 的任意性, 证得 g 在 $x \in I$ 处连续, 从而 $g \in C(I)$. □

定理 3.2(积分换序) 设 $I = [a,b]$ 是有界区间, $f \in C(I \times [\,0,\infty))$ 且积分
$$\int_0^{\to\infty} f(x,y)\,\mathrm{d}y$$
在 I 上一致收敛. 那么
$$\int_a^b \int_0^{\to\infty} f(x,y)\,\mathrm{d}y\,\mathrm{d}x = \int_0^{\to\infty} \int_a^b f(x,y)\,\mathrm{d}x\,\mathrm{d}y.$$

证 定义
$$F(x,y) = \int_0^y f(x,t)\,\mathrm{d}t, \quad (x,y) \in I \times [0,\infty).$$
由于当 $y \to \infty$ 时 $F(x,y)$ 在 I 上一致收敛, I 是紧集, 所以 $F(x,y)$ 在 $I \times [0,\infty)$ 上有界. 那么根据 Lebesgue 控制收敛定理,
$$\lim_{y\to\infty} \int_a^b F(x,y)\,\mathrm{d}x = \int_a^b \lim_{y\to\infty} F(x,y)\,\mathrm{d}x = \int_a^b \int_0^{\to\infty} f(x,y)\,\mathrm{d}y\,\mathrm{d}x.$$
而左端, 根据 Fubini 定理, 等于
$$\int_0^{\to\infty} \Big(\int_a^b f(x,y)\,\mathrm{d}x\Big)\,\mathrm{d}y.$$
□

定理 3.3(积分号下求导) 设 I 是区间. 若
$$f, \frac{\partial f}{\partial x} \in C(I \times [0,\infty))$$
且积分 (3.3) 在 I 处处收敛, 而积分
$$\int_0^{\to\infty} \frac{\partial f}{\partial x}(x,y)\,\mathrm{d}y$$

在 I 上一致收敛, 则
$$\frac{\mathrm{d}}{\mathrm{d}x}\int_0^{\to\infty} f(x,y)\,\mathrm{d}y = \int_0^{\to\infty} \frac{\partial f}{\partial x}(x,y)\,\mathrm{d}y.$$

证 设 $a,x\in I$. 根据所设的一致收敛性, 用定理 3.2, 我们有
$$\int_a^x\int_0^{\to\infty}\frac{\partial f}{\partial t}(t,y)\,\mathrm{d}y\,\mathrm{d}t = \int_0^{\to\infty}\int_a^x\frac{\partial f}{\partial t}(t,y)\,\mathrm{d}t\mathrm{d}y = \int_0^{\to\infty}(f(x,y)-f(a,y))\,\mathrm{d}y. \tag{3.5}$$

根据定理 3.2, 函数
$$g(t) := \int_0^{\to\infty}\frac{\partial f}{\partial t}(t,y)\,\mathrm{d}y$$

在 I 上连续. 那么于 (3.5) 式左右两端对 x 求导, 就得欲证者. □

在定理 3.3 中, 把所设的一致收敛性 改为控制收敛性, 就得到

定理 3.4 (积分号下求导) 设 I 是区间. 并设
$$f, \frac{\partial f}{\partial x} \in C(I\times[0,\infty)),$$

且积分 (3.3) 在 I 处处收敛. 如果存在 $g\in L(0,\infty)$, 使得
$$\forall x\in I, \quad \left|\frac{\partial f}{\partial x}(x,y)\right| \leqslant g(y),$$

对于几乎每个 $y\in(0,\infty)$ 成立, 那么定理 3.3 的结论成立 (证明从略). □

下面是一个基于一致收敛的积分号下取极限的一般的定理.

定理 3.5 设 D 是 $\mathbb{R}^n$ 的不空子集合, p 是 D 的极限点, 且 $p\notin D$. 若广义积分
$$\int_0^{\to\infty} f(x,y)\,\mathrm{d}y$$

在 D 上一致收敛, 且存在一个在 $(0,\infty)$ 上的函数 h 满足
$$\forall b>0, \lim_{D\ni x\to p}\sup\{|f(x,y)-h(y)|:0<y<b\}=0,$$

那么 $\int_0^{\to\infty} h(y)\,\mathrm{d}y$ 收敛, 且
$$\lim_{D\ni x\to p}\int_0^{\to\infty} f(x,y)\,\mathrm{d}y = \int_0^{\to\infty} h(y)\,\mathrm{d}y.$$

证 取 $x(k)\in D$ 满足 $\lim_{k\to\infty} x(k)=p$. 记 $g_k(y)=f(x(k),y)$. 作为 y 的函数, $g_k\in L(0,h)$ 对于一切 $h>0$ 成立, 从而 g_k 在 $(0,\infty)$ 上可测. 而 h 是可测函数

列 $\{g_k\}_{k=1}^\infty$ 的极限, 所以 h 是 $(0,\infty)$ 上的可测函数. 由于当 k 充分大时, h 关于 $y \in [\,0,b\,]$ $(0 < b < \infty)$, $h - g_k$ 是有界的, 从而 $h \in L(0,b)$ $(0 < b < \infty)$.

由一致收敛性知 $\forall \varepsilon > 0, \exists a > 0$, 当 $b \geqslant a$ 时

$$\forall k \in \mathbb{N}_+, \ \forall c > 0, \quad \left|\int_b^{b+c} g_k(y)\,\mathrm{d}y\right| \leqslant \varepsilon.$$

令 $k \to \infty$, 那么, 根据已知的条件, $\forall c > 0$

$$\left|\int_b^{b+c} h(y)\,\mathrm{d}y\right| \leqslant \varepsilon.$$

可见 $\int_0^{\to\infty} h(y)\,\mathrm{d}y$ 收敛. 同时, $\exists \delta > 0$, 使得当 $x \in D$ 且 $|x - x_0| < \delta$ 时

$$\int_0^a |f(x,y) - h(y)|\,\mathrm{d}y < \varepsilon.$$

于是, 对于这样的 x

$$\left|\int_0^{\to\infty} f(x,y)\,\mathrm{d}y - \int_0^{\to\infty} h(y)\,\mathrm{d}y\right|$$
$$\leqslant \int_0^a |f(x,y) - h(y)|\mathrm{d}y + \left|\int_a^{\to\infty} f(x,y)\,\mathrm{d}y\right| + \left|\int_a^{\to\infty} h(y)\,\mathrm{d}y\right|$$
$$< 3\varepsilon.$$

从而完成了定理的证明. □

定理 3.5 中的结论对于趋于无穷的极限过程显然也成立. 我们有

定理 3.5′ 若积分 $\displaystyle\int_0^{\to\infty} f(x,y)\,\mathrm{d}y$ 关于 x 在 $(0,\infty)$ 上一致收敛, 且存在一个在 $(0,\infty)$ 上的函数 h 满足

$$\forall\, b > 0,\ \lim_{x\to\infty}\sup\{|f(x,y) - h(y)| : 0 \leqslant y \leqslant b\} = 0,$$

那么, $\displaystyle\int_0^{\to\infty} h(y)\,\mathrm{d}y$ 收敛, 且

$$\lim_{x\to\infty}\int_0^{\to\infty} f(x,y)\,\mathrm{d}y = \int_0^{\to\infty} h(y)\,\mathrm{d}y.$$

□

读者可作为练习写出定理 3.5′ 的证明.

我们举一个使用参变积分的技巧计算积分精确值的例子.

例 3.12 求 $I = \int_0^{\to\infty} \dfrac{\sin x}{x} \mathrm{d}x$.

解 定义
$$f(y) = \int_0^{\to\infty} \mathrm{e}^{-xy} \dfrac{\sin x}{x} \mathrm{d}x, \quad y \geqslant 0.$$

我们先证明 $f(y)$ 关于 y 在 $[0, \infty)$ 上一致收敛.

对于 $b > a > 0$, 分部积分算出

$$\int_a^b \mathrm{e}^{-xy} \dfrac{\sin x}{x} \mathrm{d}x$$
$$= -\dfrac{\cos x}{x} \mathrm{e}^{-xy} \Big|_a^b + \int_a^b \cos x \, \mathrm{e}^{-xy} \left(-\dfrac{y}{x} - \dfrac{1}{x^2} \right) \mathrm{d}x.$$

于是,
$$\left| \int_a^b \mathrm{e}^{-xy} \dfrac{\sin x}{x} \mathrm{d}x \right| \leqslant \dfrac{4}{a}.$$

上式当 $a \to \infty$ 时趋于零. 准则的 (C) 成立, 积分 $f(y)$ 在 $[0, \infty)$ 上一致收敛.

故由定理 3.1 知 $f \in C[\,0, \infty)$, 从而
$$f(0) = \lim_{y \to 0+} f(y).$$

另一方面, 根据例 3.2 的结果, 积分号下求导数, 得 $\forall y > 0$,

$$f'(y) = -\int_0^\infty \mathrm{e}^{-xy} \sin x \, \mathrm{d}x$$
$$= \cos x \, \mathrm{e}^{-xy} \Big|_{x=0}^{x \to \infty} - y \int_0^\infty \cos x \, \mathrm{e}^{-xy} \, \mathrm{d}x$$
$$= -1 - y \mathrm{e}^{-xy} \sin x \Big|_{x=0}^{x \to \infty} - y^2 \int_0^\infty \sin x \, \mathrm{e}^{-xy} \, \mathrm{d}x$$
$$= -1 - y^2 f'(y).$$

因此,
$$\forall y > 0, \quad f'(y) = -\dfrac{1}{1+y^2}.$$

从而, 对于 $a, b > 0$
$$f(b) - f(a) = \int_a^b f'(t) \, \mathrm{d}t = \arctan a - \arctan b.$$

§3 积分号下取极限的定理应用于参变积分

显然,
$$|f(a)| \leq \int_0^\infty e^{-ax} dx = \frac{1}{a}.$$

那么, 令 $a \to \infty$, 得
$$f(b) = \frac{\pi}{2} - \arctan b.$$

再令 $b \to 0+$, 得到
$$f(0) = \frac{\pi}{2} = \int_0^{\to \infty} \frac{\sin x}{x} dx. \qquad \square$$

与例 3.12 有关的是函数
$$\mathrm{Si}(x) := \int_0^x \frac{\sin t}{t} dt.$$

函数 Si 叫做**积分正弦**, 不是初等函数. 用 Maple 可以轻而易举地画出它的图像 (如图 14), 算出它的最大值 $\mathrm{Si}(\pi)$, 以及极限值 $I = \lim\limits_{x \to \infty} \mathrm{Si}(x)$.

下面是 Maple 的指令和结果.

```
> plot(Si(x),x=0..100);
> evalf(Si(Pi));
```
$$1.851937052$$
```
> evalf(Si(infinity));
```
$$1.570796327$$

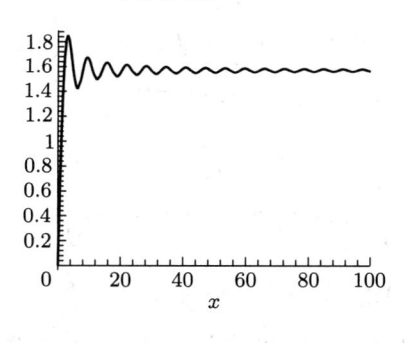

图 14

使用广义参变积分的积分号下取极限的技巧能算出一些重要的积分值. 然而, 依照当代的计算机水平, 任何手工能够算出的积分值, 使用计算机 (例如用 Maple) 都能不费吹灰之力地计算出来. 可见, 过分地探讨计算积分的技巧, 在当代的技术条件下, 大概只具有理论意义, 不会有多大实用价值. 不过话说回来, 基本的技巧还是应该掌握的, 一点小小的计算都离不开计算机, 也不见得是好事.

§3.4 几个判断广义参变积分一致收敛的例子

例 3.13 积分 $\int_0^{\to\infty} e^{-tx^2} dx$ 在 (ε, ∞) 上一致收敛 $(\varepsilon > 0)$, 但在 $(0, \infty)$ 上不一致收敛.

证 当 $(x, t) \in [0, \infty) \times [\varepsilon, \infty)$ 时,

$$e^{-tx^2} \leqslant e^{-\varepsilon x^2}, \quad \int_0^\infty e^{-\varepsilon x^2} dx < \infty.$$

故由控制收敛定理知积分 $\int_0^{\to\infty} e^{-tx^2} dx$ 在 (ε, ∞) 上一致收敛.

另一方面, $\forall a > 0$,

$$\int_a^\infty e^{-tx^2} dx = \frac{1}{2\sqrt{t}} \int_{a\sqrt{t}}^\infty e^{-x^2} dx,$$

$$\lim_{t \to 0+} \int_a^\infty e^{-tx^2} dx = \infty,$$

$$\sup\left\{\int_a^\infty e^{-tx^2} dx : t > 0\right\} = \infty.$$

故由定义, 积分 $\int_0^{\to\infty} e^{-tx^2} dx$ 在 $(0, \infty)$ 上不一致收敛. $\square$

例 3.14(Dirichlet) 设 $f, g : I \times [0, \infty) \longrightarrow \mathbb{R}$. 如果

$$\forall x \in I, \ \forall \ 0 \leqslant y < y', \quad f(x, y) \geqslant f(x, y') \geqslant 0,$$

$$\lim_{y \to \infty} \sup\{f(x, y) : x \in I\} = 0,$$

并且

$$\sup\left\{\left|\int_0^a g(x, y) dy\right| : x \in I, \ a > 0\right\} = M < \infty,$$

那么 $\int_0^{\to\infty} f(x, y) g(x, y) dy$ 在 I 上一致收敛.

证 使用积分中值公式 (见第四章) 得知, $\forall b > a > 0, \exists c \in [a, b]$ 使得

$$\int_a^b f(x, y) g(x, y) dy = f(x, a) \int_a^c g(x, y) dy + f(x, b) \int_c^b g(x, y) dy.$$

于是, 注意到 $f(x, a) \geqslant f(x, b) \geqslant 0$, 得

$$\left|\int_a^b f(x, y) g(x, y) dy\right| \leqslant 2 f(x, a) M.$$

那么我们得到

$$\lim_{a\to\infty}\sup\left\{\left|\int_a^b f(x,y)g(x,y)\,dy\right|:\ x\in I, b>0\right\}$$
$$\leqslant 2M\lim_{a\to\infty}\sup\{f(x,a):\ x\in I\}=0.$$

准则的 (C) 成立, 积分 $\int_0^{\to\infty} f(x,y)g(x,y)\,\mathrm{d}y$ 在 I 一致收敛. □

例 3.15 设 $\delta>0$. 积分 $\int_1^{\to\infty}\dfrac{\sin xy}{y}\,\mathrm{d}y$ 在 $(0,\delta)$ 不一致收敛, 而在 (δ,∞) 一致收敛.

证 定义 $f(x,y)=\dfrac{1}{y}$, $g(x,y)=\sin xy$, $x\in\mathbb{R}, y>0$. 那么

$$\forall x\in\mathbb{R}, \forall 0\leqslant y<y',\ f(x,y)\geqslant f(x,y'),$$
$$\lim_{y\to\infty}\sup\{f(x,y):x\in\mathbb{R}\}=0,$$

并且当 $x\neq 0, a>0$ 时

$$\left|\int_0^a g(x,y)\,\mathrm{d}y\right|\leqslant\dfrac{2}{|x|}.$$

那么, 根据例 3.14, $\int_1^{\to\infty} f(x,y)g(x,y)\,\mathrm{d}y$ 在 (δ,∞) 上一致收敛 $(\delta>0)$.

另一方面,

$$\lim_{a\to\infty}\sup\sup\left\{\left|\int_a^b\dfrac{\sin xy}{y}\,\mathrm{d}y\right|:\ x\in(0,\delta),\ b>a\right\}>0.$$

故由准则, 所考虑的积分在 $(0,\delta)$ 不一致收敛. □

例 3.16(Abel) 设 $f,g:I\times[0,\infty)\longrightarrow\mathbb{R}$. 如果 $\forall x\in I, f(x,y)$ 关于 y 是单调的,

$$\sup\{|f(x,y)|:x\in I, y\in[0,\infty)\}=A<\infty,$$

并且 $\int_0^{\to\infty} g(x,y)\,\mathrm{d}y$ 在 I 上一致收敛, 那么

$$\int_0^{\to\infty} f(x,y)g(x,y)\,\mathrm{d}y$$

在 I 上一致收敛.

证 使用积分中值公式得知,$\forall\ a,b > 0, \exists c \in [0,b]$, 使得

$$\int_a^{a+b} f(x,y)g(x,y)\,\mathrm{d}y$$
$$= f(x,a)\int_a^{a+c} g(x,y)\,\mathrm{d}y + f(x,a+b)\int_{a+c}^{a+b} g(x,y)\,\mathrm{d}y$$
$$= f(x,a)\int_a^{a+c} g(x,y)\,\mathrm{d}y + f(x,a+b)\int_a^{a+b} g(x,y)\,\mathrm{d}y - f(x,a+b)\int_a^{a+c} g(x,y)\,\mathrm{d}y,$$

于是, 注意到 $|f(x,a)| \leqslant A$, $|f(x,a+b)| \leqslant A$, 得

$$\left|\int_a^{a+b} f(x,y)g(x,y)\,\mathrm{d}y\right| \leqslant 3A\sup\left\{\left|\int_a^{a+c} g(x,y)\,\mathrm{d}y\right|:\ x \in I, c > 0\right\}.$$

那么, 由于 $\int_0^{\to\infty} g(x,y)\,\mathrm{d}y$ 在 I 上一致收敛, 上式当 $a \to \infty$ 时趋于零. 准则的 (C) 成立. $\square$

例 3.17 积分 $\displaystyle\int_1^{\to\infty} \arctan(x^2+y^2)\frac{\sin y}{y}\mathrm{d}y$ 在 $\mathbb{R}$ 上一致收敛.

证 令 $f(x,y) = \arctan(x^2+y^2)$, $g(x,y) = \dfrac{\sin y}{y}$. 那么, 在 $\mathbb{R}\times[0,\infty)$ 上, 它们满足 Abel 判别法 (例 3.16) 的条件, 从而 $\displaystyle\int_1^{\to\infty} f(x,y)g(x,y)\,\mathrm{d}y$ 在 $\mathbb{R}$ 上一致收敛. $\square$

最后, 我们提供一个由非负连续函数的参变积分的连续性判断积分的一致收敛性的命题. 它是下述一般形式的 Dini 定理的特例.

定理 3.6(Dini) 设 $-\infty < a < b < \infty$, $f:[a,b]\times(0,\infty) \longrightarrow \mathbb{R}$. 设对于每个 $y > 0$, 函数 $f(\cdot,y) \in C[a,b]$, 而且当 $u > v > 0$ 时,

$$\forall x \in [a,b],\ f(x,u) \geqslant f(x,v)\ \text{且}\ \lim_{u\to\infty} f(x,u) =: h(x) \in \mathbb{R}.$$

如果函数 $h \in C[a,b]$, 那么上述极限是一致收敛的, 即

$$\lim_{u\to\infty} \sup\{h(x) - f(x,u):\ x \in [a,b]\} = 0. \tag{3.6}$$

证 这里, 除了极限函数的连续性以外, 两件事是本质的. 一是 $f(\cdot,u)$ 关于 u 是单调的, 二是 $[a,b]$ 紧致.

简记 $I = [a,b]$. 根据 $h \in C(I)$, 知对于任给的 $\varepsilon > 0$, 存在 $r > 0$, 使得只要 $x,y \in I$ 满足 $|x-y| < r$, 就有 $|h(x) - h(y)| < \varepsilon$.

对于一个确定的 $x \in I$, 根据 $\displaystyle\lim_{u\to\infty} f(x,u) = h(x)$, 知存在一个确定的 $u = u(x) > 0$ 使得 $h(x) - f(x,u) < \varepsilon$.

由于 $f(\cdot, u) \in C(I)$, 所以存在一个含有点 x 的开区间 G, 使得只要 $y \in I \bigcap G$ 就有 $|f(x,u) - f(y,u)| < \varepsilon$.

令 $H(x) = G \bigcap (x-r, x+r)$. 那么 $H(x)$ 是一个含有点 x 的开集. 它的性质是, 只要 $y \in H(x) \bigcap I$, 就有

$$h(y) - f(y,u) = h(y) - h(x) + h(x) - f(x,u) + f(x,u) - f(y,u) \leqslant 3\varepsilon. \quad (3.7)$$

开集族 $\{H(x): x \in I\}$ 显然是 I 的开覆盖. 那么根据 I 的紧致性, 必存在有限个点 $x_1, \cdots, x_m \in I$, 使得

$$\bigcup_{k=1}^{m} H(x_k) \supset I.$$

定义 $u_0 := \max\{u(x_k): k=1, \cdots, m\}$. 以下考虑 $u > u_0$ 的情形.

对于任意的 $x \in I$, 必存在某 $k \in \{1, \cdots, m\}$ 使得 $x \in H(x_k)$. 那么根据 f 关于第二变元的单调性以及不等式 (3.7), 我们得到

$$h(x) - f(x,u) \leqslant h(x) - f(x,u_0) \leqslant h(x) - f(x,u(x_k)) \leqslant 3\varepsilon.$$

从而

$$\forall u > u_0, \ \sup\{h(x) - f(x,u): x \in I\} \leqslant 3\varepsilon. \quad (3.8)$$

这就证明了 (3.6). $\square$

作为定理 3.6 的直接推论, 我们得到下述

广义参变积分一致收敛的 Dini 判别法　设

$$-\infty < a < b < \infty, \quad f \in C([a,b] \times [0,\infty)) \ \text{且} \ f \geqslant 0.$$

如果积分

$$g(x) = \int_0^{\to \infty} f(x,y) \, dy = \int_0^{\infty} f(x,y) \, dy$$

在 $[a,b]$ 上连续, 那么它必在 $[a,b]$ 上一致收敛.

很明显, 如果分别用这里的 $g(x)$ 和

$$g(x,u) := \int_0^u f(x,y) \, dy$$

代替定理 3.6 中的 $h(x)$ 和 $f(x,u)$, 我们就立即推出此 Dini 判别法.

以上讨论的广义参变积分都是定义在无穷区间上的积分. 对于有穷区间上的瑕积分可进行本质上完全一样, 形式上也类似的讨论. 因毫无新意, 不复赘述.

习题 5.3

1. 证明: 当 $p > -1$ 时
$$\int_0^1 \frac{x^p}{1-x} \ln \frac{1}{x} \, dx = \sum_{k=1}^{\infty} \frac{1}{(k+p)^2}.$$

2. 用极坐标变换计算 $\int_{\mathbb{R}^2} e^{-(x^2+y^2)} \, d(x,y)$. 并以此验证例 3.10 的结果.

3. 设 $f_p(x) = \dfrac{x}{1 + x^p \sin^2 x}$. 问当 $p \in \mathbb{R}$ 为何值时, $f_p \in L(0, \infty)$.

4. 求极限:
   (1) $\lim\limits_{x \to 0} \int_{-1}^{1} \sqrt{x^2 + y^2} \, dy$;   (2) $\lim\limits_{x \to 0} \int_x^{1+x} \dfrac{dy}{1 + x^2 + y^2}$.

5. 求导数:
   (1) 设 $\varphi(y) = \int_y^{y^2} e^{-x^2 y} \, dx$, 求 φ';
   (2) 设 $f \in C^1(\mathbb{R}), \varphi(y) = \int_0^y (x+y) f(x) \, dx$, 求 φ'';
   (3) 设 $\varphi(y) = \int_0^{y^2} dx \int_{x-y}^{x+y} \sin(x^2 + t^2 - y^2) \, dt$, 求 φ';
   (4) 设 $f \in C^1(\mathbb{R}), \varphi(y) = \int_a^b f(x) |x - y| \, dx$, 求 φ''.

6. 使用参变积分的技巧计算
$$I = \int_0^1 \frac{\arctan x}{x \sqrt{1 - x^2}} \, dx.$$

7. 使用参变积分的技巧计算
$$I = \int_0^{\frac{\pi}{2}} \ln \frac{a + b \sin x}{a - b \sin x} \frac{dx}{\sin x}, \quad 其中 \ a > b > 0.$$

8. 设 $f \in C[0,1], f > 0, F(y) = \int_0^1 \dfrac{y f(x)}{x^2 + y^2} \, dx$. 求证:
$$\lim_{y \to 0+} F(y) = \frac{\pi}{2} f(0).$$

9. 设
$$K(x, y) = \begin{cases} x(1-y), & 当 \ x \leqslant y, \\ y(1-x), & 当 \ x \geqslant y. \end{cases}$$
定义 $T : C[0,1] \longrightarrow C[0,1]$ 如下:
$$T(u)(x) = \int_0^1 K(x,y) u(y) \, dy.$$
求证: $\forall u \in C[0,1], \forall x \in [0,1], \dfrac{d^2}{dx^2}(T(u))(x) = -u(x)$.

10. 写出定理 3.5′ 的证明.

11. 设 $f \in L(0,\infty)$ 并且 $\lim\limits_{x \to 0+} f(x) = 1$. 证明对于 $a, b > 0$

$$\lim_{c \to 0+} \int_c^\infty \frac{f(ax) - f(bx)}{x} \mathrm{d}x = \log \frac{b}{a}.$$

问: 函数 $g(x) = \dfrac{f(ax) - f(bx)}{x}$ 在 $(0,1)$ 上可积吗?

12. 计算积分:

(1) $I_n(x) = \displaystyle\int_0^\infty \frac{\mathrm{d}y}{(x+y^2)^n}$, $x > 0, n \in \mathbb{N}_+$;

(2) $I_n(x) = \displaystyle\int_0^1 y^{x-1}(\ln y)^n \mathrm{d}y$, $x > 0, n \in \mathbb{N}_+$;

(3) $I(x) = \displaystyle\int_0^\infty \frac{\arctan xy}{y(1+y^2)} \mathrm{d}y$, $x \geqslant 0$;

(4) $I(a,b) = \displaystyle\int_0^\infty \frac{\cos ax - \cos bx}{x^2} \mathrm{d}x$, $a, b > 0$;

(5) $I(a,b) = \displaystyle\int_0^\infty \frac{\mathrm{e}^{-ax^2} - \mathrm{e}^{-bx^2}}{x^2} \mathrm{d}x$, $a, b > 0$;

(6) $I(a,b) = \displaystyle\int_0^\infty \left(\frac{\mathrm{e}^{-ax} - \mathrm{e}^{-bx}}{x}\right)^2 \mathrm{d}x$, $a, b > 0$;

(7) $I(a,b) = \displaystyle\int_0^\infty \frac{\mathrm{e}^{-ax} - \mathrm{e}^{-bx}}{x} \sin x \, \mathrm{d}x$, $a, b > 0$;

(8) $I(a) = \displaystyle\int_0^\infty \frac{\ln(a^2+x^2)}{1+x^2} \mathrm{d}x$.

13. 证明下述定理, 它是定理 3.5 的另一形式.

定理 3.5″ 设 $D \subset \mathbb{R}, D \neq \varnothing, x_0$ 是 D 的极限点, 且 $x_0 \notin D$, $-\infty < a < b < \infty$. 若积分 $\displaystyle\int_{a+}^b f(x,y) \mathrm{d}y$ 满足下述两条件

(a) 在 D 上一致收敛;

(b) $\forall c \in (a,b)$, $\lim\limits_{D \ni x \to x_0} \sup\{|f(x,y) - g(y)| : c \leqslant y \leqslant b\} = 0$,

那么 $\displaystyle\int_{a+}^b g(y) \mathrm{d}y$ 收敛, 且

$$\lim_{D \ni x \to x_0} \int_{a+}^b f(x,y) \mathrm{d}y = \int_{a+}^b g(y) \mathrm{d}y.$$

提示: 可重复定理 3.5 的证明, 亦可把问题转换成无穷积分而用定理 3.5 的结论.

§4 一类重要的参变积分——Euler 积分

Leonhard Euler (欧拉)

1707 年出生于瑞士的巴塞尔 (Basel) 城, 从小喜欢数学, 不满 10 岁就开始自学《代数学》. 13 岁时由当时最有名的微积分权威 **Johann Bernoulli** (约翰·伯努利, 1667—1748) 保举, 进入巴塞尔大学读书, 成为整个瑞士年龄最小的大学生. Johann 发现课堂上的知识满足不了 Euler 的求知欲, 于是每周六下午单独给他辅导. 在 Johann 的严格训练下, 两年后的夏天, Euler 获得巴塞尔大学学士学位, 次年, 又获得巴塞尔大学哲学硕士学位. 1725 年, Euler 开始了他的数学生涯. 1726 年, 19 岁的欧拉撰写了《论桅杆配置的船舶问题》, 荣获巴黎科学院的奖金. 1727 年 5 月 17 日 Euler 来到彼得堡. 1733 年, 26 岁的 Euler 担任彼得堡科学院数学教授. 1735 年, 他用三天时间解决了计算彗星轨道的难题, 这个问题曾被几个著名数学家花了几个月的努力而解决. 他 28 岁时右眼失明. 1741 年 Euler 到柏林担任科学院物理数学所所长, 直到 1766 年重回彼得堡. 没多久, 左眼也完全失明. 1771 年彼得堡的大火烧毁了 64 岁双目失明的 Euler 的书房和大量研究成果.

Euler (欧拉, 1707—1783)

Euler 完全失明后, 凭着记忆和心算进行研究, 直到逝世, 达 17 年之久.

1783 年 9 月 18 日下午, Euler 为了庆祝他计算气球上升定律成功, 请朋友们吃饭. 那时天王星刚发现不久, Euler 写出了计算天王星轨道的要领, 还和他的孙子逗笑. 他刚喝完茶, 突然疾病发作, 烟斗从手中落下, 口里喃喃地说:"我要死了", 就这样停止了生命和计算, 享年 76 岁.

Euler 生活、工作过的三个国家: 瑞士、俄国、德国, 都把他作为自己的骄傲。

Euler 在数学、物理、天文、建筑以至音乐、哲学方面都取得了辉煌的成就. 在数学的各个领域, 常见以他的名字命名的公式、定理和重要常数. 他写的书籍和论文浩如烟海, 涉及分析、代数、数论、几何、物理和力学、天文学、弹道学、航海学、建筑学等许多领域. 仅在失明后的 17 年间, 他还口述了好几本书和 400 篇左右的论文.

Euler 晚年的时候, 欧洲所有的数学家都把他当做老师. 著名数学家 Laplace (拉普拉斯) 曾说: "读读 Euler, 它是我们大家的老师!" Gauss (高斯) 曾说: "研究 Euler 的著作永远是了解数学的最好方法."

积分
$$\Gamma(x) = \int_0^\infty t^{x-1}e^{-t}dt \ (x > 0),$$
$$B(x,y) = \int_0^1 t^{x-1}(1-t)^{y-1}dt \ (x, y > 0)$$

作为变量 $x \in (0, \infty)$ 的函数和变量 $(x,y) \in (0,\infty)^2$ 的函数, 分别叫做 Gamma 函数和 Beta 函数, 统称为 Euler 积分. 它们之间有紧密的联系. 两者都有重要用途.

定理 4.1 $\Gamma \in C^\infty(0, \infty)$. 且
$$\frac{d^n}{dx^n}\Gamma(x) = \int_0^\infty t^{x-1}e^{-t}\ln^n t\, dt.$$

证 设 $0 < a < b < \infty$. 当 $a < x < b$, $t > 0$ 时,
$$0 < t^{x-1}e^{-t} < \left(t^{a-1} + (t+1)^b\right)e^{-t};$$
$$\forall n \in \mathbb{N}_+, \ 0 < \frac{\partial^n}{\partial x^n}t^{x-1}e^{-t} < \left(t^{a-1} + (t+1)^b\right)e^{-t}|\ln t|^n.$$

所以, 根据关于积分号下取极限的 Lebesgue 控制收敛定理 (见例 3.1 和例 3.2) 知道 $\Gamma \in C^\infty(a,b)$, 从而 $\Gamma \in C^\infty(0, \infty)$, 且可积分号下求导. □

定理 4.2 $\forall x > 0, \Gamma(x+1) = x\Gamma(x)$.

证 设 $0 < a < b < \infty$. 分部积分得
$$\int_a^b t^x e^{-t}dt = e^{-a}a^x - e^{-b}b^x + \int_a^b e^{-t}xt^{x-1}dt.$$

令 $a \to 0+$, $b \to \infty$ 得所需的结论. □

定理 4.3 $\forall x > 0, y > 0, (x+y)B(x, y+1) = yB(x,y)$.

证 按定义, 用分部积分法算出
$$B(x, y+1) = \int_0^1 t^{x-1}(1-t)^{y-1}(1-t)dt$$
$$= B(x,y) - \int_0^1 t^x(1-t)^{y-1}dt$$
$$= B(x,y) + \frac{x}{y}B(x, y+1).$$

由此得到所欲证者. □

下面我们来证明联系 Gamma 函数和 Beta 函数的等式.

定理 4.4 $\forall x > 0, y > 0, B(x,y) = \dfrac{\Gamma(x)\Gamma(y)}{\Gamma(x+y)}$.

证 由于有定理 4.2 和定理 4.3 这两个递推公式, 我们只需对于 $x > 1, y > 1$ 进行证明. 证明借助于参变积分的技巧.

在 Gamma 函数的积分表达式中作积分的变量替换 $t=su$, 视 $s>0$ 为参量, 得

$$\Gamma(x) = \int_0^\infty t^{x-1}e^{-t}dt = s^x \int_0^\infty u^{x-1}e^{-su}du.$$

那么,

$$s^{y-1}e^{-s}\Gamma(x) = s^{x+y-1}\int_0^\infty u^{x-1}e^{-s(u+1)}du.$$

两端同时对 s 积分, 得

$$\Gamma(x)\Gamma(y) = \int_0^\infty \left(\int_0^\infty u^{x-1}s^{x+y-1}e^{-s(u+1)}du\right)ds.$$

用 Tonelli 定理, 交换积分次序得

$$\begin{aligned}\Gamma(x)\Gamma(y) &= \int_0^\infty \left(\int_0^\infty u^{x-1}s^{x+y-1}e^{-s(u+1)}ds\right)du \\ &= \int_0^\infty \frac{u^{x-1}}{(u+1)^{x+y}}\left(\int_0^\infty s^{x+y-1}e^{-s}ds\right)du \\ &= \Gamma(x+y)\int_0^\infty \frac{u^{x-1}}{(u+1)^{x+y}}du.\end{aligned}$$

使用变换 $u = \dfrac{t}{1-t} = \dfrac{1}{1-t} - 1$ $(0<t<1)$ 计算最右端的积分, 得

$$\int_0^\infty \frac{u^{x-1}}{(u+1)^{x+y}}du \int_0^1 t^{x-1}(1-t)^{y-1}dt = \mathrm{B}(x,y).$$

合起来得到

$$\Gamma(x)\Gamma(y) = \Gamma(x+y)\mathrm{B}(x,y),$$

这就是所要证的. □

作为定理 4.4 和定理 4.1 的直接结果, 我们得到下述定理.

定理 4.5 $\mathrm{B}(x,y) \in C^\infty((0,\infty)\times(0,\infty))$. □

例 4.1 对于 $x>0, y>0$,

$$\mathrm{B}(x,y) = 2\int_0^{\frac{\pi}{2}} \sin^{2x-1}\theta \cos^{2y-1}\theta\, d\theta.$$

证 由定义, 经积分变量替换 $t = \sin^2\theta$ 便得. □

在第四章 §3 讲球的体积时曾使用公式

$$2\int_0^{\frac{\pi}{2}} (\sin\theta)^j d\theta = \frac{\Gamma\left(\dfrac{j+1}{2}\right)\Gamma\left(\dfrac{1}{2}\right)}{\Gamma\left(\dfrac{j}{2}+1\right)}.$$

§4 一类重要的参变积分 —— Euler 积分

现在我们看到这可由 Beta 函数的表达式得到.

例 4.2 求 $I = \int_0^\pi \dfrac{\mathrm{d}x}{\sqrt{3-\cos x}}$.

解 易见

$$I = \int_0^\pi \frac{\mathrm{d}x}{\sqrt{2+2\sin^2\frac{x}{2}}} = \int_0^{\frac{\pi}{2}} \frac{\sqrt{2}\mathrm{d}t}{\sqrt{1+\sin^2 t}}$$

$$= \int_0^1 \frac{\sqrt{2}\mathrm{d}u}{\sqrt{(1+u^2)(1-u^2)}} = \int_0^1 \frac{\sqrt{2}}{4} t^{-\frac{3}{4}}(1-t)^{-\frac{1}{2}} \mathrm{d}t$$

$$= \frac{\sqrt{2}}{4} \mathrm{B}(4^{-1}, 2^{-1}). \qquad \square$$

例 4.3 $\Gamma\left(\dfrac{1}{2}\right) = \sqrt{\pi}$.

证 我们有

$$\Gamma(2^{-1}) = \int_0^\infty t^{-\frac{1}{2}} \mathrm{e}^{-t} \mathrm{d}t = 2\int_0^\infty \mathrm{e}^{-x^2} \mathrm{d}x.$$

那么, 引用例 3.10 的结果就得所需结论. $\qquad \square$

例 4.4 Legendre 公式

$$\Gamma(x)\Gamma\left(x + \frac{1}{2}\right) = \sqrt{\pi} 2^{1-2x} \Gamma(2x).$$

证 由定义

$$\mathrm{B}(x,x) = \int_0^1 \left(\frac{1}{4} - \left(\frac{1}{2}-t\right)^2\right)^{x-1} \mathrm{d}t = 2\int_0^{\frac{1}{2}} \left(\frac{1}{4} - \left(\frac{1}{2}-t\right)^2\right)^{x-1} \mathrm{d}t.$$

令 $\dfrac{1}{2} - t = \dfrac{1}{2}\sqrt{u}$, 得

$$\mathrm{B}(x,x) = 2^{1-2x} \int_0^1 u^{-\frac{1}{2}}(1-u)^{x-1} \mathrm{d}u = 2^{1-2x} \mathrm{B}\left(\frac{1}{2}, x\right).$$

由此, 用定理 4.4 得

$$\frac{\Gamma^2(x)}{\Gamma(2x)} = 2^{1-2x} \frac{\Gamma(2^{-1})\Gamma(x)}{\Gamma(x+2^{-1})}.$$

注意到例 4.3, 便得所求. $\qquad \square$

现在考察 Gamma 函数的图像.

我们知道,

1) $\forall x > 0, \Gamma(x) > 0$ 且 $\Gamma(1) = \Gamma(2) = 1$. 那么,

2) 存在 $\xi \in (1,2)$, 使得 $\Gamma'(\xi) = 0$. 由于 $\forall x > 0$, $\Gamma''(x) > 0$, 所以

3) 当 $0 < x < \xi$ 时, $\Gamma'(x) < \Gamma'(\xi) = 0$; 而当 $\xi < x$ 时, $\Gamma'(x) > 0$.

于是得到结论:

在 $(0, \xi)$ 上 Γ 严格减, 在 (ξ, ∞) 上 Γ 严格增, $\Gamma(\xi) \in (0, 1)$ 是 Γ 的最小值.

易见, $\lim\limits_{x \to 0+} \Gamma(x) = \infty = \lim\limits_{x \to \infty} \Gamma(x)$. 并且我们知道 $\forall n \in \mathbb{N}_+$, $\Gamma(n+1) = n!$. 根据这些资料, 注意到 $\Gamma''(x) > 0$ (这表明 $\Gamma(x)$ 的图像是下凸的), 我们就能画出函数 $\Gamma(x)$ 的图像. 使用计算机软件 Maple 非常容易画出这个图像 (如图 15).

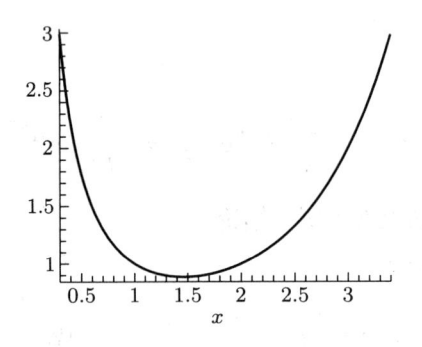

图 15

还可以把图画得更精细一些, 如图 16.

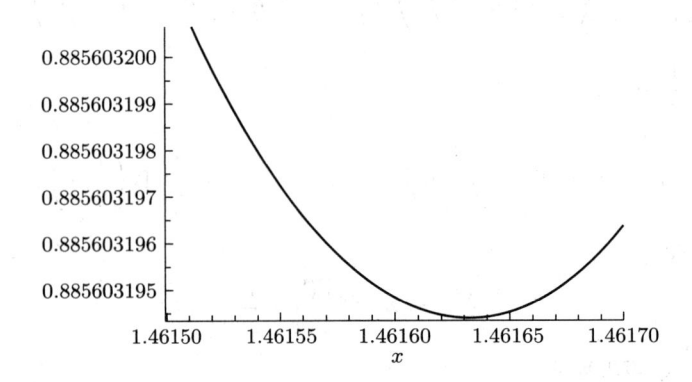

图 16

并计算几个点处的函数值如下:

$$\Gamma(1.46156) = 0.8856031966,$$
$$\Gamma(1.46163) = 0.8856031944,$$
$$\Gamma(1.46170) = 0.8856031964.$$

从上面的结果得到 Gamma 函数取得最小值的点 $\xi \approx 1.46163$ 以及最小值

$$\Gamma(\xi) \approx 0.8856031944.$$

最后, 作为计算积分的练习, 我们来证明下述定理, 它也叫做 Stirling (斯特林) 公式.

定理 4.6(Stirling 公式)

$$\lim_{x \to \infty} \frac{\Gamma(x+1)}{\sqrt{2\pi x}} \left(\frac{e}{x}\right)^x = 1.$$

证 记

$$f(x) = \frac{\Gamma(x+1)}{\sqrt{2\pi x}} \left(\frac{e}{x}\right)^x.$$

经变量替换 $t = x(1+u)$, 我们得

$$f(x) = \int_0^\infty t^x e^{-t} dt \frac{1}{\sqrt{2\pi x}} \left(\frac{e}{x}\right)^x$$
$$= \int_{-1}^\infty (1+u)^x e^{-xu} du \sqrt{\frac{x}{2\pi}},$$

于是

$$f(x) = \sqrt{\frac{x}{2\pi}} \left(\int_0^1 (1-u)^x e^{xu} du + \int_0^\infty (1+u)^x e^{-xu} du \right)$$
$$= \sqrt{\frac{x}{2\pi}} \int_0^1 e^{-x(-u-\ln(1-u))} du + \sqrt{\frac{x}{2\pi}} \int_0^\infty e^{-x(u-\ln(1+u))} du.$$

记

$$a(x) = \sqrt{\frac{x}{2\pi}} \int_0^1 e^{-x(-u-\ln(1-u))} du,$$
$$b(x) = \sqrt{\frac{x}{2\pi}} \int_0^1 e^{-x(u-\ln(1+u))} du,$$
$$r(x) = \sqrt{\frac{x}{2\pi}} \int_1^\infty e^{-x(u-\ln(1+u))} du.$$

那么
$$f(x) = a(x) + b(x) + r(x).$$
由 Taylor 公式, 对于 $0 < u < 1$ 存在 $\theta \in (0, u)$ 使
$$\frac{1}{2}u^2 \leqslant -u - \ln(1-u) = \frac{1}{2}u^2 + \frac{1}{3}\frac{u^3}{(1-\theta)^3}.$$
于是
$$\sqrt{\frac{x}{2\pi}}\int_0^{\frac{1}{2}} e^{-\frac{x}{2}u^2 - 3xu^3} du \leqslant a(x) \leqslant \sqrt{\frac{x}{2\pi}}\int_0^1 e^{-\frac{x}{2}u^2} du.$$
也就是说
$$\sqrt{\frac{1}{\pi}}\int_0^{\sqrt{\frac{x}{8}}} e^{-u^2 - 6\sqrt{\frac{2}{x}}u^3} du \leqslant a(x) \leqslant \sqrt{\frac{1}{\pi}}\int_0^{\sqrt{\frac{x}{2}}} e^{-u^2} du.$$
那么, 用积分号下取极限的单调极限定理, 并注意到例 3.10 的结果, 得
$$\lim_{x \to \infty} a(x) = \frac{1}{2}.$$
另一方面, 当 $u \geqslant 1$ 时 $u - \ln(1+u) > \frac{1}{10}u$, 所以
$$0 \leqslant r(x) \leqslant \sqrt{\frac{x}{2\pi}}\int_1^\infty e^{-\frac{xu}{10}} du \leqslant \sqrt{\frac{5}{x}}\int_{\frac{x}{10}}^\infty e^{-u} du.$$
可见
$$\lim_{x \to \infty} r(x) = 0.$$
当 $0 < u \leqslant 1$ 时, 存在 $\eta \in (0, u)$ 使得
$$u - \ln(1+u) = \frac{1}{2}u^2 - \frac{1}{3}\frac{u^3}{(1+\eta)^3}.$$
那么
$$\sqrt{\frac{x}{2\pi}}\int_0^1 e^{-\frac{x}{2}u^2} du \leqslant b(x) \leqslant \sqrt{\frac{x}{2\pi}}\int_0^1 e^{-\frac{x}{2}u^2 + \frac{x}{3}u^3} du$$
$$= \sqrt{\frac{1}{\pi}}\int_0^{\sqrt{\frac{x}{2}}} e^{-u^2 + \frac{2}{3}\sqrt{\frac{2}{x}}u^3} du.$$
注意到, 当 $0 < u < \sqrt{\frac{x}{2}}$ 时 $-u^2 + \frac{2}{3}\sqrt{\frac{2}{x}}u^3 < -\frac{1}{3}u^2$, 从而
$$e^{-u^2 + \frac{2}{3}\sqrt{\frac{2}{x}}u^3} \leqslant e^{-\frac{1}{3}u^2},$$

我们使用 Lebesgue 控制收敛定理得到
$$\lim_{x\to\infty} b(x) = \frac{1}{2}.$$

把上面的结果合起来就完成了证明. □

定理 4.6 的结果也可写成
$$\Gamma(x+1) \sim \sqrt{2\pi x}\left(\frac{x}{\mathrm{e}}\right)^x, \quad x \to \infty.$$

由此, 根据 $\Gamma(n+1) = n!$, 我们得到
$$n! \sim \sqrt{2\pi n}\left(\frac{n}{\mathrm{e}}\right)^n, \quad n \to \infty.$$

习题 5.4

1. 求下列积分:

    (1) $\int_0^1 \sqrt{x-x^2}\,\mathrm{d}x$;   (2) $\int_0^\infty \frac{x^2}{1+x^4}\,\mathrm{d}x$;

    (3) $\int_0^{\to\infty} \frac{\sin^3 x}{x}\,\mathrm{d}x$;   (4) $\int_0^\infty \frac{1-\cos x}{x}\mathrm{e}^{-\alpha x}\,\mathrm{d}x\ (\alpha > 0)$;

    (5) $\int_0^{\to\infty} \frac{\cos x}{x^s}\,\mathrm{d}x\ (0 < s < 1)$, $\int_0^{\to\infty} \frac{\sin x}{x^t}\,\mathrm{d}x\quad (0 < t < 2)$.

2. 证明 Cauchy 公式
$$\frac{\Gamma'(x)}{\Gamma(x)} = \int_0^\infty \left(\mathrm{e}^{-t} - \frac{1}{(1+t)^x}\right)\frac{\mathrm{d}t}{t}.$$

   提示: 考虑极限
$$\lim_{h\to 0+} (\Gamma(h) - \mathrm{B}(h,x)).$$

   进而证明 Gauss 公式
$$\frac{\Gamma'(x)}{\Gamma(x)} - \Gamma'(1) = \int_0^1 \frac{1-t^{x-1}}{1-t}\,\mathrm{d}t.$$

3. 用上题结果证明:
$$-\Gamma'(1) = \lim_{n\to\infty} \left(\sum_{k=1}^n \frac{1}{k} - \ln(n+1)\right).$$

   此数叫做 Euler 常数, 常记为 γ.

   提示: 考虑积分
$$\int_1^2 \left(\frac{\Gamma'(x)}{\Gamma(x)} - \Gamma'(1)\right)\mathrm{d}x.$$

4. 设 γ 为 Euler 常数,
$$\gamma_n = \sum_{k=1}^{n} \frac{1}{k} - \ln(n+1), \quad n \in \mathbb{N}_+.$$

证明:
$$\gamma - \gamma_n = O\left(\frac{1}{n}\right) (n \to \infty).$$

相关的结果可参阅本科生关于 Euler 数的一篇论文, 发表在: American Mathematical Monthly, 109(2002), N0.9, 845—850.

§5 可积函数用紧支撑光滑函数近似

本章 §3 中曾介绍过函数空间 $L^p(\mathbb{R}^n)$ $(1 \leqslant p < \infty)$. 现在我们针对 $p=1$ 的情形进行进一步的讨论. 对于 $f \in L(\mathbb{R}^n)$, 我们把它的范数 $\|f\|_1$ 简记做 $\|f\|$, 即
$$\|f\| := \int_{\mathbb{R}} |f|.$$

在 $C_c(\mathbb{R}^n)$ 中我们曾用连续模来刻画函数的一致连续性. 对于任意的 $f \in C_c(\mathbb{R}^n)$, 它的连续模如下定义: $\forall \delta > 0$,
$$\omega(f;\delta)_c := \sup\{|f(x) - f(y)| : x, y \in \mathbb{R}^n, |x-y| \leqslant \delta\}.$$

这是按一致尺度 (或叫 C 尺度) 给予的刻画.

对于 $L(\mathbb{R}^n)$ 中的函数, 我们可以在 L 尺度 (或平均尺度) 下来刻画函数的连续性.

定义 5.1 设 $f \in L(\mathbb{R}^n)$. $\forall \delta > 0$, 令
$$\omega(f;\delta)_L = \sup\left\{\int_{\mathbb{R}^n} |f(x-y) - f(x)| \, dx : y \in \mathbb{R}^n, |y| \leqslant \delta\right\},$$

叫做 f 的 L(或平均) 连续模.

显然 $\omega(f;\delta)_L$ 是 δ 的单调增有界函数. 我们有
$$\omega(f;\delta)_L \leqslant 2\|f\|.$$

下述定理是重要的.

定理 5.1 设 $f \in L(\mathbb{R}^n)$. 那么
$$\lim_{\delta \to 0+} \omega(f;\delta)_L = 0.$$

证 在 §3 定理 3.8 中曾证明 $C_c(\mathbb{R}^n)$ 在空间 $L^p(\mathbb{R}^n)$ $(1 \leqslant p < \infty)$ 中稠密. 于是,
$$\forall \varepsilon > 0, \ \exists g \in C_c(\mathbb{R}^n), \ \|f - g\| < \varepsilon.$$
那么
$$\int_{\mathbb{R}^n} |f(x-y) - f(x)| \,\mathrm{d}x$$
$$\leqslant \int_{\mathbb{R}^n} |f(x-y) - g(x-y)| \,\mathrm{d}x + \int_{\mathbb{R}^n} |g(x) - g(x-y)| \,\mathrm{d}x + \int_{\mathbb{R}^n} |g(x) - f(x)| \,\mathrm{d}x$$
$$= 2\|f - g\| + \int_{\mathbb{R}^n} |g(x) - g(x-y)| \,\mathrm{d}x.$$

记 g 的支集 $\operatorname{supp} f = F$. 那么, 存在正数 r, 使
$$\forall x \in F, \quad |x| < r.$$
于是 $\forall \delta > 0$, 当 $y \in \mathbb{R}^n$, $|y| < \delta$ 时
$$\int_{\mathbb{R}^n} |f(x-y) - f(x)| \,\mathrm{d}x \leqslant 2\varepsilon + (2r + 2\delta)^n \omega(g; \delta)_c.$$
因此
$$\omega(f; \delta)_L \leqslant 2\varepsilon + (2r + 2\delta)^n \omega(g; \delta)_c.$$
从而
$$\lim_{\delta \to 0+} \omega(f; \delta)_L \leqslant 2\varepsilon.$$
由此根据 ε 的任意性推出所需的结论. $\square$

现在我们来证明 $C_c^\infty(\mathbb{R}^n)$ 在函数空间 $L(\mathbb{R}^n)$ 中的稠密性.

引理 5.2 设 $f \in L(\mathbb{R}^n)$. 那么 $\forall \varepsilon > 0$, $\exists g \in C^\infty(\mathbb{R}^n)$, 满足
$$\|f - g\| < \varepsilon.$$

证 为省去细节上的麻烦, 我们只对于 $n = 1$ 的情形写出证明, $n > 1$ 的情形留作习题.

设 (参阅习题 4.5 题 4)
$$P(x) = \frac{1}{\pi(1+x^2)}, \quad P_k(x) = kP(kx), \ k \in \mathbb{N}_+. \tag{5.1}$$
定义
$$f_k(x) = \int_{\mathbb{R}} f(y) P_k(x-y) \,\mathrm{d}y. \tag{5.2}$$

由于
$$\forall x,y \in \mathbb{R}, \quad 0 < P_k(x-y) \leqslant k, \quad \left|\frac{\partial}{\partial x}P_k(x-y)\right| \leqslant k^2,$$
所以可使用例 3.2 的结论, 知
$$f'_k(x) = \int_{\mathbb{R}} f(y)\frac{\partial}{\partial x}P_k(x-y)\,\mathrm{d}y.$$
由于 $P_k(x-y)$ 关于 y 有任意阶的偏导数, 且这个偏导数关于 x,y 在 $\mathbb{R}$ 上有界, 所以同样的理由保证在 (5.2) 中可任意次地积分号下求导数. 从而
$$f_k \in C^\infty(\mathbb{R}), \quad k \in \mathbb{N}_+.$$
作变量替换 $y = x - \dfrac{t}{k}$ 得
$$f_k(x) = \int_{\mathbb{R}} f\left(x - \frac{t}{k}\right) P(t)\,\mathrm{d}t.$$
注意到
$$\int_{\mathbb{R}} P(t)\,\mathrm{d}t = 1,$$
我们得到
$$f_k(x) - f(x) = \int_{\mathbb{R}} \left(f\left(x - \frac{t}{k}\right) - f(x)\right) P(t)\,\mathrm{d}t,$$
$$|f_k(x) - f(x)| \leqslant \int_{\mathbb{R}} \left|f\left(x - \frac{t}{k}\right) - f(x)\right| P(t)\,\mathrm{d}t.$$
用 Tonelli 定理得
$$\|f_k - f\| \leqslant \int_{\mathbb{R}} \int_{\mathbb{R}} \left|f\left(x - \frac{t}{k}\right) - f(x)\right| \mathrm{d}x\, P(t)\,\mathrm{d}t$$
$$\leqslant \int_{\mathbb{R}} \omega\left(f; \frac{|t|}{k}\right)_L P(t)\,\mathrm{d}t.$$
注意到 $\omega(f;\cdot)_L$ 的有界性, 用 Lebesgue 控制收敛定理, 得
$$\lim_{k \to \infty} \int_{\mathbb{R}} \omega\left(f; \frac{|t|}{k}\right)_L P(t)\,\mathrm{d}t = 0.$$
从而
$$\lim_{k \to \infty} \|f_k - f\| = 0.$$
由此得到所欲证者. □

注 5.1 在引理 5.2 的证明中, 使用了 L 尺度下的连续模. 这意味着, 我们使用了 "具有紧支集的连续函数在 $L(\mathbb{R}^n)$ 中稠密" 这一已知的事实.

下面要做的是把引理 5.2 中的 g 保持光滑性修改成在 L 尺度下与 g 相距不远的具有紧支集的函数.

引理 5.3 对于任意的 $k \in \mathbb{N}_+$, 定义 $\mathbb{R}^n$ 上的函数

$$\phi_k(x) = \begin{cases} e^{-\frac{1}{k^2-|x|^2}}, & \text{当 } |x| < k, \\ 0, & \text{当 } |x| \geqslant k. \end{cases}$$

那么

$$\phi_k \in C_c^\infty(\mathbb{R}^n), \quad 0 \leqslant \phi_k < 1,$$
$$\forall\, x \in \mathbb{R}^n, \quad \lim_{k \to \infty} \phi_k(x) = 1.$$

证明留作习题. □

定理 5.4 设 $f \in L(\mathbb{R}^n)$. 那么 $\forall\, \varepsilon > 0$, $\exists\, h \in C_c^\infty(\mathbb{R}^n)$, 满足

$$\|f - h\| < \varepsilon.$$

证 根据引理 5.2, 存在 $g \in C^\infty(\mathbb{R}^n)$ 满足

$$\|f - g\| < \frac{\varepsilon}{2}.$$

取 ϕ_k 如引理 5.3. 令 $g_k = g\phi_k$, $k \in \mathbb{N}_+$. 那么 $h_k \in C_c^\infty(\mathbb{R}^n)$, 且

$$\|f - g_k\| \leqslant \|f - g\| + \|g - g_k\| < \frac{\varepsilon}{2} + \|g - g_k\|,$$

其中

$$\|g - g_k\| = \int_{\mathbb{R}^n} |g|\,|1 - \phi_k|.$$

根据引理 5.3, 用 Lebesgue 控制收敛定理有

$$\lim_{k \to \infty} \|g - g_k\| = 0.$$

取充分大的 k, 使得

$$\|g - g_k\| < \frac{\varepsilon}{2}.$$

以此 g_k 为 h 就完成了定理的证明. □

习题 5.5

1. 设 $n \in \mathbb{N}_+$,
$$P(x) = \frac{\Gamma\left(\dfrac{n+1}{2}\right)}{\pi^{\frac{n+1}{2}}} \frac{1}{(1+|x|^2)^{\frac{n+1}{2}}}, \quad x \in \mathbb{R}^n.$$

证明:
$$\int_{\mathbb{R}^n} P(x)\,\mathrm{d}x = 1.$$

函数 P 叫做 $\mathbb{R}^n$ 上的 Poisson (泊松) 核.

2. 设 $f, g \in L(\mathbb{R}^n)$. 定义
$$f * g(x) = \int_{\mathbb{R}^n} f(x-y) g(y)\,\mathrm{d}y$$

叫做 f 和 g 的**卷积**. 证明:
$$f * g = g * f \in L(\mathbb{R}^n), \quad \|f * g\|_1 \leqslant \|f\|_1 \|g\|_1.$$

3. 设 P 为 Poisson 核. $\forall \varepsilon > 0$, 定义
$$P_\varepsilon(x) = \varepsilon^{-n} P(\varepsilon^{-1} x), \quad x \in \mathbb{R}^n.$$

证明: 若 f 在 $\mathbb{R}^n$ 上有界且一致连续, 则 $f * P_\varepsilon$ 在 $\mathbb{R}^n$ 上一致连续且
$$\lim_{\varepsilon \to 0} \|f - f * P_\varepsilon\|_c = 0.$$

4. 借助于 Poisson 核 (参照题 3) 给出引理 5.2 当 $n > 1$ 时的证明.

5. 证明引理 5.3.

第六章 积分学的应用 (二)
—— 曲线和曲面上的第一型积分

§1 $\mathbb{R}^n$ 的子空间中的测度

$\mathbb{R}^n$ 的 k 维子空间中 M_k 的点集 E 在 M_k 中的测度, 实际上是 $\mathbb{R}^k$ 中的测度. 然而, E 中的点都是用 n 个坐标表示的, 如何用这 n 个坐标给出的点集来表示它 "在 $\mathbb{R}^k$ 中" 的测度, 就是本节要讨论的问题. 本节的结果将为讨论 "曲面 (surface)" 或 "流形 (manifold)" 上的测度和积分提供数学工具.

先讨论一下 $\mathbb{R}^n$ 中的平行 $2n$ 面体.

§1.1 $\mathbb{R}^n$ 中平行 $2n$ 面体的测度

定义 1.1 设 $a^i = (a_{i1}, \cdots, a_{in}), i = 1, \cdots, k$ 是 $\mathbb{R}^n$ 中的一个有序向量组, $k \leqslant n$. 称 $k \times n$ 矩阵

$$\begin{pmatrix} a_{11} & a_{12} & \cdots & a_{1n} \\ \vdots & \vdots & & \vdots \\ a_{k1} & a_{n2} & \cdots & a_{kn} \end{pmatrix}$$

为 $\{a^i\}_{i=1}^k$ 确定的矩阵, 记做 $A = (a^1, \cdots, a^k)^{\mathrm{T}}$.

定义 1.2 设 $a^i = (a_{i1}, \cdots, a_{in}), i = 1, \cdots, n$ 是 $\mathbb{R}^n$ 中的一组 (n 个) 线性无关的向量. 称集合

$$Q(a^1, \cdots, a^n) := \Big\{ \sum_{i=1}^n \alpha_i a^i : \quad 0 < \alpha_i < 1, i = 1, \cdots, n \Big\} \tag{1.1}$$

为由 $a^i, i = 1, \cdots, n$ 张成的开的**平行 $2n$ 面体**. 对于 $i \in \{1, \cdots, n\}$ 称集合

$$E_i^- := \Big\{ \sum_{j=1}^n \alpha_j a^j : \quad \alpha_i = 0, 0 < \alpha_j < 1, j \in \{1, \cdots, n\} \setminus \{i\} \Big\}$$

为它的第 i "左边"; 称集合

$$E_i^+ := \Big\{ \sum_{j=1}^n \alpha_j a^j : \quad \alpha_i = 1, 0 < \alpha_j < 1, j \in \{1, \cdots, n\} \setminus \{i\} \Big\}$$

为它的第 i "右边". 开平行 $2n$ 面体 $Q(a^1,\cdots,a^n)$ 与其若干个边的并集仍叫做由 $a^i, i=1,\cdots,n$ 张成的平行 $2n$ 面体.

定理 1.1 $Q(a^1,\cdots,a^n)$ 的测度等于 $A=(a^1,\cdots,a^n)^{\mathrm{T}}$ 的行列式的绝对值, 即
$$|Q(a^1,\cdots,a^n)| = |\det A|.$$

证 记方块 $Q_0 = Q(e^1,\cdots,e^n)$, 其中 e^i 是第 i 坐标为 1, 其余坐标均为 0 的向量.

矩阵 A 产生 $\mathbb{R}^n$ 上的一个线性变换, 仍用 A 标记. 确言之, $\forall x=(x_1,\cdots,x_n) \in \mathbb{R}^n$
$$A(x) = xA.$$
那么
$$Q(a^1,\cdots,a^n) = A(Q_0) = \{xA : x \in Q_0\}.$$
我们知道, A 可以分解为有限个初等矩阵的乘积
$$A = A_1 \cdots A_m, \tag{1.2}$$
其中, 每个 $A_j\ (j=1,\cdots,m)$ 都是初等矩阵. 所谓初等矩阵, 共计三类, 一类是由单位矩阵
$$I = \begin{pmatrix} 1 & 0 & \cdots & 0 \\ 0 & 1 & \cdots & 0 \\ \vdots & \vdots & & \vdots \\ 0 & 0 & \cdots & 1 \end{pmatrix}$$
的某一行乘一个非零常数所成的矩阵; 一类是交换 I 的某两行的位置所成的矩阵; 再一类是把 I 的某一行相应地加到另一行上去所成的矩阵.

现在我们引入

命题 1.2 如果 A 是初等变换, 那么对于任何可测集 E,
$$|A(E)| = |\det A|\,|E|. \tag{1.3}$$

为证此命题, 注意到外测度的定义, 我们只需对于 E 是开方块的情形进行证明, 进而根据变换的线性性质以及测度的平移不变性, 我们只需对于 $E=Q_0$ 的情形进行证明. 而这就把问题完全归结为简单的集合考察了. 此处略去细节, 请读者予以补充.

根据这个命题以及矩阵的初等分解式 (1.2), 就推出定理 1.1 的结论. □

§1.2 $\mathbb{R}^n$ 的 $k\,(k<n)$ 维子空间中的平行 $2k$ 面体的测度

下面设正整数 $k<n$. 设 $a^i=(a_{i1},\cdots,a_{in})$, $i=1,\cdots,k$ 是 $\mathbb{R}^n$ 中的一组 (k 个) 线性无关的向量. 那么

$$M_k := \Big\{\sum_{i=1}^k \alpha_i a^i : (\alpha_1,\cdots,\alpha_k) \in \mathbb{R}^k\Big\}$$

是 $\mathbb{R}^n$ 的一个 k 维子空间. 为方便, 记 $M_k = \mathrm{span}\,(a^1,\cdots,a^k)$.

定义 1.3 设 $T:\mathbb{R}^k \longrightarrow M_k$. 如果

(1) $\forall u,v \in \mathbb{R}^k, \forall \mu,\nu \in \mathbb{R}, T(\mu u + \nu v) = \mu T(u) + \nu T(v)$;

(2) $\forall u \in \mathbb{R}^k, \|u\|_k = \|T(u)\|_n$, $\|\cdot\|_k$ 代表 $\mathbb{R}^k$ 中的范数, $\|\cdot\|_n$ 代表 $\mathbb{R}^n$ 中的范数, 那么就称 T 是 $\mathbb{R}^k$ 到 M_k 的等距同构映射.

关于等距同构映射, 有以下两个命题.

命题 1.3 等距同构映射是单满射, 即是可逆映射.

证 单射性质由 $\|T(u)-T(v)\| = \|u-v\|$ 得出. 至于满射性质, 则由 T 的具体表示形式得出.

设 e_i 为 $\mathbb{R}^k$ 中的第 i 坐标为 1 其它坐标为 0 的向量 ($i=1,\cdots,k$). 那么 $e_1,\cdots,e_k$ 是 $\mathbb{R}^k$ 的一组基. 令 $T(e_i)=x^i$, $i=1,\cdots,k$. 由 T 的线性性质, 知 x^i, $i=1,\cdots,k$ 是 M_k 的极大线性无关组. 于是, 任意 $x \in M_k$ 对应唯一一个 $(\alpha_1,\cdots,\alpha_k) \in \mathbb{R}^k$ 使得

$$x = \sum_{i=1}^k \alpha_i x^i.$$

从而

$$x = T\Big(\sum_{i=1}^k \alpha_i e_i\Big).$$

可见 T 是满射. □

命题 1.4 $\mathbb{R}^k$ 到 M_k 的等距同构映射 T 保持内积, 即

$$\forall x,y \in \mathbb{R}^k, <T(x),T(y)> = <x,y>. \tag{1.4}$$

证 设 $x,y \in \mathbb{R}^k$, $u=T(x)$, $v=T(y)$. 那么, 内积

$$<u,v> = \frac{1}{4}(\|u+v\|^2 - \|u-v\|^2) = \frac{1}{4}(\|x+y\|^2 - \|x-y\|^2) = <x,y>. \quad □$$

定义 1.4 (等距同构的表示) 设 U 是 $\mathbb{R}^k$ 到 M_k 的等距同构. 设 e_i 为 $\mathbb{R}^k$ 中的第 i 坐标为 1 其它坐标为 0 的向量. 记

$$U(e_i) = (u_{i1}, u_{i2}, \cdots, u_{in}), \quad i=1,\cdots,k.$$

称 $k \times n$ 矩阵

$$\begin{pmatrix} u_{11} & u_{12} & \cdots & u_{1n} \\ \vdots & \vdots & & \vdots \\ u_{k1} & u_{k2} & \cdots & u_{kn} \end{pmatrix}$$

为 U 的表示矩阵, 或简称为 U 的矩阵, 仍用字母 U 代表.

根据命题 1.4, 矩阵 U 的每行都是 $\mathbb{R}^n$ 中长度为 1 的向量, 而且不同的两行彼此正交. 也就是说, UU^T 是 $k \times k$ 单位矩阵.

命题 1.5 设 U 是 $\mathbb{R}^k$ 到 M_k 的等距同构映射, 它的矩阵仍记为 U. 那么, $\forall x \in \mathbb{R}^k$,

$$U(x) = xU, \tag{1.5}$$

其右端是 $1 \times k$ 矩阵 x 与 $k \times n$ 矩阵 U 的乘积.

证 设 $x = (x_1, \cdots, x_k) \in \mathbb{R}^k$. 那么

$$x = \sum_{i=1}^{k} x_i e_i, \ U(x) = \sum_{i=1}^{k} x_i U(e_i) = xU. \qquad \square$$

命题 1.6 (逆等距同构的表示) 设 U 是 $\mathbb{R}^k$ 到 M_k 的等距同构映射, 它的矩阵仍记为 U. 那么, $\forall y \in M_k$,

$$U^{-1}(y) = yU^T, \tag{1.6}$$

其中, U^T 是 $n \times k$ 矩阵 (称 U^{-1} 为逆等距同构).

证 记 $U^{-1}(y) = x$. 由于 UU^T 是 $k \times k$ 单位矩阵, 所以

$$x = x(UU^T) = (xU)U^T.$$

根据 (1.5)

$$U^{-1}(y) = x = yU^T. \qquad \square$$

定义 1.5 (k 维测度) 设 M_k 是 $\mathbb{R}^n$ 的 k 维子空间, U 是 $\mathbb{R}^k$ 到 M_k 的等距同构. 设 $E \subset p + M_k, p \in \mathbb{R}^n$. 如果 $U^{-1}(E - p)$ 是 $\mathbb{R}^k$ 的可测集, 则称 E 是 k 维可测集, 把 $U^{-1}(E - p)$ 在 $\mathbb{R}^k$ 中的测度 $|U^{-1}(E - p)|$ 叫做 E 的 k 维测度, 记为 $|E|_k$, 即

$$|E|_k = |U^{-1}(E - p)|.$$

我们必须证明, 定义 1.5 中明显地借助于等距同构定义的测度, 事实上与等距同构的选取无关, 它是 M_k 中点集自身固有的测量属性. 这就是下面的命题.

命题 1.7　设 U 和 V 都是 $\mathbb{R}^k$ 到 M_k 的等距同构. 设 $E \subset M_k$. 若 $U^{-1}(E)$ 可测, 则 $V^{-1}(E)$ 也可测, 且

$$|U^{-1}(E)| = |V^{-1}(E)|. \tag{1.7}$$

证　记 $U^{-1}(E) = A, V^{-1}(E) = B$. 那么, 根据命题 1.6,

$$\forall a \in A, U(a) = aU \in E, V^{-1}(aU) = aUV^{\mathrm{T}} =: b \in B.$$

由 $k \times k$ 方阵 $W := UV^{\mathrm{T}}$ 定义 $\mathbb{R}^k$ 到自身的一个可逆线性变换, 仍用 W 代表. 它的逆变换由 VU^{T} 给出. 即 $W^{-1} = W^{\mathrm{T}}$. 可见, W 是一个旋转. 从而

$$|B| = |W(A)| = |A|. \qquad \square$$

下面的命题表明 k 维测度的平移不变性.

命题 1.8　如果 $E \subset \mathbb{R}^n$ 有 k 维测度, 则对于任意的 $p \in \mathbb{R}^n$,

$$|p+E|_k = |E|_k.$$

证　由于 E 有 k 维测度, 所以存在一个 k 维子空间 M_k 和一个点 $q \in \mathbb{R}^n$, 使得 $E \subset q + M_k$. 那么, $p + E \subset p + q + M_k$. 设 U 是 $\mathbb{R}^k$ 到 M_k 的等距同构. 根据定义 1.7,

$$|p+E|_k = |U^{-1}(p+E-(p+q))| = |U^{-1}(E-q)| = |E|_k. \qquad \square$$

关于 $n=3, k=2$ 的情形的注　当 $n=3, k=2$ 时, 我们从来没有想到要用定义 1.7 来规定平面上的测度 (2 维测度). 根据几何的直观一下子就可以把空间中任何平面上的测度, 理解成我们在 $\mathbb{R}^2$ 上定义的测度, 并且用向量的叉乘 (外积) 很轻松地给出通过 3 维向量表达 2 维测度的算式. 这当然是正确的. 但要建立一般情形下用 "高维" 向量计算子空间中的 "低维" 测度的算式, 还是有必要仔细地讨论一番的.

现在把定义 1.1 推广到子空间中. 设 $1 \leqslant k \leqslant n$.

定义 1.6　设 $a^i = (a_{i1}, \cdots, a_{in}), i = 1, \cdots, k$ 是 $\mathbb{R}^n$ 中的一组 (k 个) 线性无关的向量. 称集合

$$Q(a^1, \cdots, a^k) := \left\{ \sum_{i=1}^{k} \alpha_i a^i : \ 0 < \alpha_i < 1, i = 1, \cdots, k \right\} \tag{1.8}$$

为 $\mathbb{R}^n$ 中由 $a^i, i = 1, \cdots, k$ 张成的 (开的) **平行 $2k$ 面体**. 对于 $i \in \{1, \cdots, k\}$, 称集合

$$E_i^- := \Big\{ \sum_{j=1}^k \alpha_j a^j : \quad \alpha_i = 0, 0 < \alpha_j < 1, j \in \{1, \cdots, k\} \setminus \{i\} \Big\}$$

为它的第 i "左边"; 称集合

$$E_i^+ := \Big\{ \sum_{j=1}^k \alpha_j a^j : \quad \alpha_i = 1, 0 < \alpha_j < 1, j \in \{1, \cdots, k\} \setminus \{i\} \Big\}$$

为它的第 i "右边".

设 U 是任意的一个从 $\mathbb{R}^k$ 到 $M_k = \operatorname{span}(a^1, \cdots, a^k)$ 的等距同构映射. 根据定义 1.5, $Q = Q(a^1, \cdots, a^k)$ 的 k 维测度 $|Q|_k$ 等于 $\mathbb{R}^k$ 的子集 $U^{-1}(Q)$ 的测度 $|U^{-1}(Q)|$. 那么, 根据定理 1.1 以及命题 1.6,

$$|U^{-1}(Q)| = |\det(AU^{\mathrm{T}})| = \sqrt{\det(AU^{\mathrm{T}}UA^{\mathrm{T}})}, \tag{1.9}$$

其中用到

$$\big(\det(AU^{\mathrm{T}})\big)^2 = \det\big(AU^{\mathrm{T}}(AU^{\mathrm{T}})^{\mathrm{T}}\big) = \det\big(AU^{\mathrm{T}}UA^{\mathrm{T}}\big).$$

为了计算 (1.9), 我们在 $\operatorname{span}(a^1, \cdots, a^k)$ 中任取一个标准正交基 $(b^1, \cdots, b^k)$. 那么

$$\begin{pmatrix} a^1 \\ \vdots \\ a^k \end{pmatrix} = S \begin{pmatrix} b^1 \\ \vdots \\ b^k \end{pmatrix},$$

其中

$$S = \begin{pmatrix} s_{11} & \cdots & s_{1k} \\ \vdots & & \vdots \\ s_{k1} & \cdots & s_{kk} \end{pmatrix}$$

是可逆 $k \times k$ 方阵. 于是

$$U^{-1} \begin{pmatrix} a^1 \\ \vdots \\ a^k \end{pmatrix} = SU^{-1} \begin{pmatrix} b^1 \\ \vdots \\ b^k \end{pmatrix}.$$

显然,
$$U^{-1}\begin{pmatrix} b^1 \\ \vdots \\ b^k \end{pmatrix}$$
是 $\mathbb{R}^k$ 的标准正交基 (列向量形式), 记做 $(f_1,\cdots,f_k)^\mathrm{T}$. 那么, 根据定理 1.1,
$$|U^{-1}(Q)| = |\det S| = \sqrt{SS^\mathrm{T}}.$$

另一方面, 根据命题 1.6, AU^T 是 $U^{-1}(a^1,\cdots,a^k)^\mathrm{T}$ 在标准正交基 $(e_1,\cdots,e_k)$ 上的表示, 即
$$U^{-1}\begin{pmatrix} a^1 \\ \vdots \\ a^k \end{pmatrix} = MU^\mathrm{T}\begin{pmatrix} e_1 \\ \vdots \\ e_k \end{pmatrix}.$$

因此
$$AU^\mathrm{T}(e_1,\cdots,e_k)^\mathrm{T} = S(f_1,\cdots,f_k)^\mathrm{T}.$$

然而 $(f_1,\cdots,f_k)^\mathrm{T} = J(e_1,\cdots,e_k)^\mathrm{T}$, 其中 J 是 k 阶正交矩阵 (通常叫做 "基转换矩阵"). 那么 $AU^\mathrm{T} = SJ$, 从而 $AU^\mathrm{T}UA^\mathrm{T} = SJJ^\mathrm{T}S^\mathrm{T} = SS^\mathrm{T}$.

写出 b^j $(j=1,\cdots,k)$ 在 $\mathbb{R}^n$ 中的坐标表示 $b^j = (b_{j1},\cdots,b_{jn})$, 记
$$B = \begin{pmatrix} b_{11} & \cdots & b_{1n} \\ \vdots & & \vdots \\ b_{k1} & \cdots & b_{kn} \end{pmatrix}.$$

那么, $k \times n$ 矩阵 B 满足等式 $BB^\mathrm{T} = I_k$, 此处 I_k 代表 k 阶单位矩阵. 于是 $A = SB$. 从而 $AA^\mathrm{T} = SBB^\mathrm{T}S^\mathrm{T} = SS^\mathrm{T}$.

把上述结果合起来, 就得到下述重要定理.

定理 1.9 设 $a^i = (a_{i1},\cdots,a_{in})$, $i=1,\cdots,k$ 是 $\mathbb{R}^n$ 中的一组 (k 个) 线性无关的向量, 它们确定 $k \times n$ 矩阵 A. 那么它们张成的平行 $2k$ 面体 $Q(a^1,\cdots,a^k)$ 的 k 维测度
$$|Q(a^1,\cdots,a^k)|_k = \sqrt{\det(AA^\mathrm{T})}. \qquad \square$$

习题 6.1

1. 设整数 $1 \leqslant k \leqslant n$, A 是 $\mathbb{R}^k$ 到 $\mathbb{R}^n$ 的线性变换, 变换的矩阵 ($k \times n$ 矩阵) 仍用 A 代表. 设 A 的秩为 k. 证明: 对于 $\mathbb{R}^k$ 的可测集 E, $A(E)$ 的 k 维测度 $|A(E)|_k = \sqrt{\det(AA^\mathrm{T})}|E|$.

2. 设整数 $1 \leqslant k < n$, $E \subset \mathbb{R}^n$. 若 E 有 k 维测度, 则 $|E|_n = 0$. 逆命题不真.

§2 曲线的长度及曲线的自然表示

§2.1 简单曲线及其长度

在第三章 §6 中曾介绍过曲线. 简单地回顾一下.

设 f 是 $\mathbb{R}$ 的区间 $I = [a, b]$ 到 $\mathbb{R}^n$ 的连续映射 (变换), f 的值域

$$\mathscr{L} = \{f(t) : t \in I\} \tag{2.1}$$

叫做连续曲线, 如果 f 是 C^1 类的, 则称 $\mathscr{L}$ 是 C^1 类曲线. 我们除了设 $f : I \longrightarrow \mathbb{R}^n$ 是 C^1 类的, 而且设 f 在 (a, b) 上是单射 (这时 $\mathscr{L}$ 叫做是无重点的). 若 $f(a) = f(b)$, 则曲线叫做闭的. 对于闭曲线, 为保持光滑性, 还假定 $f'(a) = f'(b)$.

把 C^1 类映射 f 具体写成

$$\forall\, t \in [a, b], \quad f(t) = (f_1(t), \cdots, f_n(t)),$$

其中 $f_k \in C^1[a, b]$, $k = 1, \cdots, n$. 我们称 f 为曲线 $\mathscr{L}$ 的表示. 规定当 $t_1 < t_2$ 时, $\mathscr{L}$ 上的点 $f(t_1)$ 在 $f(t_2)$ 前面. 这样, 循着 t 增大的方向而规定了曲线的方向. 当然, 令 $g(t) = f(-t), t \in [-b, -a]$. 则由 g 表示的曲线仍是 $\mathscr{L}$, 只不过此时曲线的方向与原来相反.

为简洁起见, 我们对于所讨论的曲线做进一步的限制.

定义 2.1 设 C^1 类曲线 $\mathscr{L}$ 由 f 表示如 (2.1) (f 是 C^1 类映射). 如果映射 $f : [a, b] \longrightarrow \mathscr{L}$, 具有逆映射 $f^{-1} : \mathscr{L} \longrightarrow [a, b]$, 并且 f^{-1} 是连续的, 也就是说, $\forall \varepsilon > 0$, $\exists \delta > 0$ 使得只要 $P, Q \in \mathscr{L}$ 且 $|P - Q| < \delta$, 就有 $|f^{-1}(P) - f^{-1}(Q)| < \varepsilon$, 那么就称 f 是 $\mathscr{L}$ 的**简单表示**; 一条具有简单表示的曲线叫做**简单曲线**.

定义 2.2(第一部分) 设 $\mathscr{L}$ 是 $\mathbb{R}^n$ 中的 C^1 类曲线, f 是它的一个表示, 如 (2.1). 对于 $[a, b]$ 的任意一个有限分点组 $\Omega := \{t_0 = a < t_1 < \cdots < t_m = b\}$, 记 $\mathscr{L}(f, \Omega)$ 为顺次连接 $f(t_0), f(t_1), \cdots, f(t_m)$ 的折线的长, 即

$$L(f, \Omega) := \sum_{k=1}^{m} |f(t_k) - f(t_{k-1})|. \tag{2.2}$$

定义

$$L(f) := \sup\{L(f, \Omega) : \Omega \text{ 为 } [a, b] \text{ 的有限分点组}\} \tag{2.3}$$

为曲线 $\mathscr{L}$ 依照表示 f 的长度, 简称为 f 长度.

引理 2.1 设 $\mathscr{L}$ 是 $\mathbb{R}^n$ 中的一条简单曲线, $f:[a,b] \longrightarrow \mathscr{L}, g:[c,d] \longrightarrow \mathscr{L}$ 是它的两个简单表示. 那么 $L(f) = L(g)$.

证 对于 $t \in [a,b]$, 定义 $\varphi(t) = g^{-1}(f(t)) = (g^{-1} \circ f)(t)$. 那么 $\varphi \in C[a,b]$, 且 φ 有反函数 $\psi = \varphi^{-1} = f^{-1} \circ g \in C[c,d]$. 我们先来证明, φ 是严格单调的.

由于 $\varphi \in C[a,b]$, 所以, 存在 $t \in [a,b]$, 使得 $\varphi(t) = \max\{\varphi(u) : u \in [a,b]\} = d$. 假如 $t \in (a,b)$, 那么由于连续函数把区间映成区间, $\varphi([a,t))$ 和 $\varphi((t,b])$ 都是不空的区间, 它们都以 d 为右端点. 于是它们有非空的交. 取 $s \in \varphi([a,t)) \cap \varphi((t,b])$, 将得到 $\psi(s) \in [a,t) \cap (t,b]$. 这是不可能的. 这一论证表明, φ 不能在 $[a,b]$ 内部取最大值. 而且 φ 在 $[a,b]$ 的任何闭子区间上都有这样的性质: 只在此区间的两端点处分别取其最大值和最小值. 只有严格单调的函数才有这样的性质. 据此我们断定, φ 必是严格单调的.

φ 是严格单调的, 意味着 $\mathscr{L}$ 被 f 与 g 所确定的方向, 要么相同 (φ 单调增), 要么相反 (φ 单调减). 那么, 曲线 $\mathscr{L}$ 对应于简单表示 f 以及 $[a,b]$ 的一个分点组 Ω 的折线, 必定是对应于表示 g 以及 $[c,d]$ 的一个分点组 Δ 的折线. 从而 $L(f,\Omega) = L(g,\Delta)$. 反之亦然. 这就证明了 $L(f) = L(g)$. □

定义 2.2(第二部分) 设 $\mathscr{L}$ 是 $\mathbb{R}^n$ 中的一条简单曲线. 把 $\mathscr{L}$ 依照任意简单表示的长度叫做 $\mathscr{L}$ 的长度, 记之为 $|\mathscr{L}|$.

下面我们将给出简单曲线的长度公式. 为此先证明一个引理, 它是所谓广义 Minkowski 不等式的一种特殊情形.

引理 2.2 设 $a_k \in L[a,b]$, $k = 1, \cdots, m$. 那么

$$\left\{ \sum_{k=1}^{m} \left(\int_a^b |a_k(t)| \, dt \right)^2 \right\}^{\frac{1}{2}} \leqslant \int_a^b \left(\sum_{k=1}^{m} |a_k(t)|^2 \right)^{\frac{1}{2}} dt. \tag{2.4}$$

证 记

$$\alpha_k = \int_a^b |a_k(t)| \, dt, \quad k = 1, \cdots, m, \quad r = \left(\sum_{k=1}^{m} \alpha_k^2 \right)^{\frac{1}{2}}.$$

若 $r = 0$, 则不等式 (2.4) 显然成立.

设 $r > 0$. 那么

$$\sum_{k=1}^{m} \alpha_k \int_a^b |a_k(t)| \, dt = \int_a^b \left(\sum_{k=1}^{m} \alpha_k |a_k(t)| \right) dt.$$

用 $\mathbb{R}^m$ 中关于内积的不等式, 有

$$\sum_{k=1}^{m} \alpha_k |a_k(t)| \leqslant \left(\sum_{k=1}^{m} \alpha_k^2 \right)^{\frac{1}{2}} \left(\sum_{k=1}^{m} |a_k(t)|^2 \right)^{\frac{1}{2}}.$$

于是
$$\frac{1}{r}\sum_{k=1}^{m}\alpha_k\int_a^b|a_k(t)|\,\mathrm{d}t\leqslant\int_a^b\Big(\sum_{k=1}^{m}|a_k(t)|^2\Big)^{\frac{1}{2}}\mathrm{d}t. \qquad \square$$

注 2.1 定义 $[a,b]$ 到 $\mathbb{R}^m$ 的连续映射 $T(x):=(a_1(x),\cdots,a_m(x))$, $x\in[a,b]$, 那么 (2.4) 可改写作

$$\Big\|\int_a^b T(x)\,\mathrm{d}x\Big\|_m\leqslant\int_a^b\|T(x)\|_m\,\mathrm{d}x,$$

式中

$$\|(u_1,\cdots,u_m)\|_m:=\Big(\sum_{k=1}^{m}|u_k|\Big)^{\frac{1}{2}},\ \forall\,(u_1,\cdots,u_k)\in\mathbb{R}^m.$$

定理 2.3 设 $\mathscr{L}$ 是简单曲线, $f:[a,b]\longrightarrow\mathbb{R}^n$ $(n>1)$ 是它的简单表示. 那么

$$|\mathscr{L}|=\int_a^b|f'(t)|\,\mathrm{d}t.$$

证 设 $f(t)=(f_1(t),\cdots,f_n(t))$. 对于任意的 $t_1,t_2\in[a,b]$, $t_1<t_2$, 有

$$|f(t_1)-f(t_2)|=\Big(\sum_{j=1}^{n}|f_j(t_2)-f_j(t_1)|^2\Big)^{\frac{1}{2}}$$
$$=\Big(\sum_{j=1}^{n}|\int_{t_1}^{t_2}f_j'(t)\,\mathrm{d}t|^2\Big)^{\frac{1}{2}}.$$

用引理 2.2, 得

$$|f(t_1)-f(t_2)|\leqslant\int_{t_1}^{t_2}|f'(t)|\,\mathrm{d}t.$$

由此, 据定义 2.2,

$$|\mathscr{L}|\leqslant\int_a^b|f'(t)|\,\mathrm{d}t.$$

另一方面, 对于 $u,v\in[a,b]$, $u<v$, 连接点 $f(u)$ 和 $f(v)$ 的线段的长度为

$$|\overline{f(u)f(v)}|=|f(v)-f(u)|=\Big(\sum_{j=1}^{n}|f_j(v)-f_j(u)|^2\Big)^{\frac{1}{2}}.$$

所以, 根据 Lagrange 中值定理, 存在 $\xi_j\in(u,v)$ $(j=1,\cdots,n)$ 使得

$$|\overline{f(u)f(v)}|=\Big(\sum_{j=1}^{n}|f_j'(\xi_j)|^2\Big)^{\frac{1}{2}}(v-u).$$

记 $A = (f_1'(\xi_1), \cdots, f_n'(\xi_n)) \in \mathbb{R}^n$. 那么

$$\overline{|f(u)f(v)|} = \int_u^v |A|\,\mathrm{d}t.$$

于是

$$\int_u^v |f'(t)|\,\mathrm{d}t = \overline{|f(u)f(v)|} + \int_u^v (|f'(t)| - |A|)\,\mathrm{d}t$$
$$\leqslant \overline{|f(u)f(v)|} + \int_u^v (|f'(t) - A|)\,\mathrm{d}t.$$

说明一下, 按照第三章定义 3.2, $f'(t)$ 应该写成 $n \times 1$ 矩阵, 这里为了简洁, 把 $f'(t)$ 写成行向量的形式 (实为转置 $f'(t)^{\mathrm{T}}$). 定义

$$\omega(f';\delta) = \sum_{j=1}^n \sup\{|f_j'(s) - f_j'(t)| : s, t \in [a,b], |s-t| \leqslant \delta\} \quad (\delta > 0).$$

我们得到

$$\int_u^v |f'(t)|\,\mathrm{d}t \leqslant \overline{|f(u)f(v)|} + \omega(f'; |v-u|)(v-u).$$

据此, 对于 $[a,b]$ 的任意的分点组 $\Omega = \{a = t_0 < t_1 < \cdots < t_m = b\}$ 成立

$$\int_a^b |f'(t)|\,\mathrm{d}t \leqslant |L(f, \Omega)| + \omega(f'; |\Omega|)(b-a).$$

式中 $|\Omega| := \max\{t_k - t_{k-1} : k = 1, \cdots, m\}$. 由于

$$\lim_{\delta \to 0+} \omega(f'; \delta) = 0,$$

所以上式表明

$$\int_a^b |f'(t)| \leqslant |\mathscr{L}|. \qquad \Box$$

定理 2.3 的推论 在定理 2.3 的条件下

$$|\mathscr{L}| = \lim_{|\Omega| \to 0+} |L(f, \Omega)|. \qquad \Box$$

§2.2 简单曲线的自然表示, 正则曲线

对于由 (2.1) 定义的简单曲线 $\mathscr{L}$, 可定义

$$s(t) = \int_a^t |f'(\tau)|\,\mathrm{d}\tau, \quad t \in [a,b]. \qquad (2.5)$$

它是 $\mathscr{L}$ 上从点 $f(a)$ 到点 $f(t)$ (按规定方向) 的一段的长度. 设 $a \leqslant \alpha < \beta \leqslant b$. 那么

$$s(\beta) - s(\alpha) = \int_\alpha^\beta |f'(t)|\mathrm{d}t \geqslant 0.$$

由于 $0 \leqslant |f'| \in C[a,b]$, 所以上式为零的充分必要条件是 $\forall u \in [\alpha,\beta]$, $|f'(u)| = 0$. 而这是不可能的, 因为 f 是可逆映射. 我们证明了 (2.5) 给出的函数 s 是严格增的连续函数. 那么, 它有连续的反函数 $t = t(s), 0 \leqslant s \leqslant |\mathscr{L}|$. 于是我们得到曲线 $\mathscr{L}$ 的如下表示

$$\phi(s) = f(t(s)), \quad 0 \leqslant s \leqslant |\mathscr{L}|, \tag{2.6}$$

其中 s 的值恰是 $\mathscr{L}$ 从始点 $f(a) = \phi(0)$ 到点 $f(t(s)) = \phi(s)$ 处的一段的长度. 式 (2.6) 中的 ϕ 叫做 $\mathscr{L}$ 的**自然表示**. 由于我们已证明, 简单曲线的长度是它自身的几何性质, 与它的表示形式的具体取法无关, 所以, 自然表示是与开始时 f 的选择无关的. 但是, 这里产生了一个问题, 上述自然表示是不是 C^1 类的? 这涉及上述反函数 $t(s)$ 的导数. 为了使自然表示是简单的, 我们对于曲线做进一步的限制.

定义 2.3 设简单曲线 $\mathscr{L}$ 有简单表示 f, 如 (2.1). 如果对于一切 $t \in [a,b], |f'(t)| > 0$, 则说 f 是 $\mathscr{L}$ 的一个**正则表示**. 如果曲线 $\mathscr{L}$ 具有一个正则表示, 则称之为**正则曲线**.

容易证明, 一条正则曲线必定存在非正则的表示. 事实上, 设 $f: [a,b] \longrightarrow \mathbb{R}^n$ $(n \geqslant 2)$ 是 $\mathscr{L}$ 的一个正则表示. 那么从 f 出发可以构造 $\mathscr{L}$ 的表示 g, 使得 g 不是正则的. 例如, 任取 $c \in (a,b)$, 定义

$$g(t) = f(t^3 + c), \quad t \in [(a-c)^{\frac{1}{3}}, (b-c)^{\frac{1}{3}}].$$

那么, g 是 $\mathscr{L}$ 的表示, 且

$$g'(t) = f'(t^3 + c)3t^2, \quad |g'(0)| = 0.$$

可见 g 不是正则的.

对于正则曲线 $\mathscr{L}$, 由 (2.5) 给出的映射

$$s: [a,b] \longrightarrow [\,0, |\mathscr{L}|\,]$$

是正则变换, 从而它的逆

$$t: [\,0, |\mathscr{L}|\,] \longrightarrow [a,b]$$

也是正则变换, 且

$$t'(s) = (s'(t(s)))^{-1} = \frac{1}{|f'(t(s))|}, \quad s \in [0, |\mathscr{L}|].$$

于是由 (2.6) 得

$$\phi'(s) = f'(t(s))\, t'(s) = \frac{f'(t(s))}{|f'(t(s))|}. \tag{2.7}$$

由 (2.7) 可见, 正则曲线的自然表示必定是正则表示. (2.7) 中的 ϕ' 用几何语言来说, 是一个长度为 1 的向量, 也记做 $\overline{\phi'}$.

§2.3 正则曲线的切线、主法线及曲率

定义 2.4 设正则曲线 $\mathscr{L}$ 的自然表示为 $\phi : [0, |\mathscr{L}|] \longrightarrow \mathscr{L}$. 称

$$\overline{\tau(s)} := \overline{\phi'(s)}, \quad s \in [\,0, |\mathscr{L}|\,] \tag{2.8}$$

为 $\mathscr{L}$ 在点 $\phi(s)$ 处 (依 ϕ 给出的方向) 的单位切向量 (参阅第三章 §6.1).

由 (2.7) 可知, 切向量 $\overline{\tau}$ 是 $\mathscr{L}$ 本身几何性质的刻画, 当 $\mathscr{L}$ 的方向取定时, 切向量 $\overline{\tau}$ 与正则表示 f 的具体取法无关; 当 $\mathscr{L}$ 的方向改成相反的方向时, 切向量由 $\overline{\tau}$ 变为 $-\overline{\tau}$.

定义 2.5 设正则曲线 $\mathscr{L}$ 的自然表示为 ϕ. 设 ϕ 是 C^2 类的. 称 $|\phi''(s)|$ 为 $\mathscr{L}$ 在点 $\phi(s)\,(s \in [\,0, |\mathscr{L}|\,])$ 处的曲率, 称 $\overline{\phi''(s)}$ 的方向 (如果 $|\phi''(s)| \neq 0$) 为该点处的主法向.

容易看到, 曲率及主法向与曲线的方向无关, 它刻画的是曲线的弯曲状况. 事实上, 对于 $\mathscr{L}$ 的自然表示 ϕ, 定义

$$\psi(s) = \phi(|\mathscr{L}| - s), \quad 0 \leqslant s \leqslant |\mathscr{L}|.$$

那么 ψ 给出了 $\mathscr{L}$ 沿相反方向的自然表示. 然而

$$\overline{\psi'(s)} = -\overline{\phi'(|\mathscr{L}| - s)}, \quad \overline{\psi''(s)} = \overline{\phi''(|\mathscr{L}| - s)}.$$

这表明, 沿与原来相反的方向, 切向量变得与原来相反, 而曲率保持不变, 主法向量保持不变. 这些事情在 "微分几何" 课程中有专门的讨论.

容易从 (2.7) 算出

$$\phi''(s) = \frac{1}{|f'(t)|^4}\left(f''(t)|f'(t)|^2 - (f'(t) \circ f''(t))\, f'(t)\right), \quad t = t(s). \tag{2.9}$$

式 (2.9) 中 $\circ$ 代表 $\mathbb{R}^n$ 中的内积运算, 即

$$f'(t) \circ f''(t) := \sum_{j=1}^{n} f'_j(t) f''_j(t).$$

从 (2.7) 和 (2.9) 看到切向量 ϕ' 与其导函数 (向量)ϕ'' 是垂直的, 即

$$\phi' \circ \phi'' = 0.$$

这是 ϕ'' 叫做法向量的原因. 至于它叫做主法向量, 那是因为在 $\aleph_1$ 个与切向量垂直的向量中, 只有它表示切向量变化的方向 —— 曲线弯曲的方向.

例 2.1 设 $\mathscr{L} = \{(x, h(x)) : x \in [a, b]\}$, 其中 $h \in C^1[a, b]$. 求 $|\mathscr{L}|$.

解 记 $f(t) = (t, h(t))$, $t \in [a, b]$. 那么 $\mathscr{L}$ 是 $\mathbb{R}^2$ 中由 f 表示的一条正则曲线, 按定理 2.3

$$|\mathscr{L}| = \int_a^b \sqrt{1 + (h'(t))^2}\,\mathrm{d}t.$$

例 2.2(平面极坐标下曲线的长度) 设 $\mathscr{L} = \{(r(\theta)\cos\theta, r(\theta)\sin\theta) : \theta \in [\alpha, \beta]\}$, 其中 $[\alpha, \beta] \subset [0, 2\pi)$, $r \in C^1[\alpha, \beta]$, $r(\theta) > 0$. $\mathscr{L}$ 是 $\mathbb{R}^2$ 中由变换

$$f(\theta) = (r(\theta)\cos\theta, r(\theta)\sin\theta), \quad \theta \in [\alpha, \beta]$$

给出的 C^1 类曲线. 这种表示叫做极坐标表示. 由于 $[\alpha, \beta] \subset [0, 2\pi)$, 所以 $\mathscr{L}$ 是无重点的, 并且

$$f'(\theta) = (r'(\theta)\cos\theta - r(\theta)\sin(\theta),\ r'(\theta)\sin\theta + r(\theta)\cos\theta),$$
$$|f'(\theta)| = \sqrt{|r'(\theta)|^2 + |r(\theta)|^2} > 0\ (\forall \theta).$$

那么 $\mathscr{L}$ 是正则的. 按定理 2.3

$$|\mathscr{L}| = \int_\alpha^\beta |f'(\theta)|\,\mathrm{d}\theta = \int_\alpha^\beta \sqrt{r(\theta)^2 + r'(\theta)^2}\,\mathrm{d}\theta. \tag{2.10}$$

作为特例, 当 $\mathscr{L}$ 是半径为 R 的圆上的一段时:

$$\mathscr{L} = \{(R\cos\theta, R\sin\theta) : \theta \in [\alpha, \beta]\}.$$

$\mathscr{L}$ 的长度是 $|\mathscr{L}| = R(\beta - \alpha)$.

例 2.3 求 $\mathscr{L} := \{(x, \sin x) : 0 \leqslant x \leqslant \pi\}$ 的长度.

解 按定理 2.3

$$|\mathscr{L}| = \int_0^\pi \sqrt{1 + \cos^2 x}\,\mathrm{d}x.$$

此积分无法用初等办法 (使用 Newton-Leibniz 公式) 计算. 我们使用 Maple 做近似计算:

```
> int((1+(cos(x))^2)^(1/2),x=0..Pi);
```
$$2\ \text{sqrt}(2)\ \text{EllipticE}(1/2\ \text{sqrt}(2))$$
```
> evalf(%);
```
$$2.820197788$$

结论: $|\mathscr{L}| \approx 2.820197788$. □

例 2.4 求旋轮线

$$\begin{cases} x = a(t - \sin t), \\ y = a(1 - \cos t) \end{cases} \quad (a > 0)$$

的一拱 (即 $0 \leqslant t \leqslant 2\pi$ 的一段) 的长度.

解 所求之长为

$$|\mathscr{L}| = \int_0^{2\pi} \sqrt{x'(t)^2 + y'(t)^2}\,\mathrm{d}t = a\int_0^{2\pi} \sqrt{2-2\cos t}\,\mathrm{d}t = 8a. \quad □$$

$a = 1$ 时旋轮线 (一拱) 的图像如图 17:

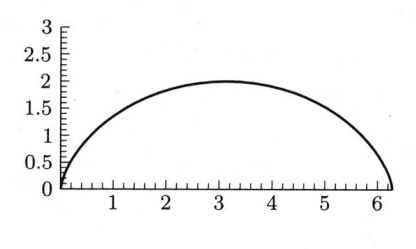

图 17

```
>plot([(t-sin(t),1-cos(t)),t=0..2*Pi],0..2*Pi,0..3,
    scaling=constrained);
```

例 2.5 求上例中旋轮线在 $t = \pi$ 时的单位切向量和主法向量以及曲率.

解 由 (2.7) 得, 切向量

$$\phi'(s(t)) = \frac{1}{|f'(t)|}(a(t - \sin t)', a(1 - \cos t)')$$

$$= \frac{1}{\sqrt{2 - 2\cos t}}((1 - \cos t), \sin t).$$

所以 $t = \pi$ 时的切向量是 $\phi'(s(\pi)) = (1, 0)$.

而由 (2.9) 得

$$\phi''(s) = \frac{(\sin t, \cos t)}{2 - 2\cos t} - ((1 - \cos t), \sin t) \circ (\sin t, \cos t)\frac{((1 - \cos t), \sin t)}{(2 - 2\cos t)^2}$$

$$= \frac{(\sin t, \cos t)}{2 - 2\cos t} - \frac{(\sin t(1 - \cos t), \sin^2 t)}{(2 - 2\cos t)^2}, \quad s = s(t).$$

所以 $t = \pi$ 时的主法向量是 $\phi''(s(\pi)) = \frac{1}{4}(0,1)$, 曲率是 $|\phi''(s(\pi))| = \frac{1}{4}$. □

注 2.2 定理 2.3 告诉我们, 当一条正则曲线由有限条正则曲线连接而成时, 它的长度为各段的长度之和. 当一条连续曲线由有限条正则曲线连接而成时, 自然地规定它的长度为各段的长度之和.

关于曲线长度的定义的说明 定义 2.2 把曲线的长度规定为它的内接折线的长度的上确界, 符合几何直观, 容易接受. 如果从微分学的角度来考虑, 切线是曲线的 "局部近似", 应该用 "外切" 来取代 "内接". 当处理曲线的问题 (一维问题) 时, 两种方式效果相同. 而当处理二维以上的问题时, "内接" 的方式就行不通了. 此时, 必须使用 "外切"(其实无所谓 "外" 不 "外") 的方式. 详见下面的 §4 和 §5.

习题 6.2

1. 求 $\mathbb{R}^2$ 中下列曲线的长度:
   (1) 悬链线 $y = \frac{1}{2}(e^x + e^{-x})$, $x \in [-a, a]$ $(a > 0)$;
   (2) 心脏线 (极坐标表示) $r = a(1 + \cos\theta)$, $\theta \in [0, 2\pi]$;
   (3) 星形线
   $$\begin{cases} x = a\cos^3 t, \\ y = a\sin^3 t, \end{cases} \quad 0 \leqslant t \leqslant 2\pi, a > 0.$$
2. 求星形线 (见题 1(3)) 在 $t = \frac{\pi}{4}$ 处的曲率及主法向.
3. 证明: 抛物线 $y = x^2$ 在顶点 $(0,0)$ 处曲率最大.
4. 求曲线 $y = e^x$ 上曲率最大的点.
5. 求半径为 $R > 0$ 的圆周的曲率.
6. 证明: 在 C^2 类正则曲线上, 切向量与主法向垂直.

§3 曲线上的测度及积分

设 $\mathscr{L}$ 是 $\mathbb{R}^n$ $(n \geqslant 2)$ 中的一条正则曲线, 长度为 $\ell := |\mathscr{L}|$. 设

$$\phi: [0, \ell] \to \mathscr{L} \subset \mathbb{R}^n$$

是 $\mathscr{L}$ 的自然表示. 那么, ϕ 是正则的, 也就是说, ϕ 有一阶连续偏导数, ϕ 是可逆映射, 逆映射连续, 且 $\forall s \in [0, \ell]$, $|\phi'(s)| > 0$.

我们设想 "不改变长度地" 把曲线 $\mathscr{L}$ "拉直" 成为长度为 ℓ 的直线段 $[0, \ell]$. 这个 "拉直" 的动作是由 ϕ 的逆映射 ϕ^{-1} 实现的. 那么自然地在 $\mathscr{L}$ 上就定义好

了测度, 因而就可进一步谈论沿曲线 $\mathscr{L}$ 的积分. 我们用精确的语言写出这件事情.

定义 3.1 设 $\mathscr{L}$ 是 $\mathbb{R}^n$ $(n \geqslant 2)$ 中的一条正则曲线, 长度为 ℓ, ϕ 是 $\mathscr{L}$ 的自然表示, $E \subset \mathscr{L}$. 若 $\phi^{-1}(E)$ 是 $[\,0,\ell\,]$ 的可测子集, 则称 E 为 $\mathscr{L}$ 的**可测**子集, 并规定它的**测度**为
$$|E| = |\phi^{-1}(E)|,$$
式中右端是 $\mathbb{R}$ 上的测度. 设 h 是 $\mathscr{L}$ 到 $\mathbb{R}$ 的映射 (h 是 n 元实值函数). 如果 $h \circ \phi \in L[\,0,\ell\,]$, 则称 $h \circ \phi$ 在 $[\,0,\ell\,]$ 上的积分为 h 在 $\mathscr{L}$ 上的**曲线积分** (为与第七章中定义的第二型曲线积分区别, 常把此处定义的曲线积分叫做第一型曲线积分), 记之为
$$\int_{\mathscr{L}} h(P)\,\mathrm{d}P = \int_0^\ell h(\phi(s))\,\mathrm{d}s.$$

定理 3.1 设 $\mathscr{L}$ 是 $\mathbb{R}^n$ 中的正则曲线, f 是它的正则表示. 设 h 是 $\mathscr{L}$ 到 $\mathbb{R}$ 的映射. 如果
$$h(f(t)) \in L[a,b],$$
则 h 沿 $\mathscr{L}$ 的第一型曲线积分
$$\int_{\mathscr{L}} h(P)\,\mathrm{d}P = \int_a^b h(f(t))|f'(t)|\,\mathrm{d}t.$$

证 在定理的条件下, 由 (2.5) 给出的函数 $s(t)$ 有反函数 $t = t(s)$. 在积分
$$\int_a^b h(f(t))|f'(t)|\,\mathrm{d}t$$
中做变量替换 $t = t(s)$, 得
$$\int_a^b h(f(t))|f'(t)|\,\mathrm{d}t = \int_0^\ell h(f(t(s)))\,\mathrm{d}s.$$
根据 (2.6), $f(t(s)) = \phi(s)$. 故由定义得
$$\int_{\mathscr{L}} h(P)\,\mathrm{d}P = \int_a^b h(f(t))|f'(t)|\,\mathrm{d}t. \qquad \square$$

显然, 第一型曲线积分本质上就是区间上的定积分. 如果 $\mathscr{L}$ 就是线段 (用区间 $[\,0,\ell\,]$ 表示), 那么就完全回到原始意义下的积分. 不过注意, 说到沿线段 $[\ell,0]$(与 $[\,0,\ell\,]$ 仅方向相反) 的积分时, 我们指的仍然是沿 $[\,0,\ell\,]$ 的积分. 也就是说, 曲线积分与曲线的方向无关. 这与第七章讨论的第二型曲线积分不同.

例 3.1 设 $\mathscr{L} = \{(x,y): x^2 + y^2 = 1, y > 0\}$. 求 $\int_{\mathscr{L}} |x| \, \mathrm{d}P$.

解 给 $\mathscr{L}$ 以极坐标表示

$$f(\theta) = (\cos\theta, \sin\theta), \quad 0 \leqslant \theta \leqslant \pi.$$

所求为

$$\int_{\mathscr{L}} |x| \, \mathrm{d}P = \int_0^\pi |\cos\theta| \cdot |f'(\theta)| \, \mathrm{d}\theta$$
$$= \int_0^\pi |\cos\theta| \, \mathrm{d}\theta = 3.$$

例 3.2 设空间 $\mathbb{R}^3$ 中的物体形状可抽象成一条正则曲线

$$\mathscr{L} = \{f(t) = (x(t), y(t), z(t)): t \in [a,b]\},$$

其中 f 是 $\mathscr{L}$ 的正则表示. 已知物体在点

$$P(t) = (x(t), y(t), z(t))$$

处的密度 (可称做线密度) 为 $\rho(P(t))$, 它是小线段上物体质量除以线段长度, 当小线段的长度趋于零 (小线段缩向点 $P(t)$) 时的极限. 设 $\rho(P(t))$ 是 $[a,b]$ 上的连续函数. 求此物体的质量 M.

解 线状物的质量, 当线密度为常量时, 就是线密度乘长度. 在长度甚小时, 线密度得以看做 (近似地) 为常量.

根据这一思想, 把曲线分成一些小段, 也就是说, 作 $[a,b]$ 的一个分法:

$$T = \{t_j: j = 0, 1, \cdots, m\}, \quad a = t_0 < t_1 < \cdots < t_m = b.$$

它对应着 $\mathscr{L}$ 的一个分法:

$$\Omega = \{P_j = f(t_i): j = 0, 1, \cdots, m\}.$$

把 P_{j-1} 到 P_j ($j \in \{1, \cdots, m\}$) 的一段的长度记做 L_j. 那么当 L_j 充分小时, 这小段物体的质量的值可以近似为 $\rho(f(\xi_j))L_j$, 其中 ξ_j 任意取自 $[t_{j-1}, t_j]$. 那么, 物体的质量近似等于

$$\sum_{j=0}^m \rho(f(\xi_j))L_j.$$

根据定理 2.3, 并使用积分中值定理, 得

$$L_j = \int_{t_{j-1}}^{t_j} |f'(t)| \, \mathrm{d}t = |f'(\eta_j)|(t_j - t_{j-1}),$$

其中 $\eta_j \in [t_{j-1}, t_j], j = 1, \cdots, m$. 我们取 $\xi_j = \eta_j, j = 1, \cdots, m$. 那么, M 的近似值为
$$\sum_{j=0}^{m} \rho(f(\eta_j))|f'(\eta_j)|(t_j - t_{j-1}).$$

这个近似值的误差, 当分法 Ω 的模 $\max\{L_j : j = 1, \cdots, m\}$ 趋于零时趋于零. 而 "分法 Ω 的模趋于零" 等价于 "分法 T 的模 $\lambda(T) := \max\{t_j - t_{j-1} : j = 1, \cdots, m\}$ 趋于零". 所以
$$M = \lim_{\lambda(T) \to 0} \sum_{j=0}^{m} \rho(f(\eta_j))|f'(\eta_j)|(t_j - t_{j-1}).$$

根据第四章 §4 的 (4.8)
$$M = \int_a^b \rho(f(t))|f'(t)|\,\mathrm{d}t.$$

设
$$\phi : [0, \ell] \to \mathscr{L} \subset \mathbb{R}^3 \ (\ell = |\mathscr{L}|)$$

是 $\mathscr{L}$ 的自然表示 (见 (2.6),(2.7)). 在前面的积分式中作变换 $t = t(s)$, 得
$$M = \int_0^\ell \rho(\phi(s))\,\mathrm{d}s.$$

我们看到, 所求质量 M 为函数 ρ 沿 $\mathscr{L}$ 的 (第一型) 曲线积分.

例 3.3 (续例 3.2) 求 $\mathbb{R}^3$ 中形状为正则曲线 $\mathscr{L}$ 的, 具有线密度 $\rho(P)$ 的物体的质心的坐标.

解 设 $r := (x, y, z) \in \mathbb{R}^3$, $m(r)$ 代表一个位于 r 处的质量为 m 的质点. 那么从物理学知, $m(r)$ 关于 Oxy, Oyz, Ozx 三个坐标平面的 "静矩" 分别定义为
$$q_3 = mz, \quad q_1 = mx, \quad q_2 = my.$$

一个质点组关于坐标平面的静矩, 是它所含一切质点的静矩之和.

物理学中关于 "质心" 的定义是这样的: 一个质量为 M 的物体 V 的质心是一个点 $r_0 := (x_0, y_0, z_0)$, 使得位于 r_0 的质量为 M 的质点 $M(r_0)$ 关于 Oxy, Oyz, Ozx 三个坐标平面的 "静矩", 与 V 关于 Oxy, Oyz, Ozx 三个坐标平面的静矩分别相等.

设 $\phi : [0, \ell] \longrightarrow \mathscr{L}$ 是 $\mathscr{L}$ 的自然表示 $(\ell = |\mathscr{L}|)$,
$$\phi(s) = (\phi_1(s), \phi_2(s), \phi_3(s)), \quad s \in [0, \ell].$$

作 $[0,\ell]$ 的一个分法

$$T = \{s_j : j = 0, 1, \cdots, k\}, \quad 0 = s_0 < s_1 < \cdots < s_k = \ell.$$

$\mathscr{L}$ 上从点 $\phi(s_{j-1})$ 到 $\phi(s_j)$ $(j \in \{1, \cdots, k\})$ 的一段的长度为 $s_j - s_{j-1}$, 其质量记做 m_j. 根据例 3.2 的结果

$$m_j = \int_{s_{j-1}}^{s_j} \rho(\phi(s)) \,\mathrm{d}s.$$

由积分中值定理, 存在 $\xi_j \in (s_{j-1}, s_j)$, 使得 $m_j = \rho(\phi(\xi_j))(s_j - s_{j-1})$. 当分法很细 (即 $\lambda(T) := \max\{s_j - s_{j-1} : j = 1, \cdots, k\}$ 很小) 时, 可把从点 $\phi(s_{j-1})$ 到点 $\phi(s_j)$ $(j \in \{1, \cdots, k\})$ 的一段近似看成位于点 $\phi(\xi_j)$ 的质量为 m_j 的质点. 那么, 它对 Oxy, Oyz, Ozx 三个坐标平面的静矩分别为

$$q_{3j} = m_j \phi_3(\xi_j), \quad q_{1j} = m_j \phi_1(\xi_j), \quad q_{2j} = m_j \phi_2(\xi_j).$$

于是, 整个线状物对 Oxy, Oyz, Ozx 三个坐标平面的静矩分别为

$$q_3 \approx \sum_{j=1}^{k} \rho(\phi(\xi_j)) \phi_3(\xi_j)(s_j - s_{j-1}),$$

$$q_1 \approx \sum_{j=1}^{k} \rho(\phi(\xi_j)) \phi_1(\xi_j)(s_j - s_{j-1}),$$

$$q_2 \approx \sum_{j=1}^{k} \rho(\phi(\xi_j)) \phi_2(\xi_j)(s_j - s_{j-1}).$$

令 $\lambda(T) \to 0$, 就得到

$$q_3 = \int_0^\ell \rho(\phi(s)) \phi_3(s) \,\mathrm{d}s,$$

$$q_1 = \int_0^\ell \rho(\phi(s)) \phi_1(s) \,\mathrm{d}s,$$

$$q_2 = \int_0^\ell \rho(\phi(s)) \phi_2(s) \,\mathrm{d}s.$$

把 $\mathscr{L}$ 上的点 $\phi(s)$ 换一个写法记做 $P(s) = (P_1(s), P_2(s), P_3(s))$, $s \in [\,0, \ell\,]$.

那么, 根据质心的定义及 (第一型) 曲线积分的定义, 得到

$$x_0 = \frac{1}{M} \int_{\mathscr{L}} \rho(P) P_1 \, \mathrm{d}P,$$
$$y_0 = \frac{1}{M} \int_{\mathscr{L}} \rho(P) P_2 \, \mathrm{d}P,$$
$$z_0 = \frac{1}{M} \int_{\mathscr{L}} \rho(P) P_3 \, \mathrm{d}P,$$

式中 M 为物体的质量.

如果 f 是 $\mathscr{L}$ 的一个正则表示, $f(t) = (x(t), y(t), z(t))$, $t \in [a,b]$, 那么按定理 3.1

$$x_0 = \frac{1}{M} \int_a^b \rho(x(t), y(t), z(t)) x(t) |f'(t)| \, \mathrm{d}t,$$
$$y_0 = \frac{1}{M} \int_a^b \rho(x(t), y(t), z(t)) y(t) |f'(t)| \, \mathrm{d}t,$$
$$z_0 = \frac{1}{M} \int_a^b \rho(x(t), y(t), z(t)) z(t) |f'(t)| \, \mathrm{d}t.$$

我们指出,(第一型) 曲线积分是解决物理, 力学问题的工具, 但其数学本质乃是 $\mathbb{R}$ 中的积分. 只不过 $\mathbb{R}$ 是 "直的", 而曲线是 "弯的" ("直的" 为特例).

最后, 我们自然地规定, 沿着由有限段正则曲线连成的曲线的 (第一型) 曲线积分为各段上的积分之和.

习题 6.3

1. 设 $\mathscr{L} = \{(\mathrm{e}^t \cos t, \mathrm{e}^t \sin t, \mathrm{e}^t) \in \mathbb{R}^3 : 0 \leqslant t \leqslant 1\}$. $\mathscr{L}$ 状物体的线密度

$$\rho(x,y,z) = \frac{c}{|r|^2},$$

其中 $r = (x^2 + y^2 + z^2)^{\frac{1}{2}}$, c 为常数. 已知 $\rho(1,0,1) = 1$, 求此物体的质量.

2. 设 $\mathscr{L} = \{(a\cos\theta, a\sin\theta, b\theta) \in \mathbb{R}^3 : 0 \leqslant \theta \leqslant 2\pi\}$ $(a, b > 0)$. 求:

$$\int_{\mathscr{L}} |P|^2 \, \mathrm{d}P.$$

3. 设 $\mathscr{L}$ 为 $\mathbb{R}^2$ 中的以 $O = (0,0)$, $A = (1,0)$, $B = (0,1)$ 为顶点的三角形的边界. 用 $P(x,y)$ 表示 $\mathbb{R}^2$ 的点 (x,y). 求:

$$\int_{\mathscr{L}} (x+y) \, \mathrm{d}P(x,y).$$

4. 设 $\mathscr{L}$ 为 $\mathbb{R}^3$ 中球面 $x^2+y^2+z^2=1$ 与 $x+y+z=0$ 的交线. 求:
$$\int_{\mathscr{L}} x^2 \,\mathrm{d}P(x,y,z).$$

§4 $\mathbb{R}^n\,(n\geqslant 3)$ 中的 2 维曲面上的测度和积分

在第三章 §6 中曾讨论过 $\mathbb{R}^3$ 中的曲面. 现在我们来定义 $\mathbb{R}^n\,(n\geqslant 3)$ 中 2 维曲面, 并进而引入这种曲面的面积的概念.

为简单起见, 设 D 是 $\mathbb{R}^2$ 中的含有内点的有界闭凸集. 固定 $n\geqslant 3$. 一个不空的集合 A 叫做**凸集**, 指的是 A 的任意两点的连线都含在 A 中.

定义 4.1 设 $f=(f_1,f_2,\cdots,f_n)\,(f_j\in C^1(D),j=1,\cdots,n)$ 是 D 到 $\mathbb{R}^n$ 的一对一的 C^1 类映射, 逆映射 (当然是定义在 $f(D)$ 上的映射) 也连续, 并设 f' 的秩在 D 上处处都等于 2. 称
$$\mathscr{S}=f(D)=\{f(u,v)=(f_1(u,v),f_2(u,v),\cdots,f_n(u,v)):(u,v)\in D\} \quad (4.1)$$
为 $\mathbb{R}^n$ 中的 2 维**正则曲面**, 称 f 为这个**曲面的正则表示**. 关联着曲面的表示, 说 $f(D)$ 是展布在 D 上的曲面.

就像曲线的情形一样, 一个正则曲面必定有许多不同的表示, 其中还有许多表示不是正则的. 一个曲面是一个几何对象, 只要它有一个正则表示, 这个曲面就叫做正则的.

现在不仅要考虑曲面的局部结构, 还要讨论曲面上的集合的量度, 即测度 (或 "面积"). 定义 1.6 给出了 $\mathbb{R}^n$ 中的平行 $2k$ 面体的定义. 现在对于 $k=2<n$ 的情形重新叙述一下这个定义.

定义 4.2 (定义 1.6 当 $k=2$ 时的特例) $\mathbb{R}^n$ **中的 2 维平面和平行 4 边形**

设 $a=(a_1,\cdots,a_n), b=(b_1,\cdots,b_n)$ 是 $\mathbb{R}^n$ 中的两个线性无关的向量. $x\in\mathbb{R}^n$. 称点集
$$S(a,b;x)=\{y=(y_1,\cdots,y_n)\in\mathbb{R}^n:y=x+\alpha a+\beta b,\alpha\in\mathbb{R},\beta\in\mathbb{R}\}$$
为 $\mathbb{R}^n$ 中过点 $x, x+a$ 及 $x+b$ 的 2 维平面. 称点集
$$P_{st}(a,b;x)=\{y\in\mathbb{R}^n:y=x+\alpha a+\beta b, 0\leqslant\alpha\leqslant s, 0\leqslant\beta\leqslant t\}\,(s>0,t>0)$$
为 $\mathbb{R}^n$ 中以 x 为一个顶点, 由向量 sa 和 tb 决定的平行 4 边形.

显然, $P_{st}(a,b;x)\subset S(a,b;x)$. 换言之, $P_{st}(a,b;x)$ 是 2 维平面 $S(a,b;x)$ 内的平行 4 边形. 把它的面积记为 $|P_{st}(a,b;x)|$. 根据定理 1.9, 它的值是
$$|P_{st}(a,b;x)|=\sqrt{\det(AA^{\mathrm{T}})}\,st. \quad (4.2)$$

其中, A 为 a,b 确定的 $2\times n$ 矩阵, 即

$$A := \begin{pmatrix} a_1 & a_2 & \cdots & a_n \\ b_1 & b_2 & \cdots & b_n \end{pmatrix},$$

det 代表 (矩阵的) 行列式 (determinant).

定义 4.3 $\mathbb{R}^n$ **中的 2 维正则曲面的切平面**

第三章 §6.2 中只讨论过 $\mathbb{R}^3$ 中的 2 维正则曲面的切平面. 现推广到 $n \geqslant 3$ 的一般情形.

设正则曲面由 (4.1) 给出,f 是正则表示. 回想导数的定义 (第三章定义 1.2), 对于 $(u,v) \in D$, $f'(u,v)$ 是满足下式的 $n \times 2$ 矩阵

$$\lim_{s^2+t^2 \to 0+} \frac{|f(u+s, v+t) - (f(u,v) + (s,t)(f'(u,v))^{\mathrm{T}})|}{\sqrt{s^2+t^2}} = 0.$$

式中

$$(f')^{\mathrm{T}} = \begin{pmatrix} f'_{1u} & \cdots & f'_{nu} \\ f'_{1v} & \cdots & f'_{nv} \end{pmatrix}.$$

这里, $f'_{ju} = \dfrac{\partial f_j}{\partial u}$, $f'_{jv} = \dfrac{\partial f_j}{\partial v}$, $j = 1, \cdots, n$.

那么, 按照 "曲面在一点处的切平面是过此点与曲面局部最接近的平面" 的思想, 曲面 $\mathscr{S}$ 在点 $x = f(u,v)$ 处的切平面必定是 $S(a,b;x)$, 其中 $a = (f'_{1u}, \cdots, f'_{nu})$, $b = (f'_{1v}, \cdots, f'_{nv})$.

注 4.1 子空间 $S(a,b;O)$ 叫做 "曲面 $\mathscr{S}$ 在点 $x = f(u,v)$ 处的 "切空间"", 其中 O 代表坐标原点. 由于我们现在谈论的是 2 维曲面, 所以 $\mathbb{R}^3$ 中的点集 $f(u,v) + S(a,b;O) = S(a,b;x)$ 自然就是切平面, 它一般不是子空间, 除非它过原点. 另外, 注意用词: 不要把 "在点 x 处" 替换成 "过点 x", 以免引起混淆. 下一节将一般地讨论高维切空间.

为了技术上的方便, 进一步假定曲面的定义域 D 是一个长为 2ℓ, 宽为 $2w$ 的矩形. 把它 m^2 等分, 把分成的小矩形记做 $Q_1, \cdots, Q_N$, $N = m^2$. 设 Q_k 的中心为 $x_k = (u_k, v_k)$, 那么

$$Q_k = \{(u_k + s, v_k + t) : |s| \leqslant \ell m^{-1}, |t| \leqslant wm^{-1}\}, k = 1, \cdots N.$$

根据导数的意义, 把 Q_k 的像 $f(Q_k)$ 与点 x_k 的切平面中的平行 4 边形 $P_{\mu\nu}(a(k), b(k); x_k)$ 相近似. 这里

$$a(k) = (f'_{1u}(x_k), \cdots, f'_{nu}(x_k)), b(k) = (f'_{1v}(x_k), \cdots, f'_{nv}(x_k)),$$

而 $\mu = 2\ell m^{-1}, \nu = 2wm^{-1}$. 于是, 根据 (4.2), $f(Q_k)$ 的 "面积" 近似等于

$$\sqrt{\det\left((f'(x_k)^{\mathrm{T}} f'(x_k))\right)} |Q_k|.$$

从而得到 $\mathscr{S} = f(D)$ 的 "面积" 的近似值

$$\sum_{k=1}^{N} \sqrt{\det\left((f'(x_k)^{\mathrm{T}} f'(x_k))\right)} |Q_k|.$$

我们把这个量当 $m \to \infty$ 时的极限定义为 $\mathscr{S}$ 的面积, 即

定义 4.4 (2 维曲面的面积) 设正则曲面 $\mathscr{S}$ 由 (4.1) 给出, f 是正则表示. 规定 $\mathscr{S}$ 的面积 (或叫做 2 维测度) 为

$$|\mathscr{S}|_2 := \int_D \sqrt{\det\left((f'(u,v)^{\mathrm{T}} f'(u,v))\right)} \, \mathrm{d}(u,v). \tag{4.3}$$

为方便, 记

$$\phi(u,v) = \sqrt{\det\left((f')^{\mathrm{T}} f'\right)(u,v)}, \quad (u,v) \in D. \tag{4.4}$$

当 $n = 3$ 时, 如果正则表示为

$$f(u,v) = (u, v, g(u,v)),$$

其中 $g: D \longrightarrow \mathbb{R}$ 是 C^1 类的, 那么

$$\phi(u,v) = \sqrt{1 + |g'(u,v)|^2},$$

从而

$$|\mathscr{S}| = \int_D \sqrt{1 + |g'(u,v)|^2} \, \mathrm{d}(u,v). \tag{4.5}$$

下面举几个计算 $\mathbb{R}^3$ 中 2 维曲面的面积的例子.

例 4.1 求圆柱 $\{(x,y,z): x^2 + y^2 \leqslant r^2, 0 \leqslant z \leqslant h\}$ $(r > 0)$ 的侧面积.

解 由对称性知, 所求的侧面积为曲面

$$\mathscr{S} := \{(x,y,z): 0 \leqslant z \leqslant h, y = \sqrt{r^2 - x^2}, 0 \leqslant x \leqslant r\}$$

的面积的 4 倍.

取 $u = z, v = x$, 得到曲面 $\mathscr{S}$ 的正则表示

$$f(x,y,z) = \{(v, \sqrt{r^2 - v^2}, u): (u,v) \in (0,h) \times (0,r)\}.$$

那么, 根据 (4.5)

$$|\mathscr{S}| = \int_{[0,h]\times(0,r)} \frac{r}{\sqrt{r^2-v^2}}\,\mathrm{d}(u,v) = rh\int_0^r \frac{\mathrm{d}v}{\sqrt{r^2-v^2}} = \frac{1}{2}\pi rh.$$

因此, 所求侧面积等于 $2\pi rh$. 这与我们的常识是一致的. □

例 4.2(旋转面的面积) 设 $0 \leqslant a < b$, 函数 $f: [a,b] \longrightarrow [0,\infty)$ 有一阶连续导函数. 图像 $G_f := \{(x, f(x)): x \in [a,b]\}$ 绕 X 轴旋转得旋转面

$$\mathscr{S} := \{(x,y,z):\ y^2 + z^2 = (f(x))^2, a \leqslant x \leqslant b\}.$$

求证:

$$|\mathscr{S}| = \int_a^b 2\pi f(x)\sqrt{1+(f'(x))^2}\,\mathrm{d}x. \tag{4.6}$$

证 由对称性知, 所求的面积为曲面在第一卦限中的部分

$$\{(x,y,z):\ z = \sqrt{(f(x))^2 - y^2}, a \leqslant x \leqslant b, 0 < y < f(x)\}$$

的面积的 4 倍. 此曲面有正则表示

$$g(x,y) := (x, y, \sqrt{(f(x))^2 - y^2}\,):\ a \leqslant x \leqslant b, 0 < y < f(x).$$

使用 (4.5), 我们算出

$$\begin{aligned}
|\mathscr{S}| &= 4\int_{a\leqslant x\leqslant b,\,0<y<f(x)} f(x)\Big(\frac{1+(f'(x))^2}{(f(x))^2-y^2}\Big)^{\frac{1}{2}}\mathrm{d}(x,y)\\
&= 4\int_{(a,b)} f(x)\sqrt{1+(f'(x))^2}\Big(\int_{(0,f(x))}\frac{1}{\sqrt{(f(x))^2-y^2}}\mathrm{d}y\Big)\mathrm{d}x\\
&= 2\pi \int_{(a,b)} f(x)\sqrt{1+(f'(x))^2}\,\mathrm{d}x.
\end{aligned}$$

□

例 4.3(球面的面积) 求 $\mathbb{R}^3$ 中半径为 $r > 0$ 的球面 $B(r)$ 的面积.

解 用 (4.6) 于函数 $f(x) = \sqrt{r^2-x^2}$, $0 < x < r$ 得

$$|B(r)| = 2\cdot 2\pi \int_0^r \sqrt{r^2-x^2}\sqrt{1+\frac{x^2}{r^2-x^2}}\mathrm{d}x = 4\pi r^2.$$

例 4.4 求曲线 $y = x^3$ 在 $x = 0$ 和 $x = 1$ 之间的部分绕 X 轴旋转所得曲面的面积 S.

解 $S = \int_0^1 2\pi x^3\sqrt{1+(3x^2)^2}\,\mathrm{d}x \xlongequal{u=1+9x^4} \int_1^{10} \frac{2\pi}{36}u^{\frac{1}{2}}\,\mathrm{d}u = \frac{\pi}{27}(10^{\frac{3}{2}}-1).$ □

例 4.5 求曲线 $y=x^2$ 在 $x=1$ 和 $x=2$ 之间的部分绕 Y 轴旋转所得曲面的面积 S.

解 此曲线也可写成 $x=\sqrt{y}$, $1\leqslant y\leqslant 4$. 所以

$$S = \int_1^4 2\pi\sqrt{y}\sqrt{1+\left(\frac{1}{2\sqrt{y}}\right)^2}\,\mathrm{d}y$$
$$= \pi\int_1^4 \sqrt{1+4y}\,\mathrm{d}y \xrightarrow{u=1+4y} \frac{\pi}{4}\int_5^{17}\sqrt{u}\,\mathrm{d}u = \frac{\pi}{6}(17^{\frac{3}{2}}-5^{\frac{3}{2}}). \qquad\square$$

更一般地, 我们做出下面的定义.

定义 4.5(2 维曲面上的测度) 设 D 是 $\mathbb{R}^2$ 中的有界开集, f 是 D 到 $\mathbb{R}^n$ ($n\geqslant 3$) 的 C^1 类单射, f' 的秩在 D 上处处都等于 2. 设 $E\subset f(D)$. 如果 E 关于映射 f 的原像 A 是 $\mathbb{R}^2$ 的可测集, 那么就说 E 是 2 维曲面 $f(D)$ 上的可测集, 并具有测度 (或说面积)

$$|E|_2 = \int_A \phi(u,v)\,\mathrm{d}(u,v). \tag{4.7}$$

注 4.2 重要的是, 这样定义的测度 (定义 4.4 和 4.5) 不依赖于映射 f 的具体形式, 它是曲面 $\mathscr{S}$ 自身固有的度量性质. 我们在下一节一般性地证明这件事.

注 4.3 如果曲面 $\mathscr{S}$ 是由有限个正则曲面连接 (无重叠拼接) 成的曲面, 这个曲面的面积乃是组成它的各个正则曲面的面积之和.

设 $\mathscr{S}$ 是正则曲面. 那么, 根据定义 4.5, 在 $\mathscr{S}$ 上定义了可测集及测度. 因而可以像第四章 §2 和 §3 那样, 在 $\mathscr{S}$ 上定义可测函数及其积分. 也就是说, $\mathbb{R}^2$ 上的积分理论完全可以在 $\mathscr{S}$ 上一模一样地建立起来. 我们把主要的定义说一下, 也算是对积分论基本概念的简单复习.

定义 4.6 设 $\mathscr{S}$ 是 $\mathbb{R}^n$ 中的 2 维正则曲面 (或有限个此种曲面的无重叠拼合).

1) $\mathscr{S}$ **上的可测函数** 设 $h:\mathscr{S}\longrightarrow\overline{\mathbb{R}}$. 如果

$$\forall a\in\mathbb{R},\quad \{P\in\mathscr{S}: h(P)>a\}$$

都是 $\mathscr{S}$ 上的可测集, 则称 h 为 ($\mathscr{S}$ 上的) 可测函数.

2) $\mathscr{S}$ **上的简单函数** 只取有限个实数值的可测函数叫做简单函数.

3) $\mathscr{S}$ **上的非负简单函数的积分** 设

$$h = \sum_{k=1}^m a_k\chi_{E_k},\quad a_k>0,\ E_k\text{ 是 }\mathscr{S}\text{ 的可测子集},\ k=1,\cdots,m.$$

则 h 在 $\mathscr{S}$ 上的积分为
$$\int_{\mathscr{S}} h = \sum_{k=1}^{m} a_k |E_k|_1.$$

4) **$\mathscr{S}$ 上的非负可测函数的积分** 设函数 $h \geqslant 0$ 在 $\mathscr{S}$ 可测. h 在 $\mathscr{S}$ 上的积分为
$$\sup\left\{\int_{\mathscr{S}} \phi: \ 0 \leqslant \phi \leqslant h \text{ 且 } \phi \text{ 简单}\right\}.$$

5) **$\mathscr{S}$ 上的可积函数及其积分** 设函数 h 在 $\mathscr{S}$ 可测. 若 $\int_{\mathscr{S}} h^+$ 和 $\int_{\mathscr{S}} h^-$ 不同为 ∞, 则称二者之差为 h 在 $\mathscr{S}$ 上的积分, 记做 $\int_{\mathscr{S}} h$. 若此值为实数, 则说 h 在 $\mathscr{S}$ 上可积, 记做 $h \in L(\mathscr{S})$.

6) 沿袭历史上的称呼, 如上定义的曲面 $\mathscr{S}$ 上的积分叫做**第一型曲面积分**, 以后当提到曲面上的积分而无特指其型时, 总默认为第一型曲面积分.

7) 如果曲面 $\mathscr{S}$ 是由有限个正则曲面连接 (无重叠拼接) 成的曲面, 函数在这个曲面上的第一型曲面积分乃是它在每个正则曲面上的第一型曲面积分之和. 在第一型曲面积分的记号中也可标出自变量 ($\mathscr{S}$ 上的点), 例如
$$\int_{\mathscr{S}} h = \int_{\mathscr{S}} h(P)\,\mathrm{d}P.$$

有时为明确起见, 把 $\mathrm{d}P$ 写成 $\mathrm{d}\mathscr{S}$, 也可以写成 $\mathrm{d}\mathscr{S}(P)$ 以表示积分是沿曲面 $\mathscr{S}$ 关于变元 $P \in \mathscr{S}$ 进行的.

由于 $\mathscr{S}$ 上的测度是借助于 $\mathbb{R}^2$ 到 $\mathbb{R}^n$ $(n \geqslant 3)$ 的映射定义的, 所以 $\mathscr{S}$ 上的积分借助于 $\mathbb{R}^2$ 到 $\mathbb{R}^n$ 的同样的映射回到 $\mathbb{R}^2$ 的积分.

定理 4.1 设 D 是 $\mathbb{R}^2$ 中的非空开集. 设 $f = (f_1, f_2, \cdots, f_n)$ $(f_j \in C^1(D), j = 1, \cdots, n)$ 是 D 到 $\mathbb{R}^n$ 的一对一的 C^1 类映射, 逆映射也连续, 并设 f' 的秩在 D 上处处都等于 2. 设 $\mathscr{S}$ 是由 f 确定的展布在 D 上的曲面, 即 $\mathscr{S} = f(D)$. 设 h 是 $\mathscr{S}$ 上的广义实值函数, 定义
$$\xi(u,v) = h(f(u,v))\phi(u,v),$$
其中 $\phi(u,v) = \sqrt{\det\bigl((f')^{\mathrm{T}} f'\bigr)}(u,v)$ 那么
$$h \in L(\mathscr{S}) \iff \xi \in L(D),$$
且当 $h \in L(\mathscr{S})$ 时
$$\int_{\mathscr{S}} h(P)\,\mathrm{d}P = \int_D \xi(u,v)\,\mathrm{d}u\mathrm{d}v.$$

证 由定义 4.6, 只需对于特征函数进行证明, 而这已由定义所规定了. □

例 4.6 设有形状如抛物面

$$\mathscr{S} = \{(x,y,z): 0 \leqslant x^2 + y^2 = 2z \leqslant 2\}$$

的物体. 它在点 $(x,y,z) \in \mathscr{S}$ 处的密度为 $\rho(x,y,z) = z$. 求它的质量. (说明: 曲面状物体在一点处的密度, 指的是小曲面块的质量与面积的比当小曲面块缩向指定点时的极限.)

解 设 $D = \{(x,y) \in \mathbb{R}^2 : x^2 + y^2 \leqslant 2\}$. 曲面 $\mathscr{S}$ 由映射 $f: D \to \mathscr{S}$ 给出

$$f(x,y) = (x, y, \phi(x,y)), \quad \phi(x,y) = \frac{1}{2}(x^2 + y^2).$$

这里 D 不是矩形, 但曲面的表示 f 是正则的.

现在我们用极坐标变换把 D 转换成矩形. 令

$$(x,y) = (r\cos\theta, r\sin\theta), \quad (r,\theta) \in [\,0, \sqrt{2}\,] \times [\,0, 2\pi].$$

定义 $G_1 = [\,0,\sqrt{2}\,] \times [\,0,\pi]$, $G_2 = [\,0,\sqrt{2}\,] \times [\pi, 2\pi]$, $G = G_1 \bigcup G_2$, 以及

$$g(r,\theta) = f(r\cos\theta, r\sin\theta) = \left(r\cos\theta, r\sin\theta, \frac{1}{2}r^2\right), \quad (r,\theta) \in G_1 \bigcup G_4.$$

我们看到, $\mathscr{S}$ 是由 g 表示的展布在 G_1 和 G_2 上的两个正则曲面连接 (无重叠拼接) 成的曲面.

设

$$Q_m(k) = \left[\frac{k_1}{2^m}, \frac{k_1+1}{2^m}\right] \times \left[\frac{k_2}{2^m}, \frac{k_2+1}{2^m}\right]$$

是 $Or\theta$ 平面上的一个 m 级方块. 如果 $Q_m(k) \subset G$, 那么 $g(Q_m(k))$ 是 $\mathscr{S}$ 上的一小块. 根据定理 4.1, 它的面积是

$$|g(Q_m(k))| = \int_{Q_m(k)} \sqrt{\det((g')^{\mathrm{T}} g')}(r,\theta) \mathrm{d}(r,\theta).$$

于是, 存在 $(r_k, \theta_k) \in Q_m(k)$, 使得

$$|g(Q_m(k))| = |Q_m(k)| \sqrt{\det((g')^{\mathrm{T}} g')}(r_k, \theta_k).$$

当 m 充分大时, 曲面块 $g(Q_m(k))$ 上各点处的面密度可近似地看做是一样的, 都等于

$$\rho(g(r_k, \theta_k)) = \rho\left(r_k\cos\theta_k, r_k\sin\theta_k, \frac{1}{2}r_k^2\right) = \frac{1}{2}r_k^4.$$

那么, 曲面块 $g(Q_m(k))$ 的质量近似为
$$\rho(g(r_k,\theta_k))\sqrt{\det\big((g')^{\mathrm{T}}g'\big)}(r_k,\theta_k)|Q_m(k)|.$$

记 $\mathscr{S}$ 的质量为 M. 于是
$$M \approx \sum_{k\in\mathbb{Z}^2}\tilde{\rho}(g(r_k,\theta_k))\sqrt{\det\big((g')^{\mathrm{T}}g'\big)}(r_k,\theta_k)|Q_m(k)|,$$

式中
$$\tilde{\rho}(P)=\begin{cases}\rho(P), & \text{当 } P\in\mathscr{S},\\ 0, & \text{当 } P\notin\mathscr{S}.\end{cases}$$

由于 ρ 在 $\mathscr{S}$ 上连续, 所以 m 越大上式越精确. 令 $m\to\infty$, 得
$$M=\int_G \rho(g(r,\theta))\sqrt{\det\big((g')^{\mathrm{T}}g'\big)}(r,\theta)\,\mathrm{d}(r,\theta). \tag{4.8}$$

这实际上是质量用密度通过积分表示的 "定义". 于是, 根据定理 4.1,
$$M=\int_{\mathscr{S}}\rho(P)\,\mathrm{d}P.$$

对于 $(x,y)=(r\cos\theta, r\sin\theta)$, 我们有
$$\begin{aligned}g'_r(r,\theta)&=f'_x(x,y)\cos\theta+f'_y(x,y)\sin\theta\\&=(1,0,x)\cos\theta+(0,1,y)\sin\theta\\&=(\cos\theta,\sin\theta,r),\\g'_\theta(r,\theta)&=-f'_x(x,y)r\sin\theta+f'_y(x,y)r\cos\theta\\&=-(1,0,x)r\sin\theta+(0,1,y)r\cos\theta\\&=(-r\sin\theta,r\cos\theta,0),\end{aligned}$$

从而
$$\sqrt{\det\big((g')^{\mathrm{T}}g'\big)}(r,\theta)=r\sqrt{1+r^2}.$$

把此式代入 (4.8) 得
$$\begin{aligned}M&=\int_{[0,\sqrt{2}]\times[\,0,2\pi]}\frac{1}{2}r^3\sqrt{1+r^2}\,\mathrm{d}r\mathrm{d}\theta=\pi\int_{[0,\sqrt{2}]}r^3\sqrt{1+r^2}\,\mathrm{d}r\\&=\pi\left(\frac{4}{5}\sqrt{3}+\frac{2}{15}\right).\end{aligned}$$

$\square$

我们通过这个例子看到, 第一型曲面积分是解决物理问题的工具. 同时我们注意到, $\mathbb{R}^3$ (以及 $\mathbb{R}^n$) 中的第一型曲面积分并不是新的积分理论, 而是 $\mathbb{R}^2$ 中的积分理论在 "弯曲" 背景上的应用.

最后说明 (细心的读者无妨证一下), 由于曲面上的测度是由曲面自身的几何形状决定的, 所以, 以下两断语成立:

① 曲面上的测度与直角坐标系的取法无关. 确切地说, 第一型曲面积分在坐标系的平移和旋转 (旋转是行列式为 1 的正交变换) 之下不变. 因为这两种变换恰是空间的保持几何形状的变换. 此事可由定义 4.6 看出, 亦可用定理 4.1 证明.

② 如注 4.2 所述, 曲面上的测度与曲面的正则表示的取法无关.

断语 ① 的验证比较容易, 从略. ② 的验证要多费些力气, 在下一节中进行一般的讨论.

习题 6.4

1. 求 $\{(x,y,z) \in \mathbb{R}^3 : x^2 + y^2 + z^2 = a^2\} (a > 0)$ 含在柱 $\{(x,y,z) \in \mathbb{R}^3 : x^2 + y^2 \leqslant ax\}$ 内的部分的面积.

2. 求柱面 $\{(x,y,z) \in \mathbb{R}^3 : x^2 + y^2 = a^2\} (a > 0)$ 被平面 $x + z = 0$ 和 $x - z = 0$ 在半空间 $\{(x,y,z) : x > 0\}$ 中所截部分的面积.

3. 求曲面 $z = xy$ 含在柱 $x^2 + y^2 \leqslant a^2 (a > 0)$ 内的部分的面积.

4. (C. H. A. Schwarz (施瓦茨) 反例) 设在 $\mathbb{R}^3$ 中有底面半径为 1, 高为 1 的圆柱. 我们早知道它的侧面积为 2π. 现作内接于它的侧面的多面体. 把圆柱 m^3 等分 ($m \in \mathbb{N}_+$). 把每一等分的底圆周都 m 等分, 使得顺次保持过上一层分点的母线穿过连接下一层相邻分点的弧的中点. 过这三个分点作一个小的三角形平面. 这样的三角形平面的全体构成一个内接于柱面的曲面. 记它的面积为 $\mathscr{S}_m$ —— 它是所有那些小三角形面积的和 (三角形平面的面积当然是知道的). 求证:
$$\lim_{m \to \infty} \mathscr{S}_m = \infty.$$
此例之所以叫反例, 是因它否定了用内接多面体的面积去近似曲面的 "面积" 的可能性.

5. 计算 $\displaystyle\int_{\mathscr{S}} (x^2 + y^2 + z^2) \, \mathrm{d}\mathscr{S}$. 其中
$$\mathscr{S} = \{(x,y,z) : x^2 + y^2 + z^2 = a^2\} (a > 0).$$

6. 计算 $\displaystyle\int_{\mathscr{S}} z \, \mathrm{d}\mathscr{S}$, 其中 $\mathscr{S}$ 是如下定义的螺旋面:
$$\mathscr{S} = \left\{(x,y,z) : \begin{array}{l} x = u\cos v, \ y = u\sin v, \ z = v, \\ 0 \leqslant u \leqslant a, \ 0 \leqslant v \leqslant 2\pi \end{array}\right\}.$$

7. 计算 $\int_{\mathscr{S}} \dfrac{\mathrm{d}\mathscr{S}}{x^2+y^2+z^2}$, 其中
$$\mathscr{S} = \{(x,y,z): x^2+y^2 = R^2, 0 \leqslant z \leqslant H\}.$$

8. 计算 $\int_{\mathscr{S}} \sqrt{\dfrac{x^2}{a^4}+\dfrac{y^2}{b^4}+\dfrac{z^2}{c^4}}\,\mathrm{d}\mathscr{S}$, 其中
$$\mathscr{S} = \left\{(x,y,z): \dfrac{x^2}{a^2}+\dfrac{y^2}{b^2}+\dfrac{z^2}{c^2} = 1\right\}.$$

9. 设 $\mathscr{S}$ 是锥面 $z = k\sqrt{x^2+y^2}\,(k>0)$ 被柱面 $x^2+y^2-2ax=0$ 所截的部分. 求
$$\int_{\mathscr{S}} (y^2z^2+z^2x^2+x^2y^2)\,\mathrm{d}\mathscr{S}.$$

10. 按万有引力定律, 求半径为 R 的均匀球体对不在球体上的质点的引力.

§5　$\mathbb{R}^n$ 中的 k 维 $(1 \leqslant k < n)$ 曲面上的测度和积分

在上两节 (§3 和 §4) 中分别讨论了正则曲线和 2 维曲面上的测度和积分, 这使我们对 1 维和 2 维的情形有了充分的具体了解. 现在我们转向一般情形.

设 $1 \leqslant k < n$.

定义 5.1　设 D 是 $\mathbb{R}^k$ 中的含有内点的有界闭凸集. 设 $f = (f_1, \cdots, f_n) : D \longrightarrow \mathbb{R}^n$ 是一对一的 C^1 类映射, 逆映射 (当然是定义在 $f(D)$ 上的映射) 也连续, 并设 f' 的秩在 D 上处处都等于 k. 称

$$\mathscr{S} = f(D) = \{f(u) = (f_1(u), f_2(u), \cdots, f_n(u)):\ u = (u_1, \cdots, u_k) \in D\} \quad (5.1)$$

为 $\mathbb{R}^n$ 中的 k 维**正则曲面**, 称 f 为这个**曲面的正则表示**. 关联着曲面的表示, 说 $f(D)$ 是展布在 D 上的曲面.

注 5.1　这里说的 k 维正则曲面, 也叫做 k 维 C^1 类流形.

根据定义 5.1, $\mathbb{R}^n$ 中的 k 个线性无关的向量 $a^i = (a_{i1}, a_{i2}\cdots, a_{in})$, $i = 1, \cdots, k$ 确定的 $k \times n$ 矩阵是

$$A := \begin{pmatrix} a_{11} & a_{12} & \cdots & a_{1n} \\ a_{21} & a_{22} & \cdots & a_{2n} \\ \vdots & \vdots & & \vdots \\ a_{k1} & a_{k2} & \cdots & a_{kn} \end{pmatrix}.$$

定义 5.2(k 维平面)　设 A 如上. 称点集

$$S(A;x) = \{y = (y_1, \cdots, y_n) \in \mathbb{R}^n : y = x + \sum_{j=1}^{k} \alpha_j a^j, \alpha_1, \cdots, \alpha_k \in \mathbb{R}\}$$

为 $\mathbb{R}^n$ 中过点 $x, x+a^1, x+a^2, \cdots x+a^k$ 的 k 维平面. 记 $s = (s_1, \cdots, s_k) \in \mathbb{R}^k$. 设 $(s_1, \cdots, s_k > 0)$. 称点集

$$P_s(A; x) = \left\{ y \in \mathbb{R}^n : y = x + \sum_{j=1}^{k} \alpha_j a^j,\ 0 < \alpha_j < s_j,\ j = 1, \cdots, k \right\}$$

为 $\mathbb{R}^n$ 中以 x 为一个顶点, 由向量 $s_j a^j, j = 1, \cdots, k$ 决定的 (k 维) 平行 $2k$ 面体.

注 5.2 这里的 $P_s(A; x)$ 用定义 5.2 中的符号表示就是 $x + Q(s_1 a^1, \cdots, s_k a^k)$. 根据定理 1.9, 平行 $2k$ 面体 $P_s(A; x)$ 的 k 维测度是

$$|P_s(A; x)|_k = \sqrt{\det(AA^{\mathrm{T}})}\, s_1 \cdots s_k. \tag{5.2}$$

第三章中讨论过 $\mathbb{R}^3$ 中的 2 维正则曲面的切平面, 本章定义 4.3 定义了 $\mathbb{R}^n$ 中的 2 维正则曲面的切平面. 现在来做进一步的推广.

设 k 维正则曲面由 (5.1) 给出, f 是正则表示. 回想导数的定义 (第三章定义 2.2), 对于 $u = (u_1, \cdots, u_k) \in D$, $h = (h_1, \cdots, h_k) \in \mathbb{R}^k$, $u + h \in D$, $f'(u)$ 是满足下式的 $n \times k$ 矩阵

$$\lim_{|h| \to 0+} \frac{|f(u+h) - (f(u) + h(f'(u))^{\mathrm{T}})|}{|h|} = 0.$$

式中

$$(f')^{\mathrm{T}} = \begin{pmatrix} f'_{11} & f'_{21} & \cdots & f'_{n1} \\ f'_{12} & f'_{22} & \cdots & f'_{n2} \\ \vdots & \vdots & & \vdots \\ f'_{1k} & f'_{2k} & \cdots & f'_{nk} \end{pmatrix}.$$

这里, $f'_{ij} = \dfrac{\partial f_i}{\partial u_j}$, $i = 1, \cdots, n$, $j = 1, \cdots, k$.

那么, 按照 "曲面在一点处的切平面是过此点与曲面局部最接近的平面" 的思想, 曲面 $\mathscr{S}$ 在点 $x = f(u)$ 处的 "切平面" 必定是 $S((f'(u))^{\mathrm{T}}; f(u))$.

定义 5.3 (切空间, 切平面) 设 $\mathbb{R}^n$ 中的 k 维正则曲面 $\mathscr{S}$ 有正则表示 (5.1). 设 $x = f(u)\,(u \in D)$ 是 $\mathscr{S}$ 上的一点. 导数 $f'(u) = \begin{pmatrix} f'_1(u) \\ \vdots \\ f'_n(u) \end{pmatrix}$ (它是 $n \times k$ 矩阵).

f 在点 u 处的 k 个方向导数

$$a^j = \left(\frac{\partial f_1}{\partial u_j}(u), \cdots, \frac{\partial f_n}{\partial u_j}(u) \right),\ j = 1, \cdots, k$$

即 $f'(u)$ 的 k 个列向量的转置, 在 $\mathbb{R}^n$ 中张成的子空间 M_k 叫做 $\mathscr{S}$ 在点 $x=f(u)$ 处的**切空间**, 常记做 T_x (T-tangent). 称 $\Pi(x):=x+M_k$ 为 $\mathscr{S}$ 在点 x 处的**切平面**.

注意 切空间是子空间, 而切平面是切空间的平移. 使用定义 5.2 的记号, 切平面

$$\Pi(x) = S((f'(u))^{\mathrm{T}}; f(u)). \tag{5.3}$$

为了技术上的方便, 设曲面的定义域 $D = \{(u_1,\cdots,u_k) : a_j \leqslant u_j \leqslant a_j + \ell_j, j=1,\cdots,k\}$ ($\ell_j > 0, j=1,\cdots,k$). 把它 m^k 等分, 把分成的小矩形记做 $Q_1,\cdots,Q_N, N=m^k$. 设 Q_k 的 "左端点" 为 u^k, 那么

$$Q_k = \{(u^k+s) : s=(s_1,\cdots,s_k), 0 \leqslant s_j \leqslant \ell_j m^{-1}, j=1,\cdots,k\}, k=1,\cdots,N.$$

根据导数的意义, 把 Q_k 的像 $f(Q_k)$ 与 $\mathscr{S}$ 在点 x^k 的切平面中的平行 $2k$ 面体 $P_s((f'(u^k))^{\mathrm{T}}; x^k)$ 相近似. 于是, 根据 (5.2), $f(Q_k)$ 的 "面积" 近似等于

$$|P_s((f'(u^k))^{\mathrm{T}}; x^k)|_k = \sqrt{\det\left((f'(u^k)^{\mathrm{T}} f'(u^k))\right)} |Q_k|.$$

从而得到 $\mathscr{S} = f(D)$ 的 "面积" 的近似值

$$\sum_{k=1}^{N} \sqrt{\det\left((f'(u^k)^{\mathrm{T}} f'(u^k))\right)} |Q_k|.$$

我们把这个量当 $m \to \infty$ 时的极限定义为 $\mathscr{S}$ 的面积, 即

定义 5.4 (k **维曲面的面积**) 设正则曲面 $\mathscr{S}$ 由 (5.1) 给出, f 是正则表示. 规定 $\mathscr{S}$ 的 k 维面积为

$$|\mathscr{S}|_k := \int_D \sqrt{\det\left((f'(u)^{\mathrm{T}} f'(u))\right)} \,\mathrm{d}u. \tag{5.4}$$

当不致混淆时, $|\mathscr{S}|_k$ 的下标 k 可略去, 并简称之为 "面积".

为方便, 记

$$\phi(u) = \sqrt{\det\left((f')^{\mathrm{T}} f'\right)(u)}, \quad u \in D. \tag{5.5}$$

那么, 根据 (5.4) $|\mathscr{S}|_k = \int_D \phi.$

定义 5.4 形式上明显地依赖于曲面的表示, 但实质上与表示的具体取法无关. 不然的话, 这个定义就没意义了. 现在我们来讨论 (5.4) 与表示无关的问题.

引理 5.1 设正则曲面 $\mathscr{S}$ 由 (5.1) 给出, f 是正则表示. 那么存在正数 ε 和 η 使得当 $u, \delta \in D, u + \delta \in D$ 且 $|\delta|_k \leqslant \eta$ 时,

$$|f(u+\delta) - f(u)|_n \geqslant \varepsilon |\delta|_k,$$

这里, $|\cdot|_k$ 和 $|\cdot|_n$ 分别表示 $\mathbb{R}^k$ 和 $\mathbb{R}^n$ 中的 Euclid 范数.

证 对于任意取定的 $u \in D$, 记 $A = f'(u)$. 由于

$$f(u+\delta) - f(u) = (f_1(u+\delta) - f_1(u), \cdots, f_n(u+\delta) - f_n(u)),$$

所以, 根据 Lagrange 定理, 在线段 $\overline{u(u+\delta)}$ 上存在点 ξ^i 使得

$$f_i(u+\delta) - f_i(u) = \sum_{j=1}^{k} f'_{ij}(\xi_i)\delta_j = \delta f'_i(\xi^i)^{\mathrm{T}}, \quad i = 1, \cdots, n,$$

其中 f'_{ij} 代表 f_i 关于第 j 变元的偏导数, $f'_i(\xi^i)^{\mathrm{T}}$ 代表 $(f'_{i1}, \cdots, f'_{ik})$ 的转置. 记

$$H = \begin{pmatrix} f'_{11}(\xi^1) & \cdots & f'_{1k}(\xi^1) \\ \vdots & & \vdots \\ f'_{n1}(\xi^n) & \cdots & f'_{nk}(\xi^n) \end{pmatrix}.$$

那么,

$$f(u+\delta) - f(u) = \delta H^{\mathrm{T}} = \delta A^{\mathrm{T}} + \delta(H-A)^{\mathrm{T}}.$$

定义

$$\omega(t) = \sup\{|f'_{ij}(a) - f'_{ij}(b)| : a, b \in D, |a-b|_k \leqslant t, 1 \leqslant i \leqslant n, 1 \leqslant j \leqslant k\}.$$

由于 f 是 C^1 类的, D 是紧的 (即有界闭的), 所以 $\lim\limits_{t \to 0+} \omega(t) = 0$.

显然, $n \times k$ 矩阵 $H - A$ 的每个元的绝对值都不超过 $\omega(|\delta|_k)$. 那么

$$\left|\delta(H-A)^{\mathrm{T}}\right|_n \leqslant \sqrt{nk}\,\omega(|\delta|_k)|\delta|_k.$$

另一方面,

$$\left|\delta A^{\mathrm{T}}\right|_n = \sqrt{\delta A^{\mathrm{T}} A \delta^{\mathrm{T}}}.$$

由于 A 是秩为 k 的 $n \times k$ 矩阵, 所以 $A^{\mathrm{T}} A$ 是正定的实对称矩阵. 设 $\lambda = \lambda(u)$ 是 $A^{\mathrm{T}} A$ 的最小特征值. 那么, 作为 u 的函数, $\lambda \in C(D)$, 且 $\lambda > 0$. 设 $\min\{\lambda(u) : u \in D\} = (2\varepsilon)^2$. 那么, $\varepsilon > 0$ 且对于一切 $u \in D$

$$\left|\delta A^{\mathrm{T}}\right|_n \geqslant 2\varepsilon |\delta|_k.$$

取 $\eta > 0$ 充分小，使得当 $0 < t < \eta$ 时 $n\omega(t) < \varepsilon$. 那么, 只要 $|\delta|_k < \eta$ 就成立

$$|f(u+\delta) - f(u)|_n \geqslant |\delta A^{\mathrm{T}}|_n - |\delta(H-A)^{\mathrm{T}}|_n \geqslant \varepsilon |\delta|_k. \qquad \Box$$

引理 5.2 设 D, E 都是 $\mathbb{R}^k$ 中的内部不空的有界闭凸集，$f: D \longrightarrow \mathbb{R}^n$ 和 $g: E \longrightarrow \mathbb{R}^n$ 都是正则曲面 $\mathscr{S} = f(D) = g(E)$ 的正则表示. 那么 $h := f^{-1} \circ g$ 在 E 上可导.

证 设 ε 和 η 是引理 5.1 中得出的正数.

设 $v \in E, \xi \in \mathbb{R}^k, v+\xi \in D$. 记

$$h(v) = u, \ h(v+\xi) = u+\delta.$$

显然, $h \in C(E)$. 所以当 $0 < |\xi|_k$ 足够小时, $|\delta|_k < \eta$. 此时，根据引理 5.1

$$|\delta|_k \leqslant \varepsilon^{-1}|f(u+\delta) - f(u)|_n = \varepsilon^{-1}|g(v+\xi) - g(v)|_n.$$

记 $M = \sqrt{nk} \max\{\|g'_{ij}\|_{C(E)} : 1 \leqslant n, 1 \leqslant j \leqslant k\}$. 那么

$$|\delta|_k \leqslant \varepsilon^{-1} M |\xi|_k.$$

仍记 $A = f'(u)$, 并记 $B = g'(v)$. 那么根据导数的定义

$$f(u+\delta) - f(u) = \delta A^{\mathrm{T}} + r(u, \delta),$$

其中 $r(u, \delta) \in \mathbb{R}^n$ 满足

$$\lim_{|\delta|_k \to 0+} \frac{|r(u,\delta)|_n}{|\delta|_k} = 0.$$

然而 $\delta = h(v+\xi) - h(v)$, $f(u+\delta) - f(u) = g(v+\xi) - g(v)$. 于是

$$(h(v+\xi) - h(v))A^{\mathrm{T}} = g(v+\xi) - g(v) - r(u,\delta) = \xi B^{\mathrm{T}} + s(v,\xi) - r(u,\delta),$$

其中 $s(u, \delta) \in \mathbb{R}^n$ 满足

$$\lim_{|\xi|_k \to 0+} \frac{|s(v,\xi)|_n}{|\xi|_k} = 0.$$

得到

$$(h(v+\xi) - h(v))A^{\mathrm{T}}A = \xi B^{\mathrm{T}} A + (s(v,\xi) - r(u,\delta))A.$$

记 $C = A^{\mathrm{T}}A$, 它是可逆方阵. 那么

$$h(v+\xi) - h(v) = \xi B^{\mathrm{T}} A C^{-1} + (s(v,\xi) - r(u,\delta))AC^{-1}.$$

由于
$$\frac{|r(u,\delta)|_n}{|\xi|_k} = \frac{|r(u,\delta)|_n}{|\delta|_k}\frac{|\delta|_k}{|\xi|_k} \leqslant \varepsilon^{-1} M \frac{|r(u,\delta)|_n}{|\delta|_k}$$

并且
$$\lim_{|\xi|_k \to 0+} |\delta|_k = 0,$$

所以
$$\lim_{|\xi|_k \to 0+} \frac{|r(u,\delta)|_n}{|\xi|_k} = 0.$$

于是
$$\lim_{|\xi|_k \to 0+} \frac{\left|(s(v,\xi) - r(u,\delta))AC^{-1}\right|_k}{|\xi|_k} = 0.$$

所以, 根据导数的定义
$$h'(v) = B^{\mathrm{T}} A C^{-1}. \qquad \square$$

引理 5.2 的推论 $h = f^{-1} \circ g : E \longrightarrow D$ 是正则变换.

关于正则变换的定义和性质, 见第三章定义 3.5 和定理 3.5. 如果必要, 可以只在 E 的内部考察 h.

定理 5.3 设 D, E 都是 $\mathbb{R}^k$ 中的内部不空的有界闭凸集, $f : D \longrightarrow \mathbb{R}^n$ 和 $g : E \longrightarrow \mathbb{R}^n$ 都是正则曲面 $\mathscr{S} = f(D) = g(E)$ 的正则表示. 那么
$$\int_D \sqrt{\det\left((f'(u))^{\mathrm{T}} f'(u)\right)}\, \mathrm{d}u = \int_E \sqrt{\det\left((g'(v))^{\mathrm{T}} g'(v)\right)}\, \mathrm{d}v.$$

证 根据引理 5.2 的推论, $h := f^{-1} \circ g$ 是 E 到 D 的正则变换. 那么使用变量替换公式得
$$\int_D \sqrt{\det\left((f'(u))^{\mathrm{T}} f'(u)\right)}\, \mathrm{d}u = \int_E \sqrt{\det\left((f'(h(v)))^{\mathrm{T}} f'(h(v))\right)} |\det(h'(v))|\, \mathrm{d}v.$$

用求导的链法则, 并记 $A = f'(h(v)), B = g'(v), H = h'(v)$, 那么从 $g(v) = f(h(v))$ 得
$$B = AH,\ B^{\mathrm{T}} B = H^{\mathrm{T}} A^{\mathrm{T}} A H,\ |B^{\mathrm{T}} B| = |H^{\mathrm{T}}||A^{\mathrm{T}} A||H| = |H|^2 |A^{\mathrm{T}} A|,$$

其中 $|\cdot|$ 表示方阵的行列式. 于是
$$|H|^2 = \frac{|B^{\mathrm{T}} B|}{|A^{\mathrm{T}} A|}.$$

将此代入上面的积分表达式中, 就得到

$$\int_D \sqrt{\det\left((f'(u))^{\mathrm{T}} f'(u)\right)}\, \mathrm{d}u = \int_E \sqrt{\det\left((g'(v))^{\mathrm{T}} g'(v)\right)}\, \mathrm{d}v. \qquad \square$$

定理 5.3 表明, 定义 5.4 是一个成功的定义, 它实质上不依赖 k 维正则曲面 $\mathscr{S}$ 的具体表示形式.

于是, 我们可以像处理 2 次曲面 (见 §4) 和 1 次曲面 (即曲线, 见 §3) 那样借助正则表示来定义 k 次正则曲面 $\mathscr{S}$ 上的测度、可测函数以及可测函数的积分. 简而言之, 设 k 次正则曲面 $\mathscr{S}$ 有正则表示 $f: D \longrightarrow \mathscr{S}$ (如 (5.1)), 那么函数 $\psi: \mathscr{S} \longrightarrow \mathbb{R}$ 可测的充分必要条件是 $\psi \circ f: D \longrightarrow \mathbb{R}$ 可测, 可测函数 $\psi: \mathscr{S} \longrightarrow \mathbb{R}$ 的积分 $\int_{\mathscr{S}} \psi = \int_D (\psi \circ f)\phi$, 前提是右端存在, 其中 ϕ 由 (5.5) 定义.

例 5.1 设 $1 \leqslant k < n$. 那么 $\mathbb{R}^n$ 中的 k 维正则曲面 $\mathscr{S}$ 的测度 $|\mathscr{S}|_k$ 在 $\mathbb{R}^n$ 的旋转变换之下不变.

证 设 ρ 是 $\mathbb{R}^n$ 的旋转. 记 $\mathscr{T} = \rho(\mathscr{S})$. 要证

$$|\mathscr{S}|_k = |\mathscr{T}|_k.$$

给 $\mathscr{S}$ 一个正则表示 $f: D \longrightarrow \mathscr{S}$ (D 是 $\mathbb{R}^k$ 中的内部不空闭凸集). 令 $g = \rho \circ f$. 则 $g: D \longrightarrow \mathscr{T}$ 是 $\mathscr{T}$ 的正则表示, 并且根据求导的链定理

$$\forall u \in D, \quad g'(u) = \rho f'(u).$$

那么根据定义 5.4,

$$|\mathscr{T}|_k = \int_D \sqrt{|(g'(u))^{\mathrm{T}} g'(u)|}\, \mathrm{d}u,$$

其中 $|\cdot|$ 表示方阵的行列式. 注意到

$$(g'(u))^{\mathrm{T}} g'(u) = (\rho f'(u))^{\mathrm{T}} \rho g'(u) = (f'(u))^{\mathrm{T}} \rho^{\mathrm{T}} \rho f'(u),$$

其中 $\rho^{\mathrm{T}} \rho$ 是 n 阶单位方阵, 就得到

$$(g'(u))^{\mathrm{T}} g'(u) = (f'(u))^{\mathrm{T}} f'(u).$$

从而

$$|\mathscr{T}|_k = \int_D \sqrt{|(g'(u))^{\mathrm{T}} g'(u)|}\, \mathrm{d}u = \int_D \sqrt{|(f'(u))^{\mathrm{T}} f'(u)|}\, \mathrm{d}u = |\mathscr{S}|_k. \qquad \square$$

例 5.2 球的表面积.

在第四章中曾用球坐标变换计算过 n 维球 $V_n(R) = \{x \in \mathbb{R}^n : |x| < R\}$ 的体积 ($n \geqslant 3$), 结果是
$$|V_n(R)| = c_n R^n,$$
其中
$$c_n = 2\pi \frac{1}{n} \prod_{j=1}^{n-2} \int_0^\pi (\sin\theta)^j \mathrm{d}\theta.$$

球坐标变换由第四章 (3.18) 给出, 即 $x = g_n(r, \theta_1, \cdots, \theta_{n-1})$:

$$\begin{cases} x_1 = r\cos\theta_1, \\ x_2 = r\sin\theta_1 \cos\theta_2, \\ \cdots\cdots\cdots\cdots \\ x_{n-1} = r\sin\theta_1 \cdots \sin\theta_{n-2} \cos\theta_{n-1}, \\ x_n = r\sin\theta_1 \cdots \sin\theta_{n-2} \sin\theta_{n-1}. \end{cases} \qquad \text{第四章}(3.18)$$

其中
$$(r, \theta_1, \cdots, \theta_{n-1}) \in H_n := (0, \infty) \times (0, \pi)^{n-2} \times (0, 2\pi).$$

现在来考虑球面 $S_{n-1}(R) := \overline{V}_n(R) \setminus \overset{\circ}{V}_n(R)$ 的面积. 用球坐标给 $S_{n-1}(R)$ (去掉一个面积为零的集合) 以正则表示
$$h_{n-1}(\theta) = g_n(R, \theta), \quad \theta = (\theta_1, \cdots, \theta_{n-1}) \in D_{n-1} := (0, \pi)^{n-2} \times (0, 2\pi).$$

那么,
$$|S_{n-1}(R)| = \int_{D_{n-1}} \sqrt{\det\left((h'_{n-1})^{\mathrm{T}} h'_{n-1}\right)(\theta)} \, \mathrm{d}\theta. \tag{5.6}$$

记
$$\frac{\partial(h_{n-1})}{\partial \theta_j} = R\left(a_{j1}^{n-1}, a_{j2}^{n-1}, \cdots, a_{jn}^{n-1}\right), \quad j = 1, 2, \cdots, n-1.$$

为简单, 记 $s_j = \sin\theta_j$, $c_j = \cos\theta_j$, $j = 1, \cdots, n-1$. 直接计算得到

$$\begin{cases} a_{jk}^{n-1} = 0, & \text{如果 } 1 \leqslant k < j, \\ a_{jj}^{n-1} = -\prod_{\mu=1}^{j} s_\mu, \\ a_{jk}^{n-1} = \Big(\prod_{\mu=1}^{j-1} s_\mu\Big) c_j \Big(\prod_{\mu=j+1}^{k-1} s_\mu\Big) c_k, & \text{如果 } j < k \leqslant n-1, \\ a_{jn}^{n-1} = \Big(\prod_{\mu=1}^{j-1} s_\mu\Big) c_j \Big(\prod_{\mu=j+1}^{n-2} s_\mu\Big) s_{n-1}. \end{cases}$$

由此得到, 当 $j \neq k$ 时, n 维向量 $\dfrac{\partial(h_{n-1})}{\partial \theta_j}$ 与 $\dfrac{\partial(h_{n-1})}{\partial \theta_j}$ 正交, 即

$$\frac{\partial(h_{n-1})}{\partial \theta_j} \cdot \frac{\partial(h_{n-1})}{\partial \theta_k} = 0.$$

并且

$$\frac{1}{R^2}\Big|\frac{\partial(h_{n-1})}{\partial \theta_j}\Big|^2 = \sum_{k=1}^{n} |a_{jk}^{n-1}|^2$$

$$= |a_{jj}^{n-1}|^2 + \sum_{k=j+1}^{n-1}\Big(\prod_{\mu=1}^{j-1} s_\mu\Big)^2 |c_j|^2 \Big(\prod_{\mu=j+1}^{k-1} s_\mu\Big)^2 |c_k|^2 +$$

$$\Big(\prod_{\mu=1}^{j-1} s_\mu\Big)^2 |c_j|^2 \Big(\prod_{\mu=j+1}^{n-2} s_\mu\Big)^2 |s_{n-1}|^2.$$

由此, 根据 $|s_j|^2 + |c_j|^2 = 1$, 得到 $\Big|\dfrac{\partial(h_{n-1})}{\partial \theta_1}\Big|^2 = R^2$, 以及当 $2 \leqslant j \leqslant n-1$ 时

$$\Big|\frac{\partial(h_{n-1})}{\partial \theta_j}\Big|^2 = R^2 \Big(\prod_{\mu=1}^{j-1} s_\mu\Big)^2.$$

所以

$$\det\big((h'_{n-1})^{\mathrm{T}} h'_{n-1}\big) = R^{2(n-1)} \prod_{j=1}^{n-1} \Big|\frac{\partial(h_{n-1})}{\partial \theta_j}\Big|^2$$

$$= R^{2(n-1)} \prod_{j=2}^{n-1}\Big(\prod_{\mu=1}^{j-1} s_\mu\Big)^2 = R^{2(n-1)} \prod_{\mu=1}^{n-2} s_\mu^{2(n-1-\mu)}.$$

最后

$$\sqrt{\det\big((h'_{n-1})^{\mathrm{T}} h'_{n-1}\big)(\theta)} = R^{n-1} \prod_{\mu=1}^{n-2} (\sin\theta_\mu)^{n-1-\mu}. \tag{5.7}$$

根据 (5.6) 和 (5.7) 得到

$$|S_{n-1}(R)| = R^{n-1} \int_{D_{n-1}} \prod_{\mu=1}^{n-2} (\sin\theta_\mu)^{n-1-\mu}\,\mathrm{d}\theta = 2\pi R^{n-1} \prod_{\mu=1}^{n-2} \int_0^\pi \sin^\mu\theta\,\mathrm{d}\theta.$$

比较关于 n 维球体的体积的结果

$$|V_n(R)| = \frac{2\pi}{n} R^n \prod_{\mu=1}^{n-2} \int_0^\pi \sin^\mu\theta\,\mathrm{d}\theta,$$

我们得到一个有趣的等式

$$|S_{n-1}(R)| = \frac{\mathrm{d}}{\mathrm{d}R}|V_n(R)|. \tag{5.8}$$

例 5.3 设 $n \geqslant 3$, $\mathbb{S}^{n-1} = \{x \in \mathbb{R}^n : |x|_n = 1\}$ 是 $n-1$ 维单位球面. 任取 $\xi \in \mathbb{S}^{n-1}$, 令

$$\Omega^{n-2} = \{x \in \mathbb{S}^{n-1} : x\xi = \sum_{i=1}^n x_i \xi_i = 0\}.$$

称 Ω^{n-2} 为 $\mathbb{S}^{n-1}$ 上以 ξ 为极点 (pole) 的赤道, 它是 $\mathbb{R}^n$ 中的 $n-2$ 维流形. 求其 $n-2$ 维测度 $|\Omega^{n-2}|_{n-2}$.

解 根据例 5.2 的结果, 可认为 $\xi = (1, 0, \cdots, 0)$. 于是, 用球坐标变换算得

$$|\Omega|_{n-2} = |\mathbb{S}^{n-2}|_{n-2} = \frac{2\pi^{\frac{n-2}{2}}}{\Gamma\left(\dfrac{n-2}{2}\right)}.$$

例 5.4 求半径为 r, 中心在 $(h, 0)$, $h > r$ 处的圆盘绕 Y 轴旋转所成立体 (环状体) 的表面积.

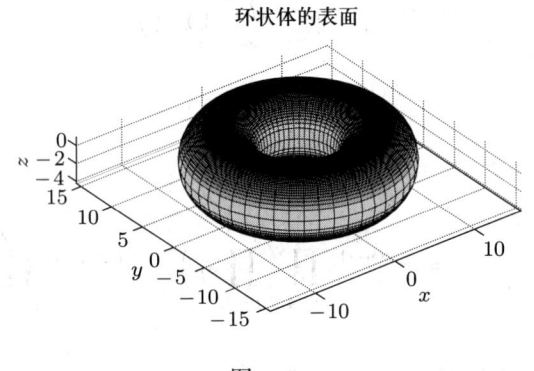

图 18

固定 $h > 0$, 作为 $r \in (0, h)$ 的函数, 此环状体的体积是 $v(r) = 2\pi^2 h r^2$ (见第五章例 2.7). 请证明此物的表面积 $S(r)$ 由下式给出:

$$S(r) = v'(r) = 4\pi^2 h r \quad (0 < r < h). \tag{5.9}$$

例 5.5 $\mathbb{R}^n$ 的方块 $Q(h) = \{(x_1, \cdots, x_n) : -h \leqslant x_j \leqslant h, j = 1, \cdots, n\}$ ($h > 0$) 的体积 (定义) 为 $|Q(h)| = (2h)^n$. 问 $Q(h)$ 的表面

$$S(h) := \overline{Q(h)} \setminus \overset{\circ}{Q}(h) = \bigcap_{k=m}^{\infty} \left(Q(h + k^{-1}) \setminus Q(h - k^{-1}) \right) \quad (m > 2h^{-1})$$

的面积 $|S(h)|$ 多大?

答案:
$$|S(h)| = \frac{\mathrm{d}}{\mathrm{d}h}|Q(h)| = 2n(2h)^{n-1}. \tag{5.10}$$

请证明这个结论.

例 5.6 §4 中关于 3 维空间中旋转面的面积的公式 (见例 4.2 等式 (4.6)) 如何推广到 $n+1$ 维情形? 例如: 设 n 维锥面
$$S_n = \{(x, f(|x|)) : x \in \mathbb{R}^n, 1 < |x|_n < 4\},$$

其中 $f \in C^1(0, \infty)$, $f > 0$, $|x|_n$ 代表 x 的 Euclid 范数. 如何把 S_n 看成函数 $g(x) = f(|x|)$ 的图像 G_g 绕第 $n+1$ 坐标轴的旋转面来计算面积 $|S_n|$?

习题 6.5

1. 设 $n \times k$ 矩阵 $A = (\mu_{ij})_{1 \leqslant i \leqslant n; 1 \leqslant j \leqslant k}$, $k \leqslant n$. 令 $M = \max\{|\mu_{ij}| : 1 \leqslant i \leqslant n; 1 \leqslant j \leqslant k\}$. 证明:
$$\forall u \in \mathbb{R}^k, |uA^{\mathrm{T}}|_n \leqslant \sqrt{nk} M |u|_k.$$

2. 设 A 是秩为 k 的 $n \times k$ 矩阵. 证明:
   (1) $A^{\mathrm{T}} A$ 是正定的对称矩阵;
   (2) 设 λ 是 $A^{\mathrm{T}} A$ 的最小特征值, 那么 $|\delta A^{\mathrm{T}}|_n \geqslant \lambda |\delta|_k$.

3. 设 $n \geqslant 3$, $\mathbb{S}^{n-1} = \{x \in \mathbb{R}^n : |x|_n = 1\}$ 是 $n-1$ 维单位球面. 任取 $\xi \in \mathbb{S}^{n-1}$, 令
$$C(\xi, \theta) = \{x \in \mathbb{S}^{n-1} : x\xi = \sum_{i=1}^{n} x_i \xi_i \geqslant \cos \theta\} \ (0 < \theta < \pi).$$

   称 $C(\xi, \theta)$ 为 $\mathbb{S}^{n-1}$ 上以 ξ 为极点 (pole), 张角为 θ 的球冠. 它是 $\mathbb{R}^n$ 中的 $n-1$ 维流形. 求其 $n-1$ 维测度 $|C(\xi, \theta)|_{n-1}$.

4. 证明 (5.9).
5. 证明 (5.10).
6. 解答例 5.6.

第七章 积分学的应用 (三)
—— 曲线和曲面上的第二型积分

在第五章中，作为积分理论的应用，讨论了 $\mathbb{R}^n$ 的 k 维曲面上的第一型积分. 本章继续讨论积分理论在解决具体的物理的和几何的问题中的应用. 这些问题联系着场 (field) 的概念，所涉及的积分叫做**第二型积分**. 有的书上把这类讨论叫做 "向量微积分 (vector calculus)".

这里对于曲面上第二型积分的讨论只限于初等水平，为了避免几何上的复杂性，只涉及 $\mathbb{R}^3$ 中的曲面.

§1 场的概念 数量场的梯度场

在物理学中，讨论过 "电场" "磁场" "力场"，它们分别是电、磁、力作用的空间. 例如，一块小磁铁的有效的磁力作用范围，也许不超过与磁铁距离 10 m 的空间. 地球的引力作用范围就大得多，也许要把整个太阳系都算上，在这样一个范围里，有许多的星体以万有引力而交互作用，这样一个 "力场" 就相当复杂. 一个静止的荷电量很小，比如 1 C (库仑) 的 "点电荷" 的有效作用范围也可能不超过 10 km^3. 如果只考虑它的独立的静电作用，这样一个 10 km^3 的空间，就是它产生的静电场.

从数学上来描述上述的各种物理学的场，着眼点就不只是 "有效作用范围"，而是在作用范围内每点处的实际作用的大小和方向. 而且场也不必局限于 $\mathbb{R}^3$ 之中. 因此数学中 "场" 的概念就被抽象为 $\mathbb{R}^n$(的连通开集) 到 $\mathbb{R}^n$ 的映射. 当然，从 $\mathbb{R}^n$(的连通开集) 到 $\mathbb{R}$ 的映射 f，也可以叫做场 —— 数量场.

定义 1.1(场) 设 V 是 $\mathbb{R}^n$ 中的不空的开集，并设 $F: V \longrightarrow \mathbb{R}^n$. 强调 F 为向量 (vector)，记之为 $\vec{F}$，称 $(V, \vec{F})$ 为**场** (或向量场)，当无需强调定义域 V 时，简称 $\vec{F}$ 为场.

定义 1.2(数量场) 设 V 是 $\mathbb{R}^n$ 中的不空的开集，并设 $f: V \longrightarrow \mathbb{R}$. 称 (V, f) 为**数量场**，当无需强调定义域 V 时，简称 f 为数量场.

联系于物理的及几何学的应用，我们只讨论连续的，或者具有一阶导数 (甚至更高的 "光滑性") 的场.

例 1.1(重力场) 根据 Issac Newton (牛顿) 的引力定律, 任何两个质点 A 和 B 之间, 都具有相互吸引的力, 其大小为

$$|\vec{F}_{AB}| = |\vec{F}_{BA}| = Gm_A m_B d(A,B)^{-2},$$

其中, m_A 和 m_B 分别代表质点 A 和质点 B 的质量, $\vec{F}_{AB}$ 和 $\vec{F}_{BA}$ 分别代表从 A 到 B 的力 (叫做 "B 对于 A 的力"), 和从 B 到 A 的力 (叫做 "A 对于 B 的力"); $d(A,B) > 0$ 代表点 A 和点 B 之间的距离 (此值不太小的情况下上式才与实验相符); G 是万有引力常数 (它的值大约是 6.67259×10^{-11} m^3/(kg·s^2)).

设地球的半径为 R (其值约为 6371 km). 把地球抽象成质点, 位于原点, 质量为 M (其值大约为 5.9742×10^{24} kg). 那么, 位于 $x = (x_1, x_2, x_3) \in \mathbb{R}^3$ ($|x| > R$) 处, 质量为 $m(x)$ 的质点受地球的引力为

$$F(x) = -GMm(x)|x|^{-3}x$$

或用向量写法

$$\vec{F}(x) = -GMm(x)|x|^{-3}\vec{x}.$$

现在 $V := \{x \in \mathbb{R}^3 : |x| > R\}$, $(V, \vec{F})$ 就是地球产生的重力场.

当局限在地球表面的上方相对于地球的大小而言非常小的范围内, 考虑的质点的质量 m 相对于地球质量而言非常小时, 质点受到的重力 (地球引力) $\vec{F}$ 近似等于质量 m 与**重力加速度** $\vec{g}$ 的乘积, 即 $\vec{F} = m\vec{g}$. 重力加速度 $\vec{g}$ 的方向垂直向下, 大小为 9.8 m/s^2.

例 1.2(数量场的梯度场) 设 V 是 $\mathbb{R}^n$ 中的不空的开集, $f: V \longrightarrow \mathbb{R}$. 那么 (V, f) 是一个数量场. 如果 f 处处可导, $f'(x) = (f_1(x), \cdots, f_n(x))$, $x \in V$, 那么 (V, f') 叫做 (V, f) 的梯度场. 在第三章 §1 中曾讲过, 导数 f' 也常叫做梯度 (gradient), 并习惯上用 ∇f 表示, 也记做 $\operatorname{grad} f$. 根据第三章 §1.5 的结果, ∇f 给出了 f 变化最剧烈的方向.

看一看 $n = 1$ 的情形是有益的. 这时数量场 $(\mathbb{R}, f)$ 的梯度场是 $(\mathbb{R}, \vec{f'})$, 导数 $f'(x)$ 被看做是向量 $(\vec{f'}(x))$, 其起点为数轴上的点 x, 其大小为 $|f'(x)|$, 其方向当 $f'(x) > 0$ 时为数轴的正方向, 而当 $f'(x) < 0$ 时为数轴的负方向. 由于只有两个可能的方向, 而它们完全被数值 $f'(x)$ 的正负所确定, 所以记号 $f'(x)$ 与记号 $\vec{f'}(x)$ 完全可以不加区别 (当 $n > 1$ 时, 符号 $\vec{f'}$ 或许有一种提醒的作用, 但舍弃它而仅用 f' 也未尝不可. 我们使用向量记号 (上箭头) 只是遵从历史的习惯而已).

设 $c \in f(V)$. 称曲面

$$\mathscr{S}_c = \{(x,y,z) : F(x,y,z) = c\}$$

为场 (V,f) (或函数 f) 的**等值面** (f 取相同值 c 的曲面). 容易证明 (作为习题), 当 $\nabla f(P)$ 不是零向量时, 它的方向垂直于过点 P 的等值面 $\mathscr{S}_c$ (过曲面 $\mathscr{S}$ 上一点 P 的直线 ℓ 与 $\mathscr{S}$ 垂直, 指的是 ℓ 与 $\mathscr{S}$ 在点 P 处的切平面垂直).

向量场沿着曲线或曲面的积分, 叫做**第二型积分**, 它们的精确定义分别在下面两节中给出.

习题 7.1

1. 复习第六章关于曲线和曲面的基本概念.
2. 根据万有引力常数 $G = 6.672\,59 \times 10^{-11}$ m³/(kg·s²), 地球半径 $R = 6\,371$ km, 用万有引力定律 (见例 1.1) 验证地球表面的重力加速度是 9.8 m/s². 问: 在地面以上多高处重力加速度减少为 8 m/s²?

§2 第二型曲线积分

先回顾一下曲线的自然表示, 详细的讨论见第六章.

设 I 是有界区间, 可以是 $[a,b], (a,b], [a,b), (a,b)$ 中任何一种. 设 f 是 I 到 $\mathbb{R}^n$ 中的 C^1 类映射 (变换):

$$\forall t \in I, \quad f(t) = (f_1(t), \cdots, f_n(t)),$$

其中 $f_k \in C^1(I), k = 1, \cdots, n$. 我们称

$$\mathscr{L} := \{f(t) : t \in I\} \tag{2.1}$$

为 C^1 类曲线, 称 f 为它的**表示**. 规定当 $t_1 < t_2$ 时, $\mathscr{L}$ 上的点 $f(t_1)$ 在 $f(t_2)$ 前面, 这样, 循着 t 增大的方向而规定了曲线的方向. 当然, 令 $g(t) = f(-t)$, $t \in -I$. 则由 g 表示的曲线仍是 $\mathscr{L}$, 只不过此时曲线的方向与原来相反. 如果 f 是单射 (即可逆映射) 并且对于一切 $t \in I$, $|f'(t)| > 0$, 则说 f 是 $\mathscr{L}$ 的一个**正则表示**. 如果曲线 $\mathscr{L}$ 具有一个正则表示, 则称之为**正则曲线**. 例如曲线 $\mathscr{L} := \left\{ \left(t\cos t, t\sin t, \dfrac{1}{2}t\right) : 0 \leqslant t \leqslant 4\pi \right\}$ (如图 19).

设 $\mathscr{L}$ 是 $\mathbb{R}^n$ 中的一条正则曲线, f 是它的一个正则表示, 如 (2.1). 其中, 为方便假设 I 是闭区间, $I = [a,b]$. 对于 $[a,b]$ 的任一分点组 $\Omega : t_0 = a < t_1 < \cdots < t_m = b$, 记 $S(\mathscr{L}; f, \Omega)$ 为顺次连接 $f(t_0), f(t_1), \cdots, f(t_m)$ 的折线的长, 即

$$S(\mathscr{L}; f, \Omega) = \sum_{k=1}^{m} |f(t_k) - f(t_{k-1})|.$$

图 19

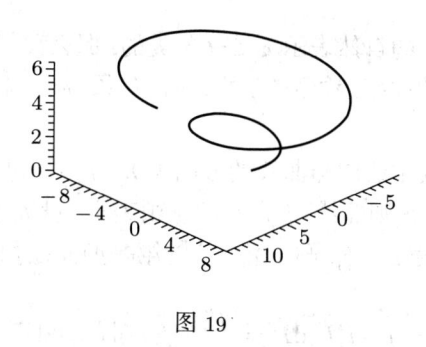

定义
$$S(\mathscr{L};f) := \sup\{S(\mathscr{L};f,\Omega) : \Omega \text{ 为 } [a,b] \text{ 的分点组}\}.$$

我们证明过, $S(\mathscr{L};f)$ 的值与正则表示 f 的取法无关. 因此, 这个值被定义为**曲线 $\mathscr{L}$ 的长度**, 记做 $|\mathscr{L}|$.

我们还求出了正则曲线的长度计算公式: 设 $\mathscr{L}$ 是正则曲线, $f : [a,b] \longrightarrow \mathbb{R}^n$ 是它的正则表示. 那么

$$|\mathscr{L}| = \int_a^b |f'(t)|\mathrm{d}t. \tag{2.2}$$

对于由 (2.1) 定义的正则曲线 $\mathscr{L}$, 从点 $f(a)$ 到点 $f(t)$ (按规定方向) 的一段的长度是

$$s(t) = \int_a^t |f'(\tau)|\mathrm{d}\tau, \quad t \in [a,b].$$

我们证明过, 此函数 $s : [a,b] \longrightarrow [0,|\mathscr{L}|]$ 有连续的反函数 $t : [0,|\mathscr{L}|] \longrightarrow [a,b]$. 于是我们得到曲线 $\mathscr{L}$ 的如下表示

$$\phi(s) = f(t(s)), \quad 0 \leqslant s \leqslant |\mathscr{L}|, \tag{2.3}$$

我们曾证明, 函数 ϕ 是 $\mathscr{L}$ 的正则表示, 叫做**自然表示.** 在 (2.3) 中, 自然表示借助正则表示 f 与函数 t 的复合给出, 但很明显, 它与正则表示 f (及依赖于 f 的 t) 的选取无关.

我们知道 $\phi' = f'(t(s))t'(s) = \dfrac{f'(t(s))}{|f'(t(s))|}$ 是 $\mathbb{R}^n$ 中的单位向量 (即长度为 1 的向量). 它是 $\mathscr{L}$ 在点 $\phi(s)$ 处 (依 ϕ 给出的方向) 的单位切向量 (参阅第六章 §2.3). 为了强调 ϕ' 的向量性质, 我们把它记做 $\vec{\phi'}$ (当然这记法并不必要).

切向量 $\vec{\phi'}$ 是 $\mathscr{L}$ 本身几何性质的刻画, 当 $\mathscr{L}$ 的方向取定时, 切向量与正则表示 f 的具体取法无关; 当 $\mathscr{L}$ 的方向改成相反的方向时, 切向量由 $\vec{\phi'}$ 变为 $-\vec{\phi'}$.

如果正则曲线 $\mathscr{L}$ 的自然表示 ϕ 是 C^2 类的, 那么我们称 $|\phi''(s)|$ 为 $\mathscr{L}$ 在点 $\phi(s)$ ($s \in [0, |\mathscr{L}|]$) 处的曲率, 称 $\vec{\phi}''(s)$ 的方向 (如果 $|\phi''(s)| \neq 0$) 为该点处的主法向.

容易看到, 曲率及主法向与曲线的方向无关, 它刻画的是曲线的弯曲状况.

设 $\mathscr{L}$ 是 $\mathbb{R}^n$ 中的正则曲线, f 是它的正则表示. 设 h 是 $\mathscr{L}$ 到 $\mathbb{R}$ 的映射. 我们知道, 如果 $h(f(t)) \in L[a,b]$, 则 h 沿 $\mathscr{L}$ 的第一型曲线积分为

$$\int_{\mathscr{L}} h(P) \mathrm{d}P = \int_a^b h(f(t))|f'(t)| \mathrm{d}t. \tag{2.4}$$

如果 $f = \phi$ 是 $\mathscr{L}$ 的自然表示, 那么 (2.4) 成为

$$\int_{\mathscr{L}} h(P) \mathrm{d}P = \int_0^{|\mathscr{L}|} h(\phi(s)) \mathrm{d}s.$$

此式表明, 第一型曲线积分实际上就是把曲线**无伸缩地拉直** (自然表示 ϕ 之逆映射 ϕ^{-1} 就是无伸缩拉直的数学表达) 后在区间上进行的定积分. 如果 $\mathscr{L}$ 就是线段 (用区间 $[0, |\mathscr{L}|]$ 表示) 那就可以省去 "拉直" 过程, 完全回到原始意义下的区间上的积分.

如果把曲线 "拉直" 是通过正则表示 f 的逆映射 (f^{-1}) 实现的, 那么局部的**伸缩系数** 是 $|f'(t)|^{-1}$, 这导致 (2.4).

注意 第一型曲线积分与曲线的方向无关, 说到沿线段 $[\ell, 0]$ (与 $[0, \ell]$ 仅方向相反) 的第一型积分时, 指的仍然是沿 $[0, \ell]$ 的积分. 这与下面要讨论的第二型积分不同.

设 $\mathscr{L}$ 是 $\mathbb{R}^n$ 中的一条正则曲线, 记 $|\mathscr{L}| = \ell$. 设

$$\phi : [0, \ell] \to \mathscr{L} \subset \mathbb{R}^n,$$
$$\phi(s) = (\phi_1(s), \cdots, \phi_n(s)) \ (s \in [0, \ell])$$

是 $\mathscr{L}$ 的自然表示. 现假设 g 是 $\mathscr{L}$ 到 $\mathbb{R}^n$ 的映射 (变换),

$$\forall \phi(s) \in \mathscr{L} \ (s \in [0, \ell]), \quad \vec{g}(\phi(s)) = (g_1(\phi(s)), \cdots, g_n(\phi(s))).$$

这里为了强调 $g(\phi(s))$ 是 $\mathbb{R}^n$ 中的点, 使用向量符号予以标记 (而对于点 $\phi(s)$ 未加标记). 我们知道 $\mathscr{L}$ 上点 $\phi(s)$ 处的切向量是 $\vec{\phi}'(s) = (\phi_1'(s), \cdots, \phi_n'(s))$. 那么内积

$$\vec{g}(\phi(s)) \cdot \vec{\phi}'(s) = \sum_{k=1}^n g_k(\phi(s)) \phi_k'(s).$$

定义 2.1(第二型曲线积分) 如果对于每个 $k \in \{1, \cdots, n\}$, 都有
$$g_k(\phi(s))\phi_k'(s) \in L[0, \ell],$$
则称积分
$$\int_0^\ell \vec{g}(\phi(s)) \cdot \vec{\phi}'(s) \mathrm{d}s = \sum_{k=1}^n \int_0^\ell g_k(\phi(s))\phi_k'(s)\mathrm{d}s \tag{2.5}$$
为 g (或 $\vec{g}$) 在 $\mathscr{L}$ 上的第二型曲线积分, 记之为 $\int_\mathscr{L} \vec{g}(P) \cdot \mathrm{d}\vec{P} = \int_\mathscr{L} \vec{g}(\phi(s)) \cdot \mathrm{d}\vec{\phi}(s).$

注 2.1 我们对于记号做一些说明. 当 $P = \phi(s) \in \mathscr{L}$ 时, 形式地把 $\mathrm{d}\vec{P}$, 即 $\mathrm{d}\vec{\phi}(s)$, 理解为记号
$$(\mathrm{d}\phi_1(s), \cdots, \mathrm{d}\phi_n(s)),$$
而 "·" 表示内积. 把变换 g 标上矢量符号记做 "$\vec{g}$" 的好处是能强调 "内积" 与 "数乘" 的区别. 于是 (2.5) 式的右端被写成
$$\int_\mathscr{L} \vec{g}(\phi(s)) \cdot \mathrm{d}\vec{\phi}(s) = \sum_{k=1}^n \int_0^\ell g_k(\phi(s))\mathrm{d}\phi_k(s),$$
其中记号
$$\int_0^\ell g_k(\phi(s))\mathrm{d}\phi_k(s) \quad (k = 1, \cdots, n)$$
表示的是积分
$$\int_0^\ell g_k(\phi(s))\phi_k'(s)\mathrm{d}s \quad (k = 1, \cdots, n).$$
当把 $\mathscr{L}$ 上的点 $\phi(s)$ 记做 $x = x(s) = (x_1(s), \cdots, x_n(s))$, 它的第 k 坐标记做 $x_k = x_k(s)$ 时, $\mathrm{d}\vec{P}$ 就是 $\mathrm{d}\vec{x}$. 于是 (2.5) 就被写成
$$\int_\mathscr{L} \vec{g}(P) \cdot \mathrm{d}\vec{P} = \int_\mathscr{L} \vec{g}(x) \cdot \mathrm{d}\vec{x}.$$
其中我们没有把 $\vec{g}(P)$ 写成 $\vec{g}(\vec{P})$, 是因为感到箭头套箭头的视觉效果不太好. 其实一个箭头都不要, 倒好像更利索, 我们在写法上压根儿就没把 $\mathbb{R}^n$ (包括 $n = 1$ 的情形) 中的 "点" 和 "向量" 加以区别.

注 2.2 由于 ϕ' 是单位向量, 它和第 k 坐标轴的夹角是
$$\alpha_k(s) := \arccos \phi_k'(s), \quad k = 1, \cdots, n,$$
那么第二型曲线积分 (2.5) 可写成
$$\int_\mathscr{L} \vec{g}(\phi(s)) \cdot \mathrm{d}\vec{\phi}(s) = \int_0^\ell \sum_{k=1}^n g_k(\phi(s))\cos\alpha_k(s)\mathrm{d}s.$$

注 2.3 (对于 1 维情形常用记号的说明) 从定义 2.1 直接看出, 当改变 $\mathscr{L}$ 的方向时, 由于 ϕ' 只改变符号, 所以第二型积分 (2.4) 也只改变符号. 如果我们的曲线就是 $\mathbb{R}$ 中的线段 $[a,b]$, 那么对于 $f \in L[a,b]$,

$$\int_{(a,b)} f$$

表示的是第一型曲线积分, 而

$$\int_b^a f(x)\mathrm{d}x = -\int_a^b f(x)\mathrm{d}x$$

则表示的是按照自变量增加的方向 (X 轴的正方向) 的**第二型曲线积分**, 由于在同一直线上的向量的内积等于在默认的方向之下两向量的大小的值 (带正负符号) 的乘积, 所以对于 1 维情形, 总是不用向量内积的符号. 这是历史上的习惯形成的, 希望心中明白, 不要有任何混淆.

定义第二型曲线积分借助于曲线的自然表示, 但是计算第二型曲线积分却没必要一定使用曲线的自然表示.

定理 2.1 设 $\mathbb{R}^n$ 中的曲线 $\mathscr{L}$ 是正则的, $f: [a,b] \longrightarrow \mathscr{L}$ 是它的正则表示. 设 g 是 $\mathscr{L}$ 到 $\mathbb{R}^n$ 的映射. 如果

$$\vec{g}(f(t)) \cdot \vec{f}'(t) \in L[a,b],$$

则 $\vec{g}$ 沿 $\mathscr{L}$ 的第二型曲线积分

$$\int_{\mathscr{L}} \vec{g}(P) \cdot \mathrm{d}\vec{P} = \int_a^b \vec{g}(f(t)) \cdot \vec{f}'(t)\mathrm{d}t.$$

证 在定理的条件下, 函数 $s(t) = \int_a^t |f'(\tau)|\mathrm{d}\tau$ $(t \in [a,b])$ 有反函数 $t = t(s)$, $s \in [0,\ell]$. 在积分

$$\int_a^b \vec{g}(f(t)) \cdot \vec{f}'(t)\mathrm{d}t$$

中做变量替换 $t = t(s)$, 得

$$\int_a^b \vec{g}(f(t)) \cdot \vec{f}'(t)\mathrm{d}t = \int_0^\ell \vec{g}(f(t(s))) \cdot \vec{f}'(t(s))t'(s)\mathrm{d}s.$$

由于 $f(t(s)) = \phi(s)$ 恰是曲线的自然表示 (见 (2.3)), 再根据

$$\vec{\phi}'(s) = \vec{f}'(t(s))t'(s),$$

所以
$$\int_a^b \vec{g}(f(t))\cdot \vec{f}'(t)\mathrm{d}t = \int_0^\ell \vec{g}(\phi(s))\cdot \vec{\phi}'(s)\mathrm{d}s.\qquad \Box$$

注 2.4 ① 根据定义 2.1 和定理 2.1, 向量场 $\vec{g}$ 沿正则曲线 $\mathscr{L}$ 的第二型积分恰是 $\vec{g}$ 与曲线的单位切向量 $\vec{\tau} := \phi'$ 的内积 $\vec{g}\cdot\vec{\tau}$ 的第一型积分

$$\int_{\mathscr{L}} (\vec{g}\cdot\vec{\tau})(P)\mathrm{d}P.$$

② 自然地规定, 沿着由有限段正则曲线连成的曲线, 第二型曲线积分为各段上的积分之和 (当然保持统一的方向). 由有限段正则曲线连成的曲线, 简称为逐段正则曲线. 在两段正则曲线的接点处, 不要求曲线的光滑性. 任何闭曲线 (例如圆周) 都没法用定义在**闭区间**上的正则表示给出. 因为如果不砍断它, 就没法把它拉直.

③ 从定义 2.1 直接看出, 如果 $\mathscr{L}$ 是闭曲线, 那么, 只要方向确定, 从 $\mathscr{L}$ 的任何一点起始至这点终止, 第二型曲线积分的值都是一样的. 所以, 当 $\mathscr{L}$ 是闭曲线 (由有限条正则曲线连接而成) 时, 在整条曲线上的第二型曲线积分不必说明曲线的始点和终点, 而只规定其方向即可.

现在我们举例来说明第二型曲线积分的物理背景. 换言之, 我们通过实例来看一看, 第二型曲线积分是应用积分论解决何种实际问题的数学工具.

例 2.1 给定力场 $(\mathbb{R}^3, \vec{F})$, 其中
$$\vec{F}(x,y,z) = (F_1(x,y,z), F_2(x,y,z), F_3(x,y,z))$$
表示质点在位置 $(x,y,z)\in\mathbb{R}^3$ 处受的力. 设有一个质点 m 从位置 $P_0(x_0,y_0,z_0)$ 沿一曲线路径 $\mathscr{L}$ 运动到位置 $P(x,y,z)$. 我们来确定力场对此质点所做的功.

如果 $\mathscr{L}$ 恰是线段 $\overrightarrow{P_0P}$, 而力 $\vec{F}$ 是大小方向都不变的, 那么, 力场做的功为 $\vec{F}$ 在向量 $\overrightarrow{P_0P}$ 的正方向的投影与 $\overrightarrow{P_0P}$ 的长度的乘积, 即
$$W = \vec{F}\cdot\overrightarrow{P_0P}.$$
然而, 力 $\vec{F}$ 不必不随位置变化, 路径 $\mathscr{L}$ 不必是直线段. 但上面特殊情形下的公式启发我们定义所求的功为
$$W = \int_{\mathscr{L}} \vec{F}(P)\cdot\mathrm{d}\vec{P},$$
即力场 $\vec{F}$ 沿 $\mathscr{L}$ 的第二型曲线积分.

例 2.2(续例 2.1) 设力场是地球表面的重力场. 此时, 力是由质点的质量 m 与重力加速度 (看成是方向向下的常向量) $\vec{g}$ 的乘积给出.

如果质量为 m 的质点 P 在竖直平面中沿有限条正则曲线连成的曲线 $\mathscr{L}$ 由点 A 移动到了点 B (如图 20), 那么这一过程中重力做的功为

$$W = \int_{\mathscr{L}} m\vec{g} \cdot \mathrm{d}\vec{P}.$$

按图 20 所示的坐标系, 给 $\mathscr{L}$ 以自然表示

$$P(s) = (x(s), y(s)), \quad s \in [0, \ell] \ (\ell = |\mathscr{L}|).$$

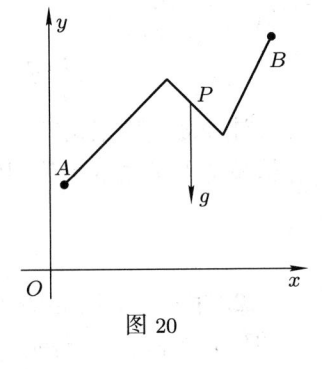

那么 $\vec{g} = (0, -g)$ (我们用字母 g 表示重力加速度向量的大小). 于是

$$W = -\int_0^\ell mg y'(s) \mathrm{d}s = mg(y(0) - y(\ell)).$$

我们看到 W 仅由始点 A 和终点 B 的高度之差所决定, 而与 $\mathscr{L}$ 的形状无关.

例 2.3 设 $\mathscr{L}$ 是 $\mathbb{R}^3$ 中柱面 $x^2 + y^2 = 1$ 与平面 $x + y + z = 0$ 的交线 (如图 21), 沿 z 轴方向依右手螺旋法则规定其方向. 求

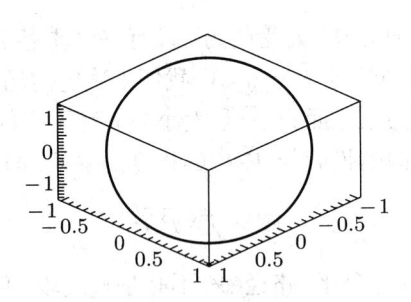

$$J = \int_{\mathscr{L}} (y - z) \mathrm{d}x + (z - x) \mathrm{d}y + (x - y) \mathrm{d}z.$$

图 21 曲线 $\mathscr{L}$ 的图像

解 首先我们注意到, 这里的积分式子使用了注 2.1 中所规定的写法. 我们知道

$$\mathscr{L} = \{(x, y, z) : x^2 + y^2 = 1, x + y + z = 0\}.$$

令 $x = \cos\theta, y = \sin\theta, 0 \leqslant \theta \leqslant 2\pi$. 得 $z = -\cos\theta - \sin\theta$. 而由几何的观察知, θ 的

增长与 $\mathscr{L}$ 的规定方向一致. 所以

$$J = \int_0^{2\pi} [2\sin\theta + \cos\theta)x'(\theta) + (-2\cos\theta - \sin\theta)y'(\theta) + (\cos\theta - \sin\theta)z'(\theta)]\mathrm{d}\theta$$
$$= \int_0^{2\pi} (-2\sin^2\theta - 2\cos^2\theta - 1)\mathrm{d}\theta = -6\pi. \qquad \square$$

例 2.4 求 $\int_{x^2+y^2=2,\text{逆时针}} (x^2+y^2+2)^{-1} \overrightarrow{(x,y)} \cdot \mathrm{d}\overrightarrow{(x,y)}$.

解 曲线上点 (x,y) 处的切方向是 (x',y') 它与被积函数的内积等于

$$(x^2+y^2+2)^{-1} \overrightarrow{(x,y)} \cdot \overrightarrow{(x',y')} = 4^{-1}(xx',yy') = 8^{-1}(x^2+y^2)' = 0.$$

所以结果是零. $\qquad \square$

例 2.5 设平面上的开集 V 中有均匀密度的流体, 密度为 ρ, 在 V 中每点 (x,y) 处的流速稳定 (即不随时间变化) 为 $\vec{v}(x,y) = (P(x,y),Q(x,y))$, 且形成一个流速场 $(V,\vec{v})$. 设 V 中有正则曲线

$$\mathscr{L} = \{f(t) = (x(t),y(t)) : \ a \leqslant t \leqslant b\}.$$

点 $f(t)$ 处曲线的单位切向量为

$$\vec{\tau}(t) := \frac{f'(t)}{|f'(t)|} = \frac{(x'(t),y'(t))}{\sqrt{x'(t)^2+y'(t)^2}}.$$

定义点 $f(t)$ 处曲线的单位法向量为 $\vec{n}(t) := \dfrac{(y'(t),-x'(t))}{\sqrt{x'(t)^2+y'(t)^2}}$. 易见, $\vec{n}(t)$ 恰为单位切向量 $\vec{\tau}(t)$ **顺时针旋转** $90°$ (即 $\dfrac{\pi}{2}$ 弧度) 所得.

定义 2.2 称积分

$$\Phi := \int_{\mathscr{L}} \vec{v}(P) \cdot \vec{n}(P)\mathrm{d}P = \int_{\mathscr{L}} \overrightarrow{(-Q(x,y),P(x,y))} \cdot \mathrm{d}\overrightarrow{(x,y)}$$

为流速场 $\vec{v}$ 通过曲线 $\mathscr{L}$ 向 $\vec{n}$ 一侧的**流量**.

把向量 $\overrightarrow{(-Q(x,y),P(x,y))}$ 写成 $\vec{v}_{\perp}(x,y)$. 那么流量

$$\Phi := \int_{\mathscr{L}} \vec{v}_{\perp}(P) \cdot \mathrm{d}\vec{P} = \int_{\mathscr{L}} (-Q(x,y)\mathrm{d}x + P(x,y)\mathrm{d}y).$$

例 2.6 设平面流速场 $(V,\vec{v})$ 如图 22 所示. 设流体是恒定等密度的, 密度为 ρ, 单位为 g/cm^2; 又设流速是稳定的, 其值为 $\vec{v}(x,y) = (\ln(x^2+y^2+1),-2y)$, 单位为 cm/s. 求流体流出半径为 1 cm、中心在原点的取逆时针方向的圆周 C 的流量, 单位为 g/s.

解 由于规定了曲线沿逆时针方向, 所以切向量 $\vec{T}$ 顺时针转 $90°$ 所得的法向量 $\vec{N}$ 指向圆外.

所求为

$$\begin{aligned}\varPhi &= \rho \int_C (2y\mathrm{d}x + \ln(x^2+y^2+1)\mathrm{d}y) \\ &= \rho \int_0^{2\pi} (-2\sin^2 t + \ln 2\cos t)\mathrm{d}t \\ &= -2\pi\rho (\mathrm{g/s}).\end{aligned}$$

所得的值是负的, 表明所给的圆内有流体的渗失. □

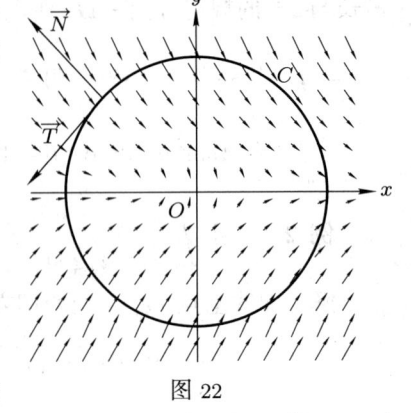

图 22

体会一下第二型曲线积分与第一型曲线积分的不同之处:

第一型的被积函数是数值函数, 第二型则是向量值函数.

处理 $\mathbb{R}^n$ 中的曲线上的第一型积分可把曲线拉成直线, 进行 (直线段上的) 积分, 而处理第二型积分时不可直接"拉直", 这时积分被分成 n 个"分量" (被积函数与曲线切向量的内积的 n 个组成部分) 的和, 但被积函数 (向量) 与切方向作内积之后, 就完全转化成第一型积分了.

第一型曲线积分与曲线的方向无关. 第二型积分当曲线的方向改变时, 改变符号.

习题 7.2

1. 设 $\mathscr{L} = \{(x,y) \in \mathbb{R}^2 : x^2 + y^2 = r^2\}\,(r>0)$, 取逆时针方向. 求:

$$\int_{\mathscr{L}} \left(\frac{x+y}{x^2+y^2}\mathrm{d}x - \frac{x-y}{x^2+y^2}\mathrm{d}y \right).$$

2. 设 $\mathscr{L}$ 是 $\mathbb{R}^2$ 中以 $(1,0),(0,1),(-1,0),(0,-1)$ 为顶点的正方形曲线, 取逆时针方向. 求:

$$\int_{\mathscr{L}} \frac{1}{|x|+|y|}(\mathrm{d}x + \mathrm{d}y).$$

3. 设 $\mathscr{L}$ 为螺线 $\{(a\cos\theta, a\sin\theta, b\theta) : \theta \in [0, 2\pi]\}$, 取 θ 增加的方向. 求:

$$\int_{\mathscr{L}} y\mathrm{d}x + z\mathrm{d}y + x\mathrm{d}z.$$

4. 设 $\mathscr{L}$ 上有力场 $F = -k(x,y)\,(k>0)$. 求质点 P 沿圆周 $\mathscr{L} = \{(x,y) : x^2+y^2 = a^2\}\,(a>0)$ 以逆时针方向运动一周时, 力场所做的功.

§3 沿曲线的 Newton-Leibniz 公式

定理 3.1 (Newton-Leibniz 公式) 设 $V = \{x \in \mathbb{R}^n : |x| < M\}$ $(M > 0)$. 给定一个连续的向量场 $(V, \vec{F})$. 如果存在数量场 (V, f), 使得 f 是 F 的一个**原函数** (也叫做反导数, antiderivative), 即 $f' = F$, 也就是说, $(V, \vec{F})$ 是 (V, f) 的导数场 (即梯度场), 那么沿着 V 中的任何 (逐段) 正则曲线 $\mathscr{L}$,

$$\int_{\mathscr{L}} \vec{F}(x) \cdot d\vec{x} = f(B) - f(A),$$

其中 A, B 分别是 $\mathscr{L}$ 的起点和终点.

证 设 $\mathscr{L}$ 的自然表示为 $\phi: [0, \ell] \longrightarrow \mathscr{L}$, $\phi(0) = A, \phi(\ell) = B$. 那么根据定义 (见 (2.4))

$$\int_{\mathscr{L}} \vec{f}(x) \cdot d\vec{x} = \int_0^\ell \sum_{k=1}^n F_k(\phi(s)) \phi_k'(s) ds.$$

由于 $f' = F$, 所以

$$\frac{\partial f(x)}{\partial x_k} = F_k(x), \ k = 1, \cdots, n, \quad x \in V,$$

$$\frac{d}{ds}(f(\phi(s))) = \sum_{k=1}^n \frac{\partial f(x)}{\partial x_k}\Big|_{x=\phi(s)} \phi_k'(s) = \sum_{k=1}^n F_k(\phi(s)) \phi_k'(s).$$

于是

$$\int_{\mathscr{L}} \vec{F}(x) \cdot d\vec{x} = \int_0^\ell \frac{d}{ds}(f(\phi(s)) ds.$$

对于上式右端使用已知的 N-L 公式, 就完成了证明. □

注 3.1 ① 定理 3.1 的证明使用了已知的 N-L 公式, 但它的结论显然是已知的 N-L 公式的一种推广.

② 定理 3.1 是习题 7.3 题 1 的特例.

③ 根据物理学的背景, 如果向量场 $(V, \vec{F})$ 是数量场 (V, f) 的导数场 (即梯度场), 也就是说, f 是 F 的一个原函数, 那么称 f 为 F 的一个**势函数** (potential function), 此时称 $(V, \vec{F})$ 为**保守场** (conservative field). 历史上, 根据力学的背景, 多变元函数 f 的**导数** (derivative) f' 被叫做**梯度** (gradient), 并记 f' 为 $\text{grad} f$ 或 ∇f (读 ∇ 为 nabla).

定理 3.2 设 V 是 $\mathbb{R}^3$ 中的不空的连通开集, $\vec{F} = (P, Q, R): V \longrightarrow \mathbb{R}^3$, 其中, $P, Q, R \in C^1(V)$. 那么, $(V, \vec{F})$ 是某数量场 (V, f) 的导数场 (即 f 是 $\vec{F}$ 的一

个势函数) 的必要条件是

$$\frac{\partial P}{\partial y} = \frac{\partial Q}{\partial x}, \quad \frac{\partial Q}{\partial z} = \frac{\partial R}{\partial y}, \quad \frac{\partial R}{\partial x} = \frac{\partial P}{\partial z}. \tag{3.1}$$

证 设 f 是 $\vec{F}$ 的一个反导数. 记 $f_1 = \dfrac{\partial f}{\partial x}$, $f_2 = \dfrac{\partial f}{\partial y}$, $f_3 = \dfrac{\partial f}{\partial z}$. 那么, $f_1 = P, f_2 = Q, f_3 = R$. 由于 $f_j \in C^1(V)$, $j = 1, 2, 3$, 那么此时混合导数与求导次序无关, 即 (按照上述关于偏导数的记号的规定)

$$f_{12} = f_{21}, \quad f_{23} = f_{32}, \quad f_{31} = f_{13}.$$

这三个等式恰好就是条件 (3.1). □

注 3.2 条件 (3.1) 当 V 比较好时也是充分的, 见后面 §7 推论 7.2; 而当 V 不太好时并不充分, 参阅习题 7.3 的第 6 题.

例 3.1 设 $F(x, y, z) = (2xyz + 3y^2, x^2z + 6xy - 2z^3, x^2y - 6yz^2)$, $(x, y, z) \in \mathbb{R}^3$.
(1) 证明 $\vec{F}$ 满足条件 (3.1);
(2) 求 $\vec{F}$ 的一个反导数 (即势函数);
(3) 设 $\mathscr{L} = \{r(t) = (t^2 e^t, t + \sqrt{t}, e^t \cos \pi t): 0 \leqslant t \leqslant 4\}$, 沿 t 增加的方向. 求 $\displaystyle\int_{\mathscr{L}} \vec{F}(r) \cdot \mathrm{d}\vec{r}$.

解 记 $\vec{F} = (P, Q, R)$. 那么 (1)

$$\frac{\partial P}{\partial y} = 2xz + 6y, \quad \frac{\partial P}{\partial z} = 2xy,$$
$$\frac{\partial Q}{\partial x} = 2xz + 6y, \quad \frac{\partial Q}{\partial z} = x^2 - 6z^2,$$
$$\frac{\partial R}{\partial x} = 2xy, \quad \frac{\partial R}{\partial y} = x^2 - 6z^2$$

由此证实了 (3.1).

(2) 把 $P(x, y, z) = 2xyz + 3y^2$ 看做 x 的函数而求其原函数, 得

$$f(x, y, z) := \int P(x, y, z) \mathrm{d}x = \int (2xyz + 3y^2) \mathrm{d}x = x^2yz + 3xy^2 + c(y, z),$$

其中 $c(y, z)$ 是 (y, z) 的一个函数, 它与 x 无关.

令 $\dfrac{\partial f}{\partial y} = Q$, 得

$$x^2z + 6xy + \frac{\partial c(y, z)}{\partial y} = x^2z + 6xy - 2z^3.$$

从而
$$\frac{\partial c(y,z)}{\partial y} = -2z^3.$$

对于变元 y 求此函数的原函数, 得
$$c(y,z) = -2yz^3 + d(z),$$

其中 d 是 z 的函数, 与 (x,y) 无关. 那么
$$f(x,y,z) = x^2yz + 3xy^2 + c(y,z) = x^2yz + 3xy^2 - 2yz^3 + d(z).$$

令 $\dfrac{\partial f}{\partial z} = R$, 得
$$x^2y - 6yz^2 + d'(z) = x^2y - 6yz^2.$$

从而 $d'(z) = 0$. 那么 $d(z) =$ 常数. 我们取 $d = 0$, 就得到 $\vec{F}$ 的一个反导数
$$f(x,y,z) = x^2yz + 3xy^2 - 2yz^3.$$

(3) 根据 Newton-Leibniz 公式,
$$\int_{\mathscr{L}} \vec{F}(r)\cdot \mathrm{d}\vec{r} = f(r(4)) - f(r(0)) = f(16\mathrm{e}^4, 6, \mathrm{e}^4) - f(0,0,1) = 1\,524\mathrm{e}^{12} + 1\,728\mathrm{e}^4.\quad \square$$

我们强调一下, 第二型曲线积分和第一型曲线积分一样, 也是解决物理、力学问题的工具, 它是 $\mathbb{R}$ 中的积分理论的一种应用, 别认为它是什么新的积分理论. 建议读者多做练习以便熟练地掌握算法, 而不必在曲线的技术处理的枝节问题 (这大多是几何问题) 上太花时间.

习题 7.3

1. 设 $f, g \in C^1(\mathbb{R}^3)$, $\mathscr{L}$ 是 $\mathbb{R}^3$ 中简单正则曲线, 始点为 A, 终点为 B. 证明下述关于第二型曲线积分的分部积分公式:
$$\int_{\mathscr{L}} f(P)\vec{g'}(P) \cdot \mathrm{d}\vec{P} = (fg)(B) - (fg)(A) - \int_{\mathscr{L}} g(P)\vec{f'}(P) \cdot \mathrm{d}\vec{P}.$$

2. 设 $V := \{(x,y,z) \in \mathbb{R}^3 : z > 0\}$, $F(x,y,z) := (y\ln z, x\ln z, xyz^{-1})$, $(x,y,z) \in V$. 设 $\mathscr{L} := \{r(t) = (\cos\pi t, \sin\pi t, 1+t) : 0 \leqslant t \leqslant 1\}$. 求场 $(V, \vec{F})$ 沿 $\mathscr{L}$ (按 t 的增加方向) 的第二型积分 (如果把场 $(V, \vec{F})$ 看做是力场, 那么所求的积分就是力场沿所给曲线所做的功).

3. (接上题) 设 $\mathscr{L}$ 是 V 中的任意的正则曲线, 始点为 A, 终点为 B. 证明积分

$$\int_{\mathscr{L}} \vec{F}(r) \cdot d\vec{r}$$

只与 A 和 B 的位置有关.

4. 把定理 3.2 推广到 $\mathbb{R}^n$ $(n > 3)$ 中.

5. 设 V 是 $\mathbb{R}^n$ $(n \geqslant 2)$ 中的不空连通开集. 证明: $\mathbb{R}^n$ 中向量场 $(V, \vec{F})$ 是保守场的充分必要条件是, 沿场内任何逐段正则闭曲线的第二型积分都是零.

6. 设 $V = \mathbb{R}^2 \setminus \{(0,0)\}$, 并且

$$F(x,y) := \left(\frac{-y}{x^2+y^2}, \frac{x}{x^2+y^2}\right), \quad (x,y) \in V.$$

(1) 证明: $\vec{F}$ 在 V 上处处满足 (3.1);

(2) 设 $\mathscr{C}$ 是单位圆周 (逆时针方向), 证明: $\int_{\mathscr{C}} \vec{F}(P) \cdot d\vec{P} \neq 0$;

(3) 向量 $\vec{F}$ 在 V 上有势函数吗?

(4) 设 $V_+ := \{(x,y) : x > 0\}$, $f(x,y) = \arctan(yx^{-1})$, $(x,y) \in V_+$, 证明: 在 V_+ 上 $f' = \vec{F}$.

7. 判断场 $(\mathbb{R}^3, \vec{F})$ 是否保守, 如果是, 求出 $\vec{F}$ 的势函数.

(1) $\vec{F}(x,y,z) = (yz+1, xz+1, xy+1)$;

(2) $\vec{F}(x,y,z) = (y+z, z+x, x+y)$;

(3) $\vec{F}(x,y,z) = (\cos x + 2yz, \sin y + 2zx, z + 2xy)$;

(4) $\vec{F}(x,y,z) = (6xy^3 + 2z^2, 9x^2y^2, 4xz+1)$;

(5) $\vec{F}(x,y,z) = (x\sin y, y\sin z, z\sin x)$;

(6) $\vec{F}(x,y,z) = (0, 2yz - z^2, y^2 - 2yz)$.

8. 设力场 $(\mathbb{R}^3, \vec{F})$ 如下:

$$\vec{F}(x,y,z) = (x,y,z)(x^2+y^2+z^2+3)^{-\frac{3}{2}}.$$

证明此场保守, 并求它从点 $(-1,3,4)$ 到 $(2,0,3)$ (沿任意正则曲线) 所做的功.

9. 求 $\int_{\{(t,t^2,t^3):\, 0 \leqslant t \leqslant 2\}} 2xyz\,dx + x^2y\,dy + x^2y\,dz$.

10. 求 $\int_{\{(t,t,t):\, 0 \leqslant t \leqslant 1\}} 3\,dx + e^{2x+y}\,dy + e^{-2x+z}\,dz$.

11. 求 $\int_{\{(\cos t, 2\sin t, t):\, 0 \leqslant t \leqslant 2\pi\}} (-x+y+z, x-y+z, x+y-z) \cdot d(x,y,z)$.

12. 求 $\int_{\{(-2t,t,4t):\, 0 \leqslant t \leqslant 1\}} (x^2, x\cos y, x\sin z) \cdot d(x,y,z)$.

13. 计算 $\int_{\overrightarrow{(0,0)(-3,4)}} \left(\frac{x}{\sqrt{x^2+y^2}}, \frac{-y}{\sqrt{x^2+y^2}}\right) \cdot d\overrightarrow{(x,y)}$.

14. 计算 $\int_{\mathscr{L}} \left(x\sqrt{x^2+y^2}, y\sqrt{x^2+y^2}\right) \cdot \mathrm{d}\overrightarrow{(x,y)}$. 其中 $\mathscr{L}$ 是抛物线 $\{(x,x^2): x\in\mathbb{R}\}$ 上从 $(0,0)$ 到 $(-2,4)$ 的一段.

15. 计算 $\int_{\overrightarrow{(1,2,3)(-1,-2,-3)}} \left(\mathrm{e}^{x+y}, xz, y\right) \cdot \mathrm{d}\overrightarrow{(x,y,z)}$.

16. 设 $f(x,y,z) = x\mathrm{e}^{yz} - xyz$. 计算 f'.

17. 设 $f(x,y,z) = \ln(x^2 + 2z^2 + 1)$. 计算 f'.

18. 计算 $\int_{\{(x,y):\ x^2+y^2=4\}\text{逆时针}} \left(\dfrac{x}{\sqrt{x^2+y^2}}, \dfrac{-y}{\sqrt{x^2+y^2}}\right) \cdot \mathrm{d}\overrightarrow{(x,y)}$.

19. 计算 $\int_{\{(x,y):\ y=\cos\pi x\}\text{从}(0,1)\text{到}(2,1)} \left(\dfrac{x}{\sqrt{x^2+y^2}}, \dfrac{y}{\sqrt{x^2+y^2}}\right) \cdot \mathrm{d}\overrightarrow{(x,y)}$.

20. 计算 $\int_{\{(\mathrm{e}^t\sin\pi t,\mathrm{e}^t,2\mathrm{e}^t\cos 2\pi t):\ 0\leqslant t\leqslant 2\}} \vec{F}(x,y,z) \cdot \mathrm{d}\overrightarrow{(x,y,z)}$, 其中
$$\vec{F}(x,y,z) = \left(\dfrac{x}{\sqrt{x^2+y^2+z^2}}, \dfrac{y}{\sqrt{x^2+y^2+z^2}}, \dfrac{z}{\sqrt{x^2+y^2+z^2}}\right).$$

21. 设 V 是 $\mathbb{R}^n$ 中的不空的开集, V 内任何两点都可用完全含在 V 内的逐段正则曲线连接, 而且 $(V,\vec{F})$ 是 C^1 类向量场 (即 $\vec{F}$ 的每个分量都属于 $C^1(V)$). 证明: 场 $(V,\vec{F})$ 保守的充分必要条件是, 沿着 V 内的任何逐段正则闭曲线 $\mathscr{L}$, 积分 $\int_{\mathscr{L}} \vec{F}(P) \cdot \mathrm{d}\vec{P}$ 都等于零.

22. 设 $V = \{(x,y,z)\in\mathbb{R}^3:\ z>0\}$, $\vec{F}(x,y,z) = (y\ln z, x\ln z, xyz^{-1})$. 证明 $(V,\vec{F})$ 是保守场. (提示: 求出 $\vec{F}$ 的一个势函数.)

23. 设 $\vec{F}(x,y) = ((2xy+y^2+2)\mathrm{e}^{xy}, (2x^2+xy)\mathrm{e}^{xy})$. 求一个适当的 $u(x,y)$ 使得 $\vec{F}(x,y) + (0, u(x,y))$ 是保守的. 用所得结果求
$$\int_{\{(x,y):\ y=\frac{1}{x}\},\text{从}(1,1)\text{到}(2,\frac{1}{2})} \vec{F}(P) \cdot \mathrm{d}\vec{P}.$$

24. 设 $\vec{F}(x,y,z) = (2xy+z^2, x^2+2yz, y^2)$. 求一个适当的 $u(x,y,z)$ 使得 $\vec{F}(x,y,z) + (0,0,u(x,y,z))$ 是保守的. 用所得结果求
$$\int_{\{(\cos t,\sin t,2t):\ 0\leqslant t\leqslant 2\pi\}} \vec{F}(P) \cdot \mathrm{d}\vec{P}.$$

25. 设 $\vec{F}(x,y,z) = (2xy, 2yz, y^2)$. 求一个适当的 $u(x,y,z)$ 使得
$$\vec{F}(x,y,z) + (0, u(x,y,z), 0)$$
是保守的. 用所得结果求
$$\int_{\overrightarrow{(1,0,0)(4,0,0)(4,0,-3)}} \vec{F}(P) \cdot \mathrm{d}\vec{P},$$
其中 $\overrightarrow{(1,0,0)(4,0,0)(4,0,-3)}$ 代表有向线段 $\overrightarrow{(1,0,0)(4,0,0)}$ 与 $\overrightarrow{(4,0,0)(4,0,-3)}$ 连接成的曲线 (折线).

26. 计算 $\int_{\overrightarrow{(1,1,1)(3,3,3)}} \left(\dfrac{y}{z}, \dfrac{z}{x}, \dfrac{x}{y}\right) \cdot \mathrm{d}\overrightarrow{(x,y,z)}$.

27. 计算 $\int_{\mathscr{L}} (\mathrm{e}^{yz} - yz, xz\mathrm{e}^{yz} - xz, xy\mathrm{e}^{yz} - xy) \cdot \mathrm{d}\overrightarrow{(x,y,z)}$. 其中 $\mathscr{L}$ 是顶点顺次排列为

$$(0,0,0), (1,1,0), (1,1,1), (0,0,1)$$

的矩形框.

28. 问 $\vec{F}(x,y,z) = (x - 2y + 3z, -2x + 4y - 6z, 3x - 6y + 9z)$ 保守吗? 说出理由.

29. 问 $\vec{F}(x,y,z) = (\mathrm{e}^{yz}, \mathrm{e}^{zx}, \mathrm{e}^{xy})$ 保守吗? 说出理由.

30. 问 $\vec{F}(x,y,z) = (0, 2yz - z^2, y^2 - 2yz)$ 保守吗? 说出理由.

§4 $\mathbb{R}^2$ 中的 Green 公式

设 $\mathscr{L}$ 是 $\mathbb{R}^2$ 中的一条闭曲线, 它由有限条正则曲线首尾连接而成. 设 $\mathscr{L}$ 是 (单连通) 开集 D 的边界, 即 $\overline{D} \setminus D = \mathscr{L}$. 并设 D 具有如下性质: $\forall c \in \mathbb{R}$, 集合

$$\{x \in \mathbb{R} : (x,c) \in D\}, \quad \{y \in \mathbb{R} : (c,y) \in D\}$$

皆为开区间 (空集也叫做开区间). 如下规定 $\mathscr{L}$ 的方向, 使得 "人在 $\mathscr{L}$ 上沿着这个方向往前走时 D 总在人的左边". 这是一个很直观的描述性语句. 如果要做稍微抽象一点的规定, 也许可以这样说: (规定 $\mathscr{L}$ 的方向) "使得 $\mathscr{L}$ 上点 P 处的切向量 ($\mathscr{L}$ 上只有有限个点处可以没有切向量) $\overrightarrow{PA}$ 顺时针旋转 $\dfrac{\pi}{2}$ 成为 $\overrightarrow{PB}$ 时, P 点是 $\overrightarrow{PB} \cap \overline{D}^c$ 的极限点." 称这个方向为关于 D 的**逆时针方向** (或正向). 设 $F = (P, Q)$ 是 $D \to \mathbb{R}^2$ 的 C^1 类的映射, 它在 $\overline{D}$ 上连续. 那么有 **Green (格林) 公式**

$$\int_{\mathscr{L}} \vec{F}(x,y) \cdot \mathrm{d}\overrightarrow{(x,y)} = \int_D \left(\dfrac{\partial Q}{\partial x} - \dfrac{\partial P}{\partial y}\right) \mathrm{d}x\mathrm{d}y, \tag{4.1}$$

其中左端是沿着上面描述的 "逆时针方向" 的第二型曲线积分.

Green 公式的证明 根据公式中 D 的特征, 定义

$$a = \inf\{x \in \mathbb{R} : (x,y) \in D, y \in \mathbb{R}\}, \quad b = \sup\{x \in \mathbb{R} : (x,y) \in D, y \in \mathbb{R}\},$$

$$\phi_1(x) = \inf\{y \in \mathbb{R} : (x,y) \in D\}, \quad \phi_2(x) = \sup\{y \in \mathbb{R} : (x,y) \in D\}, \quad x \in (a,b).$$

那么, 曲线

$$\mathscr{L}_1 := \{(x, \phi_1(x)) : x \in (a,b)\}$$

取正向与曲线

$$\mathscr{L}_2 := \{(x, \phi_2(x) : x \in (a,b)\}$$

取负向恰合成 $\mathscr{L}$ (可能还含有左、右两条竖直的边线, 但不影响下面的论证). 于是, 由化成累次积分的办法得

$$\int_D \frac{\partial P}{\partial y}\mathrm{d}x\mathrm{d}y = \int_a^b \mathrm{d}x \int_{\phi_1(x)}^{\phi_2(x)} \frac{\partial P(x,y)}{\partial y}\mathrm{d}y$$
$$= \int_a^b (P(x,\phi_2(x)) - P(x,\phi_1(x)))\mathrm{d}x.$$

根据对于第二型曲线积分的写法的规定, 我们有

$$\int_{\mathscr{L}_1} P\mathrm{d}x = -\int_{(a,b)} P(x,\phi_1(x))\mathrm{d}x, \quad \int_{\mathscr{L}_2} P\mathrm{d}x = \int_{(a,b)} P(x,\phi_2(x))\mathrm{d}x.$$

于是

$$\int_{\mathscr{L}} P\mathrm{d}x = -\int_D \frac{\partial P}{\partial y}\mathrm{d}x\mathrm{d}y.$$

同理

$$\int_{\mathscr{L}} Q\mathrm{d}y = \int_D \frac{\partial Q}{\partial x}\mathrm{d}x\mathrm{d}y.$$

两式合起来证得 Green 公式. □

Green 公式可以做如下的推广:

推论 若 $\mathbb{R}^2$ 中的开集 D 连同其边界 $\mathscr{L}$ 可以由有限多个满足 Green 公式条件的集合拼凑而成, 则在 D 及 $\mathscr{L}$ 上此公式成立.

图 23(a) 中的集合 D 及其边界 $\mathscr{L} = \mathscr{L}_1 \bigcup \mathscr{L}_2^*$ 就符合推论所说的情形. 这里 $\mathscr{L}_1, \mathscr{L}_2$ 均取 "逆时针" 方向, 而 $\mathscr{L}_2^*$ 代表 $\mathscr{L}_2$ 取顺时针方向.

显然, 只要填上四条辅助线 a, b, c, d, 把 D 分成 4 块, 见图 23(b), 然后分别在各小块 D_1, D_2, D_3, D_4 上使用 Green 公式, 再把结果合起来, 消去辅助线上的积分, 就得到 D 上的 Green 公式. □

例 4.1 求二重积分

$$J = \int_D x^2 \mathrm{d}x\mathrm{d}y,$$

其中 $D = \triangle(0,0)(1,0)(0,-1)$ 是以 $(0,0)$, $(1,0)$, $(0,-1)$ 为顶点的三角形.

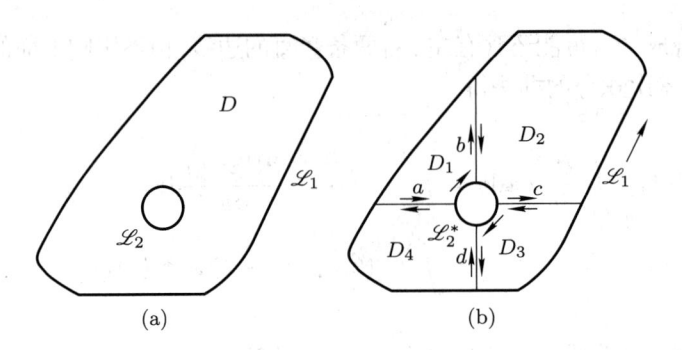

图 23

解 D 及其边界如图 24 所示.

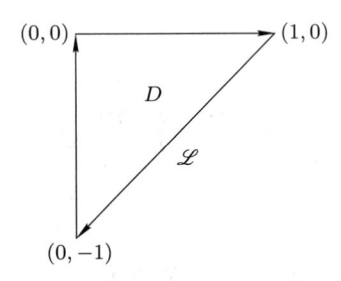

图 24

设 $F(x,y) := (P(x,y), Q(x,y))$, 其中 $P(x,y) = 0$, $Q(x,y) = \dfrac{1}{3}x^3$. 在 D 上用 Green 公式, 得

$$J = \int_D \left(\frac{\partial Q(x,y)}{\partial x} - \frac{\partial P(x,y)}{\partial y}\right) dxdy = -\int_{\mathscr{L}} \vec{F}(x,y) \cdot \mathrm{d}\overrightarrow{(x,y)}$$

$$= -\int_{\overrightarrow{(0,0)(1,0)}} \frac{1}{3}x^3 \mathrm{d}y - \int_{\overrightarrow{(1,0)(0,-1)}} \frac{1}{3}x^3 \mathrm{d}y - \int_{\overrightarrow{(0,-1)(0,0)}} \frac{1}{3}x^3 \mathrm{d}y$$

$$= -\int_{\overrightarrow{(1,0)(0,-1)}} \frac{1}{3}x^3 \mathrm{d}y = \int_{\overrightarrow{(0,-1)(1,0)}} \frac{1}{3}x^3 \mathrm{d}y.$$

对于 $\overrightarrow{(0,-1)(1,0)}$ 使用正则表示 $\{(x,y) = (x, x-1) : 0 \leqslant x \leqslant 1\}$, 得到

$$J = \int_0^1 \frac{1}{3}x^3 \mathrm{d}x = \frac{1}{12}. \qquad \square$$

例 4.2(Green 公式的推论) 设平面上闭曲线 $\mathscr{C}$ 围成区域 D, 满足 Green 公式的条件. 证明 D 的面积 $|D|$ 可如下计算:

$$|D| = \int_{\mathscr{C}} (-y, 0) \cdot \mathrm{d}\overrightarrow{(x,y)} = \int_{\mathscr{C}} (0, x) \cdot \mathrm{d}\overrightarrow{(x,y)} = \frac{1}{2}\int_{\mathscr{C}} (-y, x) \cdot \mathrm{d}\overrightarrow{(x,y)}.$$

证 根据 Green 公式,
$$\int_{\mathscr{C}} (-y, 0) \cdot \mathrm{d}\overrightarrow{(x,y)} = \int_{\mathscr{C}} (0, x) \cdot \mathrm{d}\overrightarrow{(x,y)} = \int_D \mathrm{d}(x,y) = |D|. \qquad \square$$

例 4.3 设 $V = \mathbb{R}^2 \setminus \{(0,0)\}$,
$$\vec{F}(x,y) = \left(\frac{-y}{x^2+y^2}, \frac{x}{x^2+y^2} \right).$$

设 $\mathscr{C}$ 是 V 中的一条逐段正则闭曲线 (取逆时针方向), 并且 "围住" 原点. 求
$$\int_{\mathscr{C}} \vec{F}(P) \cdot \mathrm{d}\vec{P}.$$

解 容易验证, $(V, \vec{F})$ 满足条件 (3.1). 但是它不是保守场, 也就是说, (在 V 上) $\vec{F}$ 没有势函数. 所以没法断言所求积分等于零. 曲线 $\mathscr{C}$ 无具体表示, 直接计算也不可行. 但是我们可以使用 Green 公式. 画 $\mathscr{C}$ 如图 25: 以原点为中心作一个小圆周 $\mathscr{L} := \{(x,y) : x^2 + y^2 = r^2\}$, $r > 0$ (取逆时针方向), 使得 $\mathscr{L}$ 与 $\mathscr{C}$ 不相交 (也就是说, 完全被后者围住).

在 $\mathscr{L} \cup \mathscr{C}_-$ 上使用 Green 公式. 这里 $\mathscr{C}_-$ 表示 $\mathscr{C}$ 的顺时针循行. 于是得到

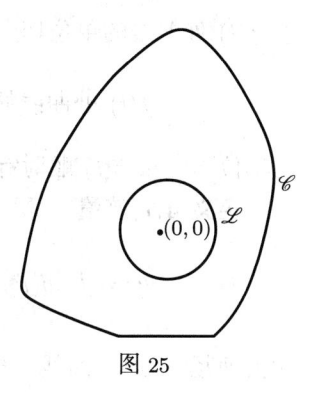

图 25

$$\int_{\mathscr{C}} \vec{F}(P) \cdot \mathrm{d}\vec{P} = \int_{\mathscr{L}} \vec{F}(P) \cdot \mathrm{d}\vec{P}.$$

由于 $\mathscr{L} = \{(r\cos t, r\sin t) : 0 \leqslant t \leqslant 2\pi\}$, 所以右端的积分等于
$$\int_0^{2\pi} r^{-1}(-\sin t, \cos t) \cdot r(-\sin t, \cos t) \mathrm{d}t = 2\pi. \qquad \square$$

例 4.4 使用 Green 公式的推论求心脏线 $r(\theta) = 1 + \cos\theta$ 所围的面积 (如图 26).

例 4.5 使用 Green 公式的推论求曲线
$$\mathscr{L} := \{(\cos^3 t, \sin t) : 0 \leqslant t \leqslant 2\pi\}$$
所围的面积 (如图 27).

流量 设平面上的开集 V 中有均匀密度的流体, 密度为 ρ, 在 V 中每点 (x,y) 处的流速恒定 (即不随时间变化) 为 $\vec{v}(x,y) = (P(x,y), Q(x,y))$. 设 V 中有正则曲线
$$\mathscr{L} = \{f(t) = (x(t), y(t)) : a \leqslant t \leqslant b\}.$$

图 26

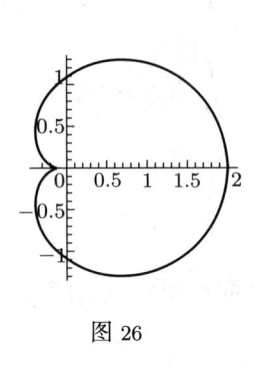

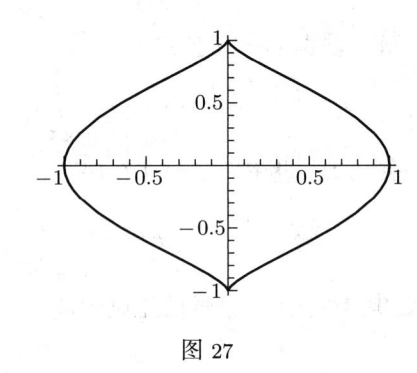

图 27

点 $f(t)$ 处曲线的单位切向量为 $\vec{\tau}(t) := \dfrac{f'(t)}{|f'(t)|} = \dfrac{(x'(t), y'(t))}{\sqrt{x'(t)^2 + y'(t)^2}}$.

定义点 $f(t)$ 处曲线的单位法向量为 $\vec{n}(t) := \dfrac{(y'(t), -x'(t))}{\sqrt{x'(t)^2 + y'(t)^2}}$. 易见, $\vec{n}(t)$ 恰为单位切向量 $\vec{\tau}(t)$ **顺时针旋转** $90°$ (即 $\dfrac{\pi}{2}$ 弧度) 所得.

定义 4.1(流量) 积分

$$\Phi := \int_{\mathscr{L}} \vec{v}(P) \cdot \vec{n}(P) \mathrm{d}P = \int_{\mathscr{L}} \overrightarrow{(-Q(x,y), P(x,y))} \cdot \mathrm{d}\overrightarrow{(x,y)}$$

为流速场 $\vec{v}$ 通过曲线 $\mathscr{L}$ 向 $\vec{n}$ 一侧的**流量**. 把向量 $\overrightarrow{(-Q(x,y), P(x,y))}$ 写成 $\vec{v}_\perp(x,y)$. 那么流量

$$\Phi := \int_{\mathscr{L}} \vec{v}_\perp(P) \cdot \vec{\tau}(P) \mathrm{d}P = \int_{\mathscr{L}} \vec{v}_\perp(P) \cdot \mathrm{d}\vec{P}.$$

注意, 积分 $\displaystyle\int_{\mathscr{L}} \vec{v}(P) \cdot \vec{n}(P) \mathrm{d}P$ 是函数 $\vec{v}(P) \cdot \vec{n}(P)$ 的第一型曲线积分, 而积分 $\displaystyle\int_{\mathscr{L}} \vec{v}(P) \cdot \vec{\tau}(P) \mathrm{d}P$ 则是函数 $\vec{v}(P) \cdot \vec{\tau}(P)$ 的第一型曲线积分. 见第六章定义 3.1 以及定理 3.1.

设 $\mathscr{C}$ 是平面上逐段正则闭曲线, 围成区域 D. 那么, 关于向量场 $\vec{v}_\perp = (-Q, P)$ 使用 Green 公式, 得到通过 $\mathscr{C}$ 向外的流量

$$\Phi := \int_{\mathscr{C}} \vec{v}(P) \cdot \vec{n}(P) \mathrm{d}P = \int_{D} \left(\frac{\partial P(x,y)}{\partial x} + \frac{\partial Q(x,y)}{\partial y} \right) \mathrm{d}x \mathrm{d}y. \qquad (4.2)$$

这是 Green 公式的等价形式.

例 4.6 设平面流速场 $(V, \vec{v})$ 如图 28 所示. 设流体是恒定等密度的, 密度为 ρ, 单位为 $\mathrm{g/cm}^2$; 又设流速是稳定的, 其值为 $\vec{v}(x,y) = (x, -2y)$, 单位为 $\mathrm{cm/s}$.

场中 C 为中心在原点, 半径为 4 cm 取逆时针方向的圆周; C_1 为中心在 (1,0), 半径为 2 cm 取逆时针方向的圆周, $-C_1$ 为同一圆周但取顺时针方向. 求流体流出两圆围成区域 $\mathscr{R}$ 的流量.

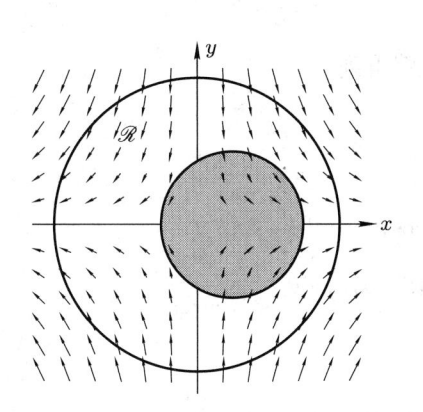

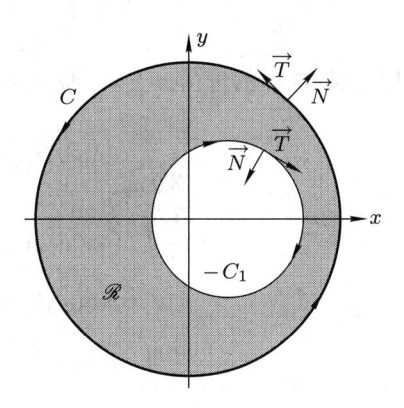

图 28

解 所求为
$$\Phi = \rho \int_{C \cup (-C_1)} (2y \mathrm{d}x + x \mathrm{d}y).$$

使用 Green 公式, 得
$$\Phi = \rho \int_{\mathscr{R}} \left(\frac{\partial x}{\partial x} - \frac{\partial 2y}{\partial y} \right) \mathrm{d}x \mathrm{d}y = -\rho |\mathscr{R}| = -12\pi\rho (\mathrm{g/s}). \qquad \square$$

例 4.7 设扇形 S 由顶点在原点, 辐角为 α 和 β 的射线以及极坐标曲线 $r(\theta)$ ($\alpha \leqslant \theta \leqslant \beta$) 围成 ($0 \leqslant \alpha < \beta \leqslant 2\pi$) (如图 29). 使用 Green 公式证明: S 的面积为
$$|S| = \frac{1}{2} \int_\alpha^\beta r^2(\theta) \mathrm{d}\theta.$$

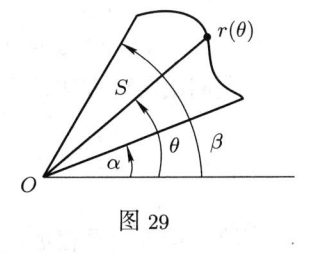

图 29

证明 记扇形 S 的边界为曲线 $\mathscr{L}$, 取逆时针方向. 它由三条正则曲线连成. 一条是直线段 $L_1 := \{(r\cos\alpha, r\sin\alpha) : 0 < r < r(\alpha)\}$ (取 r 增加的方向); 第二条是 $L_2 := \{(r(\theta)\cos\theta, r(\theta)\sin\theta) : (\alpha \leqslant \theta \leqslant \beta\}$ (取 θ 增加的方向); 第三条是直线段 $L_3 := \{(r\cos\beta, r\sin\beta) : 0 < r < r(\beta)\}$ (取 r 减少的方向).

用公式 $|S| = \frac{1}{2}\int_{\mathscr{L}} -y\mathrm{d}x + x\mathrm{d}y$. 注意

$$\int_{L_1} -y\mathrm{d}x + x\mathrm{d}y = \int_0^{r(\alpha)} (-r\sin\alpha\cos\alpha + r\cos\alpha\sin\alpha)\mathrm{d}r = 0$$

以及根据同样的理由, $\int_{L_3} -y\mathrm{d}x + x\mathrm{d}y = 0$, 就得到

$$\begin{aligned}|S| &= \frac{1}{2}\int_{L_2} -y\mathrm{d}x + x\mathrm{d}y \\ &= \frac{1}{2}\int_\alpha^\beta \big(-r(\theta)\sin\theta\big(r'(\theta)\cos\theta + r(\theta)(-\sin\theta)\big) + \\ &\quad r(\theta)\cos\theta(r'(\theta)\sin\theta + r(\theta)\cos\theta)\big)\mathrm{d}\theta \\ &= \frac{1}{2}\int_\alpha^\beta r^2(\theta)\mathrm{d}\theta.\end{aligned}$$

例 4.8 Brouwer (布劳威尔) 不动点定理 —— 2 维情形
设

$$B := \{x = (x_1, x_2) \in \mathbb{R}^2 : |x| = \sqrt{x_1^2 + x_2^2} \leqslant 1\}, T : B \longrightarrow B.$$

如果 T 连续, 则 T 有不动点, 即存在 $x \in B$ 使得 $Tx = x$.

引理 4.1 若变换 T 是 C^2 类的, 并且 $T(B) \subset \partial B := \{x = (x_1, x_2) : |x| = 1\}$, 则必存在 $x \in \partial B$ 使得 $Tx \neq x$.

说明: 由于涉及边界点处的导数, 所以说到 T 在紧集 B 上是 C^2 类的, 总默认 T 在一个含 B 的开集上是 C^2 类的.

反证. 记 $T(x) = (f(x), g(x))$, $x \in B$, 其中 $f, g \in C^2(B)$. 假设 $\forall x \in \partial B$, $Tx = x$, 即 $\forall x \in \partial B$, $f(x) = x_1, g(x) = x_2$.

我们用两种方法计算 $fg' = (fg_1', fg_2')$ 的第二型积分

$$I := \int_{\partial B} fg' \cdot \vec{\tau}.$$

第一种方法是根据定义直接计算. 使用自然表示

$$\partial B = \{(\cos\theta, \sin\theta) : 0 \leqslant \theta < 2\pi\}.$$

那么

$$I = \int_0^{2\pi} \cos\theta\Big(-g_1'\sin\theta + g_2'\cos\theta\Big)\mathrm{d}\theta.$$

注意到
$$\frac{\mathrm{d}}{\mathrm{d}\theta}g(\cos\theta,\sin\theta) = -g_1'\sin\theta + g_2'\cos\theta,$$
就得到
$$I = \int_0^{2\pi} \cos\theta \frac{\mathrm{d}}{\mathrm{d}\theta}g(\cos\theta,\sin\theta)\mathrm{d}\theta.$$
分部积分得
$$I = \int_0^{2\pi} g(\cos\theta,\sin\theta)\sin\theta\mathrm{d}\theta = \int_0^{2\pi} \sin^2\theta\mathrm{d}\theta = \pi.$$

第二种方法是使用 Green 公式. 那么
$$I = \int_B \left(\frac{\partial}{\partial x_1}(fg_2') - \frac{\partial}{\partial x_2}(fg_1')\right) = \int_B (f_1'g_2' - f_2'g_1').$$

但是在 B 上恒有 $f^2 + g^2 = 1$. 所以
$$ff_1' + gg_1' = 0, \quad ff_2' + gg_2' = 0.$$

由此得到, $\forall x \in B$
$$(f(x),g(x))(f_1'g_2' - f_2'g_1')(x) = (0,0).$$

从而, 根据 $|Tx| = 1$, 推出 $f_1'g_2' - f_2'g_1' = 0$. 那么 $I = 0$.

两种算法得到不同的结果. 这说明 $Tx = x$ 是不对的. 从而完成了引理的证明. □

引理 4.2 2 维 Brouwer 不动点定理的结论对于 C^2 类变换成立.

反证. 设满足 2 维 Brouwer 不动点定理的条件的 C^2 类变换 T 无不动点.

首先, 对于 $x \in B$ 考虑点
$$P(t) := tx + (1-t)Tx, \quad t \geqslant 0.$$

由于 B 是凸集, 所以当 $0 < t < 1$ 时, $P(t)$ 是 B 中两个不同的点 x 和 Tx 的连线内的点. 那么 $P(t) \in \overset{\circ}{B}$, 即 $|P(t)| < 1$. 但 $P(t)$ 关于 t 连续, 且当 $t \to \infty$ 时,
$$|P(t)| \geqslant t|x - Tx| - |Tx| \to \infty.$$

所以必存在 $t \geqslant 1$ 使得 $|P(t)| = 1$. 记此 $P(t) = Sx$, 得变换 $S: B \longrightarrow B$ 如下:
$$\forall\, x \in B,\ Sx = Tx + t(x - Tx),\ \text{其中}\ t \geqslant 1\ \text{满足}\ |Tx + t(x - Tx)| = 1. \quad (4.3)$$

注意 $|x - Tx| \geqslant \min\{|y - Ty| : y \in B\} > 0$. 记

$$a(x) = \frac{Tx}{|x - Tx|}, \quad b(x) = \frac{x - Tx}{|x - Tx|}, \quad c(x) = \frac{\sqrt{1 - |Tx|^2}}{|x - Tx|}.$$

那么 $a, b : B \longrightarrow \mathbb{R}^2$ 都是 C^2 类的, $c^2 : B \longrightarrow \mathbb{R}$ 也是 C^2 类的. 而且从 $|t(x)| \geqslant 1$ 可知,

$$\min_{x \in B} \sqrt{(a(x) \cdot b(x))^2 + c^2(x)} > 0.$$

所以

$$t(x) = -a(x) \cdot b(x) + \sqrt{(a(x) \cdot b(x))^2 + c^2(x)}$$

是 (4.3) 的唯一解, 而且 $t \in C^2(B)$. 可见, 由 (4.3) 定义的变换 S 在 B 上是 C^2 类的, 满足 $|Sx| = 1$.

由 (4.3) 的解的唯一性知, $Sx = x$ 当且仅当 $t(x) = 1$, 当且仅当 $|x| = 1$.

所以, $\forall\, x \in \partial B$, $Sx = x$, 可是由引理 4.1, 必存在 $x \in \partial B$ 使得 $Sx \neq x$. 这个矛盾表明, T 有不动点. □

2 维 Brouwer 定理的证明 反证. 设 $T(x) = (f(x), g(x))$, $x \in B$, $T(B) \subset B$, 但 T 无不动点. 那么

$$2a := \min\{|Tx - x| : x \in B\} > 0.$$

根据第五章习题 5.5 题 3, 存在 $C^\infty(\mathbb{R}^2)$ 中的函数 p 和 q, 使得

$$\|f - p\|_{C(B)} + \|g - q\|_{C(B)} < a.$$

定义

$$Sx = \frac{1}{1 + a}(p(x), q(x)).$$

那么, $\forall x \in B$,

$$|Sx| \leqslant \frac{1}{1 + a}\Big(|(p - f, q - g)(x)| + |(f, g)(x)|\Big) \leqslant 1,$$

$$|Sx - Tx| \leqslant \Big|Sx - \frac{1}{1 + a}Tx\Big| + \Big(1 - \frac{1}{1 + a}\Big)|Tx| \leqslant \frac{2a}{1 + a}.$$

于是, 由引理 4.2, 存在 $x \in B$, 使得 $Sx = x$. 但是

$$|x - Sx| \geqslant |x - Tx| - |Tx - Sx| \geqslant 2a - \frac{2a}{1 + a} > 0.$$

这个矛盾表明, T 有不动点. □

在后面 §6 中, 我们将使用 Gauss 公式给出 3 维情形下 Brouwer 定理的证明.

习题 7.4

1. 用 Green 公式计算积分.
   (1) $\int_{\mathscr{L}} (x+y)\mathrm{d}x - (x+y)\mathrm{d}y$, $\mathscr{L}$ 是顺时针椭圆周;
   (2) $\int_{\mathscr{L}} \mathrm{e}^x(1-\cos y)\mathrm{d}x - \mathrm{e}^x(y-\sin y)\mathrm{d}y$, $\mathscr{L} = \{(x, \sin x) : 0 < x < \pi\}$, 沿 x 增加的方向;
   (3) $\int_{\mathscr{L}} (x^2+y)\mathrm{d}x + (x-y^2)\mathrm{d}y$, $\mathscr{L} = \{(x, x^{\frac{2}{3}}) : 0 < x < 1\}$, 沿 x 增加的方向.

2. 用曲线积分计算曲线所围面积:
   (1) 星形线 $x = r\cos^3 t, y = r\sin^3 t$. 当 $r = 1$ 时此曲线如下图:

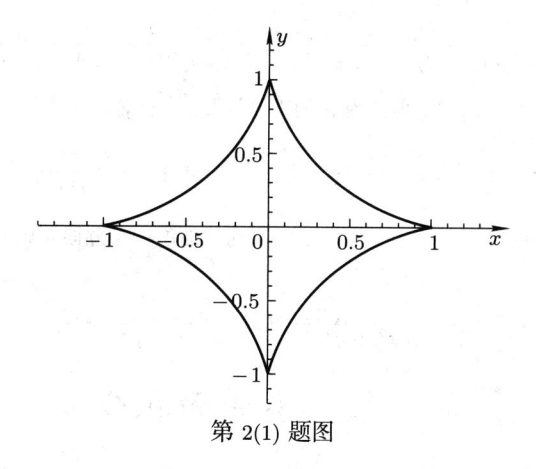

   第 2(1) 题图

   (2) 抛物线 $(x+y)^2 = ax$ $(a > 0)$ 和 Ox 轴. 当 $r = 1$ 时此曲线与 Ox 轴所围如下图:

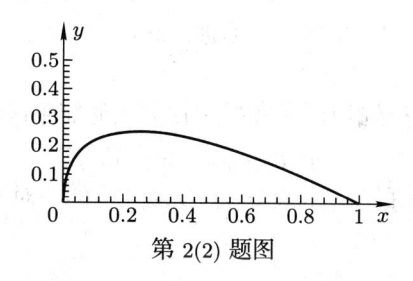

   第 2(2) 题图

3. 求流速场 $\vec{v}(x,y) = (x+y, x-y)$ 通过逆时针单位圆周的流量.

4. 求流速场 $\vec{v}(x,y) = (x^2-y^2, 2xy)$ 通过三角形边界 $\overrightarrow{(0,0)(2,2)(0,2)(0,0)}$ 的流量.

5. 求流速场 $\vec{v}(x,y) = (\sin x\cos y, -\cos x\sin y)$ 通过以原点为中心, 半径为 4 的圆周与以 $(0,2)$ 为中心, 半径为 1 的圆周界定的有界区域的边界 (外法向) 的流量.

6. 求流速场 $\vec{v}(x,y)$ 通过以原点为中心, 半径为 2 的圆周与以原点为中心, 半径为 1 的圆周界定的有界区域的边界 (外法向) 的流量, 其中

   (1) $\vec{v}(x,y) = \left(\dfrac{x}{\sqrt{x^2+y^2}}, \dfrac{y}{\sqrt{x^2+y^2}} \right)$;

   (2) $\vec{v}(x,y) = \left(\dfrac{x}{x^2+y^2}, \dfrac{y}{x^2+y^2} \right)$.

7. 设 $\mathscr{C}$ 是逆时针椭圆周 $\dfrac{x^2}{9} + \dfrac{y^2}{25} = 1$. 计算
$$\int_{\mathscr{C}} \frac{x}{\sqrt{x^2+y^2}} \mathrm{d}x + \frac{y}{\sqrt{x^2+y^2}} \mathrm{d}y.$$

8. 设 $\mathscr{C}$ 是逆时针矩形边 $\overrightarrow{(0,0)(0,3)(-5,3)(-5,0)(0,0)}$. 求
$$\int_{\mathscr{C}} \frac{y-2}{(y-2)^2+(x+3)^2} \mathrm{d}x - \frac{x+3}{(y-2)^2+(x+3)^2} \mathrm{d}y.$$

9. 设 $\mathscr{C}$ 是以 $(\sqrt{5},\sqrt{7})$ 为中心, 半径为 5 的逆时针圆周. 计算
$$\int_{\mathscr{C}} \left(4xy - \frac{y}{x^2+y^2}\right) \mathrm{d}x + \left(2x^2 + \frac{x}{x^2+y^2}\right) \mathrm{d}y.$$

10. 设 $\mathscr{C}$ 是位于以原点为中心, 半径为 $\sqrt{2}$ 的圆周外面的一条逐段正则的闭曲线 (默认正方向). 计算
$$\int_{\mathscr{C}} \frac{x}{\sqrt{x^2+y^2-2}} \mathrm{d}x + \frac{y}{\sqrt{x^2+y^2-2}} \mathrm{d}y.$$

§5 第二型曲面积分

由于多维空间中的 "曲面" 比较复杂 (比 "曲线" 复杂得多), 对于曲面的一般的讨论是其它课程的任务, 所以这里只讨论 $\mathbb{R}^3$ 中的曲面. 偶尔也涉及第三章 §6.2 中谈到过的 $\mathbb{R}^n \times \mathbb{R}$ 中的 (n 维) 曲面.

先做一点复习.

设 D 是 $\mathbb{R}^2$ 中的有界矩形, 或者是其它类似的简单区域, 不必是闭的. 仅只为了叙述的简单, 设 D 是闭矩形: $D = [a,b] \times [c,d]$.

① 先复习正则曲面的概念. 设 f 是 D 到 $\mathbb{R}^3$ 的一对一的 C^1 类映射, f' 的秩在 D 上处处都等于 2. 称
$$\mathscr{S} = f(D) = \{f(u,v) = (x(u,v), y(u,v), z(u,v)) : (u,v) \in D\}$$
为 $\mathbb{R}^3$ 中的**正则曲面**, 称 f 为这个**曲面的正则表示**. 关联着曲面的表示, 说 $f(D)$ 是展布在 D 上的曲面. 逆映射 $f^{-1}: \mathscr{S} \longrightarrow D$ 的作用, 形象地说就是把曲面 $\mathscr{S}$ 无重叠地 "展平".

曲面是一个几何对象, 只要有一个正则表示, 这个曲面就叫做正则的.

② 我们还定义了曲面上的测度. 设 $D = [a,b] \times [c,d]$ 是 $\mathbb{R}^2$ 中的有界矩形, f 是 D 到 $\mathbb{R}^3$ 的 C^1 类单射, f' 的秩在 D 上处处都等于 2. 设 $E \subset f(D)$. 如果 E 关于映射 f 的原像 A 是 $\mathbb{R}^2$ 的可测集, 那么就说 E 是曲面 $f(D)$ 上的可测集, 并具有测度 (或说面积)

$$|E| = \int_A \left| f_1'(u,v) \times f_2'(u,v) \right| \mathrm{d}u \mathrm{d}v,$$

其中 $f_1' := \dfrac{\partial f}{\partial u}, f_2' := \dfrac{\partial f}{\partial v}$. 这样定义的测度不依赖于映射 f 的具体形式, 它是曲面 $\mathscr{S}$ 自身固有的度量性质.

③ 有了测度, 接着就可定义 (正则曲面上的) 可测函数及 (第一型) 积分, 一切步骤同第四章中定义 $\mathbb{R}^n$ 上的积分一样.

由于 $\mathscr{S}$ 上的测度是借助于 $\mathbb{R}^2$ 到 $\mathbb{R}^3$ 的映射定义的. 所以 $\mathscr{S}$ 上的积分也可借助于 $\mathbb{R}^2$ 到 $\mathbb{R}^3$ 的同样的映射回到 $\mathbb{R}^2$ 上的积分. 具体说来就是下述定理 (第六章定理 4.1).

设 D 是 $\mathbb{R}^2$ 中的非空开集, f 是 D 到 $\mathbb{R}^3$ 的 C^1 类单射, f' 在 D 上处处秩为 2. 设 $\mathscr{S}$ 是由 f 确定的展布在 D 上的曲面, 即 $\mathscr{S} = f(D)$. 设 h 是 $\mathscr{S}$ 上的广义实值函数, 定义

$$\xi(u,v) = h(f(u,v))|(f_1' \times f_2')(u,v)|,$$

那么

$$h \in L(\mathscr{S}) \iff \xi \in L(D),$$

且当 $h \in L(\mathscr{S})$ 时

$$\int_{\mathscr{S}} h(P) \mathrm{d}P = \int_D \xi(u,v) \mathrm{d}u \mathrm{d}v.$$

注 5.1 ① 在注 2.4 ② 中说到, "任何闭曲线 (例如圆周) 都没法用定义在**闭区间**上的正则表示给出. 因为如果不砍断它, 就没法把它拉直." 对于曲面的情形也是一样的. 任何闭曲面 (例如球面) 都没法用定义在**闭矩形**上的正则表示给出. 因为如果不剪开它, 就没法把它 "展平".

② 考虑无顶点的圆锥 $S := \{(x,y,z): 0 < z = \sqrt{x^2+y^2} \leqslant 1\}$. 这是一个非常简单的曲面, 是正则的,

$$f(r,\theta) = (r\cos\theta, r\sin\theta, r), \ (r,\theta) \in (0,1] \times [0, 2\pi)$$

是它的正则表示.

$$g(x,y) = (x, y, \sqrt{x^2+y^2}),\ 0 < x^2+y^2 \leqslant 1$$

也是它的正则表示. 但若考虑有顶点的圆锥 $\bar{S} := S \cup \{(0,0,0)\} = \{(x,y,z): 0 \leqslant z = \sqrt{x^2+y^2} \leqslant 1\}$, 那就不可能给它一个正则表示. 而且只要不把顶点 $(0,0,0)$ 抛掉, 就没法把它分割成有限块正则曲面.

下面讨论第二型曲面积分.

第二型曲面积分的概念, 也是为解决实际问题提出的. 这个概念联系于曲面的 "侧".

对于一个展布在有界矩形 $D = [a,b] \times [c,d]$ 上的正则曲面 $\mathscr{S}$, 设 $f: D \longrightarrow \mathscr{S}$ 是它的正则表示. 根据 "正则" 的定义,

$$f'(u,v)^{\mathrm{T}} = \begin{pmatrix} f_1'(u,v) \\ f_2'(u,v) \end{pmatrix} = \begin{pmatrix} x_u'(u,v) & y_u'(u,v) & z_u'(u,v) \\ x_v'(u,v) & y_v'(u,v) & z_v'(u,v) \end{pmatrix} \tag{5.1}$$

的秩总是 2. 也就是说, 向量

$$f_1'(u,v) := (x_u'(u,v), y_u'(u,v), z_u'(u,v))$$

与向量

$$f_2'(u,v) := (x_v'(u,v), y_v'(u,v), z_v'(u,v))$$

不共线, 也就是说, 它们的外积 (叉乘)

$$(f_1' \times f_2')(u,v) \quad (u,v) \in D$$

不是零向量.

可以用行列式来计算外积 $f_1' \times f_2'$. 记单位向量 $e_1 = (1,0,0)$, $e_2 = (0,1,0)$, $e_3 = (0,0,1)$. 那么

$$(f_1' \times f_2')(u,v) = \det \begin{pmatrix} e_1 & e_2 & e_3 \\ x_u'(u,v) & y_u'(u,v) & z_u'(u,v) \\ x_v'(u,v) & y_v'(u,v) & z_v'(u,v) \end{pmatrix}, \tag{5.2}$$

式中 det 代表行列式. 容易看出, 外积 $f_1' \times f_2'$ 的大小 (或叫做绝对值) 为

$$|(f_1' \times f_2')(u,v)| = \sqrt{\det(f'(u,v)^{\mathrm{T}} f'(u,v))}.$$

任取点 $(u,v) \in D$, $P := f(u,v)$ 是 $\mathscr{S}$ 上的点. 那么

$$\mathscr{L}_1 := \{(f(t,v): a \leqslant t \leqslant b\}$$

是曲面 $\mathscr{S}$ 上通过点 P 的一条正则曲线, $\vec{\tau}_1(P) := f'_1(u,v)$ 是它在点 P 处的切向量. 同时

$$\mathscr{L}_2 := \{(f(u,t): c \leqslant t \leqslant d\}$$

也是曲面 $\mathscr{S}$ 上通过点 P 的一条正则曲线, $\vec{\tau}_2(P) := f'_2(u,v)$ 是它在点 P 处的切向量. 那么, 通过点 P 以及切向量 $\vec{\tau}_1(P)$ 和 $\vec{\tau}_2(P)$ 的平面 $\Pi(P)$ 叫做曲面 $\mathscr{S}$ 在点 P 处的**切平面**. 而向量

$$\vec{n}(P) := \frac{\vec{\tau}_1(P) \times \vec{\tau}_2(P)}{|\vec{\tau}_1(P) \times \vec{\tau}_2(P)|} = \frac{(f'_1 \times f'_2)(u,v)}{|(f'_1 \times f'_2)(u,v)|}, \tag{5.3}$$

叫做曲面 $\mathscr{S}$ 在点 $P = f(u,v)$ 处的**单位法向量** (如图 30).

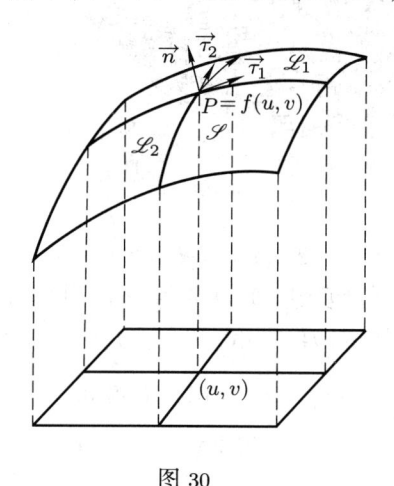

图 30

注意法向量的方向是与表示 f 有关的, 但它只有两种彼此相反的可能取法. 我们把这个向量 "指向的一侧", 叫做是曲面由其表示 f 决定的一侧, 简称为**(相对于所给的表示 f 而言的) 正侧**.

常识中的许多曲面都有 "两侧". 我们可以设想在它们的 "一侧" 涂上红色, 而在它们的 "另一侧" 涂上蓝色, 以示区别. 那么, 每个正则曲面都有两个侧. 问题出在曲面不正则的情形, 或者说得更具体一些, 多数问题出在曲面局部地正则而整体上不正则的情形.

德国数学家 A.F.Möbius (默比乌斯) 早在 1858 年就发现, 把一个长纸条的一端扭转 180° 再与另一端粘起来, 所成的带子就没有两个 "侧". 这样的带子,

叫做 Möbius 带 (如图 31). 它可由如下的映射 $g(u,v) = (x(u,v), y(u,v), z(u,v))$ 给出:

$$x(u,v) = \left(2 + u\sin\frac{v}{2}\right)\cos v, \quad y(u,v) = \left(2 + u\sin\frac{v}{2}\right)\sin v,$$

$$z(u,v) = u\cos\frac{v}{2}, \quad (u,v) \in [-1,1] \times [0, 2\pi].$$

我们可以用 Maple 容易地画出这条带子.

```
> x:=(u,v)->(2+u*sin(v/2))*cos(v);y:=(u,v)->(2+u*sin(v/2))*sin(v);
> z:=(u,v)->u*cos(v/2);
> plot3d([x(u,v),y(u,v),z(u,v)], u=-1..1,v=0..2*Pi);
```

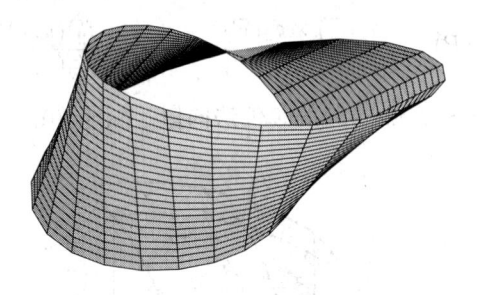

图 31

从整体上来看, $g(u,0) = (2,0,u) = g(u, 2\pi), u \in [-1, 1]$, 所以 g 不是正则表示. 然而很明显, 只要把它 "剪断" 它就成为一个正则曲面, 于是就有两个侧了.

在这条 Möbius 带中, 取 $P_0 = g(0,0) = g(0, 2\pi)$. 那么

$$(g'_u \times g'_v)(0,0) = (-2, 0, 0),$$

$$(g'_u \times g'_v)(0, 2\pi) = (2, 0, 0).$$

可见, 没有办法由向量 $(g'_u \times g'_v)$ 决定曲面在点 P_0 处的 "侧", 这与几何的直观是一致的.

但是, 如果把上述 g 限制在不闭的矩形 $D := [-1, 1] \times [0, 2\pi)$ 上, 那么它是正则的, $S := g(D)$ 的空间形态并未改变, 也就是说 $S = g(D) = g(\bar{D})$, 但这时 $g(\bar{D})$ 被沿着线段 $(2,0,z) : -1 \leqslant z \leqslant 1$ "无形地剪开" 了, 点 $P_0 = g(0,0)$ 处有一个由法向量 $(-2, 0, 0)$ 确定的侧. 点 $P(0,v)$ $(0 \leqslant v < 2\pi)$ 处的法向量为

$$\vec{N}(0,v) := (g'_u \times g'_v)(0,v) = \left(-2\cos v \cos\frac{v}{2}, -2\sin v \cos\frac{v}{2}, 2\sin\frac{v}{2}\right).$$

记 $v = 2\pi - 2\varepsilon$, $0 < \varepsilon < 1$. 那么

$$\vec{N}(0, 2\pi - 2\varepsilon) = (2\cos 2\varepsilon \cos\varepsilon, -2\sin 2\varepsilon \cos\varepsilon, 2\sin\varepsilon).$$

问题出在
$$\lim_{\varepsilon \to 0+} \vec{N}(0, 2\pi - 2\varepsilon) = (2, 0, 0) = -\vec{N}(0, 0).$$

所以,"无形地剪开" 不能使 "剪缝的两边" 的法方向保持协调. 于是, 把这样剪开的曲面叫做双侧的, 也不妥. 但若取定 $\varepsilon \in (0,1)$, 用上述的 g 在 $D_\varepsilon := [-1, 1] \times [0, 2\pi - \varepsilon]$ 上定义剪掉了一条 $g([-1,1] \times (2\pi - \varepsilon, 2\pi))$ 的带子 $g(D_\varepsilon)$, 那它绝对是一个双侧曲面, 不管 ε 多么小.

关于 "侧", 我们不作严格的数学定义而接受几何的直观, 有两个侧的曲面叫做双侧曲面, 而且我们只考虑那些**由有限个正则曲面无重叠地保持侧的协调一致而连接成的双侧曲面.** 这样的曲面叫做 "逐片正则曲面". 例如, 椭球面用过椭球中心的平面可分割成两个正则曲面, 它们连接起来的时候可保持侧的协调一致. Möbius 带可容易地由 "剪掉一截" 的方式变成正则曲面, 从而成为 "双侧" 曲面.

注 5.2 注 5.1 ② 中说到的圆锥, 如果不抛弃它的顶点, 就没法把它表示成逐片正则曲面. 这使得我们不得不采用展布在不闭的矩形上的正则表示. 具体问题具体分析为好.

例 5.1 设 V 是 $\mathbb{R}^3$ 中的有界凸闭集, 原点是它的内点. 设在原点处有一个电量为 q 的点电荷. 求它产生的静电场通过 V 的表面 $\mathscr{S}$ 的电通量 Ψ. 这里假定闭曲面 $\mathscr{S}$ 是逐片正则的.

由电学定律, $\mathscr{S}$ 上点 $P = (x, y, z)$ 处的电场强度为向量
$$\vec{E}(P) = \lambda q r^{-3} \vec{r}, \ \vec{r} = \overrightarrow{OP} = (x, y, z), \ r = |\vec{r}|,$$

其中 λ 是一个正的常数. 把 $\mathscr{S}$ 上点 P 附近的小块 $\Delta \mathscr{S}(P)$ 上各点处的场强, 近似认为等于点 P 处的场强, 把 $\Delta \mathscr{S}(P)$ 的面积记为 $|\Delta \mathscr{S}(P)|$. 那么, 通过此小块的电通量近似等于
$$\Delta \Psi(P) = \vec{E}(P) \cdot \vec{n}(P) |\Delta \mathscr{S}(P)|,$$

式中 $\vec{n}(P)$ 为曲面 $\mathscr{S}$ 在点 P 处的外法向, 即该点处切平面的指向 V 外的单位法向量. 根据这个思路, 向 V 外穿过 $\mathscr{S}$ 的电通量**定义**为 $\mathscr{S}$ 上的第一型曲面积分

$$\Psi = \int_{\mathscr{S}} \vec{E}(P) \cdot \vec{n}(P) \mathrm{d} \mathscr{S}(P). \tag{5.4}$$

给 $\mathscr{S}$ 以适当的 (局部正则的) 表示
$$g(u, v) = (x, y, z) \in \mathscr{S}, \quad (u, v) \in D,$$

使得 $\mathscr{S}$ 在点 $P = g(u,v)$ 处的外法向与 $(g'_1 \times g'_2)(u,v)$ 一致. 注意到

$$\vec{n}(P) = \frac{(g'_1 \times g'_2)(u,v)}{|(g'_1 \times g'_2)(u,v)|},$$

使用第一型曲面积分的计算公式, 得

$$\Psi = \int_D \vec{E}(g(u,v)) \cdot (g'_1 \times g'_2)(u,v) \mathrm{d}(u,v). \tag{5.5}$$

□

受 (5.4),(5.5) 启发, 我们给出第二型曲面积分的定义如下.

定义 5.1 设 $\mathscr{S} = g(D)$ 是逐片正则曲面, $g : D \longrightarrow \mathscr{S}$ 是 "逐片" 正则的表示. 用 $\vec{n}(P)$ 代表 $\mathscr{S}$ 上点 P 处由 g 决定的单位法向量, 即

$$\vec{n}(P) = \frac{g'_u \times g'_v}{|g'_u \times g'_v|}(u,v), \quad P = g(u,v).$$

设 f 是 $\mathscr{S}$ 到 $\mathbb{R}^3$ 的映射. 若 $\vec{f}(P) \cdot \vec{n}(P)$ 在 $\mathscr{S}$ 上有第一型曲面积分, 则称

$$\Psi = \int_{\mathscr{S}} \vec{f}(P) \cdot \vec{n}(P) \mathrm{d}\mathscr{S}(P), \tag{5.6}$$

或等价地

$$\Psi = \int_D \vec{f}(g(u,v)) \cdot (g'_u \times g'_v)(u,v) \mathrm{d}(u,v) \tag{5.7}$$

为 f 沿 $\mathscr{S}$ 的相对于所给的表示 g 而言的正侧的第二型曲面积分, 记之为

$$\int_{\mathscr{S}} \vec{f}(P) \cdot \mathrm{d}\mathscr{S}(\vec{P}) \text{ 或 } \int_{\mathscr{S}_+} \vec{f}(P) \cdot \mathrm{d}\mathscr{S}(\vec{P}).$$

规定 f 沿 $\mathscr{S}$ 的负侧的第二型曲面积分为

$$\int_{\mathscr{S}_-} \vec{f}(P) \cdot \mathrm{d}\mathscr{S}(\vec{P}) = -\int_{\mathscr{S}_+} \vec{f}(P) \cdot \mathrm{d}\mathscr{S}(\vec{P}).$$

注 5.3 正侧和负侧, 完全取决于人为选定的曲面的表示形式. 我们把记号 $\mathrm{d}\mathscr{S}(\vec{P})$ 形式地理解为 $\vec{n}(P)\mathrm{d}\mathscr{S}(P)$.

同第一型曲面积分一样, 第二型曲面积分也是解决实际问题的工具, 不是新的积分论而是 $\mathbb{R}^2$ 上 (注意, 我们讨论的只是 2 维曲面) 的积分论的另一种应用.

最后引入关于第二型曲面积分的习惯的写法.

定义 5.2 设 $\mathscr{S} = g(D)$ 是逐片正则曲面, $g: D \longrightarrow \mathscr{S}$ 是"逐片"正则的表示. 设 h 是 $\mathscr{S}$ 到 $\mathbb{R}$ 的有界连续映射. 规定

$$\int_\mathscr{S} h(x,y,z)\mathrm{d}y\mathrm{d}z = \int_D h(g(u,v)) \begin{vmatrix} y'_u & z'_u \\ y'_v & z'_v \end{vmatrix} \mathrm{d}(u,v),$$

$$\int_\mathscr{S} h(x,y,z)\mathrm{d}z\mathrm{d}x = \int_D h(g(u,v)) \begin{vmatrix} z'_u & x'_u \\ z'_v & x'_v \end{vmatrix} \mathrm{d}(u,v),$$

$$\int_\mathscr{S} h(x,y,z)\mathrm{d}x\mathrm{d}y = \int_D h(g(u,v)) \begin{vmatrix} x'_u & y'_u \\ x'_v & y'_v \end{vmatrix} \mathrm{d}(u,v).$$

现在假设 $f = (P,Q,R)$ 是 $\mathscr{S}$ 到 $\mathbb{R}^3$ 的连续映射. 那么, 根据定义 5.2, 有

$$\int_\mathscr{S} \vec{f}(x,y,z) \cdot \mathrm{d}\overrightarrow{\mathscr{S}(x,y,z)}$$
$$= \int_\mathscr{S} P(x,y,z)\mathrm{d}y\mathrm{d}z + \int_\mathscr{S} Q(x,y,z)\mathrm{d}z\mathrm{d}x + \int_\mathscr{S} R(x,y,z)\mathrm{d}x\mathrm{d}y. \tag{5.8}$$

此式启发我们形式地规定下述写法

$$\mathrm{d}\overrightarrow{\mathscr{S}(\vec{P})} = \vec{n}(P)\mathrm{d}\mathscr{S}(P) = (\mathrm{d}y\mathrm{d}z, \mathrm{d}z\mathrm{d}x, \mathrm{d}x\mathrm{d}y). \tag{5.9}$$

(5.9) 式右端还可进一步结合"外微分"的概念写成

$$(\mathrm{d}y \wedge \mathrm{d}z, \mathrm{d}z \wedge \mathrm{d}x, \mathrm{d}x \wedge \mathrm{d}y). \tag{5.9'}$$

这个写法比起 (5.9) 来, 至少更不容易引起混淆. 关系 "$\cdot \wedge \cdot$" 是不可交换的 (实际上是"反交换的", 也就是说, $\mathrm{d}x \wedge \mathrm{d}y = -\mathrm{d}y \wedge \mathrm{d}x$, 就像外积一样). 下面我们尽可能使用这种写法. 那么 (5.8) 成为

$$\int_\mathscr{S} \vec{f}(x,y,z) \cdot \mathrm{d}\overrightarrow{\mathscr{S}(x,y,z)}$$
$$= \int_\mathscr{S} P(x,y,z)\mathrm{d}y \wedge \mathrm{d}z + \int_\mathscr{S} Q(x,y,z)\mathrm{d}z \wedge \mathrm{d}x + \int_\mathscr{S} R(x,y,z)\mathrm{d}x \wedge \mathrm{d}y. \tag{5.8'}$$

例 5.2 设在空间 $\mathbb{R}^3$ 的一个区域 U 中流动着不可压缩的均匀物质 (流体), 在点 (x,y,z) 处的流速是 $\vec{v}(x,y,z)$ (假设它只与位置有关而不随时间变化, 或者我们只考虑某一瞬时的情况). 那么称 $(U, \vec{v})$ 为一个流速场, 简称 $\vec{v}$ 为流速场. 设在 U 内有一个正则曲面 $\mathscr{S}$, 选定其一侧. 流体在单位时间内通过 $\mathscr{S}$ "所选的一侧" 的质量 (或作为极限: 在一瞬时通过 $\mathscr{S}$ 的质量), 叫做通过 $\mathscr{S}$ 所选的一侧

的(瞬时)流量. 假设流体的密度为 1 个单位, 那么, 流体通过 $\mathscr{S}$ 所选的一侧的 (瞬时) 流量等于 $\vec{v}$ 在 $\mathscr{S}$ 上沿着所选的一侧的第二型曲面积分. □

例 5.3 设 $\mathscr{S}$ 是由 $z = x^2 e^{x+2y}$ 给出的曲面. 求其第三分量大于零的单位法向量.

解 曲面的表示为 $f(x,y) = (x, y, x^2 e^{x+2y})$. 有法向量

$$f'_x \times f'_y = (1, 0, (2x+x^2)e^{x+2y}) \times (0, 1, 2x^2 e^{x+2y})$$
$$= \left(\begin{vmatrix} 0 & (2x+x^2)e^{x+2y} \\ 1 & 2x^2 e^{x+2y} \end{vmatrix}, \begin{vmatrix} (2x+x^2)e^{x+2y} & 1 \\ 2x^2 e^{x+2y} & 0 \end{vmatrix}, \begin{vmatrix} 1 & 0 \\ 0 & 1 \end{vmatrix} \right)$$
$$= (-(2x+x^2)e^{x+2y}, -2x^2 e^{x+2y}, 1).$$

所求为

$$(-(2x+x^2)e^{x+2y}, -2x^2 e^{x+2y}, 1)((1 + 4x^2 + 4x^3 + 5x^4)e^{2x+4y})^{-\frac{1}{2}}. \quad \square$$

例 5.4(例 5.3 的一般形式) 设 $\mathscr{S}$ 是由 $z = \varphi(x,y)$ 给出的曲面. 那么它在点 $(x, y, \varphi(x,y))$ 处有法向量

$$(1, 0, \varphi'_x) \times (0, 1, \varphi'_y)$$
$$= \left(\begin{vmatrix} 0 & \varphi'_x \\ 1 & \varphi'_y \end{vmatrix}, \begin{vmatrix} \varphi'_x & 1 \\ \varphi'_y & 0 \end{vmatrix}, \begin{vmatrix} 1 & 0 \\ 0 & 1 \end{vmatrix} \right) = (-\varphi'_x, -\varphi'_y, 1). \quad \square$$

例 5.5 设 $\mathscr{S}$ 是由 $\dfrac{x^2}{4} + y^2 + \dfrac{z^2}{16} = 1$ 给出的椭球面. 画它的图像 (标出它的外侧).

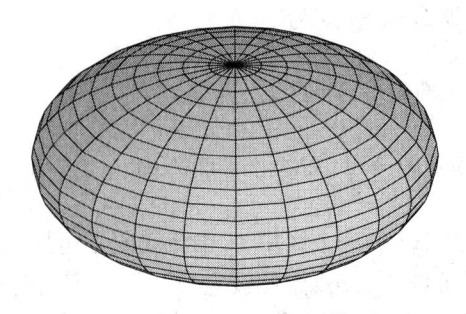

图 32 例 5.5 中的曲面 $\mathscr{S}$ 的图像

解 给曲面 $\mathscr{S}$ 以表示:

$f(\varphi,\theta) = (2\sin\varphi\cos\theta, \sin\varphi\sin\theta, 4\cos\varphi)$,　$0 < \varphi < \pi, 0 < \theta < 2\pi$. 注意, 这个表示的定义域是开矩形 $D := (0,\pi) \times (0,2\pi)$, 它明显是正则的. 但它的像 $f(D)$ 不是整个椭球面 $\mathscr{S}$, 而是 $\mathscr{S}$ 去掉一个测度 (当然是 $\mathscr{S}$ 上的测度) 为零的集合 (一条线). 这对于曲面 $\mathscr{S}$ 上的积分当然毫无影响. □

例 5.6　设 $\vec{F}(x,y,z) = (x,y,z)$, $\mathscr{S}$ 是方程 $3x + 4y + z = 4$ 确定的平面在第一卦限中的部分, 取上侧 (法向量第三分量大于零). 求

$$\int_{\mathscr{S}} \vec{F}(P) \cdot \mathrm{d}\mathscr{S}(\vec{P}).$$

解　平面 $\mathscr{S}$ 可用向量内积形式写成:

$$\mathscr{S} = \{(x,y,z) \in \mathbb{R}^3 : (3,4,1) \cdot (x,y,z) = 4, x \geqslant 0, y \geqslant 0, z \geqslant 0\}.$$

可见, $\vec{n} = (3,4,1)(9+16+1)^{-\frac{1}{2}}$ 是 $\mathscr{S}$ 的法向量, 而且 $\mathscr{S}$ 是以 $\left(\dfrac{4}{3},0,0\right)$, $(0,1,0)$, $(0,0,4)$ 为顶点的三角形. 于是

$$\begin{aligned}
&\int_{\mathscr{S}} \vec{F}(P) \cdot \mathrm{d}\mathscr{S}(\vec{P}) \\
&= \int_{\mathscr{S}} \vec{F}(P) \cdot \vec{n}(P) \mathrm{d}P \\
&= \int_{\mathscr{S}} (26)^{-\frac{1}{2}} (3x + 4y + 1) \mathrm{d}(x,y,z) = \frac{4}{\sqrt{26}} |\mathscr{S}| \\
&= \frac{4}{\sqrt{26}} \left| \left(\left(\frac{4}{3},0,0\right) - (0,1,0)\right) \times \left((0,0,4) - (0,1,0)\right) \right| \\
&= \frac{2}{\sqrt{26}} \left| \left(-4, -\frac{16}{3}, -\frac{4}{3}\right) \right| = \frac{8}{3}.
\end{aligned}$$
□

例 5.7　设 $\vec{F}(x,y,z) = (x,y,z)$, $\mathscr{S}$ 是方程 $x^2 + y^2 + z^2 = 1$ 确定的球面, 取外侧. 求

$$\int_{\mathscr{S}} \vec{F}(P) \cdot \mathrm{d}\mathscr{S}(\vec{P}).$$

解　显然, 单位球面在点 $P = (x,y,z)$ 处的单位外法向量

$$\vec{n}(P) = \vec{P} = \vec{F}(P).$$

所以

$$\int_{\mathscr{S}} \vec{F}(P) \cdot \mathrm{d}\mathscr{S}(\vec{P}) = \int_{\mathscr{S}} \mathrm{d}P = |\mathscr{S}| = 4\pi.$$
□

例 5.8 设 $\vec{F}(x,y,z) = (x, y^2, -z)$, $\mathscr{S}$ 是球面 $x^2 + y^2 + z^2 = 4$ 满足 $y \geqslant 0$ 的部分, 取法向量第二分量大于零的一侧. 求

$$\int_{\mathscr{S}} \vec{F}(P) \cdot \mathrm{d}\mathscr{S}(\vec{P}).$$

解 用球坐标给出表示

$$f(\varphi, \theta) = (2\sin\varphi\sin\theta, 2\cos\varphi, 2\sin\varphi\cos\theta), \ (\varphi, \theta) \in \left[0, \frac{\pi}{2}\right] \times [0, 2\pi].$$

那么

$$f'_\varphi = (2\cos\varphi\sin\theta, -2\sin\varphi, 2\cos\varphi\cos\theta),$$
$$f'_\theta = (2\sin\varphi\cos\theta, 0, -2\sin\varphi\sin\theta),$$
$$f'_\varphi \times f'_\theta = (4\sin^2\varphi\sin\theta, 4\sin\varphi\cos\varphi, 4\sin^2\varphi\cos\theta),$$
$$\vec{F}(\varphi, \theta) \cdot f'_\varphi \times f'_\theta = 8\sin^3\varphi\sin^2\theta + 16\cos^3\varphi\sin\varphi - 8\sin^3\varphi\cos^2\theta.$$

注意到

$$\int_0^{2\pi} \left(8\sin^3\varphi\sin^2\theta - 8\sin^3\varphi\cos^2\theta\right)\mathrm{d}\theta = 0,$$

就得出

$$\int_{\mathscr{S}} \vec{F}(P) \cdot \mathrm{d}\mathscr{S}(\vec{P}) = \int_0^{2\pi} \mathrm{d}\theta \int_0^{\frac{\pi}{2}} \mathrm{d}\varphi (16\cos^3\varphi\sin\varphi) = 8\pi. \qquad \square$$

习题 7.5

1. 设 $\mathscr{S}$ 是以原点为中心, 边长为 2 且诸边分别平行于坐标轴的方块的外表面. 求:

$$\int_{\mathscr{S}} (x+y)\mathrm{d}y \wedge \mathrm{d}z + (y+z)\mathrm{d}z \wedge \mathrm{d}x + (z+x)\mathrm{d}x \wedge \mathrm{d}y.$$

2. 设 $\mathscr{S}$ 是锥面 $\{(x,y,z) : z = \sqrt{x^2+y^2} \leqslant R\}$ 的下侧. 计算:

$$\int_{\mathscr{S}} x^2 y^2 z \mathrm{d}x \wedge \mathrm{d}y.$$

3. 计算流速场 $\vec{v} = (y, z, x)$ 向柱 $\{(x, y, z) : x^2 + y^2 < R^2, 0 < z < h\}$ 外的流量.

4. 计算:

$$\int_{\mathscr{S}_+} (y\mathrm{d}y \wedge \mathrm{d}z + z\mathrm{d}z \wedge \mathrm{d}x + x\mathrm{d}x \wedge \mathrm{d}y),$$

其中 $\mathscr{S}_+$ 是

$$\mathscr{S} = \{(u\cos v, u\sin v, v) : a < u < b, 0 < v < 2\pi\} \ (a > 0)$$

的上侧 (即法方向与 z 轴正方向夹锐角的一侧).

5. 设 $\mathscr{S}$ 是长方体 $[0,a] \times [0,b] \times [0,c]$ 的边界的外侧 $(a,b,c > 0)$, 并设 $f \in C[0,a], g \in C[0,b], h \in C[0,c]$. 求:
$$I := \int_{\mathscr{S}} (f(x)\mathrm{d}y \wedge \mathrm{d}z + g(y)\mathrm{d}z \wedge \mathrm{d}x + h(z)\mathrm{d}x \wedge \mathrm{d}y).$$

6. 在例 5.1 中设 $V = \{(x,y,z): x^2 + y^2 + z^2 \leqslant 1\}$. 求出 Ψ.

7. 设 $\vec{F}(x,y,z) = (0,-z^2,y)$, $\mathscr{S}$ 是 $z = \sqrt{x^2+y^2}$ 的图像满足 $1 \leqslant z \leqslant 4$ 的部分, 取法向量第三分量大于零的一侧. 求:
$$\int_{\mathscr{S}} \vec{F}(P) \cdot \mathrm{d}\mathscr{S}(\vec{P}).$$

8. 设 $\vec{F}(x,y,z) = (-z,2,x)$, $\mathscr{S}$ 是圆柱面 $x^2 + y^2 = 9$ 在平面 $z=0$ 和 $z=3$ 之间的部分, 取柱的外侧. 求:
$$\int_{\mathscr{S}} \vec{F}(P) \cdot \mathrm{d}\mathscr{S}(\vec{P}).$$

9. 设 $\vec{F}(x,y,z) = (yz,zx,xy)$, $\mathscr{S}$ 是顶点为 $(0,0,0),(1,0,0),(0,1,0),(0,0,3)$ 的四面体的表面, 取外侧. 求:
$$\int_{\mathscr{S}} \vec{F}(P) \cdot \mathrm{d}\mathscr{S}(\vec{P}).$$

10. 设 $\vec{F}(x,y,z) = (x,y,z^2)$, $\mathscr{S}$ 是 $\vec{r}(u,v) = (u\sin v, u\cos v, u)$, $0 \leqslant u \leqslant 1, 0 \leqslant v \leqslant 2\pi$ 表示的曲面, 取法向量第三分量大于零的一侧. 求:
$$\int_{\mathscr{S}} \vec{F}(P) \cdot \mathrm{d}\mathscr{S}(\vec{P}).$$

11. 设 $\vec{F}(x,y,z) = (a,b,c)$ $(a>0,b>0,c>0)$, $\mathscr{S}$ 是顶点为
$$(0,0,0),(a,0,0),(0,b,0),(0,0,c)$$
的四面体的表面, 取外侧. 求:
$$\int_{\mathscr{S}} \vec{F}(P) \cdot \mathrm{d}\mathscr{S}(\vec{P}).$$

12. 设 $\mathscr{S}$ 是由 $z = x\arctan y$ 给出的曲面. 求其第三分量小于零的单位法向量.

13. 设 $\mathscr{S}$ 是由 $x^2 - y^2 + z^2 = 1$ 给出的曲面. 画它的图像并用一个向量标出它的一侧.

§6 Gauss 公式 向量场的散度

§6.1 Gauss 公式

Gauss 公式是 Green 公式向 $\mathbb{R}^3$ 中的一种推广 (类比). 对于积分区域和边界的若干规定, 说起来很烦, 而实际上常能 "不言而喻" 或 "心照不宣", 就不说了.

Gauss 公式 设 V 是 $\mathbb{R}^3$ 中的一个好的闭的立体，$\mathscr{S}$ 是它的 "表面"，是一个好的闭的双侧曲面. 设 $\vec{F} = (P, Q, R)$ 是从 V 到 $\mathbb{R}^3$ 的 C^1 类映射. 那么沿 $\mathscr{S}$ 外侧

$$\int_{\mathscr{S}} (P(x,y,z), Q(x,y,z), R(x,y,z)) \cdot \mathrm{d}\overrightarrow{\mathscr{S}(x,y,z)}$$
$$= \int_V \left(\frac{\partial P}{\partial x} + \frac{\partial Q}{\partial y} + \frac{\partial R}{\partial z} \right) \mathrm{d}x \mathrm{d}y \mathrm{d}z. \tag{6.1}$$

根据例 5.2，我们把这个量叫做向量场 $(v, \vec{F})$ 通过 $\mathscr{S}$ 的外侧的通量.

证明 由对称性，只要对于 $\vec{F} = (0, 0, R)$ 的情形进行证明就够了. 把 $\mathscr{S}$ 分成 S_1, S_2, S_3 三块，如图 33. 其中

$$S_1 = \{(x,y,z): (x,y) \in D, z = h(x,y)\},$$
$$S_2 = \{(x,y,z): (x,y) \in D, z = g(x,y)\},$$
$$S_3 = \mathscr{S} \setminus (S_1 \bigcup S_2).$$

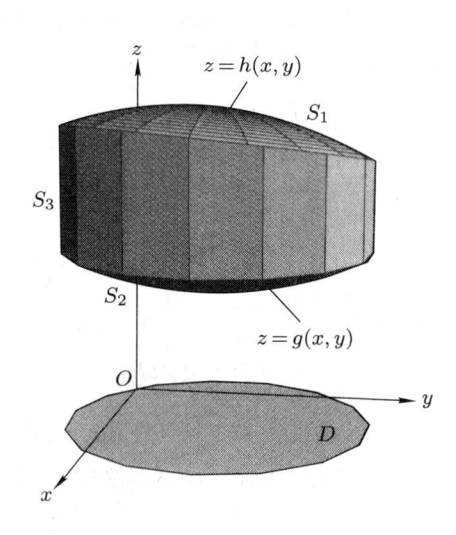

图 33 曲面 $\mathscr{S}$ 的图像

曲面 S_1 取上侧，S_2 取下侧，S_3 是平行于 Oz 坐标轴的，它的法方向与 Oz 轴垂直. 于是

$$\int_{S_3} R(x,y,z) dx \wedge dy = 0.$$

那么,
$$\int_{\mathscr{S}} R(x,y,z)\mathrm{d}x \wedge \mathrm{d}y = \int_{S_1} R(x,y,z)\mathrm{d}x \wedge \mathrm{d}y + \int_{S_2} R(x,y,z)\mathrm{d}x \wedge \mathrm{d}y$$
$$= \int_D R(x,y,h(x,y))\mathrm{d}x\mathrm{d}y - \int_D R(x,y,g(x,y))\mathrm{d}x\mathrm{d}y$$
$$= \int_D \Big(R(x,y,h(x,y)) - R(x,y,g(x,y))\Big)\mathrm{d}x\mathrm{d}y.$$

根据 Newton-Leibniz 公式, 上式右端等于
$$\int_D \Big(\int_{g(x,y)}^{h(x,y)} \frac{\partial R(x,y,z)}{\partial z}\mathrm{d}z\Big)\mathrm{d}x\mathrm{d}y = \int_V \frac{\partial R(x,y,z)}{\partial z}\mathrm{d}x\mathrm{d}y\mathrm{d}z.$$

从而得到
$$\int_{\mathscr{S}} R(x,y,z)\mathrm{d}x \wedge \mathrm{d}y = \int_V \frac{\partial R(x,y,z)}{\partial z}\mathrm{d}x\mathrm{d}y\mathrm{d}z. \qquad \Box$$

例 6.1 $\mathbb{R}^3$ 中适当的立体 V 的体积为
$$|V| = \int_{\mathscr{S}} x\mathrm{d}y \wedge \mathrm{d}z = \int_{\mathscr{S}} y\mathrm{d}z \wedge \mathrm{d}x = \int_{\mathscr{S}} z\mathrm{d}x \wedge \mathrm{d}y = \frac{1}{3}\int_{\mathscr{S}} \overrightarrow{(x,y,z)} \cdot \mathrm{d}\overrightarrow{\mathscr{S}(x,y,z)}.$$

式中 $\mathscr{S}$ 为 V 的表面, 取向外的一侧.

证 这是 Gauss 公式的直接结果. $\qquad \Box$

例 6.2 求
$$J := \int_{\mathscr{S}} x^2\mathrm{d}y \wedge \mathrm{d}z + y^2\mathrm{d}z \wedge \mathrm{d}x + z^2\mathrm{d}x \wedge \mathrm{d}y,$$

其中 $\mathscr{S} = \{(x,y,z) : |(x,y,z) - (a,b,c)| = R\}$, 取外侧.

解 设 $\mathscr{S}$ 所围的球为 V. 那么由 Gauss 公式
$$J = 2\int_V (x+y+z)\mathrm{d}x\mathrm{d}y\mathrm{d}z$$
$$= 2\int_V (x-a+y-b+z-c)\mathrm{d}x\mathrm{d}y\mathrm{d}z + 2(a+b+c)|V|.$$

再用 Gauss 公式得
$$2\int_V (x-a+y-b+z-c)\mathrm{d}x\mathrm{d}y\mathrm{d}z$$
$$= \int_{\mathscr{S}} (x-a)^2\mathrm{d}y \wedge \mathrm{d}z + (y-b)^2\mathrm{d}z \wedge \mathrm{d}x + (z-c)^2\mathrm{d}x \wedge \mathrm{d}y.$$

由对称性易见

$$\int_{\mathscr{S}}(x-a)^2\mathrm{d}y\wedge\mathrm{d}z = \int_{\mathscr{S}}(y-b)^2\mathrm{d}z\wedge\mathrm{d}x = \int_{\mathscr{S}}(z-c)^2\mathrm{d}x\wedge\mathrm{d}y = 0.$$

从而 $J = \dfrac{8}{3}(a+b+c)\pi R^3$. □

例 6.3 设 $V \subset \mathbb{R}^3$ 是物体在空间占的位置. 物体具有处处一致的性质, 导热系数 (thermal conductivity) 为 k. 已知铝合金的 $k = 0.408$, 软木的 $k = 0.0001$, 冰的 $k = 0.005$, 银的 $k = 1.006$. 用 $T(x,y,z)$ 代表点 $(x,y,z) \in V$ 处的温度, 单位为℃ (摄氏度). 设想闭曲面 S 及其所围立体全含在 $\overline{V}$ 内. 规定长度, 时间, 热量, 温度的单位分别是: cm(厘米), s(秒), cal(卡)[①], °C. 导热系数 k 的单位是 cal/(cm·s·°C).

热流率定义为 $\vec{F} := -kT'$, 穿过 S 的**热流量**定义为

$$\int_S (\vec{F}(x,y,z)\cdot\vec{n}(x,y,z))\mathrm{d}(x,y,z),$$

式中 $\vec{n}$ 为 S 上的单位外法向量.

设无尖铜锥 $V := \{(x,y,z): 0 < \sqrt{x^2+y^2} \leqslant z \leqslant 2\}$, S 是它的表面. 锥上温度 $T(x,y,z) = (x^2y^2+1)$ °C, 不随时间变化. 铜的导热系数 $k = 0.918$ cal/(s·cm·°C). 求流过 S 的热流量.

解 热流率为

$$\vec{F}(x,y,z) = -kT'(x,y,z) = -0.918(2xy^2, 2x^2y, 0).$$

通过 S 的热流量为

$$\varPhi = \int_S \vec{F}\cdot\vec{n}\mathrm{d}S = -0.918\int_S (2xy^2, 2x^2y, 0)\cdot\vec{n}(x,y,z)\mathrm{d}S.$$

用 Gauss 公式, 得

$$\varPhi = -0.918\int_V (2y^2 + 2x^2)\mathrm{d}(x,y,z).$$

用坐标变换

$$(x,y,z) = (r\cos\theta, r\sin\theta, z): \quad 0 < r \leqslant z \leqslant 2, 0 \leqslant \theta < 2\pi,$$

[①] 1 cal=4.184 J.

算得

$$\Phi = -0.918 \int_0^{2\pi} d\theta \int_0^2 dr \int_r^2 dz \, 2r^2 r$$
$$= -0.918 \times 4\pi \int_0^2 r^3(2-r)dr$$
$$= -0.918 \times \frac{32}{5}\pi.$$

负值表示锥在吸热. □

§6.2 Gauss 公式是 Green 公式的推广

$\mathbb{R}^2$ 中的下述 Green 公式 (的等价形式)

$$\int_{\mathscr{C}} \vec{v}(P) \cdot \vec{n}(P) dP = \int_D \Big(\frac{\partial P(x,y)}{\partial x} + \frac{\partial Q(x,y)}{\partial y}\Big) dxdy \tag{6.2}$$

(其中 $\vec{v}(x,y) = (P(x,y), Q(x,y)), \vec{n}(x,y) = (\tau_2(x,y), -\tau_1(x,y))$. τ 为 D 的边界的逆时针方向单位切向量) 与 $\mathbb{R}^3$ 中 Gauss 公式 (6.1) 不仅形式完全类似, 实际上 (6.2) 可由 (6.1) 推出.

假设 (6.1) 成立, 我们来推导 (6.2). 设 $\mathbb{R}^2$ 中的区域 D 及其边界 L 满足 Green 公式的条件, 并设 $D \bigcup L$ 上的向量场 $v = (P, Q)$ 是 C^1 类的. 用 $\vec{n}(x, y)$ 代表 $(x, y) \in L$ 处, 曲线 L 的单位法向量, 指向 D 外.

我们构作 $\mathbb{R}^3$ 中的集合 $B := \{(x, y, z) : (x, y) \in D, 0 \leqslant z \leqslant 1\}$. B 的边界 $S = S_1 \bigcup S_2 \bigcup S_3$ (与一个零测度集的并), 其中

$$S_1 := \{(x, y, 0) : (x, y) \in D\},$$
$$S_2 := \{(x, y, 1) : (x, y) \in D\},$$
$$S_3 := \{(x, y, z) : (x, y) \in L, 0 < z < 1\}.$$

在 S_1 上, 指向 B 外的单位法向量是 $(0, 0, -1)$, 而在 S_2 上是 $(0, 0, 1)$. 把在 S_3 的点 (x, y, z) 处指向 B 外的单位法向量记做 $\vec{N}(x, y, z)$, 那么显然 $\vec{N}(x, y, z) = \vec{n}(x, y)$, $(x, y) \in D$, $0 < z < 1$. 定义 $\vec{V}(x, y, z) = (P(x, y), Q(x, y), 0)$, $(x, y, z) \in B \bigcup S$.

根据 Gauss 公式 (6.1)

$$\int_S (P(x,y), Q(x,y), 0) \cdot \vec{N}(x,y,z) \overrightarrow{d(x,y,z)}$$
$$= \int_B (P'_x + Q'_y) dxdydz = \int_D (P'_x + Q'_y) dxdy.$$

由于在 S_1 和 S_2 上 $\vec{V}\cdot\vec{N}=0$,所以从上式推出

$$\int_D (P'_x + Q'_y)\mathrm{d}x\mathrm{d}y = \int_{S_3} (P(x,y), Q(x,y), 0) \cdot \vec{N}(x,y,z)\overrightarrow{\mathrm{d}(x,y,z)}. \tag{6.3}$$

假设 φ 是 L 的逐段正则 (当然不能整段正则) 表示:

$$L = \{\varphi(t) = (x(t), y(t)): \ 0 \leqslant t \leqslant 1\}.$$

那么

$$\psi(t,z) := \{(x(t), y(t), z): \ 0 \leqslant t \leqslant 1, \ 0 < z < 1\}$$

就是 S_3 的逐片正则表示. 从而

$$(\psi'_t \times \psi'_z) = (x'(t), y'(t), 0) \times (0, 0, 1) = (y'(t), -x'(t), 0).$$

于是

$$\begin{aligned}
&\int_{S_3} (P(x,y), Q(x,y), 0) \cdot \vec{N}(x,y,z)\overrightarrow{\mathrm{d}(x,y,z)} \\
&= \int_{(0,1)\times(0,1)} (-Q, P) \cdot \varphi'(t)\mathrm{d}t\mathrm{d}z \\
&= \int_{(0,1)} (-Q, P) \cdot \varphi'(t)\mathrm{d}t \\
&= \int_L (\vec{V}\cdot\vec{n})\mathrm{d}(x,y).
\end{aligned}$$

把此式和 (6.3) 合起来就得到 (6.2). □

例 6.4 Brouwer 不动点定理 —— 3 维情形

设 $B := \{x = (x_1, x_2, x_3) \in \mathbb{R}^3 : |x| = \sqrt{x_1^2 + x_2^2 + x_3^2} \leqslant 1\}$,$T: B \longrightarrow B$. 如果 T 连续,则 T 有不动点,即存在 $x \in B$ 使得 $Tx = x$.

证 完全类似于例 4.8. 先证

引理 6.1 若变换 T 是 C^2 类的,并且 $T(B) \subset \partial B := \{x = (x_1, x_2, x_3): |x| = 1\}$,则必存在 $x \in \partial B$ 使得 $Tx \neq x$.

重申在例 4.8 中所做的

说明: 由于涉及边界点处的导数,所以说到 T 在紧集 B 上是 C^2 类的,总默认 T 在一个含 B 的开集上是 C^2 类的.

反证. 记 $T(x) = (f(x), g(x), h(x))$,$x \in B$,其中 $f, g, h \in C^2(B)$. 假设 $\forall x \in \partial B$,$Tx = x$,也就是说 $\forall x \in \partial B$,$f(x) = x_1, g(x) = x_2, h(x) = x_3$.

§6 Gauss 公式　向量场的散度

我们计算 $\vec{F} := f(g' \times h')$ 在球面 ∂B 沿外侧的第二型积分

$$I := \int_{\partial B} \vec{F} \cdot \vec{n}.$$

说明一下记号. 偏导数记法

$$u'_i := \frac{\partial u}{\partial x_i}, \quad i = 1, 2, 3,$$
$$u''_{ij} := \frac{\partial^2 u}{\partial x_i \partial x_j} \quad i, j = 1, 2, 3.$$

向量 $g' = (g'_1, g'_2, g'_3)$ 与 $h' = (h'_1, h'_2, h'_3)$ 的外积

$$g' \times h' = \left(\begin{vmatrix} g'_2 & g'_3 \\ h'_2 & h'_3 \end{vmatrix}, \begin{vmatrix} g'_3 & g'_1 \\ h'_3 & h'_1 \end{vmatrix}, \begin{vmatrix} g'_1 & g'_2 \\ h'_1 & h'_2 \end{vmatrix} \right).$$

在 ∂B 上, 根据 $g(x) = x_2, h(x) = x_3$, 我们来验证, 当 $x_1 x_2 x_3 \neq 0$ 时

$$\begin{aligned} g'_2 &= 1 + g'_1 \frac{x_2}{x_1}, & g'_3 &= g'_1 \frac{x_3}{x_1}, \\ h'_2 &= h'_1 \frac{x_2}{x_1}, & h'_3 &= 1 + h'_1 \frac{x_3}{x_1}. \end{aligned} \tag{6.4}$$

实际上, 令

$$x_3 = \varphi(x_1, x_2) = \sqrt{1 - (x_1^2 + x_2^2)} \quad (0 < x_1^2 + x_2^2 < 1).$$

对于 $P = (x_1, x_2, \varphi(x_1, x_2))$, 使用复合函数求导的链法则, 得到

$$\frac{\partial}{\partial x_1}\Big(g(x_1, x_2, \varphi(x_1, x_2))\Big) = 0 = g'_1(P) + g'_3(P) \frac{\partial}{\partial x_1}\Big(\varphi(x_1, x_2)\Big)$$
$$= g'_1(P) + g'_3(P) \frac{-x_1}{x_3}.$$

同样, 当 $P = (x_1, x_2, -\varphi(x_1, x_2))$ 时, 得到

$$\frac{\partial}{\partial x_1}\Big(g(x_1, x_2, -\varphi(x_1, x_2))\Big) = 0 = g'_1(P) - g'_3(P) \frac{\partial}{\partial x_1}\Big(\varphi(x_1, x_2)\Big)$$
$$= g'_1(P) - g'_3(P) \frac{-x_1}{-x_3}.$$

于是 (不管 $x_3 > 0$ 还是 $x_3 < 0$) 得到

$$g'_3(P) = g'_1(P) \frac{x_3}{x_1}, \quad P \in \partial B.$$

类似地, 对于 $x_1 = \pm\varphi(x_2, x_3)$ $(0 < x_2^2 + x_3^2 < 1)$, $P = (x_1, x_2, x_3)$

$$\frac{\partial}{\partial x_2}(g(x_1, x_2, x_3)) = 1 = g_1'(P)\frac{-x_2}{x_1} + g_2'(P).$$

因此,

$$g_2'(P) = 1 + g_1'(P)\frac{x_2}{x_1}.$$

在上面的结果中, 换 g 为 h, 同时对换脚标 2 和 3 就得到

$$h_2'(P) = \frac{x_2}{x_1}h_1'(P), \quad h_3'(P) = 1 + h_1'(P)\frac{x_3}{x_1}.$$

这样, 就完全证明了 (6.4). 由此求得

$$g' \times h' = (1 + g_1'\frac{x_2}{x_1} + h_1'\frac{x_3}{x_1}, -g_1', -h_1').$$

同时外法向量 $\vec{n}(x) = x$ $(x \in \partial B)$. 从而 $\vec{F}(x) \cdot \vec{n}(x) = x_1^2$ $(x \in \partial B)$. 所以

$$I = \int_{\partial B} x_1^2 = \frac{1}{3}\int_{\partial B} 1 = \frac{4\pi}{3}.$$

另一方面, 根据条件 $T(B) \subset \partial B$, 得到 $f^2 + g^2 + h^2 = 1$. 那么 $ff' + gg' + hh' = (0, 0, 0)$, 即

$$ff_1' + gg_1' + hh_1' = 0,$$
$$ff_2' + gg_2' + hh_2' = 0,$$
$$ff_3' + gg_3' + hh_3' = 0.$$

于是行列式

$$\begin{vmatrix} f_1' & f_2' & f_3' \\ g_1' & g_2' & g_3' \\ h_1' & h_2' & h_3' \end{vmatrix} = 0.$$

引入记号

$$D_{ij}(g, h) := \begin{vmatrix} g_i' & g_j' \\ h_i' & h_j' \end{vmatrix}, \quad i, j = 1, 2, 3.$$

我们得到

$$f_1'D_{23}(g, h) + f_2'D_{31}(g, h) + f_3'D_{12}(g, h) = 0. \tag{6.5}$$

根据 Gauss 公式, 并使用等式 (6.5), 得

$$I = \int_B \left(\frac{\partial}{\partial x_1}(fD_{23}(g,h)) + \frac{\partial}{\partial x_2}(fD_{31}(g,h)) + \frac{\partial}{\partial x_3}(fD_{12}(g,h)) \right)$$

$$= \int_B f \left(\frac{\partial}{\partial x_1}(D_{23}(g,h)) + \frac{\partial}{\partial x_2}(D_{31}(g,h)) + \frac{\partial}{\partial x_3}(D_{12}(g,h)) \right).$$

易见 (注意涉及的函数都是 C^2 类的)

$$\frac{\partial}{\partial x_1}(D_{23}(g,h)) + \frac{\partial}{\partial x_2}(D_{31}(g,h)) + \frac{\partial}{\partial x_3}(D_{12}(g,h))$$

$$= \begin{vmatrix} g''_{21} & g''_{31} \\ h'_2 & h'_3 \end{vmatrix} + \begin{vmatrix} g'_2 & g'_3 \\ h''_{21} & h''_{31} \end{vmatrix} + \begin{vmatrix} g''_{32} & g''_{12} \\ h'_3 & h'_1 \end{vmatrix} + \begin{vmatrix} g'_3 & g'_1 \\ h''_{32} & h''_{12} \end{vmatrix} + \begin{vmatrix} g''_{13} & g''_{23} \\ h'_1 & h'_2 \end{vmatrix} + \begin{vmatrix} g'_1 & g'_2 \\ h''_{13} & h''_{23} \end{vmatrix}$$

$$= 0.$$

于是得到 $I = 0$. 这与前面的结果矛盾, 从而完成了引理的证明.

引理 6.2 3 维 Brouwer 不动点定理的结论对于 C^2 类变换成立.

反证. 设满足 3 维 Brouwer 不动点定理的条件的 C^2 类变换 T 无不动点.

首先, 考虑点

$$P(t) := tx + (1-t)Tx, \quad t \geq 0.$$

由于 B 是凸集, 所以当 $0 < t < 1$ 时, $P(t)$ 是 B 的两点 x 和 Tx 连线内的点. 那么 $P(t) \in \overset{\circ}{B}$, 即 $|P(t)| < 1$. 但 $P(t)$ 关于 t 连续, 且易见, 当 $t \to \infty$ 时, $|P(t)| \to \infty$. 所以必存在 $t \geq 1$ 使得 $|P(t)| = 1$. 记此 $P(t) = Sx$, 得变换 $S: B \longrightarrow B$ 如下:

$$\forall\, x \in B,\ Sx = Tx + t(x - Tx), \quad \text{其中} t \geq 1 \text{满足} |Tx + t(x - Tx)| = 1. \tag{6.6}$$

注意 $|x - Tx| \geq \min\{|y - Ty| : y \in B\} > 0$. 记

$$a(x) = \frac{Tx}{|x - Tx|},\ b(x) = \frac{x - Tx}{|x - Tx|},\ c(x) = \frac{1 - |Tx|^2}{|x - Tx|^2}.$$

那么 $a, b, c : B \longrightarrow \mathbb{R}^2$ 都是 C^2 类的. 并且

$$t(x) = -a(x) \cdot b(x) + \sqrt{(a(x) \cdot b(x))^2 + c(x)} \geq 1$$

是 (6.6) 的唯一解. 显然 $t \in C^2(B)$. 可见, 由 (6.6) 定义的变换 S 是 C^2 类的, 满足 $|Sx| = 1$.

由 (6.6) 的解的唯一性知, $Sx = x$ 当且仅当 $t(x) = 1$, 此时 $|x| = 1$. 也就是说, $\forall\, x \in \partial B,\ Sx = x$, 可是由引理 6.1, 必存在 $x \in \partial B$ 使得 $Sx \neq x$. 这个矛盾表明, T 有不动点.

3 维 Brouwer 定理的证明 反证. 设 $T(x) = (f(x), g(x), h(x))$, $x \in B$, $T(B) \subset B$, 但 T 无不动点. 那么

$$2a := \min\{|Tx - x| : x \in B\} > 0.$$

根据第五章习题 5.5 题 3, 存在 $C^\infty(B)$ 中的函数 p, q 和 r, 使得

$$\|f - p\|_{C(B)} + \|g - q\|_{C(B)} + \|h - r\|_{C(B)} < a.$$

定义

$$Sx = \frac{1}{1+a}(p(x), q(x), r(x)).$$

那么, $\forall x \in B$,

$$|Sx| \leq \frac{1}{1+a}\Big(|(p-f, q-g, r-h)(x)| + |(f, g, h)(x)|\Big) \leq 1.$$

于是, 由引理 6.2, 存在 $x \in B$, 使得 $Sx = x$. 但是

$$|x - Sx| \geq |x - Tx| - |Tx - Sx| \geq 2a - a > 0.$$

这个矛盾表明, T 有不动点. □

§6.3 Gauss 积分

我们回到例 5.1 中的电通量的计算. 这个问题的数学抽象即下述 Gauss 积分.

设 $\mathbb{R}^3$ 中的凸体 V 的表面 S 是逐片正则的曲面. 设 $P \in \mathbb{R}^3$. 用 $\vec{r}(x, y, z)$ 表示从 P 到 $(x, y, z) \in S$ 的向量, 用 $\vec{n}(x, y, z)$ 代表 S 在其点 (x, y, z) 处的单位外法向量. 那么

$$G := \int_S \frac{\cos(\vec{r}(x,y,z), \vec{n}(x,y,z))}{|\vec{r}(x,y,z)|^2} \mathrm{d}S(x,y,z) = \begin{cases} 4\pi, & \text{当 } P \in V \setminus S, \\ 2\pi, & \text{当 } P \in S \text{ 且 } \vec{n}(P) \text{ 存在}, \\ 0, & \text{当 } P \notin (V \cup S). \end{cases}$$

(6.7)

证 记 $P = (a, b, c)$. 那么

$$\vec{r}(x, y, z) = (x - a, y - b, z - c),$$
$$\vec{r}(x, y, z) \cdot \vec{n}(x, y, z) = |\vec{r}(x, y, z)| \cos(\vec{r}(x, y, z), \vec{n}(x, y, z)).$$

于是

$$G = \int_S \frac{(x-a, y-b, z-c)}{|\vec{r}(x,y,z)|^3} \cdot \vec{n}(x,y,z) \mathrm{d}S.$$

① 如果 $P \notin (V \bigcup S)$, 那么被积函数 $\dfrac{(x-a, y-b, z-c)}{|\vec{r}(x,y,z)|^3}$ 在 $V \bigcup S$ 上是 C^1 类的. 这时, 用 Gauss 公式, 得

$$G = \int_V \Big(\dfrac{\partial}{\partial x} \dfrac{x-a}{|\vec{r}(x,y,z)|^3} + \dfrac{\partial}{\partial y} \dfrac{y-b}{|\vec{r}(x,y,z)|^3} + \dfrac{\partial}{\partial z} \dfrac{z-c}{|\vec{r}(x,y,z)|^3} \Big) \mathrm{d}(x,y,z).$$

由于

$$\dfrac{\partial}{\partial x} \dfrac{x-a}{|\vec{r}(x,y,z)|^3} = \dfrac{1}{|\vec{r}(x,y,z)|^3} - 3\dfrac{(x-a)^2}{|\vec{r}(x,y,z)|^5},$$
$$\dfrac{\partial}{\partial y} \dfrac{y-b}{|\vec{r}(x,y,z)|^3} = \dfrac{1}{|\vec{r}(x,y,z)|^3} - 3\dfrac{(y-b)^2}{|\vec{r}(x,y,z)|^5},$$
$$\dfrac{\partial}{\partial z} \dfrac{z-c}{|\vec{r}(x,y,z)|^3} = \dfrac{1}{|\vec{r}(x,y,z)|^3} - 3\dfrac{(z-c)^2}{|\vec{r}(x,y,z)|^5},$$

所以

$$G = \int_V \Big(\dfrac{3}{|\vec{r}(x,y,z)|^3} - \dfrac{3}{|\vec{r}(x,y,z)|^3} \Big) \mathrm{d}(x,y,z) = 0.$$

② 设 $P \in V \setminus S = \overset{\circ}{V}$. 此时存在 $\delta > 0$, 使得球 $B(P; \delta) \subset \overset{\circ}{V}$. 记 $B(P; \delta)$ 的表面为 S_δ, 取内侧. 那么在 $V \setminus B(P; \delta)$ 上用 Gauss 公式, 使用已算过的结果, 得

$$\int_{S \cup S_\delta} \dfrac{(x-a, y-b, z-c)}{|\vec{r}(x,y,z)|^3} \cdot \vec{n}(x,y,z) \mathrm{d}S = \int_{V \setminus B(P;\delta)} 0 \mathrm{d}(x,y,z) = 0.$$

于是

$$G = -\int_{S_\delta} \dfrac{(x-a, y-b, z-c)}{|\vec{r}(x,y,z)|^3} \cdot \vec{n}(x,y,z) \mathrm{d}S.$$

注意到, 指向 S_δ 的内侧的法向量 $\vec{n}(x,y,z) = -\dfrac{(x-a, y-b, z-c)}{\delta}$, 得

$$G = \int_{S_\delta} \dfrac{\delta^2}{\delta^4} \mathrm{d}S = \dfrac{|S|}{\delta^2} = 4\pi.$$

③ 设 $P \in S$, 并设 $\vec{n}(P)$ 存在. 这种情况下, 证明的细节较长. 仅叙述证明的思想.

以 P 为中心, 足够小的正数 δ 为半径作球. 它与 V 的交 V_δ 近似一半球, 其表面分为两部分 S_δ 和 D_δ, S_δ 是以 P 为中心 δ 为半径的球面部分 (它近似为半个球面), 而 D_δ 是 S 的一部分, 它近似为点 P 处 S 的切平面内的以 P 为中心的圆盘, 法方向为 $\vec{n}(P)$. 记

$$h(x,y,z) = \dfrac{(x-a, y-b, z-c)}{|\vec{r}(x,y,z)|^3} \cdot \vec{n}(x,y,z), \quad E_\delta := (S \setminus D_\delta) \bigcup S_\delta^-.$$

其中 S_δ^- 表示 S_δ 的法方向指向中心 P. 那么,

$$G = \Big(\int_{E_\delta} + \int_{D_\delta} - \int_{S_\delta^-}\Big) h(x,y,z)\mathrm{d}(x,y,z).$$

由已证的结果, 第一个积分等于零. 而第二个积分由于在 D_δ 上 h 几乎是零, 也不起作用 —— 严格地说, (我们在适当的地方证明)

$$\lim_{\delta \to 0+} \int_{D_\delta} h(x,y,z)\mathrm{d}(x,y,z) = 0. \tag{6.8}$$

最后, 第三个积分, 由于 S_δ 近似为以 P 为中心的半个球面, 所以当取向外的法向时, 积分值近似为 2π —— 严格地说, (我们在适当的地方一并证明)

$$\lim_{\delta \to 0+} -\int_{S_\delta^-} h(x,y,z)\mathrm{d}(x,y,z) = 2\pi. \tag{6.9}$$

于是得到 $G = 2\pi$. □

§6.4 立体角及相关的积分

平面上单位圆周的长度为 2π. 如果圆心角 α 在圆周上所对的弧长为 a, 那么就是 α 的大小, 这就是弧度制.

$\mathbb{R}^3$ 中单位球面的面积为 4π. 设此球面上有可测子集 E. 称集合

$$\{(x,y,z) \in \mathbb{R}^3 : \text{存在正数 } k \text{ 使 } k(x,y,z) \in E\}$$

为 E 所对的**球心角**, 原点叫做球心角的顶点. 球心角的任何平移叫做立体角, 原点平移到的位置叫做顶点. 仿照 "弧度制" 的办法, 定义 E 所对的球心角及其任何平移的大小为 $\alpha = |E|$. 这种思想还可以推广到一般的维数 $n \geqslant 2$ 的情形.

在 2 维情形, (通常的连续弧所对的) 两个同样大的角必可经平移和旋转使它们重合. 与 2 维情形不同的是球面上两个同样大的连续部分所对的球心角一般来说无法经过刚性运动使之重合, 这是空间性态的多样形的表现.

例 6.5 设 α 代表顶点为 P 的立体角, 它的大小仍用 α 代表, $0 < \alpha < 4\pi$. 设 α 对着 (此语含义不言自明) 一个正则曲面 S ($P \notin S$), 并且 α 中从 P 出发的射线与 S 只相交于一点. 那么场

$$\vec{F}(Q) := \frac{\overrightarrow{PQ}}{|\overrightarrow{PQ}|^3}$$

沿 S 外侧 (指向与点 P 位置相反的一侧) 的第二型积分

$$\int_S \vec{F}(Q) \cdot \vec{n}(Q)\mathrm{d}Q = \alpha.$$

证 使用 Gauss 积分中情形 ① $P \notin (V \cup S)$ 的已证的结果, 可把问题简化为 $P = (0,0,0)$, S 位于单位球面上, 所对的球心角为 α 的情形.

于是, $\vec{F}(Q) := \overrightarrow{PQ}$ 而且单位法向量 $\vec{n}(Q) = \overrightarrow{OQ}$, 从而 $\vec{F}(Q) \cdot \vec{n}(Q) = 1$. 那么

$$\int_S F(Q) \cdot \vec{n}(Q) \mathrm{d}Q = |S| = \alpha. \qquad \square$$

我们说明, 在例 6.5 的证明中一开始就使用了 Gauss 积分公式 (6.7) 来简化问题. 但若先行承认此例的结果, 则公式 (6.7) 中, 点 P 在内部和外部的情形的结论便可容易地从它推出.

现在补上 Gauss 积分公式 (6.7) 中 (6.8) 和 (6.9) 的证明. 我们把它重写为下述的定理.

定理 6.3 设 $\mathbb{R}^3$ 中的凸体 V 的表面 S 是逐片正则的曲面. 设 $P \in \mathbb{R}^3$. 用 $\vec{r}(x,y,z)$ 表示从 P 到 $(x,y,z) \in S$ 的向量, 用 $\vec{n}(x,y,z)$ 代表 S 在其点 (x,y,z) 处的单位外法向量. 那么当 $P \in S$ 且 $\vec{n}(P)$ 存在时

$$G := \int_S \frac{\cos(\vec{r}(x,y,z), \vec{n}(x,y,z))}{|\vec{r}(x,y,z)|^2} \mathrm{d}S(x,y,z) = 2\pi.$$

证 无妨认为 $P = (0,0,0)$, 并且 $\vec{n}(P) = (0,0,1)$. 此时, 由于 V 是凸集, 它必定位于 Oxy 平面下方, 二者相切于原点.

在 S 上, 具有非零法向量的点的全体是 S 的相对开集 (即 $\mathbb{R}^3$ 的开集与 S 的交), 记做 H. 由于 $\vec{n}(Q)$ 在 H 上连续, 所以存在正数 δ 使得以 P 为中心, 以 δ 为半径的球 B_δ 与 S 的交 $D_\delta \subset H$, 并且 $\forall Q \in D_\delta$, $|\vec{n}(Q) - \vec{n}(P)| < 10^{-1}$.

可以假定 δ 足够小, 使得球 B_δ 位于 D_δ "下方" 的部分完全落在 V 的内部. 把 B_δ 的表面与 V 的交记做 S_δ, 取指向球 B_δ 外的一侧. 记

$$h(x,y,z) = \frac{(x,y,z)}{|\vec{r}(x,y,z)|^3} \cdot \vec{n}(x,y,z).$$

那么,

$$G = \left(\int_{(S \setminus D_\delta) \cup S_\delta^-} + \int_{D_\delta} - \int_{S_\delta^-} \right) h(x,y,z) \mathrm{d}(x,y,z).$$

其中 S_δ^- 表示 S_δ 的法方向指向中心 P. 由关于 Gauss 积分的已证结果, 第一个积分等于零. 记

$$I_\delta = \int_{D_\delta} h(x,y,z) \mathrm{d}(x,y,z), \quad J_\delta = \int_{S_\delta^-} h(x,y,z) \mathrm{d}(x,y,z).$$

下面分别证明 $\lim_{\delta \to 0+} I_\delta = 0$ 和 $\lim_{\delta \to 0+} J_\delta = 2\pi$.

$\lim\limits_{\delta\to 0+} I_\delta = 0$ 的证明

$|\vec{n}(Q) - \vec{n}(P)| < 10^{-1}$ 保证 D_δ 有如下正则表示

$$(x,y,z) = (x,y,\varphi(x,y)),\ (x,y) \in G_\delta,\ \varphi \in C^1(G_\delta),$$

其中 G_δ 是 D_δ 向 Oxy 平面的投影, 即

$$G_\delta = \{(x,y) \in \mathbb{R}^2 : (x,y,z) \in D_\delta\}$$

(这个结论本是应该加以证明的, 但为避免过于耽搁在 "微分几何" 的细节上, 此处免证). 那么

$$\vec{n}(Q) = (-\varphi'_x, -\varphi'_y, 1)|(-\varphi'_x, -\varphi'_y, 1)|^{-1},\quad Q = (x,y,\varphi(x,y)) \in D_\delta.$$

从而

$$h(x,y,\varphi(x,y)) = \frac{(x,y,\varphi(x,y))}{\left(x^2+y^2+\varphi^2(x,y)\right)^{\frac{3}{2}}} \cdot \frac{(-\varphi'_x, -\varphi'_y, 1)}{\sqrt{|\varphi'_x|^2 + |\varphi'_y|^2 + 1}}$$

$$= \frac{\varphi(x,y) - x\varphi'_x - y\varphi'_y}{\left(x^2+y^2+\varphi^2(x,y)\right)^{\frac{3}{2}}\sqrt{|\varphi'_x|^2 + |\varphi'_y|^2 + 1}}.$$

于是

$$I_\delta = \int_{G_\delta} \frac{\varphi(x,y) - x\varphi'_x(x,y) - y\varphi'_y(x,y)}{\left(x^2+y^2+\varphi^2(x,y)\right)^{\frac{3}{2}}} \mathrm{d}(x,y).$$

用极坐标来表示 G_δ, 我们有

$$G_\delta = \{(r\cos\theta, r\sin\theta) : 0 < r < r(\theta), 0 < \theta < 2\pi\},$$

其中 $r(\theta) \leqslant \delta$. 记 $\psi(r,\theta) = \varphi(r\cos\theta, r\sin\theta)$. 易见

$$r\psi'_r = x\varphi'_x + y\varphi'_y.$$

从而

$$I_\delta = \int_0^{2\pi} \mathrm{d}\theta \int_0^{r(\theta)} r\mathrm{d}r \frac{\psi(r,\theta) - r\psi'_r(r,\theta)}{\left(r^2+\psi^2(r,\theta)\right)^{\frac{3}{2}}}.$$

令 $h(r,\theta) = r^{-1}\psi(r,\theta)$, $0 < r \leqslant r(\theta)$. 根据 $\vec{n}(0,0,0) = (0,0,1)$ 的假定, 我们有 $\varphi'(0,0) = (0,0)$. 所以, 对于 $0 < r \leqslant r(\theta)$, $\theta \in [0, 2\pi)$, 存在 $s = s(\theta) \in (0,r)$ 使得

$$h(r,\theta) = \frac{\varphi(r\cos\theta, r\sin\theta) - \varphi(0,0)}{r}$$
$$= \varphi'_x(s\cos\theta, s\sin\theta)\cos\theta + \varphi'_y(s\cos\theta, s\sin\theta)\sin\theta.$$

定义

$$M_\delta = \sup\{|h(r,\theta)| : (r,\theta) \in G_\delta\}.$$

那么上面的结果告诉我们

$$M(\delta) \leqslant \sup\{|\varphi'(x,y)| : (x,y) \in G_\delta\}.$$

从而, 根据 $\varphi \in C^1(G_\delta)$ (正则表示的属性) 及 $\varphi(0,0) = 0$, 我们断定

$$\lim_{\delta \to 0+} M(\delta) = 0.$$

由 $\psi = rh$ ($r > 0$) 知, 当 $0 < r < r(\theta)$ 时

$$\psi - r\psi'_r = rh - r(h + rh'_r) = -r^2 h'_r.$$

所以

$$I_\delta = \int_0^{2\pi} d\theta \int_0^{r(\theta)} r dr \frac{-r^2 h'_r(r,\theta)}{\left(r^2 + \psi^2(r,\theta)\right)^{\frac{3}{2}}}$$
$$= \int_0^{2\pi} d\theta \int_0^{r(\theta)} dr \frac{-r^3}{\left(r^2 + \psi^2(r,\theta)\right)^{\frac{3}{2}}} h'_r(r,\theta)$$
$$= -\int_0^{2\pi} d\theta \int_0^{r(\theta)} dr \frac{1}{\left(1+h^2\right)^{\frac{3}{2}}} h'_r(r,\theta)$$
$$= -\int_0^{2\pi} d\theta \int_0^{r(\theta)} \frac{\partial}{\partial r}\left(\sin\arctan h(r,\theta)\right) dr$$
$$= -\int_0^{2\pi} \sin\arctan h(r(\theta),\theta) d\theta.$$

使用不等式

$$|\sin\arctan h(r(\theta),\theta)| \leqslant |\arctan h(r(\theta))| \leqslant |h(r(\theta),\theta)| \leqslant M(\delta),$$

终于得到
$$|I_\delta| \leqslant 2\pi M(\delta).$$

从而证实了 $\lim_{\delta \to 0+} I_\delta = 0$.

$\lim_{\delta \to 0+} J_\delta = 2\pi$ 的证明

前面已提到, 整个 S 全在 Oxy 平面之下 ($z \leqslant 0$). 那么 S_δ 包含在下半球面 $U_\delta := \{(x,y,z) : x^2 + y^2 + z^2 = \delta^2, z \leqslant 0\}$ 中. 上一段已证明

$$\forall (x,y,z) \in D_\delta, \ \left|\frac{z}{\sqrt{x^2+y^2}}\right| = |h(r,\theta)| \leqslant M(\delta) \ \ ((x,y) = (r\cos\theta, r\sin\theta)).$$

所以, 集合 $U_\delta \setminus S_\delta$ 包含在 U_δ 上的带状区域

$$K := \{(x,y,z) \in U_\delta : \frac{|z|}{\sqrt{x^2+y^2}} \leqslant M(\delta)\}$$

中. 可以用第六章例 4.2 介绍的方法算出 (请作为习题验证一下)K 的 (球面) 测度为

$$|K| = 2\pi\delta^2 M(\delta). \tag{6.10}$$

所以 S_δ 的 (球面) 测度

$$|S_\delta| \geqslant |U_\delta \setminus K| = \delta^2 2\pi(1 - M(\delta)).$$

可见, S_δ 所对的 (以原点为顶点的) 球心角不小于 $2\pi(1-M(\delta))$. 那么由已知的结果 (见例 6.5) 得知

$$2\pi(1 - M(\delta)) \leqslant J_\delta \leqslant 2\pi.$$

由此证得所欲证之等式. $\square$

§6.5 又一个 Green 公式

$\mathbb{R}^3$ 上的 Laplace 算子 Δ 的定义是

$$\Delta u = \frac{\partial^2 u}{\partial x^2} + \frac{\partial^2 u}{\partial y^2} + \frac{\partial^2 u}{\partial z^2},$$

其中 $u \in C^2(\mathbb{R}^3)$.

例 6.6(又一个 Green 公式) 设 V 是 $\mathbb{R}^3$ 中的有界的含有内点的凸集, 它的边界 $S = \overline{V} \setminus \overset{\circ}{V}$ 是逐片正则的. 设 $u, v \in C^2(\overline{V})$ (注意例 4.8 和例 6.4 中反复叙述过的对于光滑性的默认). 那么

$$\int_S \left(u\frac{\partial}{\partial n}v - v\frac{\partial}{\partial n}u\right) \mathrm{d}S = \int_V (u\Delta v - v\Delta u)\mathrm{d}V. \tag{6.11}$$

其中, 左端是 S 上的 (第一型) 积分, 右端是 $\mathbb{R}^3$ 中的积分, 而 $\dfrac{\partial}{\partial n}$ 代表沿 S 的外法向 $\vec{n}$ 的方向导数.

证 根据方向导数的定义,
$$u\frac{\partial}{\partial n}v = uv' \cdot \vec{n}.$$
那么
$$\int_S uv' \cdot \vec{n}\mathrm{d}S = \int_S (uv')(x,y,z) \cdot \mathrm{d}\overrightarrow{(x,y,z)}.$$
用 Gauss 公式, 此式等于
$$\int_V \left(\frac{\partial}{\partial x}(uv'_x) + \frac{\partial}{\partial y}(uv'_y) + \frac{\partial}{\partial z}(uv'_z)\right)\mathrm{d}(x,y,z)$$
$$= \int_V (u\Delta v)\mathrm{d}(x,y,z) + \int_V (u' \cdot v')(x,y,z)\mathrm{d}(x,y,z).$$
从而
$$\int_S u\frac{\partial}{\partial n}v\mathrm{d}S = \int_V (u\Delta v)\mathrm{d}(x,y,z) + \int_V (u' \cdot v')(x,y,z)\mathrm{d}(x,y,z).$$
在上式中交换 u,v 的位置, 然后将所得两式相减, 就得到 (6.11). □

例 6.7 设开集 $V \subset \mathbb{R}^3$. 设 u 是 V 上的调和函数, $P \in V$. 如果以 P 为中心, $R > 0$ 为半径的球 $B(R)$ 及其表面 $S(R)$ 都含在 V 中, 那么
$$u(P) = \frac{1}{|S(R)|}\int_{S(R)} u.$$

证明 记
$$J(R) = \frac{1}{|S(R)|}\int_{S(R)} u.$$
设 $0 < a < R$. 用 $B(a)$ 和 $S(a)$ 分别代表以 P 为中心 a 为半径的球和球面.

用 r 代表向量 $\overrightarrow{PQ}$ 的长度. 那么
$$J(R) = \frac{1}{4\pi R^2}\int_{S(R)} u = \frac{1}{4\pi}\int_{S(R)} \frac{u}{r^2}$$
$$= \frac{1}{4\pi}\left(\int_{S(R)} \frac{u}{r^2} - \int_{S(a)} \frac{u}{r^2} + \int_{S(a)} \frac{u}{r^2}\right).$$
定义 $v(Q) = \dfrac{1}{r(Q)}$, $Q \neq P$. 显然
$$\int_{S(R)} \frac{u}{r^2} = \int_{S(R)} -u\frac{\partial}{\partial n}v,$$
$$\int_{S(a)} \frac{u}{r^2} = \int_{S^-(a)} u\frac{\partial}{\partial n}v,$$

其中 $S^-(a)$ 表示在 $S^-(a)$ 上, 单位法向量 $\vec{n}(Q)$ 指向 P, 也就是说, $S^-(a)$ 代表 $S(a)$ 的内侧 (而 $S(a)$ 则默认为外侧). 所以

$$\int_{S(R)} \frac{u}{r^2} - \int_{S(a)} \frac{u}{r^2} = \int_{S(R)\cup S^-(a)} -u\frac{\partial}{\partial n}v.$$

由于 u 调和, 所以 —— 根据 Gauss 公式, 在两个球面 $S(R)$ 和 $S(a)$ 上都有

$$\int_{S(R)} v\frac{\partial}{\partial n}u = R^{-1}\int_{S(R)} v\frac{\partial}{\partial n}u = 0$$

$$\int_{S(a)} v\frac{\partial}{\partial n}u = a^{-1}\int_{S(a)} v\frac{\partial}{\partial n}u = 0.$$

这样一来, 就得到

$$\Big(\int_{S(R)} - \int_{S(a)}\Big)\frac{u}{r^2} = \int_{S(R)\cup S^-(a)} \Big(-u\frac{\partial}{\partial n}v + v\frac{\partial}{\partial n}u\Big).$$

使用第二个 Green 公式, 得

$$\Big(\int_{S(R)} - \int_{S(a)}\Big)\frac{u}{r^2} = \int_{B(R)\setminus B(a)}(-u\Delta v + v\Delta u) = 0.$$

这里用到 v 的调和性. 结果

$$J(R) = \frac{1}{4\pi}\int_{S(a)} \frac{u}{r^2} = J(a).$$

令 $a \to 0+$, 得欲证者. $\square$

§6.6 向量场的散度

定义 6.1 设 V 是 $\mathbb{R}^2$ 或 $\mathbb{R}^3$ 中的不空开集, $F: V \longrightarrow \mathbb{R}^2$ 或 $F: V \longrightarrow \mathbb{R}^3$ 是 C^1 类映射, $F = (P, Q)$ 或 $F = (P, Q, R)$. 称

$$\frac{\partial P}{\partial x} + \frac{\partial Q}{\partial y} \quad \text{或} \quad \frac{\partial P}{\partial x} + \frac{\partial Q}{\partial y} + \frac{\partial R}{\partial z}$$

为向量场 $(V, \vec{F})$ (或 $\vec{F}$) 的散度 (divergence), 记做 $\operatorname{div}\vec{F}$.

使用散度符号, Green 公式 (6.2) 可写作

$$\int_{\mathscr{L}} \vec{F}(x,y) \cdot \vec{n}(x,y) \mathrm{d}\mathscr{L}(x,y,z) = \int_D \operatorname{div}\vec{F}(x,y) \mathrm{d}(x,y), \qquad (6.12)$$

其中 $\vec{F} = (P, Q)$. 而 Gauss 公式 (6.1) 可写作

$$\int_{\mathscr{S}} \vec{F}(x,y,z) \cdot \mathrm{d}\overrightarrow{\mathscr{S}(x,y,z)} = \int_V \operatorname{div}\vec{F}(x,y,z) \mathrm{d}(x,y,z), \qquad (6.13)$$

其中 $\vec{F} = (P, Q, R)$. 那么,Gauss 公式说的是, 场 $\vec{F}$ 通过区域 D 的边界 $\mathscr{L}$ 或者立体 V 的边界 $\mathscr{S}$ 向外侧的通量为散度 $\mathrm{div}\vec{F}$ 在曲线 $\mathscr{L}$ 所围区域 D 或者曲面 $\mathscr{S}$ 所围立体 V 上的积分.

下面就 $\mathbb{R}^3$ 的情形叙述新概念, 一切论述在 $\mathbb{R}^2$ 中完全成立.

设点 $A \in \overset{\circ}{V}$. 取定充分小的 $\delta > 0$, 使得闭球

$$\overline{B}(A;\delta) = \{(x,y,z) \in \mathbb{R}^3 : |(x,y,z) - A| \leqslant \delta\} \subset V.$$

记 $\overline{B}(A;\delta)$ 的表面为

$$\mathscr{S} = \{(x,y,z) : |(x,y,z) - A| = \delta\}.$$

那么, 按 Gauss 公式,

$$\int_{\mathscr{S}} \vec{F}(x,y,z) \cdot \overrightarrow{\mathrm{d}S(x,y,z)} = \int_{B(A;\delta)} \mathrm{div}\vec{F}(x,y,z)\mathrm{d}(x,y,z).$$

于是

$$\mathrm{div}\vec{F}(A) = \lim_{\delta \to 0+} \frac{1}{|B(A;\delta)|} \int_{\mathscr{S}_\delta} \vec{F}(x,y,z) \cdot \overrightarrow{\mathrm{d}S(x,y,z)}.$$

据此, 散度 $\mathrm{div}\vec{F}(A)$ 也叫做场 $\vec{F}$ 在 A 点处的流量(flux). 使 $\mathrm{div}\vec{F} > 0$ 的点叫场 $(V, \vec{F})$ 的 "源" (source), 使 $\mathrm{div}\vec{F} < 0$ 的点则可叫做 "汇" (sink).

习惯上也把梯度符号 ∇ 看做一个形式向量 (可形式地参与向量运算):

$$\nabla := \Big(\frac{\partial}{\partial x}, \frac{\partial}{\partial y}, \frac{\partial}{\partial z}\Big),$$

而把散度记做点乘的形式:

$$\mathrm{div}\vec{F} = \nabla \cdot \vec{F}.$$

设 (V, F) 是数量场, $F \in C^2(V)$. 那么它的梯度场 $(V, \nabla F)$ 的散度为

$$\nabla \cdot (\nabla F) = \frac{\partial}{\partial x}\Big(\frac{\partial F}{\partial x}\Big) + \frac{\partial}{\partial y}\Big(\frac{\partial F}{\partial y}\Big) + \frac{\partial}{\partial z}\Big(\frac{\partial F}{\partial z}\Big)$$
$$= \frac{\partial^2 F}{\partial x^2} + \frac{\partial^2 F}{\partial y^2} + \frac{\partial^2 F}{\partial z^2}.$$

定义

$$\Delta F = \frac{\partial^2 F}{\partial x^2} + \frac{\partial^2 F}{\partial y^2} + \frac{\partial^2 F}{\partial z^2}.$$

称 Δ 为 Laplace 算子 (前面已经提到过). 那么,

$$\mathrm{div}(\mathrm{grad}\, F) = \nabla \cdot (\nabla F) = \Delta F.$$

例 6.8 求点电荷 q 产生的静电场的散度.

解 (这个例子在例 5.1 中已经谈过.) 设点电荷位于原点. 那么, 根据库仑定律, 点 $\vec{r} = (x, y, z) \neq (0, 0, 0)$ 处的电场强度为

$$\vec{F} = \frac{\lambda}{|r|^3} r, \quad |r| = (x^2 + y^2 + z^2)^{\frac{1}{2}},$$

其中 λ 为 q 的常数倍. 于是

$$\operatorname{div} \vec{F} = \lambda \Big(\frac{\partial}{\partial x} \frac{x}{|r|^3} + \frac{\partial}{\partial y} \frac{y}{|r|^3} + \frac{\partial}{\partial z} \frac{z}{|r|^3} \Big)$$
$$= \lambda \Big[\frac{3}{|r|^3} - 3 \frac{1}{|r|^4} \Big(\frac{x^2}{|r|} + \frac{y^2}{|r|} + \frac{z^2}{|r|} \Big) \Big] = 0.$$

除 q 所在的位置外, 其它点都既不是源点也不是汇. 那么, 通过任何不包围原点, 也不含有原点的闭曲面的电通量都是零. 这在 Gauss 积分的计算中已经得到.

习题 7.6

1. 用 Gauss 公式计算 $\int_S (\vec{F} \cdot \vec{n})(x, y, z) \mathrm{d} S(x, y, z)$:
   (1) $\vec{F}(x, y, z) = (x, y, z)$, $S = \{(x, y, z) \in \mathbb{R}^3 : x^2 + y^2 + z^2 = 1\}$ (外法向);
   (2) $\vec{F}(x, y, z) = (x^2 yz, 2, x + 2z)$, S 为边长为 1 的立方体, $(0, 0, 0)$ 和 $(1, 1, 1)$ 是它的顶点 (外法向);
   (3) $\vec{F}(x, y, z) = (1 - x - xz, yz, xy)$, S 是由 $x = 0$ 及 $x = 1 - y^2 - z^2$ 界定的有界立体的边界 (外法向);
   (4) $\vec{F}(x, y, z) = (3x^2 + y^2, x - y + z, 4z)$, S 是椭球面 $\frac{x^2}{3} + y^2 + 3z^2 = 1$ (外法向);
   (5) $\vec{F}(x, y, z) = (yz^2, x^2 + 2y, e^{x+y})$, S 是单位球面 $x^2 + y^2 + z^2 = 1$ (外法向);
   (6) $\vec{F}(x, y, z) = (-4xy, 3y^2, x - y)$, S 是以 $(0, 0, 0), (1, 0, 0), (0, 1, 0), (0, 0, 1)$ 为顶点的四面体的边界 (外法向);
   (7) $\vec{F}(x, y, z) = (2xy^2, yz, 2zx^2)$, S 是由 $x^2 + y^2 = 2$, $z = 1$ 及 $z = 4$ 界定的有界立体的边界 (外法向);
   (8) $\vec{F}(x, y, z) = (x^3, -xz, 3y^2 z)$, S 是由 $z = 9 - x^2 - y^2$, $z = 0$ 界定的有界立体的边界 (外法向).

2. 设 $\vec{v}$ 是 $\mathbb{R}^3$ 中密度为 δ 的流体的流速场. 计算它穿过曲面 S 的流量. 长度, 时间, 质量的单位分别是 cm, s, g.
   (1) $\vec{F}(x, y, z) = (2x, -y, z)$, $\delta(x, y, z) = 1$, S 是单位球面 $x^2 + y^2 + z^2 = 1$ (外法向);
   (2) $\vec{F}(x, y, z) = (x^3, y^3, z^3)$, $\delta(x, y, z) = 2$, S 为边长为 1 的立方体, $(0, 0, 0)$ 和 $(1, 1, 1)$ 是它的顶点 (外法向);

(3) $\vec{F}(x,y,z) = (2, xz^2, ye^x)$, $\delta(x,y,z) = x^2 + 1$, S 为以 $(0,0,0)$, $(3,0,0)$, $(0,2,0)$, $(0,0,4)$ 为顶点的四面体的边界 (外法向);

(4) $\vec{F}(x,y,z) = (x^3, y^3, z^3)$, $\delta(x,y,z) = z + 1$, $S = \{(x,y,z): x^2 + y^2 + z^2 = 4, z > 0\} \bigcup \{(x,y,0): x^2 + y^2 \leqslant 4\}$ (外法向);

3. 求空间流速场 $\vec{v}(x,y,z) = (2x^2 - y, -y^2 + xz, 3z^2 - 8x)$ 的源的集合及汇的集合.

4. 在下述热传导情形中, T 为温度, k 为热传导系数. 求热流率 $\vec{F} := -kT'$ 以及穿过 S 的热流量:

$$\int_S (\vec{F}(x,y,z) \cdot \vec{n}(x,y,z)) \mathrm{d}(x,y,z),$$

式中 $\vec{n}$ 为 S 上的单位外法向量.

(1) $T(x,y,z) = x + y + z, k = 0.408, S$ 是 $z = 2x^2 + 4y^2$ 和 $4x + y + 3z = 12$ 界定的立体的表面 (外侧);

(2) $T(x,y,z) = 100x^3, k = 0.0001, S$ 是 $x = \pm\frac{1}{2}, y = \pm 2, z = \pm 3$ 界定的立体的表面 (外侧);

(3) $T(x,y,z) = x^2 + y^2 + z^2, k = 0.005, S$ 是球面 $x^2 + y^2 + z^2 = 4$ (外侧);

(4) $T(x,y,z) = x^2z^2 + y, k = 1.006, S$ 是 $x^2 + z^2 = 4$ 和 $y = -1, y = 3$ 界定的立体的表面 (外侧).

5. 设 S 是抛物面 $z = 9 - x^2 - y^2$ 在平面 $z = 1$ 以上的部分, 取向下的一侧. 求

$$\int_S (yze^{yz}, x^3\ln(2x^2z + z^3), z) \cdot \vec{n}(x,y,z) \mathrm{d}S(x,y,z).$$

6. 设 S 是上半单位球面, 取上侧. 求

$$\int_S (x + yz, z^2\sin x, 4z) \cdot \vec{n}(x,y,z) \mathrm{d}S.$$

7. 设 S 是 $x = 0, x = 1, y = 0, y = 1, z = 0, z = 1$ 界定的盒子的侧面和底面 (不含顶面), 取盒的外侧. 求

$$\int_S (x^2y, xy^2, xyz) \cdot \vec{n}(x,y,z) \mathrm{d}S.$$

8. 设 u 在闭球 V 上调和, 并且不是常值函数. 那么, u 的最大值和最小值只能在 V 的边界上取到.

9. 证明 §6.4 的定理 6.3 的证明中的 (6.10).

§7 Stokes 公式 旋度

§7.1 $\mathbb{R}^3$ 中的 Stokes 公式

$\mathbb{R}^3$ 中的 Stokes (斯托克斯) 公式是 $\mathbb{R}^2$ 中的 Green 公式向 $\mathbb{R}^3$ 中的另一种推广 (类比).

设 D 是 $\mathbb{R}^2$ 中的含内点的有界凸闭集，$D\setminus\mathring{D}$ 是一条连续闭曲线. 设 g 是 D 到 $\mathbb{R}^3$ 的 C^1 类一对一的映射, g' 在 D 上处处秩为 2. 那么, 由 g 确定了一个展布在 D 上的正则曲面 $\mathscr{S} = g(D)$.

补充如下假定.

设 D 的边界 $\partial D := D\setminus\mathring{D}$ 是 $\mathbb{R}^2$ 中的有限条正则曲线连成的曲线, 它关于 D 取 "逆时针方向" (这种描述性语句前面已用过). 规定 $\mathscr{S}$ 的边界为 $\partial\mathscr{S} = g(\partial D)$. 易见 (请自思之)$\partial\mathscr{S}$ 是 $\mathbb{R}^3$ 中的有限条正则曲线连成的曲线. 规定 $\partial\mathscr{S}$ 的方向保持与 ∂D 的方向协调一致.

根据 $\partial\mathscr{S}$ 的这个方向, 我们这样规定 $\mathscr{S}$ 的上侧, 使得 "逆着 $\mathscr{S}$ 的法方向向 $\mathscr{S}$ 看去, $\partial\mathscr{S}$ 的方向为逆时针方向" (这又是一个描述性语句).

我们大胆地使用一些非数学语言来描述我们的研究对象, 目的是节省掉那些实质上并无新内容的麻烦的考证且保持几何的直观. 相信这样做是 "得大于失" 的.

现设 $\mathscr{S}$ 上定义着变换 $\vec{F}: \mathscr{S} \to \mathbb{R}^3$,

$$\vec{F}(x,y,z) = (P(x,y,z), Q(x,y,z), R(x,y,z)),$$

其中 P, Q, R 在 $\mathbb{R}^3$ 的一个包含 $\mathscr{S}$ 的足够大的开集上有连续的偏导数.

Stokes 公式　在上述条件下, 沿 $\partial\mathscr{S}$ 的第二型曲线积分与沿 $\mathscr{S}$ 的第二型曲面积分有如下关系:

$$\int_{\partial\mathscr{S}} \vec{F}(x,y,z) \cdot \overrightarrow{\mathrm{d}(x,y,z)} = \int_{\mathscr{S}} \begin{vmatrix} \mathrm{d}y \wedge \mathrm{d}z & \mathrm{d}z \wedge \mathrm{d}x & \mathrm{d}x \wedge \mathrm{d}y \\ \dfrac{\partial}{\partial x} & \dfrac{\partial}{\partial y} & \dfrac{\partial}{\partial z} \\ P & Q & R \end{vmatrix}.$$

其中, 右端形式记法的确切意思是指第二型曲面积分

$$\int_{\mathscr{S}} \left(\frac{\partial R}{\partial y} - \frac{\partial Q}{\partial z}\right)\mathrm{d}y \wedge \mathrm{d}z + \left(\frac{\partial P}{\partial z} - \frac{\partial R}{\partial x}\right)\mathrm{d}z \wedge \mathrm{d}x + \left(\frac{\partial Q}{\partial x} - \frac{\partial P}{\partial y}\right)\mathrm{d}x \wedge \mathrm{d}y.$$

在证明 Stokes 公式之前, 我们先说明 Green 公式是它的特例. 只要令

$$\mathscr{S} = \{(x,y,0) : (x,y) \in D\}, \quad f = (P,Q,0),$$

代入上面的公式, 我们就得到

$$\int_{\partial D} (P,Q,0) \cdot \overrightarrow{\mathrm{d}(x,y,0)} = \int_{\partial D} (P,Q) \cdot \overrightarrow{\mathrm{d}(x,y)} = \int_{D} \left(\frac{\partial Q}{\partial x} - \frac{\partial P}{\partial y}\right)\mathrm{d}x \wedge \mathrm{d}y.$$

而在 $\mathbb{R}^3$ 中的积分

$$\int_D \Big(\frac{\partial Q}{\partial x} - \frac{\partial P}{\partial y}\Big)\mathrm{d}x \wedge \mathrm{d}y$$

显然就是 $\mathbb{R}^2$ 中的通常积分

$$\int_D \Big(\frac{\partial Q}{\partial x} - \frac{\partial P}{\partial y}\Big)\mathrm{d}x\mathrm{d}y.$$

基于这一事实, 我们说, Stokes 公式是 Green 公式的 "弯曲化" 推广.

Stokes 公式的证明

为简单起见, 我们补充假定表示曲面 $\mathscr{S}$ 的变换 g 是 C^2 类的. 当然, 对于 Stokes 公式的成立, 这一假定不是必要的.

记

$$g(u,v) = (x(u,v), y(u,v), z(u,v)).$$

设 D 的边界 ∂D 有参数表示

$$\partial D = \{h(t) = (u(t), v(t)) : a \leqslant t < b\}.$$

那么 $\partial \mathscr{S}$ 得到参数表示

$$\partial \mathscr{S} = \{g(h(t)) : a \leqslant t < b\}.$$

证明的思路是, 分别处理 $\int_{\partial \mathscr{S}} P(x,y,z)\mathrm{d}x, \int_{\partial \mathscr{S}} Q(x,y,z)\mathrm{d}y, \int_{\partial \mathscr{S}} R(x,y,z)\mathrm{d}z.$
在对于每个积分的处理中, 分成三个步骤:

① 把沿 $\partial \mathscr{S}$ 的积分转化为沿 ∂D 的积分,

② 在 D 上使用 Green 公式,

③ 把 D 上的积分转回 $\mathscr{S}$ 上,

最后把对于三个积分的处理结果合起来.

下面处理第一个积分.

① **把沿 $\partial \mathscr{S}$ 的积分转化为沿 ∂D 的积分**

根据定理 2.1

$$\begin{aligned}\int_{\partial \mathscr{S}} P(x,y,z)\mathrm{d}x &= \int_{(a,b)} P(x,y,z)(x'_u u'(t) + x'_v v'(t))\mathrm{d}t \\ &= \int_{(a,b)} (P(x,y,z)x'_u)u'(t)\mathrm{d}t + (P(x,y,z)x'_v)v'(t)\mathrm{d}t \\ &= \int_{\partial D} \Big(P(x,y,z)x'_u\Big)\mathrm{d}u + \Big(P(x,y,z)x'_v\Big)\mathrm{d}v.\end{aligned}$$

② **在 D 上使用 Green 公式**

对于右端的第二型曲线积分使用 Green 公式, 得

$$\int_{\partial \mathscr{S}} P \mathrm{d}x = \int_D \left[\frac{\partial}{\partial u}(Px_v') - \frac{\partial}{\partial v}(Px_u') \right] \mathrm{d}u \mathrm{d}v.$$

容易算出

$$\frac{\partial}{\partial u}(Px_v') - \frac{\partial}{\partial v}(Px_u')$$
$$= (P_x' x_u' + P_y' y_u' + P_z' z_u') x_v' - (P_x' x_v' + P_y' y_v' + P_z' z_v') x_u'$$
$$= P_z' \begin{vmatrix} z_u' & x_u' \\ z_v' & x_v' \end{vmatrix} - P_y' \begin{vmatrix} x_u' & y_u' \\ x_v' & y_v' \end{vmatrix}.$$

那么

$$\int_{\partial \mathscr{S}} P \mathrm{d}x = \int_D \left(P_z' \begin{vmatrix} z_u' & x_u' \\ z_v' & x_v' \end{vmatrix} - P_y' \begin{vmatrix} x_u' & y_u' \\ x_v' & y_v' \end{vmatrix} \right) \mathrm{d}u \mathrm{d}v.$$

③ **把 D 上的积分转回 $\mathscr{S}$ 上**

于右端使用第二型曲面积分的计算公式, 得

$$\int_{\partial \mathscr{S}} P \mathrm{d}x = \int_{\mathscr{S}} P_z' \mathrm{d}z \wedge \mathrm{d}x - P_y' \mathrm{d}x \wedge \mathrm{d}y.$$

同样的计算给出

$$\int_{\partial \mathscr{S}} Q \mathrm{d}y = \int_{\mathscr{S}} Q_x' \mathrm{d}x \wedge \mathrm{d}y - Q_z' \mathrm{d}y \wedge \mathrm{d}z,$$
$$\int_{\partial \mathscr{S}} R \mathrm{d}z = \int_{\mathscr{S}} R_y' \mathrm{d}y \wedge \mathrm{d}z - R_x' \mathrm{d}z \wedge \mathrm{d}x.$$

将三式合并, 得

$$\int_{\partial \mathscr{S}} \vec{F}(x,y,z) \cdot \mathrm{d}\overrightarrow{(x,y,z)}$$
$$= \int_{\mathscr{S}} (P_z' - R_x') \mathrm{d}z \wedge \mathrm{d}x + (Q_x' - P_y') \mathrm{d}x \wedge \mathrm{d}y + (R_y' - Q_z') \mathrm{d}y \wedge \mathrm{d}z$$
$$= \int_{\mathscr{S}} \begin{vmatrix} \mathrm{d}y \wedge \mathrm{d}z & \mathrm{d}z \wedge \mathrm{d}x & \mathrm{d}x \wedge \mathrm{d}y \\ \dfrac{\partial}{\partial x} & \dfrac{\partial}{\partial y} & \dfrac{\partial}{\partial z} \\ P & Q & R \end{vmatrix}.$$

□

注 7.1 尽管 Green 公式是 Stokes 公式的特例, 我们还是应该注意, 在证明 Stokes 公式时, 我们使用了先行证明了的 Green 公式. 应该注意推证的逻辑顺

序. 如果我们先行直接证明了 Stokes 公式, 那就可以直接作为推论得到 Green 公式.

推论 7.1 若曲面 $\mathscr{S}$ 及其边界可由有限个满足上述 Stokes 公式条件的小块无重叠地恰当地拼成, 则 Stokes 公式依然成立.

推论 7.2 设 $V = \{(x,y,z) : |x|,|y|,|z| \leqslant M\}(M > 0)$. 设 $\vec{F} = (P,Q,R)$ 是 V 到 $\mathbb{R}^3$ 的 C^1 类映射. 那么, 条件

$$\frac{\partial R}{\partial y} = \frac{\partial Q}{\partial z}, \quad \frac{\partial P}{\partial z} = \frac{\partial R}{\partial x}, \quad \frac{\partial Q}{\partial x} = \frac{\partial P}{\partial y} \tag{7.1}$$

在 V 处处成立的充分必要条件是 $\vec{F}$ 沿 V 内任何正则曲线的第二型积分的值只决定于曲线的始点和终点的位置, 也就是说

$(*)$ (在 V 内的) 第二型曲线积分与路径无关.

此事等价于 $\vec{F}$ 有原函数 f $(f' = \vec{F})$.

证 由 Stokes 公式知, $(7.1) \Longrightarrow (*)$. 而 "命题 $(*) \Longrightarrow (7.1)$" 已包含在习题 7.3 题 21 的结果中了. 为了不使用习题的结果, 下面叙述 "命题 $(*) \Longrightarrow (7.1)$" 的证明.

设 $(*)$ 成立. 对任意的 $A = (x,y,z) \in V$, 定义

$$f(x,y,z) = \int_{\overrightarrow{OA}} P(u,v,w)\mathrm{d}u + Q(u,v,w)\mathrm{d}v + R(u,v,w)\mathrm{d}w.$$

记 $A' = (x+h,y,z)$, 其中 $h \in \mathbb{R}, |h| > 0$ 充分小. 那么, 有

$$\frac{\partial f}{\partial x}(x,y,z) = \lim_{h \to 0} \frac{1}{h} \int_{\overrightarrow{AA'}} (P\mathrm{d}u + Q\mathrm{d}v + R\mathrm{d}w) = P(A).$$

同样地

$$\frac{\partial f}{\partial y}(A) = Q(A), \quad \frac{\partial f}{\partial z}(A) = R(A).$$

于是

$$f'(x,y,z) = (P,Q,R) = \vec{F}.$$

由于 P,Q,R 都是 C^1 类的, 所以 (7.1) 成立. □

§7.2 旋度

$\mathbb{R}^3$ 中, C^1 类向量场 $\vec{F} := (P,Q,R)$ 的旋度定义为

$$\operatorname{rot} \vec{F} = \left(\frac{\partial R}{\partial y} - \frac{\partial Q}{\partial z}, \frac{\partial P}{\partial z} - \frac{\partial R}{\partial x}, \frac{\partial Q}{\partial x} - \frac{\partial P}{\partial y}\right).$$

当 R 消失, 即 $R = 0$ 时, C^1 类向量场 $\vec{F} := (P, Q, 0)$ 的旋度 (rotation 或 curl) 为

$$\mathrm{rot}\,\vec{F} := \left(\frac{\partial Q}{\partial x} - \frac{\partial P}{\partial y}\right)\mathbf{k}.$$

其中 $\mathbf{k}$ 代表 XOY 平面由右手螺旋法则确定的单位法向量 (即 OZ 轴上的单位向量).

设 V 是 $\mathbb{R}^3$ 中的不空开集, $(V, \vec{F})$ 是向量场. 在 $A \in V$ 处 $\mathrm{rot}\,\vec{F}(A) = \vec{M}, |\vec{M}| > 0$. 在过点 A, 与 $\vec{M}$ 垂直的平面上作一个以 A 为中心, 以 δ 为半径的圆, 使圆周 $\mathscr{L}$ 的方向为绕 $\vec{M}$ 依右手螺旋循行的方向. 圆的内部记为 D, 取指向 $\vec{M}$ 的一侧. 当 δ 足够小时, $\overline{D} = D \cup \mathscr{L} \subset V$, 且在 D 上 $\mathrm{rot}\,\vec{F}$ 与 $\vec{M}$ 相当近似, 满足 $(\mathrm{rot}\,\vec{F}) \cdot \vec{M} > 0$. 在 D 和 $\mathscr{L}$ 上使用 Stokes 公式, 得

$$\int_{\mathscr{L}} \vec{F}(x,y,z) \cdot \mathrm{d}\overrightarrow{(x,y,z)} = \int_D (\mathrm{rot}\,\vec{F}) \cdot \mathrm{d}\vec{S}$$
$$= \int_D (\mathrm{rot}\,\vec{F}) \cdot \frac{\vec{M}}{|\vec{M}|}\mathrm{d}S > 0.$$

如果把 $\vec{F}$ 看成是流体的速度. 那么, $\mathrm{rot}\,\vec{F}(A) = \vec{M}$ 表示的是流体在点 A 处的涡旋状态 (包括强度及方向). 这就是旋度一词的物理意义. 用 $\mathbf{i}, \mathbf{j}, \mathbf{k}$ 代表三个坐标单位向量. 那么形式上

$$\mathrm{rot}\,\vec{F} = \begin{vmatrix} \mathbf{i} & \mathbf{j} & \mathbf{k} \\ \dfrac{\partial}{\partial x} & \dfrac{\partial}{\partial y} & \dfrac{\partial}{\partial z} \\ P & Q & R \end{vmatrix},$$

所以, 可用叉乘记号表示旋度, 即

$$\mathrm{rot}\,\vec{F} = \nabla \times \vec{F}.$$

例 7.1 设 $\vec{F}(x,y,z) = (2z, x+y, -yz)$, $\mathscr{S} = \{(x,y,z): x+y+z=1, x, y, z > 0\}$. 计算

$$I := \int_{\mathscr{S}} \mathrm{rot}\,\vec{F} \cdot \vec{n}$$

式中 $\vec{n}$ 代表 $\mathscr{S}$ 上与 OZ 轴夹锐角的单位法向量.

解 首先算出

$$\mathrm{rot}\,\vec{F}(x,y,z) = (-z, 2, 1).$$

下面用三种办法计算

$$I = \int_{\mathscr{S}} (-z, 2, 1) \cdot \vec{n}(x, y, z).$$

① 用 Stokes 公式

$$I = \int_{L_1 \bigcup L_2 \bigcup L_3} \vec{F} \cdot \vec{\tau},$$

其中,

$L_1 = \overrightarrow{(1,0,0)(0,1,0)} = \{(1-y, y, 0): \ 0 < y < 1\}$ (按 y 增加方向),
$L_2 = \overrightarrow{(0,1,0)(0,0,1)} = \{(0, 1-z, z): \ 0 < z < 1\}$ (按 z 增加方向),
$L_3 = \overrightarrow{(0,0,1)(1,0,0)} = \{(x, 0, 1-x): \ 0 < x < 1\}$ (按 x 增加方向).

于是

$$\begin{aligned} I &= \int_0^1 (0, 1, 0) \cdot (-1, 1, 0) \mathrm{d}y + \\ &\quad \int_0^1 (2z, 1-z, -(1-z)z) \cdot (0, -1, 1) \mathrm{d}z + \\ &\quad \int_0^1 (2(1-x), x, 0) \cdot (1, 0, -1) \mathrm{d}x \\ &= \int_0^1 (1 - (1-t) - (1-t)t + 2(1-t)) \mathrm{d}t \\ &= \frac{4}{3}. \end{aligned}$$

② 表示 $\mathscr{S} = \{(x, y, 1-(x+y)): \ x+y<1, x>0, y>0\}$. 直接算第二型曲面积分.

$$\begin{aligned} I &= \int_{\{x+y<1, x>0, y>0\}} (x+y-1, 2, 1) \cdot [(1, 0, -1) \times (0, 1, -1)] \mathrm{d}(x, y) \\ &= \int_{\{x+y<1, x>0, y>0\}} (x+y+2) \mathrm{d}(x, y) \\ &= \int_0^1 \mathrm{d}y \int_0^{1-y} (x+y+2) \mathrm{d}x \\ &= \int_0^1 \left(\frac{1}{2}(1-y)^2 + y(1-y) + 2(1-y) \right) \mathrm{d}y \\ &= \int_0^1 \left(\frac{5}{2} - 2y - \frac{1}{2} y^2 \right) \mathrm{d}y = \frac{4}{3}. \end{aligned}$$

③ 表示 $\mathscr{S} = \{(x, y, 1-(x+y)): x+y < 1, x > 0, y > 0\}$. 把第二型曲面积分转换成第一型积分, 使用几何直观.

$$I = \int_{\mathscr{S}} (-z, 2, 1) \cdot (1, 1, 1) \frac{1}{\sqrt{3}}$$
$$= \frac{1}{\sqrt{3}} \int_{\mathscr{S}} (3-z) = \frac{1}{\sqrt{3}} \left(3|\mathscr{S}| - \frac{1}{3} \int_{\mathscr{S}} (x+y+z) \right)$$
$$= \frac{1}{\sqrt{3}} \frac{8}{3} \frac{\sqrt{3}}{2} = \frac{4}{3}.$$

习题 7.7

1. 利用 Stokes 公式计算下列曲线积分:
   (1) $\int_{\Gamma} y \mathrm{d}x + z \mathrm{d}y + x \mathrm{d}z$, 其中 Γ 为 $x^2 + y^2 + z^2 = a^2$ 与 $x+y+z = 0$ 的交线, 方向是: 从 OX 轴正向看去, 依逆时针方向进行;
   (2) $\int_{\Gamma} (z-y) \mathrm{d}x + (x-z) \mathrm{d}y + (y-x) \mathrm{d}z$, 其中 Γ 是从点 $A = (a, 0, 0)$ 经点 $B = (0, a, 0)$ 到点 $C = (0, 0, a)$ 再回到点 A 的三角形;
   (3) $\int_{\Gamma} (y^2 - z^2) \mathrm{d}x + (z^2 - x^2) \mathrm{d}y + (x^2 - y^2) \mathrm{d}z$, 其中 Γ 是平面 $x + y + z = \frac{3}{2}a$ 与立方体 $(0, a)^3$ 的表面的交, 逆 $(1, 1, 1)$ 方向看去, Γ 依逆时针方向进行.

2. 求 $\mathbb{R}^2$ 到 $\mathbb{R}^2$ 的映射 ω (在 $\mathbb{R}^2$ 上) 的原函数.
   (1) $\omega = (10xy - 8y, 5x^2 - 8x + 3)$;
   (2) $\omega = ((x+y+1)\mathrm{e}^x - \mathrm{e}^y, \mathrm{e}^x - (x+y+1)\mathrm{e}^y)$.

3. 求
$$\omega = \left(\frac{y}{3x^2 - 2xy + 3y^2}, -\frac{x}{3x^2 - 2xy + 3y^2} \right)$$
在 $D = (-\infty, \infty) \times (0, \infty)$ 上的原函数.

4. 求
$$\omega = \left(1 - \frac{1}{y} + \frac{y}{z}, \frac{x}{z} + \frac{x}{y^2}, -\frac{xy}{z^2} \right)$$
在 $V = (0, \infty) \times (0, \infty) \times (0, \infty)$ 上的原函数.

5. 设 $(\mathbb{R}^3, \vec{v})$ 是速度场, $v(x, y, z) = (x^2, y^2, z^2)$. 求场通过
$$\mathscr{S} = \{(x, y, z) : x^2 + y^2 + z^2 = 1, \ z > 0\}$$
的上侧的流量.

6. 设 $\vec{F}$ 是 $\mathbb{R}^3$ 到 $\mathbb{R}^3$ 的 C^2 类变换, $u, v, \phi \in C^2(\mathbb{R}^3), a \in \mathbb{R}^3$. 证明:
   (1) $\nabla \cdot (\nabla \times \vec{F}) = 0$;

(2) $\nabla \times (\nabla \phi) = 0$;

(3) $\nabla \cdot \nabla \phi = \Delta \phi$;

(4) $\nabla \cdot (\phi a) = \phi \nabla \cdot a + a \cdot \nabla \phi$;

(5) $\nabla \times (\phi a) = \phi \nabla \times a + \nabla \phi \times a$;

(6) $\nabla \cdot (v \nabla u) = \nabla v \cdot \nabla u + v \Delta u$.

7. 设 $F \in C^1(\mathbb{R}^3), P \in \mathbb{R}^3$. 当 $\nabla F(P)$ 不是零向量时, 它的方向垂直于 F 的过点 P 的等值面 $\mathscr{S}_c := \{(x,y,z) \in \mathbb{R}^3 : F(x,y,z) = c\}$ $(c \in \mathbb{R})$.

为第七章推荐一本供进一步学习的参考书: M.Spivak 著 《流形上的微积分》(齐民友、路见可译, 双语版, 人民邮电出版社, 2006).

第八章 函数的级数展开

第一章 §3 中谈论过级数. 在第二章中我们曾定义指数函数为

$$\mathrm{e}^x := \sum_{k=0}^{\infty} \frac{1}{k!} x^k, \quad x \in \mathbb{R}. \tag{exp}$$

在第三章讲 Taylor 级数时, 我们证明过

$$\cos x = \sum_{k=0}^{\infty} \frac{(-1)^k}{(2k)!} x^{2k}, \quad x \in \mathbb{R}, \tag{cos}$$

$$\sin x = \sum_{k=0}^{\infty} \frac{(-1)^k}{(2k+1)!} x^{2k+1}, \quad x \in \mathbb{R}, \tag{sin}$$

$$\ln(1-x) = -\sum_{k=0}^{\infty} \frac{1}{k+1} x^{k+1}, \quad |x| < 1. \tag{ln}$$

本章的主要任务是进一步讨论函数展开成级数的问题. 为了叙述简便, 我们只讨论一元函数. 因此我们涉及的只是最简单的 (一重) 级数.

在有界闭区间上用代数多项式来近似一般的函数, 是函数论研究的一项重要内容. 我们在这章对这个问题做些基本的讨论.

§1 收敛判别法

在这节中我们假定级数的每一项都是常值函数, 记做 a_n, $n \in \mathbb{N}_+$. 我们来考虑使得级数

$$\sum_{n=1}^{\infty} a_n \tag{1.1}$$

收敛的充分条件, 或叫做判别法.

记

$$s_n = \sum_{k=1}^{n} a_k, \quad n \in \mathbb{N}_+, \tag{1.2}$$

叫做级数的第 n 部分和. 我们知道, 作为定义, 说级数 (1.1) 的和是 ℓ (ℓ 为实数或 ∞ 或 $-\infty$), 指的是

$$\lim_{n \to \infty} s_n = \ell. \tag{1.3}$$

当 $\ell \in \mathbb{R}$ 时说级数 (1.1) 收敛, 和数列的情形一样, 不收敛就叫做发散. 如果 $\forall n \in \mathbb{N}_+, a_n \geqslant 0$, 我们就把 (1.1) 叫做正项级数. 这时, 部分和数列 $\{s_n\}_{n=1}^\infty$ 是单调增的, 从而它总是有极限的. 也就是说正项级数总是有和的. 它的收敛性等价于它的和的有限性. 因此, 当 (1.1) 是正项级数时, 不等式

$$\sum_{n=1}^\infty a_n < \infty$$

确切地表明级数 (1.1) 收敛, 这与 (1.1) 的部分和数列 $\{s_n\}_{n=1}^\infty$ 的有界性等价.

下面我们先给出一些从定义直接推出的简单的命题.

命题 1.1 级数 (1.1) 收敛的充分必要条件是

$$\lim_{n\to\infty} \sup\left\{\left|\sum_{k=n+1}^{n+m} a_k\right| : m \in \mathbb{N}_+\right\} = 0.$$

证 这是因为 $\{s_n\}_{n=1}^\infty$ 收敛的充分必要条件是

$$\lim_{n\to\infty} \sup\{|s_{n+m} - s_n| : m \in \mathbb{N}_+\} = 0. \qquad \square$$

命题 1.2 级数 (1.1) 收敛的必要条件是

$$\lim_{n\to\infty} a_n = 0.$$

证 这是因为 $\{s_n\}_{n=1}^\infty$ 收敛的必要条件是

$$\lim_{n\to\infty} |s_{n+1} - s_n| = 0. \qquad \square$$

命题 1.3 设级数 $\sum_{n=1}^\infty b_n$ 收敛. 若 $\forall n \in \mathbb{N}_+$, $|a_n| \leqslant b_n$, 则级数 (1.1) 收敛.

证 这是因为

$$\sup\left\{\left|\sum_{k=n+1}^{n+m} a_k\right| : m \in \mathbb{N}_+\right\} \leqslant \sup\left\{\left|\sum_{k=n+1}^{n+m} b_k\right| : m \in \mathbb{N}_+\right\}. \qquad \square$$

命题 1.3 是简单的, 同时也是重要的. 下面给出的所谓收敛判别法, 基本上都是先确定一些收敛 (或发散) 的正项级数作为标准, 再建立一些与这些 "标准级数" 进行比较的法则, 然后根据命题 1.3, 就得到各式各样的收敛 (或发散) 的判别法. 当然, 原则上说, 可以树立无限多的 "标准", 从而随之找出无限多的 "判别法". 从这个意义上来说, 这些 "判别法" 大多没有太大的理论意义. 所以除了极个别需要强调的以外, 我们都把它们作为例子.

例 1.1 设 $0 < q < 1$. 那么
$$\sum_{n=1}^{\infty} q^n = \frac{q}{1-q}. \tag{1.4}$$

这是我们在中学时早已知道的. □

例 1.2 设 $\alpha > 1$. 那么
$$\sum_{n=1}^{\infty} n^{-\alpha} < \infty. \tag{1.5}$$

证 因为
$$(n+1)^{-\alpha} = \int_n^{n+1} (n+1)^{-\alpha} dx \leqslant \int_n^{n+1} x^{-\alpha} dx,$$

所以根据 Newton-Leibniz 公式
$$s_{n+1} := 1 + \sum_{k=1}^{n} (k+1)^{-\alpha}$$
$$\leqslant 1 + \int_1^{n+1} x^{-\alpha} dx$$
$$= 1 + \frac{1}{\alpha - 1} \Big(1 - (n+1)^{-\alpha+1} \Big) < \frac{\alpha}{\alpha - 1}.$$

因此得 (1.5). □

例 1.2 的意义不仅在于它的结论本身, 而且在于它演示了一个用积分, 具体地说是使用积分学中的 Newton-Leibniz 公式来估计算术和的方法. 这个方法常常是非常有效的. 下边的例子是同一类型的.

例 1.3 $\sum_{n=1}^{\infty} n^{-1} = \infty.$

证 因为
$$n^{-1} = \int_n^{n+1} n^{-1} dx \geqslant \int_n^{n+1} x^{-1} dx,$$

所以根据 Newton-Leibniz 公式
$$s_n := \sum_{k=1}^{n} k^{-1} \geqslant \int_1^{n+1} x^{-1} dx = \ln(n+1).$$

因此
$$\sum_{n=1}^{\infty} n^{-1} = \infty. \qquad \square$$

根据例 1.3, 进一步得到
$$\forall\, 0 < \alpha \leqslant 1, \quad \sum_{n=1}^{\infty} n^{-\alpha} = \infty. \tag{1.6}$$

例 1.4　级数
$$\sum_{n=1}^{\infty}\left(\frac{1}{n} - \ln\left(1 + \frac{1}{n}\right)\right) \tag{1.7}$$
收敛.

证　根据 $\ln(1+x)$ 在 $x=0$ 处的带 Lagrange 余项的一阶和二阶 Taylor 公式, 得
$$\forall x > -1, \quad x - \frac{1}{2}x^2 \leqslant \ln(1+x) \leqslant x.$$
所以
$$\forall n \in \mathbb{N}_+, \quad \frac{1}{2}n^{-2} \geqslant n^{-1} - \ln(1+n^{-1}) \geqslant 0.$$
因此, 由 (1.5) 和命题 1.3 推出所需的结论.　　□

级数 (1.7) 的和叫做 Euler 常数 (见第五章 习题 5.4), 经常记做 γ. 那么我们得到
$$\gamma = \lim_{n\to\infty}\left(\sum_{k=1}^{n}\frac{1}{k} - \ln(n+1)\right). \tag{1.8}$$

现在给出几个收敛判别法.

例 1.5　与级数 (1.4) 比较的一种判别法 (历史上此判别法冠以 d'Alembert 的名字)

设 $\forall n \in \mathbb{N}_+, a_n > 0$.

1° 若 $\forall n \in \mathbb{N}_+, \dfrac{a_{n+1}}{a_n} \leqslant q < 1$, 则
$$\sum_{n=1}^{\infty} a_n \in \mathbb{R};$$

2° 若 $\forall n \in \mathbb{N}_+, \dfrac{a_{n+1}}{a_n} \geqslant 1$, 则
$$\sum_{n=1}^{\infty} a_n = \infty.$$

证　在第一种情况下,
$$\forall n \in \mathbb{N}_+, \quad a_{n+1} \leqslant q^n a_1.$$

故由命题 1.3 及 (1.4) 得所需的结论.

在第二种情况下,
$$\forall n \in \mathbb{N}_+, \ a_{n+1} \geqslant a_1 > 0, \quad \sum_{n=1}^{\infty} a_n = \infty.$$
□

例 1.6 与级数 (1.4) 比较的另一种判别法 (Cauchy) 设 $\forall n \in \mathbb{N}_+, a_n \geqslant 0$.

$1°$ 若 $\forall n \in \mathbb{N}_+, \ \sqrt[n]{a_n} \leqslant q < 1$, 则
$$\sum_{n=1}^{\infty} a_n \in \mathbb{R};$$

$2°$ 若 $\liminf\limits_{n\to\infty} \sqrt[n]{a_n} > 1$, 则
$$\sum_{n=1}^{\infty} a_n = \infty.$$

证 在第一种情况下,
$$\forall n \in \mathbb{N}_+, \ a_n \leqslant q^n.$$

故由命题 1.3 及 (1.4) 得所需的结论.

在第二种情况下,
$$\liminf_{n\to\infty} a_n > 1.$$

故由命题 1.2 得所需的结论. □

下一个判别法更为精细.

例 1.7 与级数 (1.5) 比较的一种判别法 (Raabe)

设 $\forall n \in \mathbb{N}_+, a_n > 0$.

$1°$ 若 $\forall n \in \mathbb{N}_+, \ n\left(\dfrac{a_n}{a_{n+1}} - 1\right) \geqslant q > 1$, 则
$$\sum_{n=1}^{\infty} a_n \in \mathbb{R};$$

$2°$ 若 $\forall n \in \mathbb{N}_+, \ n\left(\dfrac{a_n}{a_{n+1}} - 1\right) \leqslant 1$, 则
$$\sum_{n=1}^{\infty} a_n = \infty.$$

证 在第一种情况下,
$$a_{n+1} \leqslant \frac{n}{n+q}a_n \leqslant a_1 \prod_{k=1}^{n} \frac{k}{k+q}.$$

那么
$$\ln a_{n+1} \leqslant \ln a_1 + \sum_{k=1}^{n} \ln\left(1 - \frac{q}{k+q}\right).$$

由于
$$\ln(1-x) < -x \quad (0 < x < 1),$$

所以
$$\ln a_{n+1} < \ln a_1 - \sum_{k=1}^{n} \frac{q}{k+q} < \ln a_1 - q\sum_{k=1}^{n} \int_k^{k+1} \frac{\mathrm{d}x}{x+q}.$$

于是求得
$$\ln a_{n+1} \leqslant \ln a_1 + q\ln\frac{1+q}{n+1+q}.$$

从而
$$a_{n+1} \leqslant a_1\left(\frac{1+q}{n+1+q}\right)^q.$$

由此根据级数 (1.5) 的收敛性 (见例 1.2) 和命题 1.3 推出所需的结论.

在第二种情况下,
$$\forall n \in \mathbb{N}_+, \quad a_{n+1} \geqslant \frac{n}{n+1}a_n \geqslant \frac{a_1}{n+1}.$$

故由例 1.3 和命题 1.3 得所需的结论. □

例 1.8 基于和差变换的一种判别法 (Dirichlet)

设 $\forall n \in \mathbb{N}_+$, $a_n \geqslant a_{n+1}$, $\lim_{n \to \infty} a_n = 0$. 如果
$$\sup\left\{\left|\sum_{k=1}^{n} b_k\right|: \; n \in \mathbb{N}_+\right\} =: B < \infty,$$

那么级数
$$\sum_{n=1}^{\infty} a_n b_n \tag{1.9}$$

收敛到
$$\sum_{n=1}^{\infty}\left((a_n - a_{n+1})\sum_{k=1}^{n} b_k\right) \in \mathbb{R}. \tag{1.10}$$

证 我们在第三章曾讲过和差变换或叫做 Abel 变换, 即公式:

$$\sum_{k=n}^{n+m} a_k b_k = \sum_{k=n}^{n+m-1} (a_k - a_{k+1}) \sum_{j=n}^{k} b_j + a_{n+m} \sum_{k=n}^{n+m} b_k.$$

由此, 对于 $n > 1$

$$\sum_{k=1}^{n} a_k b_k = \sum_{k=1}^{n-1} (a_k - a_{k+1}) \sum_{j=1}^{k} b_j + a_n \sum_{k=1}^{n} b_k. \tag{1.11}$$

记

$$u_k = (a_k - a_{k+1}) \sum_{j=1}^{k} b_j, \quad k \in \mathbb{N}_+.$$

由已知条件, $|u_k| \leqslant B(a_k - a_{k+1})$, 而

$$\sum_{k=1}^{\infty} B(a_k - a_{k+1}) = B a_1,$$

所以, 根据命题 1.3,

$$\sum_{k=1}^{\infty} u_k := \lim_{n \to \infty} \sum_{k=1}^{n} u_k \in \mathbb{R}.$$

显然,

$$\lim_{n \to \infty} a_n \sum_{k=1}^{n} b_k = 0.$$

那么, 在 (1.11) 中令 $n \to \infty$, 得知级数 (1.9) 收敛到 (1.10). $\square$

作为例 1.8 的结果的简单推论, 直接得到下述 Leibniz 判别法.

例 1.9 Leibniz 判别法

如果 $\forall n \in \mathbb{N}_+$, $a_n \geqslant a_{n+1}$, $\lim\limits_{n \to \infty} a_n = 0$, 那么级数

$$\sum_{n=1}^{\infty} (-1)^n a_n \tag{1.12}$$

收敛. $\square$

作为例 1.8 的结果的一个推论, 得到下述 Abel 判别法.

例 1.10 基于和差变换的 Abel 判别法

设 $\forall n \in \mathbb{N}_+$, $a_n \geqslant a_{n+1}$, $\lim\limits_{n \to \infty} a_n = A \in \mathbb{R}$. 如果

$$\sum_{k=1}^{\infty} b_k \in \mathbb{R},$$

那么级数 (1.9) 收敛.

证 由例 1.8 知
$$\sum_{n=1}^{\infty}(a_n - A)b_n$$
收敛. 同时已知级数
$$\sum_{n=1}^{\infty} Ab_n$$
收敛. 所以根据级数收敛的定义, 此两级数之和即级数 (1.9) 收敛. □

例 1.11 如果
$$\forall n \in \mathbb{N}_+,\ a_n \geqslant a_{n+1}, \quad \lim_{n\to\infty} a_n = 0,$$
那么级数
$$\sum_{n=0}^{\infty} a_n \mathrm{e}^{\mathrm{i}nx} \tag{1.13}$$
当 $0 < x < 2\pi$ 时收敛. 我们知道 $\mathrm{e}^{\mathrm{i}nx} = \cos nx + \mathrm{i}\sin nx$. 这里级数的收敛指的是它的实虚部分别收敛.

证 记 $b_n = \mathrm{e}^{\mathrm{i}nx} = (\mathrm{e}^{\mathrm{i}x})^n$. 那么
$$\sum_{k=0}^{n} b_k = \frac{1-b_{n+1}}{1-b_1},\quad \left|\sum_{k=0}^{n} b_k\right| \leqslant \frac{2}{|1-b_1|} = \frac{1}{\sin\frac{x}{2}}.$$

故由例 1.8 的结果, 知 (1.13) 当 $0 < x < 2\pi$ 时收敛. □

现在对于上面关于级数收敛性的讨论做一个简单小结.

1) 关于级数的收敛性, 命题 1.1、命题 1.2、命题 1.3 是最基本的, 也是最重要的. 其中命题 1.3 最有实用价值. 可以把命题 1.3 所述叫做 "比较原理".

2) 把级数和积分进行比较常常是十分有效的, 正如例 1.2 和例 1.3 所示. 这是因为计算和估计积分有 Newton-Leibniz 公式这样一个得力工具.

3) d'Alembert 判别法和 Cauchy 判别法是通过与例 1.1 中的等比级数 "$\sum q^n$" $(0 < q < 1)$ 进行比较而得到的, Raabe 判别法是通过与例 1.3 中的级数 "$\sum n^{-\alpha}$" 进行比较而得到的.

4) Dirichlet 判别法、Leibniz 判别法、Abel 判别法是通过级数的 "和差变换" 并应用 "比较原理" 而得到的. "和差变换" 在级数理论中, 就像积分理论中的 "分部积分" 一样, 是很常用也很得力的.

有时把级数写成积分的形式会带来方便.

级数 (1.1) 给定后, 定义函数 $f:(0,\infty)\longrightarrow \mathbb{R}$ 如下:

$$\forall x\in (n-1,n],\ f(x)=a_n,\quad n\in \mathbb{N}_+.$$

那么, 级数 (1.1) 与积分 $\int_{(0,\infty)}f(x)\,\mathrm{d}x$ 完全一样.

最后谈谈两个级数的相乘运算.

这里涉及关于二重脚标的求和. 用 $\mathbb{N}$ 代表非负整数的集合. 那么集合 $\mathbb{N}^2 = \mathbb{N}\times \mathbb{N}$ 是可数集. 给定 $f:\mathbb{N}^2\longrightarrow \mathbb{R}$, 常常把 $f(m,n)$ 记做 a_{mn},b_{mn} 等形式. 设 φ 是一个从 $\mathbb{N}$ 到 $\mathbb{N}^2$ 的可逆映射 (即满单射). 那么

$$\sum_{n=0}^{\infty}(f\circ\varphi)(n)$$

确定了一种对于实数集 $F:=\{f(m,n):(m,n)\in \mathbb{N}^2\}$ 的求和顺序, 称之为 φ- 顺序. 如果这个级数收敛到 $\ell\in \mathbb{R}$, 就说实数集 A 依 φ- 顺序可加, 其 φ- 和为 ℓ.

为了说话方便, 如果级数 $\sum|u_k|$ 收敛的话, 我们就说级数 $\sum u_k$ 绝对收敛.

定理 1.4 设 $A=\sum_{n=0}^{\infty}a_n$, $B=\sum_{n=0}^{\infty}b_n$ 都绝对收敛. 那么, 对于任何可逆映射 $\varphi:\mathbb{N}\longrightarrow \mathbb{N}^2$, 实数集 $F:=\{a_mb_n:(m,n)\in\mathbb{N}^2\}$ 都依 φ- 顺序可加, 其 φ- 和都等于 AB. 也就是说,

$$AB=\Big(\sum_{m=0}^{\infty}a_m\Big)\Big(\sum_{n=0}^{\infty}b_n\Big)=\sum_{k=0}^{\infty}c(\varphi(k)),$$

式中记号 $c(\varphi(k))$ 的意义是, 当 $\varphi(k)=(m,n)$ 时, $c(\varphi(k))=a_mb_n$.

证 任给 $\varepsilon>0$, 存在 $N\in\mathbb{N}_+$, 使得

$$\sum_{m=N}^{\infty}|a_m|<\varepsilon,\quad \sum_{n=N}^{\infty}|b_n|<\varepsilon.$$

这是由两级数绝对收敛决定的. 由于 φ 是满单射, 所以存在 $M\in\mathbb{N}_+$, 使得

$$\{0,1,\cdots,N\}^2\subset \{\varphi(k):k=0,1,\cdots,M\}.$$

记 $p=\max\{m+n:\varphi(k)=(m,n),k=0,1,\cdots,q\}$. 于是对于一切 $q\geqslant M$ 成立

$$\Big|\sum_{m=0}^{N}a_m\sum_{n=0}^{N}b_n-\sum_{k=0}^{q}c(\varphi(k))\Big|\leqslant \sum_{N<m,n\leqslant p}|a_mb_n|\leqslant \Big(\sum_{m=N}^{p}|a_m|\Big)\Big(\sum_{n=N}^{p}|b_n|\Big)<\varepsilon^2.$$

可见

$$\left|AB - \sum_{k=0}^{q} c(\varphi(k))\right| \leqslant \left|AB - A\sum_{n=0}^{N} b_n\right| + \left|A\sum_{n=0}^{N} b_n - \sum_{m=0}^{N} a_m \sum_{n=0}^{N} b_n\right| +$$

$$\left|\sum_{m=0}^{N} a_m \sum_{n=0}^{N} b_n - \sum_{k=0}^{M} c(\varphi(k))\right|$$

$$\leqslant A\varepsilon + \varepsilon\left|\sum_{n=0}^{N} b_n\right| + \varepsilon^2 \leqslant A\varepsilon + \varepsilon(B+\varepsilon) + \varepsilon^2.$$

由此得到所要证的等式. □

定理 1.4 的推论 设 $A = \sum_{n=0}^{\infty} a_n$, $B = \sum_{n=0}^{\infty} b_n$ 都绝对收敛. 那么

$$AB = \sum_{k=0}^{\infty} \sum_{m+n=k} a_m b_n = \sum_{k=0}^{\infty} \sum_{j=0}^{k} a_j b_{k-j}.$$ □

习题 8.1

1. 设

$$\sum_{n=1}^{\infty} |a_n| < \infty, \quad A_n := \sum_{k=1}^{n} a_k.$$

证明: 当 $|x| < 1$ 时,

$$\sum_{n=1}^{\infty} a_n x^{n-1} = (1-x) \sum_{n=1}^{\infty} A_n x^{n-1}.$$

2. 证明: 当 $|x| < 1$, $|y| < 1$ 时,

$$\sum_{n=1}^{\infty} \sum_{k=0}^{n-1} x^k y^{n-1-k} = (1-x)^{-1}(1-y)^{-1}.$$

3. 设数列 $\{a_n\}_{n=1}^{\infty}$ 单调趋于零. 证明:

$$\sum_{n=1}^{\infty} \frac{(-1)^n}{n} \sum_{k=1}^{n} a_k$$

收敛.

4. 证明: 级数

$$\sum_{n=2}^{\infty} \frac{1}{n \ln^{\alpha} n}$$

当 $\alpha > 1$ 时收敛, 而当 $\alpha \leqslant 1$ 时发散.

5. 证明: 级数
$$\sum_{n=1}^{\infty} \sin(\pi\sqrt{n^2+1})$$
收敛.

6. 证明: 级数
$$\sum_{n=1}^{\infty} r^{\ln n}$$
当 $0 < r < \mathrm{e}^{-1}$ 时收敛, 而当 $r \geqslant \mathrm{e}^{-1}$ 时发散.

§2 一 致 收 敛

由于我们将要研究的级数的每一项都将是一个定义在同一个集合上的函数, 所以处理收敛问题时, 必然遇到级数的收敛在自变量取值的集合上的一致性的问题. 当然, 级数的收敛就是它的部分和序列的收敛. 对于函数列的一致收敛性我们早就遇到过了. 所以从原则上来说, 这已不是新问题了. 但为了系统和完整起见, 我们重新来讨论 (或者说复习) 一下这个问题.

定义 2.1 设 $D \subset \mathbb{R}$, $D \neq \varnothing$, $n \in \mathbb{N}_+$. 设
$$f_n : D \longrightarrow \mathbb{R}, \quad f : D \longrightarrow \mathbb{R}.$$
如果
$$\lim_{n\to\infty} \sup\{|f(x) - f_n(x)| : x \in D\} = 0, \tag{2.1}$$
就说 $\{f_n\}$ 在 D 上一致收敛到 f.

例 2.1 设 $f_n(x) = x^n$, $x \in \mathbb{R}$. 那么, 对于任意的 $\delta \in (0, 1)$, $\{f_n\}$ 在 $(0, \delta)$ 上一致收敛到零, 但 $\{f_n\}$ 在 $(0, 1)$ 上不一致收敛. 这是因为
$$\forall\, \delta \in (0, 1), \quad \sup\{|f_n(x)| : x \in (0, \delta)\} = \delta^n \to 0,$$
$$\sup\{|f_n(x)| : x \in (0, 1)\} = 1.$$

根据数列收敛的准则及 (2.1), 立即得到下述一致收敛的准则. 我们保留定义 2.1 的记号.

准则 2.1 函数列 $\{f_n\}$ 在集合 D 上一致收敛的充分必要条件是

(A) $\quad \forall \varepsilon > 0$, $\exists N \in \mathbb{N}_+$, 当 $n \geqslant N$ 时
$$\forall m \in \mathbb{N}_+,\ \forall x \in D, \quad |f_{n+m}(x) - f_n(x)| \leqslant \varepsilon.$$

条件 (A) 显然等价于

(B) $\forall \varepsilon > 0, \exists N \in \mathbb{N}_+$, 当 $n \geqslant N$ 时

$$\sup\{|f_{n+m}(x) - f_n(x)| : x \in D, m \in \mathbb{N}_+\} \leqslant \varepsilon.$$

显然, 条件 (B) 可以改写成

(C) $\lim\limits_{n\to\infty} \sup\{|f_{n+m}(x) - f_n(x)| : x \in D, m \in \mathbb{N}_+\} = 0.$

证 我们来证明 (2.1) 与 (B) 等价.

先设 (2.1) 成立. 那么, $\forall \varepsilon > 0, \exists N \in \mathbb{N}$, 当 $n \geqslant N$ 时

$$\sup\{|f_n(x) - f(x)| : x \in D\} \leqslant \frac{1}{2}\varepsilon.$$

于是, $\forall m \in \mathbb{N}_+, \forall x \in D$, 当 $n \geqslant N$ 时

$$|f_{n+m}(x) - f_n(x)| \leqslant |f_{n+m}(x) - f(x)| + |f_n(x) - f(x)| \leqslant \varepsilon.$$

从而 (B) 成立.

现设 (B) 成立. 那么, $\forall x \in D$, $\{f_n(x)\}$ 都是基本列, 从而收敛到一个实数, 记做 $f(x)$. 根据 (B), $\forall \varepsilon > 0, \exists N \in \mathbb{N}$, 当 $n \geqslant N$ 时

$$\forall x \in D, \quad \forall m \in \mathbb{N}_+, \quad |f_{n+m}(x) - f_n(x)| \leqslant \varepsilon.$$

在此式中令 $m \to \infty$ 得

$$\forall x \in D, \quad |f_n(x) - f(x)| \leqslant \varepsilon,$$

即

$$\sup\{|f_n(x) - f(x)| : x \in D\} \leqslant \varepsilon.$$

这就得到了 (2.1). $\square$

把定义 2.1 翻译成级数的语言, 就得到

定义 2.2 设 $D \subset \mathbb{R}, D \neq \varnothing, n \in \mathbb{N}_+$. 设

$$u_n : D \longrightarrow \mathbb{R},\ f : D \longrightarrow \mathbb{R}.$$

记

$$f_n = \sum_{k=1}^{n} u_k.$$

若 $\{f_n\}$ 在 D 上一致收敛到 f, 就说级数

$$\sum_{n=1}^{\infty} u_n$$

在 D 上一致收敛到 f. 记做

$$\sum_{n=1}^{\infty} u_n(x) = f(x) \quad \text{一致于 } D.$$

相应地, 把准则 2.1 翻译一下就得到下述级数一致收敛的准则.

准则 2.2 级数 $\sum_{n=1}^{\infty} u_n(x)$ 在集合 D 上一致收敛的充分必要条件是

(A′) $\forall \varepsilon > 0, \exists N \in \mathbb{N}_+,$ 当 $n \geqslant N$ 时

$$\forall m \in \mathbb{N}_+,\ \forall x \in D,\ \Big|\sum_{k=n+1}^{n+m} u_k(x)\Big| \leqslant \varepsilon.$$

条件 (A′) 显然等价于

(B′) $\forall \varepsilon > 0, \exists N \in \mathbb{N}_+,$ 当 $n \geqslant N$ 时

$$\sup\Big\{\Big|\sum_{k=n+1}^{n+m} u_k(x)\Big|:\ x \in D, m \in \mathbb{N}_+\Big\} \leqslant \varepsilon.$$

显然, 条件 (B′) 可以改写成

(C′) $\lim_{n \to \infty} \Big\{\sup\Big\{\Big|\sum_{k=n+1}^{n+m} u_k(x)\Big|:\ x \in D, m \in \mathbb{N}_+\Big\} = 0.$

现在我们来给出一些保证级数一致收敛的充分条件或判别法. §1 的命题 1.3 有如下的推广:

判别法 2.1 (控制收敛判别法, Weierstrass (魏尔斯特拉斯)) 设

$$D \subset \mathbb{R},\ D \neq \varnothing,\ n \in \mathbb{N}_+,\ u_n: D \longrightarrow \mathbb{R},\ a_n \in \mathbb{R}.$$

如果

$$\forall n \in \mathbb{N}_+,\ \sup\{|u_n(x)|:\ x \in D\} \leqslant a_n,\ \sum_{n=1}^{\infty} a_n < \infty,$$

那么 $\sum_{n=1}^{\infty} u_n(x)$ 在 D 上一致收敛.

证 由于

$$\sum_{n=1}^{\infty} a_n < \infty,$$

所以 $\forall \varepsilon > 0,\ \exists n \in \mathbb{N}_+,$ 当 $n \geqslant N$ 时

$$\sum_{k=n+1}^{\infty} a_n \leqslant \varepsilon.$$

那么
$$\sup\left\{\Big|\sum_{k=n+1}^{n+m} u_k(x)\Big| : x \in D,\ m \in \mathbb{N}_+\right\} \leqslant \sum_{k=n+1}^{\infty} a_k \leqslant \varepsilon.$$

可见, 准则 2.2 的条件 (B′) 成立, 从而 $\sum_{n=1}^{\infty} u_n(x)$ 在 D 上一致收敛. □

上述判别法 2.1 中的级数 $\sum a_n$ 叫做 $\sum u_n(x)$ 的控制级数. 显然, 代替 $\sum a_n$ 以任何一致收敛的正项级数 $\sum v_n(x)$, 在条件

$$\forall n \in \mathbb{N}_+,\ \forall x \in D,\ |u_n(x)| \leqslant v_n(x)$$

之下, 级数 $\sum u_n(x)$ 在 D 上一致收敛. 所以, 判别法 2.1 的推广形式是

判别法 2.1′ (控制收敛判别法) 设

$$D \subset \mathbb{R}, D \neq \varnothing, n \in \mathbb{N}_+, u_n, v_n : D \longrightarrow \mathbb{R},\ \forall x \in D,\ |u_n(x)| \leqslant v_n(x).$$

若 $\sum v_n(x)$ 在 D 上一致收敛, 则 $\sum u_n(x)$ 在 D 上一致收敛. □

§1 所举出的关于判别级数收敛的充分条件的例子, 都可以相应地推广到一致收敛的情形. 我们只给出 Dirichlet 判别法和 Abel 判别法 (请分别与例 1.8 和例 1.10 进行对比), 其它的留作习题 (见习题 8.2 题 10).

判别法 2.2 (Dirichlet) 设

$$D \subset \mathbb{R},\ D \neq \varnothing,\ n \in \mathbb{N}_+,\ u_n, v_n : D \longrightarrow \mathbb{R}.$$

如果 $\forall x \in D,\ \forall n \in \mathbb{N}_+,\ u_n(x) \geqslant u_{n+1}(x) \geqslant 0$,

$$\lim_{n \to \infty} \sup\{u_n(x) : x \in D\} = 0$$

并且

$$\sup\left\{\Big|\sum_{k=1}^{n} v_k(x)\Big| : x \in D,\ n \in \mathbb{N}_+\right\} = M < \infty,$$

那么 $\sum u_n(x)v_n(x)$ 在 D 上一致收敛.

证 设 $m > 1$. 做和差变换 (见习题 4.3 题 8) 得

$$\sum_{k=n+1}^{n+m} u_k(x)v_k(x) = \sum_{k=n+1}^{n+m-1}(u_k(x) - u_{k+1}(x))\sum_{j=n+1}^{k} v_j(x) + u_{n+m}(x)\sum_{j=n+1}^{n+m} v_j(x).$$

于是, 注意到

$$u_k(x) - u_{k+1}(x) \geqslant 0\ \text{及}\ u_k(x) \geqslant 0,$$

得

$$\left|\sum_{k=n+1}^{n+m} u_k(x)v_k(x)\right| \leqslant \sum_{k=n+1}^{n+m-1}(u_k(x)-u_{k+1}(x))2M + u_{n+m}(x)2M$$
$$\leqslant 2Mu_{n+1}(x).$$

显然, 此式对于 $m=1$ 也成立. 那么我们得到

$$\lim_{n\to\infty}\left[\sup\left\{\left|\sum_{k=n+1}^{n+m} u_k(x)v_k(x)\right|:\ x\in D, m\in\mathbb{N}_+\right\}\right]$$
$$\leqslant 2M\lim_{n\to\infty}[\sup\{u_{n+1}(x):\ x\in D\}] = 0.$$

准则 2.2 的 (C′) 成立, 级数 $\sum u_n(x)v_n(x)$ 在 D 一致收敛. □

判别法 2.3 (Abel) 设

$$D\subset\mathbb{R},\ D\neq\varnothing,\ n\in\mathbb{N}_+,\ u_n, v_n: D\longrightarrow\mathbb{R}.$$

如果 $\forall x\in D,\ \forall n\in\mathbb{N}_+,\ u_n(x)\geqslant u_{n+1}(x),$

$$\sup\{|u_n(x)|: x\in D, n\in\mathbb{N}_+\} = A < \infty,$$

并且 $\sum v_n(x)$ 在 D 上一致收敛, 那么 $\sum u_n(x)v_n(x)$ 在 D 上一致收敛.

证 经和差变换后得

$$\left|\sum_{k=n+1}^{n+m}u_k(x)v_k(x)\right|$$
$$\leqslant \sum_{k=n+1}^{n+m-1}(u_k(x)-u_{k+1}(x))\left|\sum_{j=n+1}^{k}v_j(x)\right| + |u_{n+m}(x)|\left|\sum_{j=n+1}^{n+m}v_j(x)\right|$$
$$\leqslant \left[|u_{n+m}(x)| + \sum_{k=n+1}^{n+m-1}(u_k(x)-u_{k+1}(x))\right]b_n,$$

其中

$$b_n := \sup\left\{\left|\sum_{j=n+1}^{n+k}v_j(x)\right|:\ x\in D, k\in\mathbb{N}_+\right\}.$$

于是, 我们得到

$$\left|\sum_{k=n+1}^{n+m}u_k(x)v_k(x)\right|\leqslant 3Ab_n.$$

根据 $\sum v_n(x)$ 在 D 上一致收敛, 由准则 2.2 的 (C')
$$\lim_{n\to\infty} b_n = 0.$$
所以上式表明对于级数 $\sum u_n(x)v_n(x)$, 准则 2.2 的条件 (C') 在 D 上成立, 从而该级数在 D 上一致收敛. □

我们来分析一下判别法 2.3 中的条件: $\forall x \in D, \forall n \in \mathbb{N}_+,$
$$u_n(x) \geqslant u_{n+1}(x), \quad \sup\{|u_n(x)| : x \in D, n \in \mathbb{N}_+\} = A < \infty.$$
这个条件蕴涵 $\forall x \in D$, $\lim\limits_{n\to\infty} u_n(x) =: h(x) \in \mathbb{R}$, 且 $\sup\{|h(x)| : x \in D\} \leqslant A < \infty$. 但是, 并不蕴涵 $\{u_n(x)\}_{n=1}^\infty$ 的一致收敛性. 从另一方面来说, 保持条件 $\forall x \in D, \forall n \in \mathbb{N}_+, u_n(x) \geqslant u_{n+1}(x)$. 如果 $\{u_n(x)\}_{n=1}^\infty$ 一致收敛到 $h(x)$, 并且 $\sup\{|h(x)| : x \in D\} \leqslant A$, 那么, 必定存在 $N \in \mathbb{N}_+$, 使得
$$\sup\{|u_n(x)| : x \in D, n > N\} = A + 1 < \infty.$$
那么, 根据判别法 2.3, 级数 $\sum u_n(x)v_n(x)$ 在 D 上一致收敛.

可见, 若把判别法 2.3 的条件中的: "$\sup\{u_n(x) : x \in D, n \in \mathbb{N}_+\} = A < \infty$" 更换成 "函数列 $\{u_n(x)\}_{n=1}^\infty$ 一致收敛到 $h(x)$ 并且 $\sup\{|h(x)| : x \in D\} \leqslant A < \infty$", 而其它条件不变, 则判别法依然成立.

例 2.2 级数
$$\sum_{n=0}^\infty \frac{1}{n!} x^n$$
在 $(-m, m)$ 上一致收敛 $(m \in \mathbb{N}_+)$, 但在 $\mathbb{R}$ 上不一致收敛.

证 当 $x \in (-m, m)$ 时, $\forall n, k \in \mathbb{N}_+,$
$$\left|\sum_{j=n+1}^{n+k} \frac{1}{j!} x^j\right| \leqslant \sum_{j=n+1}^\infty \frac{1}{j!} m^j$$
$$= \frac{m^{n+1}}{(n+1)!} \sum_{j=n+1}^\infty \frac{(n+1)!}{j!} m^{j-(n+1)} \leqslant \frac{m^{n+1}}{(n+1)!} e^m.$$
而
$$\lim_{n\to\infty} \frac{m^{n+1}}{(n+1)!} e^m = 0.$$
所以准则 2.2 的 (C') 在 $(-m, m)$ 上成立, 从而
$$\sum_{n=1}^\infty \frac{1}{n!} x^n$$
在 $(-m, m)$ 上一致收敛.

但由于
$$\sup\left\{\frac{1}{n!}x^n : x \in \mathbb{R}\right\} = \infty.$$
所以级数 $\sum_{n=1}^{\infty} \frac{1}{n!} x^n$ 在 $\mathbb{R}$ 上不一致收敛. □

例 2.3 级数
$$\sum_{n=1}^{\infty} \frac{\sin nx}{n}$$
对于任意的 $\delta \in (0, \pi)$ 在 (δ, π) 上一致收敛, 但在 $(0, \delta)$ 上不一致收敛.

证 经和差变换得
$$\sum_{k=n+1}^{n+m} \frac{\sin kx}{k} = \sum_{k=n+1}^{n+m-1} \frac{1}{k(k+1)} \sum_{j=n+1}^{k} \sin jx + \frac{1}{n+m} \sum_{k=n+1}^{n+m} \sin kx$$
$$= \sum_{k=n+1}^{n+m-1} \frac{1}{k(k+1)} \frac{\sin\left(n+\frac{1}{2}\right)x - \sin\left(k+\frac{1}{2}\right)x}{2\sin\frac{1}{2}x} +$$
$$\frac{1}{n+m} \frac{\sin\left(n+\frac{1}{2}\right)x - \sin\left(n+m+\frac{1}{2}\right)x}{2\sin\frac{1}{2}x}.$$

那么
$$\sup\left\{\left|\sum_{k=n+1}^{n+m} \frac{\sin kx}{k}\right| : x \in (\delta, \pi), m \in \mathbb{N}_+\right\} \leqslant \frac{1}{\sin\frac{\delta}{2}} \frac{1}{n+1}.$$

故由准则 2.2 知 $\sum_{n=1}^{\infty} \frac{\sin nx}{n}$ 在 (δ, π) 上一致收敛.

当 $n > \frac{1}{\delta}$ 且 $m > n$ 时
$$\sup\left\{\left|\sum_{k=n+1}^{n+m} \frac{\sin kx}{k}\right| : x \in (0, \delta)\right\} \geqslant \sum_{k=n+1}^{n+m} \frac{1}{k} \sin \frac{k}{n+m}$$
$$\geqslant \frac{2}{\pi} \frac{m}{n+m} \geqslant \frac{1}{\pi}.$$

可见 $\sum_{n=1}^{\infty} \frac{\sin nx}{n}$ 在 $(0, \delta)$ 上不一致收敛.

我们指出, 把级数 $\sum_{n=1}^{\infty} \frac{\sin nx}{n}$ 和广义积分 $\int_{0}^{\to \infty} \frac{\sin nx}{n} dn$ 对照是有益的.

与绝对收敛的说法类似, 如果级数 $\sum |u_k|$ 一致收敛, 就说 $\sum u_k$ 绝对一致收敛.

习题 8.2

1. 证明:
$$\sum_{k=1}^{\infty} \frac{(-1)^k}{k+|x|}$$
在 $\mathbb{R}$ 上一致收敛.

2. 证明:
$$\sum_{k=1}^{\infty} (-1)^k x^k (1-x)$$
在 $[0,1]$ 上一致收敛. 但
$$\sum_{k=1}^{\infty} x^k (1-x)$$
在 $[0,1]$ 上不一致收敛.

3. 设 $g \in C[0,1]$, $g(1) = 0$, $f_n(x) = g(x)x^n$, $n \in \mathbb{N}_+$. 证明 $\{f_n\}$ 在 $[0,1]$ 上一致收敛到零.

4. 设函数 f_n 在 $[a,b]$ 单调, $n \in \mathbb{N}_+$. 证明: 若
$$\sum_{n=1}^{\infty} (|f_n(a)| + |f_n(b)|) \in \mathbb{R},$$
则 $\sum_{n=1}^{\infty} |f_n(x)|$ 在 $[a,b]$ 上一致收敛.

5. 设函数
$$f_n(x) = \frac{1}{n} \sum_{k=1}^{n} \sin\left(x + \frac{k}{n}\right), \quad n \in \mathbb{N}_+.$$
证明: $\{f_n(x)\}$ 在 $\mathbb{R}$ 上一致收敛, 并求其极限.

6. 设函数列 $\{f_n\}$ 在 D 上一致收敛到 f. 证明: 若每个 f_n 都有界, 则它们一致有界且 f 亦有界.

7. 设函数列 $\{f_n\}$ 和函数列 $\{g_n\}$ 在 D 上分别一致收敛到 f 和 g. 证明:
   (1) $\{f_n + g_n\}$ 一致收敛到 $f + g$;
   (2) $\forall \alpha \in \mathbb{R}$, $\{\alpha f_n\}$ 一致收敛到 αf;
   (3) 若每个 f_n 和 g_n 都有界, 则 $\{f_n g_n\}$ 一致收敛到 fg.

8. 问: 级数
$$\sum_{k=1}^{\infty} e^k \sin(3^{-k} x)$$
在 $\mathbb{R}$ 上是否一致收敛?

9. 设 $0 \leqslant f_n \in C[a,b]$, $-\infty < a < b < \infty$, $n \in \mathbb{N}_+$. 设
$$\forall x \in [a,b], \quad \sum_{n=1}^{\infty} f_n(x) = F(x) \in \mathbb{R}.$$

求证: 若 $F \in C[a,b]$, 则 $\sum f_n$ 在 $[a,b]$ 一致收敛 (Dini).

10. 请将 §1 的 d'Alembert 判别法、Cauchy 判别法、Raabe 判别法、Leibniz 判别法推广到一致收敛情形.

§3 求和号下取极限

这一节研究的是对于级数的和的某种极限运算能否转移到它的每一项上去进行, 即求和号下取极限的问题.

我们先回忆一下关于极限点的定义 (见第二章 §4). 设 $D \subset \mathbb{R}$, $D \neq \varnothing$, $x_0 \in \mathbb{R}$. 如果

$$\forall n \in \mathbb{N}_+, \quad \left(x_0 - \frac{1}{n}, x_0 + \frac{1}{n}\right) \bigcap (D \setminus \{x_0\}) \neq \varnothing,$$

则说 x_0 是 D 的极限点.

下述定理与积分号下取极限的 Lebesgue 控制收敛定理 (见第四章) 实质是一样的.

定理 3.1 (控制收敛) 设 $D \subset \mathbb{R}, D \neq \varnothing$, x_0 是 D 的极限点, 且 $x_0 \notin D$. 给定 $u_n : D \longrightarrow \mathbb{R}$, $a_n \in \mathbb{R}$, $n \in \mathbb{N}_+$. 若

(i) $\forall x \in D$, $|u_n(x)| \leqslant a_n$;

(ii) $\forall n \in \mathbb{N}_+$, $\lim\limits_{D \ni x \to x_0} u_n(x) = b_n$;

(iii) $\sum\limits_{n=1}^{\infty} a_n \in \mathbb{R}$,

则

$$\lim_{D \ni x \to x_0} \sum_{n=1}^{\infty} u_n(x) = \sum_{n=1}^{\infty} b_n \in \mathbb{R}.$$

证 显然, $\forall x \in D$, $\sum\limits_{n=1}^{\infty} u_n(x) \in \mathbb{R}$ 并且 $s := \sum\limits_{n=1}^{\infty} b_n \in \mathbb{R}$. 取定 $k \in \mathbb{N}_+$. 由于

$$\left| \sum_{n=1}^{\infty} u_n(x) - s \right| \leqslant \left| \sum_{n=1}^{k} (u_n(x) - b_n) \right| + \left| \sum_{n=k+1}^{\infty} u_n(x) \right| + \left| \sum_{n=k+1}^{\infty} b_n \right|$$

$$\leqslant \left| \sum_{n=1}^{k} (u_n(x) - b_n) \right| + 2 \sum_{n=k+1}^{\infty} a_n.$$

所以

$$\limsup_{D \ni x \to x_0} \left| \sum_{n=1}^{\infty} u_n(x) - s \right| \leqslant 2 \sum_{n=k+1}^{\infty} a_n.$$

令 $k \to \infty$ 就得所欲证者. □

定理 3.1 的数列形式 设 $a_{mn} \in \mathbb{R}, a_n \in \mathbb{R}, \quad m,n \in \mathbb{N}_+$ 若

(i) $\forall m,n \in \mathbb{N}_+, |a_{mn}| \leqslant a_n$;

(ii) $\forall n \in \mathbb{N}_+, \lim\limits_{m \to \infty} a_{mn} = b_n$;

(iii) $\sum\limits_{n=1}^{\infty} a_n \in \mathbb{R}$,

则
$$\lim_{m \to \infty} \sum_{n=1}^{\infty} a_{mn} = \sum_{n=1}^{\infty} b_n \in \mathbb{R}.$$
□

定理 3.2(单调极限) 设 $0 \leqslant u_{m,n} \leqslant u_{m+1,n}, \quad m,n \in \mathbb{N}_+$. 那么
$$\lim_{m \to \infty} \sum_{n=1}^{\infty} u_{m,n} = \sum_{n=1}^{\infty} \lim_{m \to \infty} u_{m,n}.$$

证 定义 $f_m : (1, \infty) \longrightarrow \mathbb{R}$ $(m \in \mathbb{N}_+)$ 如下:
$$f_m(x) = u_{m,n} \text{ 当 } x \in (n, n+1], n \in \mathbb{N}_+.$$

显然, f_m 在 $(1, \infty)$ 上可测, 且 $0 \leqslant f_m \leqslant f_{m+1}, m \in \mathbb{N}_+$. 故由积分号下取极限的单调极限定理, 得
$$\lim_{m \to \infty} \int_{(0,\infty)} = \int_{(0,\infty)} \lim_{m \to \infty} f_m.$$

写开来就是
$$\lim_{m \to \infty} \sum_{n=1}^{\infty} u_{m,n} = \sum_{n=1}^{\infty} \lim_{m \to \infty} u_{m,n}.$$
□

下面是用一致收敛的条件给出的求和号下取极限的定理.

定理 3.3 设 $D \subset \mathbb{R}, D \neq \varnothing, x_0$ 是 D 的极限点, 且 $x_0 \notin D$. 若级数
$$\sum_{n=1}^{\infty} u_n(x)$$
在 D 上一致收敛且
$$\forall n \in \mathbb{N}_+, \lim_{D \ni x \to x_0} u_n(x) = a_n \in \mathbb{R}.$$
那么, $\sum\limits_{n=1}^{\infty} a_n$ 收敛, 且
$$\lim_{D \ni x \to x_0} \sum_{n=1}^{\infty} u_n(x) = \sum_{n=1}^{\infty} a_n.$$

证 由于 $\sum u_n(x)$ 在 D 一致收敛, 所以 $\forall \varepsilon > 0, \exists N \in \mathbb{N}_+$, 当 $n \geqslant N$ 时

$$\forall x \in D, \forall m \in \mathbb{N}_+, \ \Big|\sum_{k=n+1}^{n+m} u_k(x)\Big| \leqslant \varepsilon.$$

令 $D \ni x \to x_0$, 得到

$$\forall m \in \mathbb{N}_+, \ \Big|\sum_{k=n+1}^{n+m} a_k\Big| \leqslant \varepsilon.$$

可见 $\sum_{n=1}^{\infty} a_n$ 收敛. 同时, $\exists \delta > 0$, 使得当 $x \in D$ 且 $|x - x_0| < \delta$ 时

$$\sum_{k=1}^{N} |u_k(x) - a_k| < \varepsilon.$$

于是, 对于这样的 x,

$$\Big|\sum_{k=1}^{\infty} u_k(x) - \sum_{k=1}^{\infty} a_k\Big| \leqslant \sum_{k=1}^{N} |u_k(x) - a_k| + \Big|\sum_{k=N+1}^{\infty} u_k(x)\Big| + \Big|\sum_{k=N+1}^{\infty} a_k\Big| < 3\varepsilon.$$

从而完成了定理的证明. □

作为定理 3.3 的直接结果, 我们得到

定理 3.4 设 I 是区间, $n \in \mathbb{N}_+$, $u_n \in C(I)$. 如果

$$\sum_{n=1}^{\infty} u_n(x)$$

在 I 上一致收敛到 $f(x)$, 则 $f \in C(I)$. □

例 3.1 Riemann 的 ζ 函数

$$\zeta(x) := \sum_{n=1}^{\infty} \frac{1}{n^x}$$

在 $(1, \infty)$ 上连续.

证 $\forall \delta > 0$, 当 $x > 1 + \delta$ 时

$$\frac{1}{n^x} < \frac{1}{n^{1+\delta}},$$

而

$$\sum_{n=1}^{\infty} \frac{1}{n^{1+\delta}} < \infty.$$

故由控制收敛定理知

$$\sum_{n=1}^{\infty} \frac{1}{n^x} \text{ 在 } (1+\delta, \infty) \text{ 上一致收敛}.$$

显然 $\frac{1}{n^x} \in C(\mathbb{R})$. 故由定理 3.3 知 $\zeta \in C(1+\delta, \infty)$. 那么, 由 δ 的任意性知 $\zeta \in C(1, \infty)$. □

定理 3.5(逐项积分) 设 $u_n \in L(E)$ $(n \in \mathbb{N}_+, E \subset \mathbb{R})$. 如果 $|E| < \infty$ 且 $\sum_{n=1}^{\infty} u_n(x)$ 在 E 上一致收敛到 $f(x)$, 那么, $f \in L(E)$ 且

$$\int_E f(x)\,\mathrm{d}x = \sum_{n=1}^{\infty} \int_E u_n(x)\,\mathrm{d}x.$$

证 $\forall \varepsilon > 0, \exists N \in \mathbb{N}_+$, 使得当 $n \geqslant N$ 时

$$\forall x \in E, \ \left|f(x) - \sum_{k=1}^{N} u_k(x)\right| < \varepsilon.$$

由于 $|E| < \infty$, 以及 $\sum_{k=1}^{N} u_k \in L(E)$, 所以上式表明

$$f \in L(E), \quad \left|\int_E f - \int_E \sum_{k=1}^{N} u_k\right| \leqslant \varepsilon |E|.$$

因此

$$\int_E f = \lim_{N \to \infty} \int_E \sum_{k=1}^{N} u_n = \sum_{n=1}^{\infty} \int_E u_n. \qquad \Box$$

注 定理的条件 $|E| < \infty$ 不可去掉, 如下例所示.

例 3.2 设 $f_n = \frac{1}{n}\chi_{[-n,n]}$, $n \in \mathbb{N}_+$. 那么 $\{f_n\}$ 在 $\mathbb{R}$ 上明显地一致收敛到零. 但

$$\forall n \in \mathbb{N}_+, \quad \int_{\mathbb{R}} f_n = 2.$$

正像对于非负可测函数的单调序列一样, 对于级数有下述定理, 它是单调极限定理的改写.

定理 3.6(逐项积分) 设 E 上的可测函数 $u_n \geqslant 0, n \in \mathbb{N}_+$. 那么

$$\int_E \sum_{n=1}^{\infty} u_n = \sum_{n=1}^{\infty} \int_E u_n. \qquad \Box$$

下述定理是 Lebesgue 控制收敛定理的改写. 从逻辑上说, 定理 3.6 是它的直接结果.

定理 3.7(逐项积分) 设 $E \subset \mathbb{R}^n$ 可测. $u_n \in L(E)$ $(n \in \mathbb{N}_+)$. 如果 $\sum_{n=1}^{\infty} u_n(x)$ 在 E 上几乎处处收敛, 并且存在 $f \in L(E)$ 使得 $\left|\sum_{n=1}^{m} u_n(x)\right| \leqslant f(x)$ 对于一切 $m \in \mathbb{N}_+$ 和几乎一切 $x \in E$ 成立, 那么

$$\int_E \sum_{n=1}^{\infty} u_n(x)\,\mathrm{d}x = \sum_{n=1}^{\infty} \int_E u_n(x)\,\mathrm{d}x. \qquad \Box$$

定理 3.8(逐项求导) 设 u_n 在区间 $I = (x_0 - \delta, x_0 + \delta)$ 上有导函数 u_n', 并且级数 $\sum_{n=1}^{\infty} u_n'$ 在 I 上一致收敛. 若 $\sum_{n=1}^{\infty} u_n(x_0)$ 收敛, 则 $\sum_{n=1}^{\infty} u_n$ 在 I 上一致收敛且

$$\left(\sum_{n=1}^{\infty} u_n(x)\right)' = \sum_{n=1}^{\infty} u_n'(x), \quad x \in I.$$

证 设 $n, m \in \mathbb{N}_+, x \in I$. 我们有

$$\sum_{k=n+1}^{n+m} u_k(x) = \sum_{k=n+1}^{n+m} (u_k(x) - u_k(x_0)) + \sum_{k=n+1}^{n+m} u_k(x_0).$$

那么, 存在 ξ 于 x_0 和 x 之间, 使

$$\sum_{k=n+1}^{n+m} u_k(x) = \sum_{k=n+1}^{n+m} u_k'(\xi)(x - x_0) + \sum_{k=n+1}^{n+m} u_k(x_0). \tag{3.1}$$

当然,ξ 的值不仅与 x 的值有关, 还与 m, n 的值有关. 但这对于我们的讨论是不重要的. 我们记

$$\alpha_n = \sup\left\{\left|\sum_{k=n+1}^{n+m} u_k'(y)\right| : y \in I, m \in \mathbb{N}_+\right\},$$

$$\beta_n = \sup\left\{\left|\sum_{k=n+1}^{n+m} u_k(x_0)\right| : m \in \mathbb{N}_+\right\}.$$

定理的条件告诉我们

$$\lim_{n \to \infty} (\alpha_n + \beta_n) = 0.$$

由 (3.1) 得
$$\sup\left\{\left|\sum_{k=n+1}^{n+m}u_k(x)\right|:x\in I,\ m\in\mathbb{N}_+\right\}\leqslant 2\delta\alpha_n+\beta_n.$$

可见 $\sum_{n=1}^{\infty}u_n(x)$ 在 I 上一致收敛, 记其和为 $f(x)$.

设 $x\in I$, $h\neq 0$, 且 $x+h\in I$. 考虑

$$\frac{1}{h}(f(x+h)-f(x))=\frac{1}{h}\sum_{k=1}^{\infty}(u_k(x+h)-u_k(x))$$
$$=\frac{1}{h}\sum_{k=1}^{n}(u_k(x+h)-u_k(x))+\frac{1}{h}\sum_{k=n+1}^{\infty}(u_k(x+h)-u_k(x)).$$

由于 $\forall m\in\mathbb{N}_+$

$$\left|\frac{1}{h}\sum_{k=n+1}^{n+m}(u_k(x+h)-u_k(x))\right|\leqslant\alpha_n,$$

所以

$$\left|\frac{1}{h}\sum_{k=n+1}^{\infty}(u_k(x+h)-u_k(x))\right|\leqslant\alpha_n,$$

从而

$$\frac{1}{h}\sum_{k=1}^{n}(u_k(x+h)-u_k(x))-\alpha_n$$
$$\leqslant\frac{1}{h}(f(x+h)-f(x))\leqslant\frac{1}{h}\sum_{k=1}^{n}(u_k(x+h)-u_k(x))+\alpha_n.$$

令 $h\to 0$, 得

$$\sum_{k=1}^{n}u_k'(x)-\alpha_n\leqslant\liminf_{h\to 0}\frac{1}{h}(f(x+h)-f(x))$$
$$\leqslant\limsup_{h\to 0}\frac{1}{h}(f(x+h)-f(x))\leqslant\sum_{k=1}^{n}u_k'(x)+\alpha_n.$$

再令 $n\to\infty$, 得

$$\liminf_{h\to 0}\frac{1}{h}(f(x+h)-f(x))$$
$$=\limsup_{h\to 0}\frac{1}{h}(f(x+h)-f(x))=\sum_{k=1}^{\infty}u_k'(x),$$

即
$$\left(\sum_{n=1}^{\infty} u_n(x)\right)' = \sum_{n=1}^{\infty} u_n'(x).$$ □

例 3.3 令
$$f_n(x) = \mathrm{e}^{-nx^2}, \quad x \in \mathbb{R}.$$

易见
$$\lim_{n\to\infty} f_n(x) = \begin{cases} 1, & \text{当 } x = 0, \\ 0, & \text{当 } x \neq 0. \end{cases}$$

所以，根据定理 3.2，对于任何 $\delta > 0$，$\{f_n\}$ 在 $(-\delta, \delta)$ 都不一致收敛. 同时，$\forall x \in \mathbb{R}$

$$f_n'(x) = -2nx\mathrm{e}^{-nx^2}, \quad \lim_{n\to\infty} f_n'(x) = 0.$$

但在任何 $(-\delta, \delta)$ 上 $(\delta > 0)$，$\{f_n'\}$ 不一致收敛，这由

$$\forall n > \frac{1}{\delta^2}, \quad \sup\{|f_n'(x)| : |x| < \delta\} \geqslant \frac{2}{\mathrm{e}}$$

可知. 所以，这个例子也可以佐证定理 3.8 的条件 "$\sum u_n'$ 一致收敛" 是不能去掉的.

习题 8.3

1. 证明: 函数
$$f(x) := \sum_{k=1}^{\infty} k\mathrm{e}^{-kx}$$

在 $(0, \infty)$ 上连续.

2. 证明: 例 3.1 中的 Riemann ζ 函数在 $(1, \infty)$ 上有任意阶导数.

3. 证明: 对于一切 $x \in \mathbb{R}$ 和 $r \in (-1, 1)$
$$1 + 2\sum_{k=1}^{\infty} r^k \cos kx = \frac{1-r^2}{1 - 2r\cos x + r^2}.$$

4. 利用上题的结果证明: 对于一切 $r \in (-1, 1)$
$$\int_{-\pi}^{\pi} \frac{1-r^2}{1 - 2r\cos x + r^2}\mathrm{d}x = 2\pi.$$

5. 可把关于级数逐项求导定理 3.8 用序列的语言翻译成下述

定理 3.8′(逐项求导) 设 f_n 在区间 $I = (x_0 - \delta, x_0 + \delta)$ 上有导函数 f_n', 并且函数序列 f_n' 在 I 上一致收敛. 若 $\lim\limits_{n\to\infty} f_n(x_0) \in \mathbb{R}$, 则 $\lim\limits_{n\to\infty} f_n$ 在 I 上一致收敛, 而且

$$\left(\lim_{n\to\infty} f_n\right)'(x) = \lim_{n\to\infty} f_n'(x), \quad x \in I.$$

6. 设 $f \in C^\infty(\mathbb{R})$. 证明: 如果对于一切 $r > 0$, 函数列 $\{f^{(n)}\}_{n=1}^\infty$ 都在 $(-r, r)$ 上一致收敛, 那么

$$\forall x \in \mathbb{R}, \quad \lim_{n\to\infty} f^{(n)}(x) = f(0)\mathrm{e}^x.$$

7. 设 $f_n \in L(E)$ $(n \in \mathbb{N}_+)$, $g \in L(E)$. 证明: 如果级数 $\sum\limits_{n=1}^\infty f_n$ 在 E 上处处收敛, 并且 $\forall n \in \mathbb{N}_+$,

$$\left|\sum_{k=1}^n f_k\right| \leqslant g,$$

那么

$$\int_E \sum_{k=1}^\infty f_k = \sum_{k=1}^\infty \int_E f_k.$$

§4 幂级数与 Taylor 展开

§4.1 一般性讨论

由于这一段的许多内容既可以在实数范围内叙述, 也可以在复数范围内叙述, 无论在本质上还是在形式上都没有什么差别, 所以在这些地方我们索性把讨论的范围扩大到复数集 $\mathbb{C}$ 上. 这完全是顺便而为. 然而, 这种轻而易举的推广, 对于开阔眼界、顺畅思路却具有不言而喻的好处.

当然, 我们应该指出, 作为定义, 在 $\mathbb{C}$ 内 "收敛到零" 指的是 "模收敛到零", "收敛到复数 c" 指的是 "与 c 的差的模收敛到零". 这样一来, "极限" "导数" 及相关的其它一些概念, 皆与在 $\mathbb{R}$ 范围内的熟知的定义有完全相同的形式. $\mathbb{C}$ 的拓扑与 $\mathbb{R}^2$ 相同, 可参阅第二章 §3, 此处不赘述.

设 $n \in \mathbb{N}$, $c_n \in \mathbb{C}$, z 代表自变量, 在 $\mathbb{C}$ 内取值. 我们把形如 $\sum\limits_{n=0}^\infty c_n z^n$ 的级数叫做幂级数.

引理 4.1 若幂级数 $\sum\limits_{n=0}^\infty c_n z^n$ 在点 $z_0 \neq 0$ 处收敛 (也就是说, 级数 $\sum\limits_{n=0}^\infty c_n z_0^n$ 收敛), 那么, 它在圆 $\{z : |z| < |z_0|\}$ 内闭绝对一致收敛. 这里 "内闭" = "内的一切有界闭集".

证 设 $0 < r < |z_0|$. 令
$$M = \sup\{|c_n z_0^n| : n \in \mathbb{N}\}.$$

由于 $\sum_{n=0}^{\infty} c_n z_0^n$ 收敛, 所以 $0 \leqslant M < \infty$. 记 $q = \dfrac{r}{|z_0|}$. 对于任意的模不大于 r 的 $z \in \mathbb{C}$, 有
$$|c_n z^n| = |c_n z_0^n| \left|\frac{z}{z_0}\right|^n \leqslant M q^n.$$

由于 $0 < q < 1$,
$$\sum_{n=0}^{\infty} M q^n = \frac{M}{1-q} < \infty,$$

所以, 据控制收敛定理, 在圆
$$D_r := \{z \in \mathbb{C} : |z| \leqslant r\}$$

上, $\sum_{n=0}^{\infty} c_n z^n$ 是绝对一致收敛的. 如果 E 是圆
$$G_{|z_0|} := \{z \in \mathbb{C} : |z| < |z_0|\}$$

内的非空闭集, 那么 (E 是紧集)
$$\sup\{|z| : z \in E\} = r_0 < |z_0|.$$

于是可以取 $r \in (r_0, |z_0|)$, 使得级数 $\sum_{n=0}^{\infty} c_n z^n$ 在闭圆 D_r 上, 从而在 E 上绝对一致收敛. □

注 4.1 我们把含圆周的圆叫闭圆, 因为它是闭集; 把不含圆周的圆叫开圆, 因为它是开集.

定义 4.1 对于给定的幂级数 $\sum_{n=0}^{\infty} c_n z^n$, 令
$$R = \sup\{|z| : \sum_{n=0}^{\infty} c_n z^n \text{ 收敛}\}.$$

称 R 为 $\sum_{n=0}^{\infty} c_n z^n$ 的收敛半径, 称开圆
$$G_R = \{z : |z| < R\}$$

为 $\sum_{n=0}^{\infty} c_n z^n$ 的收敛圆, 称开区间 $(-R, R)$ 为级数 $\sum_{n=0}^{\infty} c_n x^n$(限制 $x \in \mathbb{R}$ 时) 的收敛区间.

定理 4.2 设 $R \geqslant 0$ 是幂级数 $\sum_{n=0}^{\infty} c_n z^n$ 的收敛半径, 那么此级数在 G_R 内闭绝对一致收敛, 而当 $|z| > R$ 时, $\sum_{n=0}^{\infty} c_n z^n$ 发散. 记 $f(z) = \sum_{n=0}^{\infty} c_n z^n$, 则 $f \in C(G_R)$.

证 如果 $0 < r < R$, 那么由 R 的定义知存在 z_0 使得 $r < |z_0| < R$ 且 $\sum_{n=0}^{\infty} c_n z_0^n$ 收敛. 那么由引理 4.1, 知 $\sum_{n=0}^{\infty} c_n z^n$ 在 D_r 绝对一致收敛. 于是, 根据 §3 的定理 3.3, 和函数 f 在 D_r 连续, 从而 $f \in C(G_R)$.

设 $z \in \mathbb{C}, |z| > R$. 则由 R 的定义知 $\sum_{n=0}^{\infty} c_n z^n$ 发散. □

现在我们看到, 如果幂级数的收敛半径 R 是个正数, 那么, 只有在圆周 $\{z : |z| = R\}$ 上, 收敛性是未知的.

例 4.1 幂级数 $\sum_{n=0}^{\infty} \frac{1}{n+1} z^n$ 的收敛半径是 1, 它在 $z = e^{i\theta}$ $(0 < \theta < 2\pi)$ 处收敛, 而在 $z = 1$ 处发散.

例 4.2 幂级数 $\sum_{n=0}^{\infty} \frac{1}{(n+1)^2} z^n$ 的收敛半径是 1, 它在 $\{z : |z| \leqslant 1\}$ 上绝对一致收敛.

例 4.3 我们来讨论幂级数 $\sum_{n=0}^{\infty} \frac{1}{n!} z^n$.

我们早已知道这个级数当自变量取任意的实数值 x 时, 是绝对收敛的, 并且它的和被作为指数函数 e^x 的定义. 那么, 根据定理 4.2, 这个级数的收敛半径是 ∞, 我们把它的和作为复变量 z 的指数函数 e^z 的定义. 同实变量的情形完全一样地容易证明

$$e^z e^w = e^{z+w}, \quad z \in \mathbb{C}, \quad w \in \mathbb{C}. \tag{4.1}$$

于是, 对于 $z = x + iy$, $x \in \mathbb{R}$, $y \in \mathbb{R}$, 得到

$$e^{x+iy} = e^x e^{iy},$$
$$e^{iy} = \sum_{n=0}^{\infty} \frac{1}{n!} (iy)^n = \sum_{n=0}^{\infty} \frac{(-1)^n}{(2n)!} y^{2n} + i \sum_{n=1}^{\infty} \frac{(-1)^{n-1}}{(2n-1)!} y^{2n-1}. \tag{4.2}$$

注意到本章开头的表达式 (cos) 和 (sin), 就得到

$$e^{iy} = \cos y + i \sin y. \tag{4.3}$$

这就是著名的 Euler 公式. 由 (4.3) 我们看到

$$|e^{i\theta}| = \left(\cos^2\theta + \sin^2\theta\right)^{\frac{1}{2}} = 1, \qquad (4.4)$$

$$e^{in\theta} = \cos n\theta + i\sin n\theta, \ n \in \mathbb{N}_+, \ \theta \in \mathbb{R}. \qquad (4.5)$$

公式 (4.5) 也以 A.De Moivre (棣莫弗) 的名字命名.

定理 4.3(Cauchy-Hadamard)　(J.Hadamard, 阿达马)　记

$$\rho = \limsup_{n\to\infty} |a_n|^{\frac{1}{n}}, \quad R = \begin{cases} 0, & \text{当 } \rho = \infty, \\ \dfrac{1}{\rho}, & \text{当 } 0 < \rho < \infty, \\ \infty, & \text{当 } \rho = 0. \end{cases}$$

那么幂级数 $\sum\limits_{n=0}^{\infty} a_n z^n$ 的收敛半径是 R.

证　设 $|z_0| < R$. 那么

$$\lim_{n\to\infty} |a_n z_0^n|^{\frac{1}{n}} = \rho|z_0| < 1.$$

所以 $\sum\limits_{n=0}^{\infty} |a_n z_0^n| < \infty$. 这表明 $\sum\limits_{n=0}^{\infty} a_n z^n$ 的收敛半径不小于 R. 反之, 若 $|z_0| > R$, 则

$$\lim_{n\to\infty} |a_n z_0^n|^{\frac{1}{n}} = \rho|z_0| > 1.$$

所以 $\sum\limits_{n=0}^{\infty} |a_n z_0^n| = \infty$. 这表明 $\sum\limits_{n=0}^{\infty} a_n z^n$ 的收敛半径不超过 $|z_0|$, 从而不超过 R. □

对于正数列 $\{a_n\}_{n=0}^{\infty}$, 我们知道

$$\liminf_{n\to\infty} \frac{a_{n+1}}{a_n} \leqslant \liminf_{n\to\infty} a_n^{\frac{1}{n}} \leqslant \limsup_{n\to\infty} a_n^{\frac{1}{n}} \leqslant \limsup_{n\to\infty} \frac{a_{n+1}}{a_n}.$$

所以, 若 $\lim\limits_{n\to\infty} \dfrac{a_n}{a_{n+1}} = R$, 则 $\lim\limits_{n\to\infty} \dfrac{1}{a_n^{\frac{1}{n}}} = R$. 这样, 作为定理 4.3 的直接推论, 我们得到下边的定理.

定理 4.4　设

$$\forall n \in \mathbb{N}_+, \quad a_n \neq 0, \quad \text{且} \quad \lim_{n\to\infty}\left|\frac{a_n}{a_{n+1}}\right| = R.$$

那么, $\sum\limits_{n=0}^{\infty} a_n z^n$ 的收敛半径是 R. □

当然, 对于定理 4.4, 也可以直接给予证明.

在下面两个定理中, 我们只考虑自变量取实数值的情形. 当然, 复变量的情形也是一样的, 只需注意导数的定义在复变量的情形不需任何改变.

定理 4.5 设
$$f(x) = \sum_{n=0}^{\infty} a_n x^n$$
的收敛半径是 $R > 0$. 那么, $f \in C^{\infty}(-R, R)$, 且
$$\forall x \in (-R, R), \quad \forall k \in \mathbb{N}_+, \quad f^{(k)}(x) = \sum_{n=k}^{\infty} a_n \frac{n!}{(n-k)!} x^{n-k},$$
右端级数的收敛半径仍为 R.

证 显然,
$$\limsup_{n \to \infty} \left| a_n \frac{n!}{(n-k)!} \right|^{\frac{1}{n}} = \limsup_{n \to \infty} |a_n|^{\frac{1}{n}},$$
而幂级数在收敛圆内闭绝对一致收敛, 故由逐项求导定理 (§3 定理 3.8), 得本定理的结论. □

下述定理表明, 如果实自变量的幂级数在收敛区间的某端点处收敛, 则在收敛区间的内闭一致收敛性可延续到这个端点.

定理 4.6(Abel) 设 $\sum_{n=0}^{\infty} a_n x^n$ 的收敛半径是 $R \in (0, \infty)$. 如果它在 $x = R$ 处收敛, 则它在 $[0, R]$ 上一致收敛.

证 这个定理实际上是 Abel 判别法的直接结果. 为了练习, 我们直接证一下. 记
$$\alpha_n = \sup \left\{ \left| \sum_{k=n+1}^{n+m} a_k R^k \right| : m \in \mathbb{N}_+ \right\}, \ n \in \mathbb{N}_+.$$
那么, $\forall x \in [0, R], \forall m, n \in \mathbb{N}_+$
$$\left| \sum_{k=n+1}^{n+m} a_k x^k \right| = \sum_{k=n+1}^{n+m-1} \left[\left(\frac{x}{R}\right)^k - \left(\frac{x}{R}\right)^{k+1} \right] \sum_{j=n+1}^{k} a_j R^j + \left(\frac{x}{R}\right)^{n+m} \sum_{j=n+1}^{n+m} a_j R^j.$$
其中作为一个约定, 我们把 "$\sum_{k=n+1}^{n}$" 看做零. 那么
$$\sup \left\{ \left| \sum_{k=n+1}^{n+m} a_k x^k \right| : \ 0 \leqslant x \leqslant R, m \in \mathbb{N}_+ \right\} \leqslant \alpha_n.$$

从而得到所要证的结论. □

名称: 级数的和函数 一个级数 $\sum_{n=0}^{\infty} u_n(x)$ 在它的收敛点集 E 上, 如果有较为明确的函数表达式 $f: E \longrightarrow \mathbb{R}$, 使得 $f(x) = \sum_{n=0}^{\infty} u_n(x)$, 就称 f 为级数 $\sum_{n=0}^{\infty} u_n$ 的 "和" 或 "和函数". 寻求和 (或和函数) 的行为, 叫做求级数的和 (注意, 术语"级数的线性求和"具有另外的含义).

习题 8.4.1

1. 在 $\mathbb{R}$ 中求使级数

$$\sum_{n=1}^{\infty} \frac{4^n + (-2)^n}{n} (x+1)^n$$

收敛的点 x 的集合.

2. 在 $\mathbb{R}$ 中求使级数

$$\sum_{n=1}^{\infty} \frac{(x^2+x+1)^n}{n(n+1)}$$

收敛的点 x 的集合.

3. 求幂级数

$$\sum_{n=1}^{\infty} \frac{x^n}{a^n + b^n} \quad (a > 0, \ b > 0)$$

的收敛半径.

4. 求下列级数的和:

(1) $\sum_{n=0}^{\infty} (-1)^n \frac{x^{2n+1}}{2n+1}$;

(2) $\sum_{n=1}^{\infty} n x^n$;

(3) $\sum_{n=1}^{\infty} \frac{(2x-1)^n}{n}$;

(4) $\sum_{n=1}^{\infty} (-1)^{n-1} n^2 x^n$;

(5) $\sum_{n=1}^{\infty} \frac{2^{-n}}{n}$;

(6) $\sum_{n=1}^{\infty} \frac{(-1)^{n-1}}{3n-2}$;

(7) $\sum_{n=1}^{\infty} (-1)^{\frac{n(n-1)}{2}} \frac{1}{n}$;

(8) $\sum_{n=1}^{\infty} \frac{(n+1)^{-2}}{2n}$.

5. 设幂级数

$$S(x) := \sum_{n=0}^{\infty} a_n x^n$$

的收敛半径为 $R \in (0, \infty)$. 证明: 若 $S(x)$ 在 $(-R, R)$ 一致收敛, 则 $S(x)$ 在 $[-R, R]$ 一致收敛.

6. 设幂级数 $S(x)$ 如上题. 证明: 如果

$$\sum_{n=0}^{\infty} \frac{a_n}{n+1} R^n \in \mathbb{R},$$

那么

$$\int_0^R S(x)\,\mathrm{d}x = \sum_{n=0}^{\infty} \frac{a_n}{n+1} R^{n+1}.$$

§4.2 函数的 Taylor 展开

定义 4.2 设 $x_0 \in \mathbb{R}, \delta > 0$. 把区间 $(x_0 - \delta, x_0 + \delta)$ 记做 $I(x_0, \delta)$. 设 $f : I(x_0, \delta) \longrightarrow \mathbb{R}$. 如果存在幂级数 $\sum_{n=0}^{\infty} a_n y^n$, 其收敛半径不小于 δ, 使得

$$\forall x \in I(x_0, \delta), \quad f(x) = \sum_{n=0}^{\infty} a_n (x - x_0)^n, \tag{4.6}$$

那么, 就说 f 在 x_0 附近 (或说在 $I(x_0, \delta)$) 能展成幂级数, (4.6) 为它的展开式. 此时说 f 在 x_0 处**解析**.

定理 4.7 若 f 在 $I(x_0, \delta)$ 有幂级数展开式 (4.6), 那么 $f \in C^{\infty}(I(x_0, \delta))$ 且 (4.6) 中级数的系数为

$$a_n = \frac{1}{n!} f^{(n)}(x_0), \quad n \in \mathbb{N}. \tag{4.7}$$

证 由 §3 定理 3.8 知

$$\forall x \in I(x_0, \delta), \quad \forall k \in \mathbb{N}, \quad f^{(k)}(x) = \sum_{n=k}^{\infty} a_n \frac{n!}{(n-k)!}(x - x_0)^{n-k}.$$

于此式中代入 $x = x_0$, 就得到 (4.7). $\square$

定理 4.7 告诉我们两件事. 其一, 函数 f 在 x_0 附近能展成幂级数的必要条件是: f 在 x_0 附近有一切阶次的导数; 其二, 若 f 在 x_0 附近能展成幂级数, 则展开式是唯一的, 它就是 f 在点 x_0 的 Taylor 级数

$$\sum_{n=0}^{\infty} \frac{1}{n!} f^{(n)}(x_0)(x - x_0)^n. \tag{4.8}$$

所以我们把 (4.8) 又叫做 f 在 x_0 附近的 Taylor 展式.

下面我们来讨论函数展成 Taylor 级数 (换言之, 在一点处解析) 的充分条件. 设

$$x_0 \in \mathbb{R}, \quad \delta > 0, \quad f \in C^{\infty}(I(x_0, \delta)).$$

根据第三章 §2 定义 2.1, 我们知道, f 在 x_0 处的 n 阶 Taylor 多项式是

$$T_n(f)(x_0, h) := \sum_{k=0}^{n} \frac{1}{k!} f^{(k)}(x_0) h^k, \quad h = x - x_0, \tag{4.9}$$

n 阶 Taylor 余项是

$$R_n(f)(x_0, h) := f(x) - T_n(f)(x_0, h), \quad h = x - x_0. \tag{4.10}$$

第三章研究 Taylor 级数时, 着眼点是当 $h = (x - x_0) \to 0$ 时余项 $R_n(f)(x_0, h)$ 的阶. 那里的 Peano 型余项就只是阶的刻画. 当然, 我们还曾得到 Lagrange 型余项 (见第三章 §2):

$$R_n(f)(x_0, h) = \frac{1}{(n+1)!} f^{(n+1)}(x_0 + \theta h),$$

其中 $\theta \in (0,1)$ 与 x_0, h, n 都有关. 它也给出了 (C^∞ 类函数) 当 $n \to \infty$ 时的信息. 现在我们的着眼点主要不是函数在一点处的局部特征, 而是 (C^∞ 类) 函数用 Taylor 级数表示 (或叫 Taylor 展开) 的可能性. 所以主要不在意 $h = x - x_0 \to 0$ 的过程, 而是注意于 $n \to \infty$ 的过程.

为了以后应用, 我们现在给出 Taylor 余项的积分表示.

定理 4.8 设 $\delta > 0$. 若 $f \in C^{n+1}(-\delta, \delta)$, $n \in \mathbb{N}$, 则

$$\forall x \in (-\delta, \delta), \quad R_n(f)(0, x) = \frac{1}{n!} \int_0^x f^{(n+1)}(t)(x-t)^n \, dt. \tag{4.11}$$

证 用归纳法.

当 $n = 0$ 时, 由 N-L 公式得 (4.11).

设 $n = k$ 时 (4.11) 成立. 那么对于 $n = k+1$, 由分部积分得

$$\frac{1}{n!} \int_0^x f^{(n+1)}(t)(x-t)^n \, dt = -\frac{1}{n!} f^{(n)}(0) x^n + \frac{1}{k!} \int_0^x f^{(k+1)}(t)(x-t)^k \, dt.$$

代入

$$R_k(f)(0, x) = \frac{1}{k!} \int_0^x f^{(k+1)}(t)(x-t)^k \, dt$$

得知

$$R_k(f)(0, x) = \frac{1}{n!} f^{(n)}(0) x^n + \frac{1}{n!} \int_0^x f^{(n+1)}(t)(x-t)^n \, dt.$$

可见 (4.11) 对于 $n = k+1$ 成立, 从而完成了证明. □

现在有两个问题. 第一个问题是 (4.8) 的收敛半径多大, 第二个问题是在 (4.8) 的收敛区间上, (4.9) 是否收敛到 f 或 (4.10) 是否收敛到零.

例 4.4 设
$$f(x) = \begin{cases} e^{-\frac{1}{x^2}}, & \text{当 } x \neq 0, \\ 0, & \text{当 } x = 0, \end{cases}$$

易见, $f \in C^\infty(\mathbb{R})$, $\forall n \in \mathbb{N}_+, f^{(n)}(0) = 0$. 那么在 $x = 0$ 处 f 的 Taylor 级数恒为零.

这里, 相应地对第一个问题的回答是, (4.8) 的收敛半径为 ∞; 而对第二个问题的回答是, (4.10) 只在点 $x = 0$ 这一处收敛到 0.

仅当 (4.10) 在包含 x_0 的一个开区间上收敛到零时, 我们才说 f 在 x_0 (或 x_0 附近) 能展成 Taylor 级数, 或者具有 Taylor 展开. 而对于例 4.4 中的函数, 我们说它在原点附近无 Taylor 展开, 也就是说它在原点不解析.

定理 4.9 设 $x_0 \in \mathbb{R}$, $\delta > 0$, $f \in C^\infty(I(x_0, \delta))$. 令
$$M_n = \sup\{|f^{(n)}(x)| : x \in I(x_0, \delta)\}, \quad n \in \mathbb{N}_+.$$

如果
$$\lim_{n \to \infty} \frac{1}{n!} M_n \delta^n = 0,$$
那么 f 在 $I(x_0, \delta)$ 可展开成一致收敛的 Taylor 级数.

证 我们写出 f 在 x_0 处的 n 阶 Lagrange 型 Taylor 余项
$$R_n(f)(x_0, x - x_0) = \frac{1}{(n+1)!} f^{(n+1)}(\xi)(x - x_0)^{n+1},$$
其中 ξ 是 x 和 x_0 之间的一个数. 于是
$$|R_n(f)(x_0, x - x_0)| \leq \frac{1}{(n+1)!} M_{n+1} \delta^{n+1}. \tag{4.12}$$

这就证明了定理. □

对于两个函数 $f \in C(I)$, $g \in C(I)$, 我们知道
$$\|f - g\|_{C(I)} = \sup\{|f(x) - g(x)| : x \in I\},$$
它代表 f 与 g 在 I 上的一致"距离". 那么 (4.12) 可写成
$$\|R_n(f)\|_{C(-\delta, \delta)} \leq \frac{1}{(n+1)!} M_{n+1} \delta^{n+1}. \tag{4.12'}$$

它给出了用 n 阶 Taylor 多项式逼近函数的一致误差估计.

定理 4.9 给出 Taylor 展开的充分条件, 但我们完全不必 (也不可能) 总按这个条件来判断展开的可能性.

例 4.5 考虑 $f(x) = \ln(1+x)$ 在原点的 Taylor 展开.

解 我们知道

$$f'(x) = \frac{1}{1+x} = \sum_{n=0}^{\infty}(-1)^n x^n, \quad |x| < 1.$$

根据 §3 定理 3.5, $\forall x \in (-1, 1)$,

$$\int_0^x f'(t)\,\mathrm{d}t = \ln(1+x) = \sum_{n=0}^{\infty}(-1)^n \frac{1}{n+1} x^{n+1}.$$

这样, 我们得到

$$\ln(1+x) = \sum_{n=1}^{\infty}(-1)^{n-1} \frac{1}{n} x^n, \quad |x| < 1. \tag{4.13}$$

这就是 f 在原点的 Taylor 展式. 根据本节的定理 4.6, (4.13) 右端的级数在 $(-1, 1]$ 内闭一致收敛.

我们来考察展开式 (4.13) 的余项

$$R_n(f)(0, x) = \sum_{k=n+1}^{\infty}(-1)^{k-1} \frac{1}{k} x^k$$

$$= \int_0^x \left(\sum_{k=n+1}^{\infty}(-1)^{k-1} t^{k-1} \right) \mathrm{d}t = (-1)^n \int_0^x \frac{t^n}{1+t}\mathrm{d}t.$$

由这个式子立即得到, 当 $0 \leqslant x \leqslant 1$ 时

$$|R_n(f)(0, x)| \leqslant \frac{1}{n+1} x^{n+1};$$

而当 $-1 < x < 0$ 时

$$|R_n(f)(0, x)| \leqslant |x|^n \min\left\{ \frac{1}{(n+1)(1-|x|)},\ \ln \frac{1}{1-|x|} \right\}.$$

例 4.6 求函数 $f(x) = (1+x)^\alpha$ 在原点的 Taylor 展开.

解 显然,

$$f^{(n)}(0) = \alpha(\alpha-1)\cdots(\alpha-n+1).$$

我们使用下面常用的记号

$$\binom{\alpha}{n} = \frac{\alpha(\alpha-1)\cdots(\alpha-n+1)}{n!}, \quad n \in \mathbb{N}_+, \quad \binom{\alpha}{0} = 1.$$

那么, f 在原点处的第 n Taylor 系数为 $\binom{\alpha}{n}$. 容易证明, 存在常数 $A(\alpha) > B(\alpha) > 0$, 使

$$B(\alpha)n^{-(\alpha+1)} \leqslant \left|\binom{\alpha}{n}\right| \leqslant A(\alpha)n^{-(\alpha+1)}, \ \alpha \in (\mathbb{R} \setminus \mathbb{N}). \tag{4.14}$$

分两种情形:

情形 (a) $\alpha \in \mathbb{N}$. 此时

$$f(x) = \sum_{k=0}^{m} C_m^k x^k, \quad m = \alpha.$$

情形 (b) $\alpha \in (\mathbb{R} \setminus \mathbb{N})$. 那么, 由 (4.14) 知

$$\limsup_{n \to \infty} \left|\frac{1}{n!}f^{(n)}(0)\right|^{\frac{1}{n}} = \limsup_{n \to \infty} \left|\binom{\alpha}{n}\right|^{\frac{1}{n}} = 1,$$

所以 Taylor 级数的收敛半径是 1.

使用余项的积分表示 (定理 4.8), 知当 $|x| < 1$ 时, 有

$$R_n(f)(0, x) = f(x) - T_n(f)(x) = \frac{1}{n!} \int_0^x f^{(n+1)}(t)(x-t)^n \, \mathrm{d}t.$$

代入

$$f^{(n+1)}(t) = \alpha(\alpha-1)\cdots(\alpha-n)(1+t)^{\alpha-n-1}$$

得到

$$\begin{aligned}
R_n(f)(0, x) &= (\alpha - n)\binom{\alpha}{n} \int_0^x (1+t)^{\alpha-n-1}(x-t)^n \, \mathrm{d}t \\
&\xlongequal{t=x-u} (\alpha - n)\binom{\alpha}{n} \int_0^x (1+x-u)^{\alpha-n-1} u^n \, \mathrm{d}u \\
&\xlongequal{u=(1+x)v} (\alpha - n)\binom{\alpha}{n} (1+x)^\alpha \int_0^{\frac{x}{1+x}} (1-v)^{\alpha-1}\left(\frac{v}{1-v}\right)^n \, \mathrm{d}v.
\end{aligned}$$

注意到其中, 当 $|v| \leqslant \left|\frac{x}{1+x}\right|$ 时, $\left|\frac{v}{1-v}\right| \leqslant |x|$, 并使用 (4.14), 得知, 当 $|x| < 1$ 时,

$$|R_n(f)(0, x)| \leqslant C(\alpha) n^{-\alpha} |x|^n \left|1 - (1+x)^\alpha\right|, \tag{4.15}$$

其中 $C(\alpha)$ 是只与 α 有关的常数. 由此可见, 当 $|x| < 1$ 时
$$\lim_{n\to\infty} R_n(f)(0, x) = 0.$$
从而
$$(1+x)^\alpha = \sum_{n=0}^\infty \binom{\alpha}{n} x^n, \qquad |x| < 1. \tag{4.16}$$

现在我们来考虑 (4.16) 中的幂级数在 $|x| = 1$ 时的收敛情形.

从 (4.14) 可知, 当 $\alpha > 0$ 时, (4.16) 右端在 $[-1, 1]$ 上一致收敛, 从而 (4.16) 以及 (4.15) 在 $|x| = 1$ 时也成立. 那么, 这时
$$\|R_n(f)\|_{C[-1,1]} \leqslant C(\alpha) n^{-\alpha}.$$

当 $-1 < \alpha < 0$ 时, 由
$$\binom{\alpha}{n+1} = \frac{\alpha - n}{n+1} \binom{\alpha}{n}$$

知 $\binom{\alpha}{n}$ 与 $\binom{\alpha}{n+1}$ 反号, 且绝对值随着 n 的增大而减小. 考虑到 (4.14), 根据 Leibniz 判别法, 知 (4.16) 中的级数在 $x = 1$ 收敛, 从而 (4.16) 对于 $x = 1$ 成立. 而 (4.16) 中的级数显然在 $x = -1$ 发散.

当 $\alpha \leqslant -1$ 时, (4.16) 中的级数在 $x = 1$ 和 $x = -1$ 皆发散. $\square$

例 4.7 求函数 $f(x) = \arctan x$ 在原点的 Taylor 展式.

解 由于
$$(\arctan x)' = \frac{1}{1+x^2},$$
$$\frac{1}{1+x^2} = \sum_{n=0}^\infty (-1)^n x^{2n} \quad (|x| < 1),$$

所以
$$\int_0^x \frac{1}{1+t^2}\, dt = \sum_{n=0}^\infty (-1)^n \frac{1}{2n+1} x^{2n+1} \qquad (|x| < 1). \tag{4.17}$$

式 (4.17) 右端的级数的收敛半径 1, 且此级数在 $x = 1$ 和 $x = -1$ 皆收敛, 故由定理 4.6 知 (4.17) 在 $[-1, 1]$ 上一致成立. 对于余项
$$R_n(f)(0, x) = \sum_{k=n+1}^\infty (-1)^k \frac{1}{2k+1} x^{2k+1} = (-1)^{n+1} \int_0^x \frac{t^{2n+2}}{1+t^2}\, dt,$$

有估计式
$$\|R_n(f)\|_{C[-1,1]} \leqslant \frac{1}{2n+3}.$$

最后, 我们说明两点:

(A) 只有 C^∞ 类函数才可能展开成 Taylor 级数而且并不是所有的 C^∞ 类函数都能展开. 这限制了 Taylor 级数的使用范围.

(B) Taylor 级数 (或幂级数) 在收敛圆内可逐项求导和逐项积分. 因为级数的收敛半径在逐项求导和逐项积分后都保持不变.

习题 8.4.2

1. 求下列函数在 $x=0$ 处的 Taylor 展式并确定收敛区间:

   (1) $\dfrac{e^x}{1-x}$; (2) $\ln(x+\sqrt{1+x^2})$;

   (3) $\dfrac{1}{(1-2x)(1-3x)}$; (4) $\dfrac{1+x}{(1-x)^3}$;

   (5) $\sin^4 x$; (6) $\arcsin x$.

2. 证明: 对于一切 $x \in \mathbb{R}$ 和 $r \in [0,1)$
$$\frac{r\sin x}{1-2r\cos x+r^2} = \sum_{n=1}^\infty r^n \sin nx$$

   (请与习题 8.3 题 3 对比).

3. 利用
$$\frac{\mathrm{d}}{\mathrm{d}x}\left(\frac{1}{4}\ln\frac{1+x}{1-x}+\frac{1}{2}\arctan x\right) = \frac{1}{1-x^4}$$
   求
$$f(x) := \frac{1}{4}\ln\frac{1+x}{1-x}+\frac{1}{2}\arctan x$$
   在 $x=0$ 处的 Taylor 展式及其收敛区间.

4. 求 $f(x) := \ln x$ 在 $x=2$ 的 Taylor 展式.

5. 利用函数
$$\frac{\mathrm{d}}{\mathrm{d}x}\left(\frac{e^x-1}{x}\right)$$
   证明:
$$\sum_{n=1}^\infty \frac{n}{(n+1)!} = 1.$$

6. 求函数
$$f(x) := \int_0^x \frac{\sin t}{t}\mathrm{d}t$$
   在 $x=0$ 的 Taylor 展式及其收敛半径.

7. 利用函数的 Taylor 展式求下列极限:

(1) $\lim\limits_{0\neq x\to 0} \dfrac{\ln(1+x+x^2)+\ln(1-x+x^2)}{x\sin x}$;

(2) $\lim\limits_{0\neq x\to 0} \dfrac{x-\arcsin x}{\sin^3 x}$.

8. 证明:
$$\sum_{n=1}^{\infty} \frac{(2n-1)!!}{(2n)!!} \frac{\sin^{2n+1} x}{2n+1}$$
在 $[0, 2^{-1}\pi]$ 上一致收敛到 $x - \sin x$ (参阅题 1.(6)).

9. 证明:
$$\sum_{n=1}^{\infty} \frac{1}{(2n-1)^2} = \frac{\pi^2}{8}.$$

§5 三角级数与 Fourier 展开

本节要讨论的是周期函数用三角多项式 (见定义 5.2) 来近似的问题. 这个问题的研究具有深厚的应用背景, 也具有重要的理论意义. 它的渊源可追溯到 Fourier 对于热传导方程的研究, 如今已发展成完整的 Fourier 级数理论.

Fourier, Jean Baptiste Joseph, 法国数学家、物理学家. Fourier 级数 (三角级数) 创始人.

1768 年 3 月 21 日生于欧塞尔, 1830 年 5 月 16 日卒于巴黎.9 岁父母双亡, 被当地教堂收养. 12 岁由一主教送入地方军事学校读书. 17 岁 (1785) 回乡教数学, 1794 到巴黎, 成为高等师范学校的首批学员, 次年到巴黎综合工科学校执教.1798 年随拿破仑远征埃及时任军中文书和埃及研究院秘书, 1801 年回国后任伊泽尔省地方长官.1817 年当选为科学院院士, 1822 年任该院终身秘书, 后又任法兰西学院终身秘书和理工科大学校务委员会主席.

Fourier(傅里叶, 1768—1830)

主要贡献是在研究热的传播时创立了一套数学理论.1807 年向巴黎科学院呈交《热的传播》论文, 推导出著名的热传导方程, 并在求解该方程时发现解函数可以由三角函数构成的级数形式表示, 从而提出任一函数都可以展成三角级数. 1822 年在代表作《热的分析理论》中解决了热在非均匀加热的固体中分布传播问题, 成为分析学在物理中应用的最早例证之一, 对 19 世纪数学和理论物理学的发展产生深远影响. Fourier 级数、Fourier 分析等理论均由此创始. 其它贡献有: 最早使用定积分符号, 改进了代数方程符号法则的证法和实根个数的判别法等.

我们下面的讨论, 在默认的情况下只涉及实值 (包括广义实值) 函数.

§5.1 三角级数

定义 5.1 称集合

$$\mathscr{T} = \left\{ \frac{1}{2}, \quad \cos kx, \sin kx : \quad k \in \mathbb{N}_+ \right\}$$

为三角函数系.

定理 5.1 $\mathscr{T}$ 是 $[-\pi, \pi]$ 上的正交系, 也就是说,

$$\forall \varphi, \psi \in \mathscr{T}, \quad \varphi \neq \psi, \quad \int_{-\pi}^{\pi} \varphi(x)\psi(x)\,\mathrm{d}x = 0.$$

证 显然, $\forall m \in \mathbb{N}_+$

$$\int_{-\pi}^{\pi} \cos mx\,\mathrm{d}x = \int_{-\pi}^{\pi} \sin mx\,\mathrm{d}x = 0.$$

据此, 使用三角函数积化和差的公式就得到所要的结果. □

定义 5.2 设 $\{a_n\}_{n=0}^{\infty}, \{b_n\}_{n=1}^{\infty}$ 为实数列. 称

$$\frac{a_0}{2} + \sum_{n=1}^{\infty}(a_n \cos nx + b_n \sin nx) \tag{5.1}$$

为实系数三角级数, 诸 a_n, b_n 为它的系数. 称它的第 n 部分和

$$S_n(x) := \frac{a_0}{2} + \sum_{k=1}^{n}(a_k \cos kx + b_k \sin kx) \tag{5.2}$$

为 n 阶实系数三角多项式 (注意 $S_0(x) = \dfrac{a_0}{2}$). 把全体 n 阶实系数三角多项式的集合记做 $\mathscr{T}_n$.

为了处理各种函数, 我们复习一下范数的概念. 设 X 是数域 $\mathbb{R}$ 上的线性空间, 线性空间也叫做向量空间, 其中的元素既可以叫做点, 也可以叫做向量. 如果映射

$$\|\ \|_X : X \longrightarrow \mathbb{R}$$

具有以下性质:

① $\forall x \in X, \|x\|_X \geqslant 0$ 并且等号仅当 x 是零元 θ 时成立;

② $\forall x, y \in X, \|x + y\|_X \leqslant \|x\|_X + \|y\|_X$;

③ $\forall r \in \mathbb{R}, \forall x \in X, \|rx\|_X = |r|\|x\|_X$,

那么, $\|\ \|_X$ 叫做 X 上的范数, 称 $(X, \|\ \|_X)$ 为赋范线性空间 (或线性赋范空间). 在不引起混淆的情况下, $\|\ \|_X$ 的下标可略去而简写做 $\|\ \|$ 或 $\|\ \|_1$. 由范数自然产生距离, 定义为

$$\forall x, y \in X, \ d_1(x, y) := \|x - y\|.$$

那么由范数的性质 ①, ②, ③ 就分别导出距离 (d_1) 的性质

①′ $\forall x, y \in X, \ d_1(x, y) = d_1(y, x) \geqslant 0$ 并且仅当 $x = y$ 时, $d_1(x, y) = 0$;

②′ $\forall x, y, z \in X, \ d_1(x, y) \leqslant d_1(x, z) + d_1(y, z)$;

③′ $\forall r \in \mathbb{R}, \forall x, y \in X, \ d_1(rx, ry) = |r| d_1(x, y)$.

由于距离的性质 ②′ 正是 $\mathbb{R}^3$ 中三角形两边长度之和不大于第三边这一原理的推广, 所以范数的性质 ② 也叫做三角形不等式.

Fourier 级数理论是用来处理以 2π 为周期的函数的, 任何以正数 ℓ 为周期的函数, 都可经自变量的倍乘转化为以 2π 为周期的函数. 在本节中, 我们只考虑以 2π 为周期的函数.

用记号 $L_{2\pi}^p\,(1 \leqslant p < \infty)$ 代表以 2π 为周期的函数 f, 且其绝对值的 p 次幂 $|f|^p$ 在 $(0, 2\pi)$ 上可积者之全体, $L_{2\pi}$ 中的连续函数之全体记做 $C_{2\pi}$. 像处理 $L(\mathbb{R})$ 一样, 把几乎处处相等的函数看做是同一个.

根据第四章中的理论, 下面的包含关系是明显的:

$$C_{2\pi} \subset L_{2\pi}^q \subset L_{2\pi}^p \subset L_{2\pi}^1 = L_{2\pi}, \quad q > p > 1.$$

$C_{2\pi}$ 以 "一致范数"

$$\|f\|_c := \sup\{|f(x)| : x \in \mathbb{R}\} = \max\{|f(x)| : x \in \mathbb{R}\}$$

成为线性赋范空间, $L_{2\pi}^p\,(1 \leqslant p < \infty)$ 以 "p 次平均范数"

$$\|f\|_p := \left(\int_0^{2\pi} |f|^p\right)^{\frac{1}{p}}$$

成为线性赋范空间. 这些线性赋范空间都是完备的 ($C_{2\pi}$ 的完备性见第二章定理 4.5, $L_{2\pi}^p\,(1 \leqslant p < \infty)$ 的完备性见习题 4.3 题 26), 也就是说, 它们都是 Banach (巴拿赫) 空间.

三角函数显然是以 2π 为周期的连续函数.

说三角级数 (5.1) 在某点 $x \in \mathbb{R}$ 收敛到 ℓ, 指的是它的第 n 部分和 $S_n(x)$ 当 $n \to \infty$ 时收敛到 ℓ, 即 $\lim\limits_{n \to \infty} S_n(x) = \ell$.

说三角级数 (5.1) 依 $L^p\,(1\leqslant p<\infty)$ 范数收敛到某函数 S, 指的是, $S\in L^p_{2\pi}$ 并且 $\lim\limits_{n\to\infty}\|S_n-S\|_p=0$. 依 L^p 范数意义的收敛叫做 p 次平均收敛, 简称 L^p-收敛.

说三角级数 (5.1) 依 $C_{2\pi}$ 范数收敛到某函数 S, 指的是 $S\in C_{2\pi}$ 并且 $\lim\limits_{n\to\infty}\|S_n-S\|_c=0$. 依 $C_{2\pi}$ 范数收敛即一致收敛.

§5.2 Fourier 级数

定义 5.3 设 $f\in L_{2\pi}$. 把
$$a_0(f)=\frac{1}{\pi}\int_{-\pi}^{\pi}f(x)\,\mathrm{d}x,$$
$$a_n(f)=\frac{1}{\pi}\int_{-\pi}^{\pi}f(x)\cos nx\,\mathrm{d}x,\ n\in\mathbb{N}_+,$$
$$b_n(f)=\frac{1}{\pi}\int_{-\pi}^{\pi}f(x)\sin nx\,\mathrm{d}x,\ n\in\mathbb{N}_+$$
叫做 f 的 Fourier 系数. 称
$$\frac{1}{2}a_0(f)+\sum_{n=1}^{\infty}\Big(a_n(f)\cos nx+b_n(f)\sin nx\Big) \tag{5.3}$$
为 f 的 Fourier 级数, 记之为 $\sigma(f)$, 它的第 n 部分和记为 $S_n(f)$.

定理 5.2 如果三角级数 (5.1) 一致收敛到 f. 那么 (5.1) 就是 f 的 Fourier 级数.

证 用 $\mathscr{T}$ 的正交性, 对级数逐项积分便得所需结果. □

定理 5.3(Riemann-Lebesgue) 设 $f\in L_{2\pi}$. 那么
$$\lim_{n\to\infty}a_n(f)=\lim_{n\to\infty}b_n(f)=0.$$

证 对于 $f\in L_{2\pi}$, 根据第六章定理 5.4, 知 $\forall\,\varepsilon>0$, 存在 $h\in C^{\infty}_{2\pi}$ ($C^{\infty}_{2\pi}$ 代表 $C_{2\pi}$ 中无限可导的函数的全体), 使得 $\|f-h\|_1<\varepsilon$. 于是
$$|a_n(f)-a_n(h)|\leqslant\frac{1}{\pi}\|f-h\|_1<\varepsilon.$$
由分部积分, 用 N-L 公式得
$$a_n(h)=-\frac{1}{n\pi}\int_{(-\pi,\pi)}h'(x)\sin nx\,\mathrm{d}x,$$
$$|a_n(h)|\leqslant\frac{1}{n}\|h'\|,\quad n\in\mathbb{N}_+.$$

可见
$$\limsup_{n\to\infty}|a_n(f)| \leqslant \varepsilon + \lim_{n\to\infty}|a_n(h)| = \varepsilon.$$

故由 ε 之任意性知
$$\lim_{n\to\infty}a_n(f) = 0.$$

同理
$$\lim_{n\to\infty}b_n(f) = 0. \qquad \square$$

定理 5.3 传统上叫做 Riemann-Lebesgue 引理. 这个定理的一般形式见习题 8.5 题 22.

定理 5.4(Bessel(贝塞尔) 不等式) 设 $f \in L_{2\pi}$. 那么
$$\frac{1}{\pi}\int_{-\pi}^{\pi}f^2(x)\,\mathrm{d}x \geqslant \frac{1}{2}a_0^2(f) + \sum_{n=1}^{\infty}\left(a_n^2(f)+b_n^2(f)\right).$$

证 记 $S_n(f)$ 为 f 的 Fourier 级数的第 n 部分和. 由于
$$(f-S_n(f))^2 = f^2 + (S_n(f))^2 - 2fS_n(f) \geqslant 0.$$

很明显, $(S_n(f))^2 \in L[-\pi,\pi]$, $2fS_n(f) \in L[-\pi,\pi]$, 所以
$$\int_{-\pi}^{\pi}f^2(x)\,\mathrm{d}x \geqslant 2\int_{-\pi}^{\pi}f(x)S_n(f)(x)\,\mathrm{d}x - \int_{-\pi}^{\pi}(S_n(f)(x))^2\,\mathrm{d}x.$$

根据 $\mathscr{T}$ 的正交性 (见定理 5.1), 有
$$\int_{-\pi}^{\pi}f(x)S_n(f)(x)\,\mathrm{d}x = \int_{-\pi}^{\pi}(S_n(f)(x))^2\,\mathrm{d}x$$
$$= \frac{\pi}{2}a_0^2(f) + \pi\sum_{k=1}^{n}\left(a_k^2(f)+b_k^2(f)\right).$$

由此完成了证明. $\qquad \square$

注 5.1 在这个定理中, 我们并没有假定 $f^2 \in L_{2\pi}$. 而且由于 f 是广义实值的, 所以 $f^2 = |f|^2$. 当然,Bessel 不等式的意义在于 $f \in L_{2\pi}^2$ 的情形.

在 $L_{2\pi}^2$ 中引入内积:
$$\forall f,g \in L_{2\pi}^2, \quad <f,g> := \int_{-\pi}^{\pi}fg.$$

称 $<f,g>$ 为 f 和 g 的内积.如此定义的内积, 与熟知的 Euclid 空间 $\mathbb{R}^n$ 上的内积具有同样的代数性质, 不赘述. 仅指出,$<f,f> = \|f\|_2^2$.

内积等于零的两个元, 叫做是正交的, 或垂直的.

下述命题即勾股定理.

定理5.5(勾股定理) 设 $f, g \in L_{2\pi}^2$. 若 $<f, g> = 0$ 则

$$\|f+g\|_2^2 = \|f\|_2^2 + \|g\|_2^2.$$

证 直接计算得

$$\|f+g\|_2^2 = \int_0^{2\pi}(f^2 + g^2 + 2fg) = \|f\|_2^2 + \|g\|_2^2 + 2<f, g> = \|f\|_2^2 + \|g\|_2^2. \quad \square$$

定理 5.6 设 $f \in L_{2\pi}^2$, $n \in \mathbb{N}$. 那么 $\forall g \in \mathscr{T}_n$

$$\|f - S_n(f)\|_2 \leqslant \|f - g\|_2,$$

其中等号仅当 $g = S_n(f)$ 时成立.

证 由 S_n 的定义知 $f - S_n(f)$ 与 $g \in \mathscr{T}_n$ 正交. 故由勾股定理

$$\|f - g\|_2^2 = \|f - S_n(f) + S_n(f) - g\|_2^2 = \|f - S_n(f)\|_2^2 + \|S_n(f) - g\|_2^2.$$

由此得到定理的结论. $\quad \square$

定理 5.7 设 $f \in L_{2\pi}$. 若 $\lim\limits_{n\to\infty} S_n(f)(x) = f(x)$, a.e. $x \in \mathbb{R}$ (即 f 的 Fourier 级数几乎处处收敛到 f), 则

$$\frac{1}{\pi}\int_{-\pi}^{\pi} f^2(x)\,\mathrm{d}x = \frac{1}{2}a_0^2(f) + \sum_{n=1}^{\infty}\left(a_n^2(f) + b_n^2(f)\right).$$

证 用 Fatou 引理,

$$\frac{1}{\pi}\int_{-\pi}^{\pi} f^2 \leqslant \liminf_{n\to\infty}\frac{1}{\pi}\int_{-\pi}^{\pi}|S_n(f)|^2 = \frac{1}{2}a_0^2(f) + \sum_{n=1}^{\infty}\left(a_n^2(f) + b_n^2(f)\right).$$

结合 Bessel 不等式就完成了证明. $\quad \square$

§5.3 Fourier 部分和

设 $f \in L[-\pi, \pi]$. 我们把 f 的 Fourier 级数的第 n 部分和 $S_n(f)(x)$ 简称为第 n 个 Fourier 和. 根据 Fourier 系数的定义, 有 $S_0(f)(x) = \frac{1}{2}a_0(f)$, 且当 $n \in \mathbb{N}_+$ 时

$$S_n(f)(x) = \frac{1}{2\pi}\int_{-\pi}^{\pi} f(t)\,\mathrm{d}t + \frac{1}{\pi}\int_{-\pi}^{\pi} f(t)\sum_{k=1}^{n}(\cos kt \cos kx + \sin kt \sin kx)\,\mathrm{d}t$$

$$= \frac{1}{\pi}\int_{-\pi}^{\pi} f(t)\left(\frac{1}{2} + \sum_{k=1}^{n}\cos k(x-t)\right)\,\mathrm{d}t.$$

定义 5.4 我们把 n 阶三角多项式

$$D_0(t) = \frac{1}{2} \ (n=0), \quad D_n(t) = \frac{1}{2} + \sum_{k=1}^{n} \cos t \ (n \in \mathbb{N}_+)$$

叫做 (n 阶) Dirichlet 核.

易见

$$D_n(t) = \frac{\sin\left(n+\frac{1}{2}\right)t}{2\sin\frac{t}{2}}.$$

那么

$$S_n(f)(x) = \frac{1}{\pi}\int_{-\pi}^{\pi} f(t) D_n(x-t)\,\mathrm{d}t. \tag{5.4}$$

对于 $f \in L_{2\pi}$, (5.4) 也可写成

$$S_n(f)(x) = \frac{1}{\pi}\int_{-\pi}^{\pi} f(x-t) D_n(t)\,\mathrm{d}t. \tag{5.4'}$$

对于两个函数 $f, g \in L_{2\pi}$, 容易算出

$$\forall x \in \mathbb{R}, \quad \frac{1}{\pi}\int_{-\pi}^{\pi} f(t)g(x-t)\,\mathrm{d}t = \frac{1}{\pi}\int_{-\pi}^{\pi} f(x-t)g(t)\,\mathrm{d}t.$$

我们把上式定义的自变量 x 的函数, 叫做 f 与 g 的卷积 (回忆一下, 习题 5.5 题 2 中曾提到 $\mathbb{R}^n$ 上的函数的卷积), 记做 $f*g = g*f$. 那么, 我们看到

$$S_n(f)(x) = (f*D_n)(x), \qquad n \in \mathbb{N}. \tag{5.4''}$$

这个表达式为我们研究 Fourier 级数 (5.3) 的收敛性提供了具有基本重要性的工具.

§5.4 局部化原理

所谓局部化原理, 指的是函数的 Fourier 级数在一点处的收敛性只依赖于函数在这一点附近的性质, 确言之, 我们有下述定理.

定理 5.8 设 $f \in L_{2\pi}$, $x_0 \in \mathbb{R}, \delta > 0$. 若 f 在 $I(x_0, \delta)$ 上消失 (即 $\forall x \in I(x_0, \delta), f(x) = 0$), 则

$$\lim_{n\to\infty} S_n(f)(x_0) = 0.$$

证 无妨认为 $\delta \in (0,1)$. 那么

$$S_n(f)(x_0) = \frac{1}{\pi} \int_{-\pi}^{\pi} f(x_0 - t) D_n(t) \, \mathrm{d}t$$
$$= \frac{1}{\pi} \int_{\delta \leqslant |t| \leqslant \pi} f(x_0 - t) D_n(t) \, \mathrm{d}t.$$

定义

$$\varphi(t) = \begin{cases} \dfrac{1}{2\pi} \dfrac{f(x_0 - t)}{\tan \dfrac{t}{2}}, & \text{当 } \delta \leqslant |t| \leqslant \pi, \\ 0, & \text{当 } |t| < \delta; \end{cases}$$

$$\psi(t) = \begin{cases} \dfrac{1}{2\pi} f(x_0 - t), & \text{当 } \delta \leqslant |t| \leqslant \pi, \\ 0, & \text{当 } |t| < \delta. \end{cases}$$

那么, $\varphi \in L[-\pi, \pi]$, $\psi \in L[-\pi, \pi]$, 且

$$S_n(f)(x_0) = \int_{-\pi}^{\pi} \varphi(t) \sin nt \, \mathrm{d}t + \int_{-\pi}^{\pi} \psi(t) \cos nt \, \mathrm{d}t.$$

于是, 根据定理 5.3

$$\lim_{n \to \infty} S_n(f)(x_0) = 0. \qquad \square$$

下面的收敛判别法比定理 5.8 更强.

定理 5.9(Dini 判别法) 设 $f \in L_{2\pi}$, $\ell \in \mathbb{R}$. 若作为 t 的函数

$$\frac{f(x_0 + t) + f(x_0 - t) - 2\ell}{2 \sin \dfrac{t}{2}} \in L[0, \pi],$$

则

$$\lim_{n \to \infty} S_n(f)(x_0) = \ell.$$

证 我们有

$$S_n(f)(x_0) - \ell = \frac{1}{\pi} \int_0^{\pi} \frac{f(x_0 + t) + f(x_0 - t) - 2\ell}{2 \sin \dfrac{t}{2}} \sin\left(n + \frac{1}{2}\right) t \, \mathrm{d}t.$$

那么, 根据定理的条件, 使用定理 5.3, 就得所要的结果. $\qquad \square$

例 5.1 设

$$f(x) = \begin{cases} \dfrac{\pi-x}{2}, & \text{当 } 0 < x < 2\pi, \\ 0, & \text{当 } x = 0, \\ f(x+2\pi), & \text{当 } x \in \mathbb{R}. \end{cases}$$

那么, $a_0(f) = 0$ 且当 $n \in \mathbb{N}_+$ 时

$$a_n(f) = \frac{1}{\pi} \int_0^{2\pi} \frac{\pi-x}{2} \cos nx \, dx = 0,$$

$$b_n(f) = \frac{1}{\pi} \int_0^{2\pi} \frac{\pi-x}{2} \sin nx \, dx = \frac{1}{n}.$$

由于当 $x \in (0, 2\pi)$, $0 < t < \min\{x, 2\pi - x\}$ 时

$$f(x+t) + f(x-t) - 2f(x) = \frac{\pi - (x+t)}{2} + \frac{\pi - (x-t)}{2} - 2\frac{\pi-x}{2} = 0,$$

所以, 根据定理 5.9

$$\frac{\pi-x}{2} = \sum_{n=1}^{\infty} \frac{\sin nx}{n}, \qquad 0 < x < 2\pi.$$

从而, $\forall x \in \mathbb{R}$

$$f(x) = \sum_{n=1}^{\infty} \frac{\sin nx}{n}.$$

函数 f 的 Fourier 部分和 $S_n(f)$, 当 $n = 3, 4, 60$ 及 f 本身的图像 (图 34 — 图37) 顺次如下:

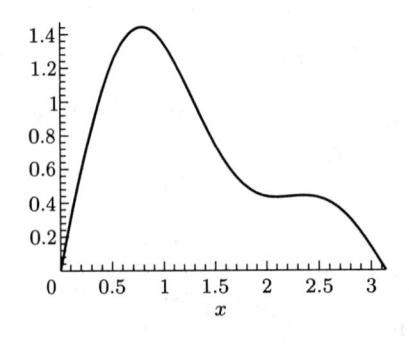

图 34 S_3 的图像

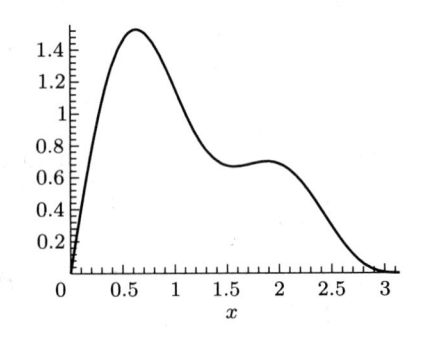

图 35 S_4 的图像

§5 三角级数与 Fourier 展开

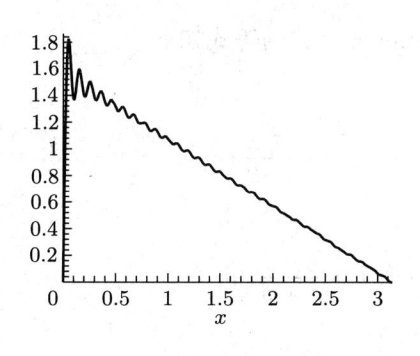

图 36　S_{60} 的图像

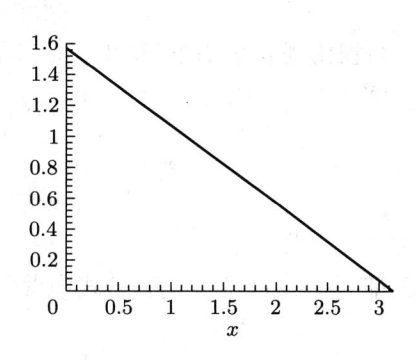

图 37　f 的图像

例 5.2 $\sum_{n=1}^{\infty} \dfrac{1}{n^2} = \dfrac{\pi^2}{6}$.

证　由上例的结果直接使用定理 5.7 就得到要证的等式. □

例 5.3　设 $\theta \in (0,1)$. 定义 f 如下:

$$\forall x \in [-\pi, \pi], \quad f(x) = \cos(\theta x), \quad \forall x \in \mathbb{R}, \quad f(x) = f(x + 2\pi).$$

求 f 的 Fourier 级数.

解　显然 f 是偶的. 我们有

$$a_0(f) = \frac{2}{\pi} \int_0^\pi \cos(\theta x)\,\mathrm{d}x = \frac{2}{\theta \pi}\sin(\theta\pi),$$

$$a_n(f) = \frac{2}{\pi} \int_0^\pi \cos(\theta x)\cos(nx)\,\mathrm{d}x$$

$$= \frac{1}{\pi} \int_0^\pi \Big(\cos(\theta + n)x + \cos(\theta - n)x\Big)\,\mathrm{d}x$$

$$= \frac{1}{\pi}\Big(\frac{\sin(\theta + n)\pi}{\theta + n} + \frac{\sin(\theta - n)\pi}{\theta - n}\Big), \quad n \in \mathbb{N}_+.$$

注意到 f 处处满足 Dini 条件, 得

$$f(x) = \frac{\sin(\theta\pi)}{\pi}\left(\frac{1}{\theta} + \sum_{n=1}^{\infty}(-1)^n \frac{2\theta \cos(nx)}{\theta^2 - n^2}\right).$$ □

例 5.4　设 $\theta \in (0,1)$. 那么

$$\frac{\pi}{\sin(\theta\pi)} = \frac{1}{\theta} + \sum_{n=1}^{\infty}(-1)^n \frac{2\theta}{\theta^2 - n^2}.$$

在例 5.3 的结果中代入 $x = 0$ 就得此式. □

可使用例 5.4 的结果推出一个关于 Gamma 函数的等式如下:

例 5.5 证明: 当 $\theta \in (0,1)$ 时,

$$B(\theta, 1-\theta) = \Gamma(\theta)\Gamma(1-\theta) = \frac{\pi}{\sin \pi \theta}.$$

此时通常叫做 "余元公式".

证 在 Beta 函数的积分式中做变量变换 $t = \dfrac{u}{1+u}$, 得

$$\begin{aligned}
B(\theta, 1-\theta) &= \int_0^1 t^{\theta-1}(1-t)^{-\theta} dt \\
&= \int_0^\infty \left(\frac{u}{1+u}\right)^{\theta-1} \left(\frac{1}{1+u}\right)^{-\theta} \frac{du}{(1+u)^2} \\
&= \int_0^\infty \frac{u^{\theta-1}}{1+u} du \\
&= \int_0^1 \frac{u^{\theta-1}}{1+u} du + \int_1^\infty \frac{u^{\theta-1}}{1+u} du.
\end{aligned}$$

在右端第二个积分中做变换 $u = \dfrac{1}{t}$, 得

$$B(\theta, 1-\theta) = \int_0^1 \frac{u^{\theta-1}}{1+u} du + \int_0^1 \frac{u^{-\theta}}{1+u} du.$$

当 $0 \leqslant u < 1$ 时

$$\frac{u^{\theta-1}}{1+u} = \sum_{n=0}^\infty (-1)^n u^{n+\theta-1}.$$

根据本章定理 4.6 及定理 3.3

$$\begin{aligned}
\int_0^1 \frac{u^{\theta-1}}{1+u} du &= \sum_{n=0}^\infty (-1)^n \frac{1}{n+\theta} = \frac{1}{\theta} + \sum_{n=1}^\infty (-1)^n \frac{1}{n+\theta}, \\
\int_0^1 \frac{u^{-\theta}}{1+u} du &= \sum_{n=0}^\infty (-1)^n \frac{1}{n+1-\theta} = \sum_{n=1}^\infty (-1)^n \frac{1}{\theta-n}.
\end{aligned}$$

所以,

$$B(\theta, 1-\theta) = \frac{1}{\theta} + \sum_{n=1}^\infty (-1)^n \left(\frac{1}{n+\theta} + \frac{1}{\theta-n}\right).$$

根据例 5.4 的结果, 得所欲证者. □

§5.5 一致收敛问题

我们用 $C_{2\pi}$ 代表以 2π 为周期的连续函数的全体.

定理 5.10 设 $F \in C_{2\pi}$. 若 $F' \in C_{2\pi}$，则 $\sigma(F)$ 绝对一致收敛到 F.

证 由于
$$\lim_{t \to 0} \frac{F(x+t) + F(x-t) - 2F(x)}{t} = 0,$$

所以 Dini 条件满足，从而 $\sigma(F)$ 处处收敛到 F.

容易算出，$\forall n \in \mathbb{N}_+$

$$a_n(F) = -\frac{1}{n} b_n(F'), \ b_n(F) = \frac{1}{n} a_n(F').$$

那么
$$|a_n(F)| \leqslant b_n^2(F') + \frac{1}{n^2}, \quad |b_n(F)| \leqslant a_n^2(F') + \frac{1}{n^2}.$$

从而
$$\sum_{n=1}^{\infty} (|a_n(F)| + |b_n(F)|) \leqslant \sum_{n=1}^{\infty} \left(a_n^2(F') + b_n^2(F')\right) + \sum_{n=1}^{\infty} \frac{1}{n^2}$$
$$\leqslant \frac{1}{\pi} \int_{-\pi}^{\pi} (F'(t))^2 \, dx + \sum_{n=1}^{\infty} \frac{1}{n^2} \leqslant \infty.$$

可见 $\sigma(F)$ 绝对一致收敛. □

下面用连续模的语言给出的一致收敛充分条件比较深刻.

设 $f \in C_{2\pi}$. f 的连续模的定义是

$$\omega(f;t)_c := \sup\{|f(x) - f(y)| : |x - y| \leqslant t\} \ (t \geqslant 0).$$

明显的事实是
$$\omega(f; s+t)_c \leqslant \omega(f;s)_c + \omega(f;t)_c \ (s, t \geqslant 0),$$

而且
$$\forall t > 0, \quad \omega(f;t)_c \leqslant 2\|f\|_c.$$

定理 5.11 设 $f \in C_{2\pi}$. 若当 $t \to 0+$ 时，$\omega(f;t)_c = o\left(\dfrac{1}{\log \dfrac{1}{t}}\right)$，则 $\sigma(f)$ 一致收敛到 f，即 $\lim_{n \to \infty} \|S_n(f) - f\|_c = 0$.

证 无妨认为 $n > 10$. 记 $h_n = \dfrac{\pi}{n+\dfrac{1}{2}}$, 并简记 $r_n(x) = S_n(f)(x) - f(x)$. 由 (5.4)

$$r_n(x) = \frac{1}{\pi}\int_{-\pi}^{\pi}(f(x-t)-f(x))D_n(t)\,dt. \tag{5.5}$$

进行积分的变量替换, $t = s + h_n$, 注意到 2π 周期函数在任何长度为 2π 的区间上的积分都一样, 得

$$r_n(x) = \frac{1}{\pi}\int_{-\pi}^{\pi}(f(x-s-h_n)-f(x))D_n(s+h_n)\,dt. \tag{5.6}$$

在 (5.5) 和 (5.6) 两个积分中, 分离出

$$I_n(x) := \frac{1}{\pi}\int_{|t|<2h_n}(f(x-t)-f(x))D_n(t)\,dt,$$

$$J_n(x) := \frac{1}{\pi}\int_{|t|<2h_n}(f(x-t-h_n)-f(x))D_n(t+h_n)\,dt.$$

使用估计式 $|D_n(t)| \leqslant n + \dfrac{1}{2}$ 以及当 $|t| < 2h_n$ 时, 对于一切 x 成立

$$|f(x-t)-f(x)| \leqslant 2\omega(f; h_n),$$
$$|f(x-t-h_n)-f(x)| \leqslant 2\omega(f; h_n),$$

得到

$$|I_n(x)| \leqslant C\omega(f; n^{-1})_c, \quad |J_n(x)| \leqslant C\omega(f; n^{-1})_c. \tag{5.7}$$

这里以及下面, 我们用 C 代表一个正的常数, 不计较它的值多大.

于是, (5.5) 和 (5.6) 分别成为

$$r_n(x) = I_n(x) + \frac{1}{\pi}\int_{2h_n<|t|<\pi}\frac{f(x-t)-f(x)}{2\sin\dfrac{t}{2}}\sin\left(n+\frac{1}{2}\right)(t)\,dt,$$

$$r_n(x) = J_n(x) + \frac{1}{\pi}\int_{2h_n<|t|<\pi}\frac{f(x-t-h_n)-f(x)}{2\sin\dfrac{t+h_n}{2}}\sin\left(n+\frac{1}{2}\right)(t+h_n)\,dt.$$

注意到 $\sin\left(n+\dfrac{1}{2}\right)(t+h_n) = -\sin\left(n+\dfrac{1}{2}\right)t$, 把上两式合并就得到

$$r_n(x) = \frac{I_n(x)+J_n(x)}{2} +$$

$$\frac{1}{2\pi}\int_{2h_n<|t|<\pi}\left(\frac{f(x-t)-f(x)}{2\sin\dfrac{t}{2}} - \frac{f(x-t-h_n)-f(x)}{2\sin\dfrac{t+h_n}{2}}\right)\sin\left(n+\frac{1}{2}\right)t\,dt.$$

从而, 使用 (5.7), 得

$$|r_n(x)| \leqslant C\omega(f; n^{-1})_c + \int_{2h_n < |t| < \pi} \left| \frac{f(x-t) - f(x)}{2\sin\frac{t}{2}} - \frac{f(x-t-h_n) - f(x)}{2\sin\frac{t+h_n}{2}} \right| dt. \tag{5.8}$$

当 $2h_n < |t| < \pi$ 时,

$$\left| \frac{f(x-t) - f(x)}{2\sin\frac{t}{2}} - \frac{f(x-t-h_n) - f(x)}{2\sin\frac{t+h_n}{2}} \right|$$

$$\leqslant \left| \frac{(f(x-t) - f(x)) - (f(x-t-h_n) - f(x))}{2\sin\frac{t}{2}} \right| +$$

$$|f(x-t-h_n) - f(x)| \left| \frac{1}{2\sin\frac{t}{2}} - \frac{1}{2\sin\frac{t+h_n}{2}} \right|$$

$$\leqslant C\frac{\omega(f; n^{-1})_c}{|t|} + C\frac{\omega(f; |t|)_c}{nt^2},$$

代入 (5.8) 得

$$|r_n(x)| \leqslant C\omega(f; n^{-1})_c + C\omega(f; n^{-1})_c \log n + C\int_{n^{-1} < t < \pi} \frac{\omega(f; t)_c}{nt^2} dt. \tag{5.9}$$

此式右端第一项显然是 $o(1)$ $(n \to 0)$. 第三项也是 $o(1)$, 这可如下得到:

$$\int_{n^{-1} < t < \pi} \frac{\omega(f; t)_c}{nt^2} dt$$

$$= \left(\int_{n^{-1}}^{n^{-\frac{1}{2}}} + \int_{n^{-\frac{1}{2}}}^{\pi} \right) \frac{\omega(f; t)_c}{nt^2} dt$$

$$\leqslant \omega(f; n^{-\frac{1}{2}})_c \int_{n^{-1}}^{\infty} \frac{dt}{nt^2} + \int_{n^{-\frac{1}{2}}}^{\infty} 2\|f\|_c \frac{1}{nt^2} dt$$

$$\leqslant \omega(f; n^{-\frac{1}{2}})_c + 2\|f\|_c n^{-\frac{1}{2}} = o(1) \ (n \to \infty).$$

于是, 从 (5.9) 得到

$$|r_n(x)| \leqslant C\omega(f; n^{-1})_c \log n + o(1).$$

根据定理的条件 $\omega(f; t)_c = o\left(\dfrac{1}{\log\dfrac{1}{t}}\right)$ $(t \to 0+)$, 终于得到 $r_n(x)$ 关于 x 一致收敛到零. 从而完成了定理 5.11 的证明. □

注 5.2 (5.9) 本身也是对于一致收敛速度的估计, 当 $\omega(f;t) = o\left(\dfrac{1}{\log\dfrac{1}{t}}\right)$ 时, 其中第三项是 $o\left(\dfrac{1}{\log n}\right)$.

在完备的线性赋范空间 (Banach 空间)$C_{2\pi}$ 中, Fourier 部分和 S_n 做成了 $C_{2\pi}$ 到自己的稠子集 $\mathscr{T}_n$ (n 阶三角多项式的全体) 的映射. 这个映射是线性的, 即

$$\forall f, g \in C_{2\pi},\ \forall \alpha, \beta \in \mathbb{R}, \quad S_n(\alpha f + \beta g) = \alpha S_n(f) + \beta S_n(g).$$

我们用 "线性算子" 这一术语称呼这样的映射.

线性算子 S_n 的一个明显的特征是: n 阶三角多项式不变性, 即 $\forall t \in \mathscr{T}_n$, $S_n(t) = t$. 因此, 一切三角多项式 t 满足 $\lim\limits_{n\to\infty} \|S_n(t) - t\|_c = 0$. 当然, 根据定理 5.11, 对于多得多的函数此种收敛性成立. 一个自然的问题是, 此种一致收敛性是不是对于 $C_{2\pi}$ 的每个元素都成立? 回答是**否定的**.

我们从这个问题引申出一点一般性的讨论.

设 X 是 Banach 空间, 即线性赋范空间, 范数用记号 $\|\ \| = \|\ \|_X$ 表示. 设 $T: X \longrightarrow X$ 是线性算子, 即满足下式

$$\forall f, g \in X,\ \forall \alpha, \beta \in \mathbb{R}, \quad T(\alpha f + \beta g) = \alpha T(f) + \beta T(g).$$

如果存在常数 M 使得

$$\forall f \in X, \quad \|T(f)\| \leqslant M\|f\|,$$

就称 T 为有界线性算子, 称

$$\|T\| = \|T\|_{(X,X)} := \sup\{\|T(f)\| : f \in X, \|f\| \leqslant 1\}$$

为线性算子 T 的范数. 当 $X = C_{2\pi}$ 时, 记 $\|T\|_{(X,X)} = \|T\|_{(c,c)}$; 当 $X = L^p_{2\pi}$ ($1 \leqslant p < \infty$) 时, 记 $\|T\|_{(X,X)} = \|T\|_{(p,p)}$. 涉及有界线性算子序列的映像的收敛性, 有下述简单定理.

定理 5.12 设 X 是 Banach 空间, $T_n: X \longrightarrow X$ 是有界线性算子, $n \in \mathbb{N}$. 如果

(1) X 有一个稠子集 A 使得

$$\forall f \in A, \quad \lim_{n\to\infty} \|T_n(f) - f\| = 0; \tag{5.10}$$

(2) $\sup\{\|T_n\| : n \in \mathbb{N}\} = M \in \mathbb{R}$,

那么 (5.10) 对于一切 $f \in X$ 成立.

证 设 $f \in X$. 对于任给的 $\varepsilon > 0$, 存在 $g \in A$ 使得 $\|f - g\| < \varepsilon$. 于是

$$\limsup_{n \to \infty} \|T_n(f) - f\| \leqslant \limsup_{n \to \infty} \|T_n(f) - T_n(g)\| + \limsup_{n \to \infty} \|T_n(g) - g\| + \|g - f\|$$
$$\leqslant (M + 1)\varepsilon.$$

再令 $\varepsilon \to 0+$, 就得要证的结果. □

回到 Fourier 部分和算子. 我们来估计它的 (算子) 范数.

对于任意的 $f \in C_{2\pi}$, 根据定义 5.4

$$\|S_n(f)\|_c \leqslant \frac{1}{\pi} \int_{-\pi}^{\pi} \|f\|_c |D_n(t)| \, \mathrm{d}t.$$

记

$$L_n = \frac{1}{\pi} \int_{-\pi}^{\pi} |D_n(t)| \, \mathrm{d}t,$$

称之为 Lebesgue 常数 (常数之意, 在于与 f 无关). 可见 S_n 是 $C_{2\pi}$ 上的线性有界算子, 并且

$$\|S_n\|_{(c,c)} \leqslant L_n.$$

定理 5.13 作为 $C_{2\pi}$ 到 $C_{2\pi}$ 的有界线性算子, $\|S_n\|_{(c,c)} = L_n$.

证 由于确定在 $C_{2\pi}$ 中讨论, 下面涉及范数均不言而喻, 故可把下标略去.

无需考虑 $n = 0$ 的情形. 设 $n \in \mathbb{N}_+$. 只需验证, 对于任给的 $\varepsilon > 0$, 存在 $f \in C_{2\pi}$ 使得

$$\|f\| = 1, \quad S_n(f)(0) > L_n - \varepsilon.$$

令 $h_n = \dfrac{\pi}{n + \frac{1}{2}}$, 定义 $I_{nk} = ((k-1)h_n, kh_n)$, $k = 1, 2, \cdots, n$. 无妨认为 $\varepsilon < 1$. 记 $\lambda = \dfrac{\varepsilon}{4n^2}$. 定义

$$b(x) = \begin{cases} \dfrac{x}{\lambda}, & \text{当 } 0 \leqslant x \leqslant \lambda, \\ 1, & \text{当 } \lambda < x < h_n - \lambda, \\ \dfrac{h_n - x}{\lambda}, & \text{当 } h_n - \lambda \leqslant x \leqslant h_n. \end{cases}$$

然后定义 2π 周期的偶函数 f, 使 $f(jh_k) = 0, j = 0, 1, \cdots, n$, 当 $x \in [nh_n, \pi]$ 时 $f(x) = (-1)^n$, 而在 $[0, \pi]$ 的其它点处

$$f(x) = (-1)^{k-1} b(x - (k-1)h_n), \quad \text{当} \quad x \in I_{nk}, \quad k = 1, \cdots, n.$$

那么 $f \in C_{2\pi}, \|f\| = 1$, 并且
$$\begin{aligned}
S_n(f)(0) &= \frac{2}{\pi} \int_0^\pi f(t) D_n(t)\,\mathrm{d}t \\
&= \frac{2}{\pi} \sum_{k=1}^n \int_{I_{nk}} f(t) D_n(t)\,\mathrm{d}t \\
&> \frac{2}{\pi} \left(\sum_{k=1}^n \int_{((k-1)h_k+\lambda, kh_k-\lambda)} |D_n(t)|\,\mathrm{d}t + \int_{nh_n}^\pi |D_n(t)|\,\mathrm{d}t \right) \\
&> \frac{2}{\pi} \int_{(0,\pi)} |D_n(t)|\,\mathrm{d}t - \frac{2}{\pi} 2\lambda n(n+1) > L_n - \varepsilon.
\end{aligned}$$

这就完成了证明. □

定理 5.13 的注 在定理的证明中, 取定 $\varepsilon = 1$, 我们对于每个 $n \in \mathbb{N}$ 构做了一个 $f_n \in C_{2\pi}$, 满足 $\|f_n\|_c = 1$, 且 $S_n(f_n)(0) > L_n - 1$. 注意这个 f_n 是个偶的 "折线函数", 它显然属于 Lip 1 类, 也就是说, $\omega(f_n; t) = O(t)\ (t > 0)$. 所以, 根据定理 5.11

$$\lim_{k \to \infty} \|S_k(f_n) - f_n\|_c = 0, \quad n \in \mathbb{N}. \tag{5.11}$$

定理 5.14 $L_n = \dfrac{4}{\pi^2} \log n + O(1)\ (n \to \infty)$.

证 根据定义

$$\begin{aligned}
L_n &= \frac{2}{\pi} \int_0^\pi \frac{\left|\sin\left(n+\frac{1}{2}\right)x\right|}{2\sin\frac{x}{2}}\,\mathrm{d}x \\
&= \frac{2}{\pi} \int_0^\pi \left|\sin\left(n+\frac{1}{2}\right)x\right| \left(\frac{1}{x} + \frac{1}{2\sin\frac{x}{2}} - \frac{1}{x}\right)\,\mathrm{d}x \\
&= \frac{2}{\pi} \int_0^\pi \frac{\left|\sin\left(n+\frac{1}{2}\right)x\right|}{x}\,\mathrm{d}x + O(1) \\
&= \frac{2}{\pi} \int_0^{(n+\frac{1}{2})\pi} \frac{|\sin x|}{x}\,\mathrm{d}x + O(1) \\
&= \frac{2}{\pi} \sum_{k=1}^n \int_{(k-1)\pi}^{k\pi} \frac{|\sin x|}{x}\,\mathrm{d}x + O(1) \\
&= \frac{2}{\pi} \sum_{k=1}^n \int_0^\pi \frac{\sin x}{x+(k-1)\pi}\,\mathrm{d}x + O(1) \\
&= \frac{2}{\pi} \sum_{k=1}^n \int_0^\pi \sin x \left(\frac{1}{k\pi} + \frac{1}{x+(k-1)\pi} - \frac{1}{k\pi}\right)\mathrm{d}x + O(1) \\
&= \frac{4}{\pi^2} \sum_{k=1}^n \frac{1}{k} + O(1).
\end{aligned}$$

注意到 $\sum_{k=1}^{n} \frac{1}{k} = \log n + O(1)$, 就得到所要的结果. □

根据定理 5.13 和 5.14,
$$\|S_n\|_{(c,c)} = \frac{4}{\pi^2} \log n + O(1) \quad (n \to \infty). \tag{5.12}$$

我们看到 $\sup\{\|S_n\|_{(c,c)} : n \in \mathbb{N}\} = \infty$. 这个事实恰恰是 $C_{2\pi}$ 中的函数的 Fourier 级数不能全都一致收敛的本质原因. 泛函分析中的著名的一致有界原理 (或共鸣定理) 深刻地表达了这个道理. 这里, 我们不谈一般原理, 而具体地证明下面的反面的结果.

定理 5.15 存在 $f \in C_{2\pi}$, 使得 $\|f\|_c \leqslant 1$ 但 $\limsup\limits_{n\to\infty} \|S_n(f)\|_c = \infty$.

证 取定定理 5.13 的注中所述的 f_n $(n \in \mathbb{N})$. 根据定理 5.14, $\forall n \in \mathbb{N}$
$$S_n(f_n)(0) > L_n - 1.$$

令 $k_1 = 1$, $\mu_1 = 3^{3^{k_1}}$. 并记 $g_1 = f_{\mu_1}$ 以及 $r_1 = L_{\mu_1} - 1$. 那么
$$S_{\mu_1}(g_1)(0) > r_1.$$

根据 (5.12), 存在整数 $k_2 > \mu_1$, 使得当 $k \geqslant k_2$ 时
$$\|S_k(g_1)\|_c < 2.$$

取 $\mu_2 = 3^{3^{k_2}}$. 并记 $g_2 = f_{\mu_2}$ 以及 $r_2 = L_{\mu_2} - 1$. 那么,
$$\|S_{\mu_2}(g_2)\|_c < 2, \quad S_{\mu_2}(g_2)(0) > r_2.$$

归纳地, 根据 (5.12), 存在整数 $k_{j+1} > \mu_j$, 使得当 $k \geqslant k_{j+1}$ 时
$$\|S_k(g_i)\|_c < 2, \quad i = 1, \cdots, j.$$

取 $\mu_{j+1} = 3^{3^{k_{j+1}}}$. 并记 $g_{j+1} = f_{\mu_{j+1}}$ 以及 $r_{j+1} = L_{\mu_{j+1}} - 1$. 那么,
$$\|S_{\mu_{j+1}}(g_i)\|_c < 2, \quad i = 1, \cdots, j, \quad S_{\mu_{j+1}}(g_{j+1})(0) > r_{j+1}.$$

定义
$$f = \sum_{n=1}^{\infty} 3^{-n} g_n.$$

那么由一致收敛性可知, $f \in C_{2\pi}$, $\|f\|_c < 1$,
$$S_m(f) = \sum_{k=1}^{\infty} 3^{-k} S_m(g_k).$$

于是, 对于 $m = \mu_j$

$$S_m(f)(0) \geqslant -\sum_{k=1}^{j-1} 3^{-k}\|S_m(g_k)\|_c + 3^{-j}S_m(g_j)(0) - \sum_{k=j+1}^{\infty} 3^{-k}\|S_m(g_k)\|_c$$

$$\geqslant 3^{-j}r_j - 2\sum_{k=1}^{j-1} 3^{-k} - \sum_{k=j+1}^{\infty} 3^{-k}L_{\mu_j}$$

$$> 3^{-j}r_j - 1 - 3^{-j}2^{-1}L_{\mu_j}$$

$$> 2^{-1}3^{-j}L_{\mu_j} - 2 \geqslant \frac{2}{\pi^2}3^{k_j - j} + O(1).$$

显然, 当 $j > 3$ 时, $k_j > \mu_{j-1} = 3^{3^{j-1}}$, 从而 $\lim_{j \to \infty} k_j - j = \infty$. 故上式已完成了定理的证明. □

§5.6 Fejér 和

用 X 统一地代表函数空间 $C_{2\pi}$ 和 $L^p_{2\pi}, 1 \leqslant p < \infty$. 在这一段中, 我们基于 X 中函数的 Fourier 级数, 构做一列三角多项式, 这些三角多项式叫做函数的 Fejér (费耶) 和, 这列三角多项式的重要价值在于, 依照空间 X 的范数收敛到所给的函数, 由此直接断定**三角多项式在空间 X 中稠密**, 从而对于一切 $f \in L^2_{2\pi}$, Bessel 不等式实为等式, 叫做 Parseval (帕塞瓦尔) 等式.

涉及 L^p $(1 \leqslant p < \infty)$ 范数时, 常要用到下述

广义 Minkowski 不等式 设 $f(x,y)$ 在 $\mathbb{R}^m \times \mathbb{R}^n$ 上的可测函数, $1 \leqslant p < \infty$. 那么

$$\left(\int_{\mathbb{R}^m} \left|\int_{\mathbb{R}^n} f(x,y)\,\mathrm{d}y\right|^p \mathrm{d}x\right)^{\frac{1}{p}} \leqslant \int_{\mathbb{R}^n} \left(\int_{\mathbb{R}^m} |f(x,y)|^p \,\mathrm{d}x\right)^{\frac{1}{p}} \mathrm{d}y.$$

这个不等式对于 $p = 1$ 明显成立, 而 $p > 1$ 时, 常常使用泛函分析中的对偶思想来证明, 但这超出本书的范围. 我们借助 Tonelli 定理和 Hölder 不等式给予初等的证明.

广义 Minkowski 不等式 (当 $p > 1$ 时) 的初等证明 记 $g(x) = \int_{\mathbb{R}^n} f(x,y)\,\mathrm{d}y$. 那么

$$|g(x)|^p \leqslant \int_{\mathbb{R}^n} |f(x,y)|\,\mathrm{d}y |g(x)|^{p-1}.$$

根据 Tonelli 定理 (见第四章 §3.3),

$$\int_{\mathbb{R}^m} |g(x)|^p \,\mathrm{d}x \leqslant \int_{\mathbb{R}^n} \left(\int_{\mathbb{R}^m} |f(x,y)||g(x)|^{p-1}\,\mathrm{d}x\right) \mathrm{d}y.$$

使用 Hölder 不等式 $\left(\text{对于指数 } p \text{ 和 } q = \dfrac{p}{p-1}\right)$ 得

$$\int_{\mathbb{R}^m} |f(x,y)||g(x)|^{p-1}\,\mathrm{d}x \leqslant \left(\int_{\mathbb{R}^m} |f(x,y)|^p\,\mathrm{d}x\right)^{\frac{1}{p}} \left(\int_{\mathbb{R}^m} |g(x)|^p\,\mathrm{d}x\right)^{1-\frac{1}{p}}.$$

于是

$$\int_{\mathbb{R}^m} |g(x)|^p\,\mathrm{d}x \leqslant \left(\int_{\mathbb{R}^m} |g(x)|^p\,\mathrm{d}x\right)^{1-\frac{1}{p}} \int_{\mathbb{R}^n} \left(\int_{\mathbb{R}^m} |f(x,y)|^p\,\mathrm{d}x\right)^{\frac{1}{p}}\,\mathrm{d}y.$$

由此就得要证的不等式. $\square$

在讨论 Fejér 和的逼近性质之前, 我们一般地叙述一下空间 X 中函数的**连续模**的概念.

设 $f \in X$. 对于 $h \in \mathbb{R}$, 函数 f 的步长为 h 的平移记做 $\tau_h(f)$, 它的定义是

$$\tau_h(f)(x) = f(x+h), \quad x \in \mathbb{R}.$$

显然, $\tau_h(f) \in X$, 而且 f 与 $\tau_h(f)$ 的距离是 $\|f - \tau_h(f)\|_X$. 函数 f 在空间 X 中的连续模的定义是

$$\omega(f,\delta)_X = \sup\{\|f - \tau_h(f)\|_X : \quad |h| \leqslant \delta\} \ (\delta > 0).$$

当 $X = C_{2\pi}$ 时, 记 $\omega(f,\delta)_X$ 为 $\omega(f,\delta)_c$, 当 $X = L_{2\pi}^p$ $(1 \leqslant p < \infty)$ 时, 记 $\omega(f,\delta)_X$ 为 $\omega(f,\delta)_p$.

显然 $\omega(f,\delta)_X$ 是 δ 的增函数, 并且

(a) $\lim\limits_{\delta \to 0+} \omega(f,\delta)_X = 0$,

(b) $\forall k \in \mathbb{N}_+, \forall \delta > 0, \ \omega(f,k\delta)_X \leqslant k\omega(f,\delta)_X$.

其中性质 (a) 当 $X = C_{2\pi}$ 时, 与一致连续性等价; 当 $X = L_{2\pi}^p$ 时, 归结为 $C_{2\pi}$ 在 X 中的稠密性, 而这种稠密性的证明, 归根到底用到关于可测函数结构的Лузин定理, 也可以借助第四章的定理 3.8 来获得.

性质 (b) 可如下证明. 设 $h \neq 0$. 那么

$$\|f - \tau_{kh}(f)\|_X \leqslant \sum_{j=1}^{k} \left(\|\tau_{(j-1)h}(f) - \tau_{jh}(f)\|_X\right)$$

$$= \sum_{j=1}^{k} \left(\|\tau_{(j-1)h}(f - \tau_h(f))\|_X\right)$$

$$= \sum_{j=1}^{k} \|f - \tau_h(f)\|_X \leqslant k\omega(f,h)_X.$$

对于 $|h| \leqslant \delta$ 取上确界就得到 (b).

定义 5.5 设 $f \in L_{2\pi}$, $S_k(f)$ 为 f 的 Fourier 部分和. 称

$$\sigma_n(f)(x) = \frac{1}{n+1} \sum_{k=0}^{n} S_k(f)(x)$$

为 f 的 (Fourier 级数的) 第 n 个 Fejér 和.

由于 $S_k(f) = f * D_k$, 所以

$$\sigma_n(f) = f * \left(\frac{1}{n+1} \sum_{k=0}^{n} D_k \right).$$

我们把 n 阶三角多项式

$$F_n = \frac{1}{n+1} \sum_{k=0}^{n} D_k$$

叫做 $(n$ 阶$)$Fejér 核. 易于算出

$$F_n(t) = \frac{1}{n+1} \sum_{k=0}^{n} \frac{\sin\left(k+\frac{1}{2}\right)t}{2\sin\frac{t}{2}} = \frac{\sin^2\left(\frac{n+1}{2}t\right)}{2(n+1)\sin^2\frac{t}{2}}.$$

我们看到 $F_n(t) \geqslant 0$. 也就是说 Fejér 核是正核. 易见

$$\frac{1}{\pi} \int_{-\pi}^{\pi} F_n(t)\,\mathrm{d}t = \frac{1}{n+1} \sum_{k=0}^{n} \int_{-\pi}^{\pi} D_k(t)\,\mathrm{d}t = 1.$$

我们有

$$\sigma_n(f)(x) = \frac{1}{\pi} \int_{-\pi}^{\pi} f(x-t) \frac{\sin^2\left(\frac{n+1}{2}t\right)}{2(n+1)\sin^2\frac{t}{2}}\,\mathrm{d}t,$$

$$\sigma_n(f)(x) - f(x) = \frac{1}{\pi} \int_{0}^{\pi} \frac{f(x-t)+f(x+t)-2f(x)}{2(n+1)\sin^2\frac{t}{2}} \sin^2\left(\frac{n+1}{2}t\right)\,\mathrm{d}t.$$

定理 5.16 设 $f \in X, n \in \mathbb{N}_+$. 那么

$$\|\sigma_n(f) - f\|_X \leqslant \omega\left(f, \frac{1}{n}\right)_X + \pi \int_{\frac{1}{n}}^{\pi} \frac{\omega(f,t)_X}{nt^2}\,\mathrm{d}t.$$

证 记 $h_x(t) = f(x+t) + f(x-t) - 2f(x)$. 那么

$$\sigma_n(f)(x) - f(x) = \frac{1}{\pi}\Big(\int_0^{\frac{1}{n}} + \int_{\frac{1}{n}}^{\pi}\Big)h_x(t)F_n(t)\,\mathrm{d}t.$$

于是,

$$\|\sigma_n(f) - f\|_X \leqslant \Big\|\frac{1}{\pi}\int_0^{\frac{1}{n}} h_x(t)F_n(t)\,\mathrm{d}t\Big\|_X + \Big\|\frac{1}{\pi}\int_{\frac{1}{n}}^{\pi} h_x(t)F_n(t)\,\mathrm{d}t\Big\|_X.$$

把右端第一项记做 u_n, 第二项记做 v_n. 用广义 Minkowski 不等式得

$$u_n \leqslant \frac{1}{\pi}\int_0^{\frac{1}{n}} \|h_x(t)\|_X F_n(t)\,\mathrm{d}t \leqslant \frac{2}{\pi}\omega\Big(f,\frac{1}{n}\Big)_X \int_0^{\pi} F_n(t)\,\mathrm{d}t = \omega\Big(f,\frac{1}{n}\Big)_X.$$

同时, 由于 $\sin\frac{t}{2} \geqslant \frac{1}{\pi}t$,

$$v_n \leqslant \pi\int_{\frac{1}{n}}^{\pi} \frac{\omega(f,t)_X}{(n+1)t^2}\,\mathrm{d}t \leqslant \pi\int_{\frac{1}{n}}^{\pi} \frac{\omega(f,t)_X}{nt^2}\,\mathrm{d}t.$$

合起来就证得定理. □

定理 5.16 的重要意义在于, 它告诉我们, 三角多项式在 X 中是 "稠密" 的, 也就是说,

$$\forall\,\varepsilon > 0, \forall f \in X, \exists\ \text{三角多项式}\ P,\ 使\ \|f - P\|_X < \varepsilon.$$

定义 5.6 对于 $f \in X$, 称

$$E_n(f)_X := \inf\{\|f - P\|_X\,:\,P \in \mathscr{T}_n\}$$

为 f(依 X 尺度) 的 n 阶最佳三角多项式逼近, 简称为 n 阶最佳逼近.

根据定理 5.16, $\forall f \in X$

$$\lim_{n\to\infty} E_n(f)_X = 0.$$

§5.7 涉及 Fourier 系数的定理

§5.7.1 三角函数系在 $L_{2\pi}$ 中的完全性

作为定理 5.16 的一个直接结果, 我们得到

定理 5.17 设 $f \in L_{2\pi}$. 如果 f 的一切 Fourier 系数都是零, 那么 $f = 0$. □

定理 5.17 所说的是三角函数系的一个重要性质, 叫做在 $L_{2\pi}$ 中的完全性. 它告诉我们, 如果两个函数 $f, g \in L_{2\pi}$ 具有完全相同的 Fourier 系数, 那么它们必定相同 (即几乎处处相等).

§5.7.2 $L_{2\pi}^2$ 中的 Parseval 等式

在 §5.2 中曾证明了 Bessel 不等式, 即 $\forall f \in L_{2\pi}$

$$\frac{1}{\pi} \int_{-\pi}^{\pi} f^2(x) \, \mathrm{d}x \geqslant \frac{1}{2} a_0^2(f) + \sum_{n=1}^{\infty} \left(a_n^2(f) + b_n^2(f) \right).$$

现在, 我们可以使用定理 5.16 直接证明, 对于 $L_{2\pi}^2$ 的函数此不等式实际上是等式.

在 §5.2 中, 我们曾谈到 $L_{2\pi}^2$ 中的内积, 由它产生了 $L_{2\pi}^2$ 的 "几何结构".

$L_{2\pi}^2$ 中的内积运算 (见 §5.2) 与 Euclid 空间 $\mathbb{R}^n$ 中的内积具有完全同样的算术性质, 与空间的线性结构协调, 不赘述. 只强调一下, 一个元素与自己的内积等于它的范数的平方, 即 $<f,f> = \|f\|_2^2$.

次数 (也叫阶数) 不超过 n 的三角多项式的全体 $\mathscr{T}_n$ 是 $L_{2\pi}^2$ 的 $2n+1$ 维子空间. 三角函数系 $\mathscr{T}$ 的子集合 $\left\{\dfrac{1}{2}, \cos kx, \sin kx : k = 1, \cdots, n\right\}$ 是它的一组正交基.

Fourier 部分和算子 (简称为 Fourier 算子) $S_n : L_{2\pi}^2 \longrightarrow \mathscr{T}_n$ 是 $L_{2\pi}^2$ 到 $\mathscr{T}_n$ 的投影算子. 诸如 "正交基" "投影" 之类内积空间 $\mathbb{R}^n$ 中的几何术语, 全部适用于 $L_{2\pi}^2$, 无须再加解释.

用最佳逼近的语言来说 (见定义 5.6), 定理 5.6 可写作

$$E_n(f)_2 = \|f - S_n(f)\|_2.$$

定理 5.18 (Parseval 等式)

$$\forall f \in L_{2\pi}^2, \quad \frac{1}{\pi} \int_{-\pi}^{\pi} f^2(x) \, \mathrm{d}x = \frac{1}{2} a_0^2(f) + \sum_{n=1}^{\infty} \left(a_n^2(f) + b_n^2(f) \right). \tag{P}$$

证 我们已借助 Fejér 算子证明了三角多项式在 $L_{2\pi}^2$ 中的稠密性, 从而对于每个 $f \in L_{2\pi}^2$

$$\lim_{n \to \infty} E_n(f)_2 = \lim_{n \to \infty} \|f - S_n(f)\|_2 = 0.$$

那么

$$\lim_{n \to \infty} \|S_n(f)\|_2^2 = \|f\|_2^2.$$

这就是 Parseval 等式. □

当然, 从 $\lim\limits_{n \to \infty} \|\sigma_n(f)\|_2^2 = \|f\|_2^2$ 就直接得到 Parseval 等式, 请作为习题算一算.

§5.7.3 Riesz-Fisher 定理 (在 $L_{2\pi}^2$ 中)

定理 5.19(Riesz-Fisher (费希尔)) 设 $a_n \in \mathbb{R}, b_n \in \mathbb{R}$ 满足

$$\sum_{n=1}^{\infty}(a_n^2 + b_n^2) \in \mathbb{R},$$

那么存在唯一的 $f \in L_{2\pi}^2$ 使得 $a_0(f) = 0$ 并且

$$\forall n \in \mathbb{N}_+, \quad a_n(f) = a_n, \quad b_n(f) = b_n.$$

证 定义

$$f_n(x) = \sum_{k=1}^{n}(a_n \cos kx + b_n \sin kx), \quad n \in \mathbb{N}_+.$$

那么 $\{f_n\}_{n=1}^{\infty}$ 是 $L_{2\pi}^2$ 中的基本列. 事实上, 对于 $m > n$

$$\|f_m - f_n\|_2 = \pi \left(\sum_{k=n+1}^{m}(a_k^2 + b_k^2) \right)^{\frac{1}{2}}.$$

因此, 根据 $L_{2\pi}^2$ 的完备性 (见习题 4.3 题 26), 存在 $f \in L_{2\pi}^2$ 使得

$$\lim_{n \to \infty} \|f - f_n\|_2 = 0.$$

显然, $\forall n \in \mathbb{N}_+$, 当 $m > n$ 时

$$\int_{-\pi}^{\pi}(f - f_m)(x)\cos nx\,\mathrm{d}x = a_n(f) - a_n, \quad \int_{-\pi}^{\pi}(f - f_m)(x)\sin nx\,\mathrm{d}x = b_n(f) - b_n.$$

令 $m \to \infty$ 就得到 $a_n(f) = a_n, b_n(f) = b_n, \quad n \in \mathbb{N}_+$. 同时也有

$$a_0(f) = \frac{1}{\pi}\int_{-\pi}^{\pi} f = \lim_{n \to \infty} \frac{1}{\pi}\int_{-\pi}^{\pi} f_n = 0.$$

这就完成了定理的证明. □

§5.7.4 关于 Fourier 系数的进一步的讨论

一个实数列 $c := \{c_n\}_{n=1}^{\infty}$ 满足怎样的条件时, 它是一个函数 $f \in L_{2\pi}$ 的 Fourier 系数序列?

定理 5.3 (Riemann-Lebesgue) 断定, 一个**必要条件**是, $\lim_{n \to \infty} c_n = 0$.

定理 5.2 给出了一个充分条件: 如果 $\sum_{n=1}^{\infty} |c_n| \in \mathbb{R}$, 那么数列 c 是一个连续函数的 Fourier 系数序列 (怎样安排正弦系数和余弦系数都没关系).

定理 5.19 给出了另一个充分条件: 如果 $\sum_{n=1}^{\infty} |c_n|^2 \in \mathbb{R}$, 那么数列 c 是 $L_{2\pi}^2$ 中的一个函数的 Fourier 系数序列 (怎样安排正弦系数和余弦系数都没关系).

这里我们给出 c 是一个奇函数 $f \in L_{2\pi}$ 的 Fourier 系数序列的必要条件.

定理 5.20 若 $f \in L_{2\pi}$ 的 Fourier 级数是
$$\sigma(f)(x) \sim \sum_{n=1}^{\infty} c_n \sin nx,$$
则 $\sum_{n=1}^{\infty} \dfrac{c_n}{n} \in \mathbb{R}$.

证 周知
$$\frac{\pi - x}{2} = \sum_{k=1}^{\infty} \frac{\sin kx}{k}, \quad 0 < x < 2\pi.$$

记
$$S_n(x) = \sum_{k=1}^{n} \frac{\sin kx}{k}, \quad n \in \mathbb{N}_+.$$

由于
$$S_n(x) = \int_0^x \sum_{k=1}^{n} \cos kt \, \mathrm{d}t = \int_0^x \left(D_n(t) - \frac{1}{2} \right) \mathrm{d}t,$$

所以
$$S_n(x) = \int_0^x \frac{\sin\left(n + \frac{1}{2}\right) t}{2 \sin \frac{t}{2}} \, \mathrm{d}t - \frac{x}{2}$$
$$= \int_0^x \frac{\sin\left(n + \frac{1}{2}\right) t}{t} \, \mathrm{d}t + \int_0^x \sin\left(n + \frac{1}{2}\right) t \left(\frac{1}{2 \sin \frac{t}{2}} - \frac{1}{t} \right) \mathrm{d}t - \frac{x}{2}.$$

定义
$$g(t) = \frac{1}{2 \sin \frac{t}{2}} - \frac{1}{t}, \quad \text{当 } 0 < t \leqslant \pi; \quad g(0) = 0.$$

容易验证, $g \in C^2[0,\pi]$, $g'(0) = 0$. 于是,
$$S_n(x) = \int_0^{(n+\frac{1}{2})x} \frac{\sin t}{t}\,dt - \frac{x}{2} + \int_0^x g(t)\sin\left(n+\frac{1}{2}\right)t\,dt.$$

由此可见, $\sup\{|S_n(x)| : x \in [0,\pi], n \in \mathbb{N}_+\} \in \mathbb{R}$. 于是由控制收敛定理,
$$\lim_{n\to\infty} \frac{2}{\pi}\int_0^\pi f(x)S_n(x)\,dx = \frac{2}{\pi}\int_0^\pi f(x)\frac{\pi-x}{2}\,dx.$$

即
$$\sum_{k=1}^\infty \frac{2}{\pi}\int_0^\pi f(x)\frac{\sin kx}{k}\,dx = \frac{2}{\pi}\int_0^\pi f(x)\frac{\pi-x}{2}\,dx.$$

由此得到
$$\sum_{k=1}^\infty \frac{c_k}{k} = \frac{2}{\pi}\int_0^\pi f(x)\frac{\pi-x}{2}\,dx \in \mathbb{R}. \qquad \square$$

不同的是, 对于余弦 Fourier 系数, 不存在与定理 5.20 类似的结论. 而且可以给出一个作为余弦 Fourier 系数的充分条件. 为了叙述这个条件, 介绍一些有用的名称和记号.

设 $\{\mu_n\}_{n=0}^\infty$ 是实数列. 对于 $n \in \mathbb{N}$, 记
$$\Delta\mu_n = \mu_n - \mu_{n+1}; \quad \Delta^2\mu_n = \Delta(\Delta\mu_n) = \Delta\mu_n - \Delta\mu_{n+1} = \mu_n - 2\mu_{n+1} + \mu_{n+2}.$$

称 $\Delta\mu_n$ 为一阶差, 称 $\Delta^2\mu_n$ 为二阶差, 类似地可以定义更高阶的差.

如果 $\lim_{n\to\infty}\mu_n = 0$ 并且对于一切 n
$$\mu_n > 0, \quad \Delta\mu_n \geqslant 0, \quad \Delta^2\mu_n \geqslant 0,$$

那么就说 $\{\mu_n\}_{n=1}^\infty$ 是凸数列, 或者说具有二阶凸性.

引理 5.21 如果 $\{\mu_n\}_{n=0}^\infty$ 是凸数列, 那么 $\forall k \in \mathbb{N}$
$$\sum_{n=k}^\infty (n+1-k)\Delta^2\mu_n = \mu_k.$$

证 把 $n+1-k$ 写成 $\sum_{j=k}^n 1$, 那么
$$\sum_{n=k}^\infty (n+1-k)\Delta^2\mu_n = \sum_{n=k}^\infty \sum_{j=k}^n \Delta^2\mu_n = \sum_{j=k}^\infty \sum_{n=j}^\infty \Delta^2\mu_n = \sum_{j=k}^\infty \Delta\mu_j = \mu_k. \qquad \square$$

定理 5.22 如果 $\{\mu_n\}_{n=0}^\infty$ 是凸数列, 那么
$$\frac{1}{2}\mu_0 + \sum_{n=1}^\infty \mu_n \cos nx$$
在 $(0, \pi]$ 的任何紧子集上都一致收敛, 记极限为 f, 则上述级数是 f 的余弦 Fourier 级数. 并且
$$\forall x \in (0, \pi], \quad f(x) \geqslant 0, \quad \|f\|_1 = \pi\mu_0.$$

证 用 D_n 代表 Dirichlet 核, F_n 代表 Fejér 核. 设 $x \in (0, \pi]$. 那么
$$\frac{1}{2}\mu_0 + \sum_{n=0}^\infty \mu_n \cos nx = \sum_{n=0}^\infty \Delta\mu_n D_n(x)$$
$$= \sum_{n=0}^\infty \Delta^2\mu_n (n+1) F_n(x).$$

根据 $0 \leqslant F_n(x) \leqslant \dfrac{\pi^2}{4x^2}$, 我们断定对于一切 $x \in (0, \pi]$
$$f(x) := \frac{1}{2}\mu_0 + \sum_{n=1}^\infty \mu_n \cos nx = \sum_{n=0}^\infty (n+1)\Delta^2\mu_n F_n(x)$$
是非负实数, 并且上面的级数对于一切 $\varepsilon \in (0, \pi)$ 都在 $[\varepsilon, \pi]$ 上一致收敛. 因此偶函数 $f \in C(0, \pi]$. 并且由于 $\Delta^2\mu_n(n+1)F_n(x) \geqslant 0$, 所以经逐项积分得
$$\|f\|_1 = \pi \sum_{n=0}^\infty (n+1)\Delta^2\mu_n = \pi\mu_0.$$

偶函数 f 的余弦 Fourier 系数是
$$a_k(f) = \sum_{n=0}^\infty \Delta^2\mu_n(n+1)a_k(F_n), \quad k \in \mathbb{N}.$$

注意到
$$a_k(F_n) = \begin{cases} 0, & \text{当 } k > n, \\ 1 - \dfrac{k}{n+1}, & \text{当 } k \leqslant n, \end{cases}$$

并用引理 5.21 就得到
$$a_k(f) = \sum_{n=k}^\infty (n+1-k)\Delta^2\mu_n = \mu_k, \quad k \in \mathbb{N}.$$

定理证毕.

例 5.6 设 $\alpha > 0$. 级数
$$\sum_{n=3}^{\infty} \log^{-\alpha} n \cos nx$$
是 Fourier 级数. 并且和函数 $f_\alpha \in C(0,\pi]$.

证 取 $\mu_k = \left(\dfrac{4}{k+1}\right)^2 \log^{-\alpha} 3$, $k = 0, 1, 2$, 及 $\mu_k = \log^{-\alpha} k$, $k \geqslant 3$. 那么
$$f_\alpha(x) = \frac{\mu_0}{2} + \sum_{k=0}^{\infty} \mu_k \cos kx - T_2(x),$$
其中
$$T_2(x) = \frac{\mu_0}{2} + \mu_1 \cos x + \mu_2 \cos 2x.$$
注意 $\{\mu_k\}_{k=0}^{\infty}$ 是凸数列, 使用定理 5.22, 就完成了证明.

在结束 §5 时, 与 §4 末尾关于幂级数所做的说明对照, 关于 Fourie 级数也说明两点:

(A) 任何可积函数都对应有唯一的一个 Fourier 级数, 它不一定收敛, 但是它提供了对函数用三角多项式进行逼近的有效工具. 例如 Fejér 平均就具有良好的逼近性质.

(B) Fourier 级数即使绝对收敛, 也不见得可逐项求导.

习题 8.5

1. 设 $f \in L_{2\pi}$. 证明: 对于一切 $a \in \mathbb{R}$,
$$\int_{(a, a+2\pi)} f = \int_{(0, 2\pi)} f.$$

2. 使用第四章定理 3.8 证明: $C_{2\pi}^{\infty}$ 在 $L_{2\pi}^p$ ($1 \leqslant p < \infty$) 中稠密.

3. 设 f 是以 2π 为周期的奇函数, 并且 $\forall x \in [0, \pi], f(x) = x(\pi - x)$.
   (1) 画 f 的图像;
   (2) 写出 f 的 Fourier 级数, 并证明它一致收敛.

4. 在区间 $[-\pi, \pi]$ 上定义函数
$$f(x) = \begin{cases} 0, & \text{当 } |x| > \delta, \\ 1 - \dfrac{|x|}{\delta}, & \text{当 } |x| \leqslant \delta, \end{cases} \quad 0 < \delta < 1.$$

画 f 的图像, 并证明:
$$f(x) = \frac{\delta}{2\pi} + 2\sum_{k=1}^{\infty} \frac{1-\cos k\delta}{k^2\pi\delta} \cos kx.$$

5. 设 f 是 $[-\pi, \pi]$ 上的函数, 定义为 $f(x) = |x|$.
   (1) 画 f 的图像;
   (2) 写出 f 的 Fourier 级数, 并证明它一致收敛;
   (3) 利用 (2) 证明:
   $$\sum_{k=1}^{\infty} \frac{1}{(2k-1)^2} = \frac{\pi^2}{8}, \quad \sum_{k=1}^{\infty} \frac{1}{k^2} = \frac{\pi^2}{6}.$$

6. 设 $a_k, b_k \in \mathbb{R}$, $k \in \mathbb{N}_+$, 又设正整数 $m < n$. 记 $B_0 = 0$, $B_k = \sum_{j=1}^{k} b_j$. 证明: Abel 求和公式
$$\sum_{k=m}^{n} a_k b_k = a_n B_n - a_m B_{m-1} + \sum_{k=m}^{n-1} (a_k - a_{k+1}) B_k.$$

7. 设 f 是以 2π 为周期的 C^k 类函数 ($k \in \mathbb{N}_+$). 证明: 存在常数 $M(f)$, 使得
$$|a_n(f)| + |b_n(f)| \leqslant M(f) n^{-k}, \quad n \in \mathbb{N}_+.$$

8. 设 $f, f_k \in L_{2\pi}$. 证明: 如果 $\lim_{k\to\infty} \|f - f_k\|_1 = 0$, 那么
$$\lim_{k\to\infty} \sup\{|a_n(f_k) - a_n(f)| + |b_n(f_k) - b_n(f)| : n \in \mathbb{N}_+\} = 0.$$

9. 设 $n \in \mathbb{N}_+$. 证明:
$$\forall x \in (0, \pi), \quad \sum_{k=1}^{n} \frac{\sin kx}{k} > 0.$$

提示: 用归纳法, 并用反证法. 参阅文献 "A.Zygmund, Trigonometric Series, Third Ed. 机械工业出版社, 2004," (下面用 [Z] 代表此文献) 中的 Chapter II, (9.4) Theorem.

10. 设 f 如例 5.1, 它的 Fourier 和为
$$S_n(x) := \sum_{k=1}^{n} \frac{\sin kx}{k}, \quad n \in \mathbb{N}_+.$$

请借助计算机绘出当 $n = 10, 20, 30$ 时, S_n 在 $[0, \pi]$ 上的图像.

11. (接上题) 定义
$$M_n := \max\{S_n(x) : x \in [0, \pi]\}, \quad n \in \mathbb{N}_+.$$

证明: $M_n = S_n\left(\frac{\pi}{n+1}\right)$, 并且
$$\lim_{n\to\infty} M_n = \int_0^{\pi} \frac{\sin t}{t} \, dt.$$

12. 用 sign 代表符号函数, 即

$$\operatorname{sign}(x) = \begin{cases} 1, & \text{当 } x > 0, \\ 0, & \text{当 } x = 0, \\ -1, & \text{当 } x < 0. \end{cases}$$

写出下列函数的 Fourier 级数:
(1) $f(x) = \operatorname{sign} \sin x$; (2) $f(x) = \operatorname{sign} \cos x$;
(3) $f(x) = \dfrac{x}{2\pi} - \left[\dfrac{x}{2\pi}\right]$ ($[y]$ 表示不超过 y 的最大整数);
(4) $f(x) = |\sin x|$.

13. 设 $f \in L_{2\pi}$, $a_0(f) = 0$. 设 F 是 f 的一个原函数. 证明: F 以 2π 为周期, 且

$$\forall n \in \mathbb{N}_+, \quad a_n(F) = -\frac{1}{n}b_n(f), \quad b_n(F) = \frac{1}{n}a_n(f).$$

14. 设 f 如例 5.1, $F \in C_{2\pi}$, 且 $\forall x \in (0, 2\pi)$, $F'(x) = f(x)$. 利用 $\sigma(F)$ 证明:

$$\sum_{n=1}^{\infty} \frac{1}{n^2} = \frac{\pi^2}{6}.$$

15. 设 $f \in L_{2\pi}$, $f(x) = x^2$, 当 $0 \leqslant |x| \leqslant \pi$. 写出 f 的 Fourier 级数, 并利用它证明:

$$\sum_{n=1}^{\infty} (-1)^{n-1} \frac{1}{n^2} = \frac{\pi^2}{12}.$$

16. 证明:

$$\lim_{n \to \infty} \int_0^1 \frac{\sin^2 nx}{1+x^2} \mathrm{d}x = \frac{\pi}{8}.$$

17. 证明: 当 $0 \leqslant x \leqslant 2\pi$ 时

$$\sum_{n=1}^{\infty} \frac{\sin nx}{n^3} = \frac{x^3 - 3\pi x^2 + 2\pi^2 x}{12}.$$

并借此求

$$\sum_{n=1}^{\infty} \frac{1}{n^4}.$$

18. 证明: 当 $0 \leqslant x \leqslant \pi$ 时

$$\sum_{n=0}^{\infty} \frac{\sin(2n+1)x}{(2n+1)^3} = \frac{\pi^2 x - \pi x^2}{8}.$$

并借此求

$$\sum_{n=0}^{\infty} \frac{1}{(2n+1)^4}.$$

19. 证明: 当 $0 < x < \pi$ 时
$$\sum_{n=0}^{\infty} \frac{\sin(2n+1)x}{2n+1} = \frac{\pi}{4}.$$

20. 证明定理 5.17.

21. 设 $f \in L_{2\pi}$, $k \in \mathbb{N}$. 证明: 当 $m \geqslant k$ 时
$$a_k(\sigma_m(f)) = \left(1 - \frac{k}{m+1}\right) a_k(f), \quad b_k(\sigma_m(f)) = \left(1 - \frac{k}{m+1}\right) b_k(f).$$

22. **Riemann-Lebesgue 定理的一般形式**: 设 E 是 $\mathbb{R}$ 中的可测集, $f \in L(E)$. 那么,
$$\lim_{y \to \infty} \left(\left| \int_E f(x) \sin yx \, dx \right| + \left| \int_E f(x) \cos yx \, dx \right| \right) = 0.$$

23. 设 E 是 $\mathbb{R}$ 中的可测集, 并设 $\{\xi_n\}_{n=1}^{\infty}$ 是任意的实数列. 证明:
$$\lim_{n \to \infty} \int_E \cos^2(nx + \xi_n) \, dx = \frac{1}{2}|E|.$$

参阅 [Z], Chapter II, (4.5) Theorem.

24. 证明: 函数 $\mathrm{Si}(x) := \int_0^x \frac{\sin t}{t} dt \ (0 \leqslant x < \infty)$ 的最大值是 $\mathrm{Si}(\pi) = 1.85193705\cdots$ (用 Maple 计算).

25. 设 $S_m(x) = \sum_{k=1}^{m} \frac{\sin kx}{k}$ (见题 10). 证明:
$$\lim_{\delta \to 0+, \, n \to \infty} \sup\{S_m(x) : 0 \leqslant x \leqslant \delta, m \geqslant n\} = \mathrm{Si}(\pi) > \lim_{x \to 0+} \left(\lim_{m \to \infty} S_m(x) \right) = \frac{\pi}{2}.$$

此式表现的 Fourier 级数在函数的间断点处的收敛性状, 叫做 Gibbs (吉布斯) 现象 (参阅 [Z], Chapter II §9).

26. 用 X 代表 Banach 空间 $C_{2\pi}$ 或 $L_{2\pi}^p$, $1 \leqslant p < \infty$. 设 $f \in X$, $n > 3$. 证明:
$$\int_{\frac{1}{n}}^{\pi} \frac{\omega(f,t)_X}{nt^2} dt \leqslant C\omega\left(f, \frac{\log n}{n}\right)_X \quad (C \text{ 代表与 } n \text{ 无关的常数}).$$

27. 从 $\lim_{n \to \infty} \|\sigma_n(f)\|_2^2 = \|f\|_2^2$ 直接推出 Parseval 等式.

28. 设 $f \in C_{2\pi}$, $\bigcap \mathrm{Lip}_\alpha$, $0 < \alpha \leqslant 1$. 证明: 若 $\omega(f;t) = O(t^\alpha) \ (t \to 0+)$, 则 f 的 Fourier 系数满足
$$a_n(f) = O(n^{-\alpha}), \quad b_n(f) = O(n^{-\alpha}).$$

29. 设 f 是以 2π 为周期的函数, 并且当 $0 < x < 2\pi$ 时, $f(x) = x^k$. 分别写出当 $k = 1, 2, 3$ 时 f 的 Fourier 级数.

30. 设 $f \in L_{2\pi}^2$. 证明 $f * f$ 的 Fourier 级数一致收敛.

31. 求 $f(x) = |\sin x|$ 的 Fourier 级数.

32. 设 $f \in L_{2\pi}$. 对于 $h > 0$ 定义 $f_h(x) := \dfrac{1}{2h}\displaystyle\int_{x-h}^{x+h} f(t)\,\mathrm{d}t$. 请用 f 的 Fourier 系数来表示 f_h 的 Fourier 系数.

33. 设 $f \in L(a,b)$ $(-\infty < a < b < \infty)$. 证明:
$$\lim_{n\to\infty}\int_a^b f(x)|\sin nx|\,\mathrm{d}x = \frac{2}{\pi}\int_a^b f(x)\,\mathrm{d}x.$$

提示: 利用 $|\sin nx|$ 的 Fourier 展开.

34. 设 $\alpha > 0$. 证明:
$$f_\alpha(x) := \sum_{n=3}^{\infty}\log^{-\alpha} n \cos nx = O\left(\frac{1}{|x|\log^{\alpha+1}\frac{1}{|x|}}\right),\quad |x|\to 0+.$$

§6 (选读) 用代数多项式一致逼近连续函数

在有界的闭区间上, 用代数多项式来近似连续函数是具有重要的实际意义和理论意义的. 我们在 §4 末尾的说明 (A) 中已指出, 一般的连续函数如果不属于 C^∞ 类, 就不能展开成幂级数. 但是这并不表示它不能用代数多项式近似 (逼近). 我们现在来讨论这个问题.

设 $[a,b]$ 是一个有界的闭区间. 我们可以经过自变量的可逆线性变换 $\phi_1 : [-1,1] \longrightarrow [a,b]$ 把定义在有限区间 $[a,b]$ 上的连续函数转化成定义在区间 $[-1,1]$ 上的连续函数. 详细地说, 令
$$\phi_1(y) = \frac{1}{2}(y+1)(b-a) + a,\quad y \in [-1,1].$$

定义
$$g(y) = f(\phi_1(y)),\quad y \in [-1,1].$$

那么, $g \in C[-1,1]$. 然后, 自变量的可逆变换 $\phi_2 : [0,\pi] \longrightarrow [-1,1]$, $\phi_2(\theta) = \cos\theta$ 又把函数转变成定义在 $[0,\pi]$ 上的连续函数. 也就是说, 定义
$$h(\theta) = g(\phi_2(\theta)) = f(\phi_1(\phi_2(\theta))),\quad \theta \in [0,\pi].$$

那么, $h \in C[0,\pi]$. 我们把这个函数做偶的周期 2π 的延拓, 即定义
$$F(\theta) = \begin{cases} h(\theta), & \text{当 } 0 \leqslant \theta \leqslant \pi, \\ h(-\theta), & \text{当 } -\pi \leqslant \theta < 0, \\ F(\theta + 2\pi), & \text{当 } \theta \in \mathbb{R}. \end{cases}$$

那么, $F \in C_{2\pi}$. 根据定理 5.16, 它可被余弦多项式一致逼近到任意精确程度 (偶函数的 Fejér 和是余弦多项式). 也就是说, 对于任给的 $\varepsilon > 0$, 存在余弦三角多项式 T, 使得

$$\|F - T\|_c := \sup\{|F(\theta) - T(\theta)| : \theta \in \mathbb{R}\} < \varepsilon.$$

然后, 再经上述变换的逆变换 $\phi_2^{-1} \circ \phi_1^{-1}$, 从区间 $[0, \pi]$ 回到区间 $[a, b]$. 也就是说, 令

$$\theta = \phi_2^{-1} \circ \phi_1^{-1}(x) = \arccos\left(\frac{2(x-a)}{b-a} - 1\right), \ a \leqslant x \leqslant b,$$

那么,

$$\sup\{|f(x) - T(\phi_2^{-1} \circ \phi_1^{-1}(x))| : x \in [a, b]\} < \varepsilon.$$

注意, 余弦多项式 T 与 ϕ_2^{-1} 的复合 $T \circ \phi_2^{-1}$ 变成代数多项式 (并保持阶数相同). 那么, $T(\arccos y)$ 是自变量 y 的代数多项式. 从而, $T(\phi_2^{-1} \circ \phi_1^{-1}(x))$ 是自变量 x 的代数多项式. 这样我们就证明了下述定理.

定理 6.1 设 $f \in C[a, b]$ $(-\infty < a < b < \infty)$. $\forall \varepsilon > 0, \exists$ 代数多项式 P, 使得

$$\|f - P\|_{C[a, b]} < \varepsilon.$$

这就是著名的 Weierstrass 定理, 它是函数逼近论发展史上的一个十分重要的结果.

这个定理除了可用上面叙述的使用 Fourier 级数的结果证明以外, 还有许多种不同的证明方法. 现在我们给出一种直接的证明. 它是通过引入著名的 Bernstein (伯恩斯坦) 多项式给出的. 通过这个证明, 我们将进一步介绍线性正算子的概念, 介绍更近代的重要思想.

经自变量的变换 $x = (b-a)t + a$, 可把问题转换到区间 $[0, 1]$. 以下设 $[a, b] = [0, 1]$, 并将范数 $\|\cdot\|_{C[0,1]}$ 简记为 $\|\cdot\|_c$.

定义 6.1 对于 $f \in C[0, 1]$, $n \in \mathbb{N}_+$, 令

$$B_n(f)(x) = \sum_{k=0}^{n} f\left(\frac{k}{n}\right) C_n^k x^k (1-x)^{n-k}.$$

称 $B_n(f)$ 为 f 的 n 阶 Bernstein 多项式.

定理 6.2 $\forall f \in C[0, 1]$

$$\lim_{n \to \infty} \|f - B_n(f)\|_c = 0.$$

显然, 定理 6.2 蕴涵定理 6.1.

为证定理 6.2, 先证两个引理.

引理 6.3 设 $n \in \mathbb{N}_+$. 那么, $\forall x \in \mathbb{R}$

$$\sum_{k=0}^{n} \frac{k}{n} C_n^k x^k (1-x)^{n-k} = x.$$

证 我们有

$$\sum_{k=0}^{n} \frac{k}{n} C_n^k x^k (1-x)^{n-k} = \sum_{k=1}^{n} C_{n-1}^{k-1} x^k (1-x)^{n-k}$$

$$= x \sum_{k=1}^{n-1} C_{n-1}^k x^k (1-x)^{n-1-k} = x.$$

推导中我们只是使用了等式 $C_n^k = \dfrac{n!}{k!(n-k)!} = \dfrac{n}{k} C_{n-1}^{k-1}$ 而已. □

引理 6.4 设 $n \in \mathbb{N}_+$. 那么, $\forall x \in \mathbb{R}$

$$\sum_{k=0}^{n} \left(\frac{k}{n}\right)^2 C_n^k x^k (1-x)^{n-k} = \frac{n-1}{n} x^2 + \frac{1}{n} x.$$

证 当 $n = 1$ 时, 等式显然成立. 以下设 $n \geqslant 2$.
我们有

$$\sum_{k=0}^{n} \left(\frac{k}{n}\right)^2 C_n^k x^k (1-x)^{n-k} = \sum_{k=1}^{n} \left(\frac{k}{n}\right) C_{n-1}^{k-1} x^k (1-x)^{n-k}$$

$$= \sum_{j=0}^{n-1} \frac{j+1}{n} C_{n-1}^j x^{j+1} (1-x)^{n-1-j}$$

$$= \frac{n-1}{n} x \sum_{k=0}^{n-2} \left(\frac{j+1}{n-1}\right) C_{n-1}^j x^{j+1} (1-x)^{n-1-j}$$

$$= \frac{n-1}{n} x \left(x + \frac{1}{n-1}\right) = \frac{n-1}{n} x^2 + \frac{1}{n} x.$$

其中, 推导最后的等式时使用了引理 6.3. □

定理 6.2 的证明

设 $f \in C[0,1]$. 我们知道, $\forall \varepsilon > 0$, $\exists \delta > 0$, 使得只要 $x', x'' \in [0,1]$ 且 $|x' - x''| < \delta$, 就有

$$|f(x') - f(x'')| < \varepsilon.$$

对于任意的 $k, n \in \mathbb{N}_+, 0 \leqslant k \leqslant n$ 和任意的 $x \in [0,1]$,

当 $\left|\dfrac{k}{n} - x\right| < \delta$ 时, $\left|f\left(\dfrac{k}{n}\right) - f(x)\right| < \varepsilon$,

当 $\left|\dfrac{k}{n} - x\right| \geqslant \delta$ 时, $\left|f\left(\dfrac{k}{n}\right) - f(x)\right| \leqslant 2\|f\|_c \delta^{-2} \left(\dfrac{k}{n} - x\right)^2$.

于是
$$\left|f\left(\dfrac{k}{n}\right) - f(x)\right| \leqslant \varepsilon + 2\|f\|_c \delta^{-2} \left(\dfrac{k}{n} - x\right)^2.$$

那么, $\forall x \in [0,1]$
$$B_n(f)(x) - f(x) = \sum_{k=0}^{n} \left(f\left(\dfrac{k}{n}\right) - f(x)\right) \mathrm{C}_n^k x^k (1-x)^{n-k},$$

$$|B_n(f)(x) - f(x)| \leqslant \sum_{k=0}^{n} \left|f\left(\dfrac{k}{n}\right) - f(x)\right| \mathrm{C}_n^k x^k (1-x)^{n-k}$$

$$\leqslant \sum_{k=0}^{n} \left(\varepsilon + 2\|f\|_c \delta^{-2} \left(\dfrac{k}{n} - x\right)^2\right) \mathrm{C}_n^k x^k (1-x)^{n-k}$$

$$\leqslant \varepsilon + 2\|f\|_c \delta^{-2} \sum_{k=0}^{n} \left(\dfrac{k}{n} - x\right)^2 \mathrm{C}_n^k x^k (1-x)^{n-k}.$$

根据引理 6.3 和引理 6.4

$$\sum_{k=0}^{n} \left(\dfrac{k}{n} - x\right)^2 \mathrm{C}_n^k x^k (1-x)^{n-k} = \dfrac{n-1}{n} x^2 + \dfrac{1}{n} x - 2x^2 + x^2$$

$$= \dfrac{1}{n} x(1-x) \leqslant \dfrac{1}{4n}.$$

于是我们得到
$$\|B_n(f) - f\|_c \leqslant \varepsilon + \dfrac{1}{2n\delta^2} \|f\|_c.$$

那么
$$\limsup_{n \to \infty} \|B_n(f) - f\|_c \leqslant \varepsilon.$$

由 ε 的任意性知
$$\lim_{n \to \infty} \|B_n(f) - f\|_c = 0. \qquad \square$$

总结与推广

我们把从 $C[0,1]$ 的元素 f 到 $C[0,1]$ 的元素 $B_n(f)$ 的映射记做 B_n, 叫做 Bernstein 算子. 我们来分析一下这个算子的重要性质.

定义函数 $f_0 = 1$, $f_1(x) = x$, $f_2(x) = x^2$. 从定理 6.2 的证明看到, 我们用到了 Bernstein 算子的下述性质:

(i) 当 $f \geqslant 0$ 时, $B_n(f) \geqslant 0$;

(ii) $\forall \alpha, \beta \in \mathbb{R}$, $f, g \in C[0,1]$, $\quad B_n(\alpha f + \beta g) = \alpha B_n(f) + \beta B_n(g)$;

(iii) $\lim\limits_{n \to \infty} \|B_n(f_j) - f_j\|_c = 0$, $\quad j = 0, 1, 2$.

是否条件 (iii) 是本质的? 也就是说, 是否它对于定理 6.2 的结论之成立不仅是必要的, 同时也是充分的? 现在我们来做肯定的回答.

设 T_n 是从 $C[0,1]$ 到 $C[0,1]$ 的映射. 如果 T_n 满足条件 (i), 就称它为正算子. 如果 T_n 满足条件 (ii), 就称它为线性算子. 如果 T_n 同时满足条件 (i) 和 (ii), 就称它为线性正算子. 我们看到, Bernstein 算子是线性正算子.

由 T_n 的线性和正性推出, 当 $f \leqslant g$ 时 $T_n(f) \leqslant T_n(g)$.

定理 6.5 设 T_n 是从 $C[0,1]$ 上的线性正算子. 如果 T_n 满足条件 (iii), 那么
$$\forall f \in C[0,1], \quad \lim_{n \to \infty} \|T_n(f) - f\|_c = 0.$$

证 设 $\omega(f, \delta)$ ($\delta > 0$) 是 f 的连续模, 即
$$\omega(f, \delta) := \sup\{|f(x) - f(y)| : \quad x, y \in [0,1], |x - y| < \delta\}.$$

令
$$r_n = \frac{1}{n} + \sum_{j=0}^{2} \|T_n(f_j) - f_j\|_c, \qquad n \in \mathbb{N}_+.$$

那么 $r_n > 0$. 且根据条件 (iii)
$$\lim_{n \to \infty} r_n = 0.$$

任意取定 $x \in [0,1]$, 并定义常值函数 $g_x(t) = f(x)$, $t \in [0,1]$. 那么, $\forall y \in [0,1]$

$$f(y) - T_n(f)(y) = f(y) - g_x(y) + g_x(y) - T_n(g_x)(y) + T_n(g_x)(y) - T_n(f)(y),$$
$$|f(y) - T_n(f)(y)| \leqslant |f(y) - g_x(y)| + |g_x(y) - T_n(g_x)(y)| + |T_n(g_x)(y) - T_n(f)(y)|.$$

(6.1)

由 r_n 的定义及 T_n 的线性性质 (见条件 (ii)) 知,
$$|g_x(y) - T_n(g_x)(y)| \leqslant |f(x)| r_n. \tag{6.2}$$

而由 T_n 的线性性质 (见条件 (ii)) 知
$$T_n(g_x)(y) - T_n(f)(y) = T_n(g_x - f)(y). \tag{6.3}$$

将 (6.2),(6.3) 代入 (6.1) 得

$$|f(y) - T_n(f)(y)| \leqslant |f(y) - g_x(y)| + |f(x)|r_n + |T_n(g_x - f)(y)|. \tag{6.4}$$

对于任意的 $t \in [0,1]$, 当 $|x - t| \leqslant r_n^{\frac{1}{4}}$ 时,

$$|g_x(t) - f(t)| \leqslant \omega(f, r_n^{\frac{1}{4}});$$

而当 $|x - t| > r_n^{\frac{1}{4}}$ 时,

$$|g_x(t) - f(t)| \leqslant 2\|f\|_c r_n^{-\frac{1}{2}}(x - t)^2.$$

合起来, 我们有

$$|g_x(t) - f(t)| \leqslant \omega(f, r_n^{\frac{1}{4}}) + 2\|f\|_c r_n^{-\frac{1}{2}}(x - t)^2.$$

记 $h(t) = (x - t)^2$, $t \in [0, 1]$. 于是, 根据 T_n 的正性 (见条件 (i)) 及线性性质, 我们得到

$$\begin{aligned}|T_n(g_x - f)(y)| &\leqslant T_n(|g_x - f|)(y) \\ &\leqslant \omega(f, r_n^{\frac{1}{4}})(1 + r_n) + 2\|f\|_c r_n^{-\frac{1}{2}} T_n(h)(y).\end{aligned} \tag{6.5}$$

我们有

$$\forall t \in [0, 1], \quad h(t) = x^2 f_0(t) - 2x f_1(t) + f_2(t).$$

于是, 再使用 T_n 的线性性质, 得

$$\begin{aligned}T_n(h)(y) &= x^2 T_n(f_0)(y) - 2x T_n(f_1)(y) + T_n(f_2)(y) \\ &= x^2\big(T_n(f_0)(y) - f_0(y)\big) - 2x\big(T_n(f_1)(y) - f_1(y)\big) + \\ &\quad \big(T_n(f_2)(y) - f_2(y)\big) + x^2 f_0(y) - 2x f_1(y) + f_2(y).\end{aligned}$$

由此, 从 r_n 的定义知

$$T_n(h)(y) \leqslant 4r_n + |x^2 f_0(y) - 2x f_1(y) + f_2(y)|.$$

特别地,

$$T_n(h)(x) \leqslant 4r_n. \tag{6.6}$$

在 (6.5) 中代入 $y = x$ 并代入 (6.6) 得

$$|T_n(g_x - f)(x)| \leqslant \omega(f, r_n^{\frac{1}{4}})(1 + r_n) + 8\|f\|_c r_n^{\frac{1}{2}}. \tag{6.7}$$

在 (6.4) 中代入 $y = x$ 并代入 (6.7) 得

$$|f(x) - T_n(f)(x)| \leqslant |f(x)|r_n + \omega(f, r_n^{\frac{1}{4}})(1+r_n) + 8\|f\|_c r_n^{\frac{1}{2}}. \tag{6.8}$$

从而

$$\|f - T_n(f)\|_c \leqslant \|f\|_c r_n + \omega(f, r_n^{\frac{1}{4}})(1+r_n) + 8\|f\|_c r_n^{\frac{1}{2}}.$$

于是证得

$$\lim_{n \to \infty} \|f - T_n(f)\|_c = 0. \qquad \square$$

定理 6.5 告诉我们, 对于线性正算子来说, 在三个函数 f_0, f_1, f_2 上的逼近性质 (iii) 决定了它在一切连续函数上的同样的逼近性质. 这是线性正算子的一个很好的性质.

最后, 我们指出, Bernstein 算子的值域是代数多项式类. §5.6 中介绍的 Fejér 和, 作为 $C_{2\pi}$ 到 $C_{2\pi}$ 的映射, 也是线性正算子, 它的值域是三角多项式类.

习题 8.6

1. 设 $f \in C[a,b]$ $(-\infty < a < b < \infty)$. 证明: 若

$$\forall n \in \mathbb{N}_+, \quad \int_a^b f(x) x^n \, \mathrm{d}x = 0,$$

则 $f = 0$.

2. 设 $u_k \in C[a,b]$, $u_k \geqslant u_{k+1} \geqslant 0$, $k \in \mathbb{N}_+$. 证明: 若

$$\forall x \in [a,b], \quad \lim_{k \to \infty} u_k(x) = 0,$$

则 $\sum_{k=1}^{\infty} (-1)^k u_k(x)$ 在 $[a,b]$ 上一致收敛.

3. 设 $f(x) = |x|$, $-1 \leqslant x \leqslant 1$, $2n$ 阶多项式

$$P_{2n}(x) = \sum_{k=0}^{n} \binom{\frac{1}{2}}{k} (x^2 - 1)^k.$$

其中 $\binom{\alpha}{k}$ 的定义见本章例 4.6. 证明:

$$\lim_{n \to \infty} \|f - P_{2n}\|_{C[-1,1]} = 0.$$

4. 设
$$f(x) = \begin{cases} a(x-y) + c, & x < y, \\ b(x-y) + c, & x \geqslant y, \end{cases} \quad g(x) = \frac{b-a}{2}|x-y|.$$

证明: $f - g$ 是一次多项式.

5. 证明：有界闭区间上的连续函数可用折线函数一致逼近. (图像为折线的函数叫做折线函数.)

6. 使用题 3、4、5 的结果, 给出 Weierstrass 定理的一个证明.

7. 设 $f(x) = e^x$. 请根据 Bernstein 多项式 $B_n(f)$ $(n \in \mathbb{N}_+)$ 的定义直接估计

$$\|f - B_n(f)\|_{C[0,1]}.$$

8. 设 $f \in C(\mathbb{R})$. 证明: 若 $\forall x \in \mathbb{R}$, $m \leqslant f(x) \leqslant M$, 则

$$\forall x \in [0,1], \quad m \leqslant B_n(f)(x) \leqslant M.$$

9. 使用定理 5.16 及等式

$$\cos x = \sum_{k=0}^{\infty} \frac{(-1)^k}{(2k)!} x^{2k} \text{ (在每个有界区间上都一致收敛)}$$

证明 Weierstrass 定理: 设 $f \in C[0,\pi]$, $\mathscr{P}[0,\pi]$ 代表代数多项式在 $[0,\pi]$ 上的限制 (即定义域限制在 $[0,\pi]$ 上的函数) 的全体. 那么, 对于任意的 $\varepsilon > 0$ 存在多项式 $P \in P[0,\pi]$, 使得

$$\|f - P\|_{C[0,\pi]} < \varepsilon.$$

索　引

Si, 259
$j(f)(x)$, 248
2 维曲面上的测度, 336
$B(x;r)$, 72
$C(D)$, 83
$C(E)$, 89
C^1 类 k 维流形, 341
C^1 类曲线, 354
C^1 类曲线, 318
$C^k(D)$, 116
$C^{+\infty}(I)$, 128
$C_c(\mathbb{R}^n)$, 205
$J(T)$, 136
L (或平均) 连续模, 306
$L(E)$, 209
L^p-收敛, 459
$L^p(\mathbb{R}^n)(1 \leqslant p < \infty)$ 空间, 217
$L^p(\mathbb{R}^n)(1 \leqslant p < 1)$ 空间的完备性, 244
$R(D)$, 246
$T'(x^0)$, 136
$\mathbb{R}$, 19
Δ, 407
$\aleph_0$, 阿列夫-零, 53
$\aleph_1$, 53
χ_E, 195
$\sum_{k=1}^{\infty}$, 25
$\exists$, 26
$\forall$, 24
inf, 42
lim inf, 44
lim sup, 44
μ 次单项式, 124

∇, 111, 363
$\omega(F;t)$, 152
$\omega(f;\delta)_L$, 306
$\overline{B}(x;r)$, 73
$\overline{E}$, 闭包, 74
$\overline{\mathbb{R}}$, 179
a.e., 199
det, 154
div (divergence), 406
supp, 205
σ 次加性, 181
σ 代数, 187
σ 加性, 185
sup, 42
$\varnothing$, 42
φ-和, 426
$d(A,B)$, 71
$d(\{x\},A)$, 82
$d(f,g)$, 89
$d(x,y)$, 71
k 维测度, 314
m 级方块, m 级网, 75
n 维球面, 170
p 次平均范数, 458
p 次平均收敛, 459
$-\infty$, 4
$\mathbb{R}^n$, 69
$\mathbb{N}$, 1
$\mathbb{N}_+$, 2
$\mathbb{Z}$, 2
∞, 4
(广义) 极坐标变换, 265, 268
$\|A\|$, 137

"p 次平均范数", 458
"一致范数", 458
Cauchy
    Cauchy 定理, 104
    Cauchy 判别法, 422
    Cauchy 准则, 25
Euler
    Euler 常数, 305, 421
    Euler 公式, 446
    Euler 积分, 299
Лузин, Николай Николаевич
    俄国人 (1883—1950), 201
Егоров, Дмитрии Федорович
    俄国人(1869—1931), 199
Урысон, Павел Самыилович
    俄国人(1898—1924), 203
不等式
    Hölder 不等式, 215
    Minkowski 不等式, 216
有界
    数列 f 有界, 7
余项
    Lagrange 型 Taylor 余项, 451
    Lagrange 型的余项, 125
Dini 定理, 90
Taylor 余项, 450
Taylor 余项的积分表示, 450
2 维测度, 334
2 维平面, 332

Abel 判别法, 424
Abel 求和公式, 484
Abel, Niels Henrik
    挪威人(1802—1829), 243
Abel 变换, 243, 424

Banach 空间, 458
Banach 空间, 470

Bernstein Бернштейн, Сергей Натанович 乌克兰人
    (1880—1968), 488
Bernstein 多项式, 488
Bernstein 算子, 490
Bessel 不等式, 460
Bessel, Friedrich Wilhelm
    德国人 (1784—1846), 460
Beta 函数, 299
Borel, Emile
    法国人 (1871—1956), 187
Borel 代数, 187
Borel 集, 187
Brouwer 不动点定理, 374, 394

Cantor, Georg
    德国人 (1845—1918), i
Carathéodory, Constantin
    德国人 (1873—1950), 185
card A, 53
Cauchy, Augustin Louis
    法国人 (1789—1857), 6
Cauchy-Hadamard 定理, 446
curl, 413

d'Alembert, Jean le Rond
    法国人 (1717—1783), 421
de Moivre, Abraham
    法国人 (1667—1754), 446
Dini, Ulisse
    意大利人 (1845—1918), 90
Dini 定理, 294
Dini 判别法, 463
Dirichelet 函数, 209, 249
Dirichlet 判别法, 423
Dirichlet, Peter Gustav Lejeune
    德国人 (1805—1859), 94

Euclid 范数, 344
Euclid 希腊人 (约公元前 330—前 275), 69
Euclid 距离, 145
Euler, Leonhard
  瑞士人 (1707—1783), 298

Fatou, Pierre
  法国人 (1878—1929), 220
Fejér, Leopolt
  匈牙利人 (1880—1959), 474
Fejér 核, 476
Fejér 和, 474
Fermat, Pierre de
  法国人 (1601—1665), 119
Fourier 级数, 459
Fourier, Jean Baphiste Joeph
  法国人 (1768—1830), 456
Fourier 系数, 459
Fourier 展开, 456
Fubini, Guido
  意大利或美国人(1879—1943), 227
Fubini 定理, 267

Gamma 函数, 299
Gauss, 305
Gauss 公式, 305
Gauss, Carl Friedlich
  德国人 (1777—1855), 305
Gauss
    Gauss 公式, 389
$\mathrm{grad}(f)$, 353
Green, George
  英国人(1793—1841), 368

Hölder, Otto Ludwig
  德国人 (1859—1937), 215
Hadamard, Jacques
  法国人 (1865—1963), 446

Heine, Heinrich Eduard
  德国人 (1821—1881), 278
Hesse, Ludwig Otto
  德国人 (1811—1874), 127
Hesse 矩阵, 127

Jacobi, Carl Gustav Jacob
  德国人 (1804—1851), 111
Jacobi 矩阵, 111
Jacobi 式, 136

Kepler 方程, 152
k 维平面, 342

L'Hospital, Guillaume F.A.
  法国人 (1661—1704), 106
L'Hospital 法则, 106
Lagrange, Joseph Louis
  法国人 (1736—1813), 103
Lagrange 乘子法, 158
Lagrange 定理, 103
Lagrange 函数, 160
Lagrange 型余项, 123
Laplace 算子, 404
Laplace, Pierre Simon
  法国人 (1749—1827), 407
Laplace 算子, 407
Lebesgue, Henri Leon
  法国人 (1875—1941), 179
Lebesgue 常数, 471
Legendre, Adrien Marie
  法国人 (1752—1833), 119
Leibniz, Gottfried Wilhelm
  德国人 (1646—1716), 253
Leibniz, Gottfried Wilhelm
  德国人 (1646—1716), 100
Leibniz 判别法, 424

Levi, Beppo
　　意大利人 (1875—1961), 219
Lipschitz, Rudolph
　　德国人 (1832—1903), 193

Möbius, Augustus Ferdinand
　　德国人 (1790—1868), 381
Minkowski, Hermann
　　德国人 (1864—1909), 216

Newton, Isaac
　　英国人 (1642—1727), 253
Newton-Leibniz 公式, 253, 363

Parseval 等式, 474, 478
Parseval, Marc-Antoine
　　法国人 (1755—1836), 478
Peano 型余项, 123
Poisson, Simeon-Denis Baron
　　法国人 (1781—1840), 310

Raabe 判别法, 422
Raabe, Joseph Ludwig
　　瑞士人 (1801—1859), 422
Riemann, Georg Friedrich Bernhard
　　德国人 (1826—1866), 139
Riemann, Georg Friedrich Bernhard
　　德国人 (1826—1866), 246
Riemann 函数, 249
Riemann 和, 248
Riemann 积分法, 248
Riemann 类, 246
Riesz, Friedrich
　　匈牙利人 (1880—1956), 222
Rolle, Michel
　　法国人 (1652—1719), 103
Rolle 定理, 103
rot (rotation), 413

Schwarz, Carl Hermann Amandus
　　德国人 (1843—1921), 340
Stirling, James
　　苏格兰人 (1696—1770), 303
Stirling 公式, 303
Stokes, George Gabriel
　　英国人 (1819—1903), 409
Stokes 公式, 409
Stolz, Otto
　　德国人 (1842—1905), 52

Taylor 公式, 121
Taylor, Brook
　　英国人 (1685—1731), 121
Taylor 展开, 443
Taylor 多项式, 121, 124
Taylor 余项, 121, 124
Tonelli, Leonide
　　意大利人 (1885—1946), 224

Weierstrass, Karl Theodor Wilhelm
　　德国人 (1815—1897), 488
Weierstrass 定理, 488

B

保守场 (conservative field), 363
比较原理, 425
比例数的本原表示, 1
闭集, 73
边界点, 82
变换, 135
标准列, 9
表示, 318
不等式, 215
不可测集, 191

C

参变积分, 278

参数 (parameter), 278
测度, 185
叉乘, 168, 380, 414
场 (field), 352
赤道, 350
稠密, 26, 217, 477
初等变换, 231
初等矩阵, 312
垂直, 461

D

单调数列, 43
单射, 2
单射, 144
导出集, 82
导函数, 97
导数
  函数的导数, 95
  变换 T 的导数, 136
等距同构的表示, 314
等距同构映射, 313
底, 33
第二型积分, 352
第一型曲面积分, 337
第一型曲线积分, 327
电场强度, 383
电通量, 383
动能 (kinetic energy), 276
对等, 53
对数函数, 65
多项式, 124

E

二重积分, 265, 268
二阶差, 481
二阶凸性, 481
二进方块, 75
二进网, 75

F

发散, 4
发散到无限, 4
法方向, 168
法向量, 323, 381
反常积分, 260
反导数 (antiderivative), 363
范数, 70, 217
方根, 31
方向导数, 93
非竖直切线, 99
非竖直切平面, 118
分法 (partition), 247
分法的模, 247
辐角, 47
覆盖, 有限覆盖, 75
赋范线性空间, 458
复合, 88
复合函数, 62, 88

G

功 – 能关系, 276
功和能的联系, 276
勾股定理, 461
孤立点, 59, 74
广义 Minkowski 不等式, 474
广义 Minkowski 不等式的初等证明, 474
广义 Minkowski 不等式, 319
广义参变积分, 283
广义实数, 180
广义实数集, 180

H

行列式(determinant), 333
函数的平移, 475
函数空间, 306

和差变换, 243, 250, 424
和函数, 448
弧度制, 49
汇 (sink), 407

J

基本列 (或Cauchy列), 6
基数 (cardinality), 52
积分, 194
积分变量替换公式, 237
积分的绝对连续性, 213
积分法, 254
积分号下求导, 287
积分号下取极限, 283
积分换序, 287
积分正弦, 259
积分中值定理, 215
积分中值公式, 249
极点 (pole), 350
极限点, 74
极值点, 132
极坐标, 239
极坐标变换, 238
级数, 25
级数的第 n 部分和, 418
几乎连续, 246
几乎连续函数, 245
间断点, 59
简单表示, 318
简单函数, 197
简单曲线, 318
阶梯函数, 251
解析, 449
紧致, 75
静矩, 329
局部化原理, 462
局部极大值, 局部极小值, 120

矩形, 80, 246
矩阵正 (负) 定的判别条件, 133
距离, 27, 28, 71
距离空间, 144, 192, 196, 214, 217
绝对连续, 261
绝对收敛, 426

K

开方, 31
开方块的体积, 180
开集, 73
开矩形, 192
开映射, 149
可测变换, 228
可测函数, 194
可测集, 185
可导 (或可微)
　　函数可导, 95
　　变换可导, 136
可分性, 196
可数集, 53
可微变换, 134
控制收敛定理, 221
控制收敛判别法, 50, 430
库仑 (Coulomb, Charles-Augustin de)
　　法国物理学家 (1736—1806), 408

L

累次积分, 224
棱长, 180
立体角, 400
力场, 359
力场对此质点所做的功, 359
力做的功, 275
连通, 85
连续 (continuous) 连续点, 连续函数, 59
连续模, 84, 475
连续延拓, 202

链法则, 141
列紧性, 79
零点, 119
流量, 361, 386
流速场, 361
流形 (manifold), 170, 311

M

满单射, 2
满射, 2
幂, 33
幂函数, 37
幂集, 180
幂级数, 443
面积, 264

N

内闭绝对一致收敛, 443
内部, 74
内测度, 193
内点, 73
内积, 70, 95, 319, 356, 460
内正则性, 194
逆变换, 144
逆映射, 2

P

偏导数, 93
平面极坐标, 324
平行 4 面体, 332
平行 $2k$ 面体, 316, 342
平行 $2n$ 面体, 311

Q

切空间, 333, 343
切平面, 117, 163, 168, 343, 381
切线, 98, 117, 163
切向量, 323, 355, 356
球冠, 351

球心角, 400
球坐标, 240
球坐标变换, 238
求和号下取极限, 436
曲率, 323, 356
曲面, 352
曲面 (surface), 311
曲面的侧, 380
曲面的切平面, 333
曲面的正则表示, 332, 341, 378
曲线, 98, 352
曲线的表示, 354
曲线的长度, 318
曲线的自然表示, 318, 354
曲线上的测度及积分, 326

R

热流量, 392
热流率, 392

S

三角多项式, 59
三角函数系, 457
三角函数系在 $L_{2\pi}$ 中的完全性, 477
三角级数, 456
三角形不等式, 71, 144, 458
散度, 406
上极限, 44
上阶梯函数, 247
上界, 42
上确界, 42
伸缩系数, 356
十进表示, 11
十进数, 8
实数, 8
实数的十进表示, 8
实值函数, 58

势 (power), 53
势函数 (potential function), 363
收敛半径, 444
收敛圆, 445
数量场, 352
数列的等价, 7

T

特征函数, 195
梯度, 111
梯度 (gradient), 353
梯度场, 353
体积, 266
条件极值, 158
跳跃 (jump), 248
通量, 390
同胚 (homeomorphism), 149
投影算子, 478
凸函数, 134
凸集, 134, 149, 332
凸数列, 481
图像, 60, 98, 264
椭球的体积, 267
拓扑, 69
拓扑, 拓扑空间, 74

W

外测度, 180
外法向, 383
外积, 380
外正则性, 194
完备
  $\mathbb{R}$ 是完备的, 25
  $C(E)$ 的完备性, 90
完备性, 28
万能代换, 177
万有引力常数, 353
微分同胚, 149

微分中值不等式, 146
微分中值定理, 103, 146
微积分基本定理, 252
稳定点, 132
涡旋, 414
无限小数, 10

X

下方图, 194, 264
下极限, 44
下阶梯函数, 247
下界, 42
下确界, 42
下凸, 106
线性变换, 135, 312
线性变换 A 的模, 137
线性赋范空间, 458
线性空间, 70, 457
线性算子, 470
线性算子 T 的范数, 470
线性正算子, 488
向量场, 352
向量空间, 457
向量微积分, 352
旋度, 413
旋轮线, 325
旋转面的面积, 335
循环数, 10
循环小数, 10

Y

压缩系数, 145
压缩映射, 145
沿着 E 趋于 x^0, 83
液体压力 (fluid force), 277
一阶差, 481
一致逼近, 487

一致连续, 84
一致收敛, 284, 428, 459
依 φ-顺序可加, 426
依测度收敛, 222
隐变换, 150
隐函数, 151
映射, 2
有界, 7
有界集, 42
有序向量组确定的矩阵, 311
余集, 73
余项, 451
余元公式, 466
与十进数对等的数列, 9
原函数, 363
原函数 (antiderivative, primitive function), 171
原像, 2
圆的面积, 49
圆的周长, 46
圆柱的体积, 268
源 (source), 407

Z

展布在 D 上的曲面, 332, 378
展布在 D 上的曲面, 341
振幅, 91
正侧, 381
正交, 461
正交基, 478

正交系, 457
正则, 332
正则变换, 149
正则表示, 322, 354
正则曲线, 322, 354
支集, 205
直径 (diameter), 247
直线, 98
值域, 58
指数, 33
指数函数, 63
质心, 329
中间值
    连续函数取遍中间值, 60
    连续函数取遍中间值, 86
重力场, 353
重力加速度, 353
重力做的功, 360
周期, 58
周期函数, 59
逐段正则曲线, 359
逐片正则曲面, 383
逐项积分, 439
逐项求导, 440, 443
主法向, 323, 356
主法向量, 323
转置, 112
最佳三角多项式逼近, 477
左导数, 119
瑕积分, 262

郑重声明

高等教育出版社依法对本书享有专有出版权。任何未经许可的复制、销售行为均违反《中华人民共和国著作权法》，其行为人将承担相应的民事责任和行政责任；构成犯罪的，将被依法追究刑事责任。为了维护市场秩序，保护读者的合法权益，避免读者误用盗版书造成不良后果，我社将配合行政执法部门和司法机关对违法犯罪的单位和个人进行严厉打击。社会各界人士如发现上述侵权行为，希望及时举报，本社将奖励举报有功人员。

反盗版举报电话　（010）58581897　58582371　58581879
反盗版举报传真　（010）82086060
反盗版举报邮箱　dd@hep.com.cn
通信地址　北京市西城区德外大街4号　高等教育出版社法务部
邮政编码　100120